建筑师技术手册

（第二版）

主　编　张一莉

副主编　陈邦贤　李泽武　赵嗣明

中国建筑工业出版社

图书在版编目（CIP）数据

建筑师技术手册/张一莉主编. —2版. —北京：中国建筑工业
出版社，2019.10（2020.12重印）
ISBN 978-7-112-24343-3

Ⅰ.①建… Ⅱ.①张… Ⅲ.①建筑设计-技术手册 Ⅳ.①TU2-62

中国版本图书馆CIP数据核字(2019)第226971号

　　《建筑师技术手册》（第二版）按工程类别进行编写，突出了技术数据及图表，本书包括酒店建筑设计，商业建筑设计，购物中心建筑设计，影剧院建筑设计，图书馆设计，博物馆建筑设计，养老建筑设计，医疗建筑设计，中小学校设计，托儿所、幼儿园建筑设计，高等院校设计，园区建筑设计，体育场馆设计，超高层建筑设计，地铁车站建筑设计，机场航站楼建筑设计，铁路旅客车站建筑设计，车库设计，长途汽车客运站设计，高速公路服务站设计，居住区与住宅建筑设计，绿色建筑设计，海绵城市与低影响开发，BIM（建筑信息模型）应用，装配式建筑设计，景观设计，建筑防火设计等27章，以及相应的条文说明。

　　本书是为中国建筑师特别编撰的工具书，也可供建筑设计、施工、监理、室内装饰、房地产管理人员和大专院校师生参考使用，并可作为大学毕业生到设计院上岗前的培训用书。

　　建筑师网络学院网址：www.jzsxy.com.cn

　　责任编辑：费海玲　焦　阳
　　责任校对：赵　菲

建筑师技术手册

（第二版）

主　编　张一莉

副主编　陈邦贤　李泽武　赵嗣明

*

中国建筑工业出版社出版、发行（北京海淀三里河路9号）

各地新华书店、建筑书店经销

北京红光制版公司制版

北京中科印刷有限公司印刷

*

开本：880×1230毫米　1/16　印张：35　字数：887千字
2020年1月第二版　　2020年12月第五次印刷
定价：**88.00**元
ISBN 978-7-112-24343-3
(34836)

《建筑师技术手册》(第二版)编委会

专家委员会主任： 陶 郅 陈 雄

审 定： 陈 雄

编 委 会 主 任： 艾志刚

编委会执行主任： 陈邦贤

编委会副主任： 张一莉 赵嗣明

专家委员会委员：

何 昉 高 青 黄晓东 韩玉斌 盛 烨 陈 炜

林彬海 全松旺 唐志华 马志强 刘 毅 满 志

主 编： 张一莉

副主编： 陈邦贤 李泽武 赵嗣明

主 审： 陶 郅 陈 雄

审 核： 林镇海 陈邦贤 李泽武 赵嗣明 张一莉

李晓光 周 文 黄 佳 徐达明

主编单位： 深圳市注册建筑师协会

特邀参编审核单位：

1. 广东省建筑设计研究院
2. 华南理工大学建筑设计研究院
3. 中国建筑科学研究院建筑防火研究所

参编单位（按报名先后顺序）：

1. 深圳市建筑设计研究总院有限公司
2. 深圳大学建筑设计研究院有限公司

3. 深圳华森建筑与工程设计顾问有限公司

4. 香港华艺设计顾问（深圳）有限公司

5. 奥意建筑工程设计有限公司

6. 筑博设计股份有限公司

7. 深圳市清华苑建筑与规划设计有限公司

8. 深圳机械院建筑设计有限公司

9. 华阳国际工程设计有限公司

10. 深圳市北林苑景观及建筑规划设计院有限公司

11. 北京建筑设计研究院深圳院

12. 深圳市汇宇建筑工程设计有限公司

13. 深圳国研建筑科技有限公司

14. 深圳市大地创想景观规划设计有限公司

15. 深圳市东大国际工程设计有限公司

《建筑师技术手册》(第二版)编委

1	酒店建筑设计	黄晓东	深圳市建筑设计研究总院有限公司
2	商业建筑设计	林 毅 鲁 艺	香港华艺设计顾问（深圳）有限公司
3	购物中心建筑设计	陈邦贤	深圳市建筑设计研究总院有限公司
4	影剧院建筑设计	黄 河	北京建筑设计研究院深圳院
5	图书馆设计	陶 郅 陈向荣	华南理工大学建筑设计研究院
6	博物馆建筑设计	陶 郅 陈向荣	华南理工大学建筑设计研究院
7	养老建筑设计	陈 竹	香港华艺设计顾问（深圳）有限公司
8	医疗建筑设计	侯 军 王丽娟	深圳市建筑设计研究总院有限公司
9	中小学校设计	孙立平	深圳大学建筑设计研究院有限公司
10	托儿所、幼儿园建筑设计	马 越	深圳大学建筑设计研究院有限公司
11	高等院校设计	艾志刚 钟 中 赵勇伟 宋向阳 朱文健	
12	园区建筑设计	刘晓英 佘 赟	筑博设计股份有限公司
13	体育场馆设计	冯 春 林镇海	深圳市建筑设计研究总院有限公司
14	超高层建筑设计	宁 琳 苏生辉	奥意建筑工程设计有限公司
15	地铁车站建筑设计	罗若铭	广东省建筑设计研究院
16	机场航站楼建筑设计	陈 雄 李琦真	广东省建筑设计研究院
17	铁路旅客车站建筑设计	邹咏文	广东省建筑设计研究院
18	车库设计	涂宇红	深圳市建筑设计研究总院有限公司
19	长途汽车客运站设计	林彬海	深圳市清华苑建筑与规划设计研究有限公司
20	高速公路服务站设计	丘亦群	深圳市清华苑建筑与规划设计研究有限公司
21	居住区与住宅建筑设计	王亚杰	
22	绿色建筑设计	李泽武 庞观艺 陈辉虎	深圳国研建筑科技有限公司
23	海绵城市与低影响开发	千 茜 高若飞	深圳市大地创想景观规划设计有限公司
24	BIM（建筑信息模型）应用	韦 真	深圳市东大国际工程设计有限公司
25	装配式建筑设计	龙玉峰 丁 宏	华阳国际工程设计有限公司
26	景观设计	王劲韬 夏 媛 锡龙	
		深圳市北林苑景观及建筑规划设计院有限公司	
27	建筑防火设计	李泽武	深圳市建筑设计研究总院有限公司
		廖烈松	深圳市建筑设计研究总院有限公司

第 一 版 序 言

中国注册建筑师制度已实行多年，建筑行业在设计、施工、管理的规范化、科学化管理方面取得了显著的成绩。然而广大建筑师以及建筑从业人员面对众多的技术法规标准常常感到无所适从，大家一直希望有一套直观、方便使用的系列丛书来提高自己的工作效率，减少工作中的失误。现在这套系列丛书终于与大家见面了。这是中国建筑行业的一大盛事。

本书主编"深圳市注册建筑师协会"是深圳5A级社会组织，参编单位为深圳十余家知名建筑设计企业，特别邀请编审的单位有广东省建筑设计研究院、华南理工大学建筑设计研究院、中国建筑科学研究院建筑防火研究所等。

《建筑师技术手册》是继《注册建筑师设计手册》出版后，由广东省、深圳市设计企业，华南理工大学、深圳大学等专家、学者，发挥民用建筑设计行业领先作用和品牌影响力，以"开放、合作、创新、共赢"为宗旨，将经过多年积累的建筑设计技术成果和实践经验贡献出来，通过系统整理出版，使设计理念和实践经验在全国得到更广泛的传播和利用，延伸扩大其价值，服务于城镇设计，提高整个建筑行业的设计水平和设计质量。相信《建筑师技术手册》的问世，必将有力地推进中国建筑设计行业的快速发展。

全书编撰的特点根据市场的需求，总结提炼和细化国家标准、行业标准、技术措施，使其表格化、图形化，版式与国际惯例接轨。

值此书问世之际，谨向所有支持本书编写工作的省、市设计企业，华南理工大学、深圳大学，以及为此发扬无私奉献精神、付出辛勤劳动的各位建筑专家、学者表示最诚挚的谢意！

愿《建筑师技术手册》和已出版的《注册建筑师设计手册》，以及即将出版的《建筑师安全设计手册》技术丛书能对中国设计、施工、监理、装饰、房地产、大专院校的建筑师们有所帮助，让我们的工程技术人员为大众创造更多更好的城市空间环境、更多优秀的建筑作品，建设更多美好的城镇乡村。

本书若有不尽人意的地方，欢迎广大读者提出意见和建议，以便今后不断修订和完善。

全国勘察设计大师：陶郅

2016 年 12 月

第 一 版 前 言

继《注册建筑师设计手册》出版后，紧接着我们又组织编撰了《建筑师技术手册》，是由深圳 15 家建筑设计院、广东省建筑设计研究院、华南理工大学建筑设计研究院、中国建筑设计研究院建筑防火研究所，针对建筑设计特点并结合工作中常遇到的问题共同编撰。可以说这是广东建筑设计企业对中国建筑设计行业团体技术标准的新贡献。

系列手册之间有密切的关联性，《注册建筑师设计手册》各章均有设计原理、设计功能流线等内容全面详细；《建筑师技术手册》则突出了技术数据及图表，是名副其实的有效工具。

本书编撰目的是方便建筑设计人员更好地执行国家、部委颁布的各项工程建设技术标准、规范及省、市地方标准、规定，了解新技术、新材料，提高建筑工程设计质量和设计效率。

《建筑师技术手册》按建筑类型编撰，更方便项目设计时有针对性地快速查找。

本书包括酒店建筑设计，商业建筑设计，购物中心建筑设计，影剧院建筑设计，图书馆设计，博物馆建筑设计，养老建筑设计，医疗建筑设计，中小学校设计，托儿所、幼儿园建筑设计，高等院校设计，园区建筑设计，体育场馆设计，超高层建筑设计，地铁车站建筑设计，机场航站楼建筑设计，铁路旅客车站建筑设计，车库设计，长途汽车客运站设计，高速公路服务站设计，居住区与住宅建筑设计，绿色建筑设计，海绵城市与低影响开发，BIM（建筑信息模型）应用，装配式建筑设计，景观设计，建筑防火设计等 27 章，以及相应的条文说明。

本书是为中国 30 万名建筑师特别编撰的工具书，也可供建筑设计、施工、监理、室内装饰、房地产管理人员和大专院校师生参考使用，并可作为大学毕业生到设计院上岗前的培训用书。

这套建筑设计技术丛书是开放性的，将陆续出版，同时根据建筑设计行业需求进行修编和不断完善。

全国勘察设计大师：陈雄

2016 年 12 月 26 日

目　　录

1 酒店建筑设计

1.1 酒店类型、等级与规模

1.1.1 酒店的类型

酒店主要分类表　　　　　　　　　　　　　表 1.1.1

总体类型	主要特点
商务酒店	主要为从事商务活动的客人提供住宿和相关服务
度假酒店	主要为度假客人提供住宿和相关服务
公寓式酒店	客房内附设厨房或操作间、卫生间、储藏空间，适合客人较长时间居住

1.1.2 酒店的等级

酒店等级划分表　　　　　　　　　　　　　表 1.1.2

分级因素	等级划分类别（从低到高）
《旅馆建筑设计规范》	一级、二级、三级、四级、五级
《旅游饭店星级的划分与评定》	一星级、二星级、三星级、四星级、五星级（含白金五星级）
品牌酒店设计标准	通过命名在各自系列酒店中进行等级划分

1.2 酒店规模

1.2.1 酒店的规模

酒店规模等级参考表　　　　　　　　　　　表 1.2.1

规模	客房数（间）	标准	等级	备 注
小型	<200	中低档	一星、二星、三星	1. 一般以客房间数（钥匙间套、开间数）来核算；
		超豪华	五星	
中型	200～500	中档	三星、四星	2. 一般 200 间客房时面积利用率最佳；
		豪华	五星	
大型	>500	豪华	五星	3. 城市酒店的规模效应最优客房数约为 300 间
超大型	>1000	豪华	五星	
		不同标准组合	三星、四星、五星	

1.2.2 酒店规模计算

酒店规模计算方式 表 1.2.2-1

类型	计算方法	备注
常用方法	总建筑面积＝总客房数×每间客房综合面积比（m²/间）	不同等级、品牌酒店客房的综合面积各异，一般可参考表 1.2.2-2

酒店功能面积配比参考表 表 1.2.2-2

等级 项目名称		一星 m²/间	二星 m²/间	三星 m²/间	四星 m²/间	五星 m²/间
总面积		50～56	68～72	76～80	80～100	100～120
其中	客房部分	34	39	41	46	55
	公共部分	2	3	5	8	12
	餐饮部分	7	9	12	15	18
	行政部分	5	8	10	12	15
	后勤部分	4	7	8	9	10

引自《旅游饭店星级的划分与评定》

1.3 酒店总平面

酒店总平面设计 表 1.3

内容			设 计 要 点	
基本原则			合理组织基地内外交通，内外交通流线有机结合；合理设置机动车出入口，减少对城市干道的影响	
			配置足够人流、车流的集散、停留空间	
			各种流线标识清晰、方便快捷，尽可能减少人车之间、不同性质车流之间的交叉或干扰	
空间划分			总平面内应划分客人使用空间、内部服务空间	
			条件允许时宜将内外空间分设机动车出入口与车道，并可相连	
出入口	客人入口	入口广场	宾客出入口常设广场等缓冲空间	
			广场满足车辆回转、停放、出入便捷、不互相交叉	
			大中型酒店宜预留部分 VIP 车位及 2～4 个大巴车位	
		主要出入口	突出、明显，有清晰标识指引	
			应设置车道，宜满足不少于两部车同行	
			设雨篷等便于上下车的设施	
			应设置与城市人行道相连、安全舒适的无障碍步道	
		团队出入口	车行道上部净高大于 4m，大客车使用	适合大中型高等级酒店
			内设团队大堂，及时疏导	
		宴会出入口	位置应避免大量非住宿客人影响住宿客人的活动	

内容			设　计　要　点
出入口	内部出入口	员工出入口	设在员工工作及生活区域，位置宜隐蔽以免客人误入的专有出入口
		运输出入口　货物进出	位置靠近物品仓库与厨房部分，远离宾客活动区域
			需考虑货车停靠、出入及卸货平台
			宜考虑食品冷藏车的出入、食品与其他货物分开卸货，洁污分流
		垃圾运输	大中型酒店需考虑垃圾车停靠及装卸，垃圾出入口位置要隐蔽，处于下风向
其他			酒店与其他建筑共建在同一基地或同一建筑内时，酒店建筑应单独分区，主要出入口、交通系统宜独立设置

1.4　酒店功能与流线构成

酒店功能构成示意表　　　　　　　　　　　　　　　　　　表 1.4-1

类别		技　术　内　容							
		前台				后台			
	客房	公共部分				后勤服务部分			
功能分区		大堂接待	餐饮	康体娱乐	公共	办公管理	后勤	财务采购	工程保障
	标准间 套间 行政套房 豪华套房等	大门 大堂 总台 礼宾 电梯	全日餐厅 特色餐厅 咖啡厅 酒吧 宴会厅	健身房 游泳池 球场 SPA	商店 商务中心 会议 多功能厅	办公室 会议室	厨房 仓库 员工更衣 员工餐厅 员工培训	财务 采购	锅炉 配电 空调 水泵 总机
动向流线	宾客流线	主要包括住宿、用餐、娱乐、会议、商务等宾客流线							
	服务流线	主要指布草、传菜、送餐、维修等内部工作和提供服务的流线							
	物品流线	主要包括原材料、布草用品、卫生用品进出路线							

不同类型酒店功能面积组成参考表　　　　　　　　　　　　表 1.4-2

酒店类型	客房部分（%）	公共部分（%）	后勤服务部分（%）
城市型酒店	50	25	25
会议型酒店	44	32	24
商务型酒店	62	14	24
娱乐性酒店	45	30	25
度假型酒店	45	30	25
经济型酒店	75	10	15

1.5 酒 店 电 梯 配 置

《旅馆建筑设计规范》客梯设置要求   表 1.5-1

级别	一级、二级、三级		四级、五级	
设置要求	3层	4层及4层以上	2层	3层及3层以上
	宜设	应设	宜设	应设

酒店电梯常用配置表   表 1.5-2

类型		电梯数量	常用规格额定重量和乘客人数	常用电梯额定速度	备 注
乘客电梯	经济级	120～140 客房/台	630kg（8 人） 800kg（10 人） 1000kg（13 人） 1150kg（15 人） 1350kg（18 人） 1600kg（21 人）	1.75m/s （12 层以下） 2.5～3.0m/s （12～25 层） ≥3.5m/s （超高层层）	1. 按需要设无障碍电梯； 2. 技术参数根据平均间隔时间、5分钟运载能力等因素经计算综合考虑确定； 3. 宜常用浅轿厢
	常用级	100～120 客房/台			
	舒适级	70～100 客房/台			
	豪华级	<70 客房/台			
	应通过设计和计算确定				
	宜至少设置两台乘客电梯				
服务电梯	一般	200 客房/台	1000kg	按设	选择因素含搬运尺寸需求
	高等级	150 客房/台	1150kg		
	超过 250 间客房需两台		1350kg		
	每客房标准层至少一台		1600kg		

注：乘客电梯、服务电梯可作为消防电梯，但不应与同一建筑的其他非酒店部分共用。

1.6 客 房 设 计

酒店标准客房层的构成   表 1.6-1

类别		技术内容	备 注
客房	配置要求	规模应考虑合理性与经济性	—
		每层客房间数按符合服务人员的工作客房数的整倍数确定，一般按不同等级为 10～16 间/人	—

类别			技术内容	备 注
客房	主要类型	多床间	用于低等级酒店，床位不宜多于4床	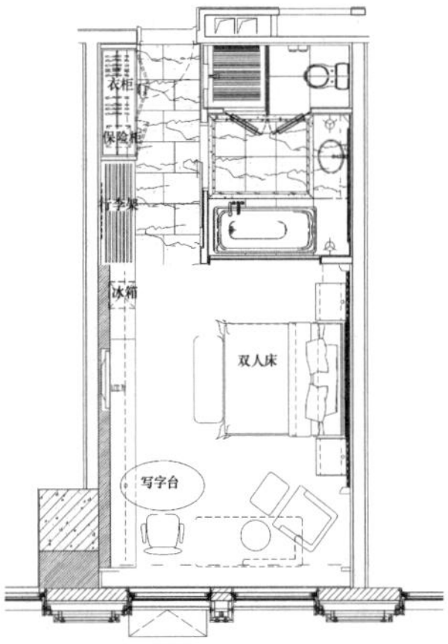 图 1.6-1 标准大床间
		标准大床间	设一张 1.8~2.2m 单人床，尺寸标准同标准大床间（图 1.6-1）	
		标准双人床间	设两张单人床（图 1.6-2）	
		标准套房	一般为两个开间套房	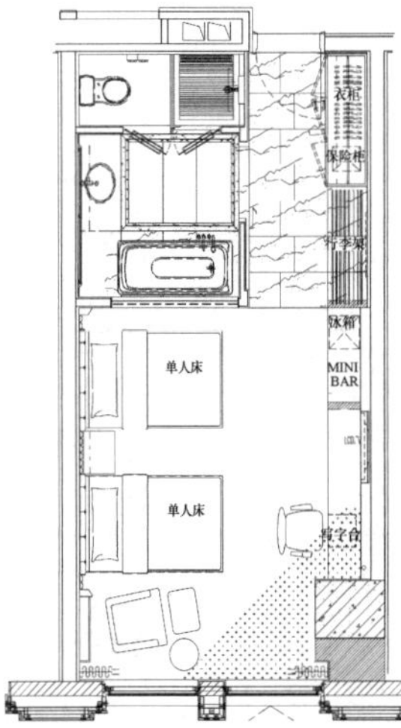 图 1.6-2 标准双人床间
		行政客房	行政楼层中享受楼层设施与服务的高级客房	
		行政套房	一般为两个开间的套房	
		豪华大床间	一般为三个及以上开间的套房	
		总统套房	至少五个开间的套房，设会客、餐厅、备餐间、书房、两个卧室和三个卫生间	图 1.6-3 无障碍客房
		无障碍客房	室内满足轮椅活动需要，每 100 间配 1 间，宜设至少一套联通房方便陪客	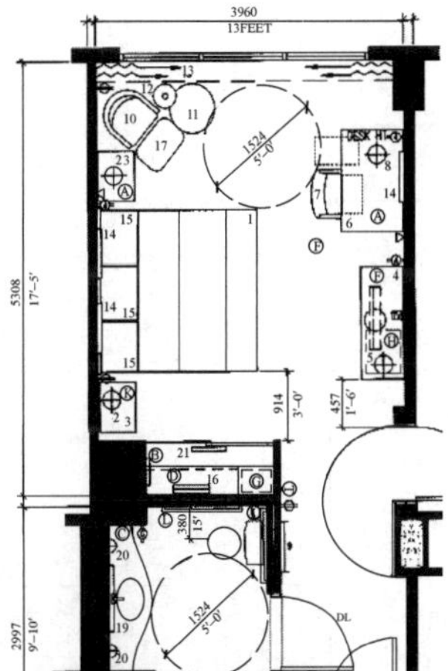
			应设在距离室外安全出口最近的楼层，并便于到达、进出（图 1.6-3）	

类别		技术内容	备 注
服务用房	设置要求	根据管理要求每层或隔层设置	—
		应靠近服务电梯布置	—
	空间内容	服务间 水盆工作台、消毒柜、拖把盆	
		布草储存 布草存放架、折叠床、婴儿床、清洁用品与客房易耗品、服务推车（1辆/12～18间）	
		污衣存放 靠近污衣井	
		污衣井 井道一般为不锈钢，内壁光滑，垂直运行	
		设自动控制装置，同时仅允许一个楼层开启井口门	
		常规 600×600 或 650×650，圆形直径 550 或 600（mm）	图 1.6-4　标准层服务间
		设自动灭火系统，底部口设有不锈钢自动防火门	
		污衣井道或污衣井道前室的出入口应设乙级防火门	
	辅助部分	由设备用房和垂直交通等部分组成	

酒店客房设计　　　　　　　　　　　　　　　　　　表 1.6-2

类别			技术规定	
标准层走道		分项	国家规范（m）	高级品牌酒店标准（m）
		公共走道净高	2.10	2.40
		双面布房走道净宽	1.40	1.70～1.80
		单面布房走道净宽	1.30	—
客房净高		分项	国家规范（m）	高级品牌酒店标准（m）
	客房净高	客房室内	2.40（设空调）	2.80
			2.60（不设空调）	
		利用坡屋顶内空间	至少 8m² 空间≥2.40	1.70～1.80
		卫生间	2.20	2.40
		客房内走道	2.10	2.40
客房空间尺寸		分项	净宽（m）	门洞高度（m）
	客房门	普通客房	900	2100
		无障碍客房	900	2100
	卫生间	普通客房	700	2100
		无障碍客房	800	2100
	走道	普通客房	1100	—
		无障碍客房	1500	—

1.7 公 共 部 分

酒店公共部分设计 　　　　　　　　　　　　　　　　　　表 1.7

类别		分项内容	设计要点
酒店大堂	总台区	总服务台	位置明显，服务台长度应满足不同规模酒店要求
		贵重物品保管间	毗邻总服务台
		前台办公	毗邻总服务台
		礼宾台	与行李房、保管间联系方便
		大堂经理	置于大堂区内一侧
		商务中心	可置于大堂区附近，亦可靠近会议区
	休息区	休息等候区	临近总服务台
		团队休息等候区	团队入口附近
		大堂吧	设于大堂区域内
	商业	礼品店、名品店、书店、百货店	宜设独立出入口
	公共交通	电梯厅、公共楼梯、自动扶梯	位置明显
	辅助设施	卫生间、清洁间、行李房、公用电话区、ATM机	方便易达；行李房一般为按每间客房 0.07m² 计算，宜 ≥18m²，靠近出入口
会议区		设施规模	设若干会议室，大中型酒店宴会、多功能厅和会议设施规模根据客房数和定位确定，面积宜按每间客房 3.3m² 计算
		配套服务	配套、贮藏面积一般占会议净面积的 20%～30%
		商务中心	规模较大时应配备
		缓冲空间及茶歇空间	会议区应有足够的集散面积，约占会议室净面积的 30%～50%
		会议室	小型 20～30 人，中型 30～50 人，大型 50 人以上
			按 1.2～1.8m²/人计
宴会厅多功能厅（图 1.7.3）		使用功能	兼有会议、宴会、展览的功能
		平面布局	多功能厅宜与会议区集中布置
			设主厅面积的 1/3～2/3 前厅，设公共卫生间，设宴会厨房或备餐间、专用服务通道，兼有备餐功能的服务走道净宽应大于 3m
		设计要求	宜设分门厅、自动扶梯
			可灵活分隔且应满足隔声、音响、灯光的使用要求
			人数按 1.5～2.0m²/人计
			应同层配备充足的家具贮藏空间、茶水间和员工服务间

类别	分项内容			设计要点	
康乐设施	健身房			>50m²	宜相邻布置，集中设置男女更衣室、淋浴间、卫生间
	游泳池	游泳池、戏水池、按摩池、日光浴、男女更衣、淋浴间、卫生间		四星级以上设游泳池，室内泳池>80m²，室外泳池>120m²，深度1.2~1.5m，更衣箱数目不少于客房数的10%	
	SPA理疗	桑拿浴、蒸气浴、按摩室、美容美发、体检医疗		美容美发9m²/座，需方便到达健身中心	
	游戏室	棋牌室、电子游戏室等		选设	
	娱乐	舞厅、KTV等		选设，宜单独设出入口	
	体育设施	高尔夫、台球、网球、乒乓球、壁球、保龄球、		选设	
酒店餐饮	全日餐厅（自助餐厅、咖啡厅）	面积标准（m²/座）		一~三级酒店	1.0~1.2
				四级、五级酒店	1.5~2.0
				高等级品牌酒店	1.5~2.0
		座位配置	商务酒店	一级、二级	≥客房间数20%
				三级及以上	≥客房间数30%
			度假酒店	一级、二级	≥客房间数40%
				三级及以上	≥客房间数50%
		餐厨面积比		1：(0.5~0.7)	
	中餐厅	面积标准（m²/座）		一级~三级酒店	1.0~1.2
				四级、五级酒店	1.5~2.0
				高等级品牌酒店	1.5~2.0
		餐厨面积比		1：0.7	
	特色餐厅	面积标准（m²/座）		四级、五级酒店	2.0~2.5
				高等级品牌酒店	1.7~2.0
	西餐厅	面积标准（m²/座）		四级、五级酒店	2.0~2.5
				高等级品牌酒店	1.5~2.0
		餐厨面积比		1：(0.4~0.6)	
	酒吧	面积标准（m²/座）		高等级品牌酒店	1.5~2.0
	咖啡厅	餐厨面积比		1：(0.4~0.6)	
	其他餐厅			1：(0.5~0.8)	

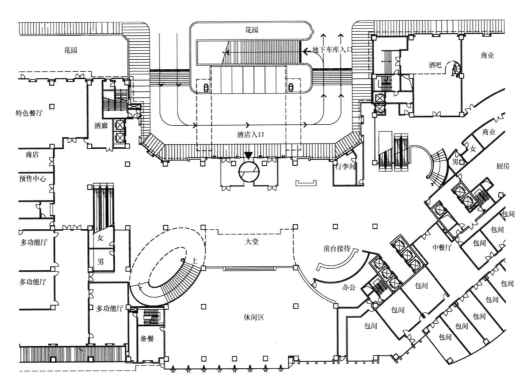

图 1.7-1 酒店大堂参考平面

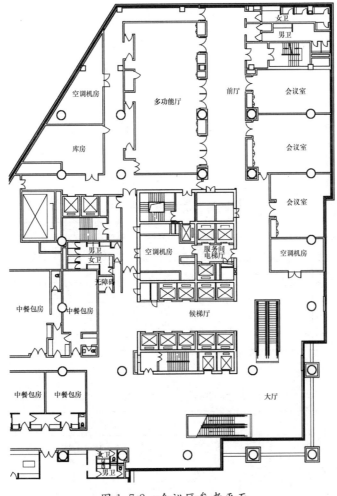

图 1.7-2 会议区参考平面

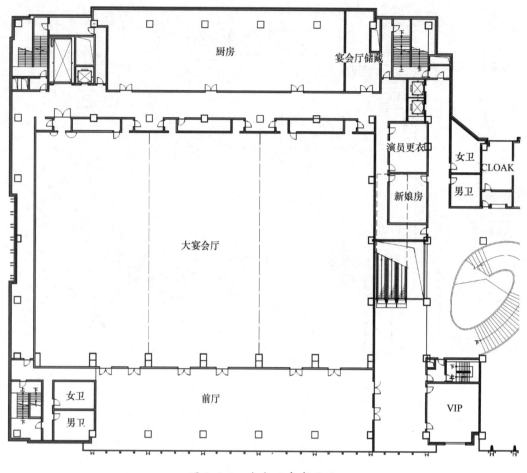

图 1.7-3　宴会厅参考平面

1.8　辅　助　部　分

1.8.1　辅助用房构成

主要辅助用房分类及参考指标　　　　　　　　　　　　　　表 1.8.1

部门类别	面积参考指标
厨房、食品库房	厨房：0.5～1.0m²/座、食品库：0.7m²/间
洗衣房、客房部	布草（棉织品）库：0.2～0.45m²/间、洗衣房：0.65m²/间、客房部：0.2m²/间
进货区、总库房、垃圾处理	卸货区：0.15m²/间、垃圾间：0.07～0.15m²/间、总库房：0.2～0.4m²/间
工程部	0.50～0.55m²/间
行政办公区用房	约占总建筑面积1%、1.15m²/间
人力资源部和员工区用房	约占总建筑面积3%、3.5m²/间
设备机房区	约占总建筑面积5.5%～6.5%

1.8.2　行政办公区

行政办公区主要用房表　　　　　　　　　　　　　　表 1.8.2

用房类别		功能与技术要点
总经理室	总经理、秘书	国际品牌酒店常设于客房层，3～4 间套房
市场营销部	销售部	市场、销售业务
	前台部	处于大堂区，设通道或楼电梯与行政办公区联系

用房类别		功能与技术要点
市场营销部	公共关系部	内勤、接待、推广
	会议服务部	会议准备、接待、收尾
	宴会部	可位于本区，也可设置在会议、宴会层
	广告部	美工、策划、宣传
财务部	总监、财务办公	含财务总监、会计与出纳财务办公的独立区域
会议室		位于行政办公区内方便各方使用的核心位置

1.8.3 人力资源部和员工区

人力资源部和员工区表　　　　　　　　　表1.8.3

类别				技 术 要 点	
人力资源部				主要包括面试室、办公室和培训教室（一般为20m²）	
员工区	主要构成			包括出入口、更衣淋浴、制服间、员工餐厅和员工活动区域	
	员工人数		根据性质、等级不同而不同，为客房数与下列计算系数的乘积		
		员工人数计算系数	顶级酒店	2.0~4.0	男女参考比例为6：4
			五星级酒店	1.2~1.6	
			四星级酒店	0.8~1.0	
			会议型酒店	1.0~1.2	
			公寓式酒店	0.3~0.5	
			小型酒店	0.1~0.25	
	员工用房		员工区与洗衣房、布草房之间应有便捷的联系		
			宜设医疗室兼小型急救室，配置卫生间，面积一般约20m²		
			常设置员工倒班宿舍，一般为10~20m²		
			更衣淋浴区邻近员工出入口，含物品存放、更衣和淋浴，可从员工通道直接进入的卫生间		
			员工储物柜的建议尺寸：300mm宽、600mm深、1500mm高		
		面积参考指标（m²/间）	男更衣、浴厕	0.14~0.19	1个储物柜/1.5间，按男女6：4的比例分配；更衣浴厕比例为1：（0.025~0.4）
			女更衣、浴厕	0.14~0.23	
			员工餐厅	0.17~0.18	座位数＝（0.9m²/座×员工数×70%）/3
			人力资源部	0.14~0.23	
			保安、考勤	0.03~0.05	
相互关系				人力资源部和员工区整体布局，紧密联系	

11

1.8.4 客房部与洗衣房

客房部与洗衣房 表 1.8.4

部门类别			技　术　要　点	
客房部	工作范围		负责客房清洁和铺设的工作,并提供洗衣熨衣、客房设备故障排除等服务	
	设置位置		必须与服务电梯直接相邻,并方便从员工更衣室到达	
	布草管理		发放台附近应留有一定空间方便轮候	
		集中管理	小型度假酒店、分散式客房布置采用	
		非集中管理	在各客房层或隔层设服务间与布草间,并与服务电梯相邻或贴近	
洗衣房	组成部分		一般由污衣间、水洗区、烘干区、熨烫、折叠、干净布草存放、制服分发、服务总监办公室和空气压缩机加热设备间构成	
			一些城市酒店不设洗衣房或设简易洗衣机,采取外包清洗	
	设置位置		需贴邻或靠近污衣槽、服务电梯	
			不应在宴会厅、会议室、餐厅、休息室等房间的上下方	
	设计要求		应做好减震降噪、隔声和吸声处理	
			应有良好的通风排气,排除洗涤剂、去污剂等含有气味或有毒化学品	
			地面应作 250～300mm 的降板处理,设置有效的排水设施	
			净高不低于 3m,外露柱子和墙壁的阳角应作橡胶或金属护角	
			需使用蒸汽,应有不少于 1.2t 蒸汽的来源	
			污衣井(槽)必须与污衣间紧密联系,直通洗衣房	
			布草库应靠近洗衣房,室内要求温暖、干燥	
			应考虑纺织品的分类、储藏、修补、盘点以及发放床单、桌布、制服的所需空间	
相互关系			整体布局,紧密相连,客服部是洗衣房的一部分	

1.8.5 后台货物区

后台货物区 表 1.8.5

类别	技　术　要　点
卸货平台	装卸货物区避免在公共视线之中,需作有效遮挡
	卸货平台深度不小于 3m,应与库房地面同标高
收发与采购部	邻近卸货平台与库房,三者紧密联系
库房	分为总库房和分库房,且有明确功能分配:家具库(服务空间的面积 15%～20%控制)、餐具库、酒和饮料库、贵重物品库、工具文具库、电器用品库等
垃圾装运平台	面积可按 1m² /间控制
	垃圾装运平台宜与卸货平台分开布置,确保洁污分流,满足卫生防疫要求
	垃圾处理室应设在垃圾装运平台处
	垃圾处理室包含垃圾冷库、可回收物储藏室、洗罐区,设在垃圾装运平台处。其中,洗罐区应配备冷热水、排水、电源接口

1.8.6　厨房操作区

厨房操作区　　　　　　　　　　　　　　　　　表1.8.6

类别		技　术　要　点			
操作区构成	主厨房	大中型酒店设置；将餐饮食品加工流程中的共用程序集中起来，将原材料经初加工制成半成品，提供给各餐厅厨房使用，还承担面包糕点的制作			
		配备主厨办公室，与食品、酒类、餐具、桌布等库房相连，与后台货物区关系密切			
	分厨房或配餐间	与宴会厅、全日餐厅、中餐厅、特色餐厅等直接相连。与主厨房通过内部服务交通系统相连			
	区域划分	一般分成准备区、制作区、送餐服务区（备餐区）和洗涤区			
	功能分区所需的操作面积占比估算	功能分区	面积百分比（%）	功能分区	面积百分比（%）
		接收货物	5	餐具洗涤	5
		食品贮藏	20	交通过道	16
		准备	14	垃圾收集	5
		烹饪	8	员工设施	15
		烘焙	10	杂物	2
	西餐厨房面积分配	功能分区	面积百分比（%）	功能分区	面积百分比（%）
		接收货物	3	烹饪	14
		冷库	12	用具洗涤	5
		冰箱	7	面包房	6
		库房	14	办公	5
		肉加工	3	服务柜台	12
		蔬菜和沙拉加工	8	餐具洗涤	11
	厨房操作区应设置职工洗手间、更衣室及厨师办公室				
面积指标	一般不小于餐厅面积的35%，且与餐厅的种类、用餐人数、用餐时段有关				
厨房净高	宜≥2.7m				
工艺要求	按原料处理、工作人员更衣、主食加工、副食加工、餐具洗涤、消毒存放的工艺流程布置，原料与成品、生食与熟食应做到分隔加工与存放				
	布局应满足工艺流程，厨房分层布局时，粗加工置于下层，上层设置分厨房，应设专门的餐梯和垃圾梯				
	分层设置时，垂直运送生食与熟食的食梯应分别设置				
构造要求	外露柱子和墙壁的阳角应作橡胶或金属护角，高度2m，墙踢脚必须带卫生圆角				
	楼地面应作结构下沉300~400mm处理，排水沟宽度不小于250mm，深度不小于200mm，不小于1%坡度，地面排水坡度2%~3%；需防滑、耐酸、耐腐蚀；冷盘间不应采用排水明沟形式				
	大型冷冻库和冷藏库的地面应与主厨房的地面平齐以便台车进出，应为预制造的、全金属包覆的、分区型设计，下方应作保温处理				

1.8.7 工程部与机房

工程部与机房 表1.8.7

类别		技 术 要 点
构成	工程部	包括工程总监室、工程专业人员工作区、图档资料室
	维修部	包括木工间、机电间、工具间、管修间、建修间、园艺间和库房
	机房	包括高低压变配电室、应急发电机房和储油间、生活水池和水泵房、消防水池和消防泵房、中水处理机房和水池泵房、冷冻站、锅炉房、热交换站、通信机房、网络机房、电梯机房、各层空调机房和变配电间、消防控制中心
设计要点		油漆、电焊工作间应注意加强通风、滤毒和防火措施
		各类泵房和机房应注意隔声、减噪、减振处理

1.8.8 其他技术要求

酒店设计的其他技术要求 表1.8.8

类别			技 术 要 点					
防火设计	设计依据		《建筑设计防火规范》GB 50016—2014、《旅馆建筑设计规范》JGJ 62—2014					
	消防系统		火灾预防：酒店设施防火设计					
			火灾报警：火灾自动报警系统设计					
			火灾扑救：消防灭火系统设计					
安防设计	安防监控摄像机		一、二级酒店建筑客房层宜设置		重点部位宜设置入侵及出入口控制系统，或两者结合			
			三级及以上酒店应设置					
	停车场管理系统		地下停车场宜设置					
	在安全疏散通道上设置的出入口控制系统应与火灾自动报警系统联动							
隔声设计	布局要求		选址应尽量避开噪声源，总平面设计，应根据噪声状况进行分区					
			餐厅不应与客房等对噪声敏感的房间在同一区域					
			产生强噪声和振动的附属娱乐设施不应与客房、其他有安静要求的房间及设置在同一主体结构内，不宜与主要公共用房毗邻布置，并应采用隔声、隔震措施					
	构造要求		客房沿交通干道或停车场布置时，应采用密闭窗、双层窗等防噪措施，也可利用阳台或外廊进行隔声减噪处理					
			电梯井道不应毗邻客房和其他有安静要求的房间，并应采取防止结构声传播的措施					
			有安静要求的房间隔墙高度应至梁、板底面，轻质隔墙时隔声性能应符合隔声标准的规定					
			相邻客房的电气插座、配电箱和其他嵌入墙里对墙体造成损伤的配套附件，不宜背对背布置					
			客房之间采用背靠背布置家具时应使用满足隔声标准要求的墙体隔开					
			客房与其他部分、室外的各部分空气声隔声性能与撞击声隔声性能，均需符合《民用建筑隔声设计规范》GB 50118—2010 的规定					
	房间室内允许噪声级	房间名称	允许噪声级（A声级，dB）					
			特级		一级		二级	
			昼间	夜间	昼间	夜间	昼间	夜间
		客房	≤35	≤30	≤40	≤35	≤45	≤40
		办公室、会议室	≤40		≤45		≤45	
		多功能厅	≤40		≤45		≤50	
		餐厅、宴会厅	≤45		≤50		≤55	

2 商业建筑设计

2.1 概　　述

商业建筑的分级和分类

商业建筑的分级　　　　　　　　　　　　　　表 2.1-1

规模	小型	中型	大型
总建筑面积	<5000m²	5000~20000m²	>20000m²

商业建筑的分类　　　　　　　　　　　　　　表 2.1-2

类型	定　　义
购物中心	多种零售店铺、服务设施集中在一个建筑物内或一个区域内，向消费者提供综合性服务的商业集合体
百货商场	在一个建筑内经营若干大类商品，实行统一管理、分区销售，满足顾客对时尚商品多样化选择需求的零售商业
超级市场	采取自选销售方式，以销售食品和日常生活用品为主，向顾客提供日常生活必需品为主要目的零售商业
菜市场	销售蔬菜、肉类、禽蛋、水产和副食品的场所或建筑
专业店	以专门经营某一大类商品为主，并配备具有专业知识的销售人员和提供适当售后服务的零售商业
步行商业街	供人们进行购物、饮食、娱乐、休闲等活动而设置的步行街道

2.2 总平面设计

2.2.1 外部交通

1. 地铁、轻轨

轨道交通为商业运营带来大量人流，同时商业也增加了交通客运量，实现二者的资源共享。设计中可利用商场入口的灰空间、下沉式广场等设计手段连接轨道交通，或地下空间直接连接地铁站，同时设置超市或美食广场等业态。

2. 城市主次干道

于城市主次干道的交叉口设置主入口，可汇聚两个方向的人流，并起到最大程度的展示效果。主次干道的中部，也可选择作为出入口。商业主立面宜充分利用主次干道展开，营造商业氛围，突出昭示性。

3. 城市支路

可利用城市支路布置地库、货运出入口、地面卸货区或其他后勤服务设施。

2.2.2 道路

道路设置要求

表 2.2.2

大、中型商业	道路宽度	专用运输通道≥4m，宜为7m； 运输通道设在地面时，可与消防车道结合设置		
	出入口	宜有不少于两个方向出入口与城市道路相接； 主要出入口前，应留有人员集散场地		
	场地要求	宜选择在城市商业区或主要道路的适宜位置； 大型商业建筑的基地沿城市道路的长度不宜小于基地周长的1/6		
小型商业	道路宽度	建筑面积小于3000m² 时	≥4m	
		建筑面积大于3000m² 时	只有一条基地道路与城市道路相连接时	≥7m
			有两条以上基地道路与城市道路相连接时	≥4m

2.2.3 停车场

1. 配建公共停车场（库）的停车位控制指标，应符合表 2.2.3-1 规定，并同时满足各地规定。

配建公共停车场（库）停车位控制指标

表 2.2.3-1

建筑类别		计算单位	机动车停车位	非机动车停车位	
				内	外
商业	一类（建筑面积＞1万 m²）	每1000m²	6.5	7.5	12
	二类（建筑面积＜1万 m²）		4.5	7.5	12
购物中心（超市）			10	7.5	12

2. 配建参考标准（深圳市）：根据不同区域的规划土地利用性质和开发强度、公交可达性及道路网容量等因素，将深圳市划分为三类停车供应区域；一类区域为停车策略控制区：全市的主要商业办公核心区和原特区内轨道车站周围 500m 范围内的区域；二类区域为停车一般控制区：原特区内除一类区域外的其他区域、原特区外的新城中心、组团中心和原特区外轨道车站周围 500m 范围内的区域；三类区域为全市范围内余下的所有区域。具体配建标准见表 2.2.3-2。

深圳市配建公共停车场（库）停车位控制指标

表 2.2.3-2

分类	单位	配建标准	
商业区	车位/100m² 建筑面积	首2000m² 每100m² 2.0	
		2000m² 以上每100m²	一类区域：0.4～0.6
			二类区域：0.6～1.0
			三类区域：1.0～1.5
		每2000m² 建筑面积设置1个装卸货泊位； 超过5个时，每增加5000m²，增设1个装卸货泊位	

分类	单位	配建标准		
购物中心、 专业批发市场	车位/100m² 建筑面积	一类区域：0.8～1.2		
		二类区域：1.2～1.5		
		三类区域：1.5～2.0		
		每2000m²建筑面积设置1个装卸货泊位； 超过5个时，每增加5000m²，增设1个装卸货泊位		

2.2.4 运动场地

商业配建应根据实际需求设置必要的运动场地，如慢跑道、溜冰场、儿童游乐场、瑜伽馆和健身中心等。

2.2.5 商业设计实例

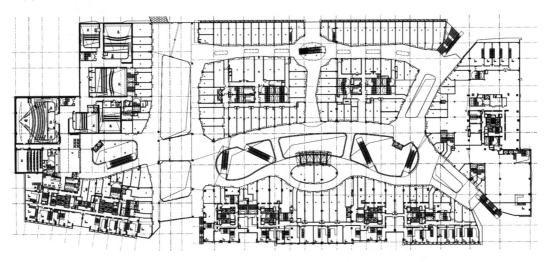

图 2.2.5-1 深圳市某购物广场（一）

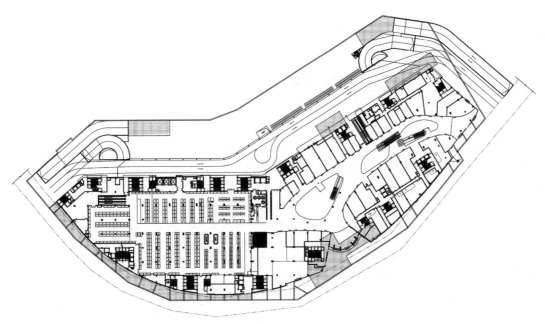

图 2.2.5-2 深圳市某购物广场（二）

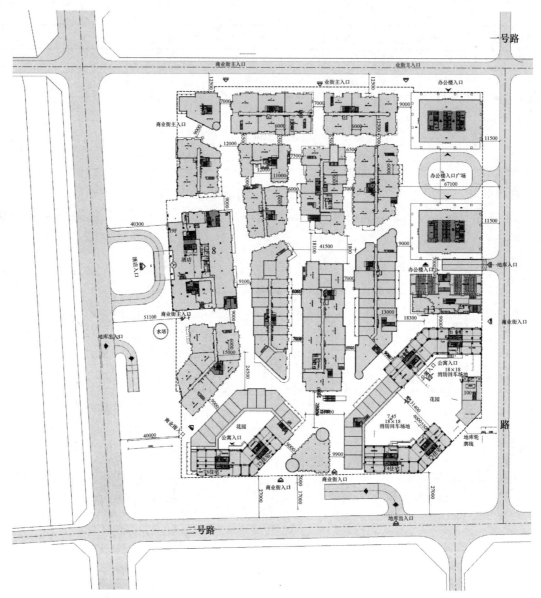

图 2.2.5-3 珠海市某商业街

2.3 建筑设计要点

2.3.1 基本要点

1. 功能分区：商业建筑可按使用功能分为营业区、仓储区和辅助区等三部分。

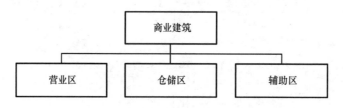

图 2.3.1 商业建筑功能分区

2. 面积比例：由于商业零售业态的不同，商业建筑的营业区、仓储区和辅助区占总建筑面积的比例也不同，设计时需根据经营方式、商品种类、服务方式等进行分配。

3. 柱网参数：营业厅需根据其内容布置要求而选用适当的柱网参数，可参考表 2.3.1-1。

商业建筑柱网参数与平面布置及推荐使用业态 表 2.3.1-1

柱距与柱跨参数	平面布置内容	推荐使用业态
① 9.00m 柱网或 9.00m 柱跨	①柜区布置方式很灵活，可设 5.00m 宽通道，或 >3m 宽通道和两组货架后背间设散仓位	①②适用于大型百货商场、商业等
② 7.50m 柱网或 7.50m 柱跨	②柜内布置方式灵活、紧凑，可设 3.70m 宽通道，或 >2.20m 宽通道和两组货架后背间设散仓位	②③组合可适用于中型百货商场、商业等
③≥6.00m 柱网	③柜区布置以条式和岛式相结合为宜，可设 2.20m 宽通道。仅可利用部分靠墙处及角隅设散仓位	③适用于小型百货商场、商业
④3.30～4.20m 柱距和 4.80～6.00m 柱跨	④一般作条式柜区布置，双跨时稍灵活，可布置条式和岛式各一行柜区	④适用于多层住宅底层商业或小型商业

4. 单元分割：为满足今后销售和经营的要求，商铺单元的分割必须有效、合理，常见方式可参考表 2.3.1-2。

常见商铺单元分割方式 表 2.3.1-2

常用开间×进深（m）	图示	业态
4×12 6×15	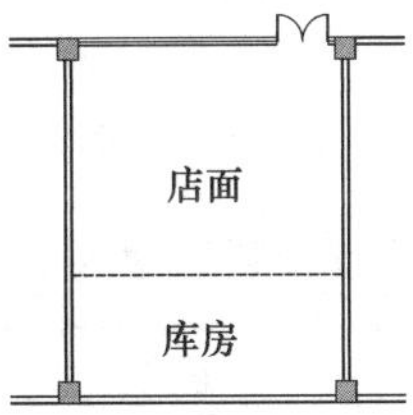 店面 库房	服装店、音像店等
18×20	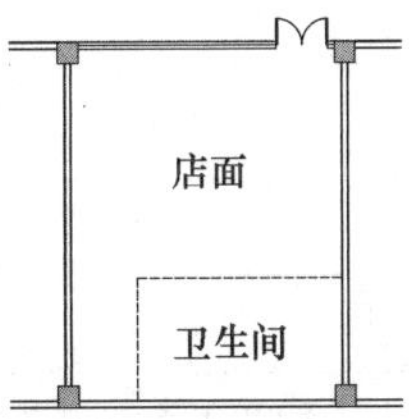 店面 卫生间	餐饮、零售等

5. 步行商业街尺度及布局方式：不同的步行商业街宽度，会带来不同的商业空间效果，步行商业街尺度及布局方式可参考表 2.3.1-3。

步行商业街尺度及布局方式　　　　　　　　表 2. 3. 1-3

步行商业街宽度（m）	图示	适宜高度
5～6	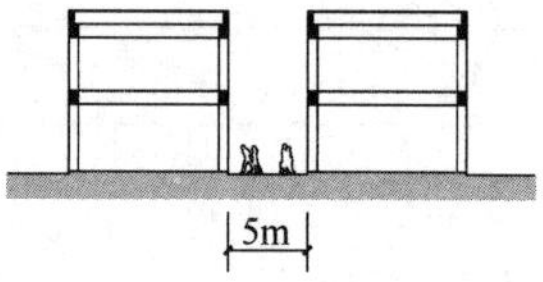 5m	两侧商业 2～3 层，仅为人行步道
10～12	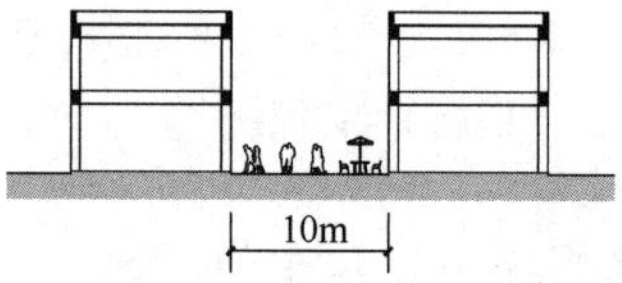 10m	两侧商业 2～3 层，可设置小型外摆空间
15	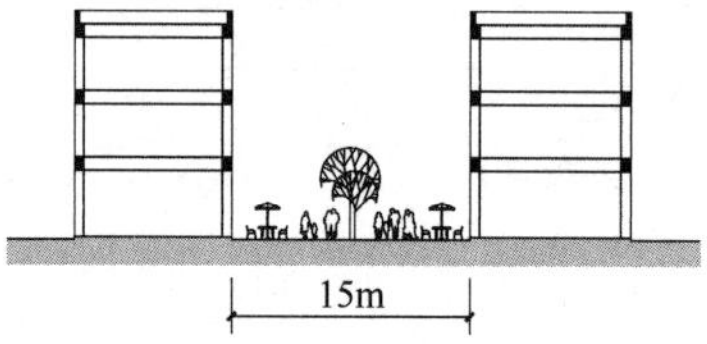 15m	两侧商业 3～4 层，可设置外摆空间与景观树池
20	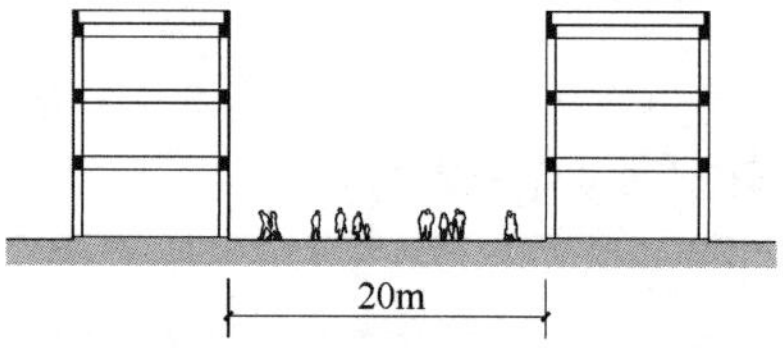 20m	两侧商业 3～4 层，可设置为放大空间节点

2.3.2　营业区

1. 营业厅内或近旁宜设置附加空间或场地，并应符合表 2.3.2-1 的规定。

营业厅内或近旁宜设置的附加空间或场地　　　　　　　表 2. 3. 2-1

	功能用房	面积要求	备注
营业厅	试衣间（服装区）	—	—
	检修钟表、电器、电子产品等的场地	—	—
	试音室（销售乐器和音响器材的营业厅）	≥2m²	—
自选营业厅	厅前应设置顾客物品寄存处、进厅闸位、供选购用的盛器堆放位及出厅收款位	宜≥营业厅面积的 8%	—
	出厅处应设收款台	—	每 100 人 1 个（含 0.6m 宽顾客通过口）
服务设施	休息室或休息区	宜为营业厅面积的 1.00%～1.40%	大中型商业需设置
	服务问询台	—	—

2. 营业厅内通道的最小净宽应符合表 2.3.2-2 的规定。

营业厅内通道的最小净宽度　　　　　　　　　表 2.3.2-2

通道位置		最小净宽度（m）
通道在柜台或货架与墙面或陈列窗之间		2.20
通道在两个平行柜台或货架之间	每个柜台或货架长度小于 7.50m	2.20
	一个柜台或货架长度小于 7.50m 另一个柜台或货架长度 7.50～15.00m	3.00
	每个柜台或货架长度小于 7.50～15.00m	3.70
	每个柜台或货架长度大于 15.00m	4.00
	通道一端设有楼梯时	上下两个梯段宽度之和再加 1.00m
柜台或货架边与开敞楼梯最近踏步间距离		4.00m，并不小于楼梯间的净宽度

注：（1）当通道内设有陈列物品时，通道最小净宽度应增加该陈列物的宽度。
　　（2）无柜台营业厅的通道最小净宽度可根据实际情况，在本表的规定基础上酌减，减小量不应大于 20%。
　　（3）菜市场营业厅的通道最小净宽宜在本表的规定基础上再增加 20%。

3. 营业厅的净高应按其平面形状和通风方式确定，并应符合表 2.3.2-3 的规定。

营业厅的净高要求　　　　　　　　　表 2.3.2-3

通风方式	自然通风			机械排风和自然通风相结合	空气调节系统
	单面开窗	前面敞开	前后开窗		
最大进深与净高比	2∶1	2.5∶1	4∶1	5∶1	—
最小净高（m）	3.20	3.20	3.50	3.50	3.00

注：（1）设有空调设施、新风量和过度季节通风量不小于 20m³/（小时·人），并且有人工照明的面积不超过 50m² 的房间或宽度不超过 3m 的局部空间的净高可酌减，但不应小于 2.40m。
　　（2）营业厅净高应按楼地面至吊顶或楼板底面障碍物之间的垂直高度计算。

4. 自选营业厅的面积可按每位顾客 1.35m² 计，当采用购物车时，应按 1.7m²/人计。

5. 自选营业厅内通道最小净宽度应符合表 2.3.2-4 的规定，并应按自选营业厅的设计容纳人数对疏散用的通道宽度进行复核。兼作疏散的通道宜直通至出厅口或安全出口。

自选营业厅内通道最小净宽度　　　　　　　　　表 2.3.2-4

通道位置		最小净宽度（m）	
		不采用购物车	采用购物车
通道在两个平行货架之间	靠墙货架长度不限，离墙货架长度小于 15m	1.60	1.80
	每个货架长度小于 15m	2.20	2.40
	每个货架长度为 15～24m	2.80	3.00
与各货架相垂直的通道	通道长度小于 15m	2.40	3.00
	通道长度大于等于 15m	3.00	3.60
货架与出入闸位间的通道		3.80	4.20

注：当采用货台、货区时，其周围留出的通道宽度，可按商品的可选择性调整。

6. 大型和中型商业建筑内连续排列的商铺应符合下列规定：

1)各商铺的作业运输通道宜另设;

2)面向公共通道营业的柜台,其前沿应后退至距通道边线不小于0.5m的位置;

7. 大型和中型商业建筑内连续排列的商铺之间的公共通道最小净宽度应符合表2.3.2-5的规定。

大中型商业建筑内连续排列的商铺之间的公共通道最小净宽度　　　表2.3.2-5

通道名称	最小净宽度(m)	
	通道两侧设置商铺	通道一侧设置商铺
主要通道	4.00,且不小于通道长度的1/10	3.00,且不小于通道长度的1/15
次要通道	3.00	2.00
内部作业通道	1.80	—

注:主要通道长度按其两端安全出口间距离计算。

8. 商场的卫生间宜设置在入口层,大型商场可选择其他楼层设置,超大型商场卫生间的布局应使各部分的购物者都能方便使用。依据现行《城市公共厕所设计标准》CJJ 14—2016的规定,商场内女厕建筑面积宜为男厕建筑面积的2.39倍,女性厕位的数量宜为男性厕位的2倍。

2.3.3　仓储区

1. 储存库房内存放商品应紧凑、有规律,货架或堆垛间的通道净宽度应符合表2.3.3-1的规定。

货架或堆垛间的通道净宽度　　　表2.3.3-1

通道位置	净宽度(m)
货架或堆垛与墙面间的通风通道	>0.30
平行的两组货架或堆垛间手携商品通道,按货架或堆垛宽度选择	0.70~1.25
与各货架或堆垛间通道相连的垂直通道,可以通行轻便手推车	1.50~1.80
电瓶车通道(单车道)	>2.50

注:(1)单个货架宽度为0.30~0.90m,一般为两架并靠成组;堆垛宽度为0.60~1.80m。

(2)储存库房内电瓶车行速不应超过75m/min,其通道宜取直,或设置不小于6m×6m的回车场地。

2. 储存库房的净高应根据有效储存空间及减少至营业厅垂直运距等确定,应按楼地面至上部结构主梁或桁架下弦底面间的垂直高度计算,并应符合表2.3.3-2规定:

储存库房的净高要求　　　表2.3.3-2

堆放形式	净高(m)
设有货架	≥2.10
设有夹层	≥4.60
无固定堆放形式	≥3.00

3. 卸货平台设计宜满足以下几点要求:

1)卸货平台宜布置在地面层,应高于货车停车位0.8m,在其两侧分别设置台阶和坡道,满足小型货物和行人使用;卸货平台深度不宜小于3m,应与库房同层设置;

2)按照商业规模确定卸货车位数,一般设置三个货车位,其尺寸取值可参考表2.3.3-3,并宜于附近设置等候车位；

货车位尺寸要求   表 2.3.3-3

车位类型	长（m）	宽（m）	净高（m）
大货车位	11	4	4.3
集装箱车位	17	4	4.3
垃圾车位	11	4	5.5～6.1

3）货车自货运通道进入卸货平台，应避免流线交叉；卸货区宜为货车司机提供休息室和卫生间。

2.3.4 辅助区

1. 大型、中型和小型商业应按表 2.3.4 设置相应辅助功能用房。

辅助功能用房设置要求   表 2.3.4

辅助功能用房	大型和中型商业	小型商业
职工更衣	应设置	—
工间休息及就餐	应设置	—
职工专用厕所	应设置	宜设置
垃圾收集空间或设施	应设置	应设置

2. 商业建筑的辅助区一般占总面积的 15%～25%。

2.3.5 常用规定

1. 商业建筑外部的招牌、广告等附着物应与建筑物之间牢固结合，且凸出的招牌、广告等的底部至室外地面的垂直距离不应小于 5m。

2. 严寒和寒冷地区的门应设门斗或采取其他防寒措施。

3. 商业建筑的公用楼梯、台阶、坡道、栏杆应符合下列规定。

1）楼梯梯段的最小净宽、踏步最小宽度和最小高度应符合表 2.3.5-1 的规定：

楼梯梯段最小净宽、踏步最小宽度和最大宽度   表 2.3.5-1

楼梯类别	梯段最小净宽（m）	踏步最小宽度（m）	踏步最大高度（m）
营业区的公用楼梯	1.40	0.28	0.16
专用疏散楼梯	1.20	0.26	0.17
室外楼梯	1.40	0.30	0.15

2）室内外台阶的踏步高度不应大于 0.15m 且不宜小于 0.10m，踏步宽度不应小于 0.30m；当高差不足两级踏步时，应按坡道设置，其坡度不应大于 1：12。

3）楼梯、室内回廊、内天井等临空处的栏杆应采用防攀爬的构造，当采用垂直杆件做栏杆时，其杆件净距不应大于 0.11m。

4）人员密集的大型商业建筑的中庭应提高栏杆的高度，当采用玻璃栏板时，应符合现行行业标准《建筑玻璃应用技术规程》JGJ 113—2015 的规定。

4. 商业建筑内设置的自动扶梯、自动人行道除应符合现行国家标准《民用建筑设计统一标准》GB 50352—2019 的有关规定外，还应符合下列规定：

1）自动扶梯倾斜角度不应大于 30°，自动人行道倾斜角度不应超过 12°。

2）自动扶梯、自动人行道上下两端水平距离 3m 范围内应保持畅通，不得兼作他用。

3）扶手带中心线与平行墙面或楼板开口边缘间的距离、相邻设置的自动扶梯或自动人行道的两梯（道）之间扶手带中心线的水平距离应大于 0.50m，否则应采取措施，以防对人员造成伤害。

5．商业建筑采用自然通风时，其通风开口的有效面积不应小于该房间(楼)地板面积的 1/20。

6．商业建筑基地内应按现行国家标准《无障碍设计规范》GB 50763—2012 的规定设置无障碍设施，并应与城市道路无障碍设施相连接。

无障碍设计要点　　　　　　　　　　　表 2.3.5-2

位置	数量	设置要求
出入口	至少应有 1 处	宜位于主要出入口处
无障碍通道	—	公众通行的室内走道
无障碍厕所	每层至少有 1 处	公共厕所附近
大型商业的无障碍厕所	公共厕所附近设置一个	公共厕所附近
无障碍楼梯	—	供公众使用的主要楼梯

2.3.6　有顶棚的步行商业街

有顶棚的步行商业街设计要求　　　　　　　表 2.3.6

长度	不宜大于 300m，车辆限行的步行商业街长度不宜大于 500m		
宽度	利用现有街道改造的步行商业街，其街道最窄处不宜小于 6m，新建步行商业街应留有宽度不小于 4m 的消防车通道		
两侧建筑		必备要求	其他要求
	相对面最近距离	≥9m	
	建筑为多个楼层	每层面向步行街一侧的商铺均应设置防止火灾竖向蔓延的措施	
	疏散楼梯	靠外墙设置并宜直通室外	确有困难时，可在首层直接通至步行街
	首层疏散	直接通至步行街，任一点到达最近室外安全地点的步行距离≤60m	任一点到达最近室外安全地点的步行距离≤60m
	二层及以上各层疏散	疏散门至该层最近疏散楼梯口或其他安全出口的直线距离不应大于 37.5m	
	挑檐	其出挑宽度不应小于 1.2m	
	连接天桥	各层楼板的开口面积不应小于步行街地面面积的 37%，且开口宜均匀布置	
	回廊	其出挑宽度不应小于 1.2m，各层楼板的开口面积不应小于步行街地面面积的 37%，且开口宜均匀布置	自动喷水灭火系统和火灾自动报警系统

建筑端部	不宜封闭		确需封闭时，应在外墙上设置可开启的门窗，且可开启门窗的面积不应小于该部位外墙面积的一半
顶棚	下檐距地面高度		不应小于 6m
	采用常开式的排烟口		有效面积不应小于步行街地面面积的 25%
	净高		上空设有悬挂物时，净高≥4m
商铺	面积		每间不宜大于 300m²
	隔墙	商铺之间	防火隔墙
		面向步行街一侧	宜采用实体墙
			玻璃防火墙（包括门、窗）
		相邻商铺之间面向步行街一侧	实体墙

2.4　防 火 与 疏 散

设计要点

1. 当营业厅内设置餐饮场所时，防火分区的建筑面积需要按照民用建筑的其他功能的防火分区要求划分，并要与其他商业营业厅进行防火分隔。

2. 商业建筑疏散宽度计算公式为：

疏散宽度＝营业厅建筑面积×人员密度×每百人疏散宽度指标

3. 根据《建筑设计防火规范》GB 50016—2014（2018 年版）中第 5.5.21 条确定人员密度值时，应考虑商店的建筑规模，当建筑规模较小（比如营业厅的建筑面积小于 3000m²）时宜取上限值，当建筑规模较大时，可取下限值。

4. 商业建筑消防与疏散详细内容，见本书"建筑防火设计"章节内容。

3 购物中心建筑设计

3.1 概 述

3.1.1 购物中心分类

国际购物中心协会对购物中心的分类和定义 表 3.1.1

类型	定义	总租赁面积(m²)	占地面积(m²)	典型的主力店		主力店比例[1]	商圈范围[2](m²)
				数量	类型		
邻里购物中心	便利	2790~13940	12140~20240	1个或更多	超市	30%~50%	4830
社区购物中心	日用商品；便利	9290~32520	40470~161880	2个或更多	折扣百货商店、超市、药店、家居装修店、大型专卖店、折扣服装店	40%~60%	4830~9650
区域购物中心	日用商品；时尚用品(一般是封闭式的购物中心)	37160~74320	161880~404700	2个或更多	种类齐全的百货商店、小型百货商店、综合零售商店、折扣百货商店、时尚服装店	50%~70%	8050~24140
超级区域购物中心	与区域购物中心类似，但商品品种和门类更多	74320以上	242820~485640	3个或更多	种类齐全的百货商店、小型百货商店、综合零售商店、时尚服装店	50%~70%	8050~40230
时尚/专卖店	高端、时尚定位	7430~23230	20240~101180	—	时尚店	—	8050~24140
能量中心	以品种取胜的主力店，小租户极少	23230~55740	101180~323760	3个或更多	低价专卖店、家居装修店、折扣百货商店、仓储式会员店、折扣店	75%~90%	8050~16090
主题购物中心/假日购物中心	休闲，定位于旅游、零售与服务	7430~23230	20240~80940	—	餐饮和娱乐店	—	—
直销店购物中心	工厂直销店	4650~37160	40470~202350	—	工厂的直销店	—	40230~120680

注：(1)主力店比例：主力店面积占购物中心可出租总面积的比例。
(2)商圈范围：60%~80%的购物中心销售额来自的区域。

3.1.2　购物中心的规模

购物中心的规模表　　　　　　　　　　　　　　　　表 3.1.2

分类	面积 m²	位置
社区购物中心	≤50000	位于城市区域商业中心
市区购物中心	≤100000	位于城市的商业中心
城郊购物中心	>100000	位于城市郊区

3.2　购物中心的常见形态

常见形态

　　常见形态可分为街道式购物中心、购物公园、专业体验式购物中心和品牌直销购物中心等几大类。

　　1. 街道式购物中心：通过步行道、廊与主、次中庭将若干个主力店连接而形成连续的购物空间。示例如图 3.2-1

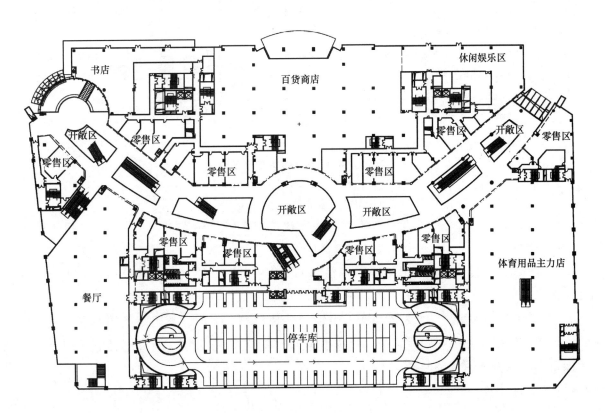

图 3.2-1　某购物中心平面示例

2. 专业体验式购物中心：根据业态构成，可分为多种相近或不同类型的商店组成。例如：某家居购物中心，通过家居生活用品体验馆，选择各类家居用品，再到家居生活用品超市对号取货。购物中心设有停车库、快餐厅等配套功能。示例如图 3.2-2。

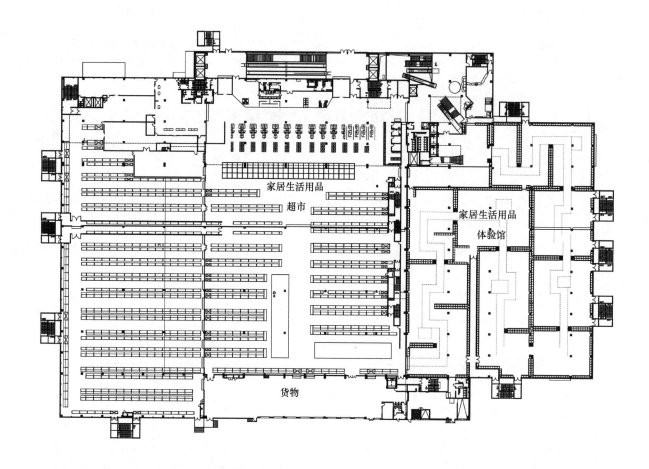

图 3.2-2　某家居专业商店平面示例

3. 购物公园：其公共空间为室外开放空间，更注重室外景观及环境设计等。示例如图 3.2-3。

4. 品牌直销购物中心：如奥特莱斯，由销售品牌过季、下架、断码商品的商店组成。由于奥特莱斯以品牌低折扣率吸引顾客，因此选址偏远，建筑多1~2层。且交通便利，留有足够的地面停车场。示例如图 3.2-4。

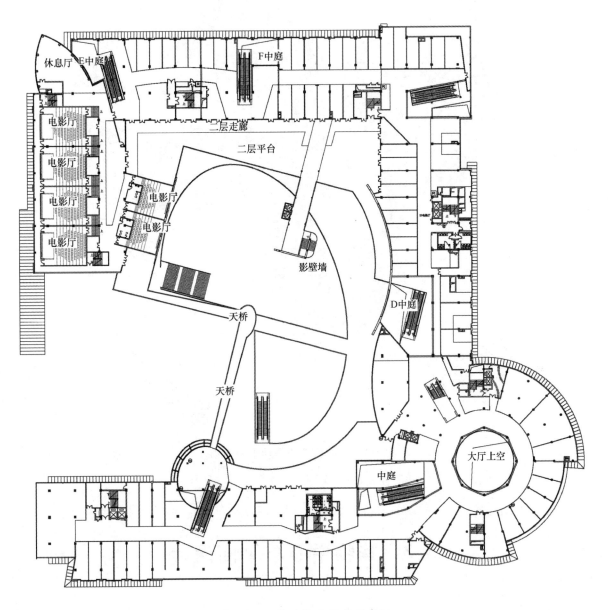

图 3.2-3 某购物公园平面示例

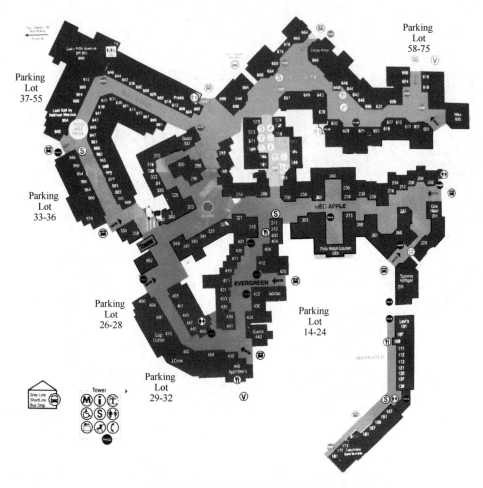

图 3.2-4 纽约奥特莱斯平面示例

3.3 购物中心总平面设计

3.3.1 总平面布置

1. 出入口选择：根据主要人流方向，可达性等设定主入口位置。

2. 商业主体建筑位置：主体建筑与周围建筑的位置、体量、高度关系。

3. 主力店位置：应考虑主力店在主体建筑的位置。

4. 交通、停车规划：商业主体建筑的地面停车场、地下停车库出入口、货物运输通道，等等。详见图 3.3.1。

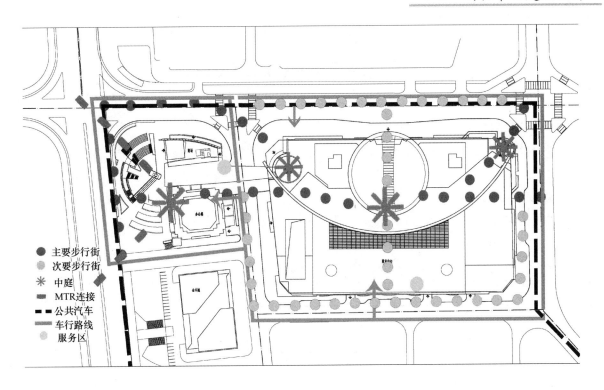

图 3.3.1　某购物中心总平面示例

3.3.2　总体动线组织

1. 外部动线组织：

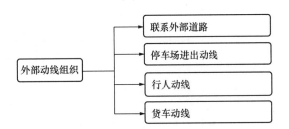

2. 顾客动线组织：

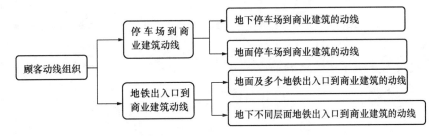

3. 购物动线组织：

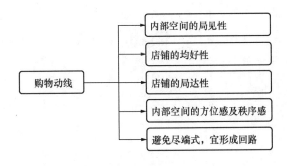

3.4 购物中心建筑设计

3.4.1 购物中心分类

购物中心业态主要包括几大类:百货店、超市、品牌专卖店、餐饮、影院、溜冰场、儿童乐园等。

3.4.2 购物中心公共区

公共区:包括建筑入口空间及中庭、公共区走道及卫生间等。

1)中庭空间的尺度

中庭空间尺度及示例 表 3.4.2-1

类型	尺寸	图 例
方形中庭	24~27m(边长)	
圆形中庭	主中庭 24~33m(直径)	
椭圆形中庭	次中庭 16~24m(直径)	
	25m(短轴)×40m(长轴)	中庭回廊空间示例(mm)

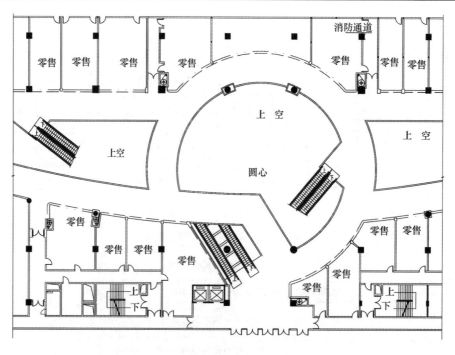

中庭平面示例

2）电梯、垂直电梯、自动扶梯

垂直电梯与自动扶梯数量参考表 表 3.4.2-2

自动扶梯	一部/3000m²
客用电梯	一部/10000m²
货梯	一部/20000m²

3）建筑层高、净高

建筑层高和净高参考表 表 3.4.2-3

	层高（m）	净高（m）
首层	6.0	3.8
二层以上	5.0~5.5	3.6
地下一层商场	5.5~6.0	3.7

4）柱网、开间、进深

常用平面柱网、开间、进深面积参考表 表 3.4.2-4

常用柱网	常用开间×进深	面积（m²）
（9~11）m×（9~11）m	（6~10）m×（8~15）m	48~150

5）商场公共卫生间

（1）卫生间应尽可能分布均匀，且餐饮区附近应设卫生间。

（2）女厕位与男厕位（含小便站位）的比例不应小于2。

（3）卫生间其他配套功能：无障碍厕位、儿童用高低小便器、洗手台；哺乳室；尿布换台；清洗池；工具间；搁物台；干手机等。

（4）商场、超市公共卫生间厕位数：

商场、超市公共卫生间厕位数 表 3.4.2-5

购物面积（m²）	男厕位（个）	女厕位（个）
500 以下	1	2
501~1000	2	4
1001~2000	3	6
2001~4000	5	10
≥4000	每增加 2000m² 男厕位增加 2 个，女厕位增加 4 个	

（5）饭馆、咖啡店等餐饮场所公共卫生间厕位数：

饭馆、咖啡店等餐饮场所公共卫生间厕位数 表 3.4.2-6

设施	男	女
厕位	50 座位以下至少设 1 个；100 座位以下设 2 个；超过 100 座位每增加 100 座位增设 1 个	50 座位以下设 2 个；100 座位以下设 3 个；超过 100 座位每增加 65 座位增设 1 个

（6）洗手盆数量设置要求：

洗手盆数量设置要求 表 3.4.2-7

厕位数（个）	洗手盆数（个）	备注
4 以下	1	1）男、女厕所宜分别计算，分别设置；
5~8	2	2）当女厕所洗手盆数 $n \geq 5$ 时，实际设施数 N 应按下式计算：$N = 0.8n$
9~21	每增 4 个厕位增设 1 个	
22 以上	每增 5 个厕位增设 1 个	

3.4.3 购物中心营业区

营业区：包括购物空间、餐饮空间、娱乐空间、银行服务空间等。

1) 百货店：常见的百货店是以经营日用工业品为主综合性零售商店，另一类是作为购物中心的一大主力店，包括化妆品、服装、家电、运动品牌、美食广场等。

表 3.4.3-1

类型	面积	柱距	净高
百货店	8000～20000m²	8～10m	3.4～4m

百货品类常见组合示例：

常见百货品类组合表　　　　表 3.4.3-2

所在层	类型
B2层	超市、美食广场、食品、车库等
B1层	女装、饰品、杂货、牛仔等
1层	化妆品、女鞋、女包、珠宝首饰、钟表眼镜等
2层	少（淑）女服饰、杂货、饰品配件等
3层	淑女装、女士内衣
4层	绅士服装、衬衣、领带配件、男士内衣等
5层	运动、休闲、高尔夫、家居、儿童服饰用品
6层	家电等
7层	美食广场、娱乐

2) 超市：超市品类多样，包括精品超市、普通超市、大型超市等；是购物中心的主力店之一。

超市基本设置　　　　表 3.4.3-3

类型		面积	柱距	净高	备注
超市	精品超市	2500～3000m²	8～10m	3.4～4m	货梯：两层以上3t货梯 专用卸货区：≥500m² 多层：设置至少两部12°自动步道
	普通超市	≤6000m²			
	大型超市	6000～15000m²			

超市购物通道基本尺寸　　　　表 3.4.3-4

尺寸（m）	图示（mm）
最小购物通道：1.5～1.7 次购物通道：1.6～2.0	
购物主通道：2.5～3.05 机械上货购物通道：2.4	

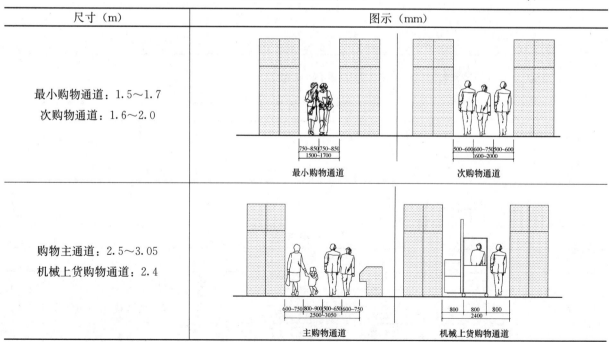

超市购物通道的最小净宽   表 3.4.3-5

通道位置		最小净宽（m）	
		不采用购物车	采用购物车
通道在两个平行货架之间	靠墙货架长度不限 离墙货架长度小于 15m	1.5	1.8
	货架长≤15m	2.2	2.4
	货架长 15～20m	2.8	3.0
与货架相垂直通道	通道长小于 15m	2.4	3.0
	通道长＞15m	3.0	3.6
货架与闸口之间		3.8	4.2

3）电影院：多厅影院正逐步取代传统的独立单厅影院，成为购物中心的主力店之一。示例如图 3.4.3-1。

表 3.4.3-6

类型		座位数	面积	净高
多厅影院	IMAX	≥300 座	≥400m²	≥15m
	大厅	200～300 座	320～400m²	≥12m
	中厅	100～200 座	250～320m²	≥8m
	小厅	60～100 座	180～250m²	≥6m

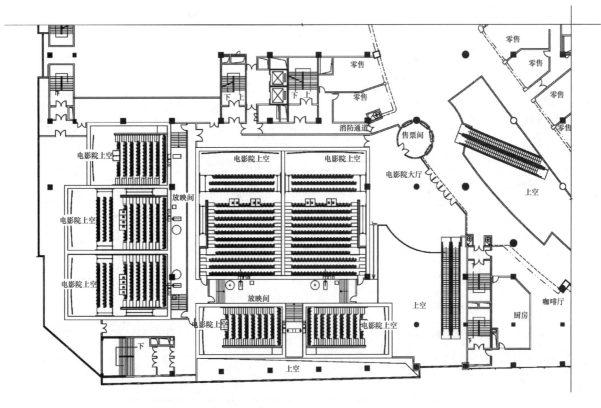

图 3.4.3-1 多厅影院平面示例

4）溜冰场：包括冰场，服务用房（接待台、换鞋处、储物柜、洗手间、冰鞋租借），管理用房及辅助设备用房等;是大型购物中心的主力店之一。示例如表 3.4.3-7 及图 3.4.3-2。

表 3.4.3-7

类型	尺寸(长×宽,m)	面积(m²)	净高(m)
标准比赛冰场	60×30	1800	≥8
休闲型冰场	56×26	1450	≥5

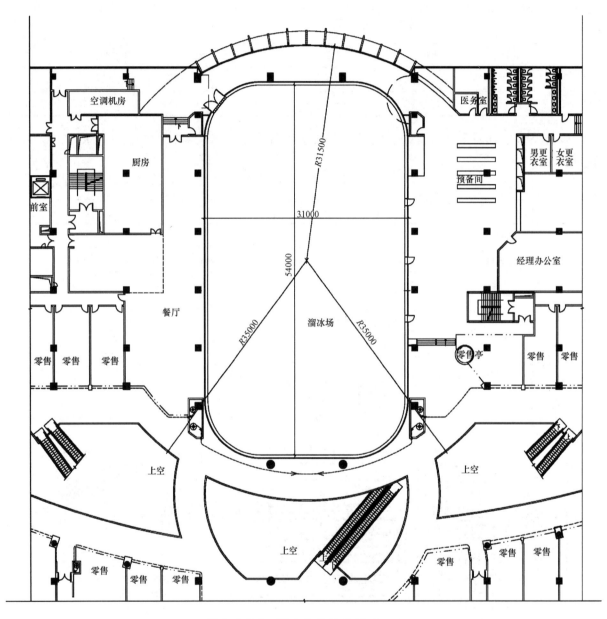

图 3.4.3-2 溜冰场平面示例 (mm)

5) 美食广场:许多摊点分布在中心座椅区周围,采取统一收银和结算的方式。是占据较大租用面积的主力店。

表 3.4.3-8

类型	面积(m²)	净高(m)	层数
大型	4000~7000	≥3.6	顶层或地下层
普通	2000~2500	≥3.6	顶层或地下层

3.4.4 辅助部分

1. 卸货区：可设在地面或在地下。设在地下时，应考虑足够的卸货坡道宽度及坡度。

2. 送货区：合理确定送货流线，考虑货梯的布置和选择。

表 3.4.4

类别	卸货平台	坡道		货梯		
		宽度	坡度	梯载	门宽	速度
卸货区	$h=0.8\sim1.2m$	8～10m	1：10			
送货区				＞2t	＞1.5m	0.6m/s

3. 后勤用房：商场办公、员工食堂、商场员工打卡、卫生间、更衣室、自行车库等。应避免商场员工与顾客流线的交叉。

4. 设备用房：商场设备用房一般布置在地下层，并结合地下商场空间综合考虑层高。

3.5 购物中心的交通配置

3.5.1 轨道交通

购物中心结合地铁轨道交通布局，以此吸引大量的购物人流。

轨道交通布置方式：

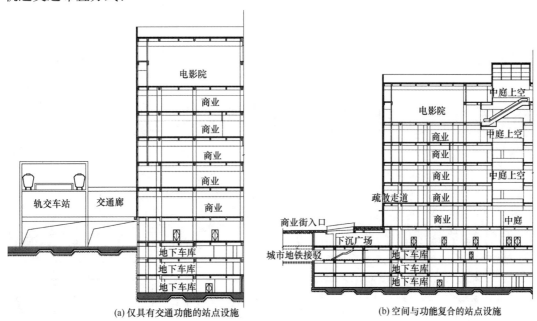

图 3.5.1 轨道交通布置方式

3.5.2 停车库配置

购物中心停车位配置参考值   表 3.5.2

城市	商业车位/1000m²				面积/单位车位
	商场	餐饮	影院	平均值	
深圳	20	10	6.25	12	40～48m²
北京	7	6.5	7.5	7	
上海	7.5	2.5	6.25	5.4	

3.5.3 停车库位置

1）地面停车：地面停车造价低，停车直接、方便。大多用于设在城市郊区占地面积大的购物中心。

2）地下停车：广泛用于城市中心及用地紧张的大型购物中心。优点：节约城市地面用地，充分利用地下空间。缺点：停车者购物不够便利。

3）楼面停车：楼面停车是附建在购物中心主体一侧的多层立体停车库。停车者可以直接进入各层购物空间。楼面停车解决了地面及地下停车的诸多缺陷，楼面停车可结合购物空间的层高做成夹层，并能自然通风采光，方便停车者购物，提高了购物中心的档次。是近年来高端购物中心采用的停车模式之一。

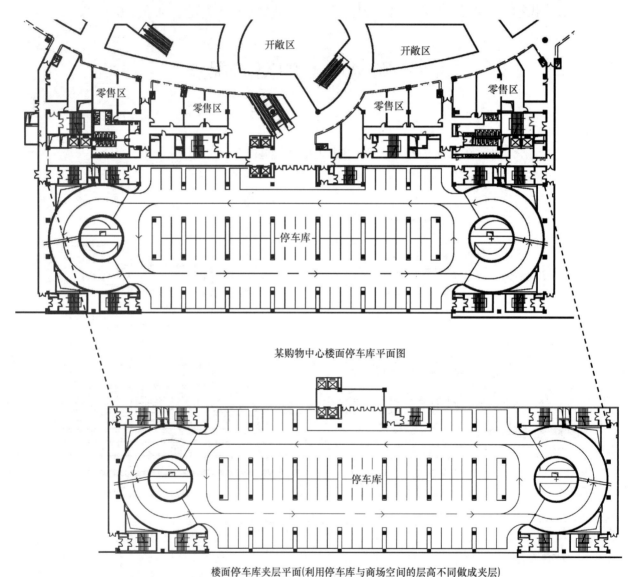

某购物中心楼面停车库平面图

楼面停车库夹层平面(利用停车库与商场空间的层高不同做成夹层)

图 3.5.3 某购物中心停车库示例

3.6 购物中心无障碍设计

无障碍实施范围及部位 表 3.6

实施范围	实施部位	备注
购物中心	1. 主要入口、门厅、大堂	宜设无台阶入口
	2. 客用楼梯和电梯	设无障碍电梯
	3. 营业区、自选区	方便乘轮椅者通行、购物
	4. 公共区	方便轮椅到达
	5. 卫生间	含无障碍厕位

3.7 防火与疏散设计

3.7.1 防火与疏散

1. 防火分区面积限值

防火分区面积限值（m²） 表 3.7.1-1

类别	耐火等级	每个防火分区允许建筑面积（设置自动灭火系统时最大允许建筑面积）	
商场	一级	设在地下、半地下	2000
	一、二级	设在单层建筑内或仅设在多层建筑的首层	10000
		设在高层建筑内	4000
		营业厅内设置餐饮时餐饮部分按其他功能进行防火分区且与营业厅间设防火分隔	
		不应设在地下三层及以下楼层	
地下商业	一级	总建筑面积>20000m² 时	（1）应采用防火墙（不能开门窗）及耐火极限≥2h 的楼板，分隔为多个建筑面积≤20000m² 的区域； （2）相邻区域局部水平或竖向连通时，应采取下沉式广场、防火隔间、避难走道、防烟楼梯间等措施进行连通
电影院	一、二级	设在单层，多层建筑内	2500（5000）
		设在高层建筑内	1500（3000）
	一级	设在地下或半地下室内	500（1000）
		不应设在地下三层及以下楼层	

备注（电影院）：观众厅布置在四层及以上楼层时，每个观众厅 $S \leqslant 400$（400）

2. 防火分隔措施

防火分隔措施

表 3. 7. 1-2

分隔措施	防火要求			设置要求
防火墙	防火墙≥3h			防火分区隔墙; 疏散走道两侧隔墙; 楼梯间和前室的墙,电梯井的墙
防火门	甲级防火门≥1.5h			在防火分区处应设置甲级防火门
防火卷帘	1) 按材质可分为钢质、复合、无机等; 2) 防火卷帘≥3h			在设置防火墙确有困难的场所可设置防火卷帘
防火玻璃	耐火极限和耐火完整性应≥1h			• 防火玻璃最大优点在于其透明性与通透性,是常见的防火分隔; • 不能作为防火墙使用
防火隔间	建筑面积应≥6m²			防火隔间可作为两个20000m²防火分区的连通口部及相邻两个独立使用场所的人员通行使用
	门——甲级防火门(主要用于连通用途,不能作为火灾时安全疏散用)			
	防火隔墙上两个门的最小间距应≥4m			
	室内装修材料燃烧性能等级应为A级			
	通向防火隔间的门不应计入安全出口的数量和疏散宽度			
下沉广场	室外开敞空间的开口最近边缘之间的水平距离S	建筑面积≥20000m²	S≥13m	主要用于将大型地下商场分隔为多个相对独立的区域; 一旦某个区域着火且失控时,下沉广场能防止火灾蔓延至其他区域
	室外开敞空间用于人员疏散的净面积	应≥169m²(不包括水池、景观等面积)		
	直通地面的疏散楼梯	楼梯数量	≥1部	
		总净宽度	≥任一防火分区通向室外开敞空间的设计疏散总净宽度	
	禁止布置其他设施	不能布置任何经营性商业设施或其他可能引起火灾的设施物体		
	设置防风雨篷时	不应完全封闭,应能保证火灾烟气快速自然排放		
		四周开口部位应均匀布置,开口面积≥室外开敞面积地面面积的1/4,开口高度≥1m		
		开口设置百叶时,其有效排烟面积应=百叶通风口面积的60%		

分隔措施	防火要求		设置要求
避难走道	直通地面的安全出口	服务于多个防火分区：应≥2个	用于解决平面面积过大，疏散距离过长或难以设置直通室外的安全出口问题
		服务于1个防火分区：可只设1个（防火分区有1个）	
	走道净宽	应大于等于任一防火分区通向走道的设计疏散总净宽度	
	防烟前室	防火分区至避难走道入口处应设置防烟前室，使用面积应≥6m²	
中庭	中庭与周围相连空间的防火分隔	采用防火隔墙(耐火极限≥1h)	中庭是在建筑内部贯通上下楼层，并营造出室内共享空间
		采用防火玻璃墙，其耐火隔热性和耐火完整性应≥1h	
		采用非隔热性防火玻璃墙，应设置自动灭火系统	
		采用防火卷帘(耐火极限≥3h)	
	与中庭相连通的房间、过厅、通道的门窗	采用火灾时能自行关闭的甲级防火门窗	
	高层建筑的中庭回廊	应设置自动喷水灭火系统和火灾自动报警系统（多层建筑的中庭回廊不用设置）	
	中庭内不应布置可燃物		
	中庭应设置排烟设施（机械排烟）		

3.7.2 购物中心安全疏散

安全出口的布置

1. 通往室内安全区域的安全出口

• 通往疏散楼梯的安全出口：

疏散楼梯模式选用表 表 3.7.2-1

	分类		楼梯间形式
地上	多层		封闭
	高层	<32m的二类	封闭
		一类、>32m的二类	防烟
地下	与地面出入口地面的高差 ΔH≤10m		封闭
	与地面出入口地面的高差 ΔH>10m		防烟

• 通往避难走道的安全出口：

当建筑平面面积过大，靠外墙的疏散楼梯无法满足疏散距离的要求时，可通过设置避难走道方式解决。

2. 通往室外安全区域的安全出口

• 通往室外的疏散门是最常见的通往室外的安全出口。

• 当下沉广场布置有疏散楼梯直通首层室外地面时,其所开设的疏散门可视为有效的安全出口。

3. 疏散宽度计算

商场百人疏散宽度指标 K_2 表 3.7.2-2

建筑层数		百人疏散宽度指标 K_2(m/百人)
地上楼层	1～2 层	0.65
	≥3 层	0.75
	4 层	1.00
地下楼层	与地面出入口地面的高差 $\Delta H \leqslant 10m$	0.75
	与地面出入口地面的高差 $\Delta H > 10m$	1.00

商场营业厅疏散人数换算系数(人/m²) 表 3.7.2-3

商场所在建筑层数	地上商场				地下商场
	1～2 层	3 层	4 层及以上各层	地下 1 层	地下 2 层
人员密度	0.43～0.60	0.39～0.54	0.30～0.42	0.60	0.56

注:防火及疏散,详见本书"建筑防火设计"章节内容。

4　影剧院建筑设计

4.1　剧院类型、规模、等级划分

按演出类型划分：歌（舞）剧院；戏（话）剧院；音乐厅；多功能厅。
按舞台类型划分：镜框式台口舞台；突出式舞台；岛式舞台。
按经营性质划分：专业剧场、综合剧场。
按规模进行划分：

		剧院规模分类表（人）			表 4.1
规模分类	特大型	大型	中型	小型	规范依据
观众容量	>1500	1201～1500	801～1200	300～800	《建筑设计资料集》第三版
适用剧种	歌（舞）剧院（宜控制 1800 以内）		戏（话）剧院		第四册"演艺建筑概述"

4.2　剧院功能分区及流线设计

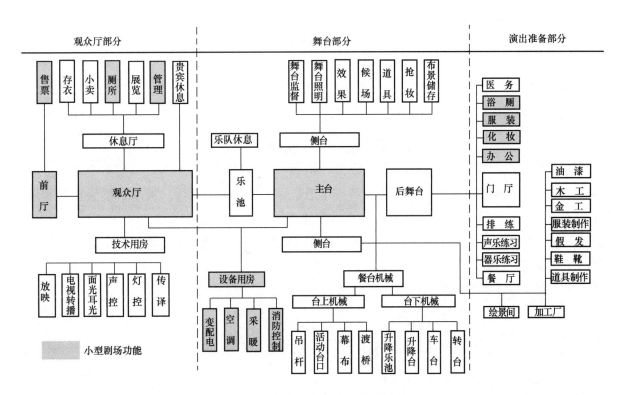

图 4.2　剧院功能分区及流线设计

流线设计：观众流线（车行、步行、无障碍）、演职员流线、后勤流线、货运（道具）流线、VIP 流线。

4.3 总平面设计

4.3.1 临接道路：剧场基地应至少有一面临接城市道路，或直接通向城市道路的空地。临接的城市道路可通行宽度不应小于剧场安全出口宽度的总和，并应符合下列规定：

按等级分类剧院临接的城市道路可通行宽度表 　　　　　　　　　　　表 4.3.1

剧场规模	特大型及大型	中型	小型
临接的城市道路可通行宽度	15m	12m	8m

4.3.2 总平面的设计应符合下列规定：

表 4.3.2

类别	要求	规范依据
基地	至少有一面临接城市道路，或直接通向城市道路的空地；临接的城市道路的可通行宽度不应小于剧场安全出口宽度的总和 沿城市道路的长度应按建筑规模或疏散人数确定，并不应小于基地周长的 1/6 应至少有两个不同方向的通向城市道路的出口 主要出入口不应与快速道路直接连接，也不应直接面对城市主要干道的交叉口	《剧场建筑设计规范》JGJ 57—2016，第 3.1.2 条
剧场建筑主要入口前的空地	剧场建筑从红线的退后距离应符合当地规划的要求，并应按不小于 0.2m²/座留出集散空地 绿化和停车场布置不应影响集散空地的使用，并不宜设置障碍物	《建筑设计资料集》第三版第四册"演艺建筑基地总平面"
总平面道路设计	应满足消防车及货车通行要求，道路净宽及净高不应小于 4m	
剧院与其他建筑毗邻修建时	应在剧场后侧或侧面另辟疏散口，连接通道宽度不小于 3.5m	

4.3.3 出入口：大型及特大型的各类流线（观众、演员、VIP、媒体、货运、布景）出入口应分开设置，做到流线互不干扰。布景运输车辆应能直接到达景物出入口。

4.3.4 配建车位：配建车位按每百座主厅 10～20 辆考虑（包括观众、VIP、演职员等，具体仍需满足项目所在地规范要求）。

4.3.5 用地指标：各等级剧场用地指标详见表 4.9。

4.4 剧院前厅及休息厅

4.4.1 面积指标：各等级剧场前厅、休息厅面积指标详见表 4.9。

4.4.2 卫生间：前厅及休息厅卫生间卫生器具指标：

前厅及休息厅卫生间卫生器具指标表 表4.4.2

类别	男			女		附注
	大便器	小便器	洗手盆	大便器	洗手盆	
指标（个/座）	1/100	1/40	1/150	1/25	1/150	男∶女=1∶1

4.4.3 存衣处：北方地区应设存衣处，南方地区可根据气候特征考虑设置。衣物存放面积不应小于0.04m²/座。

4.5 剧院观众厅及舞台

4.5.1 观众厅与舞台：观众厅与舞台的关系

根据观演关系组织平面、剖面，确定舞台形式；根据表演特点、声源特性确定观众席形式。

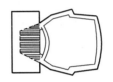

镜框式舞台：适合大、中型歌舞剧、戏剧及多用途剧场。大型剧场应有完善的扩声系统，作音乐演出时应设舞台声反射罩。可将乐池升到舞台面高度，成为大台唇式舞台。

表演区 ▰
观众区 ☐

伸出式舞台：观众席三面围绕舞台，观演关系密切，直达声能较强，常被多用途剧场采用。
剧场一般应有完善的扩声系统。

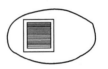

中心式舞台：观众四面围绕舞台，观众席容量大，可有效组织空间声反射系统，视听条件好。
适宜现代剧，特别适宜音乐演出，但对舞台灯光要求较高。

图4.5.1

4.5.2 观众厅设计

4.5.2.1 观众厅平面设计

观众厅的平面形式，应根据观众容量、视线平面要求及建筑环境进行组合。中小型剧场不宜设置楼座，应提高视线差、增强直达声。设楼座的观众厅，应控制楼座及楼座下池座空间的高度与深度比值。

观众厅平面形式 4.5.2.1

平面形式	特　点	图　示
矩形平面	体型简洁，结构简单，观众厅空间规整，侧墙早期反射声声场分布均匀，提高了声音的亲切感和清晰度；当观众厅宽度较大（≥30m）时，观众厅前、中区缺少侧向早期反射声及早期反射声易被观众面吸收，音质效果变差；一般矩形平面，观众视角较正、部分观众视距较远，是中、小型剧场或音乐厅常用的平面形式；窄矩形为音乐厅常用平面，此种平面的剧场，宜不设楼座	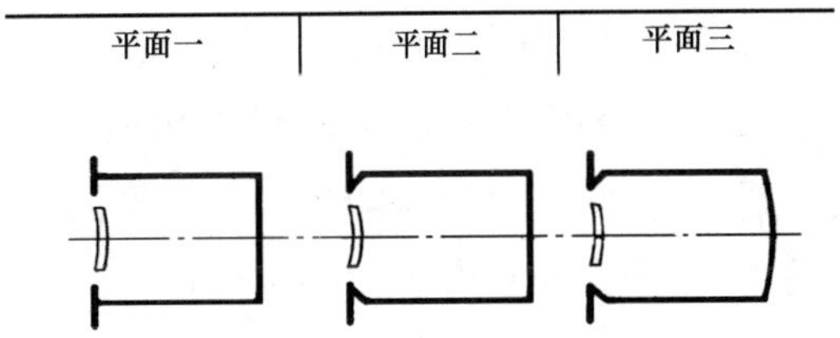 平面一　平面二　平面三

平面形式	特 点	图 示
钟形平面	保留了矩形平面结构简单和侧向早期反射声均匀的特点，减少了舞台两侧的偏座，并可适当增加视距较远的正座，为一般大、中型剧场常用的平面形式，大型剧场一般增设一、二层楼座	
扇形平面	有较好的水平视角和视距条件，可容纳较多的观众，大、中型剧场常采用此种平面；侧墙与中轴线的夹角越小，观众厅中前区越能获得较多的早期反射声；侧墙设计为锯齿形时，有利于侧墙早期反射声声场分布均匀	
多边形平面	各种六角形或多边形平面，是在扇形平面的基础上去掉后部偏坐席，增设正后坐席以改善视觉质量；六角形或多边行平面使早期反射声分布均匀，声场扩散条件较好；为使池座中、前区得到短延时反射声，应控制观众厅宽度和前侧墙张角	
曲线行平面	这类平面为对称曲线形，有马蹄形、卵形、椭圆形、圆形及其各种变形；这类平面形式具有较好的视角和视距，观众厅宽度较大时有略多的偏角座位；此类平面，应有良好的音质设计，以避免若干声学缺陷的出现和促使声场扩散	
设楼座平面	各种观众厅的平面形式，均可设置楼座，成为大、中型剧场空间观众席的组织形式；剧场设有楼座，可使楼座观众具有较短的视距，能充分利用侧墙的早期反射声能，并可容纳较多观众；设有楼座的观众厅，其宽度不宜过大，以期观众厅前、中部有一定的早期反射声；为增加观众席的容量，可设置二、三层楼座，并可附设侧墙及后墙包厢；包厢的设置，有利于混响声场的扩散	

4.5.2.2 观众厅剖面设计、顶棚设计

观众厅剖面形式与平面形式相适应。当平面形式有明显缺陷时，剖面设计应当予以适当调整。平面、剖面设计应同时进行。剖面形式应与剧场使用要求相适应，特别是音乐厅剖面设计时与平面设计一样具有更大的灵活性。

观众厅顶棚，一般根据自然声源的早期反射声要求与建筑艺术的要求进行设计。大中剧场以电声为主时，需对电声设计时易出现的声学缺陷处（如观众厅后墙）进行调整设计。

多功能厅用自然声演出时，应重视顶棚早期反射声与舞台声反射罩的设计，以形成早期反射声系统。特别是需要较长混响时间的音乐厅，顶棚设计一般采用分层形式（即在观众厅顶棚下加设声学反射面）设置楼座的观众厅，楼座上下层的高深比不宜过小。楼座下空间的高深比≥1：(1.2～1.5)；楼座上部空间的高深比不宜小于1：2.5。

1. 观众厅剖面形式

table

表 4.5.2.2-1

剖面形式	特　点	图　示
跌落式（散座式）	在观众席坡度较大的观众厅剖面中，前部或前中部观众席处于栏板围护之中，丰富了观众席的组织形式，改善了前、中区观众席早期声反射条件；为了提高视听质量，观众席的视高差值一般定得较大，栏板也有较大的高度；这类剖面形式，一般被中、小型剧场或多用途剧场采用	平面 / 剖面一 / 剖面二 ①
沿边挑台式	观众席具有一层或更多层沿边挑台以增加观众席容量，但偏座或俯角较大的楼座坐席较多；这类剖面形式，挑台较浅，挑台下部观众席有较多的直达声和早期反射声以改善音质；大、中型剧场或歌舞剧场多采用此种剖面形式以缩短视距	②
挑出式楼座	较多剧场采用此类平面；此类剖面大多为单层楼座，有较多正视观众席；增设楼座，可增加观众容量和缩小视距，但易将观众区分成几个空间；应控制楼座上、下空间的高深比以改善视听质量；具有完善扩音系统的观众厅中，扩音系统提高了声音的清晰度，密切了观演关系，改善观演音质	③
包厢式楼座	楼座带有包厢或包厢式楼座可丰富观众厅的空间形式、增加观众厅声扩散；包厢内声学设计得当，应与平面共同设计	④⑤

2. 观众厅顶棚形式

观众厅顶棚形式是观众厅音质设计、面光桥、观众厅照明及建筑艺术的综合，是音质设计重要的组成部分。

表 4.5.2.2-2

顶棚形式	特 点	图 示
声反射式顶棚	根据几何声学早期反射声原理设计顶棚；在以自然声为主的厅堂中，常采用此手法，无楼座剧场易实现	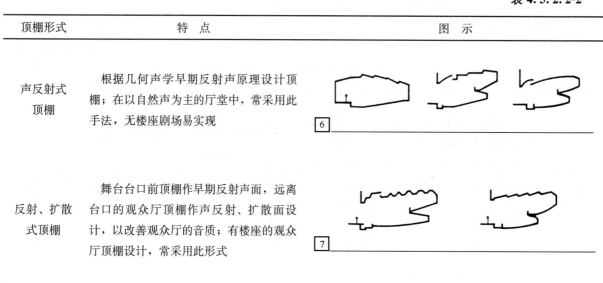
反射、扩散式顶棚	舞台台口前顶棚作早期反射声面，远离台口的观众厅顶棚作声反射、扩散面设计，以改善观众厅的音质；有楼座的观众厅顶棚设计，常采用此形式	
空间声反射体形式	在需要混响时间较长、观众厅体积较大的厅堂内，常设置空间反射体（亦称浮云式反射板）以弥补顶棚早期反射声的不足和缩短早期反射声的延迟时间；音乐厅常采用此种形式；现代多用途剧场观众厅也常采用；空间声反射体形式较多，可为观众厅空间设计带来丰富多彩的形式	

3. 装修材料的燃烧性能等级

表 4.5.2.2-3

部位	材料	最低燃烧性能等级（耐火极限）	备注
观众厅内	坐席台阶结构部分	A	
观众厅、疏散通道、吸烟室	顶棚材料	A	
	墙面、地面	B1	如在地下均为 A 级
观众厅	吊顶内吸声保温材料、检修马道、银幕架、扬声器支架、所有龙骨材料	A	
	银幕及所有幕帘	B1	如在地下均为 A 级
	隔墙/楼板	2.0h/1.5h	
放映机房	顶棚	A	
	墙面、地面	B1	如在地下均为 A 级
吸烟室			

4.5.2.3　观众厅视线设计

1. 视线设计要点：看得见，看得清，看得全，看得舒服。

1）看得见视线要求：观众之间无遮挡；台口前缘无遮挡；栏杆、楼座挑台无遮挡；其他凸出物无遮挡（如图 4.5.2.3-1）。

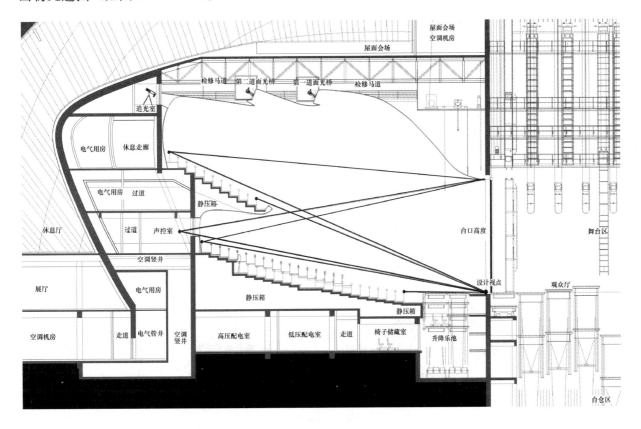

图 4.5.2.3-1

2）看得清视线要求：

正常视力能看到最小尺寸或间距等于视弧上 1′，称谓最小明视角，换算成空间度量，在 33m 处可看清 10mm 的物体。

观众席对视点的最远视距，歌舞剧场不宜超过 33m；话剧、戏剧场不宜大于 28m；岛式舞台剧场不宜大于 20m。

3）看得舒服的视角要求：

一般人的水平视角为 30°～40°，舒适转动眼球后为 60°，舒适转动头的视野可达 120°；

一般人的垂直视角 30°（俯角、仰角各 15°），转动眼球后为 60°；

镜框式舞台观众视线最大俯角，楼座后排不宜大于 20°；

靠近舞台的包厢或边楼座不宜大于 35°；

伸出式、岛式舞台剧场俯角不宜大于 30°；

偏座水平控制角 θ 应在 48°以内。

4）看得全的视线要求：视线设计应使观众能看到舞台面表演区的全部。当受条件限制时，也应使视觉质量不良的坐席的观众能看到 80％表演区。以天幕的中心与台口相切的连线的夹角来控制偏座区，应大于 45°。

2. 设计视点：根据舞台类型选择设置设计视点。

镜框式舞台视点大幕投影线中点（如图4.5.2.3-2所示），大台唇式、伸出式舞台剧场应按实际需要，将设计视点相应适当外移；岛式舞台视点应选在表演区的边缘或舞台边缘2～3m处；当受条件限制时，设计视点可适当提高，但不得超过舞台面0.3m；向大幕投影线或表演区边缘后移，不应大于1m。

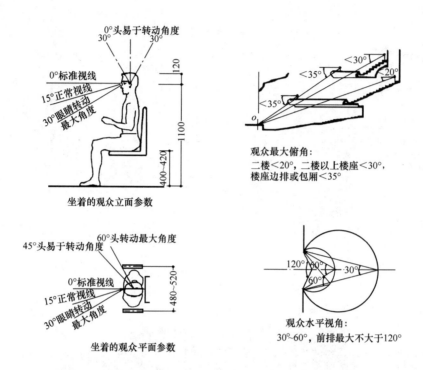

图 4.5.2.3-2

舞台高度：应小于第一排观众眼高，镜框式台口舞台在0.6～1.10m范围，突出式及岛式舞台在0.15～0.6m范围。

允许部分遮挡设计：错位排座，隔排升起0.12m，如图4.5.2.3-5(a)。

无障碍视线设计：平行排座，每排升起0.12m，如图4.5.2.3-5(b)。

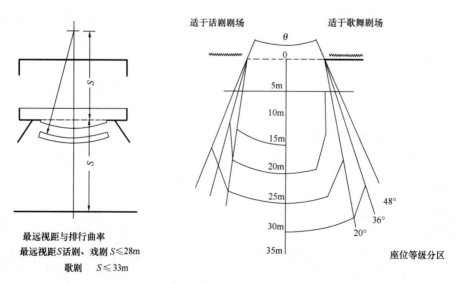

图 4.5.2.3-3

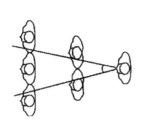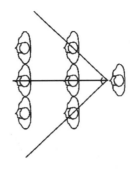

图 4.5.2.3-4

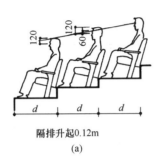

隔排升起0.12m

(a)

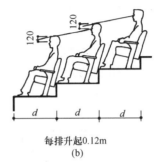

每排升起0.12m

(b)

图 4.5.2.3-5

3. 地面升级坡度设计：

1）图解法

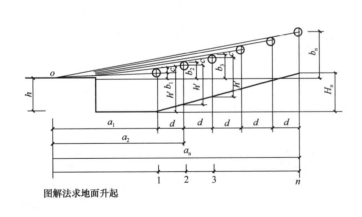

图解法求地面升起

o——设计视点

a——第一排观众眼睛距设计视点距离

a_n——第n排观众眼睛距设计视点距离

b_1——第一排观众眼睛与舞台面高差

b_n——第n排观众眼高与舞台面高差

h——舞台面高

h'——观众眼睛距地面高差

c——视线升高差=0.12m

d——排距

f——相邻两升起点距离，可等于排距或排距的整倍数

H_n——第n排地面与第一排地面高差

2）相似三角形

根据公式(1)、(2)逐排计算，列表。

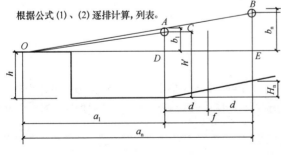

$\triangle OAD \sim \triangle OBE \quad OD:OE=AD:BE \quad a_1:a_2=(b_1+c):b_2$

$b_2=\dfrac{a_2}{a_1}(b_1+c) \quad b_n=\dfrac{a_n}{a_{n-1}}(b_{n-1}+c)$ ·················· (1)

$H_n=b_n+h-h'=b_n-b_1$ ·················· (2)

所求排	a_n	$\dfrac{a_n}{a_{n-1}}=K_n$	$b_{n-1}+c=P_n$	$K_n P_n=b_n$	$b_n-b_1=H_n$
1	a_1			b_1	$H_1=0$
2	a_2	$\dfrac{a_2}{a_1}=K_2$	$b_1+c=P_2$	$K_2 \cdot P_2=b_2$	$b_2-b_1=H_2$
3	a_3	$\dfrac{a_3}{a_2}=K_3$	$b_2+c=P_3$	$K_3 \cdot P_3=b_3$	$b_3-b_2=H_2$
n	a_4	$\dfrac{a_n}{a_n+1}=K_n$	$b_n+c=P_n$	$K_n \cdot P_n=b_n$	$b_n-b_{n-1}=H_2$

图 4.5.2.3-6

3）其他计算方式：有横通道时升起计算方式、直接求任意排高度计算方式、分组折现法、微积分图解法等。

4.5.2.4 观众厅座椅设计

1. 各等级剧院的每座面积详见后表（注大台唇舞台、伸出式舞台、岛式舞台不计入舞台面积）。

2. 剧场均应设置有靠背的固定座椅，小包厢座位不超过 12 个时可设活动座椅。座椅扶手中距，硬椅不应小于 0.5m；软椅不应小于 0.55m；VIP 宜用双扶手座椅，中距 0.6m。

3. 座椅宽度设计要求见下表：

表 4.5.2.4-1

扶手至扶手中线距离	硬质座椅	软质座椅	VIP （宜用双扶手座椅）	规范依据
座椅扶手中距	0.5m²	0.55m²	0.6m²	《剧场建筑设计规范》JGJ 57—2016，第5.2.4条

4. 座椅排列方式及对应的座位、走道设计要求（规范依据：《剧场建筑设计规范》JGJ 57—2016，第5.2、5.3条）：

表 4.5.2.4-2

		短排法	长排法	备注
每排座椅排列数目（个）	座椅双边走道	22	50	短排法在每排超过限额时，每增加一座位，排距增大25mm
	座椅单边走道	11	25	
排距 （m）	硬质座椅	0.80	1.00	
	软质座椅	0.90	1.10	
	VIP	1.05		
椅背到后面一排最突出部分的水平距离（m）		0.30	0.50	
*走道宽度 （m）	边走道	0.80	1.20	
	纵走道	1.10		
	*横走道及后墙走道	1.10	1.20	
无障碍座椅	观众席应预留轮椅坐席，且坐席深度不应小于1.10m，宽度不应小于0.80m，位置应方便行动障碍者入席及疏散，并应设置国际通用标志；轮椅座位的设计及轮椅坡道应按《无障碍设计规范》GB 50763—2012 的相关要求执行			

注：(1) 台阶式地面排距应适当增大。

(2) 短排法：椅背到后面一排最突出部分的水平距离不应小于 0.30m。

(3) 排距：靠后墙设置座位时，楼座及池座最后一排座位排距应至少增大 0.12m。

*走道宽度：应按人数计算，最小宽度不得小于表中数值。

*横走道：宽度是除排距尺寸以外的通行净宽度。

5. 观众厅走道设计要求：

表 4.5.2.4-3

走道类别	要求	规范依据
池座前排走道	对于池座首排座位，除排距外，与舞台前沿之间的净距不应小于 1.50m，与乐池栏杆之间的净距不应小于 1.00m；当池座首排设置轮椅坐席时，至少应再增加 0.50m 的距离	《剧场建筑设计规范》 JGJ 57—2016，第 5.3 条
观众厅纵走道	坡度大于 1∶10 时，应做防滑处理	
	坡度大于 1∶8 时，应做成高度不大于 0.20m 的台阶	
	铺设的地面材料燃烧性能等级不应低于 B1 级材料，且应固定牢固	
疏散走道、坡道及台阶	应设置地灯或夜光装置	

6. 观众厅栏杆及防护设计要求

表 4.5.2.4-4

类别	要求	规范依据
大高差坐席区域	坐席地坪高于前排 0.50m 以及坐席侧面紧临有高差的纵向走道或梯步时，应在高处设栏杆，且栏杆应坚固，高度不应小于 1.05m，并不应遮挡视线	《剧场建筑设计规范》 JGJ 57—2016，第 5.3 条
楼座区域	楼座前排及楼层包厢栏杆不应遮挡视线，高度不应大于 0.85m，下部实体部分不得低于 0.45m	
	设在二层以上楼座栏杆，可在不遮挡视线的前提下适当提高栏杆高度	《建筑设计资料集》（第三版）第四册"演艺建筑观众厅"
	在纵走道对面应设置临空防护栏杆，或将楼座栏杆局部加高，参考高度为 1.05～1.20m，并不得遮挡视线	

7. 楼座前排栏杆和楼层包厢栏杆高度不应遮挡视线，不应大于 0.85m，并应采取措施保证人身安全，下部实心部分不得低于 0.40m。

各类剧种观众厅最大容积表	表 4.5.2.4-5
无扩声系统最大容积	
剧场种类	最大允许容积（m³）
话剧、戏剧场	6000
歌舞剧场	10000
音乐厅（独唱、独奏）	10000
音乐厅（交响乐）	25000

各类剧种观众厅每座体积表	表 4.5.2.4-6
观众厅每座容积	
剧场种类	m³/座
话剧、戏剧场	3.5～5.5
歌舞剧场	4.7～7.0
音乐厅	6.0～10.0

各类剧种混响时间及其频率特性表　　　　　表 4.5.2.4-7

剧场种类	T60（S）500～1000Hz	125Hz	250Hz	500Hz	1000Hz	2000Hz	4000Hz
话剧场	0.9～1.2	1.0～1.1	1.0	1.0	1.0	1.0	0.9～1.0
戏剧场	1.0～1.4	1.0～1.2	1.0～1.1	1.0	1.0	1.0	0.9～1.0
歌舞剧场	1.2～1.6	1.2～1.5	1.0～1.2	1.0	1.0	0.9～1.0	0.8～1.0
音乐厅	1.5～2.0	1.3～1.5	1.1～1.2	1.0	1.0	0.9～1.0	0.8～1.0

4.5.3　舞台设计

4.5.3.1　舞台种类及组成

箱型舞台：包括台口、台唇、主台、侧台、栅顶、台仓等。个别大型舞台设置后舞台及背投影间。

突出式（半岛式）舞台：突出于观众厅空间，个别附有后台。

岛式（环绕式）舞台：与观众厅在同一个空间内，音乐厅常用舞台形式。

舞台尺度：台口及主台尺度

各类剧种舞台台口与主台尺寸控制表　　　　　表 4.5.3.1-1

剧种	观众厅容量	台口（m）			主台（m）		
		宽	高	宽	进深	净高	
戏曲	500～800	8～10	5～6	15～18	9～12	12～16	
	801～1000	9～11	5.5～6.5	18～21	12～15	13～17	
	1001～1200	10～12	6～7	21～24	15～18	14～18	
话剧	600～800	10～12	6～7	18～21	12～15	14～18	
	801～1000	11～13	6.5～7.5	21～24	15～18	15～19	
	1001～1200	12～14	7～8	24～27	18～21	16～20	
歌舞剧	1200～1400	12～14	7～8	24～27	15～21	16～20	
	1401～1600	14～16	8～10	27～30	18～24	18～25	
	1601～1800	16～18	10～12	30～33	21～27	22～30	

各类剧种舞台表演区尺寸控制表　　　　　表 4.5.3.1-2

剧种	宽（m）	深（m）
歌剧	12～14	12～14
话剧	6～8	6～8
戏剧	8～10	6～10

1. 箱型舞台尺寸

1）台口：台口尺寸与演出剧种及观众厅规模有关

话剧台口 A（宽）＝$\sqrt{1/10}$ 观众规模

歌舞剧台口 $A_1 = A \times 1.25$　　　h（台口高）＝$2/3 \sim 3/4 A$

古典剧场台口宽高比可取 $A : h = 1 : 1.15$

现代剧场口宽高比可取 $A : h = 1 : 2$

2）主台：

深：$D = d_1 + d_2 + d_3 + d_4 + d_5$

d_1 为台口部分深度；d_2 为表演区深度；d_3 为远景区深度（一般 $3 \sim 4$m）；d_4 为天幕灯光区深度一般（$3 \sim 4$m）；d_5 为天幕后深度一般 $\geqslant 1$m；

宽：$W = 2A$ 舞台面宽 $W = b_1 + 2b_2 + 2b_3$

b_1 为表演区宽；b_2 为边幕宽 $2 \sim 3$m；b_3 为工作区宽 $3 \sim 4$m；

高：H（舞台台面至栅顶下皮高度）＝$2h + (2 \sim 4)$m，当台深较大时 $H = 2.5 \sim 3h$；

H 在甲等剧场不应小于台口高度的 2.5 倍；乙等剧场不应小于台口高度的 2 倍加 4m；丙等剧场不应小于台口高度的 2 倍加 2m。

2. 突出式舞台：梯形、半圆形、多边形，舞台可设台阶至观众厅。舞台面积 $50 \sim 100$m^2。

3. 环绕式（岛式）舞台：方形、圆形、多边形。音乐厅适用。

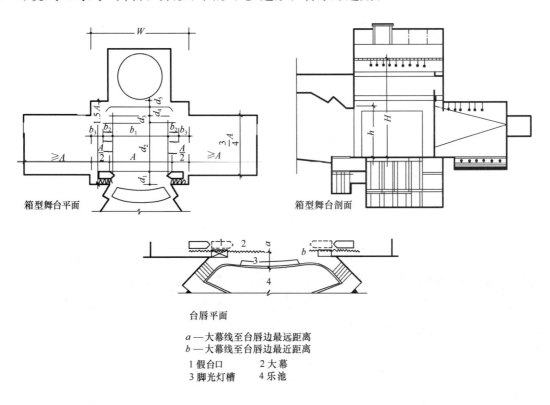

箱型舞台平面　　　　　　　　箱型舞台剖面

台唇平面

a—大幕线至台唇边最远距离
b—大幕线至台唇边最近距离

1 假台口　　　2 大幕
3 脚光灯槽　　4 乐池

图 4.5.3.1

4.5.3.2 台唇、侧台

1. 台口线至台唇边缘距离 $b \geqslant 1.20$m；大台唇与耳台最窄处宽度 $\geqslant 1.50$m；台唇应做木地板。

2. 侧台位于主台两侧或单侧，每个侧台面积 $\geqslant 1/3$ 主台面积；侧台宽度＝$3/4A$（台口宽）。设置车台时侧台宽＝车台长＋（$4 \sim 5$）m；侧台深＝车台总宽＋（$8 \sim 10$）m；侧台风管底标高

≥6～7m。侧台门净宽≥2.4m；净高≥3.6m。严寒和寒冷地区的侧台外门应设保温门斗，门外应设装卸平台和雨篷；当条件允许时，门外宜做成坡道。

两个侧台的总面积：甲等剧场不得小于主台面积的 1/2；乙等剧场不得小于主台面积的 1/3；丙等剧场不得小于主台面积的 1/4。设有车台的侧台，其面积除满足车台停放外，还应有存放和迁换景物的工作面积，其面积不宜小于车台面积的 1/3。

侧台与主台间的洞口净宽：甲等剧场不应小于8m；乙等剧场不应小于6m；丙等剧场不应小于5m；侧台与主台间的洞口净高：甲等剧场不应小于7m；乙等剧场不应小于6m；丙等剧场不应小于5m；设有车台的侧台洞口净宽，除满足车台通行宽度外，两边最少各加 0.60m；甲等剧场的侧台与主台之间的洞口宜设防火幕。

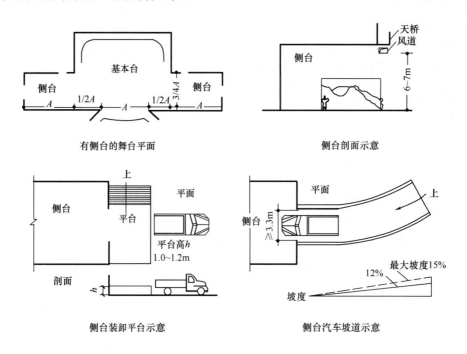

图 4.5.3.2

3. 后舞台：大型舞台做延伸景区使用，也可存放车台、气垫车台或薄型转台使用。

后舞台与主台之间的洞口宜设防火隔声幕；设有车载转台的后舞台洞口净宽，除满足车载转台通行外，两边最少各加 0.60m。洞口净高应与台口高度相适应；没有车载转台的后舞台，其面积除满足车载转台停放外，还应有存放和迁换景物的工作面积，其面积不宜小于车载转台面积的 1/3。

4. 背投放映间：大型主舞台后，与天幕之间距离≥有效放映宽度的 2/3。

5. 舞台地板：古典区舞台3%～5%坡向观众厅，仅京剧舞台地板下加设榆木弓子。双层木地板厚度≥5cm。

4.5.3.3 天桥、栅顶、假台口、吊杆、幕

1. 天桥

沿舞台两侧及后墙布置，一般舞台2～3层，大型舞台5～6层，最上层天桥距离栅顶3m。侧天桥宽度1.20m；后天桥为联系两侧天桥使用，宽度0.60～0.80m。天桥应为不燃材料，下部翻起0.10～0.15m踢脚，防坠物。天桥垂直交通不得采用垂直爬梯。大型舞台映射电梯至栅顶。

舞台面至第一层天桥有配重块升降的部位应设护网，护网构件不得影响配重块升降，护网应设检修门。

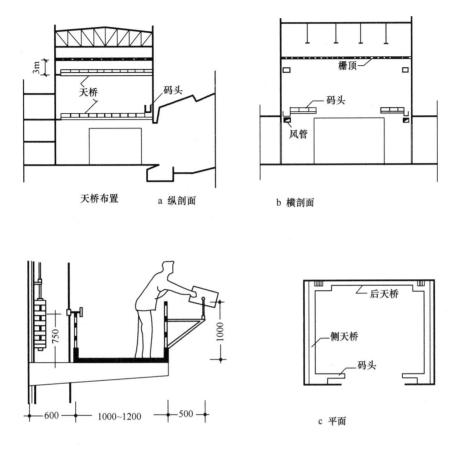

天桥布置　　a 纵剖面　　　　　b 横剖面

c 平面

图 4.5.3.3

2. 栅顶

使用不燃材料，如轻钢。工作层高度≥1.80m；栅顶构造要便于检修舞台悬吊设备，栅顶的缝隙除满足悬吊钢丝绳通行外，不应大于30mm；由主台台面去栅顶的爬梯如超过2m以上，不得采用垂直铁爬梯。甲、乙等剧场上栅顶的楼梯不得少于2个，有条件的宜设工作电梯，电梯可由台仓通往各层天桥直达栅顶；丙等剧场如不设栅顶，宜设工作桥，工作桥的净宽不应小于0.60m，净高不应小于1.80m，位置应满足工作人员安装、检修舞台悬吊设备的需要。

3. 假台口

调节台口大小的设备，并可设置舞台照明。支撑结构为钢框架，面板为不燃材料。

4.5.3.4 转台、车台、升降台

4.5.3.5 乐池

歌舞剧场舞台必须设乐池，其他剧场可视需要而定。甲等剧场乐池面积不应小于80m²；乙等剧场乐池面积不应小于65m²；丙等剧场乐池面积不应小于48m²。乐池开口进深不应小于乐池进深的2/3。乐池进深与宽度之比不应小于1∶3。

乐池地面至舞台面的高度，在开口位置不应大于2.20m，台唇下净高不宜低于1.85m。

乐池两侧都应设通往主台和台仓的通道，通道口的净宽不宜小于1.20m，净高不宜小于2m。乐池可做成升降乐池。

乐池面积按容纳人数计算，乐队每人所占面积≥1m²，合唱队每人≥0.25m²。

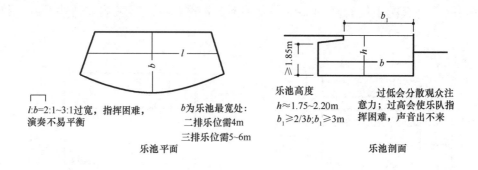

$l:b=2:1\sim3:1$过宽,指挥困难,演奏不易平衡

b为乐池最宽处:
二排乐位需4m
三排乐位需5~6m

乐池高度
$h\approx1.75\sim2.20m$
$b_1\geqslant2/3b;b_1\geqslant3m$

过低会分散观众注意力;过高会使乐队指挥困难,声音出不来

乐池平面　　　　　　　　　　乐池剖面

图 4.5.3.5

乐池面积指标表　　　　　　　　　　　　表 4.5.3.5

规模及用途	交响乐队及合唱队一般人数	面积（m²）	乐池面宽（m）	乐池进深（m）	规范依据
小型剧场	单管乐队29~40人,合唱队30人	35~50	10~12	不小于3.6	
一般大中型多用途剧场	双管乐队45~65人,合唱队30人	55~75	12~14	不小于4.2	《建筑设计资料集》（第三版）第四册"演艺建筑舞台乐池"表1
大型歌舞剧场	三管乐队60~85人,合唱队30人	75~95	14~16	不小于5.4	
特大型剧场	四管乐队100~120人,合唱队30人	100~120	16~18	6.5~7.4	

注:一般乐队$\geqslant1m^2$/人;合唱队$\geqslant0.25m^2$/人。

4.5.3.6 舞台照明

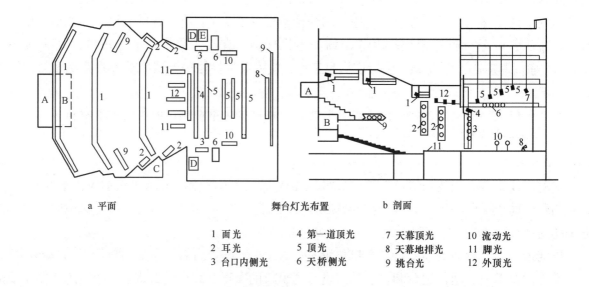

a 平面　　　　　　　舞台灯光布置　　　　　　b 剖面

1 面光	4 第一道顶光	7 天幕顶光	10 流动光
2 耳光	5 顶光	8 天幕地排光	11 脚光
3 台口内侧光	6 天桥侧光	9 挑台光	12 外顶光

图 4.5.3.6

1. 面光桥应符合下列规定：

1）第一道面光桥的位置，应使光轴射到台口线与台面的夹角为 45°～50°，射至表演区中心为 30°～45°。

2）第二道面光桥的位置，应使光轴射到大台唇边沿或升降乐池前边沿与台面的夹角为 50°。

3）面光桥除灯具所占用的空间外，其通行和工作宽度：甲等剧场不得小于 1.20m；乙、丙等剧场不得小于 1.00m。

4）面光桥的通行高度，不应低于 2.00m；射光口 0.80～1.20m，设防坠落金属保护网。

5）面光桥的长度不应小于台口宽度，下部应设 50mm 高的挡板，灯具的射光口净高不应小于 0.80m，也不得大于 1.00m。

6）射光口必须设金属护网，固定护网的构件不得遮挡光柱射向表演区；护网孔径宜为 35～45mm，铅丝直径不应大于 1mm。

7）面光桥挂灯杆的净高宜为 1m。两排挂灯杆的位置由舞台工艺确定。

8）甲等剧场可根据需要设第三道或第四道面光桥，乙、丙等剧场，如未设升降乐池，面光桥可只设 1 道。

9）面光桥应有与耳光室、天桥、灯控室相连的便捷通道。

2. 耳光室应符合下列规定：

1）耳光光轴应能射至表演区中心线的 2/3 处或大幕后 6m 处。

2）第一道耳光室位置应使灯具光轴经台口边沿，射向表演区的水平投影与舞台中轴线所形成的水平夹角不应大于 45°，并应使边座观众能看到台口侧边框，不影响台口扬声器传声。

3）耳光室宜分层设置，第一层底部应高出舞台面 2.50m。

4）耳光室每层净高不应低于 2.10m，射光口净宽：甲、乙等剧场不应小于 1.20m，丙等剧场不应小于 1.00m。

5）射光口应设不反光的金属护网。

6）甲等剧场可根据表演区前移的需要，设 2 道或 3 道耳光室；乙、丙等剧场当未设升降乐池时，可只设 1 道耳光室。

3. 追光室应符合下列规定：

追光室应设在楼座观众厅的后部，左右各 1 个，面积不宜小于 8.00m²，进深和宽度均不得小于 2.50m；追光室射光口的宽度、高度及下沿距地面距离应根据选用灯型进行计算；追光室的室内净高不应小于 2.20m，室内应设置机械排风；甲等剧场应设追光室；乙、丙等剧场当不设追光室时，可在楼座观众厅后部或其他合适的位置预留追光电源。

4. 调光柜室应符合下列规定：

1）调光柜室应靠近舞台，其面积应与舞台调光回路数量相适应，甲等剧场不得小于 30m²；乙等剧场不得小于 25m²；丙等剧场不得小于 20m²。

2）调光柜室室内净高不得小于 2.50m，室内要有良好的通风。

3）舞台侧光可安装在一层侧天桥上，舞台宽度在 24m 以上的甲、乙等剧场。

4）不设假台口的丙等剧场应在台口两侧设置柱光架。

4.6 剧 院 后 台 设 计

4.6.1 功能布置图

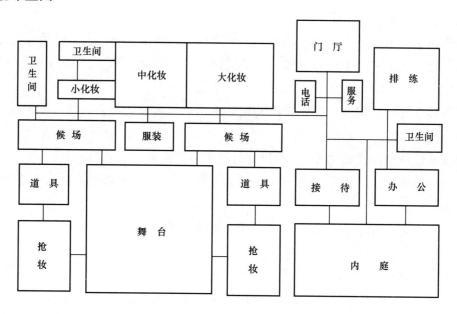

图 4.6.1 剧院后台功能布置图

4.6.2 化妆室配置要求

化妆室面积指标表
表 4.6.2

类别	规模		人数	面积（m²）	间数	总面积（m²）	总人数	卫生间（m²/间）
歌剧舞剧	甲等	小化妆室	1~2	12	6~10	72~120	6~20	
		中化妆室	4~8	16~20	6~10	96~200	21~80	
		大化妆室	10~20	24~30	6~10	144~300	60~200	
		总计			18~30	312~620	90~300	
	乙等	小化妆室	1~2	12	2~4	24~48	2~8	4.5~5.0
		中化妆室	4~8	16~20	4~8	64~160	16~64	
		大化妆室	10~20	24~30	6~8	144~240	60~160	
		总计			12~20	232~448	78~232	
	丙等	中化妆室	4~8	16~20	2~4	32~80	8~32	
		大化妆室	10~20	24~30	4~6	96~180	40~120	
		总计			6~10	128~260	48~150	

类别	规模		人数	面积（m²）	间数	总面积（m²）	总人数	卫生间（平方米/间）
话剧戏剧	甲等	小化妆室	1~2	12	4	24~48	2~8	
		中化妆室	4~6	16	2~4	32~64	8~24	
		大化妆室	10	24	2~4	48~96	20~40	
		总计			8~12	104~203	30~74	
	乙等	小化妆室	1~2	12	2	24	2~4	4.5~5.0
		中化妆室	4~6	16	2~4	32~64	8~24	
		大化妆室	10	24	2~4	48~96	20~40	
		总计			6~10	104~184	30~68	
	丙等	中化妆室	4~6	16	2	32	8~12	
		大化妆室	10	24	2~4	48~96	20~40	
		总计			2~6	80~128	28~52	

4.6.3 服装、道具、储存、制作

（1）服装室应按男女比例设置。门净宽≥1.2m；净高≥2.4m。

（2）大道具室靠近主台及侧台。门净宽≥2.0m；净高≥2.4m。

（3）小道具室应布置在演员上下门旁，室内应设置小道具柜及盥洗盆。

（4）候场室（区域）布置在演员出场口，门净宽≥1.5m；净高≥2.4m。

（5）抢妆室宜设置在主台两侧，室内应有盥洗盆，门缝不得漏光。

（6）后台跑场道应与舞台地面平齐，门洞净宽≥2.1m；净高≥2.7m。

道具室面积、间数参照表4.6.3-1。

道具室配置表   表4.6.3-1

名称	间数		面积（m²）	总面积（m²）
小道具室	2	左	4~8	12~20
		右	8~12	
大道具室	2	左	15~30	25~50
		右	10~20	
合计				37~70

服装室面积、间数参照表4.6.3-2。

服装间室配置表　　　　　　　　　　　　　　　表 4.6.3-2

剧种	名称	面积（m²）	间数		总面积（m²）
歌剧舞剧	小服装室	12～20	男	1～2	24～80
			女	1～2	
	大服装室	24～35	男	1～2	48～140
			女	1～2	
	合计		4～8		72～220
话剧戏剧	小服装室	12～16	男	1～2	24～64
			女	1～2	
	大服装室	20～24	男	1～2	40～90
			女	1～2	
	合计		4～8		64～160

4.7　剧院排练厅设计

4.7.1　歌剧、话剧排练厅尺寸应与表演区相近。排练厅高度≥6.0m；门净宽≥1.5m；净高≥3.0m；墙面顶棚应做音质设计，考虑不同频率的吸声处理。

4.7.2　大中型舞剧排练厅尺寸应与表演区相近。一侧墙面设置通长镜子，高度大于2m，墙上设置墙裙及练功用扶手，地面使用木地板或弹性地板。

4.7.3　合唱、乐队排练厅，地面常为台阶式。

4.7.4　小排练室面积 12～20m²，隔声良好，门宽不小于1.2m。

4.7.5　戏曲练功房，练功用地毯与表演区地毯相同。室内净高不小于6m。

4.8　剧院防火及疏散设计

4.8.1　建筑防火

1. 甲等及乙等的大型、特大型剧场舞台台口应设防火幕。超过800个座位的特等、甲等剧场及高层民用建筑中超过800个座位的剧场舞台台口宜设防火幕。

2. 舞台主台通向各处洞口均应设甲级防火门，或按规定设置水幕。

3. 舞台与后台部分的隔墙及舞台下部台仓的周围墙体均应采用耐火极限不低于2.5h的不燃烧体。

4. 舞台（包括主台、侧台、后舞台）内的天桥、渡桥码头、平台板、栅顶应采用不燃烧体，耐火极限不应小于0.5h。

5. 变电间之高、低压配电室与舞台、侧台、后台相连时，必须设置面积不小于6m²的前室，并应设甲级防火门。

6. 甲等及乙等的大型、特大型剧场应设消防控制室，位置宜靠近舞台，并有对外的单独出入口，面积不应小于12m²。

7. 观众厅吊顶内的吸声、隔热、保温材料应采用不燃材料。观众厅（包括乐池）的顶棚、墙面、地面装修材料不应低于 A1 级，当采用 B1 级装修材料时应设置相应的消防设施。

8. 剧场检修马道应采用不燃材料。

9. 观众厅及舞台内的灯光控制室、面光桥及耳光室各界面构造均采用不燃材料。

10. 舞台上部屋顶或侧墙上应设置通风排烟设施。当舞台高度小于 12m 时，可采用自然排烟，排烟窗的净面积不应小于主台地面面积的 5％。排烟窗应避免因锈蚀或冰冻而无法开启。在设置自动开启装置的同时，应设置手动开启装置。当舞台高度等于或大于 12m 时，应设机械排烟装置。

11. 舞台内严禁设置燃气加热装置，后台使用上述装置时，应用耐火极限不低于 2.5h 的隔墙和甲级防火门分隔，并不应靠近服装室、道具间。

12. 当剧场建筑与其他建筑合建或毗连时，应形成独立的防火分区，以防火墙隔开，并不得开门窗洞；当设门时，应设甲级防火门，上下楼板耐火极限不应低于 1.5h。

13. 机械舞台台板采用的材料不得低于 B1 级。

14. 舞台所有布幕均应为 B1 级材料。

4.8.2 人员疏散

1. 观众厅出口应符合下列规定：

1) 出口均匀布置，主要出口不宜靠近舞台；楼座与池座应分别布置出口。

2) 楼座至少有两个独立的出口，不足 50 座时可设一个出口。楼座不应穿越池座疏散。当楼座与池座疏散无交叉并不影响池座安全疏散时，楼座可经池座疏散。

2. 观众厅出口门、疏散外门及后台疏散门应符合下列规定：

1) 应设双扇门，净宽不小于 1.40m，向疏散方向开启。

2) 紧靠门不应设门槛，设置踏步应在 1.40m 以外。

3) 严禁用推拉门、卷帘门、转门、折叠门、铁栅门。

4) 宜采用自动门闩，门洞上方应设疏散指示标志。

3. 观众厅外疏散通道应符合下列规定：

1) 坡度：室内部分不应大于 1：8，室外部分不应大于 1：10，并应加防滑措施，室内坡道采用地毯等不应低于 B1 级材料。为残疾人设置的通道坡度不应大于 1：12。

2) 地面以上 2m 内不得有任何突出物。不得设置落地镜子及装饰性假门。

3) 疏散通道穿行前厅及休息厅时，设置在前厅、休息厅的小卖部及存衣处不得影响疏散的畅通。

4) 疏散通道的隔墙耐火极限不应小于 1h。

5) 疏散通道内装修材料：顶棚不低于 A 级，墙面和地面不低于 B1 级，不得采用在燃烧时产生有毒气体的材料。

6) 疏散通道宜有自然通风及采光；当没有自然通风及采光时应设人工照明，超过 20m 长时应采用机械通风排烟。

4. 主要疏散楼梯应符合下列规定：

1) 踏步宽度不应小于 0.28m，踏步高度不应大于 0.16m，连续踏步不超过 18 级，超过 18 级时，应加设中间休息平台，楼梯平台宽度不应小于梯段宽度，并不得小于 1.10m。

2) 不得采用螺旋楼梯，采用扇形梯段时，离踏步窄端扶手水平距离 0.25m 处踏步宽度不应小于 0.22m，宽端扶手处不应大于 0.50m，休息平台窄端不小于 1.20m。

3)楼梯应设置坚固、连续的扶手,高度不应低于0.85m。

5.后台应有不少于两个直接通向室外的出口。

6.乐池和台仓出口不应少于两个。

7.舞台天桥、栅顶的垂直交通,舞台至面光桥、耳光室的垂直交通应采用金属梯或钢筋混凝土梯,坡度不应大于60°,宽度不应小于0.60m,并有坚固、连续的扶手。

8.剧场与其他建筑合建时应符合下列规定:

1)观众厅应建在首层或第二、三层。

2)出口标高宜同于所在层标高。

3)应设专用疏散通道通向室外安全地带,至少有一个独立使用的安全出口(楼梯)。

9.疏散口的帷幕应采用难燃材料。

10.室外疏散及集散广场不得兼作停车场。

4.9 各等级剧院建设标准

各等级剧院建设标准   表4.9

剧院等级	特等	甲等	乙等
总用地指标(平方米/座)		5~6	3~4
前厅面积(平方米/座)		0.3	0.2
休息厅(平方米/座)		0.3	0.2
前厅与休息厅合并设置时(平方米/座)		0.5	0.3
观众厅面积(平方米/座)		0.8	0.7
主台净高(m)		台口高度2.5倍	台口高度2倍+4m
主台天桥层数(层)		≥3	≤2
两个侧台总面积(m²)		≥主台面积1/2	≥主台面积1/3
侧台与主台间的洞口净宽(m)		8	6
侧台与主台间的洞口净高(m)		7	6
防火幕设置		主侧台间洞口宜设置	—
(大型及特大型剧院)台口防火幕		应设	应设
(中型规模多层高层剧院)台口防火幕	宜设	宜设	—
乐池面积(m²)		80	65
面光桥数量(条)		3~4	如未设升降乐池,可只设1道面光桥
面光桥通行工作宽度(m)		≥1.2	≥1.0
耳光室数量(个)		2~3	如未设升降乐池,可只设1个耳光室
追光室		应设	不设,可在观众厅后部预留电源
调光柜室面积(m²)		≥30	≥25
功放室面积(m²)		≥12	≥10
大中小化妆间数量(个)		≥4	≥3
大中小化妆间总面积(m²)		≥200	≥160
服装间总数量(个)		≥4	≥3
服装间总面积(m²)		≥160	≥100

剧院等级	特等	甲等	乙等
（大型、特大型剧场）消防控制室		应设，独立出口，面积≥12m²	
观众席背景噪声评价曲线		≤NR25	≤NR30
观众厅、舞台、化妆室、VIP设置空调		应设	炎热地区宜设

注：特等根据具体情况确定标准。

4.10 多厅影院分类

电影院等级分类   表 4.10-1

等级	主体结构耐久年限	耐火等级	对应电影院分级	规范依据
特级	50年或100年		五星级	《建筑设计资料集》（第三版）第四册"电影院-概述"表4
甲级	50年	不低于二级	三、四星级	
乙级	25年或50年		一、二星级	

电影院规模分类表   表 4.10-2

分类	总座位数（个）	观众厅数量（个）	规范依据
特大型	应大于1800	不小于12	《建筑设计资料集》（第三版）第四册"电影院-概述"表1
大型	1201～1800	8～12	
中型	701～1200	6～10	
小型	不多于700	不多于6	

（1）观众厅规模

观众厅座位及面积表   表 4.10-3

厅型	座位数（个）	单位座位净容积（m³/个）	规范依据
大厅	宜大于350	10～14	《建筑设计资料集》（第三版）第四册"电影院-观众厅-实例"表1
中厅	201～350	8～10	
小厅	80～200	6～8	
VIP贵宾厅	宜小于60	12～15	

注：（1）普通厅每座面积：不宜小于1.19平方米/座；VIP厅每座面积为2.50～3.35平方米/座。
  （2）净容积≈0.88×净长×净宽×净高。

（2）场地面积

多厅影院总面积一般以2.0～2.5m²/座，其中门厅0.4～0.5m²/座。停车泊位按6～8个/100座。其他配套设置的观众人数计算，当按多厅总席位数一定比例（40%～70%）进行折减计算。厅数越多折减比例越大。

4.11 多厅影院观众厅平面类型及组合形式

4.11.1 观众厅平面类型

1. 矩形平面

应用最广平面形式，结构简单、声能分布均匀、声音的还原度及清晰度高，适用于中小型观众厅，进深不宜大于30m，长度与宽度的比例宜为（1.5±0.2）：1。

2. 钟形平面

形体简单、声场均匀，适用于大中型观众厅。

3. 扇形平面

扇形平面在相同面积下坐席容量较大，能够保证绝大部分座位的水平视角与视距要求，适用于大中型观众厅。

4. 楔形平面

结合了扇形与矩形平面的优点，大中小厅均适用。当前部斜墙倾角在5°~8°时，绝大部分观众可获得良好视觉及听觉条件。

5. 曲形平面

包括马蹄形、圆形、椭圆形及其他不规则曲线形成的观众厅，此类观众厅视距有较佳控制条件，但易造成室内声场分布不均匀，使用时应慎重。

4.11.2 观众厅组合形式

1. 水平式布局（平层布局）

1）并列式组合

观众厅以纵轴（与银幕垂直）并列呈带状平行布置且与进场通道平行布置（图4.11.2-1）。

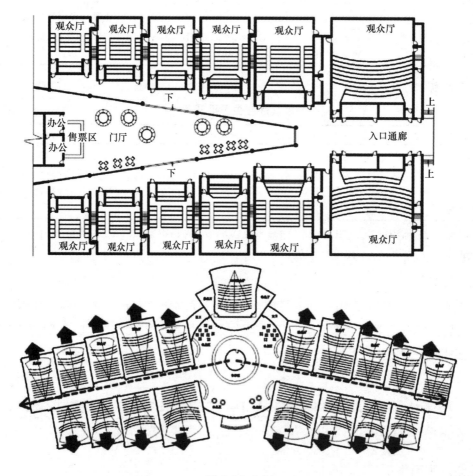

图4.11.2-1

并列式组合优势可利用进入观众厅通道上方的空间作为放映间使用，利用空间较为集约。但对层高的要求较高。

2）集约式组合

适用于不规则空间，不能形成较为集中的观影区域及放映区域（图4.11.2-2）。

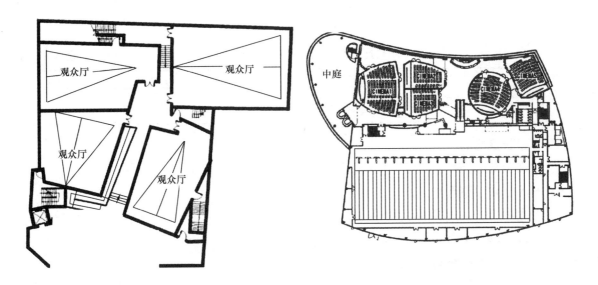

图 4.11.2-2

2. 观众厅分区域布局

同类型同规模的厅集中布置。一般大厅与中小厅分区域布置。不同规模观众厅在建筑结构、交通流线、人员疏散要求有较大差异，分区域设置有其技术合理性（图4.11.2-3）。

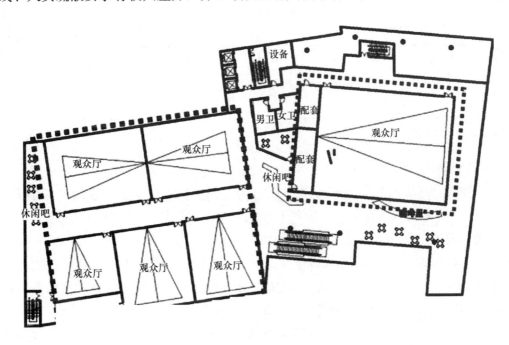

图 4.11.2-3

3. 观众厅垂直布局

适用于多层、多规模观众厅的组合形式，集约利用空间，观众流线及管理流线较为复杂。

4.12　多厅影院观众厅主要设计控制指标

4.12.1　观众厅层高

观众厅层高、净高控制表（最小值）　　　　　　　表 4.12.1

高度/规模	IMAX	大型	中型	小型	VIP
层高	18	14	9.50	7.50	6
净高	15	12	8	6	4.50

4.12.2　影厅长宽比例

应按国家标准在（1.2～1.7）：1范围内，最好不超过（1～2）：1

4.12.3　多厅影院银幕尺寸

以变形宽银幕计，多厅影院的银幕尺寸以 6～12m 为佳，此宽度一般可定为影厅宽度的90%，10m 以下的幕架可不做弧度。

4.12.4　多厅影院的视线角度

画面视线角度应控制在国家标准之内，即：最大斜视角≤45°，放映俯角≤6°。放映水平偏角≤3°。

4.12.5　银幕视点

多厅影院各厅银幕视点应在 0.8～1.5m，小厅的视点最好在 1m 左右。

4.12.6　观众厅座位设计

排距及每排座位表　　　　　　　表 4.12.6

	排距（mm）	每排最多座位数（个）
长排法	1100	≤44
	850	≤22
短排法	900	≤24
	950	≤26

注：仅单侧走道时座位数减半。

视线升高值（起坡高度）

观众厅的视线升高值与银幕的视点是有联系的。在座位正排法时，视线升高值 $C\geq12cm$。起坡高度是在一定的视点条件下，按一定的 C 值通过作图、计算、比例等方法求得。

4.12.7　混响时间

多厅影院的影厅如座位数≤100人以下（或 500m³ 以下），可以不考虑用专门的吸声材料布置，以装修效果为主。大于等于100人、容积在 500m³ 以上，则要考虑吸声材料及结构。建议影厅的混响时间宜短不宜长，设计计算应控制在 0.4s 左右。

走道及座位设计要点　　　　　　　表 4.12.7

序号	设计要求	规范依据
1	两条横走道之间的座位不宜超过20排，靠后墙设置座位时，横走道与后墙之间的座位不宜超过10排	《建筑设计资料集》（第三版）第四册"电影院 观众厅座椅排布"表1
2	纵走道之间的座位数不宜超过22个；仅一侧有纵走道时，座位数应减少一半	

序号	设计要求	规范依据
3	观众厅走道最大坡度不宜大于1:8,当坡度为1:10~1:8时,应作防滑处理;当坡度大于1:8时,应采用台阶式踏步;走道踏步高度不宜大于0.16m且不应大于0.20m	《建筑设计资料集》(第三版)第四册"电影院-观众厅座椅排布"表1
4	轮椅座位的设计及轮椅坡道应按《无障碍设计规范》GB 50763—2012的相关要求执行	
5	观众厅内座席台阶结构应采用不燃材料	

4.12.8 隔声设计

两个观众厅之间墙体,其隔声量为低频不应小于50dB,中高频不应小于60dB。

观众厅设计参数表 表4.12.8

项目\星级	一星	二星	三星	四星	五星
门厅面积(平方米/座)	≥0.10	≥0.20	≥0.30	≥0.40	≥0.50
扶手中心距(m)	≥0.50	≥0.52	≥0.54	≥0.56	≥0.56
座位净宽(m)	≥0.44	≥0.44	≥0.46	≥0.48	≥0.48
排距(短排法)(m)	≥0.85	≥0.90	≥0.95	≥1.00	≥1.05
排距(长排法)(m)	≥0.90	≥0.95	≥1.00	≥1.05	≥1.10
设计视点高度(m)	≤2.00	≤1.80	≤1.70	≤1.60	≤1.50
最近视距不应小于最大有效放映画面宽度倍数	0.50	0.50	0.55	0.60	0.60
最远视距不应大于最大有效放映画面宽度倍数	3.00	2.70	2.20	2.00	1.80
每排视线超高(m)	0.10	0.10	0.12	0.12	0.12
最大仰视角不宜大于(°)	45	45	40	40	40
变形宽银幕画面宽度(m)	≥6	≥6	≥7	≥8	≥8

4.13 多厅影院 IMAX 观众厅设计

4.13.1 IMAX 观众厅分类

观众厅设计参数表 表4.13.1

IMAX观众厅类型	座位数(个)	银幕尺寸(m)(宽×高)	放映设备
IMAX GT(IMAX影厅原型)	400~1000	25×18.5 最大35.73×29.42	GT放映机
IMAX SR	<350	21.2×15.8	SR放映机同步放映两盘单独的15/70胶片
IMAX PMX	350	20×11.6	
IMAX Digital	350	17.5×10	

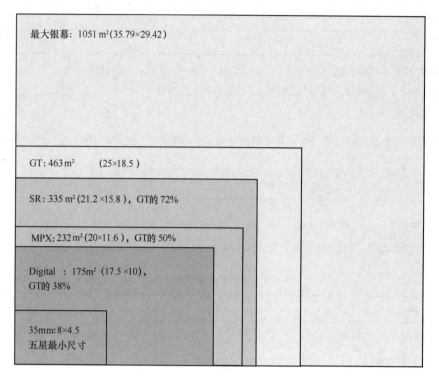

最大银幕：1051 m²(35.79×29.42)

GT：463 m²　　(25×18.5)

SR：335 m²(21.2×15.8)，GT的72%

MPX：232 m²(20×11.6)，GT的50%

Digital：175m²(17.5×10)，GT的38%

35mm：8×4.5
五星最小尺寸

IMAX观众厅银幕尺寸控制图

4.13.2 IMAX影厅单座容积控制在20立方米/座左右。

4.13.3 IMAX影厅并非现场表演类空间，声学标准不同于传统剧场及音乐厅，其声学指标要求如下：

1. 最佳混响时间：当频率 $f=500\text{Hz}$ 时，$T_{60}=0.5\text{s}$（≤400座）及0.7s（>400座），其值可上下浮动25%。

2. 混响时间频率特性：混响时间应随频率升高而递减，500 Hz以下时递减应平缓且渐次，无明显的峰值和间歇，取值（混响比）见表4.13-3。

3. 声场均匀度：声压级最大与最小值之差不超过6dB，最大与平均值之差不超过3dB。

4. 本底噪声：当所有放映设备、空调和电器系统同时运行时，应满足厅内本底噪声允许值 $NC≤25$ 号噪声评价曲线，相当于 $LA≤35\text{dBA}$，噪声频率特性（倍频带声压级）见表4.13.3。

5. 隔声：应对影厅的建筑围护结构（墙、顶、楼板等）采取隔声措施，其侵入影厅的噪声衰减值（隔声量）见表4.13.3。

观众厅声学控制参数表　　　　　　　　　　表4.13.3

中心频率（Hz）	31.50	63	125	250	500	1000	2000	4000	8000
混响比	<2	<1.50	<1.30	<1.10	1		≤1		
倍频带声压级（dB）	65	54	44	37	31	27	24	22	21
隔声量（dB）	≥40	≥55	≥65			≥70			

4.14　多厅影院门厅及其他服务空间设计

门厅建议其面积应不小于整个影院面积的 30%～40%。

卫生间设置按 0.10～0.30 平方米/座，按男女各半计算；男卫每 50 人设一小便斗，每 150 人设一厕位，超出 400 人时，每 200 人及其尾数设一厕位；女每 50 人设一厕位，超出 400 人时，每 75 人及其尾数设一厕位。

前厅售票席位表（个）　　　　　　　　　　　表 4.14

观众厅总座位数	售票席位数	备注
<500	1～2	随着网络购票及自助取票出现，实体席位数可酌情减少。另 4 星以上级别影院应设 VIP 及会员专属服务席位
501～800	2～3	
801～1200	3～4	
>1200	>4	

4.15　多厅影院防火及疏散设计

4.15.1　防火设计

1. 当电影院建在综合建筑内时，应形成独立的防火分区。

1）应采用耐火极限不低于 2.0h 的防火隔墙和甲级防火门与其他区域分隔。

2）设置在一、二级耐火等级的建筑内时，观众厅宜布置在首层、二层或三层；确需布置在四层及以上楼层时，一个厅、室的疏散门不应少于 2 个，且每个观众厅的建筑面积不宜大于 400m²。

3）设置在三级耐火等级的建筑内时，不应布置在三层及以上楼层。

4）设置在地下或半地下时，宜设置在地下一层，不应设置在地下三层及以下楼层。

5）设置在高层建筑内时，应设置火灾自动报警系统及自动喷水灭火系统等自动灭火系统。

2. 观众厅内坐席台阶结构应采用不燃材料。

3. 观众厅、声闸和疏散通道内的顶棚材料应采用 A 级装修材料，墙面、地面材料不应低于 B1 级。各种材料均应符合现行国家标准《建筑内部装修设计防火规范》中的有关规定。

4. 观众厅吊顶内吸声、隔热、保温材料与检修马道应采用 A 级材料。

5. 银幕架、扬声器支架应采用不燃材料制作，银幕和所有幕帘材料不应低于 B1 级。

6. 放映机房应采用耐火极限不低于 2.0h 的隔墙和不低于 1.5h 的楼板与其他部位隔开。顶棚装修材料不应低于 A 级，墙面、地面材料不应低于 B1 级。

7. 电影院顶棚、墙面装饰采用的龙骨材料均应为 A 级材料。

8. 电影院内吸烟室的室内装修顶棚应采用 A 级材料，地面和墙面应采用不低于 B1 级材料，并应设有火灾自动报警装置和机械排风设施。

4.15.2 人员疏散

1. 电影院的观众厅,其疏散门的数量应经计算确定且不应少于2个,每个疏散门的平均疏散人数不应超过250人;当容纳人数超过2000人时,其超过2000人的部分,每个疏散门的平均疏散人数不应超过400人。

2. 电影院的疏散走道、疏散楼梯、疏散门、安全出口的各自总净宽度,观众厅内疏散走道的净宽度应按每100人不小于0.60m计算,且不应小于1.00m;边走道的净宽度不宜小于0.80m。

3. 观众厅疏散门不应设置门槛,在紧靠门口1.40m范围内不应设置踏步。疏散门应为自动推闩式外开门,严禁采用推拉门、卷帘门、折叠门、转门等。

4.

观众厅疏散门的数量可按本表要求进行设置　　　　　表 4.15.2-1

厅型		净面积 (m²)	座位数 (座)	每座净面积 (m²/座)	疏散门数量 (个)	规范依据
VIP厅		≤75	≤30	2.50~3.35	1	《建筑设计资料集》(第三版)第四册"电影院观众厅视线与疏散"表5
		75~110	31~44		≥2	
普通观众厅	小厅	76~250	57~210	1.19~1.33	≥2	
	中厅	251~400	189~336		≥2	
	大厅	401~720	301~600		≥2	
巨幕观众厅		500~900	345~600	1.35~1.45	≥3	

注(1) 疏散门一定是隔声门,不一定是防火门。

　　(2) 疏散门宽度门的净宽度应按《建筑设计防火规范》规定,且不应小于0.90m。

5. 有等场需要的入场门不应作为观众厅的疏散门。

6. 观众厅外的疏散走道、出口等应符合下列规定:

1) 穿越休息厅或门厅时,厅内存衣、小卖部等活动陈设物的布置不应影响疏散的通畅;2m高度内应无突出物、悬挂物。

2) 当疏散走道有高差变化时宜做成坡道;当设置台阶时应有明显标志、采光或照明。

3) 疏散走道室内坡道不应大于1:8,并应有防滑措施;为残疾人设置的坡道坡度不应大于1:12。

7. 疏散楼梯应符合下列规定:

1) 对于有候场需要的门厅,门厅内供入场使用的主楼梯不应作为疏散楼梯。

2) 疏散楼梯踏步宽度不应小于0.28m,踏步高度不应大于0.16m,楼梯最小宽度不得小于1.20m,转折楼梯平台深度不应小于楼梯宽度;直跑楼梯的中间平台深度不应小于1.20m。

8. 观众厅内疏散走道宽度除应符合计算外,还应符合下列规定:

1) 中间纵向走道净宽不应小于1.0m。

2) 边走道净宽不应小于0.8m。

3) 横向走道除排距尺寸以外的通行净宽不应小于1.0m。

9. 电影院供观众疏散的所有内门、外门、楼梯和走道的各自总净宽度,应根据疏散人数按每100人的最小疏散净宽度不小于表规定计算确定:

电影院每 100 人所需最小疏散净宽度（米/百人） 表 4. 15. 2-2

观众厅座位数			≤2500 座	≤1200 座
耐火等级			一、二级	三级
疏散部位	门和走道	平坡地面	0.65	0.85
		阶梯地面	0.75	1.00
	楼梯		0.75	1.00

注：表中对应较大座位数范围按规定计算的疏散总净宽度，不应小于对应相邻较小座位数范围按其最多座位数计算的疏散总净宽度。

5 图 书 馆 设 计

5.1 图 书 馆 概 述

5.1.1 图书馆分类

图书馆按照不同的划分方式可以分为不同的类型。见表 5.1.1-1。

图书馆分类表　　　　　　　　　　　　　　　　表 5.1.1-1

分类标准	类型
藏书规模	特大型图书馆 大型图书馆 中型图书馆 小型图书馆
藏书范围	综合性图书馆 专业图书馆 通俗性图书馆等
服务对象	群众图书馆 儿童图书馆 学校图书馆 科研图书馆 少数民族图书馆

1974 年，国际标准化组织颁布《国际图书馆统计标准》ISO2789—1974（E），将图书馆分为以下六种类型：

■ 国家图书馆
■ 高校图书馆
■ 非专门图书馆
■ 学校图书馆
■ 专门图书馆
■ 公共图书馆

结合我国目前国情，从研究图书馆建筑设计的角度出发，将图书馆分为以下几类：

表 5.1.1-2

类型	特 点	详细分类
公共图书馆	按行政区划逐级分设	国家图书馆
		省（市）图书馆
		县图书馆
		区、镇、乡图书馆

类型	特点	详细分类
学校图书馆	学校的文献情报中心，是为教学和科研服务的学术机构	高校图书馆
		中小学图书馆（室）
科研及专业图书馆	工作方式上的灵活多样，其平面布置则更需进一步探索	科学系统的各级图书馆
		政府部门所属的研究院（所）图书馆
		大型厂矿企业的技术图书馆
		其他专业性图书馆
特殊图书馆	针对不同的读者人群，各种图书馆将有其特殊的功能和任务	儿童图书馆
		医院和福利机构的图书馆
		监狱图书馆
		协会团体自己的图书馆

5.1.2 图书馆的控制指标

图书馆的控制指标 表 5.1.2

规模	服务人口（万）	建筑面积（m²）	服务半径（km）	主要功能	适用范围
大型	150	20000	≤9	文献信息资料借阅等日常公益性服务以及文献收藏、研究、业务指导和培训、文化推广等	大多数省级和副省级馆
中型	20~150	4500~20000	≤6.5	文献信息资料借阅、大众文化传播等日常公益性服务	大多数地级馆
小型	5~20	1200~4500	≤2.5	文献信息资料借阅、大众文化传播等日常公益性服务	县级馆

5.1.3 图书馆规模定额

5.1.3.1 建设用地控制指标及其调整

小型馆建设用地控制指标 表 5.1.3.1-1

服务人口（万人）	藏书量（万册）	建筑面积（m²）	容积率	建筑密度（%）	用地面积（m²）
5	5	1200	≥0.8	25~40	1200~1500
10	10	2300	≥0.9	25~40	2000~2500
15	15	3400	≥0.9	25~40	3000~4000
20	20	4500	≥0.9	25~40	4000~5000

注：（1）表中服务人口指小型馆所在城镇或服务片区内的规划总人口。

（2）表中用地面积为单个小型馆建设用地面积。

中型馆建设用地控制指标 表 5.1.3.1-2

服务人口 (万人)	藏书量 (万册)	建筑面积 (m²)	容积率	建筑密度 (%)	用地面积 (m²)
30	30	5500	≥1.0	25~40	4500~5500
40	35	6500	≥1.0	25~40	5500~6500
50	45	7500	≥1.0	25~40	6500~7500
60	55	8500	≥1.1	25~40	7000~8000
70	60	9500	≥1.1	25~40	8000~9000
80	70	11000	≥1.1	25~40	8500~10000
90	80	12500	≥1.2	25~40	9000~105000
100	90	13500	≥1.2	25~40	9500~11000
120	100	16000	≥1.2	25~40	10000~13000

注:(1) 表中服务人口指中型馆所在城镇或服务片区内的规划总人口。

(2) 表中用地面积为单个中型馆建设用地面积。

大型馆建设用地控制指标 表 5.1.3.1-3

服务人口 (万人)	藏书量 (万册)	建筑面积 (m²)	容积率	建筑密度 (%)	用地面积 (m²)
150	130	20000	≥1.2	30~40	11000~17000
200	180	27000	≥1.2	30~40	14000~22000
300	270	40000	≥1.3	30~40	20000~30000
400	360	53000	≥1.4	30~40	27000~38000
500	500	70000	≥1.5	30~40	35000~47000
800	800	104000	≥1.5	30~40	46000~69000
1000	1000	120000	≥1.5	30~40	52000~80000

注:(1) 表中服务人口指大型馆所在城镇或服务片区内的规划总人口。

(2) 表中用地面积为单个大型馆建设用地面积(包括分两处建设)的总面积。

(3) 大型馆总藏书超过1000万册的,可按照每增加100万册藏书,增补建设用地5000m²进行控制。

在确定公共图书馆建筑面积时,首先应依据服务人口数量和上表确定相应的藏书量、阅览坐席和建筑面积指标,再综合考虑服务、文献资源的数量与当地品种和当地经济发展水平因素,在一定的幅度内加以调整:

1. 服务功能调整,是指省、地两级具有中心图书馆功能的公共图书馆增加满足功能需要的用房面积。主要包括增加配送中心、辅导、协调和信息处理、中心机房(主机房、服务器)、计算机网络管理与维护等用房的面积。

2. 文献资料的数量与品种调整总建筑面积的方法是:

根据藏书量调整建筑面积=(设计藏书量-藏书量指标)÷每平方米藏书量标准÷使用面积系数

根据阅览坐席数量调整建筑面积＝(设计藏书量－藏书量指标)÷1000册/坐席×每个阅览坐席所占面积指标÷使用面积系数

3. 根据当地经济发展水平调整总面积，主要采取调整人均藏书量指标以及相应的千人阅览坐席指标的方法。调整后的人均藏书量不应低于0.6册（5万人口以下的，人均藏书量不应少于1册）。

4. 总建筑面积调整幅度应控制在±20％以内。

5.1.3.2 规模控制指标

公共图书馆总建筑面积以及相应的总藏书量、总阅览坐席数量控制指标　　表5.1.3.2

规模	服务人口（万）	建筑面积		藏书量		阅览坐席	
		千人面积指标（m²/千人）	建筑面积控制指标（m²）	人均藏书（册、件/人）	总藏量（万册、件）	千人阅览坐席（座/千人）	总阅览坐席（座）
大型	400～1000	9.5～6	38000～60000	0.8～0.6	320～600	0.6～0.3	2400～3000
	150～400	13.3～9.5	20000～38000	0.9～0.8	135～320	0.8～0.6	1200～2400
中型	100～150	13.5～13.3	13500～20000	0.9	90～135	0.9～0.8	900～1200
	50～100	15～13.5	7500～13500	0.9	45～90	0.9	450～900
	20～50	22.5～15	4500～7500	1.2～0.9	24～45	1.2～0.9	240～450
小型	10～20	23～22.5	2300～4500	1.2	12～24	1.3～1.2	130～240
	3～10	27～23	800～2300	1.5～1.2	4.5～12	2.0～1.3	60～130

注：(1) 服务人口1000万以上的，参照1000万服务人口的人均藏书量、千人阅览坐席数指标执行。服务人口3万以下的，不建设独立的公共图书馆，应与文化馆等文化设施合并建设，其用于图书馆部分的面积，参照3万服务人口的人均藏书量、千人阅览坐席指标执行。

(2) 表中服务人口处于两个数值区间的，采用直线内插法确定其建筑面积、藏书量和阅览坐席指标。

5.1.3.3 公共图书馆各类用房面积及设置

公共图书馆各类用房全用面积比例表　　表5.1.3.3

序号	用房类别	比例（％）		
		大型	中型	小型
1	藏书区	30～35	55～60	55
2	借阅区	30		
3	咨询服务区	3～2	5～3	5
4	公共活动与辅助服务区	13～10	15～13	15
5	业务区	9	10～9	10
6	行政办公区	5	5	5
7	技术设备区	4～3	4	4
8	后勤保障区	6	6	6

5.1.3.4 书库单位面积容量综合指标

（单位：册/m²） **表 5.1.3.4**

藏书方式	公共图书馆	高等学校图书馆	少年儿童图书馆
开架藏书	180～240	160～210	350～500（半开架）
闭架藏书	250～400	250～350	500～600
报纸合订书	110～130		

注：(1) 表中数字为包括线装书、中文图书、外文图书、期刊合订本的综合指标平均值。外文书刊藏量大的图书馆和读者集中的开架图书馆取低值。盲文书容量应按表列数字的 1/4 计算。

(2) 期刊每册半年或全年合订本，报纸按 4～8 版，每册为四开月合订本。

(3) 开架藏书按 6 层标准单面书架，闭架按 7 层标准单面书架；报纸合订本按 10 层单面报架，行道宽 800mm 计算。

(4) 书架每层搁板的工作容量填充系数按 75% 计算。

5.1.3.5 图书馆阅览室每座面积指标

表 5.1.3.5

序号	名称	面积指标（m²/座）
1	普通报刊阅览室	1.8～2.3
2	普通（综合）阅览室	1.8～2.3
3	专业参考阅览室	3.5
4	检索室	3.5
5	缩微阅览室	4.0
6	善本书阅览室	4.0
7	舆图阅览室	5.0
8	集体视听室	1.5
9	儿童阅览室	1.8
10	盲人读书室	3.5
11	地图阅览室	1.8～2.3
12	电子阅览室	3.0～3.5

注：(1) 表中面积是指使用面积，包括阅览桌椅、走道及必要的工具书架、出纳台或管理台、目录柜等所占面积。不包括阅览室藏书区及独立设置的工作间面积。

(2) 序号1、2项开架阅览室用高值，闭架阅览室及小型图书馆用低值。

(3) 集体视听室使用面积 3.0m²/座，包括演播室 2.25m²/座及控制室 0.75m²/座。如考虑办公、维修器材及资料间在内时，使用面积应不小于 3.5m²/座。语言、音乐专业图书馆，使用面积按实际需要另加。

5.1.3.6　内部业务和技术设备用房面积指标

表 5.1.3.6

序号	名称	面积指标	备注
1	采编用房	10m²/座	
2	典藏工作间	6m²/座	最小房间不宜小于 15m²
3	待分配上架书刊存放	≥12m²	按 1000 册书和 300 种资料为周转基数
4	业务辅导室	≥6m²/座	
5	业务资料阅览室	≥3.5m²/座	
6	业务资料编辑室	≥8m²/座	
7	咨询室	≥8m²/座	
8	美工工作室	≥30m²	宜另设材料存放间
9	裱糊、修整用房	10m²/座	最小使用面积不小于 30m²
10	消毒室	≥10m²	必须在密闭间或密闭容器内进行

注：电子计算机房、缩微与照相用房、静电复印用房、声相控制室等，以使用要求按有关规定设计。

5.1.3.7　公共用房面积指标

1. 门厅面积可按每一阅览座位占使用面积 0.1～0.15m² 计算，但不小于 9m²。

2. 寄存处的使用面积按每一阅览座位 0.025m² 计算，兼有雨具寄存时按 0.035m² 计算。

3. 报告厅的厅堂使用面积每座不小于 0.8m²。

4. 读者休息室（处）的使用面积可按每阅览座位 0.1～0.15m² 计算。

5.2　图书馆的选址和总体布局

5.2.1　图书馆总体布局原则

图书馆的总体布局一般考虑以下原则：

1. 合理进行功能分区。

2. 各种流线组织与出入口安排得当，并布置停车场。

3. 争取有良好朝向和自然通风。

4. 因地制宜，布置紧凑。

5. 正确处理总体规划与单体设计的关系。

6. 统一规划，合理安排，分期建设，充分考虑未来的发展并留有余地。

5.2.1.1　合理进行功能分区

1. 内外有别，把对外读者活动区与对内工作管理区严格区分开。

2. 在分清内外两大区的前提下，进一步将阅览区与公共活动区分开，不同性质的阅览区分开，业务办公与一般加工用房分开。

3. 在大型公共图书馆中，如设有生活区的话，要将生活区与馆区严格区分开。

5.2.1.2　各种流线组织、出入口安排及停车场的设置

1. 交通组织做到人、车、书分流，道路布置便于读者和工作人员进出、图书运送和消防疏散，并应符合现行行业标准《无障碍设计规范》GB 50763—2012 的有关规定。

2. 设置读者、内部员工、书籍运送各自单独的出入口，做到内外有别。

3. 在总体环境布置上，实行开架管理方式的图书馆不论馆的规模大小，读者入口不宜过多，否则不利管理，通常只设一个读者出入口（疏散口除外）。

4. 设有少儿阅览区的图书馆，该区应有单独的出入口，室外应有设施完善的儿童活动场地。

5. 工作人员入口的位置应适当隐蔽一些，图书入口附近还应留有一定的停车场地供车辆进出。

6. 图书运送入口要设置雨篷，以方便书籍装卸。

7. 基地内应设置读者和工作人员使用的机动车停车场和非机动车停放场地，公共图书馆要按当地的有关规定设置停车场数量。

5.2.1.3　争取良好朝向和自然通风

1. 一般优先考虑阅览室和书库尽量朝南，书库和阅览室均应南北朝向，一些辅助用房和读者停留时间短的房间至于东西向的位置，尽量考虑工作人员用房也有较好的朝向。

2. 日照强烈的地区，应适当采取遮阳措施。

3. 处理通风问题要结合地区的不同季节主导风向加以分析，针对不同季节气温、风向的变化对建筑空间加以处理，使自然通风得以良好的组织。

5.2.1.4　因地制宜布置紧凑

除当地规划部门有专门的规定外，一般新建公共图书馆的建筑密度不宜大于40%。图书馆基地内的绿地率应满足当地规划部门的要求，并不宜小于30%。

5.3　图书馆的功能流线

5.3.1　图书馆各部分功能组成

图书馆一般包括以下几个主要部分：

1. 藏书部分——主要是书库，它是图书馆的重要组成部分。按其性质可分为基本书库、辅助书库、储备书库及各种特藏书库。

2. 公共活动部分——包括借还书区、服务空间、交往空间、读者活动区等，是图书馆设计中最具活力的部分。

3. 阅览部分——包括各种阅览室及研究室，是读者活动的主要场所，在图书馆中占有较大的比重。

4. 内部业务部分——包括办公、管理、采编及加工用房等。

此外，还有一些辅助空间，如门厅、存物处及厕所等。

图书馆空间利用具有一定灵活性，可进行如下分区：

1. 入口区

现代图书馆入口区包括入口、咨询台、入口控制台、安检区、存包处、新书展览区及标示性的标记区及休闲区，它是整个图书馆人流交通组织的枢纽。

2. 信息咨询服务区

利用计算机、自动传输设备等技术手段，提供书目检索、信息咨询及图书馆借阅等功能。

3. 读者区

是图书馆最主要的部分，可适当划分为：阅览区、信息咨询区（开架书库等）及研究区。

阅览区除传统的书报刊阅览室外，还有缩微读物、电子读物、视听资料等新载体的视听阅览。

信息咨询区不仅储存书籍资料，还保存数据库、光盘、磁带等多种载体形式的信息资源，并与阅览在同一空间内，方便使用。

研究区需提供相对独立且分隔的区域，方便进行独立工作。

4. 办公区

包括馆员业务办公和行政办公。其中业务办公用房除传统的采编室、编目室外，还有辅导培训空间，甚至研究用房、图书修复工厂等。

5. 藏书区

一般图书馆都要有一个集中藏书区，不是所有图书都适合开架，对一些不常用的书进行集中保存。它要与阅览区密切相通，也能独立为少数读者提供开架阅览。

6. 公共活动区

报告厅（讲演厅）、展览厅、录像厅，以及为读者生活服务的商店、小卖部、快餐厅及书店等设施，都可能纳入图书馆的使用功能要求，形成一个动态开放的公共活动区。

7. 技术设备区

计算机房、空调机房、电话机房及监控室等技术设备用房因为管线安排与技术要求较为复杂而又不易变动，再加上避免其噪声、振动对其他区域的干扰，这些用房应尽量远离其他分区。

公共图书馆用房项目设置表　　　　　表 5.3.1

项 目 构 成		大型	中型	小型	内容	备注
藏书区	基本书库	●	◎	○	保存本库、辅助书库等	包括工作人员工作、休息使用面积；开架书库还包括出纳台和读者活动区；
	阅览室藏书区	●	●	●		使用面积：闭架书库 280～350 册/m²；开架书库 250～280 册/m²；阅览室藏书区 250 册/m²
	特藏书库	●	●	◎	古籍善本库、地方文献库、视听资料库、微缩文献库、外文书库以及保存书画、唱片、木版、地图等文献的库等	

项目构成		大型	中型	小型	内容	备注
借阅区	一般阅览室	●	●	●	报刊阅览室、图书借阅室等	包括工作人员工作、休息使用面积，出纳台和读者活动区；阅览坐席使用面积：1.8～2.3平方米/座
	老龄阅览室	◎	◎	◎		
	少年儿童阅览室	●	●	●	少年儿童的期刊阅览室、图书借阅室、玩具阅览室等	
	特藏阅览室	●	●	◎	古籍阅览室、外文阅览室、工具书阅览室、舆图阅览室、地方文献阅览室、微缩文献阅览室、参考书阅览室、研究阅览室等	阅览坐席使用面积：3.5～5平方米/座
	视障阅览室	●	●	◎		阅览坐席使用面积：4平方米/座
	多媒体阅览室	●	●	●	电子阅览室、视听文献阅览室等	阅览坐席使用面积：4平方米/座；总面积要满足"全国文化信息资源共享工程"终端设置和开展服务的需要
咨询服务区	办证、检索	●	●	●		小型馆不少于18m²
	总出纳台	●	●	○		
	咨询	●	●	◎	专门设置的咨询服务台、咨询服务机构、咨询服务专用的计算机位等	
公共活动与辅助服务区	寄存、饮水处	●	●	●		
	读者休息处	●	●	◎		
	陈列展览	●	●	○		大型馆：400～800m²；中型馆：150～400m²
	报告厅	●	●	○		大型馆：300～500席位，应与阅览区隔离、单独设置；中型馆：100～300席位，每座使用面积不少于0.8m²/座
	综合活动室	◎	◎	●		小型馆不设单独报告厅、陈列展览室、培训室，只设50～300m²的综合活动室，用于陈列展览、讲座、读者活动、培训等；大、中型馆可另设综合活动室
	培训室	●	●	○	用于读者培训的教室或场地	大型馆3～5个；中型馆1～3个
	交流接待	●	●	○		
	读者服务（复印等）	●	●	●		

项 目 构 成		大型	中型	小型	内容	备注
业务区	采编、加工	●	●	●		
	配送中心	◎	◎	●	为街道、乡镇图书馆统一采编、配送图书用房	
	辅导、协调	●	●	●	用于指导、协调下级馆业务	
	典藏、研究、美工	●	●	○		
	信息处理（含数字资源）	●	●	○		
行政办公区	行政办公室	●	●	●		参照《党政机关办公用房建设标准》（国家发展计划委员会计投资〔1999〕2250号）执行
	会议室	●	●	●		
技术设备区	中心机房（主机房、服务器）	●	●	●		包括"全国文化信息资源共享工程"设备使用面积，以及工作人员工作、休息使用面积
	计算机网络管理和维护用房	●	●	◎		
	文献消毒	●	●	●		
	卫星接收	●	●	◎		
	音像控制	●	◎	○		
	微缩、装裱整修	◎	◎	○		
后勤保障区	变配电室	●	●	◎		包括操作人员工作、休息使用面积
	电话机房	●	●	◎		
	水池/水箱/水泵房	●	●	◎		
	通风/空调机房	●	●	◎		
	锅炉房/换热站	●	●	◎		
	维修、各种库房	●	●	◎		
	监控室	●	●	○		
	餐厅	◎	◎	○		

注：（1）以上用房有关设计要求，按《图书馆建筑设计规范》JGJ 38—2015的要求执行。

（2）小型图书馆的可设项目原则适用于2300m²以上的小型图书馆。

（3）● 应设　◎ 可设　○ 不设

5.3.2 图书馆流线关系

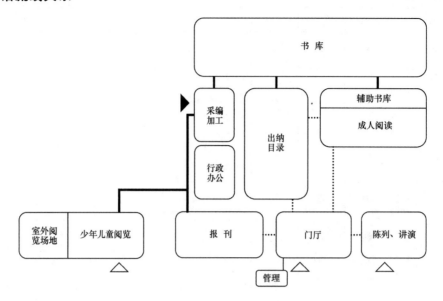

一般中型图书馆的流线关系

注：少年儿童室外阅读场地应根据当地气候区别设置，在北方较寒冷地区，可考虑单独设置冬季室内活动场地

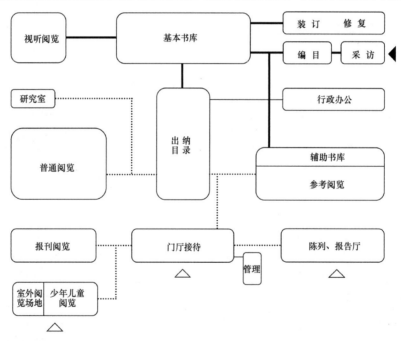

一般大型图书馆的流线关系

注：少年儿童室外阅读场地应根据当地气候区别设置，在北方较寒冷地区，可考虑单独设置冬季室内活动场地

图例

图 5.3.2

5.3.3 公共活动部分

5.3.3.1 门厅、公共服务区和交存处

门厅

1. 门厅应位于总平面中明显而突出的地位，通常应面向主要道路，常居建筑物主要构图轴线上并且面向主要道路。

2. 门厅与借阅部分和阅览室有直接的联系，避免读者迂回或往返。同时把不同种类的读者流线分开，互不干扰。

3. 公共活动用房类似报告厅、陈列室等应靠近门厅布置，出入方便，不影响阅览室的安静，报告厅宜单独设置出入口，方便疏散。

4. 门厅的面积要适中，常根据其性质、规模、任务对象的差异而进行不同设计。此外门厅还要考虑采用安全监视系统设备所需要的布置面积。

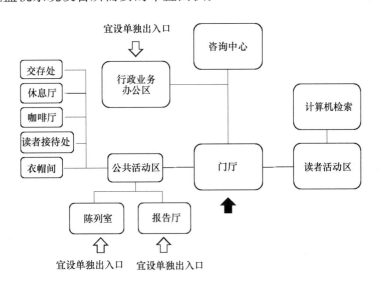

图 5.3.3.1

公共服务区

图书馆公共服务台常与门厅、过厅、中厅结合，包括读者休息厅、咖啡厅、餐饮厅、读者接待处、咨询问讯处、衣帽间、交存处及其办理各种手续的服务台。

寄存处

1. 服务柜台需要有足够的储存面积和存放设备。

2. 寄存处应靠近读者出入口，存物柜数量可按阅览座位的 25% 确定，每个存物柜的使用面积应按 $0.15\sim0.20\text{m}^2$ 计算。

5.3.3.2 计算机检索大厅

随着计算机及网络技术的发展，计算机检索大厅逐渐取代传统的卡片目录厅（室）。其功能主要是为读者提供计算机检索馆藏文献、查看网上发布的光盘文献、浏览全国计算机网络和因特网上的信息。

社会图书馆的检索大厅宜集中在大堂统一设置，而大学图书馆的检索则宜结合阅览室分层集中设置。

5.3.3.3 读者休息处

读者休息室最小房间不宜小于 15m^2，每个阅览座位不宜小于 0.1m^2。休息室可集中或分散

设置,或者按照阅览区的使用性质分层划片布置,也可结合景观园林及休闲区域分散设置。

5.3.3.4 报告厅

报告厅在管理上需要单独对外,应有单独的对外出入口,宜设置专用厕所。

报告厅的厅堂使用面积,每座不应小于 $0.7\sim1m^2$,放映室使用面积包括其控制室和专用厕所在内应不小于 $55m^2$,且控制室应设置观察口及进行隔声处理。当讲演厅单独设置时,需要配备完善的附属房间,每座平均使用面积不小于 $1.8m^2$。报告厅可与展厅或茶歇处结合设计。

5.3.3.5 展览和陈列厅

根据展览类型的不同,可分为以下三种:馆内陈列、对外展览活动和校史室。

5.3.3.6 卫生间

供读者使用的厕所卫生洁具应按男女座位数各 50% 计算,卫生洁具数量应符合现行行业标准《城市公共厕所设计标准》CJJ 14 的规定。

5.3.4 阅览空间

5.3.4.1 阅览空间分类

研究阅览空间的分类是为了对阅览空间的布局更加合理,并根据不同的要求进行设计。

表 5.3.4.1

按学科划分	按读者对象划分	按出版物类型及不同载体划分	按不同管理方式划分的阅览空间
哲学、社会科学阅览区	普通阅览室	报刊阅览室	开架管理阅览室
文艺书刊阅览区	科技人员阅览室	工具书阅览室	闭架管理阅览室
自然科学阅览区	教师阅览室	古籍善本阅览室	半开架管理阅览室
电子载体阅览区	学生阅览室	缩微资料阅览室	
	少年儿童阅览室	视听资料阅览室	

5.3.4.2 阅览空间每座占用面积指标

每个座位占有面积与阅览室管理方式以及阅览桌的排列方式有关。阅览桌面的面积,除去手臂摊开所占的面积外,还要考虑阅览空间桌上放置参考书的地方。研究性质的阅览空间,可多设单人桌,桌面长 900~1200mm,桌面宽 650~750mm。

阅览桌排列的最小尺寸(m)

表 5.3.4.2-1

条件		最小间隔尺寸		备注
		开架	闭架	
单面阅览桌前后间隔净宽		0.65	0.65	适用于单、双人桌
双面阅览桌前后间隔净宽		1.30~1.50	1.30~1.50	四人桌取下限 六人桌取上限
阅览桌左右间隔净宽		0.90	0.90	
阅览桌之间的主通道净宽		1.50	1.20	
阅览桌后侧与侧墙之间净宽	靠墙无书架时	—	1.05	靠墙书架深度按
	靠墙有书架时	1.60	—	0.25m 计算
阅览桌侧沿与侧墙之间净宽	靠墙无书架时	—	0.60	靠墙书架深度按
	靠墙有书架时	1.30		0.25m 计算

续表

条件		最小间隔尺寸		备注
		开架	闭架	
阅览桌与出纳台外沿净宽	单面桌前沿	1.85	1.85	
	单面桌后沿	2.50	2.50	
	双面桌前沿	2.80	2.80	
	双面桌后沿	2.80	2.80	

阅览空间每座占用面积设计计算指标（平方米/座）　　　表 5.3.4.2-2

名称	面积指标	名称	面积指标
普通报刊阅览室	1.8～2.3	舆图阅览室	5
普通阅览室	1.8～2.3	集体视听室	1.5（2～2.5 含控制室）
专业参考阅览室	3.5	个人视听室	4～5
非书本资料阅览室	3.5	儿童阅览室	1.8
缩微阅览室	4	盲人读书室	3.5
珍善本书阅览室	4		

5.3.4.3　不同类型阅览室的设计

1. 不同使用适用对象的阅览室设计

1）普通阅览室、参考阅览室

闭架管理阅览室内不设开架书，也不附设辅助书库，读者可到基本书库借书到此阅读，有的可设若干工具书架。

通常在基本书库中设置若干阅览坐席供少量读者使用。

2）期刊阅览室

期刊阅览室的位置应与期刊库紧密相连，习惯上都喜欢将期刊阅览空间和期刊库设在图书馆的底层。

期刊阅览室中，一般都是以开架方式，并设有专门的期刊目录和出纳台，为读者办理借阅过期的刊物。

3）报纸阅览室

阅览室设有报纸阅报桌，阅览室可设固定阅报架。

图书馆可采取报纸阅览与期刊阅览合设的方式。

4）教师阅览室

学校图书馆都设有教师阅览室。除了设有共同使用的大阅览桌外，尚应有单独使用的座位，这种单座既要与大间有联系，又要有空间上的分隔。教师阅览室可设置一些沙发、座位，供自由阅览。

5）研究室/讨论室

集体使用的研究室可同时容纳十人左右，每座使用面积不宜小于 $4m^2$，房间面积不宜小于 $10m^2$。个人使用研究室供个别读者单独使用，其面积大小难以统一，小者 $2m^2$ 左右，大者 $10m^2$ 左右，但面积不宜大于 $10m^2$。可以单独或成组设于一区，也可设于大阅览空间内，利用书架或隔板隔成一个个不受干扰的小空间。

6）儿童阅览室

公共图书馆一般常设有少年儿童阅览室，它的位置最好放在底层，并应有单独的出入口，避免干扰。同时需注意儿童阅览室可能产生的噪声对成人阅览室的影响。

7）盲人阅览室

主要为视力障碍（根据障碍程度，可分为两大类：一为弱视，另一为全盲）的读者提供"阅读"服务，有的国家将盲人图书馆服务扩大至因身体或视力限制而不能阅读传统资料的人；提供读报专线服务、视障生活语音专线、计算机网络服务、连接国内外视障服务网站，乃至提供网络资源查检服务。宜设置在首层，方便视力障碍的读者活动。

8）电子阅览室

电子阅览室的位置条件及面积指标应优于一般阅览室。每个阅览位使用面积不低于2.5m²，每个阅览室面积不应大于150m²。

9）自修室

大学图书馆中一般还会设置自修室，自修室需单独设置出入口，且可满足24小时开放管理。

2. 不同管理方式的阅览室设计

1）开架阅览室

（1）周边式布置

即书架沿墙周围布置的方式。

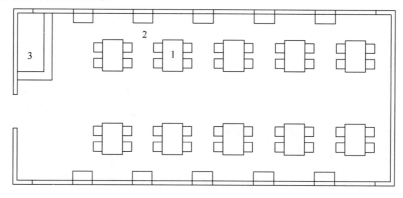

图5.3.4.3-1　周边式布置的开架阅览室

1—阅览桌；2—书架；3—管理台

（2）成组布置

即将书架与窗间成垂直布置，两书架之间形成凹室，阅览桌就布置在两行书架之间，它把阅览空间分隔成若干个凹室形式。

适用于人数不多、从事研究工作的参考阅览空间或专业阅览空间。

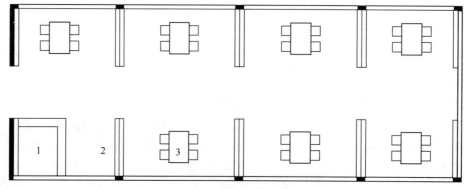

图5.3.4.3-2　成组布置的开架阅览室

1—阅览室；2—书架；3—管理台

（3）分区布置

即把藏书集中布置在阅览空间的一端、一侧或中间。这种方式，书刊集中，便于查找。同时由于藏书和阅览相对分开，选书和阅览的读者干扰较小。

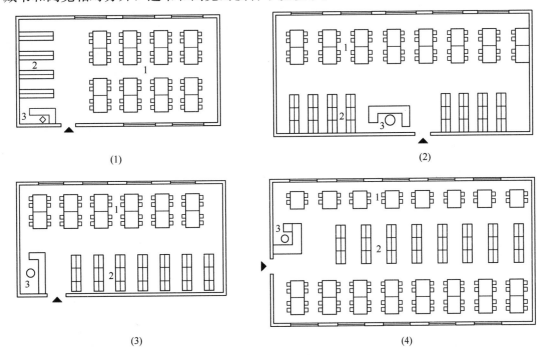

图5.3.4.3-3　分区布置书架的开架阅览室
1—阅览；2—藏书；3—管理

（4）夹层式布置

工作人员的专用楼梯梯段净宽不应小于0.8m，踏步宽不应小于0.22m，踏步高不应超过0.2m，并采取防滑措施。

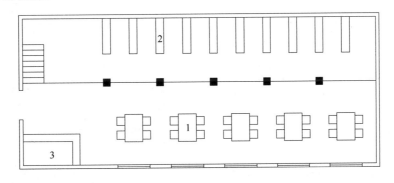

图5.3.4.3-4　夹层布置书架的开架阅览室
1—阅览；2—藏书；3—管理台

2）闭架阅览室

将阅览室的藏书集中于闭架的辅助书库。辅助书库一般与阅览空间毗连，以便读者利用和工作人员管理。

3）半开架阅览室

把阅览空间的藏书集中在阅览空间入口或入口附近，设半开架辅助书库，以柜台同阅览空间相隔开，利于保管。

半开架辅助书库与闭架辅助书库相比较，架距需加宽100～200mm以上，其他基本相同。

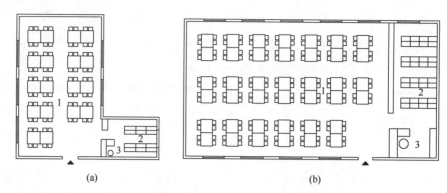

(a)   (b)

图 5.3.4.3-5 半开架管理阅览室布置形式

1—阅览；2—藏书；3—管理台

5.3.4.4 阅览空间家具布置及要求

1. 阅览桌、椅

阅览桌一般分单面和双面两种。单面阅览桌读者坐向一致，减少相互干扰。同时能保证光线自左而入，利于书写，但所占面积比较大。

阅览空间阅览桌、椅排列尺寸见表5.3.4.4-1、表5.3.4.4-2。

表 5.3.4.4-1

读者分类	桌面高（mm）	阅览桌（mm）							阅览椅（mm）	
		桌面宽		桌面长						
		单面	双面	单面单人	单面双人	单面三人	双面四人	双面六人	椅面高	椅面宽
成人	780，800	600	1000	800	1500	2100	1500	2100	460	450
少年	750，780	500	900	700	1400	2000	1400	2000	380，430	380
小学高年级	650，750	500	900	600	1400	1800	1400	1800	360，380	340
小学低年级	600，650	500	800		1200	1600	1200	1600	320，350	340
幼儿	450，530，600	450	700		1000	1500	1000	1500	250，290，320	320

专业阅览空间家具最小尺寸（单位：mm） 表 5.3.4.4-2

序号	家具名称	外形尺寸			备注
		长	宽	高	
1	视听阅览室书桌	650（单人），1300（双人）	500	800	
2	舆图阅览用舆图台	2300	1600	800	斜面、磨砂玻璃桌面，下设荧光灯及开关
3	舆图阅览室描图台	1400	1000	850/950	台面30°倾斜，单向或对面排列（坐式）
4	报刊阅览室阅报台	1650（双人位）	550	850/1200	台面30°倾斜，单向或对面排列（站式）
5	报刊阅览室阅报台	1650（双人位）	500	1100/1580	台面或附近应设电源插座
6	缩微阅览室	1200	750	750	桌上附设书架250×500（宽×高），长与书桌同
7	专业阅览室研究用桌	900，1200	650，750	800	桌上附设收录机插座
8	盲文阅览室读书桌	1000	650	800	单录机及耳机固定桌面上，并可锁闭，双人中间应有隔板

2. 书架、报架、期刊架

1）书架

书架形式有直立式及倾斜式两种，按材质区分主要有木书架和钢书架。

木制书架主要尺寸（单位：mm）　　表 5.3.4.4-3

名称		宽 B	深		高 H	层净高 H_1	底层隔板离地面净高 H_2
			T	T1			
倾斜式书架	单面	900～1000	200～220	350	1200～2200	240	不小于 100
						320	
	双面	900～1000	400～440	700	1200～2200	240	不小于 100
						320	
尺寸级差		50	20	—	20		

2）期刊架

期刊架是陈列或存放现期期刊的架子，它起着存放期刊和陈列现期期刊的作用。期刊架的设计必须便于读者的翻阅和取放。期刊架式样很多，下面按陈列方式举例。

期刊架主要尺寸（单位：mm）　　表 5.3.4.4-4

名称	宽（B）	深（T）		高（H）	层净高（H_1）	底层展示隔板离地面净高（H_2）	展示隔板倾斜角（°）
		展示用	展示兼储存用				
单面期刊架	1050～1200	260～300	360～400	1200～2200	320	不小于 100	16°～26°
单面期刊架	1050～1200	260～300	400～460	1200～2200	320	不小于 100	16°～26°
			680～710				
尺寸级差	50	20	20				

5.3.5　藏书空间

5.3.5.1　书库的设计原则

1. 取用方便

书库设计要充分满足其使用要求。书库位置要适当，应与目录厅、出纳室、阅览室等房间联系密切，使藏书与借、阅成为一个有机整体。书库对分编、运送、流通等内业部门，应有单独的出入口。

2. 有利防护

书库应具备长期保管图书的良好条件。书库设计要注意防晒、防漏、防潮、防尘、防火、防虫等。

5.3.5.2　书库的分类

1. 按藏书量分类

表 5.3.5.2

小型书库	藏书量在 20 万册以内
中型书库	藏书量在 20 万～80 万册
大型书库	藏书量在 80 万～500 万册
特大型书库	藏书量在 500 万册以上

2. 按使用性质分类

1) 基本书库

基本书库是图书馆的总书库,又称主书库,是全馆的藏书中心。基本书库的藏书量大、书籍门类大。由于其荷载大,宜设置在首层,结构经济性好。

2) 辅助书库

辅助书库是为方便读者设计的一种开架或半开架书库,通常是紧靠着大阅览室或专业阅览室布置,读者可以进入库内查阅。辅助书库具有利用率高、流通量大、针对性强的特点,是读者常用的书库。

3) 特藏书库

特藏书库是指专门收藏善本、特种文献、文物、手稿及缩微读物、视听资料等一般非书本形式资料的书库。特藏书库与主书库靠近或放在它的底层,特藏书库需配备特殊的存放设备,并具有一定的室内温、湿度条件。

4) 密集书库

密集书库是储备书库常用的方式,它是存贮图书馆内长期搁置或失去时效又暂时不能剔除的书刊库。密集书库的特点是单位面积的存书量大、荷载也大,一般宜设置在底层或防潮好的地下室层。在高层图书馆中,为了释放底层空间,密集书库也可设置于顶层。在小型图书馆中可与密集书库合并设置。

5) 保存本书库

又称保留书库、样本库,是指将图书馆内所藏各种图书抽出一书,作为长期保存的书库。书库的位置应与主书库联系方便。

6) 借还书库

是存放读者归还藏书的书库,读者还书后需要重新归类、消毒然后才可上架。

5.3.5.3 书架

书架的基本尺寸

书架是供藏书用的基本设备,其尺寸是根据书型和取还书方便决定的,其最小单元为"档",书架的档长大小不一,一般有900mm、1000mm、1100mm、1200mm等几种规格。

常见的搁板宽度,如下表所示。

搁板宽度（单位：mm）   表 5.3.5.3

书型	最大书脊高	书宽	搁板宽度
小型开本	220	160	180 或 200
中型开本	270	190	180 或 200
大型开本	320	230	200 或 220

书架的格数与高度,需根据图书管理方式和书型而定,不同格高与格数的书架高度各异,一般开架阅览室书架为6格,闭架阅览室书架为7格。书架高度一般在2100~2200mm之间。如果考虑女性,则书架高度为1900mm。在开架书库为便于读者阅览,其高度应为1700~1800mm。在开架的儿童阅览室,书架高度为910mm,开架的少年阅览空,其高度为1680mm。

5.3.5.4 书库的平面设计

1. 书架排列

书架排列是书库平面设计的基本依据,对书库的开间、进深、平面布置及书库的利用率有着直接的影响。两排书架之间的中心距离，即中距的大小取决于两行书架之间走道的宽度，而走道的宽度是根据书库的类型及书架间人员的活动情况决定，如图。

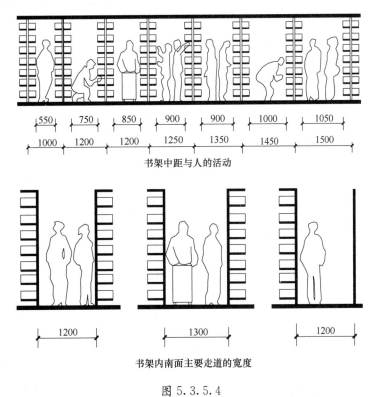

书架中距与人的活动

书架内南面主要走道的宽度

图 5.3.5.4

流通率较高的图书通常布置在开架阅览室，行道的宽度至少为 1000mm，中距至少为 1450mm，在日本或北欧的公共图书馆中也有中距达到 2500mm 左右。

书架排列还应考虑到照明灯带方向，顶棚的照明灯应顺着书架排布方向平行布置。

2. 书库的容量估算

藏书空间容书量的估算，是根据藏书空间每标准书架容书量设计估算指标和藏书空间单位使用面积容书架量设计计算指标求得。

藏书空间每标准书架容书量设计估算指标（册/架）　　　　　表 5.3.5.4-1

图书馆类型藏书方式		公共图书馆		高等学校图书馆		增减度
		中文	外文	中文	外文	
开架	社科	500	360	430	320	±25%
	科技	470	330	410	300	
	合刊	220	240	200	220	
闭架	社科	580	360	510	310	
	科技	540	330	480	300	
	合刊	260	240	230	220	

注：（1）双面藏书时，标准书架尺寸定为 1000mm×450mm，开架藏书按 6 层计，闭架按 7 层计，其中填充系数均为 75%。
　　（2）少年儿童容书量指标按照每架（360～450）册/架计算。
　　（3）盲文容书量按表中指标 1/4 计算。
　　（4）密集书架容书量约为普通标准书架藏书量的 1.5～2.0 倍。
　　（5）合刊指期刊、报纸的合订本。期刊为每半年或全年合订本；报纸为每月合订本，按四开版面 8～12 版计。每平方米报刊存放面积可容合订本 55～85 册。

藏书空间单位使用面积容书架量设计计算指标（架/m²）　表 5.3.5.4-2

	含本室出纳台	不含本室出纳台
开架藏书	0.5	0.55
闭架藏书	0.6	0.65

3. 书库的开间、进深与层高

1）开间

书库的开间取决于书库性质与书架排列的中心距离，书架的中心距可为 1200mm，1250mm，甚至 1500mm。

基本书库开间大小的确定与书库的结构选型直接相关。混合结构开间较小，常见有 3600mm、3750mm、4800mm 及 5000mm 等几种。框架结构开间则大一些，如采用密肋楼板结构，开间可以做到 6900mm、7500mm、8100mm 甚至更大。

2）进深

书库的进深大小对自然采光、通风及书架的布置都有密切关系。单面自然采光的书库进深一般不超过 8～9m，双面自然采光的书库进深一般不超过 16～18m。

3）层高

书库及阅览室藏书区净高不得低于 2.4m，以利于藏书和进库阅览。同时又规定楼板下有梁或有设备管线通过时，梁底或设备管线最低表面的局部净高不得小于 2.3m。

4）层数

书库层数主要依据图书馆藏书规模、基地大小和机械化程度确定。图书馆书库的层数不宜过多，一般以 4～6 层较为合适。

书库的平面形状

书库平面形状要考虑取书距离短和造价经济这两项基本要求，书库的长度与进深的比值为 3：2 较为适宜。

4. 书库的交通组织

1）水平交通

书库内的走道，按其所处位置不同，可分为主通道、次通道、档头走道和行道。其尺寸可参考下表。

书库、开架阅览室藏书区书架排列各部通道最小宽度（单位：m）　表 5.3.5.4-3

名称	常用书库		非常用书库
	开架	闭架	
主通道	1.50	1.20	1.00
次通道	1.00	0.75	0.60
档头走道（即靠墙走道）	0.60	0.60	0.60
行道	1.00	0.80	0.60

2）竖向交通与中心站

书库的竖向交通主要依靠楼梯和竖向动力运输设施（电梯、书梯等）。

楼梯的布置既要考虑使用便利，又要照顾到不能占用过多的面积以及消防疏散要求。书库内工作人员专用楼梯的净宽不应小于 0.8m，踏步宽应不小于 0.22m，踏步高不应超过 0.20m。

5.3.6 业务部门

5.3.6.1 行政办公用房

行政用房可按一般办公室设计。房间大小可根据需要按每个工作人员 4.5～10m² 设计，但每个房间不宜小于 12m²。

行政办公用房应与门厅联系方便，同时符合《办公建筑设计规范》JGJ 67—2006 有关规定。行政办公用房门厅可与内部业务用房，计算机用房等辅助用房公用，且应设置更衣室。

5.3.6.2 内部业务用房

1. 采编部门

1）采编部构成内容

采编工作用房大致有：采购室、编目室、储藏室等，一般较小的图书馆将采购和编目两项工作合在一起进行，规模较大者则将两部分分开。

（1）采购室

采购室室内除设有办公桌、计算机终端等设备之外，还应有预购卡片目录柜、账柜及书架等设施。采购一般还应包括国内外书刊交换工作，如业务量大，也应单设房间。

（2）编目室

编目室室内除设有编目办公桌外，还有目录柜、书架、书车、参考书架、文簿存放、微机及打印设备等。编目室每工作人员使用面积不宜少于 10m²。

2）采编用房的位置

采编工作用房应和读者活动区分开，并与典藏、书库有便捷的联系。中小型图书馆的采编工作常在 1～2 间房间中进行。

3）采编部门操作流程

采编部门操作流程为：采购（含交换）、拆包、验收、登记、分类、编目、加工，直至入库（如图示）。

整个流程可分为三个阶段：

（1）现刊记到和流通

（2）整理装订

（3）合订本编目加工

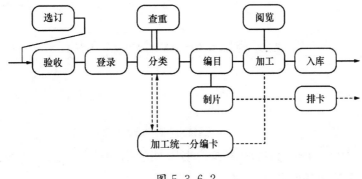

图 5.3.6.2

4）采编工作室的设计

采编工作室的设计要保证图书沿着一条连续的流线，避免逆行和干扰。此外还应注意有通畅的运输路线，避免与读者人流交叉。

每一工作人员不少于 $10m^2$ 的使用面积来计算工作室的面积。

2. 典藏室

典藏室需要有办公、存放目录及临时存放新书的地方。新书存放可按每 1000 册书和 300 种资料为周转基数，按使用面积不小于 $12m^2$ 推算。至于目录存放应按目录室有关指标设计，或用终端机管理。

3. 装订室

装订室的面积大小与装订量、工作人员的多少及机械化程度有关，每一个工作人员的使用面积不小于 $10m^2$，装订室最小使用面积不少于 $30m^2$。

4. 美工室

美工室用房使用面积不宜少于 $30m^2$，有条件的可另设器材处理房间。

5. 静电复印室

静电复印室的主要任务是利用静电复印机复制各种书刊资料。复印室的规模大小、房间安排，取决于复印工作量。

普通复印机每台工作面积需 6～8m^2。室内布置应根据要求考虑登记、收款、复印、微机打印等设施。

6. 装裱修整室

修裱室以靠近线装书库及特藏书库为宜，并与装订室靠近。修裱室用房按每工作岗位使用面积不小于 $10m^2$ 计算，最小使用面积不小于 $30m^2$。

5.3.6.3　计算机用房

图书馆的计算机房要选择在与业务上有联系的各部门附近，通常是靠近采编室、目录室、借书处等装有终端设备的地方。

计算机房通常由若干个房间组成，主要是运算机房面积，约占整个机房面积的一半。围绕运算机房，有操作人员和程序人员工作室（每人约 $15m^2$）、磁盘、光盘存放室和机修室等。

计算机房应设置地沟或采用架空地面，以便敷设信号电缆和供电电线。机房地面材料应防止静电，影响电子设备的可靠性。计算机房要求隔声和吸声，最好采用密封窗，防止噪声、有害气体及湿空气的侵袭。采用空调设施，设过滤系统除尘。计算机房最理想的温度是 24℃，相对湿度 50%，但允许一定幅度的变化。

5.4　图书馆防火与疏散

5.4.1　耐火等级

1. 藏书量超过 100 万册的高层图书馆、书库，建筑耐火等级应为一级。

2. 除藏书量超过 100 万册的高层图书馆、书库外的图书馆、书库，建筑耐火等级不应低于二级，特藏书库的建筑耐火等级应为一级。

5.4.2　防火分区

1. 基本书库、特藏书库、密集书库与其毗邻的其他部位之间应采用防火墙和甲级防火门分隔。

2. 对于未设置自动灭火系统的一、二级耐火等级的基本书库、特藏书库、密集书库、开架书库的防火分区最大允许建筑面积，单层建筑不应大于 1500m²。并符合下表规定：

表 5.4.2

	防火分区最大面积
建筑高度 $h \leqslant 24m$ 的多层建筑	$\leqslant 1200m^2$
建筑高度 $h > 24m$	$\leqslant 1000m^2$
地下室或半地下室	$\leqslant 300m^2$

3. 当防火分区设有自动灭火系统时，其允许最大建筑面积可按本规范规定增加 1.0 倍，当局部设置自动灭火系统时，增加面积可按该局部面积的 1.0 倍计算。

4. 阅览室及藏阅合一的开架阅览室均应按阅览室功能划分其防火分区。

5. 对于采用积层书架的书库，其防火分区面积应按书架层的面积合并计算。

5.4.3 安全疏散

1. 图书馆每层的安全出口不应少于两个，并应分散布置。

2. 书库的每个防火分区安全出口不应少于两个，但符合下列条件之一时，可设一个安全出口：

表 5.4.3

符合书库可设一个安全出口的条件	占地面积不超过 300m² 的多层书库
	建筑面积不超过 100m² 的地下、半地下书库
	建筑面积不超过 100m² 的特藏书库，且疏散门应为甲级防火门

3. 当公共阅览室只设一个疏散门时，其净宽度不应小于 1.20m。

4. 书库的疏散楼梯宜设置在书库门附近。

5. 图书馆需要控制人员随意出人的疏散门，可设置门禁系统，但在发生紧急情况时，应有易于从内部开启的装置，并应在显著位置设置标识和使用提示。

5.4.4 消防设施

1. 藏书量超过 100 万册的图书馆、建筑高度超过 24m 的书库和非书资料库，以及图书馆内的珍善本书库，应设置火灾自动报警系统。

2. 珍善本书库、特藏库应设气体等灭火系统。电子计算机房和不宜用水扑救的贵重设备用房宜设气体等灭火系统。

3. 其他消防设计及疏散要求，详见本书建筑防火设计章节内容。

5.5 图书馆设计的其他技术要点

5.5.1 现代化设备

5.5.1.1 计算机及网络系统

1. 图书馆体形应简洁完整。网络图书馆独特的设计应该在图书馆内部注重艺术性和技术性，重点在图书馆的计算机控制室、检索大厅、电器设计和诸多计算机用房的安置，简洁大方的外形有利于经营管理。

2. 做好计算机检索大厅的设计。联网后的图书馆不再需要做卡片目录，馆藏目录是在网上发布的。

3. 网络运行中至关重要的插座——信息接口。网络图书馆计算机用的电源插座数量，应根据图书馆性质及具体情况而定。除计算机用插座外，每个阅览室的墙面下部、立柱下部和阅览桌的两侧也都应设计适当数量的电源插座，供手携式计算机、打印机、复印机、缩微阅览机、台灯、吸尘器等用电设备使用。

4. 书库比例逐渐缩小。书库的比例、期刊库的比例会逐渐缩小，并增设磁盘、光盘及声像资料存放的空间和设备。在网络时代，图书馆的单体规模会相应有所减少，数量会有所增加。

5. 网络环境下图书馆设计应有高度的灵活性。统一柱网、统一层高、统一荷载的模数式图书馆有着高度的灵活性、适应性，施工方便，适用于网络图书馆的设计。

5.5.1.2　机械化传送设备

图书馆的传送设备分为水平传送设备、垂直传送设备、垂直和水平结合（混合式）传送设备。

水平传送设备包括电动书库、悬挂式线送设备、传送带式运送设备等。

垂直传送设备一般用于多层图书馆或多层书库，常用的垂直传送设备有电梯和书梯（斗）等升降机。文献流的走向与交通设计取决于图书馆管理模式中对典藏、总出纳、藏阅一体化空间与人流走向等综合因素的考虑。集中书梯应靠近总出纳台、采编室，应与书籍业务处理用房毗邻设置，方便专用书梯直达各阅览层、书库层。

5.5.1.3　缩微技术

缩微技术包括缩微摄影、冲洗、拷贝复制、保管和输出阅览等若干环节，每一环节都有相应的设备和空间与其配套。

缩微车间对其空间环境有着具体的要求，详见下表：

缩微车间的空间环境要求　　　　　　　　　　　　　　　表 5.5.1.3

功能	面积大小	环境要求
缩微摄影	10～12平方米/台	1. 建筑应考虑防尘、防污染，机器底座应采用隔振基础 2. 室内温度应保持18～20℃，相对湿度应保持45%～65% 3. 电源电压稳定 4. 室内光线要求柔和，顶棚、墙面均应采用无光泽材料，以防止光线反射 5. 室内照明灯光应避免照射在摄像机的托稿台面上。各机器之间的摄影灯光之间应防止互相干扰 6. 所有摄影设备加设盖
缩微冲洗	2平方米/台	1. 门窗要密闭、遮光 2. 室内地面、台面等要有防潮、防酸碱措施 3. 给水充足
复制拷贝	20平方米/台	1. 缩微复制用房宜单独设置 2. 墙壁和顶棚忌用白色和反光材料 3. 避免紫外线和灯光干扰 4. 注意防尘、防振、防污染 5. 电源电压稳定充足
缩微阅览	根据阅读器的数量与阅览方式确定	1. 室内光线均匀，避免阳光直射 2. 墙壁、顶棚不宜用反光材料 3. 室内灯光照度符合规范要求 4. 温、湿度适宜，通风良好

5.5.1.4 静电复印技术

应用静电学原理进行成像和显像的复印技术即为静电复印技术。一般中小型图书馆可集中设置一个静电复印中心，所有待复印资料均拿到该中心复印。大型图书馆则应采用集中与分散相结合的方法，既有集中的、多台、多种类型的复印中心，又在各阅览室分别设置静电复印机，随时为读者提供服务。

静电复印设备对环境的要求见下表：

静电复印设备对环境的要求 表 5.5.1.4

	要求	注意事项
光线	光线均匀 窗户应安装窗帘	避免阳光直接照射 防止感光体和电子元件老化
温度	室内温度 10~30℃ 有条件时安装空调设备	远离发热源如暖气、火炉、热水器等
湿度	相对湿度 20%~85%	远离水龙头
洁净度	无粉尘	防尘
通风	室内应有良好的通风，以利于调节湿度、减少或消除粉尘，减轻气味 有条件时安装排风设备	远离产生氨气的场所

5.5.1.5 视听传播设备

记录着声音和图像信号的资料称为视听资料，视听资料录制、再现和传播的设备即为视听传播设备。视听资料包括录音资料、录像资料和声像资料三种类型。视听资料声情并茂，图像生动具体，并随着科学技术的发展不断丰富，已成为现代化图书馆的重要传播手段。

视听资料通常通过唱片、磁带、胶片等形式进行保管。

5.5.2 图书馆室内环境

5.5.2.1 图书馆室内光环境

图书馆建筑应充分利用自然条件，采用天然采光和自然通风。

对于室内光环境，图书馆各类用房或场所的天然采光标准值不应小于下表的规定：

图书馆各类用房或场所的天然采光标准值 表 5.5.2.1-1

用房或场所	采光等级	侧面采光			顶部采光		
		采光系数标准值（%）	天然光照度标准值（lx）	窗地面积比（Ac/Ad）	采光系数标准值（%）	天然光照度标准值（lx）	窗地面积比（Ac/Ad）
阅览室、开架书库、行政办公、会议室、业务用房、咨询服务、研究室	Ⅲ	3	450	1/5	2	300	1/10
检索空间、成列厅、特种阅览室、报告厅	Ⅳ	2	300	1/6	1	150	1/13
基本书库、走廊、楼梯间、卫生间	Ⅴ	1	150	1/10	0.5	75	1/23

图书馆各类用房或场所的人工照明设计标准值应符合下表的规定:

图书馆建筑各类用房或场所照明设计标准值　　　　　　表 5.5.2.1-2

房间或场所	参考平面及其高度	照度标准值（lx）	统一眩光值 UGR	一般显色指数 Ra	照明功率密度（W/m²）
普通阅览室、少年儿童阅览室	0.75m 水平面	300	19	80	9
国家、省级图书馆的阅览室	0.75m 水平面	500	19	80	15
特种阅览室	0.75m 水平面	300	19	80	9
珍善本阅览室、舆图阅览室	0.75m 水平面	500	19	80	15
门厅、陈列室、目录厅、出纳厅	0.75m 水平面	300	19	80	9
书库	0.25m 垂直面	50	—	80	—
工作间	0.75m 水平面	300	19	80	9
典藏间、美工室、研究室	0.75m 水平面	300	19	80	9

5.5.2.2　图书馆室内声环境

对于室内声环境，图书馆各类用房或场所的噪声级分区及允许噪声级应符合下表的规定:

图书馆各类用房或场所的噪声级分区及允许噪声级　　　　表 5.5.2.2

噪声级分区	用房或场所	允许噪声级（A 声级，dB）
静区	研究室、缩微阅览室、珍善本阅览室、舆图阅览室、普通阅览室、报刊阅览室	40
较静区	少年儿童阅览室、电子阅览室、视听室、办公室	45
闹区	陈列室、读者休息区、目录室、咨询服务、门厅、卫生间、走廊及其他公共活动区	50

电梯井道及产生噪声和振动的设备用房不宜与有安静要求的场所毗邻，否则应采取隔声、减振措施。

5.5.3　绿色图书馆设计

5.5.3.1　建筑选址

绿色图书馆的建筑选址，首先要按照其使用要求，充分考虑地区气候条件、日照特点、地形及前后建筑的遮挡条件、房间的自然通风要求，以及节约用地等因素，采取相应的措施，正确地选择房屋朝向、间距，从节能和节地这两个因素来实现绿色建筑的营建。

5.5.3.2　体型设计

节能建筑的形态不仅要求体型系数小，而且需要冬季日辐射得热多，同时还需要对避寒风有利。具体选择节能体型时受多种因素制约，包括当地冬季气温、日辐射照度、建筑朝向、各朝向围护结构的保温状况和局部风环境状态等，设计中需要权衡建筑得热和失热的具体情况，优化组合各影响因素才能确定。

控制体型系数，图书馆外形设计宜简洁、完整，其体形系数宜控制在 0.30 以下，若体形系数大于 0.30，则屋顶和外墙应加强保温。同时，考虑日辐射得热量。图书馆外轮廓设计避免与当地冬季的主导风向发生正交，有利于避风。

5.5.3.3 建筑围护结构

改善围护结构热工性能，主要通过采用保暖隔热性能好的新型墙体材料和建筑材料；其次是采用合理的节能措施与施工方法，设计合理的建筑节能构造。除了注重墙体保温隔热节能技术外，图书馆建筑的窗墙比不应大于 0.7 或小于 0.4，可见光的投射比不应小于 0.4，合理布置开窗位置，通过控制开窗面积，能有效降低能耗。还应关注适宜的遮阳技术。

5.5.3.4 自然采光

图书馆设计要坚持自然采光原则，可采用自然采光为主，人工照明为辅的方式，在进深较大的开架阅览区以自然采光为主，开架书库人工照明为辅，特殊要求的藏阅空间，可用人工照明。

5.5.3.5 自然通风

图书馆设计中，可利用建筑物内部贯穿多层的竖向空腔——如楼梯间、中庭、拔风井等满足进排风口的高差要求，并在顶部设置可以控制的开口，将建筑各层的热空气排出，达到自然通风的目的。利用热压拔风烟囱效果加强过渡季自然通风，减少空调时间，从而降低能耗。

6 博物馆建筑设计

6.1 博 物 馆 分 类

博物馆分类   表 6.1

编号	分类	藏品性质与展品	实例
1	历史类	以历史的观点来展示藏品，主要按编年次序为重要历史事件提供文献资料	中国历史博物馆、中国革命博物馆、西安半坡遗址博物馆、秦始皇兵马俑博物馆、泉州海外交通史博物馆、景德镇陶瓷历史博物馆、北京鲁迅博物馆、广东阳江海上丝绸之路博物馆
2	艺术类	主要展示藏品的艺术和美学价值，包括绘画、雕塑、装饰艺术、实用艺术、古物、民俗、原始艺术、现代艺术等	南阳汉画馆、广东民间工艺馆、北京大钟寺古钟博物馆、徐悲鸿纪念馆、天津戏剧博物馆
3	科学与技术类	以分类、发展或生态的方法展示自然界，以立体的方法从宏观或微观方面展示科学成果，包括自然科学博物馆、实用科学博物馆和技术博物馆	中国地质博物馆、北京自然博物馆、自贡恐龙博物馆、中国台湾昆虫科学博物馆、中国科学技术馆、柳州白莲洞穴科学博物馆
4	综合类	综合展示人类、国家、地区、城市及乡村的全面历史进程	大英博物馆、法国卢浮宫博物馆、美国大都会博物馆、中国国家博物馆、天津博物馆、安徽省博物馆、南通博物苑、山东省博物馆、湖南省博物馆、内蒙古自治区博物馆

6.2 博物馆建筑规模

博物馆建筑规模分类   表 6.2

编号	建筑规模类别	建筑总建筑面积（m²）	实例
1	特大型馆	>50000	中国美术馆、首都博物馆、广东省博物馆、天津博物馆、上海科技馆、秦始皇兵马俑博物馆、中国科学技术馆新馆

编号	建筑规模 类别	建筑总建筑面积 （m²）	实例
2	大型馆	20001～50000	安徽省博物馆、四川省博物馆、西藏博物馆、洛阳博物馆、徐州美术馆、西安大唐西市博物馆
3	大中型馆	10001～20000	十堰市博物馆、三星堆博物馆、中国科举博物馆、张家界博物馆、苏州博物馆
4	中型馆	5001～10000	明代帝王文化博物馆、汉阳陵帝陵外葬坑保护展示厅、西湖博物馆、韩美林艺术馆、自贡恐龙博物馆
5	小型馆	≤5000	广安邓小平故居陈列馆、四川绵竹历史博物馆、缙云博物馆李震坚艺术馆、建川博物馆战俘馆、吴山博物馆

6.3　选址与总平面设计

6.3.1　选址

博物馆的选址应针对博物馆的类型、规模及城市人文环境综合确定，并符合下列要求：

1. 符合城市规划及文化设施布局的要求；

2. 应交通便利，公用配套设施完善；

3. 基地面积除满足博物馆的规模及功能要求外，宜留有适当发展余地；

4. 保证安全，与易燃易爆场所、噪声源、污染源的距离，应符合相关规定；

5. 不应选择在地震、滑坡、洪涝、虫害、严重污染的地段；

6. 宜独立建造。当与其他类型建筑合建时，博物馆建筑应自称一区。

7. 在历史建筑、保护建筑、历史遗址上或其近旁新建、扩建、改进博物馆建筑，应符合文物保护的相关规定。

6.3.2　总平面设计

1. 应方便观众使用、确保藏品安全、利于运营管理；

2. 应布局合理、分区明确，公众、业务、行政三个区域互不干扰、联系方便；

3. 建筑主要出入口应与城市公共交通联系顺畅；

4. 合理设置人流、车流、物流，观众出入口应与藏品、展品出入口分开设置；藏品、展品的运输路线和装卸场地应安全、隐蔽，且不应受观众活动的影响；

5. 观众出入口广场应有集散空地，面积不应小于 0.4m²/人。

6. 藏品保存场所的建筑物宜设环形消防车道；

7. 室外展场应符合博物馆主题设计和流线组织的要求，并考虑公众休息等服务设施的设置，满足展品运输、更换的要求。

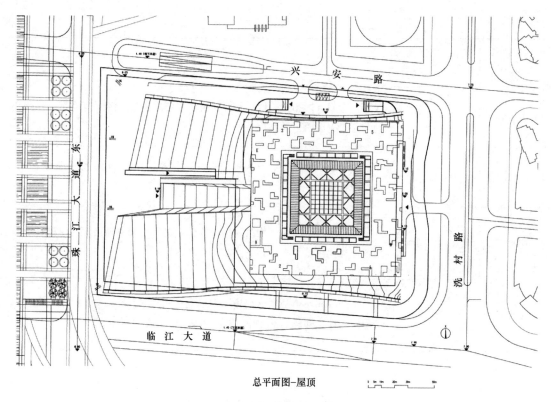

总平面图-屋顶

图 6.3.2 某博物馆总平面图

6.3.3 停车要求

博物馆建筑基地内设置的停车位数量 表 6.3.3

	每 1000m² 建筑面积设置的停车位（个）			
大型客车	小型汽车			非机动车
	小型馆、中型馆	大中型馆、大型馆、特大型馆		
0.3	5	6		15

注：（1）计算停车位时，总建筑面积不包含车库建筑面积。

（2）停车位数量不足 1 时，应按 1 个停车位设置。

6.4 功能构成及面积构成

6.4.1 功能构成

博物馆的功能按使用范围可以分为公众区域、业务区域及行政区域。功能区域的组成和各类用房的设置应根据博物馆的类型确定，但通常包括：陈列、教育、公众服务、藏品、技术、业务研究、行政、附属等八项。

博物馆功能构成 表 6.4.1

公众区域	陈列展览区	综合大厅、序厅、过厅、陈列厅、临时展厅、儿童展厅、特殊展厅、导览视听室、室外展区等
		展具贮藏室，讲解员室，安保室，管理员室等

公众区域	教育区		影视厅、学术报告厅、教室、实验室、阅览室、活动室、青少年活动室、互动式体验区等
	公众服务区		售票室、门廊、门厅、休息室（廊）、饮水、卫生间、母婴室、贵宾室、广播室、医务室、信息咨询服务、寄存、安检等
			茶座、餐厅、商店、银行等
业务区域	藏品库区	库前区	拆装箱间、鉴选室、暂存库、保管员、工作用房、包装材料库、保管设备库、鉴赏室、周转库、分级、编目室等
		库房区	分类库房，珍品库房，文献库房等
	藏品技术区		清洁间、晾置间、干燥间、消毒室、冷冻室
			书画装裱及修复用房、油画修复室、实物修复用房、药品库、临时库、动物标本制作用房、植物标本制作用房、化石修理室、模型制作室、药品库、临时库
			鉴定实验室、修复工艺实验室、生物实验室、仪器室、材料库、药品库、临时库
	业务研究用房		摄影用房、摄影室、展陈设计室、阅览室、资料室、信息中心
			美工室、展品展具制作与维修用房、材料库
行政区域	行政管理区		行政办公室、接待室、会议室、物业管理用房
			安全保卫用房、消防控制室、建筑设备监控室
	附属用房		职工更衣室、职工餐厅
			设备机房、行政库房、车库

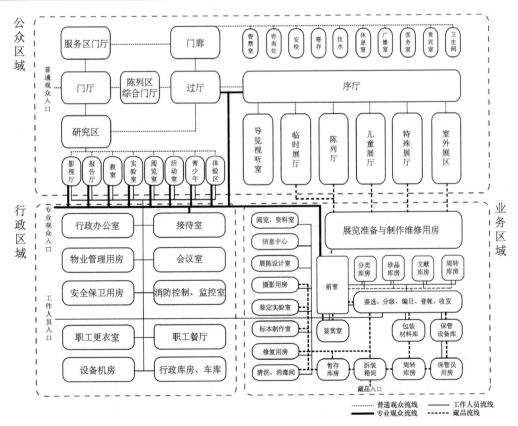

图 6.4.1 博物馆功能关系图示

6.4.2 面积构成

不同类型的博物馆各功能用房的面积配比有所区别，如表6.4.2所示。

博物馆面积构成

表6.4.2

博物馆类型		展示用房	服务用房	收藏用房	研究用房	管理用房	其他用房
历史博物馆		40～50	10～20	5～10	7～12	2～5	18～23
艺术博物馆		45～55	3～7	15～25	4～8	3～7	15～20
科学与技术博物馆	自然博物馆	50～60	8～12	3～7	15～25	3～7	8～12
	科技博物馆	45～55	20～30	5～10	2～4	4～8	6～10
综合博物馆		35～45	8～15	11～18	3～7	4～8	20～30

注：(1) 表中数据均为百分比。

(2) 不同博物馆根据规模及实际功能需求，与表中数据可能有所差异，表中数据仅供设计参考。

6.5 建 筑 设 计

6.5.1 一般规定

1. 各类功能布局和空间设计应为内部功能的适度调整和后续扩建提供可能。

2. 应当充分结合展陈设计进行功能布局；分区明确，各类功能用房相对集中，自成系统，同时应考虑各类功能用房之间的联系方便。

3. 博物馆的藏（展）品出入口、观众出入口、员工出入口应分开设置。公众区域与行政区域、业务区域之间的通道应能关闭。

4. 应根据功能分区确定合理的参观流线。观众流线与藏（展）品流线应各自独立，互不影响；食品、垃圾运送路线不应与藏（展）品流线交叉；参观流线应与展陈流线吻合并保持一定的灵活性。

5. 应根据展陈流线提供适当的休息区域。陈列区中的休息区域可与公共区域相对独立，做到动静有别。

6. 藏品库区应接近陈列区布置，藏（展）品不宜通过露天运输和在运输过程中经历大的温湿度变化。

7. 设备用房与其他区域应相对独立但紧密联系，无关的管线不应穿越藏品保存场所。

8. 博物馆建筑的藏品保存场所应符合下列规定：

1) 饮水点、厕所、用水的机房等存在积水隐患的房间，不应布置在藏品保存场所的上层或同层贴邻位置。

2) 当用水消防的房间需设置在藏品库房、展厅的上层或同层贴邻位置时，应有防水构造措施和排除积水的设施。

9. 交通设施：

1) 可根据展陈要求在建筑中设置多种形式的交通设施，大型馆、特大型馆宜设置自动扶梯或者结合布展设置参观坡道。

2) 藏（展）品运送通道不应出现台阶、门槛，坡道的坡度不应大于1∶20。

　　3）藏品库区可根据需要设置载货电梯，但载货电梯应设在库房区总门之处。

10. 卫生间设置规定：

　　1）陈列展览区的使用人数应按展厅净面积 0.2 人/m² 计算；教育区使用人数应按教育用房设计容量的 80% 计算。

　　2）使用人数的男女比例应按 1:1 计算。

　　3）茶座、餐厅、商店等的厕所应符合相关的建筑设计标准的规定。

厕所卫生设施数量　　　　　　　　　　　　　　　　　　表 6.5.1

设施	陈列展览区		教育区	
	男	女	男	女
大便器	每 60 人设 1 个	每 20 人设 1 个	每 40 人设 1 个	每 13 人设 1 个
小便器	每 30 人设 1 个	—	每 20 人设 1 个	—
洗手盆	每 60 人设 1 个	每 40 人设 1 个	每 40 人设 1 个	每 25 人设 1 个

陈 列 展 览 区

6.5.2　陈列展览区

1. 组成与分类

陈列展览区一般由陈列展览空间、展具贮藏室、讲解员室、管理员室等部分组成，根据陈列内容可包括综合大厅、基本陈列厅、临时展厅等，还可以根据需要设置序厅、导览视听室、儿童展厅、特殊展厅等。

陈列展览区可以根据展陈方式分类，可分为：展柜式、悬吊式、放置式、场景式、互动式以及多媒体式；也可根据展品内容分类，可分为：社会历史类、自然历史类、艺术类以及科学技术类。

2. 基本要求

　　1）应根据展品的性质、类型、数量、特色及展示要求进行合理的展陈设计。

　　2）应满足陈列内容的系统性、顺序性和方便观众选择性参观的需求。

　　3）展陈设计应保障展品安全和观众安全，光照、温度、湿度、空气质量、安防等方面需满足具体要求。

　　4）应合理组织观众流线，避免重复、交叉、缺漏，参观顺序宜按顺时针方向设计。

　　5）临时展厅应能独立开放、布展、撤展，不影响其他展厅的正常运作。

　　6）合理布置讲解员室、管理室、展具储藏室等附属用房。

3. 陈列展览平面组合类型。

陈列展览平面组合类型　　　　　　　　　　　　　　　　表 6.5.2

组合类型	特点	实例
大厅式	利用大厅综合展出或灵活分隔成小空间	巴黎蓬皮杜艺术文化中心、美国航空博物馆
串联式	各陈列展览室互相串联	殷墟博物馆、德国柏林犹太人纪念馆
放射式	各陈列展览室环绕放射枢纽*（门厅、庭院等）布置	宝鸡青铜器博物馆、毕尔巴鄂·古根海姆美术馆
混合式	将上述几种方式进行组合	西安大唐西市博物馆

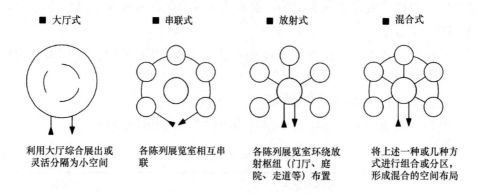

图 6.5.2-1 陈列展览平面组合类型

4. 展厅布置形式（特殊展厅除外）

基本类型分为：口袋式、穿过式、混合式，每种基本类型又可进一步划分为：单线陈列、双线陈列、三线陈列。

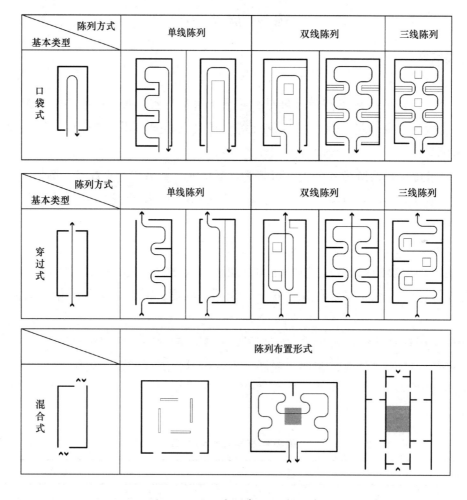

图 6.5.2-2 展厅布置形式示意

5. 空间尺度

1）单跨展厅采用单线陈列时，跨度不宜小于 5m，采用双线陈列时，跨度不宜小于 9m。多跨展厅柱距不宜小于 7m。

2）展厅净高应符合下列规定：

$$h \geqslant a+b+c$$

式中：h＝净高（m），a——灯具的轨道及吊挂空间，宜取 0.4m，b——厅内空气流通需要的空间，宜取 0.7～0.8m，c——展厅内隔板或展品带高度，取值不宜小于 2.4m。

此外，展厅净高还应满足展品展示、安装的要求，顶部灯光对展品入射角的要求，以及安全监控设备覆盖面的要求；顶部空调送风口边缘距藏品顶部直线距离不应小于 1.0m。

3）展厅的空间尺寸与展品类型、博物馆建筑规模都有密切联系，特殊展品的展厅及附属用房应根据工艺要求具体设计。

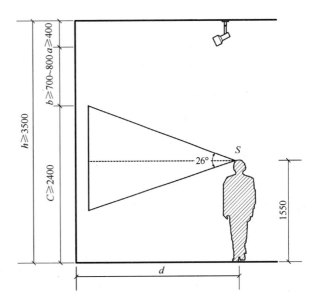

图 6.5.2-3 展厅净高示意

公 共 服 务 区

6.5.3 公共服务区

1. 组成

公共服务区一般包括公共服务设施、教育空间、休息商业空间。

公共服务设施包括：公众门厅，安检、领票售票处，验票处，问询处，饮水、卫生间、母婴室、广播室、讲解员室，寄存处、语音导览及资料索取处，雨具存放处，轮椅及儿童车租用处等为观众服务的功能空间。

休息商业空间包括：咖啡厅、茶室、休息廊、小卖部、纪念品商店、书店等。

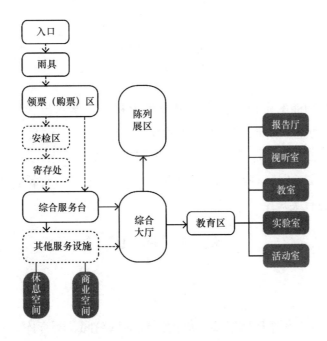

图 6.5.3-1 公共服务区平面组织图示

2. 基本要求：

1）合理安排普通观众、团体观众、贵宾、集会人员等不同参观人流，避免重复交叉。

2）公共服务设施应设置在公众出入口附近，方便参观者使用。

3）合理安排门厅、综合大厅、序厅等空间的整合与转换，合理组织水平与垂直参观流线，并方便各部分功能区域的链接。

4）休息商业空间宜靠近大厅设置集中休息空间，每层宜在空间过渡区设置分散休息空间，集中与分散相结合。

5）餐厅、茶座设计应符合《饮食建筑设计规范》JGJ 64 的要求，不应影响藏品保存，并配置储藏间、垃圾间和通往室外的卸货区。

6）饮水处、卫生间、母婴室等应靠近休息空间布置。

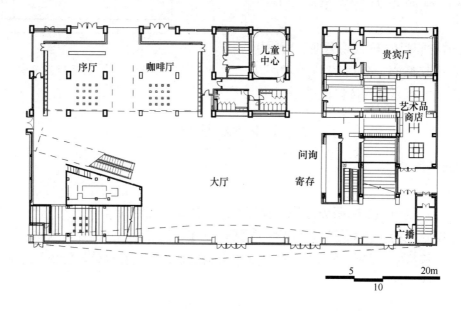

图 6.5.3-2　公共服务区平面示例

教 育 区

6.5.4　教育区

1. 根据博物馆教育功能的定位，教育区可设置影视厅、学术报告厅、教室、实验室、阅览室、活动室、青少年活动室、互动式体验区等用房。

2. 教育区应与门厅、中央大厅等联系紧密，或设置独立对外出入口。

3. 教育区的教室、实验室，每间使用面积宜为 $50\sim60m^2$，并宜符合现行国家标准《中小学设计规范》GB 50099 的有关规定。

藏 品 库 区

6.5.5　藏品库区

1. 组成

藏品库区一般由库前区和库房区组成。库前区包括拆箱间、暂存库、缓冲间、保管员工作用房、包装材料库、保管设备库、鉴赏室等组成；库房区包括分类库房及运输通道。分类库房类型见表6.5.5。库前区位于库房区总门之外，库房区位于库房区总门之内。库房与库房区外墙之间宜设夹道，以满足防盗及温湿度差缓冲的作用。

藏品库的类型 表6.5.5

名称	位置	要求	备注
有机藏品库	库房区总门之内	对温湿度有较高要求	—
无机藏品库	库房区总门之内	对温度、洁净度有要求	—
珍品库	库房区总门之内	严格的恒温恒湿要求	宜单独建造或独立分区
周转库	一般在库房区总门之外，属于藏品管理区	临时存放需周转的藏品	预备布展的藏品、交换展的藏品
暂存库	库房区总门之外	暂时存放尚未清理、消毒的藏品	—
半开放库/开放库	库房区总门之外，一般位于藏品库区与展区之间	兼有库房与展厅的特点	可供普通参观者观察或接触

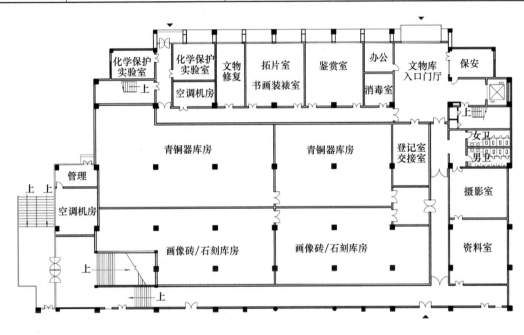

图 6.5.5-1 藏品库区平面示例

2. 基本要求

1) 除满足现有藏品保管的需要，应考虑藏品增长预期的要求，适当预留扩建的余地。

2) 库区内藏品运送通道应短捷、方便，不应设置台阶、门槛。

3) 藏品中有对温湿度较敏感的，需加设缓冲间，缓冲间可设在库房区总门内或总门前。

4) 库前区入口处应设置拆箱（包）间，暂存库宜靠近拆箱（包）间。

5) 库房内住通道净宽不应小于1.20m，两行藏品柜间通道不应小于0.80m，藏品柜端与墙净距不宜小于0.60m，藏品柜背与墙净距不宜小于0.15m。

6) 藏品库房的开间及柱网应与库房内保管装具的排列和藏品通道相适应，并不宜小于6m。

7) 藏品宜按质地或学科分类分间贮藏；每间库房应单独设门；库房的面积、开间尺寸、柱网布置应符合下列规定：

（1）库房面积每间一般不宜小于50m²；文物类、艺术类藏品库房以80～150m²为宜；自然类藏品库房以200～400m²为宜。

（2）库房的净高应高出保管装具柜顶 0.4m 以上，并应不小于 2.4m；文物类藏品库房以 2.8～3.0m 为宜，现代艺术藏品、自然类藏品库房以 3.5～4.0m 为宜。

（3）特殊藏品、科技类藏品的库房面积及高度应根据藏品实际尺寸和工艺要求确定。

（4）珍贵藏品应考虑防盗要求。

8）藏品库房的防水要做到六面防护，顶板及地板可以做防水夹层。库房内不应有水管及无关的管线穿越。

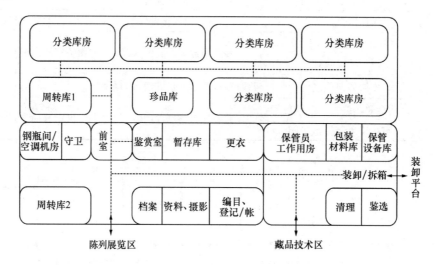

图 6.5.5-2　藏品库区平面组织图示

藏 品 技 术 区

6.5.6　藏品技术区

1. 组成

藏品技术区主要包括以下四类用房：藏品清洁、晾置、干燥、消毒（熏蒸、冷冻、低氧）用房；装裱、修复、复制及辅助用房；动植物标本制作室及辅助用房；实验室及辅助用房。

各类修复室的技术要求　　　　表 6.5.6

名称		主要用房	技术要求
书画装裱及修复用房		修复室、装裱室、裱件暂存室、打浆室等	修复室、装裱间不应有直接日晒，应采光充足、均匀，有供吊挂、装裱书画的较大墙面，宜设空调设备
油画修复室		—	平面尺寸及照明、设备等应根据工艺要求设计
熏蒸室		特大型、大型博物馆应专设，中、小型博物馆设熏蒸柜或熏蒸釜	宜两面靠外墙，面积不宜小于 20m²。建筑构造应密闭，应设独立机械排风系统
实物修复室	金石器修复用房	翻模砂浇铸室、烘烤间等	每间面积宜为 50～100m²，净高不应小于 3.0m；有良好采光通风，不应有直接日晒；根据工艺配备排气、污水等设施，满足防火要求；漆器修复室宜配有晾晒场地
	漆木修复用房	家具、漆器修复室、阴干间	
	陶瓷修复用房	陶瓷烧造室	
实验用房	生物实验室	无菌室、实验仪器贮藏室、药品库、毒品库或易燃易爆品库	面积一般为 50m²，位置应远离库区
	化学实验室		
	物理实验室		

2. 基本要求

1）各类用房应根据工艺、设备的要求进行设计，并留有余地，以适应工艺变化和设备更新的需要。

2）应按工艺要求设置带通风柜的通风系统和全室通风系统，通风换气量按实验室的要求进行计算。

3）清洁间应配备沉淀池；晾置间（或晾置场地）不应有直接日晒，并应通风良好。

业 务 研 究 用 房

6.5.7 业务研究用房

1. 组成

业务科研用房由图书、音像阅览及资料室，摄影用房，信息中心，导览声像制作用房，展陈设计用房，研究、出版用房及展品展具制作维修用房等组成。

2. 基本要求

业务科研用房技术要求　　　　　表 6.5.7

名称	主要用房	技术要求
图书、音像资料室	阅览室、库房、管理人员办公室、复印室	阅览室应有良好的天然采光和自然通风
摄影用房	摄影室、编辑室、冲放室、配药室、器材库	宜靠近藏品库区设置；面积、层高、门宽度、走廊高度等应满足工艺要求；不应有阳光直射，宜朝北或采用人工光源
信息中心	服务器机房、计算机房、电子信息接收室、电子文件采集室、数字化用房	不应与藏品库及易燃易爆物存放场所毗邻
导览声像制作用房	闭路电视系统和演播系统，演播系统为录像片制作区域，包括演播室、导控室、编辑室、录音室、资料室等	各房间的建筑设计应符合工艺要求
研究、出版用房	—	特大型、大型博物馆的研究、出版用房应自成一区，设置专用接待室供馆内外研究人员使用，并宜设独立出入口。藏品库区应设专用的安全通道及相关设施
展陈设计用房	—	与制作用房及展厅、藏品库之间必须有便捷的交通以保证藏品的运送安全
展品展具制作维修用房	美工室、制作室、维修室	应与展厅联系方便，靠近货运电梯，避免对公众区域的干扰；与展厅的通道满足运输要求；应采取隔声、吸声的处理措施；净高不宜小于 4.5m；符合工艺要求及相关规定

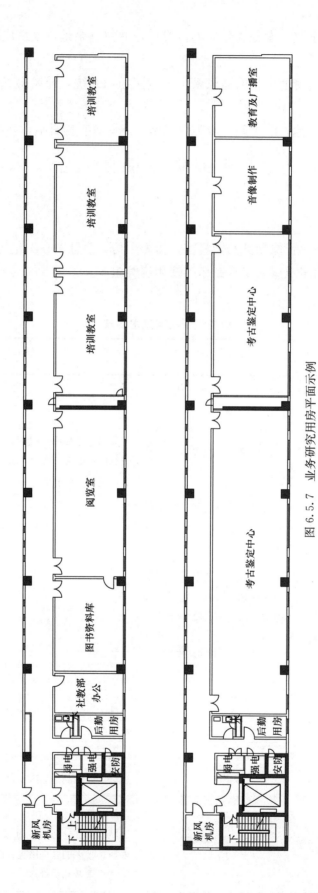

图 6.5.7 业务研究用房平面示例

6.5.8 行政管理区

1. 组成

行政管理区由行政管理办公、会议、接待用房，安全保卫用房，职工餐厅、更衣室，设备机房四部分组成。

2. 安全保卫用房应根据博物馆的防护级别要求设置，其功能房间和技术要求见表6.5.8。

安全保卫用房技术要求　　　　　　　　　　表 6.5.8

安全保卫用房	技术要求
安防监控中心或报警值班室	宜设在首层；安防监控中心不应与建筑设备监控室或计算机网络机房合用；应安装防盗门窗；特大型馆、大型馆的安防监控中心出入口宜设置两道防盗门，门间通道长度不应小于3.0m；大型馆、特大型馆宜在重要部位设分区报警值班室
保卫人员办公室	使用面积按定员数量确定
宿舍（营房）	使用面积按定员数量确定；应有自然通风和采光，并应配备卫生间、自卫器具储藏室
自卫器具储藏室	自卫器具储藏室
卫生间	—

6.6 藏 品 保 护

藏品保护的主要内容包括：温度、相对湿度、空气质量、污染物浓度、光辐射的控制，以及防生物危害、防水、防潮、防尘、防振动、防地震、防雷等内容。

6.6.1 温湿度控制

藏品保存场所的温度宜在15～25℃，相对湿度宜在45%～65%，并应根据藏品材质类别确定最佳保存参数，可参见表6.6.1的规定。陈列室、藏品库房的温、湿度应相对稳定，温度的日波动值不应大于2～5℃，相对湿度的日波动值不应大于5%。

博物馆藏品保存环境相对湿度标准　　　　　　　　　表 6.6.1

藏品材质类别	相对湿度%
金银器、青铜器、古钱币、陶瓷、石器、玉器、玻璃等	0～40
纸质书画、纺织品、腊叶植物标本等	50～60
竹器、木器、藤器、漆器、骨器、象牙、古生物化石等	40～60
墓葬壁画等	40～50
一般动、植物标本等	50～60

6.6.2 防生物危害

1. 藏品保存场所的门下沿与楼地面之间的缝隙不得大于5mm。
2. 藏品库房、陈列室应在通风孔洞设置防鼠、防虫装置。
3. 建筑物的木质材料应经消毒杀虫处理。

6.6.3 防污染控制

1. 藏品保存场所墙体内壁材料应易清洁、易除尘并能增加墙体密封性；地面材料应防滑、耐磨、消声、无污染、易清洁、具弹性。

2. 藏品区域应配备空气净化过滤系统。

3. 固定的保管和陈列用具应采用环保材料。

6.6.4 防潮和防水

1. 屋面防水等级应为Ⅰ级；地下防水等级应为Ⅰ级；平屋面的屋面排水坡度不宜小于5%。

2. 珍品库、无地下室的首层库房、地下库房必须采取防潮、防水和防结露措施。

3. 库房区的楼地面应比库房区外高出15mm。当采用水消防时，地面应有排水设施。

4. 藏品库房、展厅设置在地下室或半地下室时，应设置可靠的地坪排水装置；排水泵应设置排水管单独排至室外，排水管不得产生倒灌现象。

6.6.5 防盗

1. 藏品库房不宜开设除门窗外的其他洞口，否则应采取防火、防盗措施。

2. 珍品库不宜设窗。

3. 藏品库房总门、珍品库房和陈列室应设置安全监控系统和防盗自动报警系统。

4. 展柜必须安装安全锁，并配备安全玻璃。

6.7 光 环 境 设 计

博物馆的光环境设计的内容主要包括：尽量减少照明对展品的损害；照明系统应具备灵活性以满足不同的展示需求；照明应营造适当的主题气氛。

6.7.1 天然光的应用

1. 应优先采用天然光。

2. 展厅内不应有直射阳光。

3. 采光口应有减少紫外辐射、调节和限制天然光照度值和减少曝光时间的构造措施。

4. 应有防止直接眩光、反射眩光、映像和光幕反射等现象的措施。

5. 顶层展厅宜采用顶部采光，其采光均匀度不宜小于0.7。

6. 对于需要识别颜色的展厅，采光材料应不改变天然光光色。

7. 光的方向性应根据展陈设计要求确定。

6.7.2 人工照明

1. 宜选用接近天然光色温的高色温光源。

2. 光源的热辐射应避免损害展品。

3. 对于照度低的展厅，其出入口应设置视觉适应过渡区域。

4. 展厅室内顶棚、地面、墙面应选择无反光的饰面材料。

6.8 声 学 设 计

6.8.1 基本要求

1. 博物馆建筑应进行声学设计。

2. 博物馆建筑的空间布局，应结合功能分区的要求，隔离安静区域与嘈杂区域。

3. 对产生噪声的设备应采取隔振、隔声措施，并宜将其设于地下。

4. 公众区域应避免产生声聚焦、回声、颤动回声等声学缺陷。

5. 公众区域的顶棚或墙面宜做吸声处理。

6.8.2 博物馆建筑的室内允许噪声级要求

室内允许噪声级 表 6.8.2

房间类别	允许噪声级（A 声级，dB）
报告厅、会议室等（有特殊安静要求）	≤35
一般展厅、研究室、行政办公及休息室（有一般安静要求）	≤45
互动展厅、实验室（无特殊安静要求）	≤55

6.8.3 博物馆建筑不同房间围护结构的空气声隔声标准和撞击声隔声标准应符合表 6.8.3 的规定：

空气声隔声标准和撞击声隔声标准 表 6.8.3

房间类型	空气声隔声标准	撞击声隔音标准
	隔墙及楼板计权隔声量（dB）	层间楼板计权标准化撞击声压级（dB）
有特殊安静要求的房间与一般安静要求的房间之间	≥50	≤65
有一般安静要求的房间与产生噪声的展览室、活动室之间	≥45	≤65
有一般安静要求的房间之间	≥40	≤75

6.8.4 公众区域，包括展厅、门厅、教育用房等公共区域的混响时间宜符合表 6.8.4 的要求：

公众区域的混响时间 表 6.8.4

房间名称	房间体积（m³）	500Hz 混响时间（使用状态，s）
一般公共活动区域	200～500	≤0.8
	501～1000	1.0
	1001～2000	1.2
	2001～4000	1.4
	>4000	1.6
视听室、电影厅、报告厅	—	0.7～1.0

注：特殊音效的 3D、4D 影院应根据工艺设计要求确定混响时间。

6.9 消 防 设 计

6.9.1 耐火等级

博物馆建筑的耐火等级要求如表 6.9.1 所示。

博物馆建筑耐火等级 表 6.9.1

耐火等级	博物馆建筑类型
二级	一般博物馆建筑
一级	地下或半地下建筑和高层博物馆建筑
	总建筑面积大于 10000m² 的博物馆建筑
	重要博物馆建筑

6.9.2 防火分区

博物馆建筑的防火分区面积要求如表 6.9.2 所示。

博物馆防火分区面积 表 6.9.2

功能区域	博物馆类型	防火分区设计要求
陈列展览区	一般博物馆	1. 单层、多层建筑不应大于 2500m²
		2. 高层建筑不应大于 1500m²
		3. 地下或半地下建筑不应大于 500m²
		4. 设自动灭火系统时，防火分区面积可以增加一倍
		5. 防火分区内一个厅、室的建筑面积不应大于 1000m²；展厅为单层或位于首层，且展厅内展品的火灾危险性为丁、戊类物品时，展厅面积可适当增加，但不宜大于 2000m²
	科技馆和技术博物馆（展品火灾危险性为丁、戊类物品）并设有自动灭火系统和火灾自动报警系统	1. 设在高层建筑内时，不应大于 4000m²
		2. 设在单层建筑内或多层建筑的首层时，不应大于 10000m²
		3. 设在地下或半地下时，不应大于 2000m²
		4. 单个展厅的建筑面积不宜大于 2000m²
藏品库区	藏品火灾危险性类别为丙类液体	1. 设在单层或多层建筑的首层时，不应大于 1000m²
		2. 在多层建筑时不应大于 700m²
	藏品火灾危险性类别为丙类固体	1. 设在单层或多层建筑的首层时，不应大于 1500m²
		2. 多层建筑不应大于 1200m²
		3. 高层建筑不应大于 1000m²
		4. 地下或半地下建筑不应大于 500m²
	藏品火灾危险性类别为丁类	1. 设在单层或多层建筑的首层时，不应大于 3000m²
		2. 多层建筑不应大于 1500m²
		3. 高层建筑不应大于 1200m²
		4. 地下或半地下建筑不应大于 1000m²
	藏品火灾危险性类别为戊类	1. 设在单层或多层建筑的首层时，不应大于 4000m²
		2. 多层建筑不应大于 2000m²
		3. 高层建筑不应大于 1500m²
		4. 地下或半地下建筑不应大于 1000m²

注：当藏品库区内全部设置自动灭火系统和火灾自动报警系统时，可按表内规定增加 1 倍。

6.9.3 安全疏散

1. 陈列展览区每个防火分区的疏散人数应按区内全部展厅的高峰限制之和计算确定。展厅内观众的合理密度和高峰密度如表6.9.3所示。

展厅观众合理密度 e_1 和展厅观众高峰密度 e_2　　　　　　　　　表6.9.3

编号	展品特征	展览方式	展厅观众合理密度 e_1（人/平方米）	展厅观众高峰密度 e_2（人/平方米）
Ⅰ	设置玻璃橱、柜保护的展品	沿墙布置	0.18～0.20	0.34
Ⅱ		沿墙、岛式混合布置	0.14～0.16	0.28
Ⅲ	设置安全警告线保护的展品	沿墙布置	0.15～0.17	0.25
Ⅳ		沿墙、岛式、隔板混合布置	0.14～0.16	0.23
Ⅴ	无需特殊保护或互动性的展品	展品沿墙布置	0.18～0.20	0.34
Ⅵ		展品沿墙、岛式、隔板混合布置	0.16～0.18	0.30
Ⅶ	展品特征和展览方式不确定（临时展厅）		—	0.34
Ⅷ	展品展示空间与陈列展览区的交通空间无间隔(综合大厅)		—	0.34

2. 展厅内任一点至最近疏散门或安全出口的直线距离不应大于30m；当疏散门不能直通室外地面或疏散楼梯间时，应采用长度不大于10m的疏散走道通至最近的安全出口。当该场所设置自动喷水灭火系统时，室内任一点至最近安全出口的安全疏散距离可分别增加25%。位于两个安全出口之间的疏散门至最近安全出口的直线距离不应大于30m，位于袋形走道两侧或尽端的疏散门至最近安全出口的直线距离不应大于15m。

6.9.4 其他要求

1. 藏品保存场所的安全疏散楼梯应采用封闭楼梯间或防火楼梯间，电梯应设前室或防烟前室；藏品库区电梯和安全疏散楼梯不应设在库房区内。

2. 珍品库和一级纸（绢）质文物的展厅，应设置气体灭火系统。

3. 藏品数在1万件以上的特大型、大型、中（一）型、中（二）型博物馆的藏品库房和藏品保护技术室、图书资料室，应设置气体灭火系统。

4. 其他博物馆展厅、藏品库房、藏品技术保护室、图书资料室等也可设置细水雾灭火系统或自动喷水预作用灭火系统，此时对陈列有机质地藏品的陈列柜和收藏箱柜应采用不燃材料且密封严实。

5. 其他要求参见本书"建筑防火设计"章节内容。

7 养老建筑设计

7.1 概　　述

7.1.1 概念与分级

1. 按照我国城镇社会养老服务体系建设规划，中国社会养老服务主要有三个层级：居家养老、社区养老和机构养老，如图7.1.1-1。

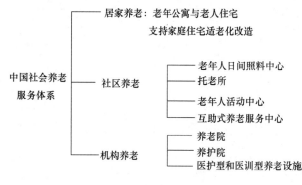

图 7.1.1-1　养老体系分类

居家养老主要涵盖生活照料、家政服务、康复护理、医疗保健、精神慰藉等，以上门服务为主要形式，对生活基本自理的老人提供服务，对生活不能完全自理的老人提供家务劳动、家庭保健、送饭上门、安全援助等服务。社区养老具有社区日间照料和居家养老支持两类主要功能。机构养老设施重点包括老年人养护院和其他类型的养老机构，主要为失能、半失能的老年人提供生活照料、康复护理、紧急救援等方面服务。

2. 养老建筑类型可以分为老年人居住建筑与养老服务设施。

老年人居住建筑指供老年人起居生活使用的居住建筑，包括配套设计的老年人住宅、老年人公寓，及其配套建筑、环境、设施等。老年人住宅指供以老年人为核心的家庭居住使用的专用住宅。老年人住宅以套为单位，普通住宅楼栋中可配套设置若干套老年人住宅。老年人公寓指供老年夫妇或单身老年人居家养老使用的专用建筑。配套相对完整的生活服务设施及用品。一般集中建设在老年人社区中，也可在普通住宅区中配建若干栋老年人公寓。

养老服务设施又可按是否提供照料服务划分为老年人照料设施和老年人活动设施。老年人照料设施可按提供照料服务的时段及类型进一步划分为老年人全日照料设施和老年人日间照料设施。老年人照料设施体系见图7.1.1-2。

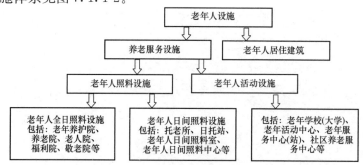

图 7.1.1-2　养老建筑体系分类

老年人照料设施是为老年人提供全日照料设施和老年人日间照料设施的统称。老年人全日照料设施是指为老年人提供住宿、生活照料服务及其他服务项目的设施，是养老院、老人院、福利院、敬老院、老年养护院等的统称。老年人日间照料设施是指为老年人提供日间休息、生活照料服务及其他服务项目的设施，是托老所、日托站、老年人日间照料室、老年人日间照料中心等的统称。

老年人日间照料设施区别于老年人全日照料设施的主要特征是只提供日间休息和相关服务。

7.1.2 规模与面积指标

1. 养老建筑建设面积标准与要求可参考表 7.1.2 规定。

养老建筑建设标准与要求   表 7.1.2

项目名称		基本内容	配建规模及要求	配建指标	
				建筑面积	用地面积
养老居住	老人住宅	老年人为核心的家庭专用住宅及家庭住宅适老化改造			
	老年公寓	居家式生活起居，餐饮服务、文化娱乐、保健服务用房等	不宜小于 80 床位	≥40 (m²/床)	50～70 (m²/床)
养老设施	老人养护院	生活护理、餐饮服务、医疗保健、康复用房等	不宜小于 100 床位	≥35 (m²/床)	45～60 (m²/床)
	养老院 市（地区）级	生活起居、餐饮服务、文化娱乐、医疗保健、健身用房及室外活动场地等	不宜小于 150 床位	≥35 (m²/床)	45～60 (m²/床)
	养老院 居住区（镇）级	生活起居、餐饮服务、文化娱乐、医疗保健及室外活动场地等	不应小于 30 床位	≥30 (m²/床)	40～50 (m²/床)
	老年学校（大学）市（地区）级	普通教室、多功能教室、专业教室、阅览室及室外活动场地等	应为 5 班以上；市级应具有独立的场地、校舍	≥1500 (m²/处)	≥3000 (m²/处)
	老年活动中心 市（地区）级	阅览室、多功能教室、播放厅、舞厅、棋牌类活动室、休息室及室外活动场地等	应有独立的场地、建筑，并应设置适合老人活动的室外活动设施	1000～4000 (m²/处)	2000～8000 (m²/处)
	老年活动中心 居住区（镇）级	活动室、教室、阅览室、保健室、室外活动场地等	应设置大于 300m² 的室外活动场地	≥300 (m²/处)	≥600 (m²/处)
	老年活动中心 小区级	活动室、阅览室、保健室、室外活动场地等	应附设不小于 150m² 的室外活动场地	≥150 (m²/处)	≥300 (m²/处)

项目名称		基本内容	配建规模及要求	配建指标	
				建筑面积	用地面积
养老设施	老年服务中心（站） 居住区（镇）级	活动室、保健室、紧急援助、法律援助、专业服务等	镇级老人服务中心应附设不小于50床位的养老设施；增加的建筑面积应按每床建筑面积不小于35m²、每床用地面积不小于50m²另行计算	≥200 (m²/处)	≥400 (m²/处)
	小区级	活动室、保健室、家政服务用房等	服务半径应小于500m	≥150 (m²/处)	—
	老年日间照料中心，托老所	休息室、活动室、保健室、餐饮服务用房等	不应小于10床位，每床建筑面积不应小于20m²；应与老年服务站合并设置	≥300 (m²/处)	—

注：（1）表中所列各级老年公寓、养老院、老人护理院的每床位建筑面积及用地面积均为综合指标，已包括服务设施的建筑面积及用地面积。

（2）养老设施中总床位数量应按1.5～3.0床位/百老人的指标计算。

（3）城市旧城区养老设施新建、扩建或改建项目的配建规模应满足老年人设施基本功能的需要，其指标不应低于表中相应指标的70%，并应符合当地主管部门的有关规定。

7.2 场 地 规 划

7.2.1 选址与建筑布局

1. 养老建筑选址应符合城市规划规定要求，以及符合当地老人增长趋势和人口分布特点。并宜靠近居住人口集中的地区布局。

2. 市（地区）级的老人护理院、养老院用地应独立设置。

3. 养老建筑基地选址宜位于交通方便、基础设施完善、临近相关服务设施和公共绿地的地段。

4. 基地选址应选在地质稳定、场地干燥、排水通畅、通风良好的地段。应尽量远离噪声源的区域。

5. 建筑总体布局应对场地周边噪声源采取有效的缓冲或隔离措施。

6. 养老建筑场地内建筑密度不应大于30%，容积率不宜大于0.8。建筑宜以低层或多层为主。

7. 与其他建筑上下组合建造或设置在其他建筑内的老年人照料设施应位于独立的建筑分区内，且有独立的交通系统和对外出入口。

7.2.2 交通与停车

1. 养老设施建筑的主要出入口不宜开向城市主干道。货物、垃圾、殡葬等运输宜设置单独的通道和出入口。

2. 老年人照料设施建筑道路系统应保证救护车辆能停靠在建筑的主要出入口处，且应与建筑的紧急送医通道相连。并应保证救护车辆能就近停靠在建筑的主要出入口处。

3. 停车场与车库宜设置不少于总机动车停车位的 0.5% 的无障碍机动车位。有条件的宜按不少于总机动车停车位的 5% 设置无障碍机动车位。无障碍机动车位宜设置在地面临近建筑出入口处。无障碍停车位或无障碍停车下客点应与建筑物主要出入口、主要配套设施的无障碍人行道连通，并有明显标志。

4. 老年人全日照料设施应为老年人设室外活动场地；老年人日间照料设施宜为老年人设室外活动场地。活动场地地面应平整防滑、排水畅通，当有坡度时，坡度不应大于 2.5%。

7.2.3 绿化与场地

1. 老年人设施场地范围内的绿地率：新建不应低于 40%，扩建和改建不应低于 35%。集中绿地面积应按每位老年人不低于 2m² 设计。

2. 应为老年人提供健身和娱乐的活动场地，活动场地的人均面积不宜低于 1.2m²。场地位置应采光、通风良好，宜布置在冬季向阳、夏季遮阴处。场地内应设置健身器材、座椅、阅报栏等设施，布局宜动静分区。活动场地表面应平整，且排水畅通，并采取防滑措施。

3. 老年人活动场地应保证老人活动安全性。室外踏步及坡道，应设护栏、扶手。观赏水景的水池水深不宜大于 0.6m，并应有安全提示与安全防护措施。

4. 活动场地内的植物配置宜四季常青及乔灌木、草地相结合，不应种植带刺、有毒及根茎易露出地面的植物。

5. 集中活动场地附近应设置便于老年人使用的无障碍公共卫生间。

7.2.4 日照规定

1. 老年人居住用房和主要的公共活动用房应布置在日照充足、通风良好的地段。居住用房日照不应低于冬至日照 2 小时的标准。既有住宅改造为老年人居住建筑时，应不低于原有日照标准。

2. 老年人活动场地位置宜选择在向阳、避风处。应有 1/2 的活动面积在当地标准建筑日照阴影线以外。

7.3 一 般 设 计 规 定

7.3.1 适老化设计

养老建筑设计应针对老年人的生理、心理特点，实现养老环境的安全性、可达性与普适性，即养老建筑适老化设计。老年人心理生理特征及相应设计对策参见表 7.3.1。

老年人环境障碍与设计对策　　　　　　　　　　　　　　表 7.3.1

变化项目	自身功能特性及相关影响		居住环境及其配备
人体尺寸	·普遍身高比年轻时降低	·眼看不到、手摸不到的位置增多	·调整操作范围尺寸

变化项目	自身功能特性及相关影响		居住环境及其配备
运动能力	下列功能不全使人适应能力降低: • 灵活性下降 • 协调能力下降 • 运动速度下降 • 耐久力下降 • 骨质疏松 • 排泄功能下降	• 步速慢,容易跌倒,发生骨折需要配备助行器具及轮椅 • 失禁、尿频	• 留出日常活动所需的空间 • 消除地面高差、保持地面平整、防滑、耐污染、易清洁、慎用地面上蜡 • 两种铺地交接处不宜形成强烈色差 • 保持墙面平整,避免出现突出墙角和尖角 • 老人的卧房应尽量安排在朝阳的房间,采用质地较软保暖性好的材料为宜 • 不用或慎用容易变形、移动和翻倒的家具,色彩的选择不宜过于沉闷、冷静也不宜过于明艳活泼;等身高度以下不用大片普通玻璃,防止碎片伤人 • 开关、插座、阀门、扶手、插销等设在易操作位置 • 就近布置无障碍卫生间,选择合用的便器
感知能力	• 内部感觉下降 　肌体觉 　平衡觉 • 外部感觉下降: 　视觉、听觉、嗅觉下降 • 体表:冷、热、痛	• 容易跌倒 • 容易发生意外 • 发生意外容易处置不当 • 皮肤触觉对温度、疼痛刺激的体验辨别能力下降,怕寒、怕温度突变	• 建筑环境和家具布置简洁、明确、易于分辨 • 家具布置保持良好秩序不随意变更 • 走廊楼梯等夜间经过处设脚灯,楼梯踏步水平与垂直交接处应有明显的标识 • 煤气灶具设置报警器和自动熄火 • 火灾报警设声光双重信号 • 可触及范围的暖气管、热水管作防止烫伤处置 • 适宜的采暖温度 • 加大标志图形
心理和精神	• 不适应退休后社会角色转变而有失落感 • 不适应迁居后的新环境 • 生活方式定型化		• 充实的交流空间 • 容易走出家门 • 容易来访和接待 • 电话、有线电视、宽带入户
其他	• 急病以及紧急事故		• 紧急呼救和报警 • 担架通道及人员疏散 • 将重点保护对象纳入应急预案

注:参考资料:高宝真、黄南翼:《老龄社会住宅设计》,中国建筑工业出版社,2006。

7.3.2 无障碍设计与安全措施

1. 养老建筑及其场地均应进行无障碍设计,并应符合现行国家标准《无障碍设计规范》的规定。养老建筑实施无障碍设计的具体范围应符合表 7.3.2-1 规定。

养老建筑无障碍设计范围   表 7.3.2-1

类型	位置	无障碍设计的特殊部位
养老居住	出入口	主要出入口、入口门厅
	过厅和通道	平台、休息厅、公共走道
	垂直交通	楼梯、坡道、公共走道
	生活用房	卧室、起居室、休息室、亲情居室、自用卫生间、公用卫生间、公用厨房、老年人专用浴室、公用淋浴间、公共餐厅、交往厅
养老设施	交通空间	主要出入口、门厅、走廊、楼梯、坡道、电梯
	生活用房	居室、休息室、单元起居室、餐厅、卫生间、盥洗室、浴室
	文娱与健身用房	开展各类文娱、健身活动的用房
	康复与医疗用房	康复室、医务室及其他医疗服务用房
	管理服务用房	入住登记室、接待室等窗口部门用房
场地	道路及停车场	主要出入口、人行道、停车场
	广场及绿地	主要出入口、内部道路、活动场地、服务设施、活动设施、休憩设施

2. 无障碍设计要点见表 7.3.2-2。

养老建筑各部位无障碍设计要点   表 7.3.2-2

位置		设计要求
室外场地步行道路		1. 平均宽度不应<1.20m，供轮椅交错通行或多人并行的局部宽度应达到1.80m以上 2. 室外步行道路坡度不宜>2.5%；当坡度>2.5%时，变坡点应予以提示，并宜设置扶手 3. 步行道路路面应采用防滑材料铺装
室外坡道坡度与宽度		1. 坡道宽度应首先满足疏散要求；当坡道位于困难地段时，最大坡度为1:10～1:8，坡道位于室外通路时，最大坡度为1:20～1:12 2. 宽度≥1.20m，能保证一辆轮椅和一个人侧身通行；宽度≥1.50m时，能保证一辆轮椅和一个人正面相对通行；宽度≥1.80m时，能保证两辆轮椅正面相对通行
场地轮椅坡道		1. 净宽度不应<1.00m，轮椅坡道起点、终点和中间休息平台的水平长度不应<1.50m 2. 轮椅坡道的临空侧应设置栏杆和扶手，并应设置安全阻挡措施 3. 轮椅坡道的最大高度和水平长度应符合无障碍设计要求
室外台阶		室外的台阶不宜<2步，踏步宽度不宜<0.32m，踏步高度不宜>0.13m；台阶的净宽不应<0.90m；在台阶起止位置设明显标识；应同时设置轮椅坡道
出入口	门	1. 出入口门应采用向外开启平开门或电动感应平移门，不应选用旋转门 2. 出入口至机动车道路之间应留有缓冲空间
	门厅	主要入口门厅处宜设休息座椅和无障碍休息区；出入口内外及平台应设安全照明
	轮椅坡道	1. 无障碍出入口的轮椅坡道净宽不应小于1.20m 2. 出入口处轮椅坡道的坡度不应大于1:12，每上升0.75m时应设平台，平台的净深度不应小于1.50m 3. 轮椅坡道的临空侧应设置栏杆和扶手，并应设置安全阻挡措施

位置		设计要求
出入口	入口平台	1. 出入口处的平台与建筑室外地坪高差不宜＞0.50m，并应采用缓步台阶和坡道过渡；坡度应≤1∶20，宽度应≥1.50m，当场地条件比较好时，坡度≤1∶30 2. 缓步台阶踢面高度不宜＞0.12m，踏面宽度不宜＜0.35m；坡道坡度不宜＞1/12，连续坡长不宜＞6.00m，平台宽度不宜＜2.00m；台阶的有效宽度不应＜1.50m；当台阶宽度大于3.00m时，中间宜加设安全扶手；当坡道与台阶结合时，坡道有效宽度不应＜1.20m，且坡道应作防滑处理
	其他	1. 供老年人使用的出入口不应少于两个，建筑物首层主要出入口应设计为无障碍出入口 2. 出入口通行净尺寸≥1.10m；门扇开启端的墙垛宽度不应＜0.40m；在门扇开启的状态下，出入口内外不应＜1.50m 3. 出入口的上方应设置雨篷；出入口设置平开门时，应设闭门器；不应采用旋转门，不宜采用弹簧门、玻璃门 4. 无障碍出入口应通过无障碍通道直达电梯
水平交通		1. 养老建筑公用走廊应满足无障碍通道要求；主要供老年人通行的公共走道宽度不宜＜1.80m 2. 公用走廊内部以及与相邻空间的地面应平整无高差；当室内地面高差无法避免时，应采用≤1/12的坡面连接过渡，并应有安全提示；在起止处应设异色警示条，临近处墙面设置安全提示标志及灯光照明提示；既有建筑改造中设置的轮椅坡道净宽不应＜1.00m 3. 固定在走廊墙、立柱上的物体或标牌距地面的高度不应＜2.00m；当＜2.00m时，探出部分的宽度不应＞0.10m；当探出部分的宽度＞0.10m时，其距地面的高度应＜0.60m；房间门开启应不影响走道通行 4. 老年人居住用房门的开启净宽应≥1.20m，且应向外开启或为推拉门；厨房、卫生间的门的开启净宽不应＜0.80m，且选择平开门时应向外开启；当户门外开时，户门前宜设置净宽＞1.40m，净深＞0.90m的凹空间 5. 主要供老年人经过及使用的公共空间应沿墙安装手感舒适的无障碍安全扶手，并保持连续；安全扶手直径宜为0.30～0.45m，且在有水和蒸汽的潮湿环境时，截面尺寸应取下限值；扶手的最小有效长度不应小于0.20mm 6. 公共通道的墙(柱)面阳角应采用切角或圆弧处理，或安装成品护角；沿墙脚宜设0.35m高的防撞踢脚 7. 养老设施建筑的公共疏散通道的防火门扇和公共通道的分区门扇，距地0.65m以上，应安装透明的防火玻璃；防火门的闭门器应带有阻尼缓冲装置 8. 过厅、电梯厅、走廊等宜设置休憩设施，并应留有轮椅停靠的空间
楼梯		1. 供老年人使用的楼梯间应便于老年人通行，不应采用螺旋楼梯或弧线楼梯；主楼梯梯段净宽不应＜1.50m，其他楼梯通行净宽不应＜1.20m 2. 楼梯宜采用缓坡楼梯；楼梯踏步踏面宽度不应＜0.28m，踏步踢面高度不应＞0.16m；条件允许时，楼梯踏面宽度宜为0.32～0.33m，踢面高度宜为0.12～0.13m；严禁使用扇形踏步或在休息平台区设置踏步 3. 踏面前缘宜设置高度≤0.003m的异色防滑警示条，踏面前缘向前凸出不应＞0.01m 4. 楼梯踏步与走廊地面对接处应用不同颜色区分，并应设有提示照明 5. 楼梯应设双侧扶手

位置	设计要求
电梯	1. 12 层及 12 层以上的老年人居住建筑，每单元设置电梯不应少于两台，其中应设置一台可容纳担架电梯 2. 二层及以上楼层设有老年人的生活用房、医疗保健用房、公共活动用房的养老设施建筑应设无障碍电梯，且至少 1 台为医用电梯 3. 可容纳担架电梯的轿厢最小尺寸应为 1.50m×1.60m，且开门净宽≥0.90m；有条件可以考虑采用病床专用电梯；选层按钮和呼叫按钮高度宜为 0.90～1.10m；轿厢内壁周边应设有安全扶手和监控及对讲系统 4. 电梯运行速度不宜＞1.50m/s，电梯门应采用缓慢关闭程序设定或加装感应装置 5. 候梯厅深度不应小于多台电梯中最大轿厢深度，且不应＜1.80m，候梯厅应设置扶手；电梯入口处宜设提示盲道
安全辅助措施	1. 公用走廊、楼梯间、候梯厅和门厅等公共空间均应设置联续的疏散导向标识、应急照明装置、音频呼叫等辅助逃生装置，并与消防监控系统相连；楼梯间附近的明显位置处应布置楼层平面示意图，楼梯间内应有楼层标识 2. 公共空间中的疏散门宜在两侧安装电动开门辅助装置，应配置应急照明和呼叫装置 3. 老年人使用的开敞阳台或屋顶上人平台在临空处不应设可攀登的扶手；供老年人活动的屋顶平台女儿墙的护栏高度不应低于 1.20m 4. 养老设施建筑的老年人居住用房应设安全疏散指示标识，墙面凸出处、临空框架柱等应采用醒目的色彩或采取图案区分和警示标识 5. 养老设施建筑每个养护单元的出入口应安装安全监控装置；自用卫生间、公用卫生间门宜安装便于施救的插销，卫生间门上宜留有观察窗口

7.4 老年人居住建筑设计

7.4.1 基本规定与建设指标

1. 老年人居住建筑各部分的设计标准不应低于住宅设计规范的相关规定，重点部位应与《无障碍设计规范》的要求相协调。

2. 老年人居住建筑所选用的设施设备应以老年人使用安全为原则，同时满足操作简便、可升级改造等基本要求，建筑设计应为户内可能采用的适老设施设备预留合理的安装条件。

3. 新建老年人居住建筑可按所服务老人人数分为大型、中型、小型 3 类，并应根据规模配套相应的养老服务设施。养老服务设施的分级配建参考表 7.4.1 的规定。

养老居住建筑服务设施分级配建表　　　　　　　　表 7.4.1

类别	项目	大型（服务 6000～10000 位老人）	中型（服务 2000～3000 位老人）	小型（服务 600 人及以下）
医疗卫生	老年人护理院	▲	—	—
	医务室、护理站	—	△	△

类别	项目	大型（服务6000~10000位老人）	中型（服务2000~3000位老人）	小型（服务600人及以下）
社区服务	养老院	▲	—	—
	老年人服务中心（站）	▲	▲	△
	老年人日间照料中心（托老所）	▲	▲	—
	老年人公寓	△	△	
文化体育	老年人活动中心	▲	—	—
	老年人活动站	—	▲	△

注：(1) 表中▲为应设置；△为宜设置。

(2) 相关设施在无相互干扰的情况下可合并设置，多功能使用。

7.4.2 套内空间

1. 老年人住宅应按套型设计，套型内应设卧室、起居室（厅）、厨房和卫生间等基本功能空间。当老年人公寓统一提供集中餐饮服务时，套型内应设卧室、起居室（厅）、电炊操作间和卫生间等基本功能空间。

2. 老年人住宅与公寓套型最小使用面积应符合表7.4.2-1规定。

老年人居住建筑套型最小使用面积　　　　表7.4.2-1

类别		最小使用面积（m²）
老年人住宅	卧室、起居室分开设置	34
	卧室兼起居室	26
老年人公寓（集中餐饮，套内设电炊操作间）		22

3. 老年人住宅室内空间设计应该进行适老化设计，符合老年人平时日常起居的需求，尽量满足安全、方便、健康要求。老年人居住建筑套内各居室使用面积及设计应满足下表7.4.2-2的规定，居室设计可参考图7.4.2。

老年人居住建筑居室设计要求　　　　表7.4.2-2

名称	使用面积要求	设计要点
卧室、起居室	卧室、起居室分开设置时，单人卧室≥8m²，双人卧室≥12m²；卧室兼起居室时，卧室≥15m²	1. 起居室（厅）内布置家具的墙面直线长度>3m 2. 卧室门的洞口宽度≥0.90m，净宽≥0.80m，卧室门应采用横执杆式把手，宜选用内外均可开启的锁具

续表

名称	使用面积要求	设计要点
厨房	卧室、起居室分开设置时，厨房≥4m² 卧室兼起居室时，厨房≥3.50m²	1. 厨房门的洞口宽度≥0.90m，净宽≥0.80m，并应设置透光的观察窗 2. 适合坐姿操作的厨房操作台面高度≤0.75m，台下空间净高≥0.65m，且净深≥0.25m 3. 使用燃气灶具时，应采用熄火自动关闭燃气的安全型灶具和燃气泄漏报警装置 4. 老年人公寓采用电炊操作间时，操作台应设案台、电炉灶及排油烟机等设施或为其预留位置，操作台长度≥1m，台前通行净宽≥0.90m
卫生间	供老年人使用的卫生间与老年人卧室应邻近布置 供老年人使用的卫生间应至少配置坐便器、洗浴器、洗面器3件卫生洁具 使用面积≥2.50m²	1. 卫生间门的洞口宽度≥0.90m，净宽≥0.80m；应采用外开门或推拉门，并设置透光的观察窗及由外部可开启的门扇 2. 便器高度≥0.40m；浴盆外缘高度≤0.45m且≥0.40m，其一端宜设可坐平台 3. 浴盆和坐便器旁应安装扶手，淋浴位置应至少在一侧墙面安装扶手，并设置坐姿淋浴的装置 4. 宜设置适合坐姿使用的洗面台，台面高度≤0.75m，台下空间净高≥0.65m，且净深≥0.25m
户门、入户		1. 户门洞口宽度≥1m，净宽≥0.9m 2. 户门应采用平开门，外开启，并采用杆式把手 3. 户门不应设置门槛，户内外地面高差不应大于15mm，并应以斜坡过渡 4. 入户过渡空间内应设更衣、换鞋的空间，并应留有设置座凳和安全扶手的空间
过道、储藏		1. 过道净宽≥1.20m 2. 过道的必要位置宜设置连续单层扶手，扶手的安装高度为0.85~0.90m 3. 过道地面与各居室地面之间应无高差；过道地面与厨房、卫生间和阳台地面高差不应大于15mm 4. 应设置壁柜或储藏空间
阳台		1. 阳台门的洞口宽度≥0.90m，净宽≥0.80m 2. 阳台栏板或栏杆净高不应低于1.10m 3. 阳台应满足老年人使用轮椅通行的需求，阳台与室内地面的高差≤15mm，并应以斜坡过渡 4. 应设置便于老年人使用的低位晾衣装置

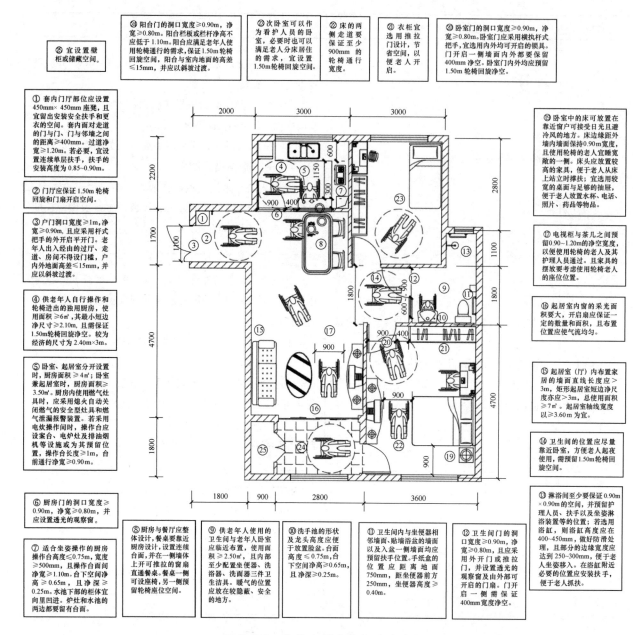

㉕宜设置壁柜或储藏空间。

㉔阳台门的洞口宽度≥0.90m，净宽≥0.80m。阳台栏板或栏杆净高不应低于1.10m。阳台应满足老年人使用轮椅通行的需求，保证1.50m轮椅回旋空间，阳台与室内地面的高差≤15mm，并应以斜坡过渡。

㉓次卧室可以作为看护人员的卧室，必要时也可以满足老人分床居住的需求，宜设置1.50m轮椅回旋空间。

㉒床的两侧走道要保证至少900mm的轮椅通行宽度。

㉑衣柜宜选用推拉门设计，节省空间，以便老人开启。

⑳卧室门的洞口宽度≥0.90m，净宽≥0.80m。卧室门应采用横执杆式把手，宜选用推拉门的锁耳。门开启一侧墙面内外都要保留400mm净空。卧室门内外均应预留1.50m轮椅回旋净空。

①套内门厅部位应设置450mm×450mm座凳，且宜留出安装安全扶手和更衣的空间。套内面对走道的门与门、门与墙之间的距离≥400mm。过道净宽≥1.20m。若必要，宜设置连续单层扶手，扶手的安装高度为0.85~0.90m。

②门厅应保证1.50m轮椅回旋和门扇开启空间。

③户门洞口宽度≥1m，净宽≥0.90m，且应采用杆式把手的外开启平开门。老年人出入经由的过厅、走道、房间不得设门槛，户内外地面高差≤15mm，并应以斜坡过渡。

④供老年人自行操作和轮椅进出的独用厨房，使用面积≥6㎡，其最小短边净尺寸≥2.10m，且需保证1.5m轮椅回旋净空。较为经济的尺寸为2.40m×3m。

⑤卧室、起居室分开设置时，厨房面积≥4㎡；卧室兼起居室时，厨房面积≥3.50㎡。厨房内使用燃气灶具时，应采用熄火自动关闭燃气的安全型灶具和燃气泄漏报警装置。若采用电炊操作时，操作台应设案台、电炉灶及排油烟机等设施或为其预留位置，操作台长度≥1m，台前通行净宽≥0.90m。

⑥厨房门的洞口宽度≥0.90m，净宽≥0.80m，并应设置透光的观察窗。

⑦适合坐姿操作的厨房操作台高度≤0.75m，宽度≥500mm，且操作台面前净宽≥1.10m。台下空间净高≥0.65m，且净深≥0.25m。水池下部的柜体宜向里凹进，炉灶和水池的两边都要留有台面。

⑧厨房与餐厅应整体设计，餐桌要靠近厨房设计，设置连续台面，并在一侧墙体上开可推拉的窗扇直通餐桌。餐桌一侧可设座椅，另一侧预留轮椅座位空间。

⑨供老年人使用的卫生间与老年人卧室应临近布置，使用面积≥2.50㎡，且内部至少配置坐便器、洗浴器、洗面器三件卫生洁具。暖气的位置应放在较隐蔽、安全的地方。

⑩洗手池的形状及龙头高度应便于放置脸盆。台面高度≥0.75m，台下空间净高≥0.65m，且净深≥0.25m。

⑪卫生间内与坐便器相邻墙面、贴墙浴盆的墙面以及坐浴一侧墙面均应预留扶手位置。手纸盒的位置应距离地面750mm，距坐便器前方250mm；坐便器高度为0.40m。

⑫卫生间门的洞口宽度≥0.90m，净宽≥0.80m，且应采用外开门或推拉门，并设置透光的观察窗或由外部可开启的门闩。门开启一侧需保证400mm宽度净空。

⑬淋浴间至少保证0.90m×0.90m的空间，并预留护理人员、扶手以及坐姿淋浴装置等的位置。若选用浴缸，则浴缸高度应在400~450mm，做好防滑处理，且部分的边缘宽度应达到250~300mm，便于老人坐姿移入。在浴缸附近必要的位置应安装扶手，便于老人抓扶。

⑭卫生间的位置应尽量靠近卧室，方便老人起夜使用，需预留1.50m轮椅回旋空间。

⑮起居室（厅）内布置家居的墙面直线长度应>3m，矩形起居室短边净尺度应≥3m，总使用面积≥7㎡。起居室轴线宽度以≥3.60m为宜。

⑯起居室内窗的采光面积要大，开启扇要保证一定的数量和面积，且布置位置应使气流均匀。

⑰电视柜与茶几之间预留0.90~1.20m的净空宽度，以便使用轮椅的老人及其护理人员通过。且家具的摆放应考虑使用轮椅老人的座位位置。

⑲卧室中的床可放置在靠近窗户可接受日光且避冷风的地方。床边缘距外墙内墙面保持0.90m宽度，且使用轮椅的老人宜睡宽敞的一侧。床头处放置较高的家具，便于老人从床上站立时撑扶；宜选用较宽的桌面与足够的抽屉，便于老人放置水杯、电话、照片、药品等物品。

图7.4.2　老年人居室空间设计要点

7.4.3　室内环境与装修

1. 老年人居住建筑居室的噪声级不应低于表7.4.3-1中底限值的规定，宜达到推荐值。

老年人居住建筑的噪声要求　　　　表7.4.3-1

房间名称	环境噪声级（A声级，dB）				允许噪声级（A声级，dB）			
	推荐值[dB(A)]		底限值[dB(A)]		推荐值[dB(A)]		底限值[dB(A)]	
	昼间	夜间	昼间	夜间	昼间	夜间	昼间	夜间
卧室	≤50	≤40	≤60	≤50	≤40	≤30	≤45	≤37
起居室（厅）	≤50		≤60		≤40		≤45	

2. 老年人居住建筑噪声控制要点见表7.4.3-2。

居住建筑噪声控制设计要点 表7.4.3-2

控制噪声的手段	设计要点
布局	楼栋内部布局应动静分区；当受条件限制，需要布置底层商铺及公共娱乐空间时，应对产生噪声的空间采取隔声、吸声措施
设备	套内排水管线、卫生洁具、空调、机械换气装置等设备的位置、选型与安装，应减少对居室的噪声影响
措施	1. 产生噪声的设备机房宜集中布置 2. 管道井、水泵房、风机房应采取有效的隔声措施 3. 水泵、风机应采取减振措施 4. 管线穿过楼板和墙体时，孔洞周边应采取密封隔声措施

3. 老年人居住套型应至少有一个居住空间能获得冬季2小时日照。

4. 老年人居住建筑的主要用房应充分利用天然采光。主要用房的采光窗洞口面积与该房间地面面积之比，不宜小于表7.4.3-3的规定。

主要用房的窗地比 表7.4.3-3

房间名称	窗地比	房间名称	窗地比
活动室	1/4	厨房	1/6
卧室、起居室	1/6	走道、楼梯间	1/10

5. 公共空间与套内空间应设置人工照明，其照度应该满足表7.4.3-4规定。

养老居住建筑室内照明标准值 表7.4.3-4

养老居住建筑室内空间	名称		参考平面	照度标准值(lx)
公共空间	门厅、电梯前厅、走廊		地面	150
	楼梯间		地面	50
	车库		地面	100
房间	起居室	一般活动	0.75m水平面	150
		书写、阅读		300
	卧室	一般活动	0.75m水平面	100
		书写、阅读		200
	餐厅		0.75m餐桌面	200
	厨房	一般活动	0.75m水平面	150
		操作台	台面	200
	卫生间	一般活动	0.75m水平面	150
		洗面台	台面	200

6. 老年人居住建筑应通过合理建筑布局、景观绿化、地面铺装、色彩选择等手段减少室外热岛效应。并尽可能使主要卧室与起居室向阳布置。

7. 采用空调或暖气设施时，室内环境参数指标宜符合表7.4.3-5规定。

室内环境参数指标 表 7.4.3-5

参数	参考值	备注
温度	26℃~28℃	夏季制冷
	18℃~22℃	冬季采暖
相对湿度	40%~70%	夏季制冷
	30%~60%	冬季采暖
空气流速	≤0.25m/s	夏季制冷
	≤0.2m/s	冬季采暖
换气指数	1次	夏热冬暖地区、夏热冬冷地区
	0.5次	寒冷地区、严寒地区

8. 建筑总体布局应考虑区域主导风向，楼栋布置应有利于冬季室外行走舒适，及过渡季、夏季的自然通风。寒冷和严寒地区的建筑规划应避开冬季不利风向。

9. 新建老年人居住建筑应采用全装修设计。室内装修应尽量满足老年人使用的安全便利性。

10. 套型内楼地面不应有超过 15mm 的高差，地面应采用防滑材料。同一高度地面材料应统一，避免由于材料与色彩交界变化引起判断失误。不同使用性质的空间，宜用不同的材料，以使老人能通过脚感与踏地的声音来判断所在空间。

11. 墙面应选择耐碰撞易清洁的材料。阳角部位宜处理成圆角或用弹性材料护角，以避免对老人身体磕碰。

12. 室内色彩宜用暖色调。卫生洁具宜使用白色，易于清洁且易及时发现老年人病情。

13. 老年人居住建筑所选用的设施设备应以老年人使用安全为原则，同时满足操作简便、可升级改造等基本要求，建筑设计应为户内可能采用的适老设施设备预留合理的安装条件。

7.5 老年人照料设施建筑设计

7.5.1 基本规定

1. 各类老年人照料设施应面向服务对象并按服务功能进行设计。服务对象的确定应符合国家现行有关标准的规定，且应符合表 7.5.1 的规定。

老年人照料设施的基本类型及服务对象 表 7.5.1

基本类型服务对象	老年人全日照料设施		老年人日间照料设施
	护理型床位	非护理型床位	
能力完好老年人	—	—	▲
轻度失能老年人	—	▲	▲
中度失能老年人	▲	▲	▲
重度失能老年人	▲	—	—

2. 老年人照料设施的老年人居室和老年人休息室不应设置在地下室、半地下室。

7.5.2 建筑用房设计

1. 老年人照料设施建筑应设置老年人用房和管理服务用房，其中老年人用房包括生活用房、文娱与健身用房、康复与医疗用房。指为满足老年人居住、就餐等基本生活需求以及为其提供生活照料服务而设置的用房。文娱与健身用房指为老年人提供康复服务及医疗服务而设置的用房。

康复与医疗用房指为老年人提供康复服务及医疗服务而设置的用房。

2. 生活用房里为老人设施的生活空间可以分为照料单元和生活单元。照料单元主要是为一定数量护理型床位而设的生活空间组团，包含居室、单元起居厅和为其配套的护理站等居住及交通空间，一般相对独立，并有护理人员对此区域内的老年人提供照料服务。生活单元主要是为一定数量非护理型床位而设的生活空间组团，包含居室、卫生间、盥洗、洗浴、厨房等基本空间，一般成套布置，供老年人开展相对自主、独立的生活。

3. 老年人全日照料设施中，为护理型床位设置的生活用房应按照料单元设计；为非护理型床位设置的生活用房宜按生活单元或照料单元设计。

4. 老年人照料设施的主要房间设计要点应满足表7.5.2规定。

老年人照料设施建筑主要房间设计要点   表 7.5.2

类型		设计要点
老年人用房	生活用房	1. 当按照料单元设计时，应设居室、单元起居厅、就餐、备餐、护理站、药存、清洁间、污物间、卫生间、盥洗、洗浴等用房或空间，可设老年人休息、家属探视等用房或空间；每个照料单元的设计床位数不应大于 60 床；失智老年人的照料单元应单独设置，每个照料单元的设计床位数不宜大于 20 床；多人间居室，床位数不应大于 6 床 2. 当按生活单元设计时，应设居室、就餐、卫生间、盥洗、洗浴、厨房或电炊操作等用房或空间；多人间居室，床位数不应大于 4 床；床与床之间应有为保护个人隐私进行空间分隔的措施 3. 每间居室应按不小于 6.00m²/床确定使用面积；单人间居室使用面积不应小于 10.00m²，双人间居室使用面积不应小于 16.00m² 4. 居室的净高不宜低于 2.40m；当利用坡屋顶空间作为居室时，最低处距地面净高不应低于 2.10m，且低于 2.40m 高度部分面积不应大于室内使用面积的 1/3 5. 居室内应留有轮椅回转空间，主要通道的净宽不应小于 1.05m，床边留有护理、急救操作空间，相邻床位的长边间距不应小于 0.80m 6. 居室应具有天然采光和自然通风条件，日照标准不应低于冬至日日照时数 2h；当居室日照标准低于冬至日日照时数 2h 时，同一照料单元内的单元起居厅日照标准不应低于冬至日日照时数 2h；同一生活单元内至少 1 个居住空间日照标准不应低于冬至日日照时数 2h 7. 照料单元的单元起居厅应按不小于 2.00m²/床确定使用面积 8. 老年人日间照料设施的每间休息室使用面积不应小于 4.00m²/人 9. 老年人全日照料设施中，护理型床位照料单元的餐厅座位数应按不低于所服务床位数的 40%配置，每座使用面积不应小于 4.00m²；非护理型床位的餐厅座位数应按不低于所服务床位数的 70%配置，每座使用面积不应小于 2.50m² 10. 老年人日间照料设施中，餐厅座位数按所服务人数的 100%配置，每座使用面积不应小于 2.50m²；护理型床位的居室应相邻设居室卫生间，居室及居室卫生间应设满足老年人盥洗、便溺需求的设施，可设洗浴等设施；非护理型床位的居室宜相邻设居室卫生间 11. 照料单元应设公用卫生间，坐便器数量应按所服务的老年人床位数测算(设居室卫生间的居室，其床位可不计在内)，每 6 床～8 床设 1 个坐便器 当居室卫生间未设洗浴设施时，应集中设置浴室，浴位数量应按所服务的老年人床位数测算，每 8 床～12 床设 1 个浴位；其中轮椅老年人的专用浴位不应少于总浴位数的 30%，且不应少于 1 个

类型		设计要点
老年人用房	文娱与健身用房	1. 老年人全日照料设施的文娱与健身用房设置应满足老年人的相应活动需求，可设阅览、网络、棋牌、书画、教室、健身、多功能活动等用房或空间 2. 老年人照料设施的文娱与健身用房总使用面积不应小于2.00㎡/床(人) 3. 文娱与健身用房的位置应避免对老年人居室、休息室产生干扰 4. 大型文娱与健身用房宜设置在建筑首层，地面应平整，且应邻近设置公用卫生间及储藏间 5. 严寒、寒冷、多风沙、多雾霾地区的老年人照料设施宜设置阳光厅，湿热、多雨地区的老年人照料设施宜设置风雨廊
	康复与医疗用房	1. 应设医务室；医务室使用面积不应小于10㎡，应有较好的天然采光和自然通风条件 2. 室内地面应平整，表面材料应具有防护性，宜附设盥洗盆或盥洗槽
管理服务用房		1. 老年人全日照料设施的管理服务用房应设值班、入住登记、办公、接待、会议、档案存放等办公管理用房或空间；应设厨房、洗衣房、储藏等后勤服务用房或空间；应设员工休息室、卫生间等用房或空间，宜设员工浴室、食堂等用房或空间 2. 老年人日间照料设施的用房应设接待、办公、员工休息和卫生间、厨房、储藏等用房或空间，宜设洗衣房 3. 厨房应满足卫生防疫等要求，洗衣房平面布置应洁污分区，并应满足洗衣、消毒、叠衣、存放等需求；墙面、地面应易于清洁、不渗漏；宜附设晾晒场地

7.5.3 交通、卫生、安全及疏散

1. 老年人使用的出入口和门厅宜采用平坡出入口，平坡出入口的地面坡度不应大于1/20，有条件时不宜大于1/30。出入口严禁采用旋转门。出入口的地面、台阶、踏步、坡道等均应采用防滑材料铺装。

2. 老年人使用的走廊，通行净宽不应小于1.80m，确有困难时不应小于1.40m；当走廊的通行净宽大于1.40m且小于1.80m时，走廊中应设通行净宽不小于1.80m的轮椅错车空间，错车空间的间距不宜大于15m。

3. 二层及以上楼层、地下室、半地下室设置老年人用房时应设电梯，电梯应为无障碍电梯，且至少1台能容纳担架。

4. 为老年人居室使用的电梯，每台电梯服务的设计床位数不应大于120床。

5. 老年人使用的楼梯严禁采用弧形楼梯和螺旋楼梯。

6. 老年人照料设施建筑的主要老年人用房采光窗宜符合表7.5.3的窗地面积比规定。

主要老年人用房的窗地面积比

表7.5.3

房间名称	窗地面积比（Ac/Ad） Ac—窗洞口面积；Ad—地面面积
单元起居厅、老年人集中使用的餐厅、居室、休息室、文娱与健身用房、康复与医疗用房	≥1:6
公用卫生间、盥洗室	≥1:9

7. 老年人照料设施的人员疏散应符合现行国家标准《建筑设计防火规范》GB 50016 的规定。

8. 每个照料单元的用房均不应跨越防火分区。

9. 向老年人公共活动区域开启的门不应阻碍交通。

10. 建筑的主要出入口至机动车道路之间应留有满足安全疏散需求的缓冲空间。

11. 全部老年人用房与救护车辆停靠的建筑物出入口之间的通道，应满足紧急送医需求。紧急送医通道的设置应满足担架抬行和轮椅推行的要求，且应连续、便捷、畅通。

12. 老年人的居室门、居室卫生间门、公用卫生间厕位门、盥洗室门、浴室门等，均应选用内外均可开启的锁具及方便老年人使用的把手，且宜设应急观察装置。

13. 老年人全日照料设施设有生活用房的建筑间距应满足卫生间距要求，且不宜小于 12m。

14. 建筑及场地内的物品运送应洁污分流。临时存放医疗废物的用房应设置专门的收集、洗涤、消毒设施，且有医疗废物运送路线的规划。遗体运出的路径不宜穿越老年人日常活动区域。

7.5.4 室内环境与装修

1. 老年人照料设施的室内装修设计宜与建筑设计结合，实行一体化设计。

2. 老年人照料设施应位于现行国家标准《声环境质量标准》GB 3096 规定的 0 类、1 类或 2 类声环境功能区。

3. 老年人照料设施的老年人居室和老年人休息室不应与电梯井道、有噪声振动的设备机房等相邻布置。

4. 老年人用房室内允许噪声级应符合表 7.5.4-1 的规定。

主要老年人用房室内允许噪声级　　　　　　　　表 7.5.4-1

房间类别		允许噪声级（等级连续 A 声级，dB）	
		昼间	夜间
生活用房	居室	≤40	≤30
	休息室	≤40	
文娱与健身用房		≤45	
康复与医疗用房		≤40	

5. 房间之间的隔墙或楼板、房间与走廊之间的隔墙的空气声隔声性能，应符合表 7.5.4-2 的规定。

房间之间的隔墙和楼板的空气声隔声标准　　　　　　　　表 7.5.4-2

构件名称	空气声隔声评价量（Rw+C）
Ⅰ类房间与Ⅰ类房间之间的隔墙、楼板	≥50dB
Ⅰ类房间与Ⅱ类房间之间的隔墙、楼板	≥50dB
Ⅱ类房间与Ⅱ类房间之间的隔墙、楼板	≥45dB
Ⅱ类房间与Ⅲ类房间之间的隔墙、楼板	≥45dB
Ⅰ类房间与走廊之间的隔墙	≥50dB
Ⅱ类房间与走廊之间的隔墙	≥45dB

6. 老年养护院各类用房功能组成关系参照图 7.5.4-1。

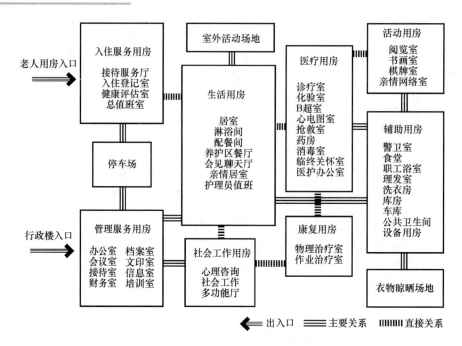

图 7.5.4-1 老年养护院各类用房功能组成框图

7. 老年日间照料中心建筑功能关系参照图 7.5.4-2。

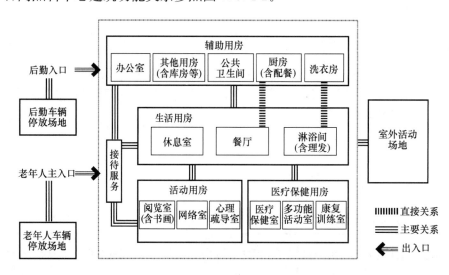

图 7.5.4-2 社区日间照料中心功能关系框图

8. 严寒、寒冷及夏热冬冷地区的老年养护院应具有采暖设施，老年人居室宜采用地热供暖。最热月平均室外气温高于或等于25℃地区的老年人用房，应安装空气调节设备。应根据失能老年人在生活照料、保健康复、精神慰藉方面的基本需要，以及管理要求，按建设规模分类配置。老年养护院基本设备参考表 7.5.4-3。

老年养护院基本装备表   表 7.5.4-3

	设备项目
生活护理设备	护理床、气垫床、专用淋浴床椅、电加热保温餐车
医疗设备	心电图机、B超机、抢救床、氧气瓶、吸痰器、无菌柜、紫外线灯
康复设备	物理治疗设备、作业治疗设备
安防设备	监控设备、定位设备、呼叫设备、计算机与网络设备、摄录像机
交通工具	老年人接送车、物品采购车

9. 社区老年人日间照料中心相关装备配置参见表 7.5.4-4。

社区老年人日间照料中心装备配置表 表 7.5.4-4

设备种类	具体设备
生活服务	洗澡专用椅凳
	轮椅
	呼叫器
保健康复	按摩床(椅)
	平衡杠、肋木、扶梯、手指训练器、股四头肌训练器、训练垫
	血压计、听诊器
公共活动	电视机、投影仪、播放设备
	计算机及网络设备
安防	监控设备
	定位设备
	摄录像机
交通工具	老年人接送车
	物品采购车

8 医疗建筑设计

8.1 医院类别与规模

8.1.1 医院分类

表 8.1.1

设施分类	设施类型		省会城市（直辖市）			其他地级市			县（县级市）	
			区域级	市级	区级	区域级	市级	区级	市级	县级
医院	综合医院		▲	▲	▲	△	▲	▲	△	▲
	中医类医院		▲	▲	○	△	▲	○	△	▲
	专科医院	精神专科医院	▲	▲	△	△	▲	△	△	○
		传染病医院	▲	▲	△	△	▲	△	△	○
		儿童医院	▲	▲	△	△	▲	△	△	△
		其他专科医院	○	○	△	△	○	△	△	△
	护理院		△	▲	▲	△	▲	▲	△	▲
专业公共卫生机构	急救中心（站）		▲	▲	○	△	▲	○	△	▲
	采供血机构		▲	▲	△	▲	▲	△	△	△
	妇幼保健院		▲	▲	▲	△	▲	▲	▲	▲
	疾病预防控制中心		▲	▲	▲	△	▲	▲	▲	▲
基层医疗卫生机构	社区卫生服务中心		▲			▲			▲	
	社区卫生服务站		△			△			△	

注：（1）▲表示应设置，○表示宜设置，△表示根据实际情况按需设置。

（2）区域级是指服务省级行政区及其周边地区的医疗卫生设施，市级是指服务地级行政区的医疗卫生设施，县（区）级是指服务县级行政区的医疗卫生设施。

（3）中医类医院包括中医医院、中西医结合医院和民族医院。

（4）专科医院主要包括儿童、精神、传染病、妇产、肿瘤、职业病、口腔、康复等医院。

（5）副省级城市宜按照省会城市执行。

8.1.2 各类医院建设用地指标

综合医院单项建设用地控制指标 表 8.1.2-1

建设规模（床）	用地面积（hm²）	建设规模（床）	用地面积（hm²）
200	2.3～2.5	500	5.8～6.0
300	3.6～3.8	600	6.8～7.4
400	4.6～5.0	700	8.0～8.6

建设规模（床）	用地面积（hm²）	建设规模（床）	用地面积（hm²）
800	8.9～9.7	1000	11.0～12.0
900	10.0～11.0		

中医类医院单项建设用地控制指标　　　　　表 8.1.2-2

建设规模（床）	用地面积（hm²）	建设规模（床）	用地面积（hm²）
60	0.4～0.7	300	3.0～4.0
100	0.8～1.2	400	3.5～5.5
200	1.5～2.5	500	7.3 以内

儿童医院单项建设用地控制指标　　　　　表 8.1.2-3

建设规模（床）	用地面积（hm²）	建设规模（床）	用地面积（hm²）
200 以下	不大于 2.5	500	6.0～6.2
300	3.8～4.0	600	7.0～7.5
400	4.8～5.2		

精神专科医院单项建设用地控制指标　　　　　表 8.1.2-4

建设规模（床）	用地面积（hm²）	建设规模（床）	用地面积（hm²）
200 及以下	不大于 2.5	400	3.0～4.8
300	2.3～3.6	500	4.0～6.2

传染病医院单项建设用地控制指标　　　　　表 8.1.2-5

建设规模（床）	用地面积（hm²）
150	2.0～2.1
250	3.0～3.4
400 及以上	4.8～5.2

8.1.3　各类医院建筑面积指标

表 8.1.3

医院类别	建筑面积指标						
综合医院	建筑规模（床位数）	200 张床以下	200～399	400～599	600～899	900～1199	1200～1500 床及以上
	床均指标（国标）（平方米/床）	110	110	115	114	113	112

医院类别	建筑面积指标								
综合医院	建筑规模 （床位数）	200	400	600	800	1000	1200	1400	1500
	床均指标（深标） （平方米/床）	90	95	100	110	115	120	125	130

注：（1）表中所列是综合医院中急诊部、门诊部、住院部、医技科室、保障系统、行政管理和院内生活用房等 7 项设施的床均建筑面积指标

（2）"国标"系指《综合医院建设标准》（2018 征求意见稿），"深标"系指《深圳市医院建设标准指引深发改（2016）1545 号》

（3）深圳大于 1500 床时使用 1500 床规模指标

医院类别	建设规模	床位	60	100	200	300	400	500
中医医院		门诊人次	210	350	700	1050	1400	1750
	建筑面积指标 （平方米/床）		69～72	72～75	75～78	78～80	80～84	84～87

注：（1）根据中医医院建设规模、所在地区、结构类型、设计要求等情况选择上限或下限

（2）大于 500 床的中医医院建设，参照 500 床建设标准执行

（3）本表根据《中医医院建设标准》（建标 106-2008）

医院类别	建设规模 （床位数）	＜250	250～399	≥400
传染病 医院	床均指标 （平方米/床）	82	80	78

注：（1）综合医院传染病区床均建筑面积指标参照《综合医院建设标准》（2018 征求意见稿）执行

（2）本表根据《传染病医院建设标准》（建标 173-2016）

医院类别	建设规模 （床位数）	70～199	200～499	≥500
精神专科 医院	床均指标 （平方米/床）	58	60	62

注：（1）表中所列指标是精神专科医院急诊、门诊、住院、医技、康复治疗、保障、行政管理和院内生活用房等设施的床均建筑面积指标

（2）本表根据《精神卫生专科医院建设标准》（建标 176-2016）整理

医院类别	建筑面积指标				
	建设规模 （床位数）	＜200	200～399	400～599	600～799	≥800
儿童医院	床均指标 （平方米/床）	88	93	97	100	102

注：（1）表中所列指标是儿童医院急诊、门诊、住院、医技、行政管理和院内生活用房等设施的床均建筑面积指标

（2）本表根据《儿童医院建设标准》（建标174-2016）整理

	建设规模 （编制人数）	省级	地市级	县区级
妇幼健康 服务机构	人均指标 （平方米/人）	60	65	70
	床位数	≤200	201～400	≥401
	床均指标 （平方米/床）	88	85	82

注：（1）妇幼健康服务机构保健用房建筑面积分为省级、地市级和县区级，根据编制内保健人员确定

（2）提供住院服务的妇幼保健机构宜按照床均面积指标增加相应的医疗用房面积

（3）本表根据《妇幼健康服务机构建设标准》（建标189-2017）整理

8.1.4 各类医院7项及其他指标

1. 综合医院各类用房建设标准

1）综合医院7项设施用房占总建筑面积的比例（％）

表8.1.4-1

部门	国家标准	深圳标准
急诊部	3～5	3
门诊部	12～15	18
住院部	37～41	38
医技科室	25～27	24
保障系统	8～12	8
行政管理	3～4	4
院内生活	3～5	5

2）综合医院其他用房指标

表8.1.4-2

建设内容	建设标准	
	项目名称	单列项目房屋建筑面积（m²）
大型医用设备 单列用房面积	正电子发射型磁共振成像系统（PET/MR）	600
	螺旋断层放射治疗系统	450
	X线立体定向放射治疗系（Cyberknife）	450
	直线加速器	470

续表

建设内容	建设标准	
大型医用设备单列用房面积	项目名称	单列项目房屋建筑面积(m²)
	X线正电子发射断层扫描仪(PET/CT,含PET)	300
	内窥镜手术器械控制系统(手术机器人)	150
	X线计算机断层扫描仪(CT)	260
	磁共振成像设备(MRI)	310
	伽玛射线立体定向放射治疗系统	240
	注:(1)本表所列大型设备机房均为单台面积指标(含辅助用房) (2)本表未包括的大型医疗设备,按实际需要确定面积	
预防保健用房	应按编制内每位预防保健工作人员35m²的标准增加面积	
科研用房	1. 副高及以上专业技术人员总数的70%为基数,按每人50m²的标准增加科研用房 2. 开展动物实验研究的综合医院,应根据需要按有关规定配套建设适度规模的动物实验室 3. 国家级重点实验室每3000m²增加相应的实验用房 4. 承担国家、国际重大研究项目的综合医院,应根据实际业务需求单独报批	

教学用房	教学医院	实习医院
	10平方米/人	2.5平方米/人
	注:学生的数量按主管部门核定的临床教学班或实习的人数确定	

培训用房	培训用房	教学用房	学员宿舍
	1000平方米/个	10平方米/人	12平方米/人
	注:承担全科医师规范化培训或住院医师规范化培训等的综合医院,根据主管部门核定的规范化培训人数		

其他用房	图书馆	室内活动用房	院内生活保障用房
	2平方米/人	1平方米/人	0.4平方米/人
	注:按编制内职工人数增加相应用房面积		

3)深圳综合医院其他指标

(1)深圳市600床以上规模医院体检用房面积指标。

表8.1.4-3

床位规模(床)	600~800	1000~1200	1300~1400	1500
建筑面积(m²)	1400	1600	1800	2000

(2)深圳医学院校的附属医院、教学医院、临床医学院和承担临床实习与住院医学规范化培训任务的医院,各类教学用房的建筑面积,应以医学教育主管部门批准的各类学生人数和住院医师规范化培训人数为基数,按每人18m²配建。

(3)深圳各类医院可配套建设医务人员夜间值班宿舍,以每天急诊部与住院部临床夜班医务人员的数量为基数,按每人12m²配建。

2. 中医医院各类用房建设标准

1)中医医院基本用房及辅助用房比例关系表(%)

表 8.1.4-4

床位数 部门	60	100	200	300	400	500
急诊部	3.1	3.2	3.2	3.2	3.2	3.3
门诊部	16.7	17.5	18.2	18.5	18.5	19.0
住院部	29.2	30.5	33.0	34.5	35.5	35.7
医技科室	19.7	17.5	17.0	16.6	16.0	16.0
药剂科室	13.5	12.1	9.4	8.5	8.3	8.0
保障系统	10.4	10.4	10.4	10.0	9.8	9.0
行政管理	3.7	3.8	3.8	3.7	3.7	3.8
院内生活服务	3.7	5.0	5.0	5.0	5.0	5.2

注：（1）各种功能用房占总建筑面积的比例可根据不同地区和中医医院的实际需要做适当调整
　　（2）药剂科室未含中药制剂室

2）中医医院其他用房建筑面积指标

表 8.1.4-5

建设内容	建设标准					
单列用房面积	项目规模	100 床	200 床	300 床	400 床	500 床
	中药制剂室	（小型） 500～600m²		（中型） 800～1200m²		（大型） 200～2500m²
	中医传统疗法中心	350		500		650
科研用房	高级职称以上专业技术人员总数的 70% 为基数，按每人 30m² 的标准另行增加科研用房面积					
教学用房	附属医院		教学医院		实习医院	
	8～10 平方米/人		4 平方米/人		2.5 平方米/人	
	注：学生的数量按上级主管部门核定的临床教学班或实习的人数确定					
大型医用设备	参照《综合医院建设标准》执行					

3. 传染病医院各类用房建设标准

1）传染病医院各类用房占总建筑面积的比例（%）

表 8.1.4-6

部门	比例	部门	比例
急诊部	2	保障系统	10
门诊部	12	行政管理	4
住院部	45	院内生活	4
医技科室	23		

2）传染病医院其他用房建筑面积指标

表 8.1.4-7

预防保健用房	编制内每位预防保健工作人员 20m² 的标准增加面积		
科研用房	副高及以上专业技术人员总数的 70% 为基数，按每人 32m² 的标准另行增加科研用房，并按规定配套建设适度规模的实验动物用房		
教学用房	附属医院	教学医院	实习医院
	8~10平方米/人	4平方米/人	2.5平方米/人
	注：学生的数量按上级主管部门核定的临床教学班或实习的人数确定		
大型医用设备	参照《综合医院建设标准》执行		

4. 精神专科医院各类用房建设标准

1）精神专科医院各功能用房占总建筑面积的比例（%）

表 8.1.4-8

床位数 部门	199床及以下	200~499床	500床及以上
急诊部	0	2	2
门诊部	12	12	13
住院部	54	54	52
医技科室	14	12	14
康复治疗	4	4	3
保障系统	8	8	8
行政管理	4	4	4
院内生活	4	4	4

2）精神专科医院其他用房建筑面积指标

表 8.1.4-9

预防保健用房	编制内每位预防保健工作人员 20m² 的标准增加面积		
科研用房	拥有科研人员编制的精神专科医院，应按编制内每位科研工作人员 32m² 的标准另行增加科研用房面积；没有科研人员编制的三级精神专科医院应以副高及以上专业技术人员总数的 70% 为基数，按每人 32m² 的标准另行增加科研用房		
教学用房	附属医院	教学医院	实习医院
	1.6~2平方米/床	0.8平方米/床	0.5平方米/床
大型医用设备	参照《综合医院建设标准》执行		

5. 儿童医院各类用房建设标准

1）儿童医院各功能用房占总建筑面积的比例（%）

表 8.1.4-10

部门	比例	部门	比例
急诊部	3~5	保障系统	6~8
门诊部	19~24	行政管理	3~5
住院部	39~45	院内生活	3~5
医技科室	16~21		

2) 儿童医院其他用房建筑面积指标

表 8.1.4-11

预防保健用房	编制内每位预防保健工作人员 20m² 的标准增加面积		
科研用房	副高及以上专业技术人员总数的 70% 为基数，按每人 32m² 的标准另行增加科研用房，按规定配套建设适度规模的实验动物用房		
教学用房	附属医院	教学医院	实习医院
	8~10	4	2.5
	注：学生的数量按上级主管部门核定的临床教学班或实习的人数确定		
大型医用设备	项目名称		房屋建筑面积指标
	医用磁共振成像设备（MRI）		310
	X线-正电子发射计算机断层扫描仪（PET-CT）		300
	X线电子发射计算机断层扫描装置（CT）		260
	X线造影（导管）机		310
	血液透析（10 床）		400
	体外震波碎石机室		120
	洁净病房（4 床）		300
	高压氧舱	小型（1~2 人）	170
		中型（8~12 人）	400
		大型（18~20 人）	600
	直线加速器		470
	核医学（含 ECT）		600
	核医学治疗病房（6 床）		230
	钴 60 治疗机		710
	矫形支具与假肢制作室		120
	制剂室		按《医疗机构制剂配制质量管理规范》执行

6. 妇幼健康服务机构其他用房建设标准

表 8.1.4-12

科研用房	副高及以上专业技术人员总数的 70% 为基数，按每人 32m² 的标准另行增加科研用房	
教学用房	教学妇幼健康服务机构	实习妇幼健康服务机构
	8~10 平方米/床	2.5 平方米/床
	注：学生的数量按上级主管部门核定的临床教学班或实习的人数确定	
大型医用设备	参照《综合医院建设标准》执行	

8.2 医 疗 工 艺

8.2.1 医疗功能单元划分

表 8.2.1

分类	门诊、急诊	预防保健管理	临床科室	医技科室	医疗管理
各功能单元	分诊、挂号、收费、各诊室、急诊、急救、输液、留院观察等	儿童保健、妇女保健等	内科、外科、眼科、耳鼻喉科、儿科、妇产科、手术部、麻醉科、重症监护科（ICU、CCU等）、介入治疗、放射治疗、理疗科等	药剂科、检验科、医学影像科（放射科、核医学、超声科）、病理科、中心供应、输血科等	病案、统计、住院管理、门诊管理、感染控制等

8.2.2 医疗工艺流程

1. 一级医疗工艺流程：医院各医疗功能单元之间的流程

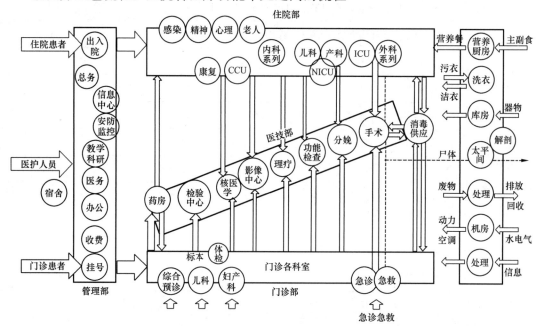

图 8.2.2-1 医院各医疗功能单元之间流程（参考《现代医院建筑设计参考图集》）

2. 二级医疗工艺流程：各医疗功能单元内部流程

示例：

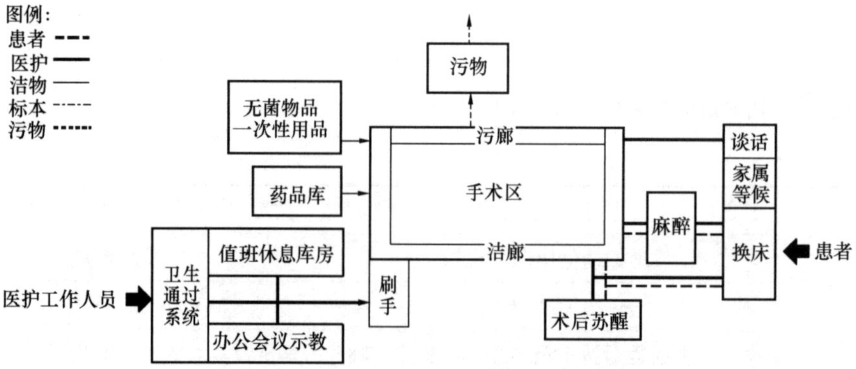

图 8.2.2-2 手术中心内部流程

8.2.3　医疗工艺参数

1. 医疗工艺设计参数应根据不同医院的要求研究确定，当无相关数据时可按下列要求测算：

1）门诊诊室间数可按日平均门诊诊疗人次/（50～60人次）。

2）急救抢救床数可按急救通过量测算。

3）1个护理单元宜设40～50张病床。

4）手术室间数宜按病床总数每50床或外科病床数每25～30床设置1间。

5）重症监护病房（ICU）床数宜按总床位数2%～3%设置。

6）心血管造影机台数可按年平均心血管造影或介入治疗数/（3～5例×年工作日数）测算。

7）日拍片人次达到40～50人次时，可设X线拍片机1台。

8）日胃肠透视人数达到10～15例时，可设胃肠透视机1台。

9）日胸透视人数达到50～80人次时，可设胸部透视机1台。

10）日心电检诊人次达到60～80人次时，可设心电检诊间1间。

11）日腹部B超人数达到40～60人次时，可设腹部B超机1台。

12）日心血管彩超人数达到15～20人次时，可设心血管彩超机1台。

13）日检诊人数达到10～15例时，可设十二指肠纤维内窥镜1台。

2. 各科门诊量应根据医院统计数据确定，当无统计数据时可按综合医院7项设施用房占总建筑面积的比例（%）确定。

3. 各科住院床位数应根据医院统计数据确定，当无统计数据时可按表8.2.3确定。

各科住院床位数占医院总床位数比例　　表8.2.3-1

科别	占医院总床位比率（%）	科别	占医院总床位比率（%）
内科	30	耳鼻喉科	6
外科	25	眼科	6
妇科	8	中医	6
产科	6	其他	7
儿科	6		

4. 各类医院诊床比

各类医院"诊床比"参照表（人次/床）　　表8.2.3-2

医院类别	综合医院	中医医院	儿童医院	妇产医院	传染病医院	精神病医院
诊床比	5	7	7	7	2	1.5

本表为深圳标准《深圳市医院建设标准指引深发改（2016）1545号》。

8.3　选址与总平面设计

8.3.1　医院选址

1. 综合医院选址

1）应交通方便，宜面临两条城市道路。

2）宜便于利用城市基础设施。

3）环境宜安静，应远离污染源。

4）地形宜力求规整，适宜医院功能布局。

5）应远离易燃、易爆物品的生产和储存区，并应远离高压线路及其设施。

6）不应临近少年儿童活动密集场所。

7）不应污染、影响城市的其他区域。

2. 中医医院选址

1）地质条件、水文条件较好。

2）应选择在患者就医方便、卫生环境好、噪声较小、水源充足的地方。

3）应远离托儿所、幼儿园及中小学等。

4）应考虑中医医院对周边环境的影响。

3. 传染医院选址

1）不宜设置在人口密集区域。

2）患者就医方便、交通便利地段。

3）地形比较规整，工程水文地质条件较好。

4）有比较完善的市政公用系统。

5）不应临近易燃、易爆及有害气体生产、贮存场所，不应临近水源地。

6）不应临近食品和饲料生产、加工、贮存、家禽、家禽饲养、产品加工等企业。

7）不应临近幼儿园、学校等人员密集的公共设施或场所。

4. 精神专科医院选址

1）交通便利。

2）便于利用城镇基础设施。

3）地形宜规整平坦、地质宜构造稳定，地势应较高且不受洪水威胁。

4）远离易燃、易爆物品的生产和储存区。

5. 儿童医院和妇幼健康服务机构选址

1）地形规整，工程地质和水文地质条件较好。

2）市政基础设施完善，交通便利。

3）环境安静、远离污染源。

4）远离易燃、易爆物品的生产和贮存区、高压线路及其设施。

8.3.2 总平面设计

1. 综合医院总平面设计要求

1）应合理进行功能分区，洁污、医患、人车等流线组织清晰，并应避免院内感染。

2）建筑布局应紧凑，交通应便捷，并应方便管理、减少能耗。

3）应保证住院、手术、功能检查和教学科研等用房环境安静。

4）病房宜能获得良好朝向。

5）宜留有可发展或改、扩建用地。

6）应有完整的绿化规划。

7）对废弃物的处理，应作出妥善的安排，并应符合有关环境保护法令、法规的规定。

8）医院出入口不应少于两处，人员出入口不应兼作尸体或废弃物出口。

9）在门诊、急诊和住院用房等入口附近应设车辆停放场地。

10）太平间、病理解剖室应设于医院隐蔽处。需设焚烧炉时，应避免风向的影响，并应与主体建筑隔离。尸体运送路线应避免与出入院路线交叉。

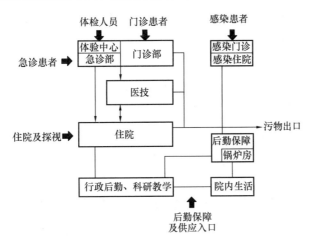

图 8.3.2 综合医院功能关系

2. 中医医院总平面设计要求

1）要求功能分区明确，满足医疗、卫生、防火、防灾、隔离等要求。

2）至少应有 2 个出入口，以满足安全疏散和洁污分流的要求。

3）感染性疾病科应设独立出入口，避免交叉感染。

4）院内交通通道设置合理，标识清晰，科学地组织人流和物流。

5）建筑物布置尽量使诊室、病房等主要医疗用房有良好朝向、日照和自然通风。

6）中药饮片、中成药及灭菌制剂等用房的周围环境应整洁、无污染。

7）人流、车流、物流及医疗垃圾通道宜分开布置。

8）生活垃圾与医疗垃圾的设施应分开设置，并应远离诊疗区域；太平间应设于隐蔽处，宜设单独通向院外的通道，避免与主要人流出入院路线交叉。

3. 传染病医院总平面设计要求

1）应合理进行功能分区，洁污、医患、人车等流线组织清晰，并应避免院内感染。

2）主要建筑应有良好朝向，建筑物应满足卫生、日照、采光、通风、消防等要求。

3）宜留有发展、改建或扩建等用地。

4）有完整的绿化规划。

5）对废弃物妥善处理，并应符合国家现行有关环境保护的规定。

6）院区出入口不应少于两处。

7）对涉及污染环境的医疗废弃物及污废水，应采取环境安全保护措施。

8）医院出入口附近应布置救护车冲洗消毒场地。

4. 精神专科医院总平面设计要求

1）合理确定功能分区，并科学组织洁污、医患、人车等流线。

2）建筑布局宜紧凑，方便管理、减少耗能，交通组织应便捷。

3）住院、功能检查和教学科研等用房环境宜安静。

4）主要建筑物应有良好朝向，建筑物间距应满足卫生、日照、采光、通风、消防等要求。

5）宜预留发展、改建或扩建用地。

6) 院区出入口不宜少于 2 处。

7) 充分利用院区地形布置绿化景观，宜有供患者康复活动的专用绿地。

8) 对涉及污染环境的污物（含医疗废弃物、污废水等）应进行环境安全规划。

9) 供急、重症患者使用的室外活动场地应设置围墙或栏杆，并应采取防攀爬措施。建筑外侧及围墙内外侧 1.5m 范围内不应种植密植型绿篱，3m 范围内不应种植高大乔木。

10) 在医疗用地内不得建职工住宅，医疗用地和职工住宅毗连时，应分隔，并另设出入口。

5. 儿童医院总平面设计要求

1) 建筑布局科学、功能分区合理。

2) 洁污、医患、人车等流线组织清晰，避免交叉感染。

3) 满足基本功能需要，并适当考虑未来发展。

4) 应充分利用地形地貌，在不影响使用功能和满足安全卫生要求的前提下，房屋建筑可相对集中布置。

5) 主要建筑应充分利用自然通风和采光，病房宜获得良好朝向。

6) 应有完整并符合儿童特点的院区绿化和室外活动场所。

7) 出入口不宜少于两处。

8) 设传染门诊的儿童医院，应合理布置，避免交叉感染。

6. 妇幼健康服务机构总平面设计要求

1) 建筑布局合理、功能分区明确。

2) 科学组织健康人群流线和患者流线，避免交叉感染。

3) 满足基本功能需要，并适当考虑未来发展。

4) 应充分利用地形地貌，在不影响使用功能和满足安全卫生要求的前提下，房屋建筑可相对集中布置。

5) 根据当地气候条件，合理确定建筑物的朝向，充分利用自然通风和自然采光。

6) 出入口不宜少于 2 处。

7) 污水处理站及垃圾收集暂存用房宜远离功能用房，并宜布置在院区夏季主导风下风向。

8.3.3 间距要求

病房建筑的前后间距应满足日照和消防要求，且不宜小于 12m，同时还需满足各地方规范要求。

在综合医院内设置独立传染病区时，传染病区与医院其他医疗用房的卫生间距应大于或等于 20m。

8.3.4 日照要求

医院半数以上病房不应低于冬至日满窗 2h 的日照标准，冬至日有效时间为 9：00～15：00时，同时还需满足各地方规范要求。

8.3.5 建筑密度、容积率和绿化率

表 8.3.5

医院类型	建设类型	建筑密度	容积率	绿化率
综合医院	新建	35%	1.0～1.5	35%
	改扩建		2.5	30%
中医医院	新建	25%～30%	0.6～1.5	30%～35%
	改扩建		2.5	25%～30%

续表

医院类型	建设类型	建筑密度	容积率	绿化率
传染病医院	新建	35%	1.0~2.0	35%
	改扩建			30%
儿童医院	新建	—	0.8~1.5	35%
	改扩建			30%
精神专科医院	—	—	0.5~0.8	—
妇幼健康服务机构	新建	35%	0.8~1.3	—

注：（1）除注明外还需满足地方规范和标准。

（2）深圳新建医院项目建设用地容积率不宜高于1.8；绿地率不应低于30%；改建、扩建医院项目建设用地容积率不宜高于2.5，绿地率不应低于25%。

8.4 建 筑 设 计

8.4.1 一般规定

1. 主体建筑的平面布置、结构形式和机电设计应为今后发展、改造和灵活分隔创造条件。

2. 建筑物出入口的设置规定

1）门诊、急诊、急救和住院应分别设置无障碍出入口。

2）门诊、急诊、急救和住院主要出入口处，应有机动车停靠的平台，并设雨篷。

3. 医院应设置具有引导、管理等功能的标识系统。

4. 电梯设置规定

1）二层医疗用房宜设电梯。三层及三层以上的医疗用房应设电梯，且不得少于2台。

2）供患者使用的电梯和污物梯，应采用病床梯。

3）医院住院部宜增设供医护人员专用的客梯、送餐和污物专用货梯。

4）电梯井道不应与有安静要求的用房贴邻。

5. 楼梯的设置规定

1）楼梯的位置应同时符合防火、疏散和功能分区的要求。

2）主楼梯宽度不得小于1.65m，踏步宽度不应小于0.28m，高度不应大于0.16m。

6. 通行推床的通道，净宽不应小于2.40m。有高差者应用坡道相接，坡道坡度应按无障碍坡道设计。

7. 50%以上的病房日照应符合现行国家标准《民用建筑设计通则》GB 50352—2019的有关规定。

8. 门诊、急诊和病房应充分利用自然通风和天然采光。

9. 室内净高规定

1）诊查室不宜低于2.60m。

2）病房不宜低于2.80m。

3）公共走道不宜低于2.30m。

10. 医院建筑的热环境与声环境应符合有关规范标准要求。

11. 卫生间设置规定

1）患者使用的卫生间隔间的平面尺寸，不应小于 1.10m×1.40m，门应朝外开，门闩应能里外开启。卫生间隔间内应设输液吊钩。

2）患者使用的坐式大便器坐圈宜采用不易被污染、易消毒的类型，进入蹲式大便器隔间不应有高差。大便器旁应装置安全抓杆。

3）卫生间应设前室，并应设非手动开关的洗手设施。

4）采用室外卫生间时，宜用连廊与门诊、病房楼相接。

5）宜设置无性别、无障碍患者专用卫生间。

门 急 诊 部 分

8.4.2 急诊急救中心

1. 急诊急救中心设置要求

1）应自成一区，应单独设置出入口，应便于急救车、担架车、轮椅车的停放。

2）急诊、急救应分区设置。

3）急诊部与门诊部、医技部、手术部应有便捷的联系。

4）设置直升机停机坪时，应与急诊部有快捷的通道。

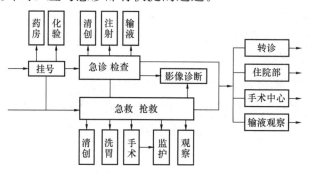

图 8.4.2-1 急诊功能关系示意图

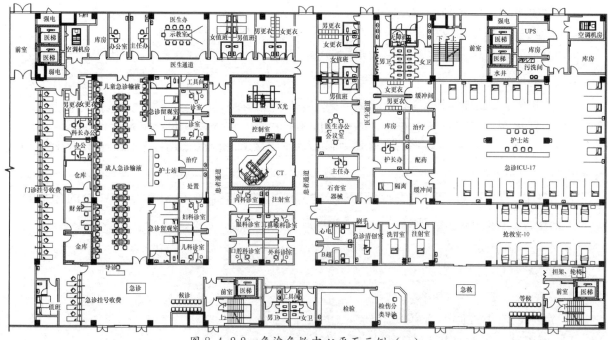

图 8.4.2-2 急诊急救中心平面示例（一）

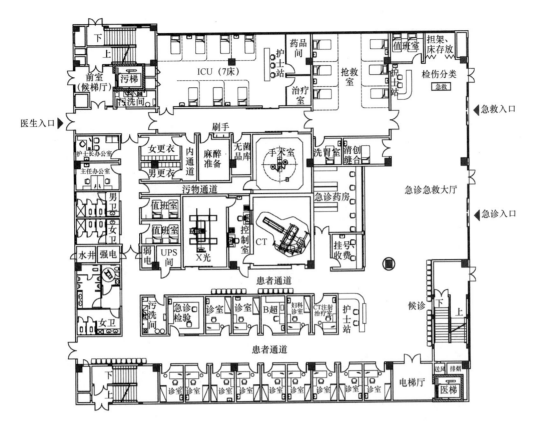

图 8.4.2-3 急诊急救中心平面示例（二）

2. 急诊用房设置要求

1）应设接诊分诊、护士站、输液、观察、污洗、杂物贮藏、值班更衣、卫生间等用房。

2）急救部分应设抢救、抢救监护等用房。

3）急诊部分应设诊查、治疗、清创、换药等用房。

4）可独立设挂号、收费、病历、药房、检验、X线检查、功能检查、手术、重症监护等用房。

5）输液室应由治疗间和输液间组成。

3. 门厅兼用于分诊功能时，其面积不应小于 24.00m²。

4. 急救用房设置要求

1）抢救室应直通门厅，有条件时，宜直通急救车停车位，面积不应小于每床 30.00m²，门的净宽不应小于 1.40m。

2）宜设氧气、吸引等医疗气体的管道系统终端。

5. 救监护室内平行排列的观察床净距不应小于 1.20m，有吊帘分隔时不应小于 1.40m，床沿与墙面的净距不应小于 1.00m。

6. 观察用房设置要求

1）平行排列的观察床净距不应小于 1.20m，有吊帘分隔时不应小于 1.40m，床沿与墙面的净距不应小于 1.00m。

2）可设置隔离观察室或隔离单元，并应设单独出入口，入口处应设缓冲区及就地消毒设施。

3）宜设氧气、吸引等医疗气体的管道系统终端。

7. 急诊主要用房平面示例

表 8.4.2

名称	图例	名称	图例
抢救厅单元	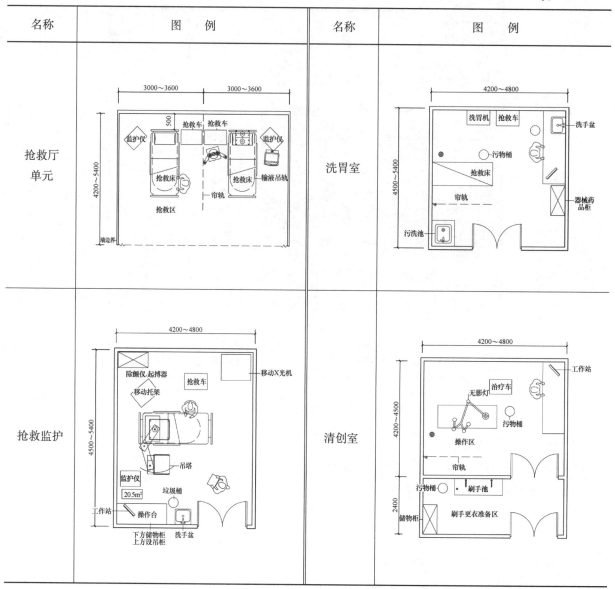	洗胃室	
抢救监护		清创室	

8.4.3 门诊部

1. 门诊部位置

门诊部应设在靠近医院交通入口处，应与医技用房邻近，并应处理好门诊内各部门的相互关系，流线应合理并避免院内感染。

2. 规模

门诊诊室间数可按日平均门诊诊疗人次/(50~60人次)。

3. 门诊用房设置要求

1) 公共部分应设置门厅、挂号、问讯、病历、预检分诊、记账、收费、药房、候诊、采血、检验、输液、注射、门诊办公、卫生间等用房和为患者服务的公共设施。

2) 各科根据科室要求设置诊查室、治疗室、护士站、污洗室，可设置换药室、处置室、清创室、X光检查室、功能检查室、值班更衣室、杂物贮藏室、卫生间等。

4. 候诊用房设置要求

1) 门诊宜分科候诊，门诊量小时可合科候诊。

2）利用走道单侧候诊时，走道净宽不应小于 2.40m，两侧候诊时，走道净宽不应小于 3.00m。

3）可采用医患通道分设、电子叫号、预约挂号、分层挂号收费等。

5. 诊查用房设置要求

1）双人诊查室的开间净尺寸不应小于 3.00m，使用面积不应小于 12.00m^2。

2）单人诊查室的开间净尺寸不应小于 2.50m，使用面积不应小于 8.00m^2。

6. 妇科、产科和计划生育用房设置要求

1）应自成一区，可设单独出入口。

2）妇科应增设隔离诊室、妇科检查室及专用卫生间，宜采用不多于二诊室合用一个妇科检查室的组合方式。

3）产科和计划生育应增设休息室及专用卫生间；妇科可增设手术室、休息室；产科可增设人流手术室、咨询室、宣教室。

4）各室应有阻隔外界视线的措施。

7. 儿科用房设置要求

1）应自成一区，可设单独出入口。

2）应增设预检、候诊、儿科专用卫生间、隔离诊查和隔离卫生间等用房。隔离区宜有单独对外出口；可单独设置挂号、药房、注射、检验和输液等用房。

8. 耳鼻喉科用房设置要求

应增设内镜检查（包括食道镜等）、治疗的用房；可设置手术、测听、前庭功能、内镜检查（包括气管镜、食道镜等）等用房。

9. 眼科用房设置要求

1）应增设初检（视力、眼压、屈光）、诊查、治疗、检查、暗室等用房；宜设置眼科手术室。

2）初检室和诊查室宜具备明暗转换装置。

10. 口腔科用房设置要求

1）应增设 X 线检查、镶复室、消毒洗涤、矫形等用房；可设资料室。

2）诊查单元每椅中距不应小于 1.80m，椅中心距墙不应小于 1.20m。

3）镶复室宜有良好的通风。

11. 门诊手术用房设置要求

1）门诊手术用房可单独设置也可与手术部合并设置。

2）门诊手术用房应由手术室、准备室、更衣室、术后休息室和污物室组成。手术室平面尺寸不宜小于 3.60m×4.80m。

12. 门诊卫生间设置要求

1）卫生间宜按日门诊量计算，男女患者比例宜为 1∶1。

2）男厕每 100 人次设大便器不应少于 1 个、小便器不应少于 1 个。

3）女厕每 100 人次设大便器不应少于 3 个。

13. 预防保健用房设置要求

应设宣教、档案、儿童保健、妇女保健、免疫接种、更衣、办公等用房；宜增设心理咨询用房。

14. 主要门诊用房详细设计

表 8.4.3

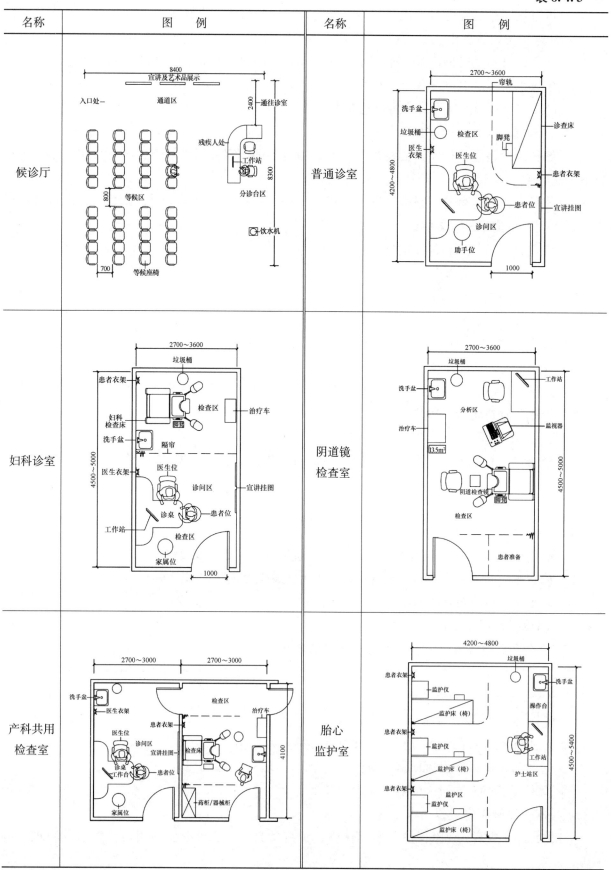

名称	图例	名称	图例
候诊厅		普通诊室	
妇科诊室		阴道镜检查室	
产科共用检查室		胎心监护室	

名称	图例	名称	图例

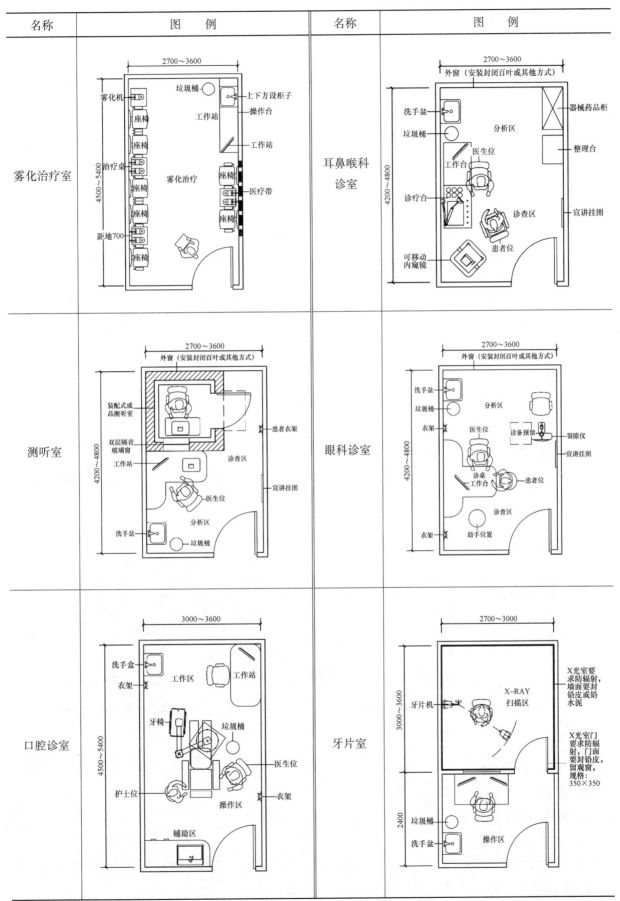

名称	图 例	名称	图 例
中医推拿室	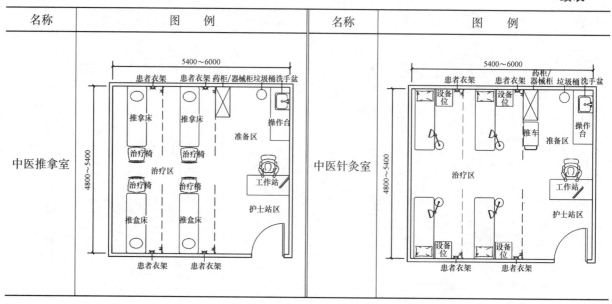	中医针灸室	

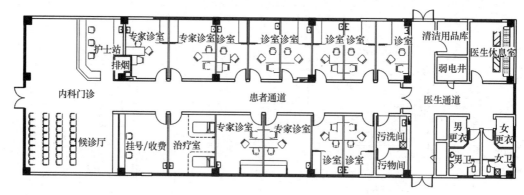

图 8.4.3-1 内科门诊平面示例

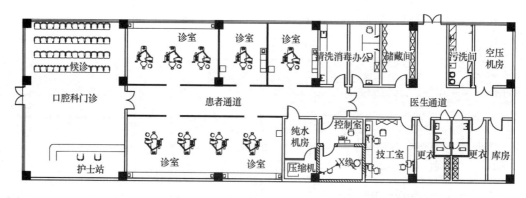

图 8.4.3-2 口腔科门诊平面示例

8.4.4 感染疾病门诊

1. 位置

应自成一区，并设有独立出入口。

2. 规模面积

结合医院的性质、规模、等级、接诊量来综合考虑确定，同时要兼顾到平战结合的需要。在呼吸道、消化道的诊室消毒期间，都分别应有备用诊室。

3. 感染疾病门诊用房要求

1）感染门诊用房主要以消化道、呼吸道等感染疾病为主，门诊均应自成一区，并应单独设置出入口，不同病种不宜使用同一间诊室。

2）应按规定设置发热门诊。

3）感染门诊应根据具体情况设置分诊、接诊、挂号、收费、药房、检验、诊查、隔离观察、治疗、医护人员更衣、缓冲、专用卫生间等功能用房。

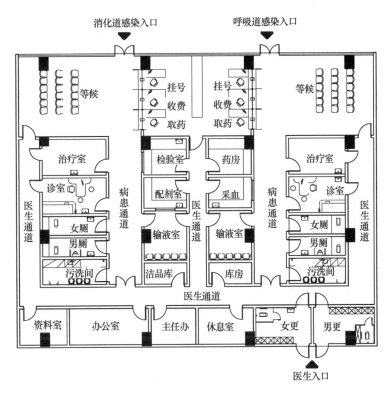

图 8.4.4　感染疾病门诊平面示例

8.4.5　生殖医学中心

1. 人工授精的设置与要求

1）人工授精场所或用房一般有：等候区、诊室、检查室、B超室、人工授精实验室、受精室和其他辅助区域，其面积一般不应小于 $100m^2$。其中人工授精室和人工授精实验室必须专用，且使用面积不小于 $20m^2$。

2）对于同时开展人工授精和体外授精（胚胎移植）的场所，其等候区、诊室、检查室和 B 超室可以合用而不需要分别单设，利于节省面积。

3）人工授精所在医疗机构或医院，必须同时具备妇科内分泌测定、影像检查、遗传学检查等检查条件。

2. 人工精子库

1）供精者接待或等候区的使用面积至少在 $15m^2$ 以上。

2）取精室两间，每间使用面积在 $5m^2$ 以上，并配有洗手设备。

3）精子库实验室的使用面积在 $40m^2$ 以上。

4）标本储存使用面积在 $15m^2$ 以上。

5）辅助实验室（进行性传播疾病以及一般检查的实验室）使用面积在 $20m^2$ 以上。

3.体外受精（胚胎移植）场所设置要求

1）体外受精（胚胎移植）场所必须包括：等候区、诊疗室、检查室、取精室、精液处理室、档案资料室、清洗室、缓冲区（包括更衣室）、超声检查室、胚胎培养室、取卵室、体外受精实验室、胚胎移植室以及其他辅助场所。

2）用于生殖医学医疗活动的总是用面积不应小于260m²。

3）体外受精（胚胎移植）场所有洁净要求，建筑和装修材料要求无毒，应避开一切产生不良影响的化学源和放射源。

4）超声室的使用面积不小于15m²。

5）精液处理室应与取精室邻近，使用面积不小于10m²。

6）取卵室的使用面积不小于25m²。

7）体外受精实验室的使用面积不小于30m²，并应有缓冲区。

8）胚胎移植室的使用面积不小于15m²。

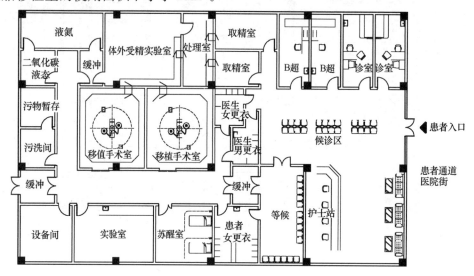

图8.4.5 生殖医学中心平面示例

医 技 部 分

8.4.6 手术部

1.手术部位置和平面布置要求

1）手术部应自成一区，宜与外科护理单元邻近，并宜与相关的急诊、介入治疗科、ICU、病理科、中心（消毒）供应室、血库等路径便捷。

2）手术部不宜设在首层。

3）平面布置应符合功能流程和洁污分区要求。入口处应设医护人员卫生通过，且换鞋处应采取防止洁污交叉的措施；通往外部的门应采用弹簧门或自动启闭门。

2.手术部规模

1）手术室间数宜按病床总数每50床或外科病床数每25~30床设置1间。

2）传染病专科医院应设置手术室，手术室间数按照每100病床设置1间。

3.手术室详细要求

1）手术室设计要求

表 8.4.6

手术室类别	平面尺寸（m）	净高（m）	门宽	窗地比
特大型	7.50×5.70			
大型	5.70×5.40	2.7~3.0	净宽≥1.4m（自动启闭装置）	≤1/7（应设遮阳措施）
中型	5.40×4.80			
小型	4.80×4.20			

2）手术室阴角处做斜边长 1000mm 左右的 45°切角，形成不等边的八角形；或者阴角处做 1/4 小圆弧形。

4．手术室内基本设施设置应符合下列规定：

1）观片灯联数可按手术室大小类型配置，观片灯应设置在手术医生对面墙上。

2）手术台长向宜沿手术室长轴布置，台面中心点宜与手术室地面中心点相对应。头部不宜置于手术室门一侧。

3）应设置医用气体终端装置。

4）应采取防静电措施；不应有明露管线。

5）吊顶及吊挂件应采取固定措施，吊顶上不应开设人孔。

6）手术室内不应设地漏。

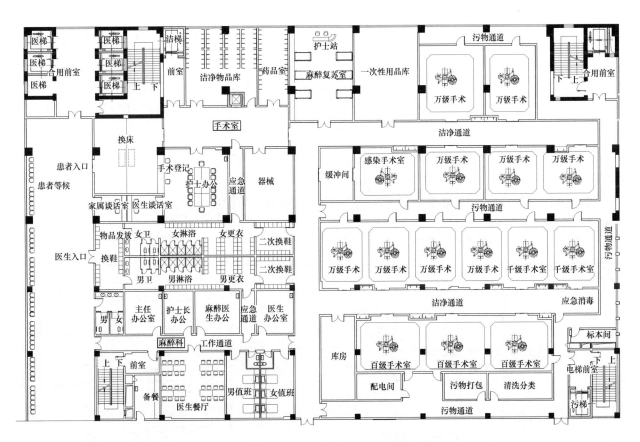

图 8.4.6-1 手术室平面组合示例

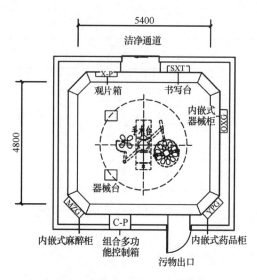

图 8.4.6-2 手术间示例图

8.4.7 放射科

1. 放射科位置

宜在底层设置,并应自成一区,且应与门急诊部、住院部邻近布置,并有便捷联系。

2. 平面设置

1)应设放射设备机房(CT 扫描室、透视室、摄片室)、控制、暗室、观片、登记存片和候诊等用房。可设诊室、办公、患者更衣等用房。

2)胃肠透视室应设调钡处和专用卫生间。

3)机房内地沟深度、地面标高、层高、出入口、室内环境、机电设施等,应根据医疗设备的安装使用要求确定。

4)照相室最小净尺寸宜为 4.5m×5.4m,透视室最小净尺寸宜为 6m×6m。

5)放射设备机房门的净宽不应小于 1.20m,净高不应小于 2.80m,计算机断层扫描(CT)室的门净宽不应小于 1.20m,控制室门净宽宜为 0.90m。

6)透视室与 CT 室的观察窗净宽不应小于 0.80m,净高不应小于 0.60m。照相室观察窗的净宽不应小于 0.60m,净高不应小于 0.40m。

7)防护设计应符合国家现行有关医用 X 射线诊断卫生防护标准的规定。

3. 主要房间设计

表 8.4.7

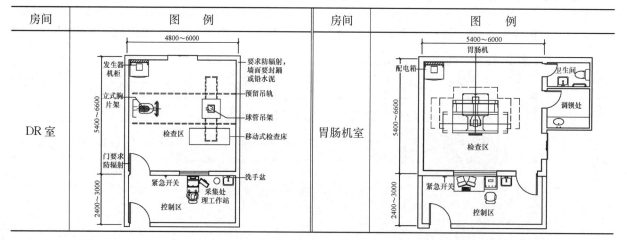

房间	图 例	房间	图 例
X光室		CT室	
乳腺钼靶室		碎石机房	

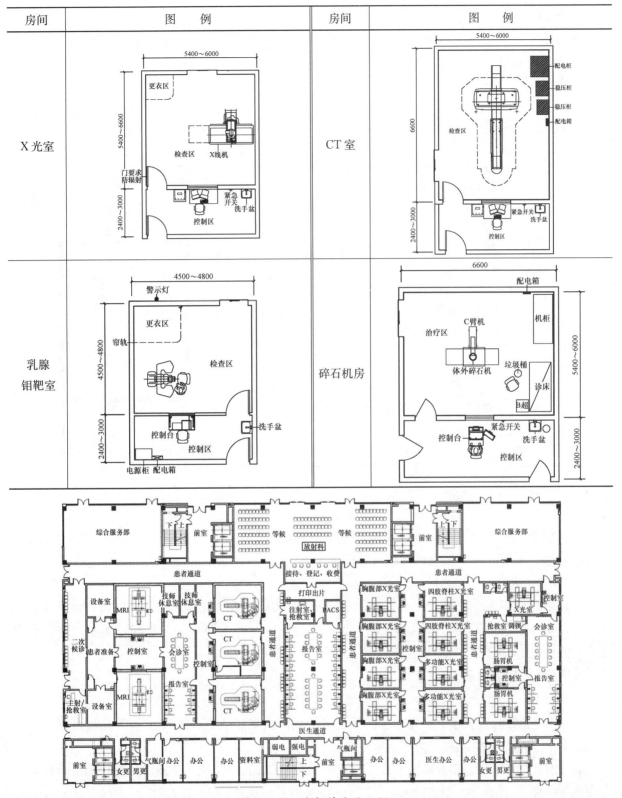

图 8.4.7 放射科平面示例

8.4.8 磁共振成像 MRI

1. 位置

1）宜自成一区或与放射科组成一区，宜与门诊部、急诊部、住院部邻近，并应设置在底层。

2）应避开电磁波和移动磁场的干扰。

2.平面组成

磁共振成像 MRI 应设检查室、控制、附属机房（计算机、配电、空调机）等用房，可设诊室、办公和患者更衣等用房。

3.MRI 机房设计

表 8.4.8

名称	设 计 要 点	示 例
MRI	MRI 检查室一般尺寸为：6.5m×8.4m×4m。 门的净宽不应小于 1.20m，控制室门的净宽宜为 0.90m，并应满足设备通过。MRI 检查室的观察窗净宽不应小于 1.20m，净高不应小于 0.80m。 MRI 扫描室应设电磁屏蔽、氦气排放和冷却水供应设施。机电管道不应穿越扫描室。 磁共振诊断室的墙身、楼地面、门窗、洞口、嵌入体等所采用的材料、构造，均应按设备要求和屏蔽专门规定采取屏蔽措施。机房选址后，确定屏蔽措施前，应测定自然场强。	
控制室	邻磁共振室，设有玻璃窗以观察病人动静，观察窗 1600mm×1100mm 距地 800mm，控制室门最小净尺寸 1200mm×2200mm，控制室面积约 15m² 左右。	

8.4.9　放射治疗科

1.位置

由于设备的重量和屏蔽要求，放射治疗用房宜设在底层，并自成一区，并应符合国家现行有关防护标准的规定，其中治疗机房应集中设置。

2.房间组成

应设治疗机房（后装机、钴 60、直线加速器、γ 刀、深部 X 线治疗等）、控制、治疗计划系统、模拟定位、物理计划、模具间、候诊、护理、诊室、医生办公、卫生间、更衣（医患分开设）、污洗和固体废弃物存放等用房。

3.用房设置要求

1）接诊区、治疗区、医辅区三个区域应分区设置，相互应设门或缓冲区。

2）控制室必须与治疗机房分离；治疗机房的辅助机械、电气、水冷设备等凡是可以与治疗机房分离的，应尽可能设置于治疗机房外。

3）治疗机房应有足够的使用面积，一般不宜小于 50m²，感应加速器房的面积因分前后室约在 60m² 左右。与治疗机房相连的控制室或其他居留人员或使用较多的用房，应尽可能避开射线可直接照射到的区域。

4）治疗室入口必须设置防护门或迷路，迷路的宽度宜为 2m，转弯处一般不小于 2.1m；防护门必须与加速器联锁。

5）治疗室内噪声不应超过 50dB（A）。

6）钴 60 治疗室、加速器治疗室、γ刀治疗室及后装机治疗室的出入口应设迷路。防护门和迷路的净宽均应满足设备要求。

7）防护应按国家现行有关后装 γ 源近距离卫生防护标准、γ远距治疗室设计防护要求、医用电子加速器卫生防护标准、医用 X 射线治疗卫生防护标准等的规定设计。

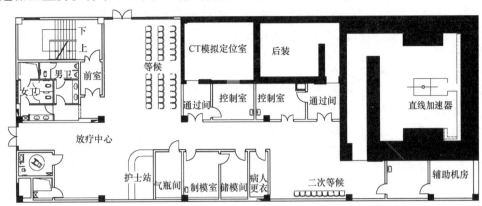

图 8.4.9　放射治疗平面示例

8.4.10　核医学

1. 位置及要求

核医学科宜在建筑物的一端或一层，与非放射性科室相对隔离，有单独出、入口，远离产科、儿科、营养科等部门。

控制区应设于尽端，并应有贮运放射性物质及处理放射性废弃物的设施。非限制区进监督区和控制区的出入口处均应设卫生通过。

2. 用房组成

按平面布置应按"控制区、监督区、非限制区"的顺序分区布置：

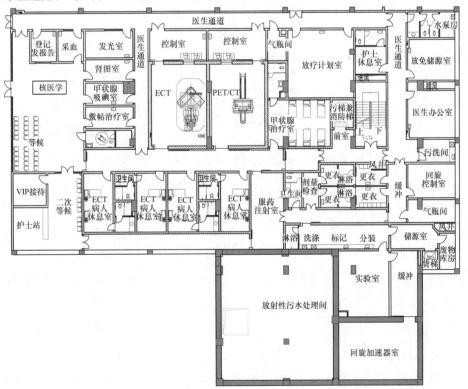

图 8.4.10　核医学平面示例

1) 非限制区：设候诊、诊室、医生办公和卫生间等用房。

2) 监督区：设扫描、功能测定和运动负荷试验等用房，以及专用等候区和卫生间。

3) 控制区：设计量、服药、注射、试剂配制、卫生通过、储源、分装、标记和洗涤等用房。

3. 核医学用房应按国家现行有关临床核医学卫生防护标准的规定设计。

4. 固体废弃物、废水应按国家现行有关医用放射性废弃物管理卫生防护标准的规定处理后排放。

5. 防护应按国家现行有关临床核医学卫生防护标准的规定设计。

8.4.11　介入治疗

1. 介入治疗用房位置与平面布置要求

1) 宜自成一区，或与放射科组成一区，且宜与急诊部、手术部、心血管监护病房有便捷联系。

2) 洁净区、非洁净区应分设。

2. 用房设置应要求

1) 应设心血管造影机房、控制、机械间、洗手准备、无菌物品、治疗、更衣和卫生间等用房。

2) 可设置办公、会诊、值班、护理和资料等用房。

3. 介入治疗用房应满足医疗设备安装、室内环境的要求。

4. 防护应根据设备要求，按现行国家有关医用 X 射线诊断卫生防护标准的规定设计。

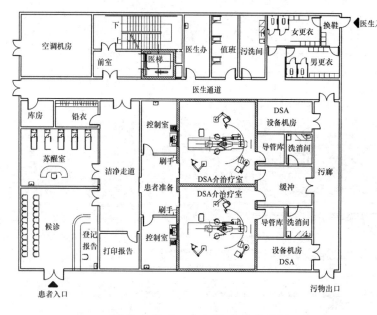

图 8.4.11-1　介入治疗平面示例

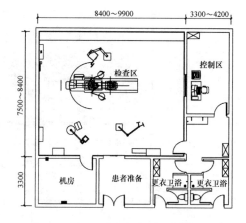

图 8.4.11-2　DSA 室详细设计示例

8.4.12　检验科

1. 检验科位置

1) 避免与其他科室交叉、混杂，应自成一区，独立系统，封闭隔离。

2) 应设置在住院与门诊之间，离门诊内科和急诊较近的位置，便于为门诊与住院双向服务。

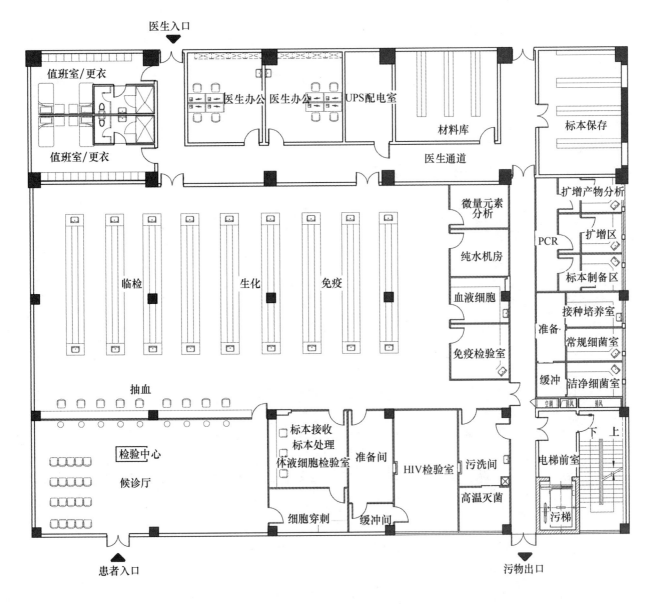

图 8.4.12 检验科平面示例

2. 平面设计

1）检验科应设临床检验、生化检验、微生物检验、血液实验、细胞检查、血清免疫、洗涤、试剂和材料库等用房。可设更衣、值班和办公等用房。微生物学检验应与其他检验分区布置。微生物学检验室应设于检验科的尽端。

2）检验科应设通风柜、仪器室、试剂室、防振天平台，并应有贮藏贵重药物和剧毒药品的设施。

3）细菌检验的接种室与培养室之间应设传递窗。

4）检验科应设洗涤设施，细菌检验应设专用洗涤、消毒设施，每个检验室应装有非手动开关的洗涤池。检验标本应设废弃消毒处理设施。

5）危险化学试剂附近应设有紧急洗眼处和淋浴。

6）实验室工作台间通道宽度不应小于 1.20m。

8.4.13 病理科

1. 位置及平面布置要求

1）病理科用房应自成一区，宜与手术部有便捷联系。

2）病理解剖室宜和太平间合建，与停尸房宜有内门相通，并应设工作人员更衣及淋浴设施。

2. 用房设置要求

1）应设置取材、标本处理（脱水、染色、蜡包埋、切片）、制片、镜检、洗涤消毒和卫生通过等用房。

2）可设置病理解剖和标本库用房。

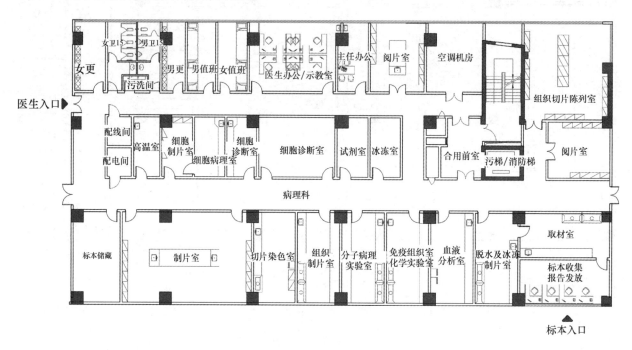

图 8.4.13　病理科平面示例

8.4.14 功能检查

1. 功能检查组成

主要功能用房由各种检查室（肺功能、脑电图、肌电图、脑血流、心电图、超声等）组成，相配套还有接待室、医生办公室、会议室、护士站、治疗室、处置室等，根据需要还可配备医护人员休息室、值班室、更衣室（患者更衣、医生更衣）、卫生间（患者卫生间、医生卫生间）等。

（注：超声因使用量较大，现多单独设置超声科，超声科自成一个医技检查单元，布局与功能检查无异。）

2. 位置与平面布置应符合下列要求

1）功能检查应自成一区，应与门诊、急诊、住院相近或有便捷联系通道。

2）宜将超声、电生理、肺功能各布置成相对独立区域。

3）检查床之间的净距不应小于 1.50m，宜有隔断设施。

4）心脏运动负荷检查室应设氧气终端。

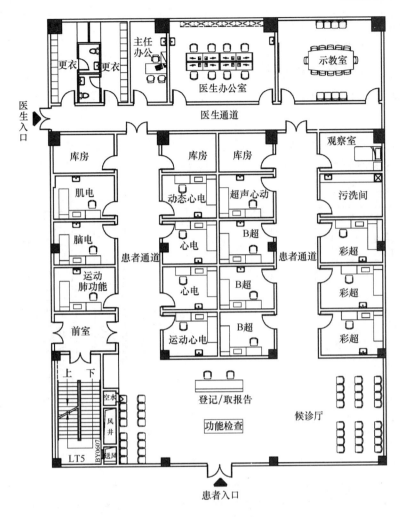

图 8.4.14-1 功能检查平面示例

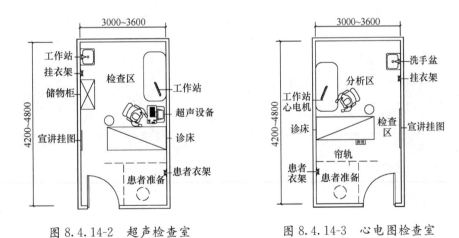

图 8.4.14-2 超声检查室   图 8.4.14-3 心电图检查室

8.4.15 内窥镜科

1. 内窥镜包括：胃镜、十二指肠镜、小肠镜、腹腔镜、纤维支气管镜、胸腔镜、膀胱镜、阴道镜等。

2. 镜科用房位置与平面布置要求

1) 内窥镜中心应成一区，应与门诊部有便捷联系。

2) 检查室宜分别设置，上、下消化道检查室应分开设置。

3）宜与手术部有快捷通道连接。

3. 设置应符合下列要求：

1）应设内窥镜（上消化道内窥镜、下消化道内窥镜、支气管镜、胆道镜等）检查、准备、处置、等候、休息、卫生间、患者、医护人员更衣等用房。下消化道检查应设置卫生间、灌肠室。

2）检查室应设置固定于墙上的观片灯，宜配置医疗气体系统终端。

3）镜科区域内应设置内镜洗涤消毒设施，且上、下消化道镜应分别设置。

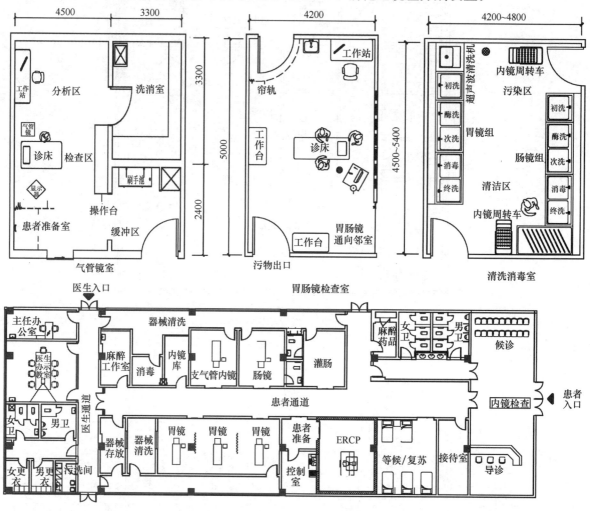

图 8.4.15　内窥镜中心平面示例

8.4.16　血液透析中心

1. 位置、单元组成

1）需自成一区，可设于门诊部、也可设于住院部。

2）三级医院至少配备10台血液透析机；其他医疗机构至少配备5台血液透析机。

3）每个单元由一台血液透析机和一张透析床（椅）组成，使用面积不少于3.2m²；单元间距应能满足医疗救治及医院感染控制的需要。

4）血液透析治疗区应有完整配套的护士站，护士站位置应能观察到所有患者及治疗设备。

2. 血液透析中心的分区及要求

血液透析室（中心）应划分出以下三大区域：

表 8.4.16

污染区	透析治疗间	1. 透析治疗间：应具备空气消毒装置、空调等；要保证室内光线充足；保持安静，空气清新，做到良好的通风或设新风装置，必要时应当使用换气扇；透析治疗间地面应使用防酸材料并设置地漏；应达到《医院消毒卫生标准》（GB 15982）中规定的Ⅲ类环境 2. 一台透析机与一张床（或椅）称为一个透析单元；透析单元间距计算不能小于 0.8m；实际占用面积不小于 3.2m² 3. 护士站：应设在便于观察和处理病情及设备运营的地方
	隔离透析治疗间	应达到《医院消毒卫生标准》（GB 15982）中规定的Ⅲ类环境
	污物/废弃物/洁具储存清洗间	要保证房间的通风和干燥并做到各类物品分区存放、分区清洗
	透析器复用冲洗间	复用冲洗间要求通风，有反渗水供水接口和复用机，以及存放复用透析器的冷藏柜
半污染区		1. 应设水处理间，配液供液间，治疗室、小储物室、技师办公室，检验室，病人更衣室，病人卫生间，接诊区和病人家属休息室 2. 水处理间面积应为水处理装置占地面积的 1.5 倍以上，有良好的隔声和通风条件；水处理设备应避免阳光直射，放置处应有水槽
非污染区		应设医务人员办公室，储藏室，病历资料室，会议室/教室，医务人员休息用餐室，医务人员更衣室，医务人员卫生间和浴室等

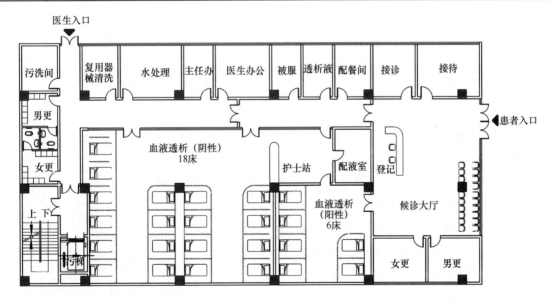

图 8.4.16　血液透析平面示例图

8.4.17 理疗科

1. 理疗科用房位置与平面布置要求

1）理疗科可设在门诊部或住院部，应自成一区。

2）理疗科中的治疗一般是和中医结合，包括：针灸、拔罐、牵引、按摩、电疗（低频和热透等），相对医院设施条件好的，还有磁疗法、光疗法等。

2. 理疗科各种疗法设置要求

1）电气疗法

超高频	为避免治疗时的磁场干扰及串联,床中距不应小于3m
高频	床中距距工作人员应不少于2m,床与床之间要设置隔帘;每一疗机应单设开关闸,每一室内需另设总开关闸
低频	低频有平流感应电,周波刺激器,水电疗,另有直流电等
静电	应独立设置房间,机房在3m之内不准有金属物;室内严禁各种金属管线穿越,宜防潮;室内要求有良好采光通风
电睡眠疗法	布置单床,多床;室内要求暗、安静、隔声;每床有隔断墙,以避免病人互相干扰

2)光学疗法

光疗除紫外线外因散发臭氧,有臭味,应单独设置房间外,床中距1.5~2m,中设挂帘。

3)水治疗法

水疗一般有盆浴、药盆浴、气体浴、淋浴、直喷浴(枪浴)、蒸汽浴等。应设更衣休息室。水疗室、盆浴、药盆浴可放在一起,隔断中距1.8~2m。

4)蜡疗法

室内要求通风良好。治疗床排列间距1.5~2m,中设挂帘。蜡疗室除床外,还需另设若干座位,以便坐敷。蜡疗室需设制蜡、熔蜡、储蜡、准备间,大小根据人数决定。

5)泥疗法

除泥疗室外,还需考虑调泥、制泥和储泥室、淋浴室,调泥室应跟泥疗室放在一起。泥疗室设治疗床,床中距1.5~2m,设挂帘。

6)机械疗法

一般在较大型医院内设置,供神经内科或外科。骨科病人恢复锻炼之用。

其位置应以住院病人便利为主。适当注意噪音对病房影响,宜放在底层或者顶层。房间大小视器材设备设置而定,高度不应小于4m。

7)传统疗法

中医按摩气功针灸疗床600mm×2000mm,床四周有空余地,以便按摩人员能从各个位置按摩。采光通风宜良好。

8.4.18 药剂科

1. 药剂科位置与平面布置要求

1)门诊、急诊药房与住院部药房应分别设置。

2)药库和中药煎药处均应单独设置房间。

3)门诊、急诊药房宜分别设中、西药房。

4)儿科和各传染病科门诊宜设单独发药处。

2. 药剂科用房设置要求

1)门诊药房应设发药、调剂、药库、办公、值班和更衣等用房。

2)住院药房应设摆药、药库、发药、办公、值班和更衣等用房。

3)中药房应设置中成药库、中草药库和煎药室。

4)可设一级药品库、办公、值班和卫生间等用房。

5)发药窗口的中距不应小于1.20m。

6)剧毒药、麻醉药、限量药的库房,以及易燃、易爆药物的贮藏处,应有安全设施。

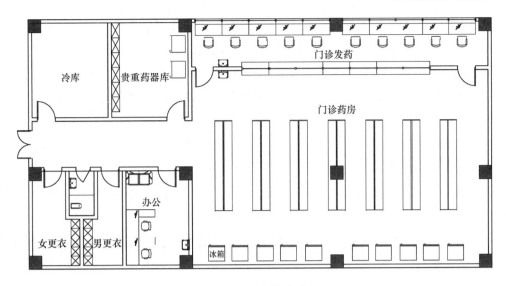

图 8.4.18-1　门诊药房平面示例

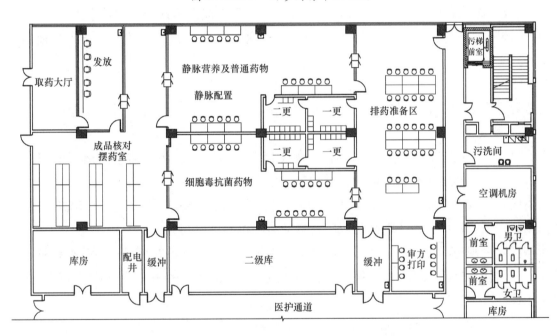

图 8.4.18-2　静脉配置中心平面示例

3. 静脉配置中心

1）位置

（1）静脉配置中心要远离各种污染源。周围的地面、路面、植被等不应对配置过程造成污染。洁净区采风口应设在无污染的相对高处。

（2）静脉配置需要考虑物流运输及人流的便捷。

2）用房组成

设二级仓库、排药准备区、审方打印区、洗衣洁具区、缓冲更衣区、配置区、成品核对区等工作区域。同时在面积充足的情况下应设有其他辅助工作区域如普通更衣区、普通清洗区、耗材存放区、冷藏区、推车存放区、休息区、会议区等。全区域设计应布局合理，工作流程保证顺畅。

3）设计要求

（1）中心内各工作间应按静脉输液配置程序和空气洁净度级别要求合理布局。不同洁净度等级的洁净区之间的人员和物流出入应有防止交叉污染的措施。

（2）各区域的洁净级别有以下要求：一更、洗衣洁具间为十万级，二更、配置间为万级，操作台局部为百级。洁净区应维持一定的正压，并送入一定比例的新风。配置抗生素类药物、危害药物的洁净区相对于其相邻的二更应呈负压（5～10Pa）。

（3）中心内洁净区的窗户，技术夹层及进入室内的管道、风口、灯具与墙壁或顶棚的连接部位均应密封。应避免出现不易清洁的部位

（4）应设药品库房，并有通风、防潮、调温设施；应设专门的外包装拆启场所（区域）。

（5）中心内应有防止污染、昆虫和其他动物进入的有效设施。

（6）应遵循有关规范设计要求，如《广东省医疗机构静脉药物配置中心质量管理规范》。

8.4.19 中心消毒供应

1. 位置设置

1）自成一区，宜与手术部、重症监护和介入治疗等功能用房区域有便捷联系。

2）应按照污染区、清洁区、无菌区三区布置，并应按单向流程布置，工作人员辅助用房应自成一区。

2. 面积

一般综合医院中心消毒供应部的建筑面积可按每床 $0.7～1.0m^2$ 作为计算参考值。

3. 组成及要求

中心供应应严格按照污染区、清洁区、无菌区各自分隔，由污到洁单向运行的程序进行布置；进入污染区、清洁区和无菌区的人员均应卫生通过。

污染区：回收重复使用的污染物品、器械、推车等都必须在这一区域进行清洗、浸泡、消毒处理。该区内设收件口，另一端则与双门式自动清洗机的进口相连。

清洁区：经浸泡清洗消毒后的器物由自动清洗机的出口取出后在该区进行分类检查包装。进入清洁区的工作人员必须经过更衣换鞋等卫生通过程序。清洁区的另一端与双门式高压灭菌柜的入口端相连。

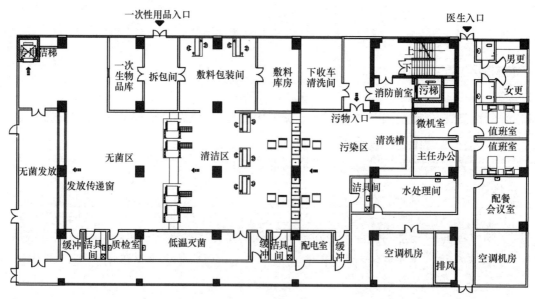

图 8.4.19 消毒供应中心平面示例

无菌区：经灭菌柜处理出炉的各种无菌器械、敷料包在这一区域内接受保存及发放。该区一端接双门式高压灭菌柜的出口端，另一端布置专设的发放窗口。发放窗口与收件窗口应各在一区有所隔离。无菌区的工作人员必须经过更衣换鞋等卫生通过程序。

8.4.20 输血科

500床以上大型综合医院都应建立血库；中小型医院也应设血库，负责血液的保存管理，配血则由检验科负责。

1. 输血科（血库）用房位置与平面布置应符合下列规定：

1）宜自成一区，并宜邻近手术部。

2）贮血与配血室应分别设置。

2. 输血科应设置配血、贮血、发血、清洗、消毒、更衣、卫生间等用房。

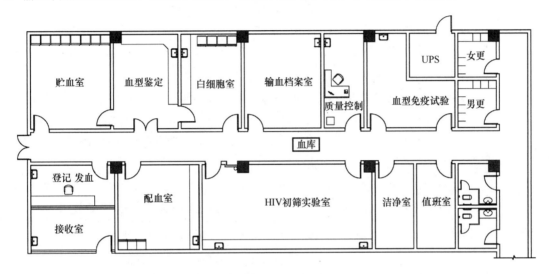

图 8.4.20　输血科平面示例

住 院 部 分

8.4.21 住院部

1. 位置选择

住院部应自成一区，应设置单独或共用出入口，并应设在医院环境安静、交通方便处，与医技部、手术部和急诊部应有便捷的联系，同时应靠近医院的能源中心、营养厨房、洗衣房等辅助设施。

2. 住院部组成

1）住院部主要是由各科病房、出入院处、住院药房组成。各科病房则由若干护理单元组成。护理单元则是由一套配备完整的人员（医生、护士、护工）、若干病人床位、相关诊疗设施以及配属的医疗、生活、管理、交通用房等组成的基本护理单位，具有使用上的独立性。

2）每个护理单元规模宜设40～50张病床，专科病房或因教学科研需要可根据具体情况确定。

3. 护理单元组成及细部设计

标准护理单元应设病房、抢救、患者和医护人员卫生间、盥洗、浴室、护士站、医生办公、处置、治疗、更衣值班、配餐、库房、污洗等用房；可设患者就餐、活动、换药、患者家属谈话、探视、示教等用房。

表 8.4.21

房间名称	设 计 要 求
病房	1. 病床的排列应平行于采光窗墙面；单排不宜超过 3 床，双排不宜超过 6 床； 2. 平行二床的净距不应小于 0.80m，靠墙病床床沿与墙面的净距不应小于 0.60m； 3. 单排病床通道净宽不应小于 1.10m，双排病床（床端）通道净宽不应小于 1.40m； 4. 病房门应直接开向走道； 5. 病房门净宽不应小于 1.10m，门扇宜设观察窗； 6. 病房走道两侧墙面应设置靠墙扶手及防撞设施； 7. 病房不应设置开敞式垃圾井道； 8. 病房室内（顶棚）净高不应低于 2.80m； 9. 病房（顶棚）应采用快速反应消防喷头； 10. 病房照明宜采用间接型灯具或反射式照明；床头宜设置局部照明，一床一灯，床头控制
病房卫生间	1. 病房厕所宜设置于每间病房内； 2. 病人使用的厕所隔间的平面尺寸，不应小于 1.10m×1.40m，门朝外开，门闩应能里外开启； 3. 病房内的浴厕面积和卫生洁具的数量，根据使用要求确定；并应有紧急呼叫设施和输液吊钩； 4. 病人使用的坐式大便器的坐圈宜采用"马蹄式"，蹲式大便器宜采用"下卧式"，或有消毒功能的大便器；大便器旁应装置"助力拉手"
护士站	护士站宜以开敞空间与护理单元走道连通，并应与治疗室以门相连，护士站宜通视护理单元走廊，到最远病房门口的距离不宜超过 30m；抢救室宜靠近护士站
患者活动室	患者活动室宜与阳台或庭院相连，室内设施应兼顾轮椅病人出入方便
其他辅助用房	1. 当卫生间设于病房内时，宜在护理单元内单独设置探视人员卫生间； 2. 当护理单元集中设置卫生间时，男女患者比例宜为 1:1，男卫生间每 16 床应设 1 个大便器和 1 个小便器。女卫生间每 16 床应设 3 个大便器； 3. 医护人员卫生间应单独设置； 4. 设置集中盥洗室和浴室的护理单元，盥洗水龙头和淋浴器每 12～15 床应各设 1 个，且每个护理单元应不少于各 2 个，盥洗室和淋浴室应设前室； 5. 附设于病房内的浴室、卫生间面积和卫生洁具的数量，应根据使用要求确定，并应设紧急呼叫设施和输液吊钩； 6. 污洗室应邻近污物出口处，并应设倒便设施和便盆、痰杯的洗涤消毒设施

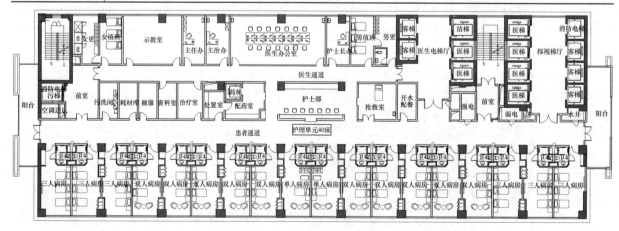

图 8.4.21-1 标准护理单元示例

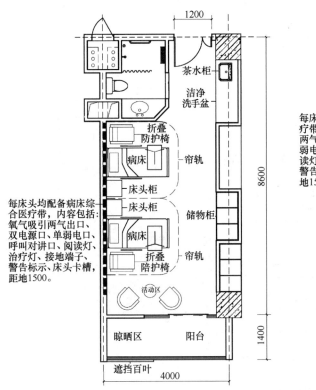

每床头均配备病床综合医疗带，内容包括：氧气吸引两气出口、双电源口、单弱电口、呼叫对讲口、阅读灯、治疗灯、接地端子、警告标示、床头卡槽，距地1500。

图8.4.21-2　双人病房（卫生间靠内布置）

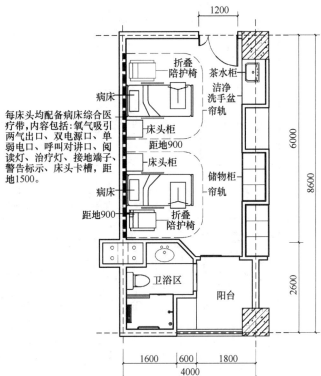

每床头均配备病床综合医疗带，内容包括：氧气吸引两气出口、双电源口、单弱电口、呼叫对讲口、阅读灯、治疗灯、接地端子、警告标示、床头卡槽，距地1500。

图8.4.21-3　双人病房（卫生间靠外布置）

8.4.22　重症监护

1. 床位设置

重症监护病房（ICU）床数宜按总床位数2‰～3‰设置。

2. 病房建设标准

1）重症监护病房（ICU）宜与手术部、急诊部邻近，并应有快捷联系。

2）心血管监护病房（CCU）宜与急诊部、介入治疗科室邻近，并应有快捷联系。

3）ICU应设置于方便患者转运、检查和治疗的区域。

4）ICU的基本用房包括监护病房、医师办公室、护士工作站，治疗室、配药室、仪器室、更衣室、清洁室、污物处理室、值班室、盥洗室等。有条件的ICU可配置其他用房，包括实验室、示教室、家属接待室、营养准备室等。

5）ICU每床的用房面积为12～16m²；最少配备一个单间病房，单床间不应小于12m²。

6）监护病床的床间净距不应小于1.20m。

7）护士站的位置宜便于直视观察患者。

8）ICU应该具备良好的通风、采光条件，安装足够的感应式洗手设施。有条件者最好装配气流方向从上到下的空气净化系统，能独立控制室内的温度和湿度。可配备负压病房1～2间。

9）ICU要有合理的医疗流向，包括人流、物流，以最大限度降低各种干扰和交叉感染。

10）ICU病房的功能设计必须考虑可改造性。

11）ICU病房建筑装饰遵循不产尘、不积尘、耐腐蚀、防潮防霉、容易清洁和符合防火要求的总原则。

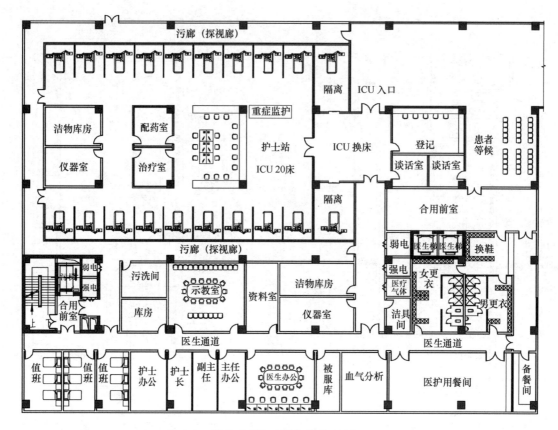

图 8.4.22 ICU 平面示例

8.4.23 血液病房护理单元

1. 位置的选择

血液病房周围有良好的大气环境，可设于内科护理单元内，亦可自成一区。可根据需要设置洁净病房，洁净病房应自成一区，当与其他洁净部门集中布置时，应既能满足它们的医疗联系，又能相对分离而有利于洁净环境的保持。

2. 规模

规模由院方根据其业务需求来确定床位数。面积需求可按 1～2 张床位建筑面积 200m^2 以上，3 床位建筑面积 250m^2 以上，每增加 1 张床位建筑面积递增 50m^2 左右。

3. 洁污分流

在洁净单元的入口处有效地控制、组织进入洁净护理单元的各种人、物的流线，各行其道，避免交叉感染。在靠近病房区域处设置封闭式外廊作为探视走廊，并兼作污物通道，做到洁污分流。

4. 主要功能房间设计要求

除层流病房外，要尽可能多的设置和相关功能辅房，大概包括观察护理前室（或护理区域）、护士站、洁净内走廊、治疗室、无菌存放间、准备间（或恢复室）、配餐间、缓冲走廊（或缓冲间）、药浴室、病人卫生间、男女更衣淋浴室、医护人员办公室、值班室和探视走廊等。

5. 血液病房用房设置要求

1）洁净病区应设准备、患者浴室和卫生间、护士室、洗涤消毒用房、净化设备机房。

2）入口处应设包括换鞋、更衣、卫生间和淋浴的医护人员卫生通过通道。

3）患者浴室和卫生间可单独设置，并应同时设有淋浴器和浴盆。

4）洁净病房应仅供一位患者使用，并应在入口处设第二次换鞋、更衣。

5）洁净病房应设观察窗，并应设置家属探视窗及对讲设备。

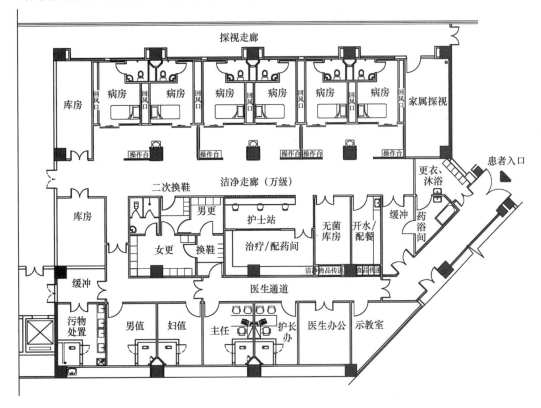

图 8.4.23　白血病护理单元示例

8.4.24　烧伤护理单元

1. 位置的选择

应设在环境良好、空气清洁的位置，可设于外科护理单元的尽端，宜相对独立或单独设置。

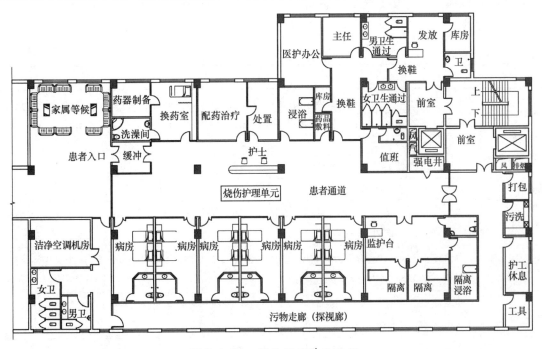

图 8.4.24　烧伤护理单元示例

2. 规模大小

烧伤病人需要经常换药，护理工作繁重，因此护理单元不宜过大，以 20～25 床为宜，重烫伤病房以 2～3 床为宜。轻重度烫伤病人宜分开处置。

3. 房间组成

1) 应设换药、浸浴、单人隔离病房、重点护理病房及专用卫生间、护士室、洗涤消毒、消毒品贮藏等用房。

2) 入口处应设包括换鞋、更衣、卫生间和淋浴的医护人员卫生通过通道。

3) 可设专用处置室、洁净病房。

8.4.25 产房

1. 组成

产科病房主要由分娩部、产休部、婴儿部三个部门组成。这三个部门互相关联、既不能分开、又不互相干扰，并要保证洁污分明。产科病房设计力求做到分娩部、产休部、婴儿部形成独立单元，而又紧邻，并确保无菌与工作联系方便。

2. 产科病房用房设置要求

1) 产科应设产前检查、待产、分娩、隔离待产、隔离分娩、产期监护、产休室等用房。隔离待产和隔离分娩用房可兼用。

2) 产科宜设手术室。

3) 产房应自成一区，入口处应设卫生通过和浴室、卫生间。

4) 洗手池的位置应使医护人员在洗手时能观察临产产妇的动态。

5) 母婴同室或家庭产房应增设家属卫生通过，并应与其他区域分隔。

6) 家庭产房的病床宜采用可转换为产床的病床。

3. 分娩部设计

分娩部由正常分娩室、难产室、隔离分娩室、待产室、男女卫生通过间、刷手间、污洗间等组成；分娩部自成体系，与婴儿部、产休部联系紧密，最好同层布置。

部房设计要求

表 8.4.25-1

房间名称	设 计 要 求
分娩室	1. 一间分娩室宜设置一张产床，最多可设置两张产床，一张用于分娩、一张用于产后观察；产床数量一般按 10～15 张产科床位数设一张产床；分娩室平面净尺寸宜为 4.20m×4.80m； 2. 分娩室应考虑无菌要求； 3. 空气洁净度按 100000 级要求，室温 24～26℃，相对湿度 55%～65%
剖腹产	手术室宜为 5.40m×4.80m
隔离分娩室	要求与正常分娩室一样外，还需满足隔离消毒，入口处设有专用口罩、帽子、隔离衣鞋的更换空间，产后应严格封闭消毒
待产室	待产室应邻近分娩室，按每张产床 2～3 张待产床；宜设专用卫生间；每室 2～3 床，与病房无异，待产时间约为 5～6 小时
卫生通过间	设有换鞋、更衣、淋浴、厕所等；其位置介于待产与分娩之间，医护人员经卫生通过间之后方能进入分娩室的洁净通道
刷手间	2～3 个分娩室设一个刷手间，设 2～3 个水龙头

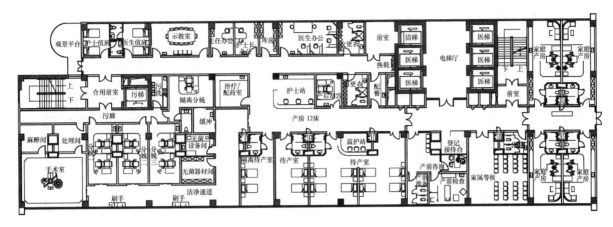

图 8.4.25-1 产房平面示例

4. 产休部（产妇病房）

产妇休息的地方，与一般病房单元大体相同，只是要将生理产妇与病理产妇分开，特别要注意为发烧、子痫、重症或其他需要隔离的病人提供隔离病室。

5. 婴儿部（新生儿科）

婴儿出生后的 28 天为新生儿期，此时器官发育不够完美，环境适应性差，体抗力弱要特别注意保护，以防感染，应避免新生儿在走廊上来回抱送，且应做好新生儿室的消毒隔离工作。

1）应邻近分娩室。

2）应设婴儿间、洗婴池、配奶、奶具消毒、隔离婴儿、隔离洗婴池、护士室等用房。

3）婴儿间宜朝南，应设观察窗，并应有防鼠、防蚊蝇等措施。

4）洗婴池应贴邻婴儿间，水龙头离地面高度宜为 1.20m，并应有防止蒸气窜入婴儿间的措施。

5）配奶室与奶具消毒室不应与护士室合用。

6）新生儿科单元组成

新生儿室由正常新生儿室、早产儿室、新生儿隔离室、配乳室、哺乳室等组成。

表 8.4.25-2

名 称	设 计 要 求
正常新生儿室	新生儿床位数与产妇床位数一致，新生儿每 8 床一组，组与组之间用玻璃隔断隔开。室内有新生儿换尿布、更衣工作台，存放消毒衣被、尿布的柜橱、抢救药品器械柜、吸引器、氧气等设施。新生儿要注意防止蚊虫叮咬、要设纱窗、灭蚊灯、吸尘器及空气消毒设施
早产儿室	早产儿室应单独设置，室内设保温箱 3～5 个，室内温度 28～30℃，注意无菌隔离
隔离新生儿室	应单独一区，设置缓冲间；隔离婴儿床床与床之间应有玻璃隔断
护士室	应介于三个新生儿室之间，与婴儿室之间有隔离隔断，便于观察。进入护士室之前应换鞋更衣
配乳室	室内设工作台、冰箱、消毒柜、水池等
哺乳室	靠近新生儿室设置，室内设座椅；室温和清洁要求与婴儿室大体相同

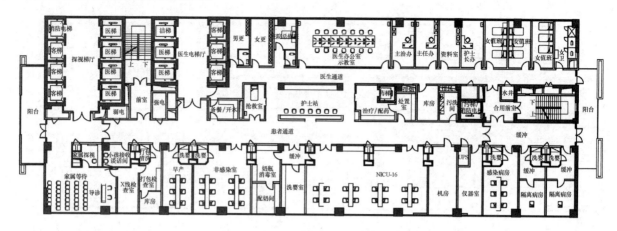

图 8.4.25-2 新生儿科平面示例

8.4.26 儿科病房

儿科护理单元的组成

1）宜设配奶、奶具消毒、隔离病房和专用卫生间等用房，可设监护病房、新生儿病房、儿童活动室。

2）功能用房要求

表 8.4.26

名称	设 计 要 求
病房	应阳光充足，空气流通，每室 2～6 床，隔离病房不应多于 2 床；各室之间以及病室与走道之间应设玻璃隔断或大面积的观察窗，地面最好有弹性，用木板或橡胶地面为好，防止跌倒；窗户、阳台应有防护装置，暖气应加安全罩，电源开关应位于高处；儿科床长宽尺寸为 890mm×500mm，1400mm×700mm，1800mm×800mm 三种规格
治疗抢救室	设在护士办公室对面或邻近，治疗、抢救室应有氧气、吸引器等设施
活动室	供儿童娱乐活动的空间，靠近病区，应在护士监护范围内设置
监护室	儿科可分为新生儿监护（NICU）和小儿监护室（PICU），集中设置护士站和医辅用房，病儿分室管理
配奶室	同产房配乳室
儿童浴厕	浴厕分别设置，厕所设坐便器，并为幼小儿童设置便盆椅
污洗间	婴幼儿的尿布、内衣换洗较勤，应及时清洗晾晒，污洗间最好与阳台相邻，内设排风设置

8.4.27 精神病护理单元

1. 组成

精神病医疗机构有两种组织形式，一是设置独立的精神病专科医院，另一种则是在综合医院中设置精神病科门诊和病房。

病区护理单元组成包括带卫生间病房、不带卫生间病房、病人公用男女卫生间、浴室、隔离室、病人活动室、病人餐厅、护士办公、医生办公、护士站、处置室、治疗室、值班室、被服库、备餐开水间、污洗室、污物暂存间等。

每个病区内患者区域与医护人员区域应相对独立，避免相互影响。护士站宜靠近病区出入口、病人活动室布置。

2. 特殊护理

对严重狂躁者等需采取临时隔离措施，设置特殊护理区与一般护理区分开。

特殊护理区的病床数，约占护理单元总床位数的 10％，设置隔离间，观察室外、护理室和卫生间等。

隔离室的设置要求：

1）隔离室墙面、地面均应采用软质材料。所有材料及构造做法应坚固、不易拆卸。

2）室内不应出现管线、吊架等任何突出物。

3）隔离室门应设置观察窗，室内一侧不宜设置突出的门执手。

4）隔离室内应设置视频监控系统。

3. 一般护理

一般护理区是供轻病及康复精神患者住院治疗的处所。应设有工疗室、文娱活动室，还有图书阅览室和为患者服务的辅助用房等。

4. 护理服务区

护理服务区应与护理区分开，其位置宜放在病区入口部位，以便于管理控制外人和患者的出入。该区应设置工作人员的办公室、值班室、更浴室、治疗室、配餐室、库房以及医护人员卫生间等。

5. 病区各室设计要求

1）病人出入门的最小净宽度应为 1.10m。病房门、病人使用的盥洗室、淋浴间的门应朝外开。病房门应设长条型观察窗。病房、隔离室和患者集中活动的用房不应采用闭门器。门铰链应采用短型铰链，所有紧固件均应不易被松动。患者使用的门执手应选用不易被吊挂的形状。

2）病房、隔离室、监护室和患者集中活动的用房所有窗玻璃（内部和外部）、采光高窗、应选用安全玻璃（如夹胶玻璃）。病房和患者集中活动的用房的窗宜选用平开式的开启方式，并应做好水平、上下限位构造处理。开启部位宜配置防护栏杆。窗插销选用按钮暗装构造，所有紧固件均应选用不易被松动的规格。病房和患者集中活动的用房禁止使用布幔窗帘。

3）病房和患者集中活动的用房设置嵌墙壁柜时，壁柜不可代替隔墙。壁柜应避免人员在内藏匿的可能。柜橱门拉手宜采用凹槽形式。

4）走廊安装防撞带时，应选择紧靠墙面型构件。

5）患者使用的卫生间、浴室隔间的开间不应小于 1.10m，进深不应小于 1.40m，门闩应可以内外双向开启、锁闭。应控制隔间门高度，方便医护人员巡视。

6）不宜设置输液吊钩、毛巾杆、浴帘杆、杆型把手（采用特殊设计的防打结把手除外）。

7）卫生间的地面应采用防湿滑材料和构造，保证平整，并应符合排水要求。

8）卫生间、盥洗室、浴室使用的镜子，应采用镜面金属板或其他不易碎裂材料制成。

6. 精神病房的安全措施

1）精神病区应有足够的户外活动场地。男女病房应尽量分开独立的住院区。

2）护理单元设计应避免出现医护人员在护士办公室观察不到的死角。

3）病人有病房到室外，至少应通过两道内门。门应向外开，同一房间的内外门应相互错开，以防止病人尾随他人冲出房间。凡需控制病人出入病房的内外门，应做拼板门，并应向外开启，以防止病人在室内将门顶住。

4）病房和护士办公室，在室外应尽量设置可循回贯通走道，并力求避免袋形走道，当发生病人驱赶、追逐医护工作人员时，医护人员可有回避余地。

5）凡允许病人到达的房间或走廊，不宜设通向屋顶或顶棚的检查孔，以防止病人爬上屋顶，躲在顶棚内。

6）供病人上下的楼梯，应为封闭式，两跑楼梯之间尽量不留或不设间隙，楼梯扶手不用栏杆而用栏板或用砖墙分隔。在顶层部分，楼梯栏板末端应封到屋顶板下皮，以防止病人攀爬、跳楼。

7）病房和卫生间除备有软纸、塑料口杯、毛巾等柔软用品外，不允许有砖瓦、石、木等可用以伤人或堵塞管道之物。

8）电气开关应统一集中安装在护士办公室控制，灯具需设灯罩，路线应暗装。

9）室外绿化要远离建筑窗口，不要选取有毒有刺的花草树木，不宜采用过于浓密的灌木丛，3m以下的树干不留枝丫，以免病人攀爬藏匿，发生伤害。病人的户外活动应在医护人员的监护下进行。

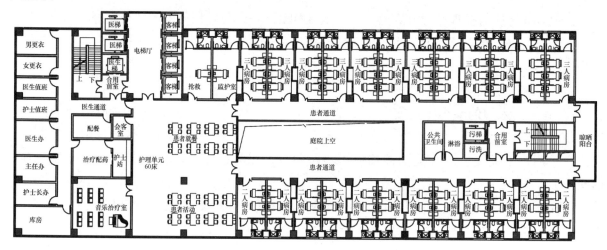

图 8.4.27　精神病护理单元示例

8.4.28　传染病护理单元

1. 概述

传染病房的床位一般占医院床位总数的 5％～10％，布置在相对独立下风向地段，并设单独对外出入口，以减少与普通流线的交叉干扰。传染医疗区应在医院的下风向。

传染病房应严格按洁净度分区，一般分为清洁区（包括值班、更衣、配餐、库房等）、准清洁区（包括医护办公、治疗、消毒、医护走廊）、非清洁区（包括病房、病人用的浴、厕、污洗、探视走廊等）。跨越不同的清洁区应经过消毒隔离处理。

2. 设计及要点

1）病区多采取内外三条平行走廊布置。两条外廊为病人廊，中廊为医护通道。传染病房内气压应低于医护通道，防止病室内空气外溢侵入医护通道。

2）在传染病房与医护通道之前应设前室，供医护人员出入病室前作卫生准备。该室常与病人卫生间贴临，组合一起布置。该前室双向开门，形成空气闭锁。

3）病室与医用走廊之间设洁物传递窗，以传递清洁物品及膳食，病人用过的衣物、餐具由病室与探视廊之间的污物传递窗送出，经消毒后送营养厨房或洗衣间。

4）值班医护人员需在病区内就餐，病区内应有医护人员专用配餐间。不同病种的病室区必要时应专设污洗间，各病区拖布专用，不得跨区使用。

5）传染病房设在楼层时应特别注意病人的出院与入院的路线要分开，入院病人与医护人员、供应物品的路线要划分清楚，处于高层的传染病房应设专用电梯。

6）传染门诊、住院都应将传染与非传染、呼吸系传染与非呼吸系传染分开，并尽可能使呼吸系传染病人流线短捷明确。

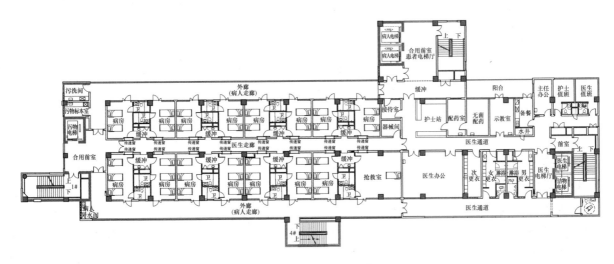

图 8.4.28-1　传染病护理单元示例

3. 平疫结合，综专互补

"平疫结合，综专互补"既考虑发生重大疫情的传染专科要求，也兼顾平时收治普通病人的综合需求，以求更加合理的利用医疗资源。

如图示平面，在病房外侧设置开敞式外走廊，平时通过可拆卸活动隔板隔成每间病房独立的阳台，战时则将活动隔板撤掉，转化为患者专用通道，原中间走廊为医生专用通道，满足"平疫结合"特殊要求。

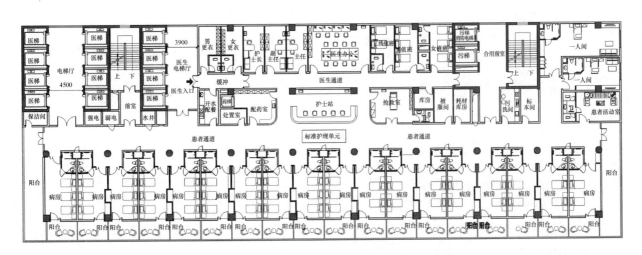

图 8.4.28-2　护理单元平时

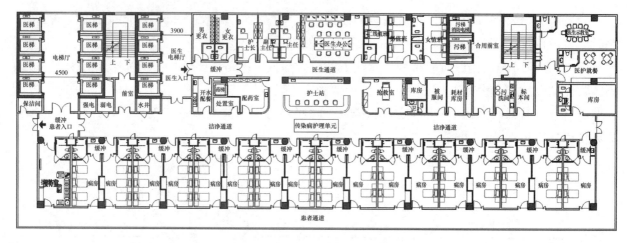

图 8.4.28-3 护理单元疫时转换

医 院 保 障 系 统

8.4.29　营养厨房

1. 位置

营养厨房应自成一区，宜邻近病房，并与之有便捷联系通道。在医院规模较大用地较紧张，病房集中的条件下，可将营养餐厅布置在病房楼一层或地下室。设专用电梯及机械通风设备。在用地较宽裕的情况下，可将营养厨房单独建设，便于食料运入及垃圾的运出，厨房也能有良好的通风及采光。

应设专设交通出入口，与医院主出入口分开，避免与就诊患者出入交叉。

2. 房间组成

营养厨房应设置主食制作、副食制作、主食蒸煮、副食洗切、冷荤熟食、回民灶、库房、配餐、餐车存放、办公和更衣等用房。配餐室和餐车停放室（处），应有冲洗和消毒餐车的设施。

8.4.30　洗衣房

1. 洗衣房位置与平面布置

1）污衣入口和洁衣出口处应分别设置。

2）宜单独设置更衣间、浴室和卫生间。

3）工作人员与患者的洗涤物应分别处理。

4）当洗衣利用社会化服务时，应设收集、分拣、储存、发放处。

2. 洗衣房应设置收件、分类、浸泡消毒、洗衣、烘干、烫平、缝纫、贮存、分发和更衣等用房。

8.4.31　太平间

1. 位置

宜独立建造或设置在住院用房的地下层。

2. 设置要求

1）解剖室应有门通向停尸间。

2）尸体柜容量宜按不低于总病床数 1‰～2‰ 计算。

3）太平间应设置停尸、告别、解剖、标本、值班、更衣、卫生间、器械、洗涤和消毒等用房。

4）存尸应有冷藏设施，最高一层存尸抽屉的下沿高度不宜大于1.30m。

5）太平间设置应避免气味对所在建筑的影响。

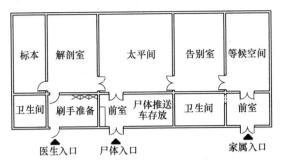

图 8.4.31 太平间示例图

8.4.32 污水处理站

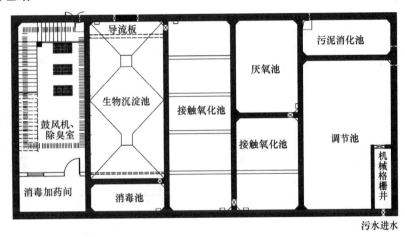

图 8.4.32 污水处理站平面示例

8.4.33 固体废弃物处理

1. 医疗废物和生活垃圾应分别处置。

2. 医疗废物和生活垃圾处置设施应符合现行中华人民共和国国务院令第380号《医疗废物管理条例》的有关规定。

8.4.34 医疗智能化、信息化系统设计

基础智能化系统涵盖的设计内容

表 8.4.34

	医院弱电系统列表
序号	一般项目中必做的系统名称
1	综合布线系统
2	计算机网络系统
3	有线电视系统
4	室外通信管道工程
5	楼宇控制系统
6	能耗监测系统
7	净化区的环境控制系统

续表

序号	医院弱电系统列表
	一般项目中必做的系统名称
8	医疗专用无线覆盖系统
9	大型电子显示屏系统
10	护理呼叫系统
11	机房工程
12	医用气体监测系统
13	伤残厕所求助系统
14	公共区域的闭路电视监控系统
15	防盗报警系统
16	出入口控制系统(门禁控制系统)
17	停车场管理系统
18	电子巡更系统
	一般项目中应做的系统,但不是必须
1	医疗专用电视监控系统
2	信息发布及触摸查询系统
3	医院排队叫号管理系统
4	时钟系统
5	各科室内会议系统
	不同项目中可选的系统
1	可视对讲系统
2	会议影音/多功能厅中央控制系统
3	多媒体会议系统
4	远程视频会议系统
5	视频示教系统(远程会诊系统)
6	手术室背景音乐广播系统
7	独立的数字广播系统
8	数字程控交换机系统
9	车辆导引系统
10	协谈会晤及远程探视系统
11	智能照明控制
12	联网型风机盘管计费系统
13	婴儿防盗及母婴配对系统
14	"一卡通"系统
15	住院区生活水水控管理系统
16	护士站紧急报警系统
17	IBMS 系统
18	应急指挥系统
19	图书馆电子借阅系统
20	电子饭卡系统
其他	对外及后续的智能化系统接口部分
1	宽带、固定电话接入部分
2	联通、移动室内无线信号分布系统
3	医保、社保信息系统对接部分
4	"120"紧急救护响应系统对接部分

8.5 防 火 与 疏 散

1. 医院建筑耐火等级不应低于二级。

2. 防火分区应符合下列规定：

1）医院建筑的防火分区应结合建筑布局和功能分区划分。

2）防火分区的面积除应按建筑物的耐火等级和建筑高度确定外，病房部分每层防火分区内，尚应根据面积大小和疏散路线进行再分隔。同层有二个及二个以上护理单元时，通向公共走道的单元入口处，应设乙级防火门。

3）高层建筑内的门诊大厅，设有火灾自动报警系统和自动灭火系统并采用不燃或难燃材料装修时，地上部分防火分区的允许最大建筑面积应为 4000m²。

4）医院建筑内的手术部，当设有火灾自动报警系统，并采用不燃烧或难燃烧材料装修时，地上部分防火分区的允许最大建筑面积应为 4000m²。

5）防火分区内的病房、产房、手术部、精密贵重医疗设备用房等，均应采用耐火极限不低于 2h 的不燃烧体与其他部分隔开。

3. 安全出口应符合下列规定：

1）每个护理单元应有两个不同方向的安全出口。

2）尽端式护理单元，或"自成一区"的治疗用房，其最远一个房间门至外部安全出口的距离和房间内最远一点到房门的距离，均未超过建筑设计防火规范规定时，可设一个安全出口。

4. 医疗用房应设疏散指示标识，疏散走道及楼梯间均应设应急照明。

5. 中心供氧用房应远离热源、火源和易燃易爆源。

6. 其他见"建筑防火设计"章节内容。

8.6 医用物流传输系统设计指引

8.6.1 医用物流传输系统分类

根据物流传输系统驱动和导引方式的不同，分为医用气动物流传输系统、轨道物流传输系统和 AGV 自动导引车传输系统。

8.6.2 医用气动物流传输系统

1. 一般规定

"医用气动物流传输系统"是以压缩空气为动力，借助机电技术和计算机控制技术，在气流的推动下，通过专用管道实现药品、病例、标本等各种可装入传输瓶的小型物品的站点间的智能双向的点对点传输。医用气动物流传输系统一般由收发工作站、管道转换器、风向切换器、传输瓶、物流管道（PVC）、空气压缩机、中心控制设备、控制网络等设备构成。医用气动物流传输系统一般用于运输相对重量轻、体积小的物品，其特点是造价低、速度快、噪声小、运输距离长、方便清洁、使用频率高、占用空间小、普及率高等优点。

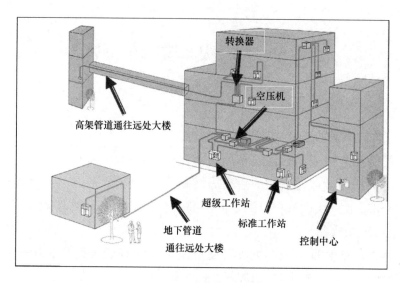

图 8.6.2-1 气动物流传输系统示意图

2. 站点设置位置

表 8.6.2-1

科室	传输物品	备 注
检验科	血液、体液、尿液、粪便等检验样本和检验报告	在检验科内至少设置2个物流工作站,且分属不同区域,可满足所有区域往检验科的同时收发任务(注:1000床以上的综合医院根据标本量和分属区域建议检验科设置2~6个物流工作站点,以缓解高峰期集中接收的问题)
急诊科	药品、血液制品、小型手术包等,其中优先接收药品、麻醉剂和血液制品	可在急诊护士站、抢救室、急诊药房、急诊检验,各设置一个物流工作站,具体参考医院内实际急诊科情况而定,配备2~4个的传输瓶,目的要解决急诊科24小时的紧急传输需求
血库	血液制品	为确保洁污分流,应设置2个物流工作站,配备2个不同颜色的传输瓶,以解决其洁污分流的传输任务
药房	盒装、瓶装、口服药、针剂等药品	满足医院内大批量的口服药(配合包药机使用),夜间和紧急的住院药品传输任务,需设置至少2个以上物流工作站,并根据医院病区数量配备传输瓶供发送之用
静配中心	袋装、瓶装的静脉输液	满足医院紧急和夜间的静脉输液传输任务,需设置1~2个物流工作站,并配置多个传输瓶供发送之用
住院护理单元	检验样本,药品、静脉输液包、一次性无菌用品、单据等	住院护理单元均设置一个物流工作站即可完成传输任务,一般配置2~3个传输瓶以做传输物品分类使用
中心供应室	医用材料及敷料、一次性无菌用品、小型手术包、小型治疗器械包、单据等	满足医院紧急的小型物品传输任务,需设置1~2个物流工作站,一般配置2~3个传输瓶以解决其传输需求
病理科	病理检验标本,检验报告	满足手术室和病区的病理标本传输任务,需设置1~2个物流工作站,以解决其传输需求

续表

科室	传输物品	备注
手术/ICU/CCU	病理标本、检验标本、药物、耗材、报告等	满足手术室与病理科、检验科、急诊科、护理单元的传输任务，需设置1~2个物流工作站，一般配置2~3个传输瓶以解决其传输需求
体检中心、采血室	检验标本等	针对此类科室内对应医院内物品的传输需求，设置1个物流工作站即可完成传输任务，一般配置2~3个传输瓶以做传输物品分类使用。
放射科、内镜中心	药品、一次性物品，发送X光片、报告	
VIP门诊	检验标本、药物、静脉输液包	

3. 机房布置

1）空压机房一般宜靠近检验科、静脉配置、药房等主要使用中心区域。

2）空压机房可设置在地下室或地上设备夹层机房。

3）房面积大小根据风机数量来确定，参考下表：

表 8.6.2-2

风机数量（台）	控制室面积（m²）	设备机房面积（m²）	监控机房内要求	机房位置
1	15	20	监控室内需设置外网、内线电话、照明、插座和空调风口以保证室内空气流通	地下室或地上设备夹层
2	15	30		
3	20	45		
4	20	60		

4）空压机四周需预留一点维修空间，具体如下图所示：

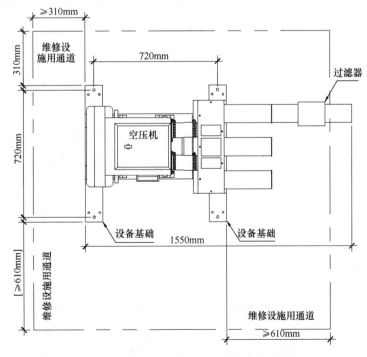

图 8.6.2-2 空压机房平面图

5）机房的通风换气次数为 6 次/小时。

6）机房地面要平整刷地坪漆或铺 PVC 地板，做好防尘保护。

8.6.3 轨道物流传输系统

1. 一般规定

医用轨道式物流传输系统，是指在计算机控制下，利用智能轨道载物小车在专用轨道上传输医疗物品的系统。主要优势在于可以用来装载重量相对较重和体积较大的物品，一般装载重量可达 10kg 或 15kg，在定时、批量运输医院输液、药品、检验标本及供应室等物品方面具有明显优势。

智能化轨道小车物流传输系统主要由工作站、轨道、物流小车、转轨器、空车存储区、配电系统、控制与检测系统、消防设施和防风设施等硬件组成。如图 8.6.3-1 所示：

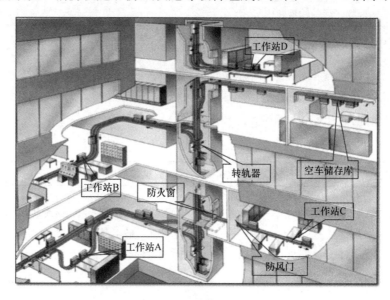

图 8.6.3-1 轨道物流传输系统示意图

2. 站点设计

1）站点设置位置

表 8.6.3-1

科室	物品	备注
检验科	血液、体液、尿液、粪便等检验样本和检验报告	一般设置为双轨工作站，通常设置 5+5 车位；工作站轨道占用地面的空间约为：长 6000mm、宽 700mm；另操作侧需留有足够的空间便于工作人员发送接收物资
静配中心	袋装、瓶装的静脉输液	
药房	盒装、瓶装、口服药、针剂等药品	
中心供应室	医用材料及敷料、一次性无菌用品、小型手术包、小型治疗器械包等	
住院护理单元	检验样本，药品、静脉输液、一次性无菌用品等	一般设置为单轨工作站，通常设置 2 车位；工作站轨道占用地面的空间为：长 2900mm、宽 450mm；另操作侧需留有足够的空间便于工作人员发送接收物资
病理科	病理检验标本，检验报告	
急诊	药品、血液制品、小型手术包等，其中优先接收药品、麻醉剂和血液制品	
血库	血液制品	

科室	物品	备注
手术/ICU/CCU	药物、耗材等	一般设置为单轨工作站，通常设置2车位；工作站轨道占用地面的空间为：长2900mm、宽450mm；另操作侧需留有足够的空间便于工作人员发送接收物资
功能科室等	病例、病案等	
放射科、内镜中心	药品、一次性物品，发送X光片、报告	
档案室	病历	

2）工作站的分类

（1）按照站点的轨道数目分为：单轨工作站和双轨工作站。

（2）按照站点轨道的安装方式，可分为：上出轨式站点、下出轨式站点。

3. 轨道安装的空间要求

1）轨道对周边空间，宽度及高度上都有一定的要求：

表 8.6.3-2

轨道数目	轨道宽度（单位 mm）
单轨	200
双轨	500（局部宽度800）
三轨	750（局部宽度1050）
四轨	10000（局部宽度1350）

2）轨道要求的高度空间为700mm，此空间包括轨道的安装空间和小车的运行空间。在轨道及转轨器的背面，需留300mm的空间作为维修空间。

3）水平轨道穿越墙壁时，不同产品规格型号，孔洞大小不同，常见的墙孔有以下几种尺寸（单位：mm）：

表 8.6.3-3

单轨	500（宽）×800（高）
双轨	750（宽）×800（高）

4）不同的轨道安装方式所要求的孔底离地高度不同，但无论哪种安装方式，轨道的高度都不应低于2800mm。

4. 轨道安装与吊顶的配合关系

轨道的安装方式和安装高度决定了与吊顶的配合关系。通常与吊顶的配合有以下几种情形：

1）轨道在吊顶外安装（明装），具体可分为：

（1）轨道与吊顶平齐时安装，如图8.6.3-2所示。

（2）轨道高于与吊顶时安装。

2）轨道在吊顶内安装（暗装）

吊顶内安装空间高度为900mm，所需宽度视并行轨道的数目而定。在轨道安装区域附近的吊顶需预留检修用的检修口（600mm×600mm）以便将来维修人员进入维修。检修口的设计建议与周围吊顶的风格保持一致且此检修口不宜修建在轨道的正下方，如图8.6.3-3所示。

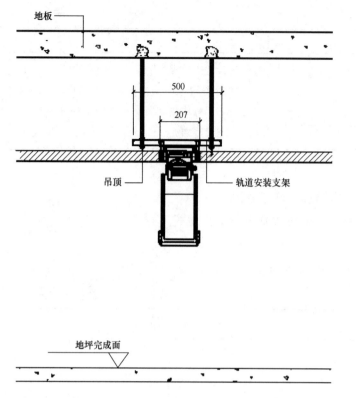

图 8.6.3-2　轨道与吊顶平齐安装示意图

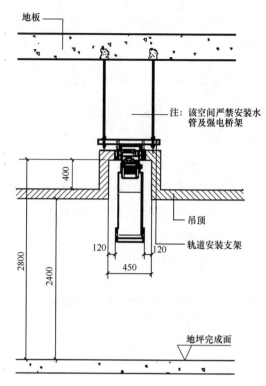

图 8.6.3-3　轨道与吊顶嵌入式配合示意图

5. 消防系统设计

轨道穿越防火分区,需设置甲级防火窗,防火窗应满足国家现行相关消防规范及消防验收要求。

窗口设置烟感报警装置,报警系统与整个医院集中报警系统联动,并接至医院的报警主机;防火窗能确保系统运行时轨道小车穿越,在火灾时能自动关闭,关闭时能够截断轨道确保防火区域密闭性,反应时间需满足消防规范要求。

6. 防风系统设计

轨道若穿越竖井墙壁、功能房间等易产生空气对流的房间,均需设置常闭防风门。

7. 土建设计要求

1) 监控室布置

轨道物流系统专用监控室面积约 15m²,用于物流监控和维修保养。监控室内需设置外网、内线电话、照明、插座和空调风口。机房的通风换气次数为 6 次/小时。

2) 井道设计

运载小车通过垂直安装的轨道进行垂直方向的运输。垂直轨道安装在井道间内。

(1) 井道间的墙壁材料

井道间的墙壁需采用防火且能承重的实心材料修砌,壁厚要求不低于 150mm。

(2) 井道间的标准尺寸

井道间可分为单轨,双轨,三轨,四轨井道间。不同轨道的井道间对应不同大小的井道间。

标准井道间为三轨地板开孔井道间(连接站点为单轨),内径尺寸约为:2000mm×2000mm(实际尺寸根据不同产品规格型号局部调整)。常见的井道间设置如图 8.6.3-4 所示。

（3）井道间的内部要求

轨道物流系统的轨道在工作状态下是带电设备，因此在物流井道间内绝对严禁安装任何水管、强电管、消防喷淋管以及一切与轨道物流系统无关的管道。

（4）井道间的照明插座

每个井道间内需配备"一灯一插座"。插座及照明为维修系统时使用，插座类型为3＋2孔，插座及照明的安装要求与普通插座及普通照明要求相同。

（5）井道间的防火检修门

每个井道间需安装一扇甲级防火门，

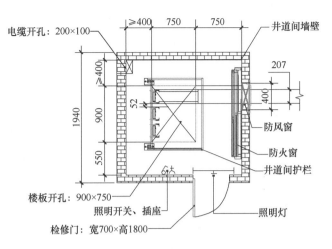

图8.6.3-4　标准三轨井道间示意图

供检修时进出使用。建议检修门的外侧需做装饰处理，以便和井道间墙壁装饰风格一致，外观上尽量能与墙壁融合。

8.6.4　箱式物流传输系统

1. 概述

箱式物流传输系统是以各类标准周转箱为主要载体，以辊筒输送技术、曳引提升技术、条码分拣技术、电气控制技术、传感器技术、计算机技术为核心的综合性物流系统。其特点为传输效率高（每小时800～1200箱）、载重大（单箱容积70～80L，载重30～50kg）、运行成本低、稳定性好、模块化程度高。适用于医院大批量物资的连续输送。主要用于输液、药品、耗材、器械、标本、餐食、报告、文件等物资，其中在大批量的输液、药品及标本传输过程中优势尤其明显。

箱式物流系统一般设置各病区护士站、门诊采血、急诊、中心药房、静脉配置中心、手术部、血库、检验、病理、放射科、超声科、功能检查科、ICU、中心供应室、出入医院处、病案室等。主要有垂直输送机构、

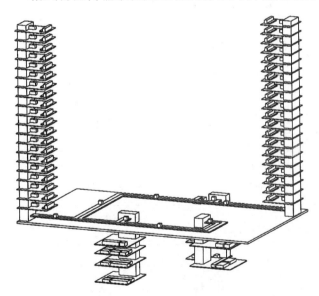

图8.6.4-1　箱式物流系统图

水平输送机构、站点、控制室、周转箱等组成，系统组成如图8.6.4-1所示。

2. 站点设计

表8.6.4-1

科　室	物　品	备　注
检验科	血液、体液、尿液、粪便等检验样本和检验报告	一般设置成双轨工作站，通常设置5＋5车位。工作站轨道占用地面的空约为：长6000mm、宽700mm。另操作侧需留有足够的空间便于工作人员发送接收物资
静脉配置中心	袋装、瓶装的静脉输液	
药房	盒装、瓶装、口服药、针剂等药品	

科　室	物　品	备　注
中心供应室	医用材料及敷料、一次性无菌用品、小型手术包、小型治疗器械包等	一般设置为单轨工作站,通常设置工车位。工作站轨道占用地面的空间为:长2900mm、宽450mm。另操作侧留有足够的空间便于工作人员发送接收物资
住院护理单元	检验样本药品、静脉输液、一次性无菌用品等	
病理科	病理检验标本,检验报告	
急诊	药品、血液制品、小型手术包等,其中优先接收药品、麻醉剂和血液制品	
血库	血液制品	
手术/ICU/CCU	药物、耗材等	
功能科室	病例、病案等	
放射科、内镜中心	药品、一次性物品,发送X光片、报告	
档案室	病历	

3. 垂直管井及水平线路设计

水平管道部分尽量平直,选择避开尺寸大的管线,有条件的区域建议使用综合管线桥架布置;垂直管井部分,在楼内设置管道井或选择其他便利区域,管井内径大小不超过2000mm×2000mm。安装空间大于实际产品尺寸,有条件的位置需要预留维修空间。

中型箱式物流水平分拣系统视安装方式不同需预留500mm作为维修空间,两侧需预留150mm安装空间,重要的电气和机械设备安装区域附近的吊顶需预留检修口(600mm×600mm)。垂直分拣装置安装在专用的垂直管道井内,预留管井净空不小于1600mm×1600mm。

表8.6.4-2

安装方式	宽度(单位mm)	高度(单位mm)
水平双线安装	1600	700
垂直双线安装	1000	1300
有高度差的双线安装	1600	1500
单线安装	1000	800

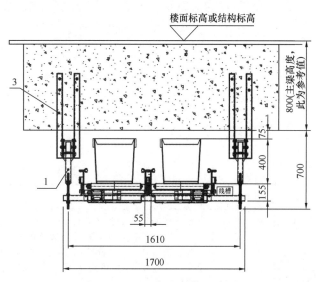

图8.6.4-2 单层安装示意图

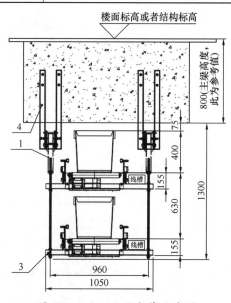

图8.6.4-3 双层安装示意图

4. 工作站位置设计

根据医护工作人员的日常习惯划定摆放区域，并尽量靠近使用人员常驻位置（如护士站、发送接收区域等），避免设置在偏僻位置，不仅可提高操作中的收发效率，还可避免错过到达的传送物资。工作站工作侧需预留足够工作空间，方便人员收发操作，方便医用推车进出。

5. 监控机房位置设计

可设置在地下、设备夹层和大楼中间某层。最理想的位置为靠近物流传输系统，即距离容错踢出站点位置最近处，这样可以有效地节约处理故障时间。机房的设计应考虑降低设备运转的噪声、并将设备维护时给各科室带来的影响和不便程度降至最低。

6. 控制系统设计

系统控制软件对物流系统的整个运行过程进行控制管理，功能主要包括：显示整个系统流程图及工作运转状态；控制系统部件；检测系统；实时监控整个系统运转状态；记录所有收发记录，统计数据，分析系统传输量及各工作站点工作量；显示区域及故障代码，可实现故障分析查询功能；通过控制中心单独关闭此站，不影响整个系统的运行；作加密级传送并拥有安全接收功能。

7. 缓存设计

中型箱式物流系统：在主要物资发送站点，如静配中心，中心药房，中心供应，药库等位置需规划能存放大量标准周转箱的位置。

8. 穿越防火分区

防火卷帘：物流系统必须穿越防火卷帘位置的，需要改变防火卷帘卷包安装高度或者宽度，物流系统需采用隔断或下压装置，需要与防火卷帘进行配合及信号联动，保证不妨碍防火卷帘动作。注意：物流系统不得穿越消防电梯前室。

9. 穿越净化分区

对于有净化要求的区域，原则上不允许物流系统水平穿越。

如必须穿越或在区域内设置站点的，需会同净化专业公司，取得净化专业公司设计同意，设置合理路线和站点位置；例如楼层高度足够时，可采用在梁底与装饰顶棚间的空间穿越，但不得进入密闭的净化室内空间；用于净化区域内的站点，一般设置在净化区域边缘，方便封堵；如必须设置在净化区域中间位置等，可考虑从楼上或楼下进入，将站点置于独立的封闭空间内，必须设置防火门、缓冲间等。

10. 物流系统穿越建筑沉降缝

物流系统需穿越建筑沉降缝时，必须做特别处理。沉降缝区域的物流系统本身必须做防雨水渗漏、防坠物、防污染等保护；保证沉降超出物流系统平衡或连接限度时，沉降缝区域的物流系统硬件固定可及时更换调整；沉降缝两边区域需预留足够的检查、更换、维修空间。

11. 物流系统与精装设计配合

物流系统应与内装设计进行配合，处理装修细节问题，保证物流系统的站点外观和医院功能区域的装饰风格和谐，达到美观效果。

12. 维修平台或通道的设计

在轨道沿线需设置检修孔（600mm×600mm）。因美观等要求不便设置足够检修孔时，需考虑在远端检修孔进入吊顶内后，可沿轨道路线巡检；物流系统暗装时，需在轨道沿线加固吊顶支架，以保障维修人员行走安全；在物流系统重要硬件附近必须设置检修孔；暗装的轨道进出吊顶的开孔需做特别设计,避免吊顶上部设施暴露,避免吊顶灰尘洒落。

8.6.5 AGV自动导引车传输系统

AGV自动导引车传输系统又称无轨柔性传输系统、自动导车载物系统,是指在计算机和无线局域网络的控制下的无人驾驶自动导引运输车,经磁、激光等导向装置引导并沿程序设定路径运行并停靠到指定地点,完成一系列物品移载、搬运等作业功能,从而实现医院物品传输。它为现代化制造业物流提供了一种高度柔性化和自动化的运输方式。主要用于取代劳动密集型的手推车,运送病人餐食、衣物、医院垃圾、批量的供应室消毒物品等,能实现楼宇间和楼层间的传递。其特点是智能化程度高,运载重量可达400kg甚至更大重量。相应难题是投资成本高,运行、维护费用很大,安装空间要求更大,系统扩展工程相应复杂。

AGV自动导引车传输系统一般由自动导车、各种不同设计的推车、工作站、中央控制系统、通讯单元、通讯收发网构成。自动导向运载车是一种提升型运载车,行驶速度为最大1m/s,最小0.1m/s。

8.6.6 其他注意事项

1. 管道线路设计

水平管道部分尽量简洁直线,过多的弯路,将增加成本,降低效率;竖直管道部分,需在楼内选择管道井或其他便利区域,管井的大小由竖直管道的数量决定。任何水平弯和垂直弯都有固定的转弯半径及空间要求。

2. 工作站位置设计

根据工作人员的日常习惯划定摆放区域,并尽量靠近使用人员常驻位置,避免设置在偏僻位置,不仅可提高操作中的收发效率,还可避免错过到达的传输瓶。工作站工作侧需预留足够工作空间,方便人员收发操作,方便医用推车进出。

3. 机房位置设计

可选择设置在地下、设备夹层,大楼中间某层。最理想的位置是各工作站的中心,即距离所有工作站位置最近处,这样可以有效地节约管道,加快传输速度。机房的设计应考虑降低设备运转的噪声,并将设备维护时给各科室带来的影响和不便降至最低。

4. 控制系统设计

系统控制软件对物流系统的整个运行过程进行控制管理,功能主要包括:显示整个系统流程图及工作,运转状态;控制系统部件;检测系统;实时监控整个系统运转状态;记录所有收发记录,统计数据,分析系统传输量及各工作站点工作量;显示区域及故障代码,可实现故障分析查询功能;通过控制中心单独关闭此站,不影响整个系统的运行;做加密级传送并拥有安全接收功能。

5. 空车库设计

对于标准站点区域,采用分布式平衡设计;对于发货量大的站点,如静配中心、中心药房等,需特别就近设置较大空车库。

6. 穿越防火分区

防火隔墙:轨道穿越任何防火分区隔墙,都必须设置轨道系统专用防火窗。

防火卷帘:轨道必须穿越防火卷帘位置的,需要改变防火卷帘卷包安装高度或者宽度,采用挂板或加边墙等方式,从防火卷帘上部或侧边穿过,并设置专用防火窗。注意:轨道不得穿越消防电梯前室。

7. 穿越净化分区

对于有净化要求的区域，原则上不允许轨道系统水平穿越。

如必须穿越或在区域内设置站点的，须会同净化专业公司，取得净化专业公司设计同意，设置合理路线和站点位置；例如楼层高度足够时，可采用在梁底与装饰顶棚间的空间穿越，但不得进入密闭的净化室内空间；用于净化区域内的站点，一般设置在净化区域边缘，方便封堵；如必须设置在净化区域中间位置等，可考虑从楼上或楼下进入，将站点置于独立的封闭空间内，必须设置防火门、缓冲间等。

8. 轨道系统穿越建筑沉降缝

轨道需穿越建筑沉降缝时，必须做特别处理。沉降缝区域的轨道本身必须做防雨水渗漏、防坠物、防污染等保护；沉降缝区域的轨道及固定需方便更换、调整，以保证沉降超出轨道平衡或连接限度时，可及时更换调整；沉降缝两边区域需预留足够的轨道检查、更换、维修空间。

9. 轨道系统与精装设计配合

无论直轨还是弯轨，与精装天花板接口处不能直接做固定无缝连接，更不能将轨道作为固定、承重支架连接，避免小车运行时引发共振，增大噪声。在轨道沿线需设置恰当的检修孔（600mm×600mm），因美观等要求不便设置足够检修孔时，需考虑在远端检修孔进入吊顶内后，可沿轨道路线巡检；轨道暗装的，需在轨道沿线加固吊顶支架，以保障维修人员行走安全；在防火窗、转轨器、弯轨等附近必须设置检修孔；暗装的轨道进出吊顶的开孔需做特别设计，避免吊顶上部设施暴露及吊顶灰尘洒落。

9 中小学校设计

我国实行九年义务教育制：小学六年＋初中三年。城镇和农村各类中小学校，除高中三年外，其余均属义务教育。中小学校的类别如下：

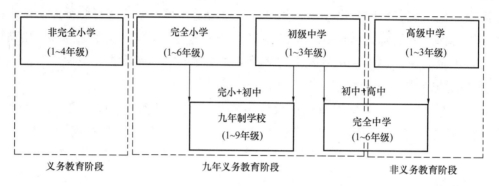

注：（1）完全中学1～3年级初中属义务教育，4～6年级高中属非义务教育。

（2）非完全小学1～4年级初小属义务教育，是农村基层及偏远地区对儿童实施的初等基础教育。

9.1 规划设计要点

9.1.1 学校规模与班额人数

表 9.1.1

类别	学制	学校规模	班额人数
非完全小学	1～4年级	国标：4班	30人/班
完全小学	1～6年级	国标：12班、18班、24班、30班 深标：18班、24班、30班、36班	45人/班
初级中学	1～3年级	国标：12班、18班、24班、30班 深标：18班、24班、36班、48班	50人/班
高级中学	1～3年级	国标：18班、24班、30班、36班 深标：18班、24班、30班、36班	50人/班
九年制学校	1～9年级	国标：18班、27班、36班、45班 深标：27班、36班、45班、54班、72班	完小45人/班 初中50人/班
完全中学	1～6年级	国标：18班、24班、30班、36班	50人/班

注：（1）国标规定的各类中小学校规模取自《中小学校设计规范》GB 50099—2011（条文说明第5.14.2条表3）。

（2）深标规定的各类中小学校规模取自《深圳市城市规划标准与准则》（2018年版），表5.4.1。

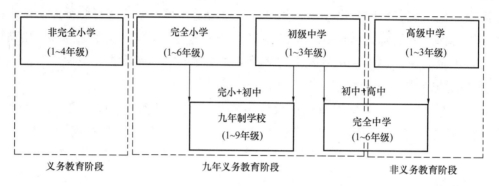

9.1.2　学校规模与面积指标

表 9.1.2

类别	学校规模	用地面积	建筑面积
完全小学	18班	深标：6500～10000m²	深标：10208m²（12.60m²/人）
	24班	深标：8700～13000m²	深标：13316m²（12.33m²/人）
	30班	深标：10800～16500m²	深标：15924m²（11.80m²/人）
	36班	深标：13000～20000m²	深标：18641m²（11.51m²/人）
初级中学	18班	深标：9000～14400m²	深标：13841m²（15.38m²/人）
	24班	深标：12000～19200m²	深标：17450m²（14.54m²/人）
	36班	深标：18000～28800m²	深标：24985m²（13.88m²/人）
	48班	深标：24000～38400m²	深标：31611m²（13.17m²/人）
高级中学	18班	深标：16200～18900m²	深标：14569m²（16.19m²/人）
	24班	深标：21600～25200m²	深标：18429m²（15.36m²/人）
	30班	深标：27000～31500m²	深标：—
	36班	深标：32400～37800m²	深标：26732m²（14.85m²/人）
	48班	深标：—	深标：34627m²（14.43m²/人）
九年制学校	27班	深标：12200～19500m²	深标：—
	36班	深标：16300～25700m²	深标：21160m²（12.60m²/人）
	45班	深标：20400～32000m²	深标：25965m²（12.36m²/人）
	54班	深标：24400～38500m²	深标：30577m²（12.13m²/人）
	72班	深标：32400～51000m²	深标：39084m²（11.63m²/人）

注：(1) 深标规定的学校用地面积指标取自《深圳市城市规划标准与准则》(2018 年版)，表 5.4.1。
　　(2) 深标规定的学校建筑面积指标取自《深圳市普通中小学校建设标准指引》(2016 年版)，第十八条表 11。
　　(3) 国标《城市居住区规划设计标准》GB 50180—2018 对学校规模、用地面积、建筑面积，均无设计参数 (参见标准附录 C 表 C.0.1)。

9.1.3　校址规划与场地要求

1. 校址规划：学校应按服务范围均衡分布。服务半径以完小 500m、初中 1000m、九年制学校 500～1000m 为宜，步行时间以小学生约 10min、中学生约 15～20min 为控，并以小学生避免穿越城市干道、中学生尽量不穿越城市主干道为适合。

2. 场地选址：学校应建设在阳光充足、空气流动、场地干燥、排水畅通、地势较高的安全地段。

3. 市政交通：学校周边应有良好的交通条件。与学校毗邻的城市主干道应设置相应的安全设施，以保障学生安全通过。

4. 防噪间距：学校主要教学用房的设窗外墙与铁路路轨的距离应≥300m，与高速路、地上轨道交通线、城市主干道的距离应≥80m。当距离不足时，应采取有效的隔声措施。

5. 防火间距：学校建筑之间及与其他民用建筑之间，与单独建造的变电站、终端变电站及燃油、燃气或燃煤锅炉房，与燃气调压站、液化石油气气化站或混气站、城市液化石油气供应站瓶库等，防火间距应符合《建筑设计防火规范》GB 50016—2014（2018 年版）的相关规定。

6. 防灾防污：学校严禁建设在地震、地质坍塌、暗河、洪涝等自然灾害及人为风险高的地段和污染超标的地段。学校与污染源的防护距离应符合环保部门的相关规定。

7. 防险防爆：学校严禁建设在高压电线、长输天然气管道、输油管道穿越或跨越的地段。学校与周界外危险管线的防护距离及安全措施应符合国家现行的相关规定。

8. 防病毒源：学校应远离殡仪馆、医院太平间、传染病院等各类病毒、病源集中的建筑。

9. 防燃爆场：学校应远离甲、乙类厂房和仓库及甲、乙、丙类液体储罐（区），可燃、助燃气体储罐（区），可燃材料堆场等各类易燃、易爆的场所。

9.2 总平面设计要点

9.2.1 用地组成

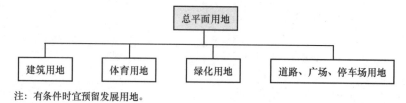

注:有条件时宜预留发展用地。

9.2.2 设计内容

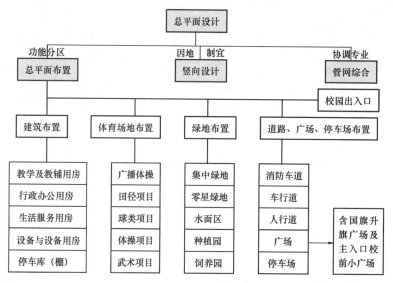

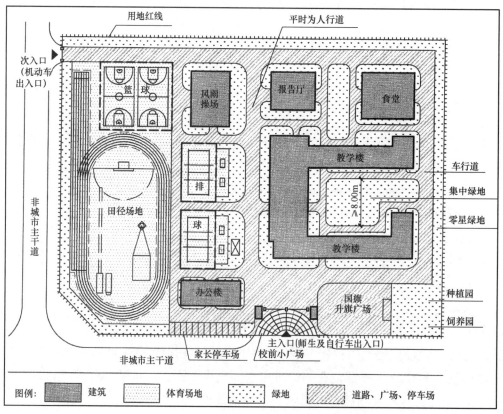

图9.2.2 校园总平面及出入口布置示意图

9.2.3　建筑布置

1. 功能分区：各建筑、各用地应按功能分区明确，动静分区、洁污分区合理，既联系方便、又互不干扰。

2. 地上楼层：小学的主要教学用房不应设在四层以上，中学的主要教学用房不应设在五层以上；中小学的教学辅助用房、行政办公用房可酌情增设在四层/五层以上，但建筑高度宜≤50m。

3. 地下空间：教学用房、学生宿舍不得设在地下室或半地下室，但停车库、设备用房及厨房、洗衣房等生活服务用房不受此限。

4. 建筑间距：影响学校建筑间距的因素很多，起主导作用的是日照和防噪，择其最大间距。

日照间距：普通教室冬至日底层满窗日照应≥2h。小学应≥1间科学教室、中学应≥1间生物实验室，其室内能在冬季获得直射阳光。

防噪间距：各类教室的外窗与相对的教学用房外窗的距离应≥25m；各类教室的外窗与相对的室外运动场地边缘的距离应≥25m。

5. 建筑朝向：决定学校建筑朝向的因素很多，起主导作用的是日照和通风，择其最优朝向。

日照朝向：教学用房以朝南向和东南向为主，以获得冬季良好的日照环境。

通风朝向：建筑主面应避开冬季主导风向，有效阻挡寒风，冬季趋日避寒；建筑主面应迎向夏季主导风向，有效组织气流，夏季趋风散热。

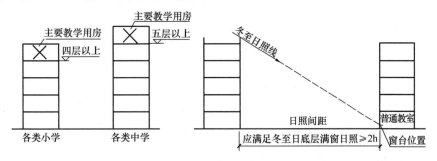

图 9.2.3-1　地上楼层示意图　　　　图 9.2.3-2　日照间距示意图

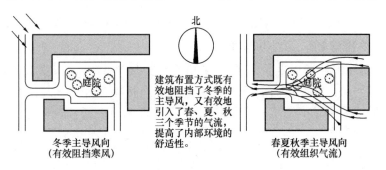

图 9.2.3-3　通风朝向示意图

9.2.4　体育场地布置

1. 用地指标：

中小学校主要体育项目的用地指标　　　　　　　　　　表 9.2.4

项　目	最小场地（m）	最小用地（平方米/生）	备　注
广播体操	—	小学 2.88	按全校学生数计算，可与球场共用
	—	中学 3.88	

项　目	最小场地（m）	最小用地（平方米/生）	备　注
60m 直跑道	92.00×6.88	632.96	4 道
100m 直跑道	132.00×6.88	908.16	4 道
	132.00×9.32	1230.24	6 道
200m 环道	99.00×44.20（60m 直道）	4375.80	4 道环形跑道； 含 6 道直跑道
	132.00×44.20（100m 直道）	5834.40	
300m 环道	143.32×67.10	9616.77	6 道环形跑道； 含 8 道 100m 直跑道
400m 环道	176.00×91.10	16033.60	6 道环形跑道； 含 8 道、6 道 100m 直跑道
足球	94.00×48.00	4512.00	—
篮球	32.00×19.00	608.00	—
排球	24.00×15.00	360.00	—
跳高	坑 5.10×3.00	706.76	最小助跑半径 15.00m
跳远	坑 2.76×9.00	248.76	最小助跑长度 40.00m
立定跳远	坑 2.76×9.00	59.03	起跳板后 1.20m
铁饼	半径 85.50 的 40°扇面	2642.55	落地半径 80.00m
铅球	半径 29.40 的 40°扇面	360.38	落地半径 25.00m
武术、体操	14.00 宽	320.00	包括器械等用地

注：体育用地范围计量界定于各种项目的安全保护区（含投掷类项目的落地区）的外缘。

2. 田径场地：小学设 200m 标准环道（4 条环形跑道＋6 条 60m 直跑道）＋≥100m² 器械场地；中学设 200～400m 标准环道（4～6 条环跑道＋6～8 条 100m 直跑道）＋≥150m² 器械场地（九年制≥200m²）。

3. 球类场地：小学设≥2 个篮球场＋≥2 个排球场（兼羽毛球场）；中学设≥2 个篮球场（九年制≥3 个）＋≥2 个排球场（兼羽毛球场）。

4. 偏斜角度：室外田径场地及足、篮、排等各球类场地的长轴按南北向布置；南北长轴偏西宜＜10°、偏东宜＜20°，避免东西向投射、接球造成的眩光、冲撞。

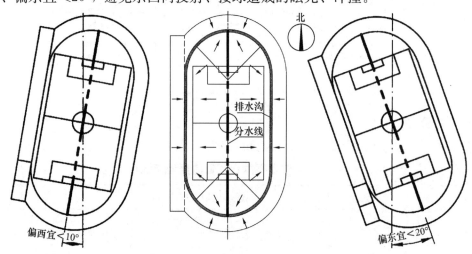

图 9.2.4　田径场地偏移角度示意图

9.2.5 绿地布置

1. 用地指标：绿化用地按小学宜≥0.5平方米/生、中学宜≥1.0平方米/生。

2. 集中绿地：宽度应≥8m，且应满足≥1/3的绿地面积处在标准的建筑日照阴影线范围之外。

3. 动植物园：种植园、小动物饲养园应设于校园下风向的位置。

9.2.6 道路、广场、停车场布置

1. 校园道路：应与校园主出入口、各建筑出入口、各活动场地出入口衔接，应与校园次出入口连通；消防车道、灭火救援场地可利用校园道路、广场，但应满足消防车通行、转弯、停靠和登高操作的要求。

2. 道路宽度：车行道的宽度按双车道≥7m、单车道≥4m，人行道的宽度按通行人数的0.7m/每100人计算且宜≥3m；消防车道的净宽度和净空高度均应≥4m。

3. 道路高差：校园内人流集中的道路不宜设台阶，宜采用坡道等无障碍设施处理道路高差；道路高差变化处如设台阶时，踏步级数应≥3级且不得采用扇形踏步。

4. 道路安全：校园内停车场及地下停车库的出入口，不应直接通向师生人流集中的道路。

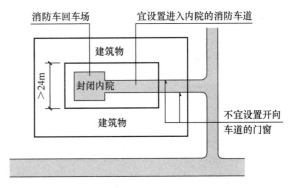

图9.2.6 进入建筑内院的消防车道示意图

5. 内院道路：当有短边长度＞24m的封闭内院式建筑围合时，宜设置进入建筑内院的消防车道。

6. 升旗广场：应在校园的显要位置设置国旗升旗广场。

7. 架空停车：当受场地限制时，教师专用停车位可部分设置在风雨操场下的架空层内。

9.2.7 校园出入口

1. 接口方式：校园出入口应与市政道路衔接，但不应直接与城市主干道连通。

2. 分口出入：校园分位置、分主次应设≥2个出入口，且应人、车分流，并宜人、车专用；消防出入口可利用校园出入口，但应满足消防车至少有两处分别进入校园、实施灭火救援的要求。

3. 安全距离：校园出入口与周边相邻基地机动车出入口的间隔距离应≥20m。

4. 缓冲场地：主入口、正门外应设校前小广场，起缓冲场地的作用。

5. 临时停车：主入口、正门外附近需设自行车及机动车停车场，供家长临时停车，以免堵塞校门。

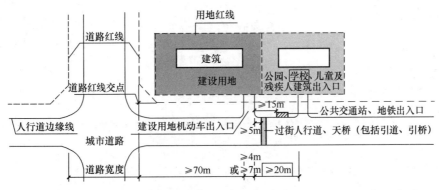

图9.2.7 校园出入口与周边相邻基地机动车出入口的间隔距离示意图

9.2.8 总平面基本模式与设计实例

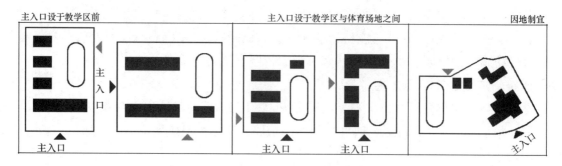

图 9.2.8-1 总平面基本模式

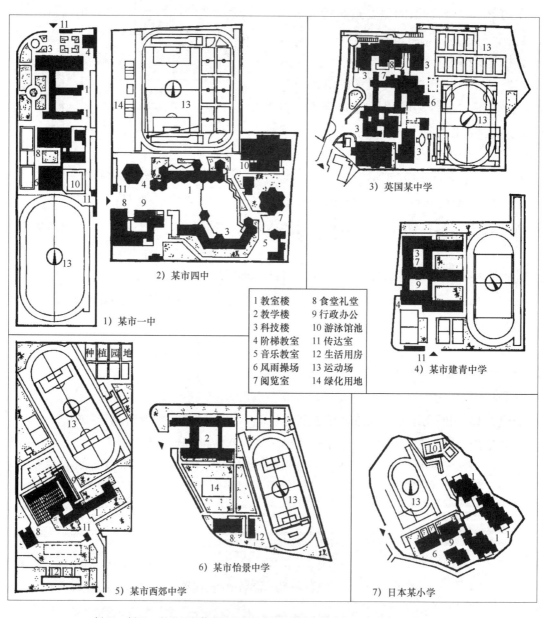

1) 某市一中

2) 某市四中

3) 英国某中学

4) 某市建青中学

5) 某市西郊中学

6) 某市怡景中学

7) 日本某小学

1 教室楼	8 食堂礼堂
2 教学楼	9 行政办公
3 科技楼	10 游泳馆池
4 阶梯教室	11 传达室
5 音乐教室	12 生活用房
6 风雨操场	13 运动场
7 阅览室	14 绿化用地

例1)、例2):教学区与体育场地前后布置,适合于南北长、东西短的学校用地。

例3)、例4):教学区与体育场地左右布置,适合于东西宽、南北短的学校用地。

例5)、例6):教学区与体育场地对角布置,适合于狭而窄、不规则的学校用地。

例7):复杂场地应因地制宜,适合于利用地形地貌、减少土石方量的学校用地。

图 9.2.8-2 总平面设计实例

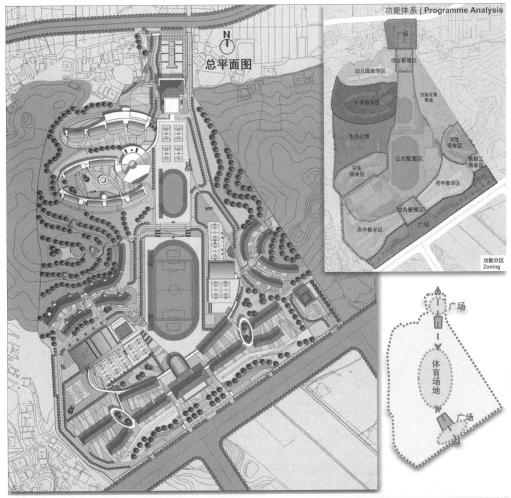

图 9.2.8-3　总平面设计实例——某外国语学校总平面图与鸟瞰图

　　某外国语学校建成于 2015 年，总用地面积 266632m²，总建筑面积 101755m²。作为完整教育体系"一校四部"的综合性学校，囊括了 22 班幼儿园、36 班小学部、30 班初中部、30 班高中部、南北综合楼及学生宿舍、教师公寓等配套设施。校园坐落于钟灵毓秀的青山幽谷，东西两侧为郁郁葱葱的绿色丘陵,南北主入口通过校前广场与城市道路衔接。

明确的中轴线贯穿整个校园,北端为北综合楼及校前广场,构成幼儿园、小学部的主入口,南端为南综合楼及校前广场,构成初中部、高中部的主入口。体育场地沿着中轴线布置,建筑、绿地环绕着中轴线布置,交通采用人、车分口出入的分流体系。

设计将自然山水渗入校园环境,将客家元素融入建筑风格,旨在创建集室内外互动学习空间、客家文化聚落空间、绿色生态休闲空间于一体的"绿谷校园"。

9.3 建筑设计要点

9.3.1 建筑组成

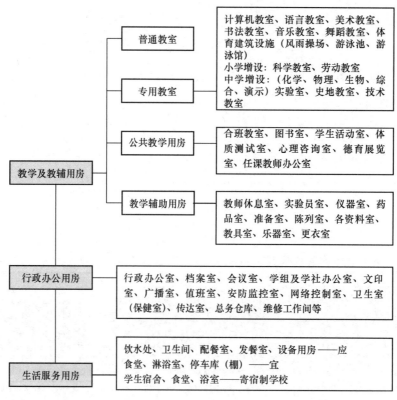

图 9.3.1

9.3.2 设计内容

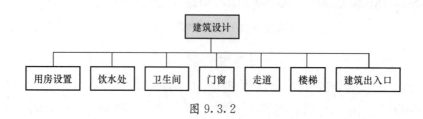

图 9.3.2

9.3.3 教学及教辅用房设置

1. 功能分区：各用房、各部位应按功能分区明确，动静分区、洁污分区合理，既联系方便，又互不干扰。

2. 交通组织：教学用房宜采用外廊或外走道，尽量避免内廊或内走道。教学建筑宜采用半围合或敞开庭院式围合，不宜采用封闭内院式围合。

3. 日照朝向：教学用房以朝南向和东南向为主，以获得冬季良好的日照环境。

4. 采光朝向：教学用房宜避免东西向暴晒眩光，以获得室内良好的采光环境。普通教室、大部分专用教室及合班教室、图书室，宜双向采光。当单向采光时，光线应自学生座位左侧射入；当南向为外廊时，应以北向窗为主采光面。

5. 噪声控制：音乐教室、舞蹈教室应设在不干扰其他教学用房的位置。风雨操场应设在远离教学用房、靠近体育场地的位置。

6. 面积指标：

主要教学用房的使用面积指标（平方米/座）　　　　　表 9.3.3-1

房间名称	小学	中学
普通教室	1.36	1.39
科学教室	1.78	—
实验室	—	1.92
综合实验室	—	2.88
演示实验室	—	1.44
史地教室	—	1.92
计算机教室	2.00	1.92
语言教室	2.00	1.92
美术教室	2.00	1.92
书法教室	2.00	1.92
音乐教室	1.70	1.64
舞蹈教室	2.14	3.15
合班教室	0.89	0.90
学生阅览室	1.80	1.90
教师阅览室	2.30	2.30
视听阅览室	1.80	2.00
报刊阅览室	1.80	2.30

主要教学辅助用房的使用面积指标（平方米/间）　　　　　表 9.3.3-2

房间名称	小学	中学
普通教室教师休息室	(3.50)	(3.50)
实验员室	12.00	12.00
仪器室	18.00	24.00
药品室	18.00	24.00
准备室	18.00	24.00
标本陈列室	42.00	42.00
历史资料室	12.00	12.00
地理资料室	12.00	12.00
计算机教室资料室	24.00	24.00
语言教室资料室	24.00	24.00
美术教室教具室	24.00	24.00
乐器室	24.00	24.00
舞蹈教室更衣室	12.00	12.00

注：(1) 任课教师办公室应按每位教师使用面积≥5.0m² 计算。

(2) 心理咨询室宜分设为相连通的 2 间，其中 1 间平面尺寸宜≥4.00m×3.40m，以便容纳沙盘测试。心理咨询室可附设能容纳 1 个班的心理活动室。

(3) 劳动教室和技术教室的使用面积应按课程内容的工艺要求等因素确定。

(4) 体育建筑设施的使用面积应按选定的运动项目确定。

7. 最小净高：

主要教学用房的最小净高（m）　　　　　表 9.3.3-3

教室	小学	初中	高中
普通教室、史地、美术、音乐教室	3.00	3.05	3.10
舞蹈教室		4.50	

教室	小学	初中	高中
科学教室、实验室、计算机教室、劳动教室、技术教室、合班教室	3.10		
阶梯教室	最后一排（楼地面最高处）距顶棚或上方突出物最小距离为 2.20m		

风雨操场的最小净高取决于所设运动项目的场地最小净高（m）　表 9.3.3-4

运动项目	田径	篮球	排球	羽毛球	乒乓球	体操
最小净高	9	7	7	9	4	6

8. 采光标准：

教学用房工作面或地面上的采光系数标准和窗地面积比　表 9.3.3-5

房间名称	规定采光系数的平面	采光系数最低值（%）	窗地面积比
普通教室、史地教室、美术教室、书法教室、语言教室、音乐教室、合班教室、阅览室	课桌面	2.0	1∶5.0
科学教室、实验室	实验桌面	2.0	1∶5.0
计算机教室	机台面	2.0	1∶5.0
舞蹈教室、风雨操场	地面	2.0	1∶5.0
办公室、保健室	地面	2.0	1∶5.0
饮水处、厕所、淋浴	地面	0.5	1∶10.0
走道、楼梯间	地面	1.0	—

9. 隔声标准：

主要教学用房的隔声标准　表 9.3.3-6

房间名称	空气声隔声标准（dB）	顶部楼板撞击声隔声单值评价量（dB）
语言教室、阅览室	≥50	≤65
普通教室、实验室等与不产生噪声的房间之间	≥45	≤75
普通教室、实验室等与产生噪声的房间之间	≥50	≤65
音乐教室及其他产生噪声的房间之间	≥45	≤65

注：（1）大多数的砌体墙加双面粉刷均能满足空气声隔声要求。

（2）地毯、木地板、隔声砂浆、隔声垫、浮筑楼板等均能满足顶部楼板撞击声隔声要求。

10. 防护设计：中小学校的临空处应采取防止学生坠落、满足防护高度的安全设计要求。

窗台净高：室内房间（包括楼电梯间）临空处的窗台净高应≥0.90m，＜0.90m 时应采取防护措施（加护栏）。

护栏净高：室内回廊及敞开式楼梯、中庭、内院、天井等临空处的护栏净高应≥1.20m；

上人屋面及敞开式外廊、楼梯、平台、阳台等临空处的护栏净高应≥1.20m。

安全措施：室内外的护栏净高均应从"可踏面"算起（若出现时）。

护栏最薄弱处所能承受的水平推力应≥1.50kN/m。

护栏杆件或花饰的镂空净距应≤0.11m，应采用防攀登及防攀滑的构造。

11. 玻璃幕墙：中小学校新建、改建、扩建工程，以及立面改造工程，在一层严禁采用全隐框玻璃幕墙，在二层及以上各层不得采用玻璃幕墙。

9.3.4 饮水处、卫生间设置

1. 饮水处：教学建筑内应每层设置，饮水处前应设等候空间，且不得挤占走道的疏散宽度。

每处饮水嘴数量（个）＝每层学生人数/每40～45人（≈每班1个）。

2. 卫生间：教学建筑内应每层设置，分男、女学生及男、女教师卫生间，各前室不得共用。

每层学生卫生间洁具数量：

男卫大便器（个）＝每层男生数/每40人（或×1.20m长大便槽）（≈每班0.5个）

男卫小便斗（个）＝每层男生数/每20人（或×0.60m长小便槽）（≈每班1个）

女卫大便器（个）＝每层女生数/每13人（或×1.20m长大便槽）（≈每班2个）

前室洗手盆（个）＝每层学生数/每40～45人（或×0.60m长盥洗槽）（≈每班1个）

9.3.5 门窗设计

教学建筑的疏散门、内外窗应采取利于疏散顺畅、防止外窗脱落的安全设计要求。

1. 疏散门：各教学用房的疏散门均应向疏散方向开启，开启后不得挤占走道的疏散宽度。

每房间疏散门的数量和宽度应经计算确定且应≥2个门、每门净宽应≥0.90m，相邻2个疏散门间距应≥5m。

位于袋形走道尽端的教室，当教室内任一点至疏散门的直线距离≤15m时，可设1个门且净宽应≥1.50m。

2. 内外窗：教学用房隔墙上的内窗，在距地高度＜2m范围内，向走道开启后不得挤占走道的疏散宽度，向室内开启后不得影响教室的使用空间（≥2m时不受此限）。

教学用房临空处的外窗，在二层及以上各层不得向室外开启（装有擦窗安全设施时不受此限）。

教学及教辅用房的外窗应满足采光、通风、保温、隔热、散热、遮阳等节能标准和教学要求，且不得采用彩色玻璃。

3. 救援窗：多、高层教学建筑的外墙，均应在每层的适当位置设消防专用的救援窗口。

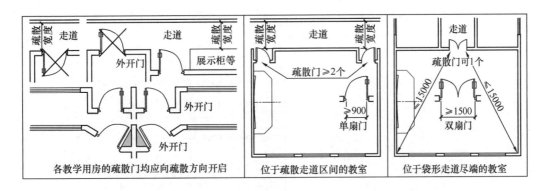

图 9.3.5-1　各教学用房及各教室疏散门设计要求示意图

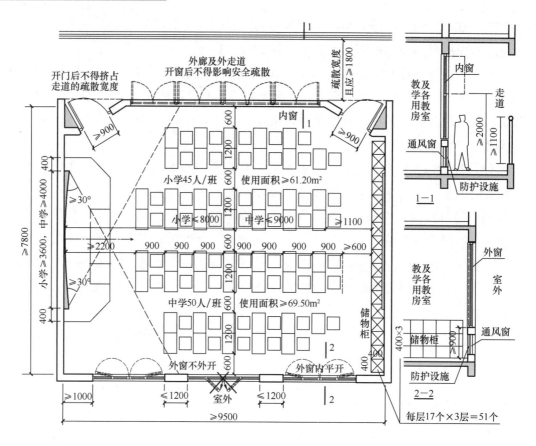

图 9.3.5-2　普通教室及门窗设计要求示意图

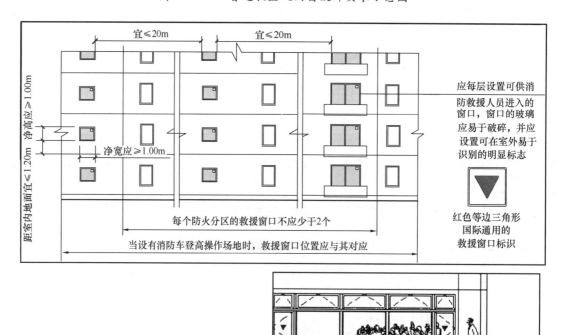

图 9.3.5-3　消防救援窗口设计要求示意图

9.3.6　走道设计

教学建筑的走道应采取满足疏散宽度、符合防火规定的安全设计要求。

1. 走道宽度：走道的疏散宽度应经计算确定且应≥2股人流，并应按0.60米/每股整倍加宽。

2. 教学走道：单面布房的外廊及外走道净宽应≥1.80m（≥3股人流）；

　　　　　　　双面布房的内廊及内走道净宽应≥2.40m（≥4股人流）。

3. 走道高差：走道高差变化处应设台阶时，踏步级数应≥3级且不得采用扇形踏步；

　　　　　　　走道高差不足3级踏步时应设坡道，坡道的坡度应≤1：8且宜≤1：12。

4. 安全措施：疏散走道应采用防滑构造做法。

　　　　　　　疏散走道上不得使用弹簧门、旋转门、推拉门、大玻璃门等欠安门。

　　　　　　　走道的疏散宽度内不得设有壁柱、消火栓、开启的门窗扇等凸障物。

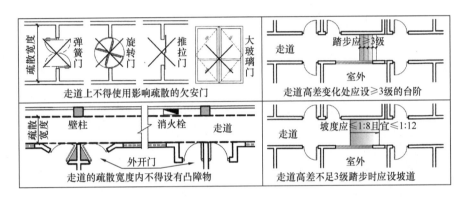

图9.3.6　教学建筑走道设计要求示意图

9.3.7　楼梯设计

教学建筑的楼梯应采取满足疏散宽度、符合防火规定的安全设计要求。

1. 楼梯宽度：楼梯的疏散宽度应经计算确定且应≥2股人流，并应按0.60米/每股整倍加宽。

2. 楼梯踏步：小学楼梯每级踏步的踏宽应≥0.26m、踏高应≤0.15m；

　　　　　　　中学楼梯每级踏步的踏宽应≥0.28m、踏高应≤0.16m。

3. 楼梯梯段：梯段净宽应≥1.20m、坡度应≤30°、3级≤踏步级数应≤18级。

4. 楼梯平台：平台净深应≥梯段净宽且应≥1.20m。

5. 楼梯梯井：梯井净宽应≤0.11m，>0.11m时应采取防护措施（按临空处扶手净高）。

6. 楼梯栏杆：楼梯栏杆件或花饰的镂空净距应≤0.11m，应采用防攀登及防攀滑的构造。

7. 扶手设置：梯宽1.20m时可一侧设、1.80m时应两侧设、2.40m时两侧及中间均设。

8. 扶手净高：敞开楼梯间或封闭楼梯间的梯段扶手净高应≥0.90m、临空处的梯段扶手净高应≥1.20m。

室内外敞开式楼梯的梯段扶手净高均应≥1.20m，室内外楼梯的水平扶手净高均应≥1.20m。

室内外楼梯的梯段扶手及水平扶手净高均应从"可踏面"算起（若出现时）。

9. 安全措施：疏散楼梯不得采用螺旋楼梯和扇形踏步。

疏散楼梯间应有天然采光和自然通风，两梯段间不得设置遮挡视线的隔墙。

除首层及顶层外，中间各层的楼梯入口处宜设净深≥梯段净宽的缓冲空间。

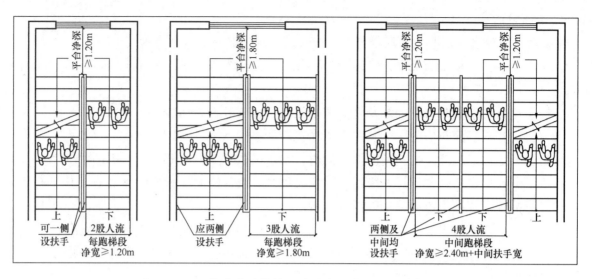

图 9.3.7-1 教学建筑楼梯设计要求示意图——楼梯平面

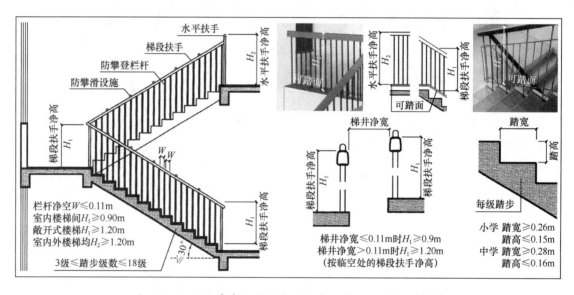

图 9.3.7-2 教学建筑楼梯设计要求示意图——楼梯剖面

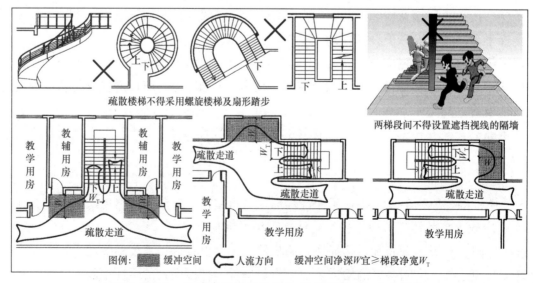

图 9.3.7-3 教学建筑楼梯设计要求示意图——安全措施

9.3.8 建筑出入口

教学建筑的出入口应采取满足安全疏散和灭火救援、符合防火规定的安全设计要求。

1. 接口方式：各建筑出入口应与校园道路衔接，应满足人员安全疏散、消防灭火救援的要求。

2. 安全出口：每栋首层安全出口的数量和宽度应经计算确定且应≥2个，应满足首层出入口疏散外门的总净宽度要求。

3. 分口出入：地下设停车库时，停车库与上部教学建筑的出入口（安全出口和疏散楼梯）应分别独立设置。

4. 分流疏散：每栋建筑分位置、分人流应设≥2个出入口，相邻2个出入口间距应≥5m。

建筑总层数≤3、每层建筑面积≤200m²，第二、三层的人数之和≤50人的单栋建筑，可设1个出入口（1个安全出口或1部疏散楼梯）。

5. 疏散外门：教学建筑首层出入口外门净宽应≥1.40m，门内、外各1.50m范围内均无台阶。

6. 安全措施：教学建筑出入口应设置无障碍设施，并应采取防上部坠物、地面跌滑的措施。

无障碍出入口的门、过厅如设两道门，同时开启后两道门扇的间距应≥1.50m。

9.3.9 无障碍设施

1. 设置要求：中小学校建筑无障碍设施的设置应符合《无障碍设计规范》GB 50763—2012的相关规定。

2. 设置部位：教学建筑应设无障碍出入口、门厅、楼梯、走道、房间门、卫生间，宜设无障碍电梯。

9.3.10 防火设计

中小学校建筑防火设计应符合《建筑设计防火规范》GB 50016—2014（2018年版）、《中小学校设计规范》GB 50099—2011的相关规定，尚应符合国家现行有关标准的相关规定。

1. 建筑分类：使用人数>500人（即≥12班）、较大规模的中小学校按重要公共建筑（包括教学楼、办公楼及宿舍楼）。

仅主要教学用房设在小学四层/中学五层及以下、H≤24m时的教学建筑按多层重要公建。

教学辅助用房、行政办公用房增设在四层/五层以上、H≤24m时按多层重要公建，H>24m时直接按一类。

2. 耐火等级：多层教学建筑的耐火等级不应低于二级，高层教学建筑的耐火等级不应低于一级。

3. 防火分区：多层教学建筑每个防火分区建筑面积应≤2500㎡，高层教学建筑每个防火分区建筑面积应≤1500㎡。

4. 疏散楼梯：多层教学建筑可以采用敞开楼梯间（有条件时尽量采用封闭楼梯间），高层教学建筑应采用防烟楼梯间。

5. 疏散宽度：每层的房间疏散门、疏散走道、疏散楼梯和安全出口的各自总净宽度，应根据每层的班数及班额人数确定出每层的疏散人数后，按与建筑总层数相对应的每层每100人的最小净宽度计算确定；见表9.3.10-1。

6. 疏散距离：每层直通疏散走道的各房间疏散门至最近安全出口的直线距离。对于多层教学建筑，非首层的安全出口定为敞开楼梯间的梯口或封闭楼梯间的梯门；对于高层教学建筑，非首层的安全出口定为防烟楼梯间的前室或合用前室的前室门；见表 9.3.10-2。

附表：多层教学建筑防火设计疏散宽度计算表

每层的房间疏散门、疏散走道、疏散楼梯和安全出口的最小净宽度（米/每 100 人）

表 9.3.10-1

建筑总层数	耐火等级		
	一、二级	三级	四级
地上四、五层时	地上每层均按≥1.05 米/每 100 人	≥1.30 米/每 100 人	—
地上三层时	地上每层均按≥0.80 米/每 100 人	≥1.05 米/每 100 人	—
地上一、二层时	地上每层均按≥0.70 米/每 100 人	≥0.80 米/每 100 人	≥1.05 米/每 100 人
地下一、二层时	地下每层均按≥0.80 米/每 100 人	—	—

注：（1）本表取自《中小学校设计规范》表 8.2.3。教学建筑六层及以上时，地上每层仍按≥1.05 米/每 100 人计算。非教学的学校建筑，建议可按 2018 年版《建筑设计防火规范》表 5.5.21-1 计算。

（2）当每层疏散人数不等时，疏散楼梯的总净宽度可分层计算：

地上建筑内下层楼梯的总净宽度应按该层及以上疏散人数最多一层的人数计算；

地下建筑内上层楼梯的总净宽度应按该层及以下疏散人数最多一层的人数计算。

（3）首层出入口疏散外门的总净宽度应按该建筑内疏散人数最多一层的人数计算。

附表：多层教学建筑防火设计疏散距离计算表

直通疏散走道的房间疏散门至最近安全出口的直线距离（m）　　表 9.3.10-2

单、多层教学建筑	位于两个安全出口之间的疏散门		
	一、二级	三级	四级
至最近敞开楼梯间	≤30m	≤25m	≤20m
至最近封闭楼梯间	≤35m	≤30m	≤25m

单、多层教学建筑	位于袋形走道两侧或尽端的疏散门		
	一、二级	三级	四级
至最近敞开楼梯间	≤20m	≤18m	≤8m
至最近封闭楼梯间	≤22m	≤20m	≤10m

注：（1）本表取自 2018 年版《建筑设计防火规范》表 5.5.17 中教学建筑/单、多层。高层教学建筑的疏散距离应按表 5.5.17 中教学建筑/高层安全出口之间≤30m、袋形走道≤15m 及注 1、3 的规定执行。

（2）当疏散走道采用敞开式外廊时，至最近安全出口的直线距离可按本表增加 5m。

（3）当建筑内全部设置自喷系统时，至最近安全出口的直线距离可按本表增加 25%。

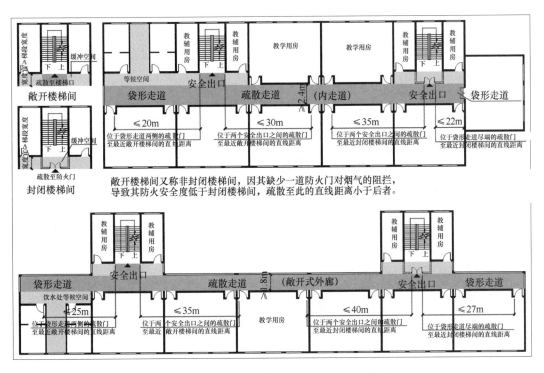

敞开楼梯间又称非封闭楼梯间，因其缺少一道防火门对烟气的阻拦，导致其防火安全度低于封闭楼梯间，疏散至此的直线距离小于后者。

图 9.3.10　多层教学建筑疏散距离示意图

9.3.11　普通教室基本模式与单元组合

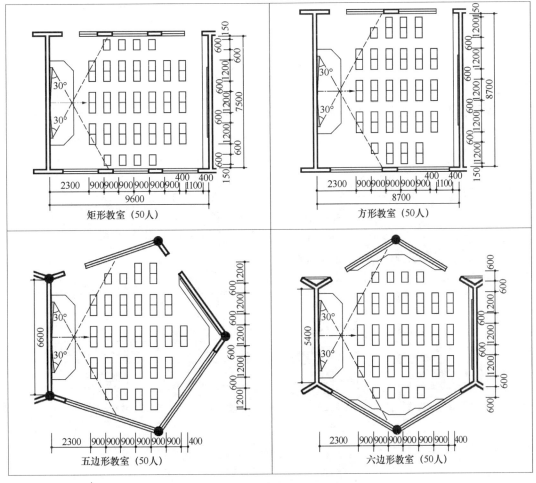

图 9.3.11-1　普通教室基本模式

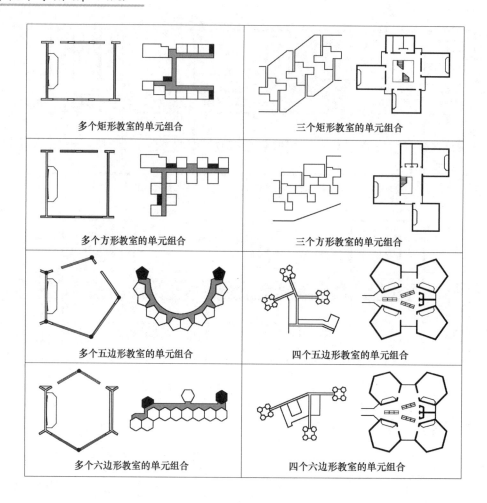

图 9.3.11-2　普通教室单元组合示意图

9.3.12　建筑平面基本模式与设计实例

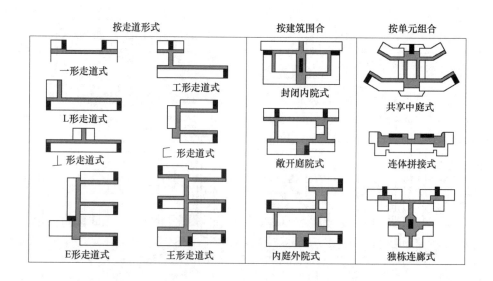

图 9.3.12-1　建筑平面基本模式

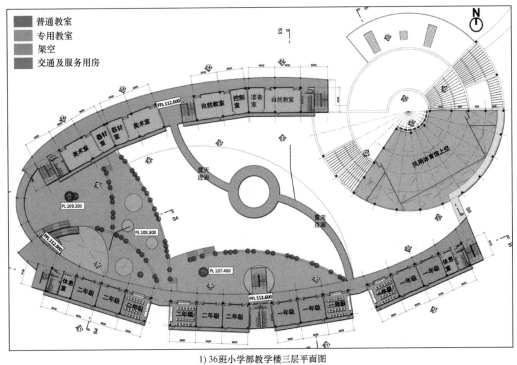

1) 36班小学部教学楼三层平面图

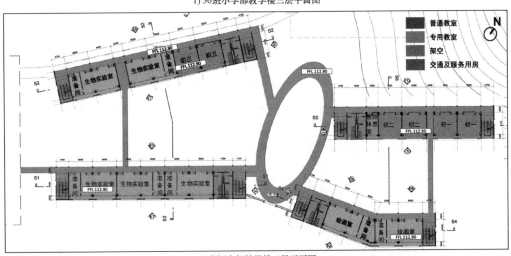

2) 30班初中部教学楼三层平面图

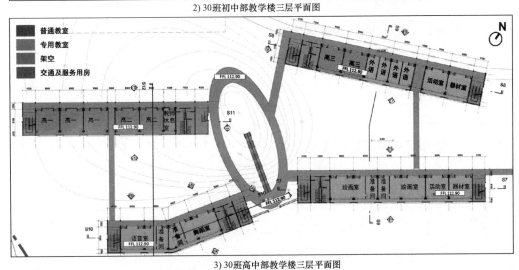

3) 30班高中部教学楼三层平面图

图 9.3.12-2　建筑平面设计实例——某外国语学校教学楼平面

10 托儿所、幼儿园建筑设计

10.1 规 划 设 计

10.1.1 托儿所、幼儿园的规模

表 10.1.1

规模	托儿所（班）	幼儿园（班）
小型	1～3	1～4
中型	4～7	5～8
大型	8～10	9～12

10.1.2 托儿所、幼儿园的班级设置与人数

表 10.1.2

分类		年龄	每班人数（人）
托儿所	乳儿班	6～12个月	10人以下～15
	托小、中班	12～24个月	15人以下～20
	托大班	24～36个月	20人以下
幼儿园	小班	3岁～4岁	20～25
	中班	4岁～5岁	26～30
	大班	5岁～6岁	31～35

10.1.3 居住区托儿所、幼儿园千人建设指标

表 10.1.3

名称	千人指标
托 儿 所	8～10人
幼 儿 园	12～15人

10.1.4 托儿所、幼儿园用地及建筑面积指标

表 10.1.4

名称		用地面积定额	用地面积	建筑面积定额
托儿所		12～15平方米/人	—	7～9平方米/人
幼儿园	6班	15平方米/人	2700m²	9～12平方米/人
	9班	14平方米/人	3780m²	
	12班	13平方米人	4680m²	

10.1.5 规划选址要点

1. 基地选择应方便家长接送、避免交通干扰，应建设在日照充足、场地平整干燥、排水通畅、环境优美、基础设施完善的地段，能为建筑功能分区、出入口、室外游戏场地的布置提供必要条件。

2. 基地不应置于易发生自然地质灾害的地段；园内不应有高压输电线、燃气、输油管道主干道等穿过。

3. 基地不应与大型公共娱乐场所、商场、批发市场等人流密集的场所相毗邻。

4. 应远离各种污染源、噪声源，并应符合国家现行有关卫生、防护标准的要求。

5. 与易发生危险的建筑物、仓库、储罐、可燃物品和材料堆场等之间的距离应符合国家现行有关标准的规定。

6. 4 个班及以上的托儿所、幼儿园建筑应独立设置。3 个班及以下时，可与居住、养老、教育、办公建筑合建，但应符合下列规定：

1) 合建的既有建筑应经有关部门验收合格，符合抗震、防火等安全方面的规定；

2) 应设独立的疏散楼梯和安全出口，并应与其他建筑部分采取隔离措施；

3) 出入口处应设置人员安全集散和车辆停靠的空间；

4) 应设独立的室外活动场地，场地周围应采取隔离措施；

5) 建筑出入口及室外活动场地范围内应采取防止物体坠落措施。

7. 托儿所、幼儿园的服务半径宜为 300～500m。

8. 城市居住区按规划要求应按需配套设置托儿所，当托儿所独立设置有困难时，可联合建设。

9. 应避开四周高层建筑林立的夹缝中及其他建筑的阴影区内。

10. 汽车库不应与托儿所、幼儿园组合建造。当符合下列要求时，汽车库可设置在托儿所、幼儿园的地下部分：

1) 汽车库与托儿所、幼儿园建筑之间，应采用耐火极限不低于 2.00h 的楼板完全分隔；

2) 汽车库与托儿所、幼儿园的安全出口和疏散楼梯应分别独立设置。

10.2 总 平 面 设 计

10.2.1 用地组成

表 10.2.1

用地组成	用地说明	要 求
建筑用地	生活用房、服务用房、供应用房	覆盖率不宜超过 30%
室外活动场地	班级活动场地、全园共用活动场地	托儿所：游戏场、室外哺乳场、日光浴场等
		幼儿园：游戏场、器械活动、沙坑、小动物房舍等
绿化用地	集中绿化用地、零星绿地、水景、种植园地等	绿地率应≥30%
杂物用地	晒衣场、杂物院、燃料堆场、垃圾箱等	—

用地组成	用地说明	要　　求
道路用地	（消防）车道、步行道、广场、停车场、自行车棚等	—
预留发展用地	有条件可预留	—

10.2.2　总平面设计内容

包括功能分区、出入口设置、建筑物、室外活动场地、绿化与道路、杂物院、竖向设计、管网综合等方面。

10.2.3　功能分区

各用地及建筑间应分区合理、方便管理、朝向适宜、日照充足，流线互不干扰，尽量扩大绿化用地范围，合理安排园内道路，正确选择出入口位置，创造符合幼儿生理、心理特点的环境空间。

10.2.4　出入口设置

1. 不应直接设置在城市干道一侧；其出入口应设置供车辆和人员停留的场地，且不应影响城市道路交通。

2. 主要出入口应设于面向主要接送婴幼儿人流的次要道路上，或主要道路上的后退开阔处。

3. 次要出入口（供应用房使用）应与主要出入口分开设置，保证交通运输方便。

4. 当托儿所和幼儿园合建时，托儿所生活部分应单独分区，并应设独立的安全出入口，室外活动场地宜分开。

5. 基地周围应设围护设施，围护设施应安全、美观，并应防止幼儿穿过和攀爬。在出入口处应设大门和警卫室，警卫室对外应有良好的视野。

10.2.5　建筑物

1. 应设在用地最好的地段与方位上，以保证良好的采光和自然通风条件，幼儿生活用房应满足日照实数标准要求。

2. 建筑层数：有独立基地的幼儿园生活用房应布置在三层及以下，托儿所生活用房应布置在首层。当布置在首层却有困难时，可将托大班布置在二层，其人数不应超过60人，并应符合有关防火安全疏散的规定。

3. 确需设置在其他民用建筑内时，应符合下列规定：

1) 设置在一、二级耐火等级的建筑内时，应布置在首层、二层或三层。

2) 设置在高层建筑内时，应设置独立的安全出口和疏散楼梯。

3) 设置在单、多层建筑内时，宜设置独立的安全出口和疏散楼梯。

4. 地下室：严禁将幼儿生活用房设置在地下室或半地下室。

5. 建筑间距：以满足日照和防噪要求为主。

日照要求：托儿所、幼儿园的活动室、寝室及具有相同功能的区域，冬至日底层满窗日照不应小于3h，需要获得冬季日照的婴幼儿生活用房窗洞开口面积不应小于该房间面积的20%。

防噪要求：需离开一定距离，也可采取种植树木或其他措施减少影响。

6. 建筑朝向：以满足日照和通风要求为主。

朝向要求：生活用房应布置在当地最好朝向。夏热冬冷、夏热冬暖地区的幼儿生活用房不宜朝西向；当不可避免时，应采取遮阳措施。

通风要求：主要生活用房应面向夏季主导风向。

7. 托儿所、幼儿园的建筑造型和室内设计应符合幼儿的心理和生理特点。

10.2.6 室外活动场地

托儿所、幼儿园应设室外活动场地，地面应平整、防滑、无障碍、无尖锐突出物，并宜采用软质地坪。

1. 班级活动场地：幼儿园每班应设专用室外活动场地，宜布置在活动室的南侧或东侧；各班活动场地之间宜采取分隔措施，在边缘处设置小型活动器械和沙坑。

2. 共用活动场地：幼儿园应设共用活动场地，场地内应设置游戏器具、沙坑、30m 跑道、洗手池等，宜设戏水池。游戏器具地面及周围应设软质铺装，宜设洗手池、洗脚池。其项目组成和设计要求如下：

共用活动场地设计要求　　　　　　　　　　表 10.2.6-1

项目组成	设计要求
集体活动场地	1) 应至少包含一个 30m 直线跑道和一个能围合成圆形（$d=13$m）进行集体游戏的场地。当≥6 个班时，至少应设 2 个圆形场地； 2) 应选择日照、通风良好，且不被道路穿行的独立地段上； 3) 地势应开阔平坦、排水通畅，地面渗水性良好
器械活动场地	1) 固定游戏器械宜设置在共用游戏场地的边缘地带，自成一区； 2) 场地应为绿地，周围应种植高大乔木，以达到遮荫目的
沙坑	1) 选择在向阳背风的地方； 2) 面积不宜超过 30m²，其边缘应高出地面，沙坑深为 0.30～0.50m； 3) 在沙坑底部以大粒砾石或焦炭衬底，并设排水沟
戏水池	面积不宜超过 50m²，水深不应超过 0.30m，可修建成各种形状
游泳池	1) 形状和边角要求圆滑，在池边应设扒栏； 2) 水深应控制在 0.50～0.80m，池底应平整，并设上岸踏步
种植园	1) 宜选择低矮的花卉为主，并能四季花期不断； 2) 避免种植有毒、有刺的植物
小动物房舍	宜接近供应用房区，便于职工参与对小动物的照料

3. 托儿所、幼儿园室外活动场地的用地面积指标应满足下表的要求。

室外活动场地指标　　　　　　　　　　表 10.2.6-2

名称	室外活动场地	
托儿所	不应小于 3 平方米/人	
	城市人口密集地区改、扩建的托儿所，设置室外活动场地确有困难时，不应小于 2 平方米/人	
幼儿园	班级专用活动场地	全园共用活动场地
	不宜小于 60 平方米/班，不应小于 2 平方米/人	不应小于 2 平方米/人

4. 室外活动场地应有 1/2 以上的面积在标准建筑日照阴影线之外。

10.2.7 绿化与道路

1. 宜设置集中绿化用地，并不应种植有毒、带刺、有飞絮、病虫害多、有刺激性的植物。

2. 除应最大限度保留原有树木外，宜点缀很快产生效果的乔木，并多栽植果木，有条件的还可设置花房。

3. 从主要出入口到进入建筑的路线，应避免穿越室外活动场地。

4. 园内道路应与各组成部分紧密关联，但应尽量少占用地。

10.2.8 杂物院

宜在供应区内设置杂物院，并应与其他部分相隔离。杂物院应有单独的对外出入口。

10.3 建 筑 设 计

托儿所、幼儿园建筑应由幼儿生活用房、服务管理用房和供应用房等部分组成。

10.3.1 托儿所的平面功能关系

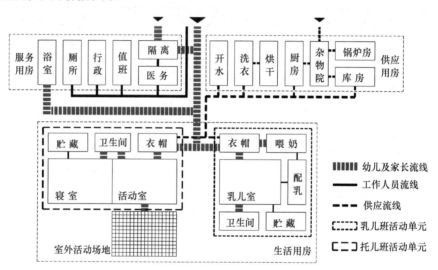

图 10.3.1 托儿所平面功能关系图

10.3.2 幼儿园的平面功能关系

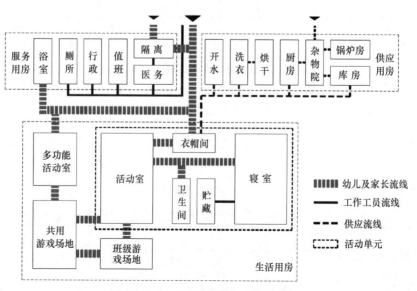

图 10.3.2 幼儿园平面功能关系图

10.3.3 生活用房

1. 托儿所生活用房：应由乳儿班、托小班、托大班组成，各班应为独立使用的生活单元，宜设公共活动空间。

1）托大班生活用房的使用面积及要求宜与幼儿园生活用房相同。

2）乳儿班应包括睡眠区、活动区、配餐区、清洁区、储藏区等，各区最小使用面积应符合下表的规定：

乳儿班各区最小使用面积（m²）　　　　　　表 10.3.3-1

各区名称	房间最小使用面积	各区名称	房间最小使用面积
睡 眠 区	30	清 洁 区	6
活 动 区	15	储 藏 区	4
配 餐 区	6		

3）托小班应包括睡眠区、活动区、配餐区、清洁区、卫生间、储藏区等，各区最小使用面积应符合下表的规定：

托小班各区最小使用面积（m²）　　　　　　表 10.3.3-2

各区名称	房间最小使用面积	各区名称	房间最小使用面积
睡 眠 区	35	清 洁 区	6
活 动 区	35	卫 生 间	8
配 餐 区	6	储 藏 区	4

注：睡眠区与活动区合用时，其使用面积不应小于 50m²。

4）乳儿班和托小班生活单元各功能分区之间宜采取分隔措施，并应互相通视。

5）乳儿班和托小班生活单元各功能分区应符合下列规定：

（1）睡眠区应布置供每个婴幼儿使用的床位，不应布置双层床；床位四周不宜贴靠外墙。

（2）配餐区应临近对外出入口，并设有调理台、洗涤池、洗手池、储藏柜等，应设加热设施，宜设通风或排烟设施。

（3）清洁区应设淋浴、尿布台、洗涤池、洗手池、污水池、成人厕位等设施。

（4）成人厕位应与幼儿卫生间隔离。

2. 幼儿园生活用房：应由幼儿生活单元、公共活动空间和多功能活动室组成，公共活动空间可根据需要设置。幼儿生活单元应设置活动室、寝室、卫生间、衣帽储藏间等基本空间。

幼儿园生活用房的最小使用面积（m²）　　　　　　表 10.3.3-3

房间名称		房间最小使用面积	备 注
活 动 室		70	指每班面积
寝 室		60	指每班面积
卫生间	厕 所	12	指每班面积
	盥 洗 室	8	指每班面积
衣帽储藏间		9	指每班面积
多功能活动室		宜 0.65 平方米/人，且不应小于 90m²	指全园共用面积

注：（1）当活动室与寝室合用时，其房间最小使用面积不应少于 105m²。

（2）全日制幼儿园（或寄宿制幼儿园集中设置洗浴设施时）每班的卫生间面积可减少 2m²。寄宿制托儿所、幼儿园集中设置洗浴室时，面积应按规模的大小确定。

（3）实验性或示范性幼儿园，可适当增设某些专业用房和设备，其使用面积按设计任务书的要求确定。

3. 生活单元：上述生活用房均应为每班独立使用的生活单元，宜按幼儿生活单元组合方法进行设计，各班幼儿生活单元应保持使用的相对独立性。

托儿所生活单元平面关系如图 10.3.3-1 所示，幼儿园生活单元平面组合关系参见图 10.3.3-2。

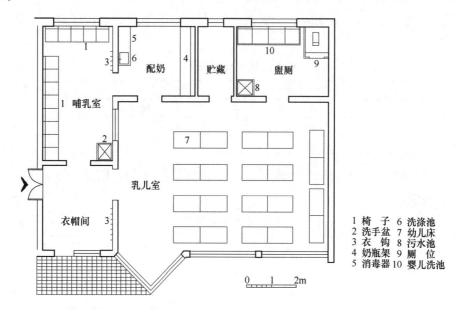

1 椅　子　6 洗涤池
2 洗手盆　7 幼儿床
3 衣　钩　8 污水池
4 奶瓶架　9 厕　位
5 消毒器　10 婴儿洗池

图 10.3.3-1　托儿所生活单元示意

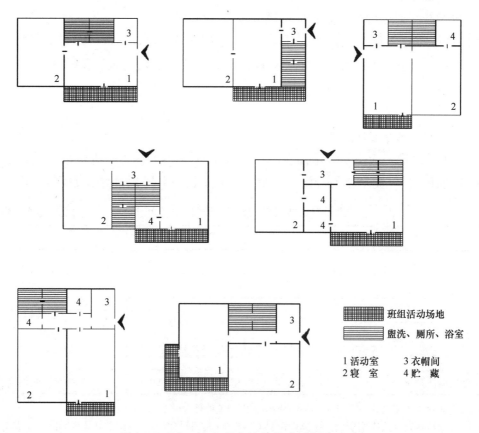

班组活动场地

盥洗、厕所、浴室

1 活动室　　3 衣帽间
2 寝　室　　4 贮　藏

图 10.3.3-2　幼儿园生活单元平面组合示意

4. 最小净高:

生活用房室内最小净高(m)　　　　表 10.3.3-4

房 间 名 称	净 高
托儿所睡眠区、活动区	2.80
幼儿园活动室、寝室	3.00
多功能活动室	3.90

注:(1) 特殊形状的顶棚、最低处距地面净高不应低于 2.20m。

　　(2) 改、扩建的托儿所睡眠区和活动区室内净高不应小于 2.60m。

5. 日照要求和朝向要求见本章第 10.2.5.5 条、第 10.2.5.6 条。

6. 厨房、卫生间、试验室、医务室等使用水的房间不应设置在婴幼儿生活用房的上方。

7. 喂奶室:乳儿班和托小班宜设,使用面积不宜小于 10m²。

1) 应临近婴幼儿生活空间;应设置开向疏散走道的门。

2) 应设尿布台、洗手池,宜设成人厕所。

8. 活动室、寝室:

1) 活动室应有最佳的朝向、良好的自然采光和通风条件。

2) 单侧采光的活动室进深不宜超过 6.60m。

3) 同一个班的活动室与寝室应设置在同一楼层内。

4) 活动室宜设阳台或室外活动平台,且不应影响幼儿生活用房的日照。

5) 寝室应与卫生间临近。日托可不单独设寝室,与活动室合用。

6) 寝室应保证每一幼儿设置一张床铺的空间,不应布置双层床。床位侧面或端部距外墙距离不应小于 0.60m。

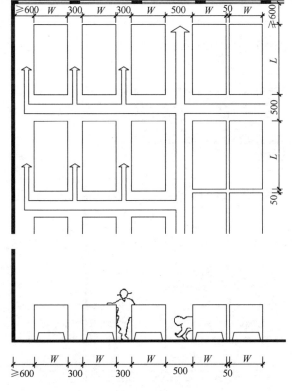

图 10.3.3-3　寝室平面布置示意图 (mm)

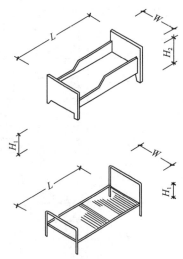

幼儿床尺寸				表 1
	L	W	H₁	H₂
大	1400	700	350	700
中	1300	650	320	650
小	1200	600	300	600

图 10.3.3-4　幼儿床尺寸 (mm)

9. 卫生间：应由厕所和盥洗室组成。

1）厕所和盥洗宜分间或分隔设置，大、中班卫生间平面布置示意详图10.3.3-5。

2）应邻近活动室或寝室，且开门不宜直对寝室或活动室。盥洗室与厕所之间应有良好的视线贯通。

3）无外窗的卫生间，应设置防止回流的机械通风设施。

4）夏热冬冷和夏热冬暖地区，幼儿生活单元内宜设淋浴室，寄宿制幼儿生活单元内应设置淋浴室，并应独立设置。热水洗浴设施宜集中设置。

5）厕所、盥洗室、淋浴室地面不应设台阶，地面应防滑，并易于清洗。

6）厕所大便器宜采用蹲式便器，大便器或小便槽均应设隔板，隔板处应加设幼儿扶手。

7）厕位的平面尺寸不应小于0.70m×0.80m（宽×深），沟槽式的宽度宜为0.16～0.18m，坐式便器的高度宜为0.25～0.30m。

8）托小班卫生间内应设适合幼儿使用的卫生器具。坐便器高度宜为0.25m以下；每班至少设2个大便器、2个小便器，便器之间设隔断；每班至少设3个适合幼儿使用的洗手池，高度宜为0.40～0.45m，宽度宜为0.35～0.40m。

9）幼儿园每班卫生间的卫生设备数量不应少于表10.3.3-4的规定，且女厕大便器不应少于4个，男厕大便器不应少于2个。

每班卫生间内卫生设备的最少数量 表10.3.3-5

污水池 （个）	大便器 （个）	小便器（沟槽） （个或位）	盥洗台 （水龙头、个）	淋浴 （位）
1	6	4	6	2

注：供保教人员使用的厕所宜就近集中，或在班内分隔设置。

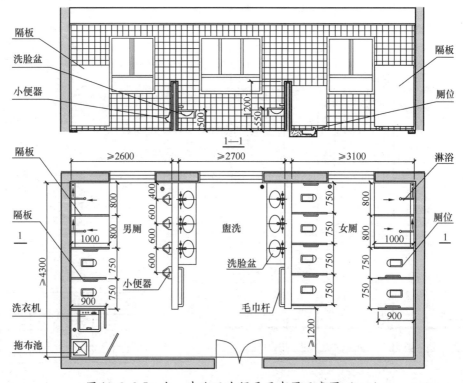

图10.3.3-5　大、中班卫生间平面布置示意图（mm）

10. 衣帽储藏室：封闭的衣帽储藏室宜设通风设施。

11. 多功能活动室：幼儿园应设。

1）宜临近幼儿生活单元，不应和服务管理、供应用房混设在一起。

2）单独设置时，宜用连廊与主体建筑连通，连廊应做雨篷；严寒地区应做封闭连廊。

3）应设两个双扇外开门，每个门净宽不应小于1.20m，且应为木制门。

10.3.4 服务管理用房

1. 服务管理用房的最小使用面积：

表 10.3.4

规模 房间名称	小型 （m²）	中型 （m²）	大型 （m²）
晨检室（厅）	10	10	15
保健观察室	12	12	15
教师值班室	10	10	10
警 卫 室	10	10	10
储 藏 室	15	18	24
园长室、所长室	15	15	18
财 务 室	15	15	18
教师办公室	18	18	24
会 议 室	24	24	30
教具制作室	18	18	24

注：1. 晨检室（厅）可设置在门厅内。

2. 寄宿制幼儿园应设置教师值班室。

3. 房间可以合用，合用的房间面积可适当减少。

2. 托儿所、幼儿园建筑应设门厅，门厅内应设置晨检室和收发室，宜设置展示区、婴幼儿和成年人使用的洗手池、婴幼儿车存储等空间，宜设卫生间。

3. 晨检室（厅）应设在建筑物的主入口处，并应靠近保健观察室。

4. 保健观察室的设置应符合下列规定：

1）应设有一张幼儿床的空间。

2）应与幼儿生活用房有适当的距离，并应与幼儿活动路线分开。

3）宜设单独出入口。

4）应设给水、排水设施。

5）应设独立的厕所，厕所内应设幼儿专用蹲位和洗手盆。

5. 淋浴室：教职工的卫生间、淋浴室应单独设置，不应与幼儿合用。

10.3.5 供应用房

1. 供应用房宜包括厨房、消毒室、洗衣间、开水间、车库等房间。

2. 厨房：

1）厨房应自成一区，并与幼儿生活用房应有一定距离。

2）厨房使用面积宜0.4平方米/人，且不应小于12m²。

3) 厨房应按工艺流程合理布局，避免生熟食物的流线交叉，并应符合国家现行有关卫生标准和现行行业标准《饮食建筑设计标准》JGJ 64—2017 的规定。

4) 厨房加工间室内净高不应低于 3.0m。

5) 应设置专用对外出入口，杂物院同时作为燃料堆放和垃圾存放场地。

6) 当托儿所、幼儿园建筑为二层及以上时，应设提升食梯；食梯呼叫按钮距地面高度应大于 1.70m。

7) 厨房室内墙面、隔断及各种工作台、水池等设施的表面应采用无毒、无污染、光滑和易清洁的材料；墙面阴角宜做弧形；地面应防滑，并应设排水设施。

8) 通风排气良好，排烟排水通畅，应考虑防鼠、防潮、避蝇等设施。

3. 其他用房：

1) 寄宿制托儿所、幼儿园建筑应设置集中洗衣房。

2) 应设玩具、图书、衣被等物品专用消毒间。

3) 汽车库应与儿童活动区域分开，应设置单独的车道和出入口。

10.4 安 全 与 疏 散

10.4.1 室外部分

1. 幼儿活动场所严禁种植有毒、带刺的植物。

2. 平屋顶可作为安全避难和室外活动场地，但应有防护设施。

10.4.2 建筑通道

1. 走廊的最小净宽：

表 10.4.2

房间名称 \ 走廊布置	中间走廊 (m)	单面走廊或外廊 (m)
生活用房	2.4	1.8
服务管理、供应用房	1.5	1.3

2. 幼儿经常通行和安全疏散的走道，不应设有台阶。必要时应设防滑坡道，其坡度不应大于 1∶12。

3. 疏散走道的墙面距地面 2m 以下不应设有壁柱、管道、消火栓箱、灭火器、广告牌等突出物。

10.4.3 楼梯及护栏

1. 楼梯、栏杆、扶手和踏步；

托儿所、幼儿园的疏散楼梯设计，应符合《建筑设计防火规范》GB 50016—2014（2018 年版）的规定。

1) 楼梯间应有直接的天然采光和自然通风，在首层应直通室外。

2) 楼梯除设成人扶手外，应在梯段两侧设幼儿扶手，其高度宜为 0.60m。

3）供幼儿使用的楼梯踏步高度宜为 0.13m，宽度宜为 0.26m，踏步面应采用防滑材料。

4）严寒地区不应设置室外楼梯。

5）幼儿使用的楼梯不应采用扇形、螺旋形踏步。

6）楼梯栏杆应采取不易攀爬的构造，当采用垂直杆件做栏杆时，其杆件净距不应大于 0.09m。

7）幼儿使用的楼梯，当楼梯井净宽度大于 0.11m 时，必须采取防止幼儿攀滑措施。

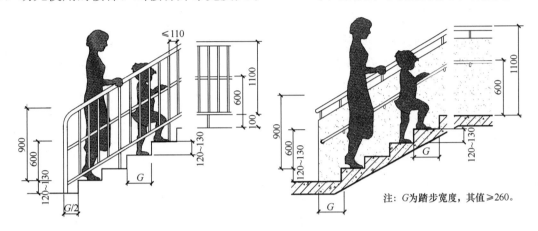

注：G为踏步宽度，其值≥260。

图 10.4.3 楼梯剖面示意（mm）

2. 护栏

托儿所、幼儿园的外廊、室内回廊、内天井、阳台、上人屋面、平台、看台及室外楼梯等临空处应设置防护栏杆。

1）栏杆应以坚固、耐久的材料制作，防护栏杆水平承载能力应符合《建筑结构荷载规范》GB 50009—2012 的规定。

2）防护栏杆的高度应从可踏部位顶面起算，且净高不应小于 1.30m，内侧不应设有支撑。

3）防护栏杆必须采用防止幼儿攀登和穿过的构造，当采用垂直杆件做栏杆时，其杆件净距不应大于 0.09m。

4）当窗台面距楼地面高度低于 0.90m 时，应采取防护措施，防护高度应从可踏部位顶面起算，不应低于 0.90m。

10.4.4 其他建筑构件

1. 位于走道尽端的房间的疏散门数量应经计算确定，且不应少于 2 个。

2. 位于两个安全出口之间或袋形走道两侧的房间的建筑面积不大于 50m² 时，可设置 1 个疏散门。

3. 附设在其他建筑内的托儿所、幼儿园的儿童用房，应采用耐火极限不低于 2.00h 的防火隔墙和 1.00h 的楼板与其他场所或部位分隔，墙上必须设置的门、窗应采用乙级防火门、窗。

4. 建筑室外出入口应设雨篷，雨篷挑出长度宜超过首级踏步 0.50m 以上。

5. 出入口台阶高度超过 0.30m 并侧面临空时，应设置防护设施，防护设施净高不应低于 1.05m。

6. 活动室、寝室、多功能活动室等幼儿使用的房间应设双扇平开门，门净宽不应小于 1.20m。

7. 幼儿出入的门应符合下列规定：

1）不应设置旋转门、弹簧门、推拉门，不宜设金属门。

2）生活用房开向疏散走道的门均应向人员疏散方向开启，开启的门扇不应妨碍走道疏散通行。

3）距离地面1.20m以下部分，当使用玻璃材料时，应采用安全玻璃。

4）距离地面0.60m处宜加设幼儿专用拉手。

5）门的双面均应平滑、无棱角。

6）门下不应设置门槛。

7）平开门距离楼地面1.20m以下部分，应设防止夹手设施。

8）门上应设观察窗，观察窗应安装安全玻璃。

9）外门宜设纱门。

8.窗的设计应符合下列规定：

1）活动室、多功能活动室的窗台面距地面高度不宜大于0.60m。

2）窗距离楼地面的高度≤1.80m的部分，不应设内悬窗和内平开窗扇。

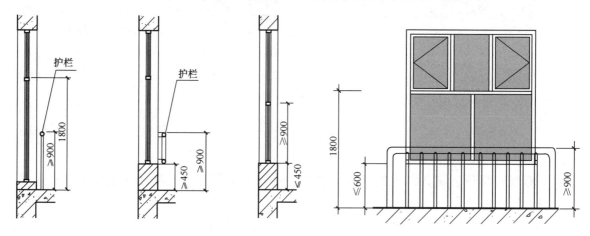

图10.4.4　窗的设计要求图示（mm）

3）寝室的窗宜设下亮子，无外廊时须设栏杆。

4）外窗开启扇均应设纱窗。

10.5　建 筑 构 造 设 计

10.5.1　门窗

1.严寒地区建筑的外门应设门斗，寒冷地区宜设门斗，其双层门中心距离应≥1.60m。

2.活动室、寝室、音体活动室及隔离室的窗应有遮光设施。

10.5.2　地面

1.乳儿班和托小班活动区、活动室、寝室及多功能活动室等幼儿使用的房间应做暖性、软质面层地面，以木地板为首选。

2.儿童使用的通道地面应采用防滑材料。

3.卫生间应为易清洗、不渗水并防滑的地面。

10.5.3 墙面

1. 幼儿经常接触的距离地面高度 1.30m 以下的室内外墙面，宜采用光滑易清洁的材料。

2. 墙角、窗台、暖气罩、窗口竖边等阳角处应做成圆角，加设的采暖设备应做好防护措施。

3. 乳儿班和托小班活动区距地 1.20m 的墙面应做成软质面层。

4. 活动室和多功能活动室等室内墙面应具有展示教材、作品和空间布置的条件。

10.6 室 内 环 境

10.6.1 采光要求

生活用房、服务管理用房和供应用房中的各类房间均应有直接天然采光和自然通风，其采光系数最低标准值和窗地面积之比，不应小于表 10.6.1 的规定。

采光系数最低标准值和窗地面积比　　　　　表 10.6.1

采光等级	房 间 名 称	采光系数最低值（%）	窗地面积比
Ⅲ	活动室、寝室、多功能活动室	3.0	1/5
	睡眠区、活动区	3.0	1/5
	办公室、保健观察室	3.0	1/5
	辅助用房	2.0	1/5
Ⅴ	卫生间	1.0	1/10
	楼梯间、走廊	1.0	1/10

注：单侧采光时，房间进深与窗上口距地面高度的比值不宜大于 2.5。

10.6.2 隔声要求

1. 托儿所、幼儿园建筑室内允许噪声级应符合表 10.6.2-1 的规定。

室内允许噪声级　　　　　表 10.6.2-1

房 间 名 称	允许噪声级（A声级，dB）
生活单元、保健观察室	≤45
多功能活动室、办公室	≤50

2. 主要房间的空气声隔声标准应符合表 10.6.2-2 的规定。

空气声隔声标准　　　　　表 10.6.2-2

房 间 名 称	空气声隔声标准（计权隔声量）（dB）	楼板撞击声隔声单值评价量（dB）
生活单元、办公室、保健观察室与相邻房间之间	≥50	≤65
多功能活动室与相邻房间之间	≥45	≤75

10.6.3 空气质量

1. 托儿所、幼儿园的幼儿用房应有良好的自然通风，其通风口面积不应小于房间地板面积的1/20。夏热冬冷、严寒和寒冷地区的幼儿用房应采取有效的通风设施。

2. 托儿所、幼儿园建筑使用的建筑材料、装修材料和室内设施应符合现行国家标准《民用建筑工程室内环境污染控制规范》GB 50325—2010 的有关规定。

10.7 无障碍设计

凡婴幼儿使用的建筑物主要出入口应为无障碍出入口,宜设置为平坡出入口;至少设置1部无障碍楼梯。公共厕所的无障碍设置要求:

1. 女厕所的无障碍设施包括至少1个无障碍厕位和1个无障碍洗手盆;男厕所的无障碍设施包括至少1个无障碍厕位、1个无障碍小便器和1个无障碍洗手盆。

2. 厕所的入口和通道应方便乘轮椅者进入和进行回转,回转直径不小于1.50m。

3. 门应方便开启,通行净宽度不应小于0.80m。

4. 地面应防滑、不积水。

5. 无障碍厕位应设置无障碍标志。

11 高等院校设计

11.1 总体规划

11.1.1 规模及组成
11.1.1.1 办学规模

大学、专门学院的办学规模（学生数） 表 11.1.1.1-1

学校类别	办学规模	学校类别	办学规模	学校类别	办学规模
一般院校	5000	体育院校	3000	艺术院校	2000
	10000		5000		5000
	20000		8000		8000

注：一般院校系指综合、师范、民族、理工、农林、医药、财经、政法、外语等院校。

高职高专院校的办学规模（学生数） 表 11.1.1.1-2

学校类别	办学规模	学校类别	办学规模
一般高职高专院校	2000	体育、艺术高职高专院校	1000
	5000		2000
	8000		3000

注：一般高职高专院校系指综合、师范、民族、理工、农林、医药、财经、政法、外语等高职高专院校。

11.1.1.2 用地组成（综合自《面积指标》《建筑设计资料集》）

高校校园推荐土地利用定额（平方米/生） 表 11.1.1.2-1

学校规模	校舍建筑用地	体育用地	集中绿地	总用地
500～3000	48	15	7	70
3000～9000	46	13	6	65
9000～15000	44	11	5	60
>15000	42	9	4	55

高校校园推荐分区建筑密度、建筑面积系数 表 11.1.1.2-2

分区	用地比例	建筑密度	建筑面积系数
教学科研区	28%～30%	20%～25%	80%～120%
教工生活区	28%～30%	20%～25%	80%～120%
学生生活区	15%～18%	20%～25%	80%～120%
后勤生产区	8%～12%	25%～30%	30%～60%
文体活动区	12%～15%		

11.1.2 建筑面积指标

11.1.2.1 大学、专门学院各项校舍的建筑面积指标(引自《面积指标》)

大学、专门学院各项校舍的建筑面积指标按非采暖地区的多层或少量低层建筑计算,采暖地区学校的各项建筑面积指标可在本指标的基础上增加 4%~6%。

大学、专门学院各类校舍用房的配备　　　　　　表 11.1.2.1-1

必须配备 (12项)	教室、实验室、图书馆、室内体育用房、校行政办公用房、院系及教师办公用房、师生活动用房、会堂、学生宿舍(公寓)、食堂、教工单身宿舍(公寓)、后勤及附属用房
可以配备 (6项)	教学陈列馆、国家或省部级重点实验室、留学生及外籍教师生活用房、专职科研机构办公及研究用房、函授部办公用房、学术交流中心
另行审批 (3项)	农林院校或综合性大学农林学院的实验实习农场、牧场、林场的附属用房;理工院校的产学研基地; 医学院校的临床实习医院;师范院校的附中、附小、附属幼儿园; 教职工机动车、自行车停车库(棚); 采暖地区供暖的锅炉房
其他规定	防空地下室

注:大学、专门学院各项校舍的建筑面积指标采用不同的基本参数。必须配备的 12 项校舍用房建筑面积指标,采用全日制在校学生人数为基本参数;实验室、图书馆两项校舍用房的补助建筑面积指标分别采用全日制在校硕士、博士研究生人数为基本参数。根据需要可以配备的留学生及外籍教师生活用房、专职科研机构办公及研究用房、设计院(所)用房、函授部办公用房建筑面积指标分别采用相关人员数为基本参数。

大学、专门学院 12 项校舍建筑面积总指标　　　　　表 11.1.2.1-2

学校类别	办学规模 (人)	校舍建筑面积 生均总指标 (平方米/学生)	学校类别	办学规模 (人)	校舍建筑面积 生均总指标 (平方米/学生)
综合大学①	5000	28.14	综合大学②	5000	29.49
	10000	26.71		10000	27.86
	20000	25.02		20000	26.05
师范、民族院校	5000	28.42	财经、政法院校	5000	24.08
	10000	26.90		10000	23.17
	20000	25.09		20000	21.86
理工院校	5000	30.24	外语院校	5000	24.72
	10000	28.50		10000	23.81
	20000	26.66		20000	22.50
农林院校	5000	30.13	体育院校	3000	34.07
	10000	28.39		5000	32.00
	20000	26.55		8000	30.36
医药院校	5000	30.01	艺术院校	2000	42.92
	10000	28.57		5000	38.40
	20000	27.26		8000	37.01

注:(1) 本表总指标未含研究生补助面积指标。
　　(2) 执行本指标时,如学校的实际规模小于或大于表中所列的规模值时,其指标应分别采用表最小或最大规模时的指标值;如学校的实际规模介于表列规模值之间时,可用插入法或参阅相关条文的说明取值。
　　(3) 综合大学①为理工类学科综合大学,包括工学、理学、农学(含林学)、医学(含综合大学内的医学);综合大学②为文法类综合大学,包括文学、哲学、教育学、历史学、管理学、法学、经济学、外语(非外语类院校的外语学科)。

11.1.2.2 大学、专门学院12项校舍建筑面积分项指标（详见《面积指标》）

11.1.2.3 高职高专院校各项校舍的建筑面积指标（引自《面积指标》）

高职高专院校12项校舍建筑面积总指标

表11.1.2.3

学校类别	办学规模（人）	校舍面积生均总指标（平方米/座）	学校类别	办学规模（人）	校舍面积生均总指标（平方米/座）
综合高职学院①	2000	30.25	综合高职学院（2）	2000	31.81
	5000	27.24		5000	28.49
	8000	26.17		8000	27.31
师范、民族高职高专院校	2000	30.19	财经政法高职高专院校	2000	24.88
	5000	27.51		5000	23.09
	8000	26.41		8000	22.42
理工高职高专院校	2000	32.92	外语高职高专院校	2000	25.52
	5000	29.84		5000	23.73
	8000	28.81		8000	23.06
农林高职高专院校	2000	32.81	体育高职高专院校	1000	36.37
	5000	29.73		2000	34.14
	8000	28.70		3000	32.90
医药高职高专院校	2000	32.51	艺术高职高专院校	1000	43.03
	5000	29.38		2000	39.37
	8000	28.35		3000	37.35

注：综合高职学院①为理工类综合高职学院，学科包括工学、理学、农学（含林学）、医学。综合高职学院（2）为文法类综合高职学院、学科包括文字、哲学、教育学、历史学、法学、经济学、管理学。执行本指标时，如学校的实际规模小于或大于表中所列的规模值时，其各项指标应分别采用表最小或最大规模时的指标值；如学校的实际规模介于表列规模值之间时，可用插入法取值。

高职高专院校聘有外籍教师或设有专职科研机构、函授部、设计院（所、室）时，其校舍建筑面积指标参照大学、专门学院的有关规定执行。

高职高专院校的教室（艺术高职高专院校除外）、室内体育用房、师生活动用房、学生宿舍（公寓）、食堂、教工单身宿舍（公寓）、后勤及附属用房的建筑面积指标均按大学、专门学院的有关规定执行。

11.1.2.4 高职高专院校12项校舍建筑面积分项指标（详见《面积指标》）

11.1.3 校园规划

11.1.3.1 校园外部空间层次（综合自《面积指标》《建筑设计资料集》《大学校园群体》）

表11.1.3.1

类型	功能	设计原则	其他
中心广场	学校最主要的公共空间和人群集聚中心	$D/H \geqslant 3$（D为广场宽度，H为主要建筑物高度），垂直视角$\leqslant 18°$，短边最大尺寸不宜超过70m	往往与大学主体建筑共同组成校园标识
区域性广场	入口广场，各功能分区的集中开敞空间	$1 \leqslant D/H \leqslant 3$	功能性广场，解决人流、车流集散；中小校园中，区域广场与中心广场合二为一
组团院落	提供小集体活动的领域，供组团内师生使用	$1 \leqslant D/H \leqslant 2$	尺度较小，封闭性较强，环境相对安静
建筑内院	提供小集体活动的领域	$D/H=1$，垂直视角45°	能感知建筑的细部

11.1.3.2 校园分区（综合自《面积指标》《建筑设计资料集》《大学校园群体》）

表 11.1.3.2

教学区	校系行政办公楼、礼堂、讲堂、报告厅、图书馆、视听中心、信息或计算中心、教学实验室、研究室
科研区（宜与主校区分开）	特殊科研设施（如占地多、产生污染、安全防护要求高，以及与教学无直接关联的大型科研设施）
后勤生产区（除必要后勤设施外，宜与主校区分开）	教学实习工厂、校办工厂、技术劳动开发中心、后勤供应管理机构、水、电、热及各种特殊气体供应、三废处理、各类仓库及露天场地
文体活动区	学生活动中心、俱乐部、博物馆、体育馆、运动场、游泳池、集中绿地、河湖林地
学生生活区	学生宿舍、公寓、学生食堂、俱乐部、户外活动场地、绿地、福利与服务设施
教工生活区（除单身教工宿舍外，可与主校区分开）	教职工住宅、公寓、单身教工宿舍、食堂、俱乐部、户外活动场地、绿地、福利与服务设施

11.2 教 学 区

11.2.1 教学中心区规划

11.2.1.1 功能组成

教学区的功能组成主要包括以下几个部分：教学楼/实验楼群、图书馆、行政办公楼、计算机信息中心、学术交流中心等。

11.2.1.2 各功能规划要点

各功能规划要点

表 11.2.1.2

各功能组成		布局方式	选 址
教学楼	公共型	公共教学楼课室的平面设计一般以相同模数分为大、中、小三个不同尺度的课室空间来进行平面布置，由全校统一排课调配使用，多用于低年级的公共基础课	学院教学楼组群、公共教学楼组群属于主要的教学建筑群，应该布置在相对较为安静的区域，尽量远离城市干道，公共教学楼到各院系的服务距离应适当接近
	专业型	专业教学楼按照一个或多个专业、系科建楼，通常将专业教学和同一学院的院系办公结合在一起成组团布置	
行政办公楼	公共型	对于大规模的校园，也可结合其他对外服务的功能内容单独设区	行政办公楼是进行学校日常管理和对外联系的场所，应靠近校园入口处方便与外界的沟通联系
	专业型	通常和专业教学楼结合在一起组团布置	
图书馆		图书馆属于教学中心区的重要组成部分，宜与教学楼群集中布置	多位于校园中心区核心位置/校园主轴线/校园风景区
计算机信息中心		可结合行政办公楼、图书馆或者教学楼设置	与其他教学功能区，学生生活区和教职工生活区联系方便
学术交流中心		可选择社会化服务，不单独设置	选址相对独立，并方便对外服务

11.2.1.3 教学区的布局模式

表 11.2.1.3

	图示	布局方式	特 点	适用范围
集中式		将教学楼、实验楼、图书馆等功能模块整体设计成一个综合体的方式	高度集约化，整体性强，空间关系集中，有利于主体建筑标志性的塑造，但不利于校园多样化空间的形成，对基地环境的适应性较差，一次性投资建设要求高，兼容性差	较小规模大学
部分集中式		将一部分教学区功能块集中成教学综合体，将其他功能块相对分散布置	有利于实现大学校园教学资源的共享、土地资源的合理利用、学科之间的横向联系；有利于形成大学校园空间的多样性、功能模块之间的相对独立性及教学设施的有效管理	中等规模大学
组团式		教学区建筑按照功能联系需求形成多个相对集中布局的教学组团，组团相对独立、成簇群式布局的组织方式	有利于多专业融合，推动学科群建设，促进多学科的交叉与交融发展；节约了土地资源；有利于建设标准化和模数化以及设施的统一管理	较大规模大学

11.2.2 教学楼设计要点

公共教室设计（引自《大学校园规划与建筑设计》《北京大学教室设计参考手册》）

表 11.2.2-1

	分类标准及用途	内部布局	采光通风	教学设备	备 注
小型授课教室和工作室	10～30 人用于小组讨论、工作、会议	长宽比例 1:1 或者 1:1.5	对自然采光要求不高，可设置遮光窗帘	可移动桌椅和讲台，较多的黑板	可用于研究生教育和本科生小组教学模式
普通教室（中型教室）	40～100 人主要用于上课，有多媒体和非多媒体两种	长宽比例 1:1.3～1:1.7	南向为宜，窗地面积比不应低于 1:6	根据教学活动要求配置插座和扩音设备，以及相关网络化/电子化教学设施	高校教室主流
阶梯教室及报告厅（大型教室）	150 人以上用于上课，演出，开会，报告等	长宽比不超过 1:1.5，阶梯形或者斜坡形	一般以内部采光为主	装置扩音设备和无线麦克，带有写字板的椅子	通常在一层，靠近大楼入口处，便于出入
远程教学教室（交换视频教室）	6～30 个学生之外在远程教学点还有一些学生	—	—	视频会议系统、语音会议系统	网络化教学背景下的新教室类型

室 内 净 高

表 11.2.2-2

教室类型	普通教室	专用教室、公共教学用房（进深大于7.2m）	多媒体及阶梯教室		
			200 座以下	200～300 座	300 座以上
室内净高	3.8m	3.9m	4m	4～5m	5～5.7m

11.2.3 公共教室单元组合布局

11.2.3.1 普通教室

表 11.2.3.1

教室组合类型	图　示
外廊式	
间断外廊式	
内廊式	
中庭式	中庭
单元式	
开放式	

11.2.3.2 阶梯教室群集中布局组合方式

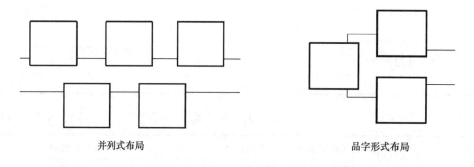

并列式布局　　　　　　　　　　品字形式布局

图 11.2.3.2

11.3　实　验　室

11.3.1　规划

实验室规模

按学科分的实验室建筑面积指标（平方米/生）　　　　表 11.3.1-1

学　科	学　科　规　模								研究生补助指标	
	500（人）	1000（人）	2000（人）	3000（人）	4000（人）	5000（人）	10000(8000)（人）	15000（人）	硕士生	博士生
工学	12.93	11.05	9.53	8.77	8.27	7.93	7.26	7.15	6.00	8.00
理、农（林）、医学	12.90	10.91	9.31	8.53	8.01	7.66	6.98	6.87	6.00	8.00
文学	2.43	1.39	0.98	0.88	0.83	0.80	0.77	0.76	4.00	4.00
外语、经济、法学、管理学	2.94	2.32	1.88	1.72	1.62	1.53	1.26	1.10	4.00	4.00
艺术	15.02	12.64	10.60	9.27	8.37	7.77	(6.91)	—	6.00	8.00
（师范艺术、艺术设计）	12.32	9.78	7.61	6.64	6.20	6.00	—	—	4.00	6.00
体育	1.98	1.72	1.58	1.48	1.39	1.32	(1.14)	—	4.00	6.00

注：括号内的数字为 8000 人指标。

按学校类别分的实验室建筑面积指标（平方米/生）　　　　表 11.3.1-2

学校类别	办学规模（人）	生均实验室指标	学校类别	办学规模（人）	生均实验室指标
综合大学①	5000	5.43	综合大学②	5000	6.75
	10000	4.63		10000	5.76
	20000	4.00		20000	5.02
师范、民族院校	5000	5.66	财经、政法外语院校	5000	1.54
	10000	4.77		10000	1.26
	20000	4.02		20000	1.01
理工、农林院校	5000	7.43	体育院校	3000	1.78
	10000	6.33		5000	1.59
	20000	5.56		8000	1.36
医药院校	5000	7.40	艺术院校	2000	10.60
	10000	6.60		5000	7.77
	20000	6.36		8000	6.91

注：执行本指标时，如学校的实际规模小于或大于表中所列的规模值时，其指标应分别采用表中最小或最大规模
时的指标值；如学校的实际规模介于表列规模值之间时，可用插入法或参阅相关条文的说明取值。

11.3.2 建筑设计

11.3.2.1 实验室建筑功能组成

表 11.3.2.1

实验室	学生或教师进行实验的场所
研究室	教师进行科研和实验前准备的场所,主要进行资料整理、报告编写、文献阅读等工作
实验附属房间	一般含有药品室、仪器室和天平室、讨论室、档案室、化学实验及样品前处理室、电烤室、洗涤室、实验用水制备室、暗房、试剂储藏室等房间
设备单元	交通核、设备管井空间
行政办公	行政、办公、会议

11.3.2.2 实验室空间组织类型

表 11.3.2.2

分类	定 义	特 点	管道布置
主通道型	沿纵走廊向走廊两侧布置实验室与研究室	走廊可采用单通道、双通道、多通道	水平干管—垂直分管—水平支管
枢纽型	将实验空间划分为实验工作区与服务区两部分	服务区包括管井、垂直交通、盥洗室,可位于实验室两端、两侧或中央	垂直干管—水平分管—水平支管
三段式	将实验区功能在平面上分成实验区、服务区、研究区	实验室灵活性较大、便于扩建、重组,保持平面中心部分恒温恒湿	混合式

11.3.2.3 实验室平面设计

1. 平面设计原则

1)同类实验室组合在一起。

2)工程管网较多的实验室组合在一起。

3)有洁净要求的实验室组合在一起。

4)有隔振要求的实验室宜设于底层。

5)有防辐射要求的实验室组合在一起。

6)有毒性物质产生的实验室组合在一起。

2. 实验室平面类型

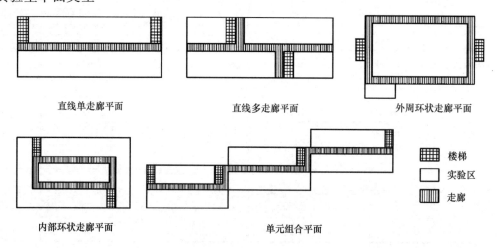

图 11.3.2.3

11.3.3 实验室建筑基本参数

11.3.3.1 实验室的空间尺度建议表

表 11.3.3.1

类　型	轴线间距	
开间模数	6.0m，6.6m，7.2m	
进深模数	6.0m，7.2m，8.4m，9.6m	
层高	3.6m，3.9m，4.2m	
走廊净宽	单面走廊	≥1.5m
	中间走廊	1.8～2.1m
	检修走廊	1.5～2.0m
	安全走廊与参观走廊	≥1.2m
	设备管道走廊	2.0～2.8m
走廊净高	2.4m/2.7m	
实验室研究室净高	≥2.8m（不设置空气调节） ≥2.5m（设置空气调节）	
门	宽度≥1m，高度≥2.1m（1/2个标准实验单元） 宽度≥1.2m，高度≥2.1m（1个标准实验单元）	
实验台布置	实验台与实验台间距≥1.6m 通风柜与实验台间距≥1.5m 实验台与边墙间距≥1.2m 实验台与外窗平行布置其间距≥1.3m	

注：表中所示适用于普通实验室。

11.3.3.2 教学实验室指标面积建议表

表 11.3.3.2

实验室类型	人均面积（m²）
生物实验室	4.65～5.58
化学实验室	4.65～7.44
地质实验室	3.72～5.58
物理实验室	3.72～5.58
心理学实验室	2.79～3.72

注：根据2003年教育部制定的《高等学校基础课实验教学示范中心建设标准》，实验室人均占有实际使用面积至少2.5m²。

11.3.3.3 科研实验室指标面积建议表

表 11.3.3.3

实验室类型		人均面积（m²）
生物学科	实验生物	49～66
	动物	55～73
	植物	68～89
化学学科	化学	52～70
	化工	66～89

实验室类型		人均面积（m²）
物理学科	理论物理	34～43
	实验物理	52～73
	力学与声学	42～58
	核物理	75～98
技术科学学科	计算机技术	50～66
	半导体与电子技术	54～74
	应用技术	48～63
	自动化技术	46～61
	光电技术	52～66
数学学科	数学	34～43
地理学科	地理	45～60
	海洋	51～67
	土壤	54～71
	地质	56～74

注：该指标适用于建筑层数为多层时。

11.3.4　设计新趋势

表 11.3.4

柔性化	主要指室内空间和工艺设备的柔性化，例如建筑平面布局具有一定的调整能力，采用可移动式工艺设备等
专业化	转变实验室设计理念、实行实验室设计专业化，即先工艺设计后土建设计
节能化	实验室建筑对温湿度、洁净度要求较高，通风空调耗能占比高，能耗是普通办公建筑的 10 倍
开放化	实验室建筑的开放化设计主要体现在平面布局、室内空间及资源设备等方面，例如平面布局采用大开间式设计，室内设置休闲区、活动区等开放空间，建筑内设置开放化的网络、线路及设备接口等
人性化	在满足实验室建筑功能性要求的同时，从平面布局、配套设施、室内环境多方面入手，创造具有人文关怀和生活气息的室内空间是现代实验室建筑设计的必然发展趋势

11.4　学生活动中心

11.4.1　规模

11.4.1.1　建设规模建议参照 12 项校舍建筑面积分项指标

11.4.1.2　实际案例归纳规模（供参考）

表 11.4.1.2

国内案例			国外案例		
在校学生人数	建筑面积（m²）	人均面积（平方米/人）	在校学生人数	建筑面积（m²）	人均面积（平方米/人）
≤2500	约1000	约 0.5	1000～5000	1000～4500	约 0.9
2500～6000	约2000	约 0.4	5000～10000	4000～7000	约 0.8
6000～9000	2500～3500	约 0.3	10000～15000	5500～9000	约 0.7
15000～20000	3500～4500	约 0.22	15000～20000	6000～11000	约 0.6

11.4.1.3 设计要点

表 11.4.1.3

分项	建 议 内 容	备注
选址	1. 设于学生生活区内； 2. 或设于学生生活区与教学区之间区域	需依据校园整体规划进行设计
主要功能内容	设置与学生课余活动和日常生活相关的功能类型，如： 　1. 公共空间（门厅/大厅）：主要交通枢纽和视觉中心，可考虑设置公共信息及展示空间等； 　2. 学生社团：如各种活动室，会议室，小型报告厅，表演厅等； 　3. 校园管理服务，如校园卡服务，就业指导服务，心理咨询服务等； 　4. 学生生活及娱乐，如茶室、咖啡厅，校园教科书书店，银行（ATM）服务，快递服务和小型超市等	功能内容可根据实际需求删减或增加
空间/流线	1. 集中同功能类型空间为区域单元进行设计； 2. 建立有序的区域单元空间并设置视觉连续的空间和方便的交通系统	—
建筑风格	1. 与校园主体建筑风格呼应； 2. 比校园主体建筑风格更自由	—
特别建议	1. 可考虑设置24小时开放的服务空间，如ATM，快递自动收取服务，自动贩卖机等； 2. 各活动区域之间应避免噪声互扰	—
注意	选择功能组合取舍时可考虑与周边其他设施功能的互补性，如选择配置报告厅、超市等的必要性	需依据校园整体规划进行设计

11.5 学生健身活动中心

11.5.1 建设规模

参照12项校舍建筑面积分项指标。

11.5.2 功能分区与布局

11.5.2.1 运动和健身类别

表 11.5.2.1

类 别	功 能
水上运动	游泳、跳水、休闲等
球类运动	篮球、排球、羽毛球、乒乓球、壁球、足球、网球等
健身运动	健身舞、瑜伽、器械健身、武术、剑击、跑步等
其他常见运动	为增加运动趣味性，一般可附带加入流行时尚各种项目，如：攀岩、台球、保龄球等

11.5.2.2 功能分区

表 11.5.2.2

类　别	组　成	备　注
运动和健身区	按各运动类别要求	—
非运动公共空间	门厅、过厅等交通枢纽空间和管理、服务性空间，如服务前台、寄存间、小卖部等	—
运营管理办公区	场馆运营办公空间、储物间、设备间	水质水温控制机房约占地 $100m^2$

11.5.3 设计要点

表 11.5.3

主要出入口	1. 宜设置唯一使用出入口，并设置身份登记/验证柜台，方便管理； 2. 门厅宜提供寄存服务； 3. 门厅宜设等候休闲区、简单餐饮区以及体育用品售卖和维修等服务区； 4. 门厅作为交通枢纽，应可（通过垂直交通）直通各个运动区
后勤服务区	1. 后勤出入口应与主出入口分开设置； 2. 应设置独立垂直交通（楼梯、货运电梯）与各个运动区直接相连； 3. 除集中的储存空间，每个运动区须设置专用器具储存空间
水上运动区	1. 宜设于底层，更衣间、淋浴间是必配设施，且应满足从更衣间进入泳池前须经强制淋浴通道的规定； 2. 水上运动区宜与水温水质控制设备用房靠近
环形跑道	一般设置在2层以上，且不应与其他功能流线交叉穿越，跑道转弯处宜做倾斜式跑道设计
净高	注意满足不同运动区域有差别的净高要求
安全疏散	如安排有观众空间则须计算建筑使用人数以确定安全疏散通道宽度
其他	设计时应考虑当地气候的风、雨、气温等特点，可根据需要安排部分功能组合室外化或半室外化，如：南方校园可以把网球、足球等场地安排布置在屋面（降低建造费用和使用成本），篮球、排球、羽毛球区可考虑使用非全封闭式有顶空间，充分利用自然通风和采光但又可实现锻炼不受天气原因影响的目的

11.6 学 生 宿 舍

11.6.1 规模及组成（引自《面积指标》）

规模

表 11.6.1

学生类别	本科生	研究生指标	
		硕士生	博士生
学生宿舍建筑面积指标（平方米/生）	10	15	20

注：各地根据情况可做适当调整，但本科生生均建筑面积指标不应低于 $8m^2$，硕士生生均建筑面积不应低于 $12m^2$。

11.6.2 用地及面积指标

居室类型与人均使用面积

表 11.6.2

项　目		1 类	2 类	3 类	4 类	
每室居住人数（人）		1	2	3～4	6	8
人均使用面积 （平方米/人）	单层床	16	8	5	—	—
	双层床	—	—	—	4	3
储藏空间		壁柜、吊柜、书架				

注：本表中面积不含居室内附设卫生间和阳台面积。

11.7　食　　堂

11.7.1　规模：引自《面积指标》。

表 11.7.1

办学规模（人）	2000	3000	5000	8000	10000	20000
各类院校（平方米/生）	1.40	1.35	1.30	1.27	1.25	1.20

注：少数民族的清真食堂按就餐人数，其生均建筑面积指标在上表基础上增加 0.5 平方米/生。

11.7.2　建筑面积分配（引自《建筑设计资料集》）

表 11.7.2

级别	分项	每座面积 m²	比例 %	规模（座）				
				100	200	400	600	800/1000
一级 食堂	总建筑面积	3.20	100	320	640	1280	1920	3200
	餐厅	1.10	34	110	220	440	660	1100
	厨房	0.80	25	80	160	320	480	800
	辅助	0.34	11	34	68	136	204	340
	公用	0.16	5	16	32	64	96	160
	交通·结构	0.80	25	80	160	320	480	800
二级 食堂	总建筑面积	2.30	100	230	460	920	1380	2300
	餐厅	0.85	37	85	170	340	510	850
	厨房	0.60	26	60	120	240	360	600
	辅助	0.30	13	30	60	120	180	300
	公用	0.09	4	9	18	36	54	90
	交通·结构	0.46	20	46	92	184	276	460

注：（1）表内除总建筑面积外其他面积指标均指使用面积，表内食堂最大规模为1000座。

（2）总建筑面积＝餐厅、厨房、辅助、公用、交通与结构每座面积分别乘以座位数之和。

12 园区建筑设计

12.1 概　　述

12.1.1 产业园分类

产业园分类表

表 12.1.1

分类	概述	详细划分	相关描述
科技园区	指集聚高新技术企业的产业园区。融合研究、设计、中试、无污染生产等新型产业功能以及相关配套设施	高科技园区	以高科技产业为主体的综合性园区，常与高校、科研机构相融，相互支持。一般强调效率、使用品质、服务支持
		产城融合社区	融合商业服务、生活服务、休闲娱乐等城市生活功能的产业生活共同体
		生态产业园区	以新一代制造业为主体的功能性园区，强调低污染，高效率，产业链联合，多方面服务，生态环境的打造，常与科技产业园相融
专业园区	区域内专门设置某类特定产业、形态的园区	生态农业园区	现代农业的聚集区，常与观光旅游等服务相结合
		物流园区	以服务于城市的物流体系为主的功能性园区，并根据物流业的发展，积极延伸上下游产业链条，提供多重服务
		创意产业园区	以文化创意类产业为主体的综合性园区，强调人文特征，地区特质，环境品质
		总部经济园区	由某一产业价值的吸引力，聚合多种资源，形成有特定智能的区域
一般工业园区	划出区域聚集各种生产要素，在一定空间范围内进行科学整合，提高集约强度，突出产业特色的产业分工协作生产区。主要是以各类工业为主要内容的园区	经济技术开发区	发展知识密集型和技术密集型工业为主的特定区域
		保税区	由国务院批准设立的、海关实施特殊监管的经济区域
		出口加工区	国家划定或开辟的专门制造、加工、装配出口商品的特殊工业区
		普通工业园区	由各级政府认定的、集中统一规划的产业基地

注：产业园区一般泛指科技园区及专业园区类项目。深圳市的产业园定义涵盖了此二者。

12.1.2 性质要点

产业园一般以工业用地为主（物流园区为物流仓储用地），有部分为科研用地或搭配部分商业服务业设施用地等混合用地性质。其中工业用地按国土资源部《工业项目建设用地控制指标》要求，涉及要点如下：

1. 工业项目的建筑系数应不低于30%。
2. 工业项目所需行政办公及生活服务设施用地面积不得超过工业项目总用地面积的7%。
3. 建筑物层高超过8m时，在计算容积率时该层建筑面积应加倍计算。
4. 绿地率不得超过20%。

注：各地有具体政策规定时，按具体政策要求执行（如《深圳市建筑设计规则》已明确规定各类建筑层高，面积计算等要求）。工业项目建筑产权划分往往以栋为单元，并常有最小单元面积等的限制。设计时应注意与后期销售运营等的衔接，避免丧失灵活性。

12.1.3 面积指标

就业密度表   表 12.1.3-1

产业类型	发展地区就业密度（人/平方千米）	发达地区就业密度（人/平方千米）
装备制造业	3000～4000	5000～8000
高新和环保产业	4000～5000	7000～10000
物流产业	500～1000	1500～2500
食品产业	3000～4000	5000～8000
医药产业	4000～5000	7000～10000
光电信息产业	3000～4000	5000～8000
创意产业	4000～5000	7000～10000
综合功能区	3000～4000	5000～8000

注：(1) 由于各地区产业及发展状况差异较大，本表仅作为前期估算使用的经验值，供规划测算使用。详细数据应根据实际情况调整确定。
(2) 直接就业人口与配套服务人口比例为2：1到1：1；带眷人口由产业园区发展程度等各方面特性决定，约占总职工人数的30%～70%。

具体园区人数计算取值表   表 12.1.3-2

土地用途		人口密度
商贸用途	—	20～25 平方米/人
一般工业用途	工业用途	现有工业区 25 平方米/人 新工业区 35 平方米/人 货仓 700 平方米/人
	工业/办公用途	20 平方米/人
特殊工业用途	工业用途	75 平方米/人
	科学园区	15 平方米/人
	乡郊工业用途	300 人/公顷
	其他有特殊要求的工业用途	按运作需要确定

注：此表引自香港规划署《香港规划标准与准则》，供概算取值参考，生产性园区人均取值可适当减小。

12.1.4 配套服务

新一代园区对配套服务设施有更高的要求，并与城市产生更多的融合，在此要求下，园区配套设施不再是简单的满足基本生活需求,可分为服务于员工及周边居民的生活型配套和服务于园区企业的生产型配套两大类。

配套服务明细表

表 12.1.4

类别	分项	项目细分	基本描述	建议参考	备 注
生活型配套	餐饮配套	*集中食堂	园区集中就餐使用	厨房净高≥3m; 用餐区 1 平方米/人	饮食建筑设计标准 JGJ 64—2017
		高档中餐		净高≥3m;≥500m²	
		*中式快餐	自助式快餐	净高≥3m;≥300m²	
		高档西餐		净高≥3m;300~1000m²	
		西式快餐		净高≥3m;300~500m²	如特殊要求需独立流线
		蛋糕甜品		净高≥2.6m;40~100m²	
		茶座咖啡		净高≥3m;200~500m²	
		冷饮奶茶		净高≥2.6m;20~60m²	
	商业配套	休闲服饰		净高≥3m;60~300m²	
		小型超市		净高≥3m;≥100m²	宜考虑货运流线
		*便利店		净高≥2.6m;30~150m²	
		水果超市		净高≥2.6m;30~100m²	
		鲜花礼品		净高≥2.6m;15~100m²	
		烟酒礼品		净高≥2.6m;15~100m²	
		办公文具		净高≥2.6m;15~100m²	
		诊所药房		净高≥3m;100~500m²	
	体闲配套	健身锻炼	自助式	净高≥4.5m;≥500m²	主要活动用房不宜小于 24m×16m
		小型书店		净高≥3m;100~200m²	
		图书阅览	阅览为主, 兼做小型活动	净高≥4m;300~1000m²	主阅览室空间不宜小于 24m×10m
		小型影院	可设大、中、小及 VIP 厅	净高≥6.5m ≥800m²	应考虑放映、观影、疏散流线
		KTV		净高≥3m;≥200m²	小包 10m²、中包 15~20m²、大包 25m²
		咖啡、酒吧		净高≥3m;150~450m²	
		小型泳池		净高≥4m;400~600m²	
		棋牌娱乐		净高≥3m;150~250m²	
		足浴 SPA		净高≥3m;80~250m²	
		*运动场地	室外运动区		按照用地情况适当布置
		美容美发		净高≥3m;80~200m²	
	服务配套	*邮政电信		净高≥3m;60~120m²	
		信息中介		净高≥3m;60~120m²	
		票务旅游		净高≥3m;60~120m²	

类别	分项	项目细分	基本描述	建议参考	备 注
生活型配套	服务配套	打印复印		净高≥3m；40~80m²	
		洗车养护		净高≥3m；120~240m²	
		汽车充电站		净高≥3m	
		O2O体验店		净高≥3m	
		洗衣房		净高≥3m	
		租车行		净高≥3m；300~500m²	
		物流快递	必要物流网点	净高≥3m；60~300m²	可利用架空层或地下室布置
生产型配套	企业配套	会议中心	大型300人20万平方米/个	净高≥5m；500m²	大中型会议室长宽比例宜为2：3、小型宜为1：2；考虑交通及辅助空间流线
			中型100人10万平方米/个	净高≥4m	
			小型40人6万平方米/个	净高≥3m	
		培训教室	20人	净高≥3m	可考虑与培训教室转化，部分可设于办公标准层内
			80人	净高≥3.6m	
			150人	净高≥4m	
		多功能厅		净高≥5m（如有运动场地，应相应加高）	主要房间不宜小于20m×30m
		*展示销售	展示销售及招商洽谈	净高≥5m 面积≥800m²	立面设计宜考虑LED屏
		*招商运营		净高≥5m；面积≥700m²	
		办事大厅	一站式服务	净高≥5m；面积≥700m²	平面布局为大厅或窗口式
		企业会所	企业洽谈会客社交	净高≥4.5m 面积≥200m²	宜为独栋的高品质建筑
		*安保管理		面积≥1000m²	
		企业仓储		净高≥3m；200~400m²	
		*物业管理		净高≥3m；200~400m²	
		*政务服务		净高≥3m；200~300m²	
	金融配套	*银行营业厅		净高≥3m；400~600m²	宜相对集中布置，以形成金融服务区
		基金证券	供各金融网点入驻	净高≥3m；800~1000m²	
		小额信贷		净高≥3m；80~200m²	
		互联网金融		净高≥3m；80~200m²	
		典当行		净高≥3m；80~300m²	

注：带"＊"项为园区基础配套，其他为结合园区性质的特色配套。各项配套具体业态与面积应和园区规模，服务的内部及周边人数相匹配。

12.2 规 划 设 计

12.2.1 园区规划

园区规划应根据产业主题选择不同的规划模式，使产业聚集，使用方便，交通顺畅，环境优美，形成良好的园区氛围。

园区规划模式 **表 12.2.1**

类型	图例	说明
街区式		街区式规划一般为城市型园区的规划方式，密路网，高容积的方式应对与城市相融的场地需求，并且利于未来逐步发展分期建设
组团式		组团式规划一般应用于城郊型园区，可形成尺度亲和，领域感较强的单元组团，有利于主题及氛围的营造
轴线式		轴线式规划一般应对于产业新区的园区规划。具有较强烈的规划形态控制，也便于功能分区
自由式		自由式规划一般应用于生态型园区。具有与自然融合的空间结构，利于形成轻松自由的科研氛围

类型	图例	说明
围合式		围合式规划一般应用于需要重点营造自身环境的园区，对外具有较完整的形象展现
立体集约式		立体集约式规划应对于成熟城市热点区域，通过立体高容高密的方式，提升园区的效率及价值，与城市无缝衔接
均布式		均布式规划一般应对于城郊及新区型园区规划，具有价值均好，产品标准，交通组织顺畅的优点，但容易千篇一律，需注意避免

12.2.2 交通组织

设计原则：

1. 除交通需求较强的工业及物流园区，其他各类园区应鼓励密路网、窄路宽、人车分流等方式，提升园区交通品质。

2. 处于城市区域内的园区应提倡打开干道，促进园区道路与城市路网的融合衔接。

3. 园区内部支路应避免吸引车辆任意穿过。

4. 合理进行道路分级以保证交通顺畅。

5. 在行人最易到达的地方提供公共交通设施。

6. 避免出现大型车辆不易转弯回转的尽端路。

7. 避免设置错位的 T 字形路口。

表 12.2.2

园区性质	车行道路路面宽度			其他道路单侧宽度		备注
	主干道	次干道	支路	非机动车道	人行道	
一般工业园区	15～22m	7～10m	4～7m	2.5～3.5m	2～4m	按不同产业的车辆需求、园区人数，选择适当宽度
物流园区	15～30m	8～15m	5～8m	—	1.5～3m	具体应按项目交通流量测算后得出匹配值
科技园区	7～15m	5～7m	3.5～5m	2.5～3.5m	3～5m	园区内提倡车辆低速、步行优先
创意园区	7～15m	5～7m	3.5～5m	2.5～3.5m	3～5m	园区内提倡车辆低速、步行优先
生态农业园区	4～6m	3～4m	2～3m	—	0.9～1.2m	园区以自然生态为主，车量数少，道路要求低

注：此为经验数值，道路尺度一般应与园区规模、园区功能、园区车辆数等相匹配。道路占园区总用地面积比一般为 11%～18%。

12.3 建 筑 设 计

12.3.1 产业建筑平面类型

常见点式平面：一般在产业园内作为标志性建筑展现产业园形象，使用率较板式偏低，单元面积较小，可分可合，常结合阳台，透空等方式提升使用品质。

表 12.3.1-1

产品类型	面积控制	产品单元	租售类型	产品特点
中核式	标准层面积 2000～3000m²	产业单元分隔面积 150～400m²	单间租售或多间组合，适合小微及中小企业	典型产品，形体挺拔方正；可分可合，灵活性强；可分割单元小；形象昭示性强；核心筒居中无自然采光

产品类型	面积控制	产品单元	租售类型	产品特点
偏核式	标准层面积 2000~3000m²	产业单元分隔面积 150~400m²	单间租售或多间组合,适合小微及中小企业	形体挺拔方正; 可分可合,灵活性强; 核心筒露明,可带空中花园,提升品质; 特色天井,生态品质好
分核A	标准层面积 2000~3000m²	产业单元分隔面积 150~400m²	单间租售或多间组合,适合小微及中小企业	面宽大,单元采光好; 可分可合,灵活性强; 特色天井,生态品质好; 分核交通,使用品质提高
分核B	标准层面积 2000~3000m²	产业单元分隔面积 150~400m²	单间租售或多间组合,适合小微及中小企业	单元采光通风好; 可分可合,灵活性强; 可分割单元小; 特色天井,空间品质好; 空中走廊,提升建筑品质; 分核可分开管理,品质感好

常见板式平面:一般在产业园内作为主打产品,使用率较点式高,采光良好,单元可分可合,并可整块合并,弹性大,较大单元常提供独立卫生间,结合阳台,挖空等方式提升使用品质。

表12.3.1-2

产品类型	面积控制	产品单元	租售类型	产品特点
分离式	标准层面积 1600m² 左右	产业单元分隔面积 150~300m²	单间租售或多间组合,适合小微及中小企业	交通与使用空间独立分开; 形体有特色; 外廊采光品质好; 可分割单元小; 使用率偏低,标准层面积小

产品类型	面积控制	产品单元	租售类型	产品特点
板式单核式	标准层面积 2500m² 左右	产业单元分隔面积 180～400m²	单间租售或多间组合,适合小微及中小企业	典型产品,使用率高; 单核规整,灵活性强; 户型方正,品质好; 明核外设置空中花园,提升品质; 结合造型设空中露台,提升价值
板式分核式	标准层面积 2500～3000m²	产业单元分隔面积 180～400m²	单间租售或多间组合,适合小微及中小企业	典型产品,使用率高; 双核人货分流明确; 户型方正,品质好; 明核外设置空中花园,提升品质; 结合造型设空中露台,提升价值; 标准层单元面积可增加受宽度限制小
创客式板楼	标准层面积 1300m² 左右	产业单元分隔面积 100～150m²	单间租售或多间组合,适合小微及中小企业	进深较小,采光良好; 使用率高; 使用灵活度大; 户型可分可合

常见多层平面:类总部楼型产品,独立性强,增值空间高,环境良好,一般作为园区内的高端产品,吸引实力企业入驻。

表 12.3.1-3

产品类型	面积控制	分户方式	高度控制	产品特点
联排式	标准层面积 400～600m² 单栋面积 1200～2400m²	产业单元分隔面积 400～1200m² 可平层或整栋分	3～4 层 3～4 层	企业形象独立; 分层或单栋租售; 两面或者三面采光通风; 有天有地的格局; 适合中型企业

产品类型	面积控制	分户方式	高度控制	产品特点
合院式	标准层面积 400～600m² 单栋面积 1200～2400m²	产业单元分隔面积 400～1200m² 可平层或整栋分	3～4层	企业形象独立； 可形成共享中庭空间，空间氛围生动有趣； 分层或单栋租售； 四面采光通风； 有天有地格局，提供增值空间； 可相关产业共同租售，产生联动效应； 适合中型企业
独栋式	标准层面积 600～1000m² 单栋面积 2000～6000m²	产业单元分隔面积 600～2000m² 可平层或整栋分	4～6层	企业形象佳，使用独立； 分层或单栋租售； 拥有较大的屋外活动空间，同时也有良好的采光和通风； 有天有地格局，增值空间丰富； 适合大中型企业

常见配套设施平面：宿舍主要满足企业员工居住需求，生活及生产型配套主要解决园区企业，员工的生活与工作需求。齐全的配套设施可有效提升园区吸引力。

表 12.3.1-4

产品类型	产品单元	使用类型	产品特点
集体式宿舍	单元分隔面积 30～50m²	以租为主，适合企业单身员工。服务园区企业	明核明廊，品质优良； 户型方正，功能弹性较大； 可分可合，灵活性强； 每层可设公共活动空间，提升品质
居家式宿舍	单元分隔面积 40～90m²	以租为主，适合企业已婚员工家庭。服务园区企业	居住品质好； 户型方正，使用率高； 占地较小，视野良好

常见生活及生产型配套平面形式:

表 12.3.1-5

产品类型	产品单元	高度控制	租售类型	产品特点
商业街式	产业单元分隔面积 50~100m²	1~2层	单间租售或多间组合,适合多种业态	单元方正好用,开间进深比例合理;可一拖二或二层单独交通使用;单元分割面积小;适用于生活型配套商业
独立式	产业单元分隔面积 500~1000m²	1~3层	单间租售或多间组合,适合小型主力店	单元独立,形象突出;结合退台等,提高价值;功能弹性较大,可变换功能;适用于生活及生产型配套
裙房式	产业单元分隔面积 200~500m²	1~3层	自持出租为主,适合园区级别配套	与主楼关系紧密;面积较大,形象突出;适合主力店或多功能厅等园区公共配套

12.3.2　单体建筑设计要点

产业建筑设计应根据项目性质,市场需求,政府政策,规划特点等因素合理设计单体,力求适应入园企业需求,并提供发展的弹性。单体设计中应结合自身性质,注意各地规范准则对层高、阳台、挖空、架空层等的限定要求,避免设计上的弯路。

产业建筑典型平面　　　　　　　　　　　　　　　　　表 12.3.2-1

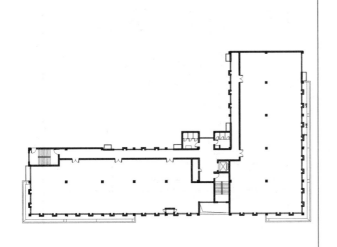

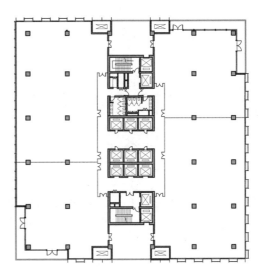

项目名称	武汉某中心			项目名称	深圳某大厦		
层数	6 层	标准层层高	3.4m	层数	28 层	标准层层高	4.2m
标准层面积	1088m²			标准层面积	1866m²		
建筑高度	20.4m	产品使用区域进深	13.1m	建筑高度	123m	产品使用区域进深	18m
特点	通用型产业建筑，进深较小，双面采光，可拼接组合			特点	使用空间进深大，使用率高，划分灵活		

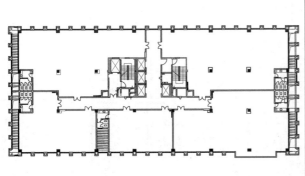

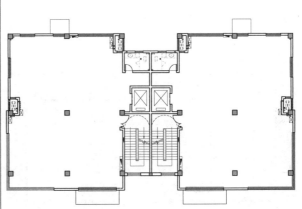

项目名称	深圳某大厦			项目名称	长沙某新城		
层数	17 层	标准层层高	3.9m	层数	3 层	标准层层高	4.2m
标准层面积	1568m²			标准层面积	485m²		
建筑高度	68.3m	产品使用区域进深	26.4m	建筑高度	11.95m	产品使用区域进深	16.3m
特点	通用型产业建筑，可灵活设置各种产业业态，配独立卫生间提高品质			特点	总部型产业建筑，形象较好，使用品质高		

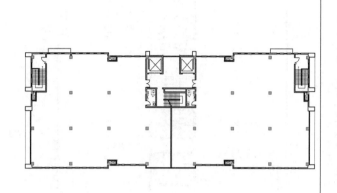

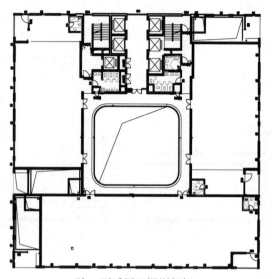

（注：不适用于深圳新规）

项目名称	长沙某新城			项目名称	深圳某广场		
层数	6层	标准层层高	4.2m	层数	20层	标准层层高	4.8m
标准层面积	1352m²			标准层面积	1127m²		
建筑高度	27.9m	产品使用区域进深	23.4m	建筑高度	97.2m	产品使用区域进深	12.7m
特点	通用厂房型建筑，满足制造业的需求，单元划分较大			特点	特色中庭，明核电梯厅等提升使用品质，房间进深较浅		

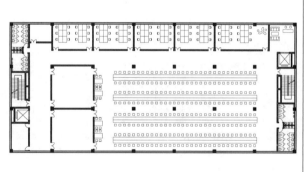

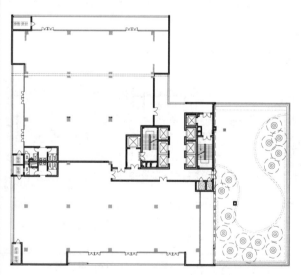

项目名称	郑州某产业园			项目名称	深圳某大厦		
层数	5层	标准层层高	4.5m	层数	25层	标准层层高	3.8m
标准层面积	1755m²			标准层面积	1667m²		
建筑高度	23.2m	产品使用区域进深	27.6m	建筑高度	98.75m	产品使用区域进深	31.6m
特点	专业型厂房，结合具体产业流程布置			特点	生态型建筑，花园阳台等提升使用品质		

控制表格 表 12.3.2-2

建筑类型	人均使用面积（m²）	层高控制（m）	相关描述
亚写字楼型	11～12	3.4～4.2	通用型产业建筑，人员使用与写字楼类似，可满足中小企业办公需求，层高较为灵活
中试研发型	6～9	3.9～4.5	带有科研性质，如有实验等专业需求，应注意层高与之匹配
生产制造型	4～6	3.9～4.5	轻型生产建筑，适用于小型生产及混合使用，人员较多，层高要求不高
电商物流型	6～30	4.5～7.5	电商为主导的商贸建筑，前办后仓或办仓分离形式，数据办公部分取最小值左右，仓储部分取最大值左右
文化创意型	10～13	3.9～4.5	文创类建筑考虑舒适度与自由度，一般层高在规范允许范围内取较高值，利于营造使用氛围
总部办公型	13～15	3.6～4.5	总部建筑主要应对于企业形象及高端办公，人均面积及层高均较高，提供良好的空间
标准厂房型	根据不同行业生产工艺设定	4.2～5.4	厂房与生产结合更为紧密，结合工艺要求，层高较高。部分厂房需定制高度

注：（1）产业楼一层均可在当地规范允许的范围内加高，利于各种产业进驻以及使用的弹性。

（2）制造企业由于使用的机器不同，工艺不同，对人数的需求差别巨大，随着自动化程度的提高，升级企业普遍在往用人少量化方向发展，设计应结合实际情况进行人数预估。

12.3.3 消防设计

由于园区建筑属性较为复杂，设计时应首先明确建筑的属性，满足《建筑设计防火规范》GB 50016—2014（2018 年版）的相关工业建筑或民用建筑的要求，未来功能存在不确定因素的，设计上应从严处理，避免消防隐患。

12.3.4 电梯

电梯设计可参考电梯章节内容。

载客电梯数据可参考电梯数量、容量和速度表中关于办公部分的规定。高层产业建筑最低可按 8000 平方米/台设置。

载货电梯数据可参考载货电梯参数、尺寸表的规定。对于有制造、中试、仓储等需求的产业建筑，应留足余量，一般可选 2t 及以上货梯。

12.3.5 卫生间洁具

类办公产业建筑卫生间洁具计算可参考《城市公共厕所设计标准》CJJ 14—2016 及《民用建筑设计统一标准》GB 50352—2019，类厂房产业建筑卫生间洁具计算可参考《工业企业设计卫生标准》GBZ 1—2010 7.3.4.1 及 7.3.4.2 设置。

12.3.6 其他

产业建筑荷载应根据相对应的业态有所区分，一般在较低楼层设置大荷载、高层高单元，利于产业布局。

产业建筑空调设施应根据使用功能，入驻企业特点等因素综合考虑空调类型，并结合使用、美观等要求妥善安排室外机位。

13 体育场馆设计

13.1 概　　述

13.1.1 体育场馆建筑的分级和分类

体育建筑分级和分类 表 13.1.1

使用要求	特级	举办亚运会、奥运会及世界级比赛主场（馆）
	甲级	举办全国性和单项国际比赛
	乙级	举办地区性和全国单项比赛
	丙级	举办地方性、群众性运动会
按运动项目分类	田径类	体育场、运动场、田径馆（注：体育场设看台，运动场无看台）
	球类	体育馆、练习馆、灯光球场、篮排球场、手球场、网球场、足球场、高尔夫球场、棒球场、垒球场、曲棍球场、橄榄球场
	体操类	体操馆、健身房
	水上运动类	游泳池、游泳馆、游泳场、水上运动中心、帆船运动场
	冰上运动类	冰球场、冰球馆、速滑场、速滑馆、旱冰场、花样滑冰馆、冰壶馆
	雪上运动类	高山速降滑雪场、越野滑雪场、自由式滑雪场、跳台滑雪场、单板滑雪场、花样滑雪场、雪橇场、雪车场、室内滑雪场
	自行车类	赛车场、赛车馆
	汽车类	摩托车场、汽车赛场
	其他	赛车场、射击场、射箭场、跳伞塔等

13.1.2 总平面设计

1. 总平面设计要求

建筑总平面设计要求 表 13.1.2-1

	出入口	道路	集散场地
指标	出入口布置明确，不宜少于2个，观众出入口有效宽度≥0.15米/百人	净宽度≥3.5m且总宽度≥0.15米/百人，净高不应小于4m	≥0.2平方米/百人
设计要求	总出入口以不同方向通向城市道路，车行出入口避免直接开向城市主干路，并尽量与观众出入口设在不同临街面	避免集中人流与机动车流相互干扰；满足通行消防车的要求	靠近观众出口，可利用道路、空地、屋顶、平台等

2. 体育建筑周围消防车道应环通。当消防车确实不能按规定靠近建筑物时，应采取下列措施之一满足对火灾扑救的需要：

1）消防车在平台下部空间靠近建筑主体；

2）消防车直接开入建筑内部；

3）消防车到达平台上部以接近建筑主体；

4）平台上部设消火栓。

3. 停车场类别设置要求

停车场类别设置要求   表 13.1.2-2

等级	管理人员	运动员	贵宾	官员	记者	观众
特级	有	有	有	有	有	有
甲级	兼用		兼用		有	有
乙级	兼用					有
丙级	兼用					

注：（1）停车场面积指标应符合当地有关主管部门规定。

（2）停车场出入口应与道路连接方便。

（3）如因条件限制，停车场也可在临近基地的地区，由当地市政部门统一设置，但专用停车场（贵宾、运动员、工作人员等）宜设置基地内。

（4）洲际赛事应考虑特种车辆停车位，例如电视转播车、通信专用卫星传送车、医疗救护车等。

4. 总平面设计中有关无障碍的设计应符合现行行业标准《无障碍设计规范》。

13.1.3 体育建筑功能分区

分为竞赛区、观众区、运动员区、竞赛管理区、新闻媒体区、贵宾区、场馆运营区等。应依据分区妥善安排运动场地、看台、各类用房和设施的位置，解决好各部分之间的联系和分隔要求。

13.1.4 总平面布置实例

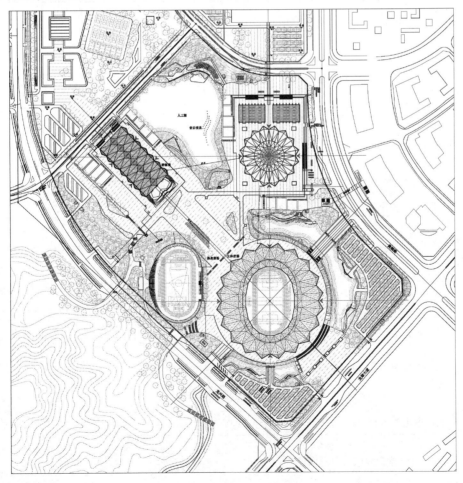

图 13.1.4 某市大运中心

13.2 场 地 区

13.2.1 运动场地

包括比赛场地和练习场地。

1. 运动场地界线外围必须按照规范要求满足缓冲距离、通行宽度及安全防护等要求；裁判和记者工作区域要求、运动场地上空净高尺寸应满足比赛和练习的要求。

2. 场地的对外出入口不得少于两处，其大小应满足人员查看方便、疏散安全和器材运输的要求。

3. 比赛场地与观众看台之间应有分隔和防护；室外练习场地外围及场地之间，应设置围网。

13.2.2 室外运动场地布置方向

方向应为南北向（长轴为准）；当不能满足要求时，根据地理纬度和主导风向可略偏南北向，但不宜超过下表规定。

<table>
<tr><td colspan="5" align="center">运动场长轴允许偏角</td><td align="right">表 13.2.2</td></tr>
<tr><td>北纬</td><td>16°~25°</td><td>26°~35°</td><td>36°~45°</td><td colspan="2">46°~55°</td></tr>
<tr><td>北偏东</td><td>0</td><td>0</td><td>5°</td><td colspan="2">10°</td></tr>
<tr><td>北偏西</td><td>15°</td><td>15°</td><td>10°</td><td colspan="2">5°</td></tr>
</table>

注：观众的主要看台最好位于西面，即观众面向东方。

13.3 看 台 区

13.3.1 看台类型分类

表 13.3.1

<table>
<tr><td>按使用人群</td><td>观众看台区、贵宾看台区、运动员看台区、裁判员看台区、媒体记者看台区、残疾观众席</td></tr>
<tr><td>按坐席构造</td><td>固定看台、活动看台、可拆卸看台</td></tr>
</table>

13.3.2 看台坐席尺寸

看台各类坐席尺寸

表 13.3.2-1

<table>
<tr><td rowspan="2">席位种类规格</td><td colspan="4" align="center">普通看台</td><td colspan="2" align="center">主席台贵宾区</td><td colspan="2" align="center">主席台主席区</td></tr>
<tr><td>条凳</td><td>方凳</td><td>固定硬椅</td><td>固定软椅</td><td>固定硬椅</td><td>固定软椅</td><td>移动硬椅</td><td>移动软椅</td></tr>
<tr><td>座宽（m）</td><td>0.42</td><td>0.45</td><td>0.48</td><td>0.50</td><td>0.55</td><td>0.60</td><td>0.60</td><td>0.70</td></tr>
<tr><td>排距（m）</td><td>0.72</td><td>0.75</td><td>0.80</td><td>0.85</td><td>0.90</td><td>0.95</td><td>1.20</td><td>1.20</td></tr>
</table>

注：主席台带桌席排距应放大，并考虑服务人员通行。

体育场媒体席规模参考指标

表 13.3.2-2

<table>
<tr><td colspan="2" align="center">媒体席工作区域</td><td>全国比赛</td><td>洲际比赛</td><td>奥运会/世界比赛</td></tr>
<tr><td rowspan="2">主看台席位媒体席</td><td>媒体席规模（带桌子）</td><td>50</td><td>300</td><td>800~900</td></tr>
<tr><td>媒体席规模（仅有座位）</td><td>30</td><td>100</td><td>200~300</td></tr>
</table>

注：媒体席根据使用需要临时搭建。

（引自《田径场地设施标准手册》）

13.3.3　看台视线设计

1. 视线设计主要影响因素：视距、方位角和坐席俯视角（宜控制在 28°～30°范围内）。

2. 视线设计计算方法：逐排计算法、折线计算法、绘图法（推荐）。

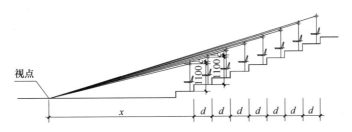

图 13.3.3　视线设计-绘图法示意图

3. 剖面视线设计的相关数据选择。

剖面视线设计的相关数据选择 　　　　　　　表 13.3.3-1

视点高度	视点距场地水平面的垂直距离，根据运动项目的不同，视点选择位置不同，见表 13.3.3-2
视线升高差 C 值	理想情况下取 12cm（人眼至头顶距离）；根据视线质量等级的不同，当采用较高标准时，取 12cm；采用一般或较低标准时，取 6cm
起始距离	首排眼位到视点的水平距离，应根据不同的比赛项目确定相应的起始距离
首排高度	应考虑运动员在缓冲带上行走不致遮挡观众席视线并防止观众轻易跳入场地，以及活动坐席的布置和席下空间利用；综合体育馆场地选择较大，固定坐席首排高度一般取 2.1～3.3m，冰球馆和游泳馆宜在 2m 以上
排深 d	看台排深（排距），见表 13.3.2-1；首排因前有栏板，一般宜加宽到 1.1m
台阶高度	一般应控制在 55cm 以内，最多不超过 60cm

4. 看台视点位置及相应视觉质量等级

看台视点位置及相应视觉质量等级 　　　　　　　表 13.3.3-2

项目	视点平面位置	视点距地面高度（m）	视线质量等级 $C=0.09～0.12m$	视线质量等级 $C=0.06m$
篮球场	边线和端线	0	I	II
手球场	边线和端线	0		I
		0.6		II
		1.2		III
网球	比赛区边线	0	I	II
	比赛区端线外 5.0m	0	I	II
游泳池	最外泳道外侧边线 泳池两端边界线	水面	I	II
跳水池	最外侧跳板（台）垂线与水面交点	水面	I	II

项目	视点平面位置	视点距地面高度 (m)	视线质量等级	
			$C=0.09\sim0.12m$	$C=0.06m$
足球场	边线和端线（重点为角球点和球门处）	0	I	II
田径场	两直道外侧边线与终点线的交点	0	I	II
速度滑冰	最外赛道边线	冰面	I	II
冰球	界墙内边缘	不透明界墙高度	I	II
	界墙内 3.5m	冰面	I	II

注：(1) C 为视线升高差值。

(2) 视线质量等级：I 级为较高标准（优）；II 级为一般标准（良）；III 级为较低标准（尚可）。

(3) 田径场首排计算水平视距以终点线附近看台为准，同时应满足弯道及东直道外边线的视点高度在 1.2m 以下，并兼顾跑道外侧的跳远（及三级跳远）沙坑，视点宜接近沙面。

13.3.4 看台疏散设计

1. 疏散时间：根据观众厅的规模、耐火等级确定。通常体育场的疏散时间为 6~8min，体育馆为 3~4min。

控制安全疏散时间参考表   表 13.3.4

控制时间 观众规模(人)	≤1200	1201~2000	2001~5000	5001~10000	10001~50000	50001~100000
室内 (min)	4	5	6	6	—	—
室外 (min)	4	5	6	7	10	12

2. 观众厅内的疏散通道：

1）净宽度应按 0.6m/百人计算，且不应小于 1.1m；边走道净宽不宜小于 0.9m。坐席间的纵向通道应≥1.1m。

2）横走道之间的座位排数不宜超过 20 排。

3）纵走道之间的连续座位数，体育馆每排不宜超过 26 个（排距≥0.9m 时可增加一倍，但不得超过 50 个）；仅一侧有纵走道时，座位数应减少一半；体育场每排连续座位不宜超过 40 个。

3. 疏散方式分类：上行式疏散、中行式疏散、下行式疏散、复合式疏散。

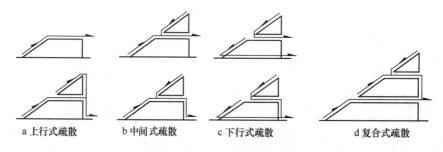

a 上行式疏散   b 中间式疏散   c 下行式疏散   d 复合式疏散

图 13.3.4-1 疏散方式示意图

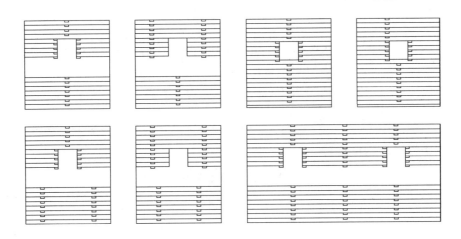

图 13.3.4-2　疏散口及过道的几种布置方式示意图

4. 疏散计算方法：

1）性能化消防论证（大型复杂场馆）。

2）密度法（无靠背坐凳或直接坐在看台上）。

3）人流股数法（适用于有靠背椅，人流疏散有规律时）。计算公式如下：

$$T = \frac{N}{BA} \text{——适用于中小型体育场馆}$$

$$T = \frac{N}{BA} + \frac{S}{V} \text{——适用于大型体育场馆}$$

式中：T——控制疏散时间；

　　　N——疏散的总人数；

　　　A——单股人流通行能力（40～42 人/分）；

　　　B——外门可以通过的人流股数；

　　　V——为疏散时在人流不饱满情况下人的行走速度（45m/min）；

　　　S——使外门的人流量达到饱和时的几个内门至外门距离的加权平均数。

$$S = \frac{S_1 b_1 + S_2 b_2 + \cdots\cdots S_n b_n}{b_1 + b_2 + \cdots\cdots b_n}$$

式中：S_n——为各第一道疏散口到外门的距离。

　　　b_n——为各第一道疏散口可通行的人数。

13.4　辅 助 用 房 区

13.4.1　辅助用房的组成

辅助用房组成　　　　　　　　　　　表 13.4.1

观众用房	观众休息厅、厕所、医务室、饮水间（台）、商业餐饮设施、其他服务设施
贵宾用房	贵宾休息室及服务设施
运动员用房	运动员休息室、运动员医务室、兴奋剂检测室、检录处、赛前热身场地等
竞赛管理用房	组委会、管理人员办公、会议、仲裁录放、编辑打字、复印、数据处理、竞赛指挥、裁判员休息室、颁奖准备室和赛后控制中心等

续表

新闻媒体用房	新闻发布厅、记者工作区、记者休息区、新闻官员办公室、电传室、邮电所和无线电通信机房等
技术设备用房	广播、电视转播用房、计时计分用房、灯光控制室、消防控制室、器材库、设备用房
场馆运营用房	办公区、会议区、库房

13.4.2 观众用房标准及厕位指标

观众用房标准　　　　　　　　　　表 13.4.2-1

等级	包厢	贵宾休息区			观众休息区	厕所	残疾观众厕所	急救室
		休息室	饮水设施	厕所				
特级	2~3 平方米/席	0.5~1.0 平方米/人	有	见表 13.4.2-2	0.1~0.2 平方米/人	见表 13.4.2-3	有	有
甲级								
乙级	无						厕所内设专用厕位	
丙级		无						

贵宾厕所厕位指标　　　　　　　　　　表 13.4.2-2

贵宾席规模	<100 人	100~200 人	200~500 人	>500 人
每一厕位使用人数	20	25	30	35

注：男女比例宜 1:1.5，男厕大小便厕位比例 1:2。

观众厕所厕位指标　　　　　　　　　　表 13.4.2-3

	男厕		女厕
	坐位、蹲位	站位	坐位、蹲位
指标	250 座以下设 1 个 每增加 1~500 座增设 1 个	100 座以下设 2 个 每增加 1~80 座增设 1 个	不超过 40 座的设 1 个 41~70 座设 3 个 71~100 座设 4 个 每增 1~40 座增设 1 个

13.4.3 各辅助用房示意图

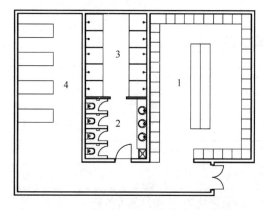

图 13.4.3-1　小型场馆运动员休息室平面图
1—更衣室；2—卫生间；3—淋浴室；4—按摩室

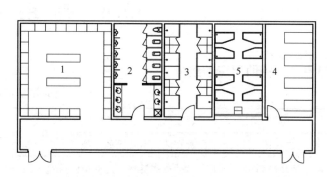

图 13.4.3-2　大型场馆运动员休息室平面图
1—更衣室；2—卫生间；3—淋浴室；4—按摩室；5—休息室

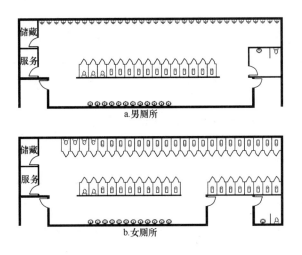

图 13.4.3-3　观众休息厅厕所布置参考图　　　图 13.4.3-4　大型体育场馆贵宾用房示意图

13.5　体　育　场

13.5.1　体育场规模及分类

1. 按使用性质分类：比赛类体育场、训练类体育场、全民健身赛类体育场。

2. 按规模分类，见下表：

体育场规模分级　　　　　　　　　　　　表 13.5.1

等级	观众席容量（座）	等级	观众席容量（座）
特大型	60000 以上	中型	20000～40000
大型	40000～60000	小型	20000 以下

13.5.2　建筑功能分区及流线

建筑功能分区及流线　　　　　　　　　　表 13.5.2

功能分区	主要人群	主要人员流线
观众区	普通观众	观众：观众安检、验票入口→公共活动区域观众厅→观众看台→出口
运动员区	田径、足球运动员、教练员	田径运动员：运动员入口→热身场地→第一检录处→室内准备活动场地→第二检录处→比赛场地→混合区→赛后控制中心→新闻发布厅→兴奋剂检查站/室→运动员及随队官员看台→出口
竞赛管理区	竞赛管理人员（技术官员）、裁判员	竞赛管理（技术官员）：竞赛管理入口→更衣/休息室→工作区/技术官员看台/比赛场地→出口 裁判员：竞赛管理入口＋裁判员更衣/休息室→比赛场地→更衣/休息室→出口
贵宾区	贵宾	贵宾：贵宾入口→贵宾休息室/贵宾包厢→主席台/贵宾区看台→颁奖区域→贵宾出口
赞助商区	赞助商	赞助商：赞助商入口（可与观众入口共用）→包厢/看台→出口

功能分区	主要人群	主要人员流线
媒体区	文字、摄影记者、观察员	文字摄影记者：媒体入口→新闻媒体工作区→文字摄影记者看台→混合区→新闻发布厅→出口 电视转播人员：媒体入口→电视转播工作区→评论员/观察员看台/转播机位→混合区/新闻发布厅→出口
场馆运营区	场馆管理人员	无固定流线
安保、交通及消防区	安保、消防和招待人员	无固定流线

13.5.3 场地

1. 正式比赛场地：应包括径赛用的周长 400m 的标准环形跑道、标准足球场和各项田赛场地。除直道外侧可布置跳跃项目的场地外，其他均应布置在环形跑道内侧。

2. 径赛用 400m 标准环形跑道：

400m 标准跑道规格   表 13.5.3-1

	环形道				准备西直道			
	弯道半径（内沿 m）	两圆心距（直段 m）	每条分道宽度（m）	分道最少数量（条）	总长度（m）	起点指标区长度（m）	终点缓冲区长度（m）	分道最少数量（m）
特级、甲级				8				8～10
乙级	36.5	84.39	1.22	8	140～150	5～10	25～30	8
丙级				6				8

注：（1）跑道内沿周长为 398.12m，表中弯道半径指弯道内沿线的内侧。

（2）跑道内道第一分道的理论跑进路线周长为 400.0m，是按距跑道内沿（不包括突道牙宽度）0.3m 处的跑程计算的。

（3）每条分道宽 1.22m，含分道标志线宽 0.05m 位在各道的跑进的右侧。测量跑程除第一分道外，其他各分道按距相邻左侧分道标志线 0.20m 处丈量。分道的次序由内圈第一分道起向外侧顺序排列。

（4）跑道内外侧安全区应距跑道不少于 1.0m 的空间。

（5）西直道设置 100m 短跑和 110m 跨栏跑的起点，以及所有径赛的同一终点。终点线位于直道与弯道交接处。

（6）需要时，可在东直道设置第二起终点，供短跑训练或预赛。

（7）当 8 分道时，可增加 1～2 分道，训练时宜避开内道，减小第一、二分道的地面磨损，以便延长整个跑道的寿命。

3. 其他形式跑道：

1）特殊情况可采用双曲率弯道的 400m 跑道。

2）学校体育场地：小学应有 200m 环形跑道和 1～2 组 60m 直跑道；中学应有与学校规模相适应的环形跑道（250m、300m、400m）和 1～2 组 100m 直跑道；大学应有 400m 环形跑道和 1～2 组 100m 直跑道。根据学生身高特点，跑道宽度为：小学 900mm，初中 1100mm，高中以上 1220mm 为宜。

4. 田赛场地：跳远和三级跳远场地、跳高场地、推铅球场地、掷铁饼和链球场地、掷标枪场地、撑竿跳场地；具体布置参考图 13.5.3-8。

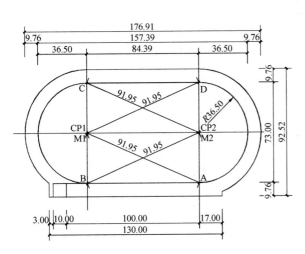

图 13.5.3-1　400m 标准跑道布局设计和尺寸
（R=36.5m）

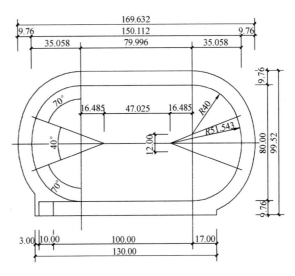

图 13.5.3-2　双曲率式 400m 跑道
（R=51.543m 和 R=34m）

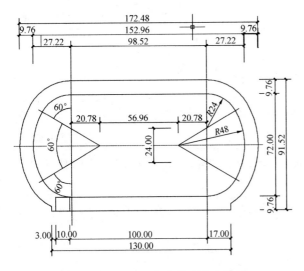

图 13.5.3-3　双曲率式 400m 跑道
（R=48m 和 R=24m）

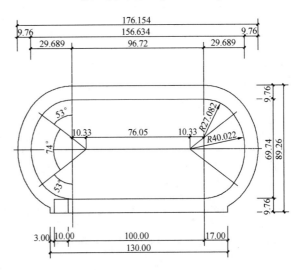

图 13.5.3-4　双曲率式 400m 跑道
（R=40.022m 和 R=27.082m）

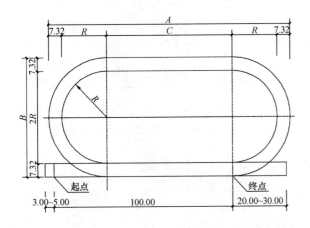

图 13.5.3-5　300m 跑道示意图

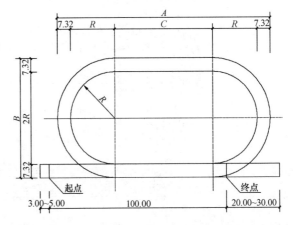

图 13.5.3-6　250m 跑道示意图

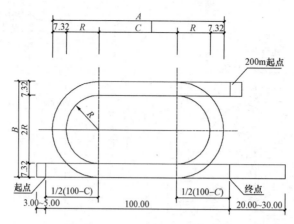

图 13.5.3-7　200m跑道示意图

5. 足球场地

足球场地规格　　　　　　　　　　　表 13.5.3-2

类别	使用性质	长（m）	宽（m）	地面材料及坡度
标准足球场	一般性比赛	90～120	45～90	天然草坪≤5/1000
	国际性比赛	100～110	64～75	
	国际标准场	105	68	
	专用足球场	105	68	
非标准足球场	业余训练和比赛	根据具体条件制定场地尺寸，但任何情况下长度均应大于宽度		天然草坪、人工草坪和土场地

注：（1）非标准足球场虽不符合规则要求，但可开展群众性和青少年足球运动，便于将标准足球场划分为二个小足球场。

　　（2）足球场地划线及球门规格应符合竞赛规则规定。

　　（3）设置在田径场地内的足球场，其足球门架应采用装卸式构造。

6. 比赛场地综合布置，见图13.5.3-8

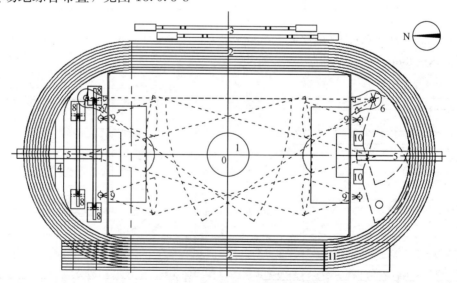

图 13.5.3-8　专业比赛场地设施综合布置图

0—足球场地中心位置标记；1—足球场；2—标准跑道；3—跳远及三级跳远设施；

4—障碍水池；5—标枪助跑道；6、7—掷铁饼和掷链球设施；8—撑竿跳高设施；

9—推铅球设施；10—跳高设施；11—终点线

7. 练习场地：根据比赛前热身需要、平时的专业训练和群众锻炼的需要确定，最低要求如下表：

热身练习场地最低要求　　　　　　　表 13.5.3-3

场地内容	建筑等级			
	特级	甲级	乙级	丙级
400m 标准跑道，西直道 8 条，其他分道 4 条	1	1	—	—
200m 小型跑道，4 条分道	—	—	1	—
铁饼、链球、标枪场地	各 1	各 1	—	—
铅球场地	2	1	—	—
标准足球场 2	2	1	—	—
小型足球场	—	—	1	—

13.5.4 比赛场地的出入口要求

1. 至少有两个出入口，且每个净宽和净高不应小于 4m；当净宽和净高有困难时，至少其中一个满足宽度、高度要求。

2. 供入场式的出入口，其宽度不宜小于跑道最窄处的宽度，高度不低于 4m。

3. 供团体操用的出入口，其数量和总宽度应满足大量人员的出入需要，在出入口附近设置相应的集散场地和必要的服务设施。

4. 田径运动员进入比赛区的入口宜靠近跑道起点，离开比赛区的出口宜靠近跑道终点。

5. 足球运动员进入比赛区的出入口宜位于主席台同侧，并靠近运动员检录处及休息室。

6. 比赛场地出入口的数量和大小应根据运动员出入场、举行仪式、器材运输、消防车及检修车辆的通行等使用要求综合确定。

13.5.5 看台（参见 13.3 节）

13.5.6 辅助用房

运动员用房基本内容与面积标准（m²）　　　　表 13.5.6-1

等级	运动员休息室	兴奋剂检查室	医务急救	检录处	赛后控制室
特级	800（4 套）	65	35	1200	40
甲级	400（2 套）	60	30	1000	40
乙级	300（2 套）	50	25	800	20
丙级	200（2 套）	无	25	室外	无

注：(1) 应在热身场地区附近设第一检录处，并在比赛场地区百米直道起点附近设第二检录处。第二检录处应根据赛事要求设 60m 室内热身跑道，跑道数量应满足：特级体育场 6 条，甲级和乙级体育场 4 条。

(2) 应设置运动员从热身场地区到达比赛场地区的专用通道，高差处宜采用坡道。宜采用塑胶或其他弹性材料地面。

(3) 赛后控制室面积为男女合计面积。

赛事管理用房基本内容与面积标准（m²）　　　　表 13.5.6-2

等级	组委会办公和接待用房	赛事技术用房	其他工作人员办公区	储藏用房
特级	550	250	100	600
甲级	300	200	80	400
乙级	200	150	60	300
丙级	150	30	40	200

媒体用房基本内容与面积标准（m²） 表 13.5.6-3

等级	新闻发布厅	记者工作区	记者休息区	评论员控制室	转播信息办	新闻官员办公室
特级	225（150人）	300	75	25	25	25
甲级	150（100人）	200	50	20	20	25
乙级	120（80人）	160	40	15	15	15
丙级	75（50人）	100	25	—	—	15

技术设备用房基本内容与面积标准（m²） 表 13.5.6-4

等级	终点摄像机房	显示屏控制室	数据处理室	灯光控制室	扩声控制室
特级	12	40	100	20	30
甲级	12	40	80	20	30
乙级	12	40	50	15	20
丙级	临时设置	20	30	10	10

（表 13.5.6-1～表 13.5.6-4 引自《公共体育场建设标准》）

13.5.7 田径练习馆

1. 田径练习馆的场地根据设施级别和使用要求，宜包括 200m 长的长圆形跑道，其内侧应设短跑和跨栏跑直跑道，以及跳高、撑竿跳高、跳远、三级跳远和推铅球的场地。需要时也可设少量观摩席位。

2. 200m 长圆形跑道应采用 200m 室内标准跑道的规格，其弯道半径应为 17.50m（第一分道的跑程的计算半径），弯道倾斜角不应超过 15°。

200m 室内标准跑道规格 表 13.5.7-1

周长（m）	弯道半径（m）	两弯道圆心距（m）	过渡弯曲区长（m）	水平直道长（m）	弯道倾斜	分道数（条）	每分道宽（m）
内沿 198.140	17.204	44.994	10.022	35000	10°09′25″	4～6	0.9～1.1
第一分道 200.00	117.5		10.108				

3. 室内直跑道规格

表 13.5.7-2

直道总长	其中起跑准备区	其中终点缓冲区	分道数	每分道宽
73～78m	3m	10～15m	≥6 条	1.22m
			≤8 条	≥1.25m

注：（1）直跑道应位于长圆跑道的纵向轴线上。

（2）直跑道用于 60m 短跑和 50m、60m 跨栏跑。

13.5.8 实例

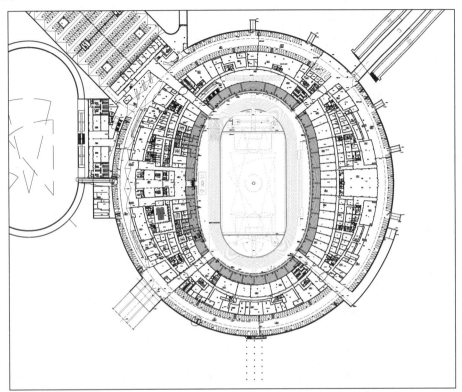

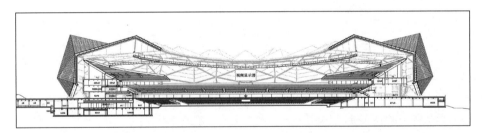

图 13.5.8 某中心体育场

13.6 体 育 馆

13.6.1 规模及分类

体育馆规模及分类　　　　表 13.6.1

按建筑 使用要求	特级、甲级、 乙级、丙级	见表 13.1.1
按观众席 规模（座）	特大型馆	10000 以上
	大型馆	6000～10000
	中型馆	3000～6000
	小型馆	3000 以下

按服务对象	竞技观演型体育馆	主要服务于大型体育赛事
	群众健身型体育馆	主要服务于社会体育、全民健身、休闲、娱乐、兼顾中小型体育比赛
	学校体育馆	主要服务于学校体育教学、集会等功能，兼顾体育比赛和群众健身
按功能特点	多功能综合体育馆	具有空间弹性、功能多元，可满足多种体育比赛和观演、集会、展览等的使用要求
	专项体育馆	服务于单一、专项体育比赛，如自行车、网球等

13.6.2 面积指标

体育馆规划指标应按规范及《公共体育场馆建设标准》执行。

市级体育馆用地面积指标　　　　表 13.6.2-1

	100 万人口以上城市		50 万～100 万人口城市		20 万～50 万人口城市		10 万～20 万人口城市	
	规模(千座)	用地面积($10^3 m^2$)	规模(千座)	用地面积($10^3 m^2$)	规模(千座)	用地面积($10^3 m^2$)	规模(千座)	用地面积($10^3 m^2$)
体育馆	4～10	11～20	4～6	11～14	2～4	10～13	2～3	10～11

注：当在特定条件下达不到规定指标下限时，应利用规划和建筑手段来满足场馆在使用安全、疏散、停车等方面的要求。

体育馆根据人口规模分级对应的建设规模　　　　表 13.6.2-2

坐席数单座面积指标(平方米/座) / 人口规模	12000～10000 座	10000～6000 座(不含 10000 座)		6000～3000 座(不含 6000 座)	3000～2000 座(不含 3000 座)
	体操	体操	手球	手球	手球
200 万以上人口	4.3～4.6	4.5～4.6	3.7	3.7～4.1	4.1～5.1
100 万～200 万人口	—	4.5～4.6	3.7	3.7～4.1	4.1～5.1
50 万～100 万人口	—	—	—	3.7～4.1	4.1～5.1
20 万～50 万人口	—	—	—	—	4.1～5.1
20 万以下人口	—	—	—	—	4.1～5.1

注：(1) 体育馆坐席为 6000 人时，分别按体操和手球计算单座建筑面积。
(2) 2000 座以下体育馆以 10000m² 为上限。
(3) 50 万以上人口的城市可设置次一级（所在地的行政级别）的体育馆，其规模应按 6000 座以下体育馆确定。

13.6.3 功能和流线

1. 功能

体育馆基本功能组成列表　　　　表 13.6.3-1

功能分区		具体功能设置
场地区	比赛场地区	比赛场地区内包括比赛场地、缓冲区、裁判席、摄影机位等
看台区	观众席	普通观众席、无障碍坐席
	运动员席	—
	媒体席	媒体席包括评论员席、文字记者席、网络媒体席等
	主席台（贵宾席）	—
	包厢	—

功能分区		具体功能设置
辅助用房区和设施	观众用房（外场）	观众区、贵宾区和其他（赞助商区）
	运动员用房	运动员及随队官员休息室、兴奋剂检查室、医务急救室和检录处
	竞赛管理用房	组委会办公室和接待用房、赛事技术用房、其他工作人员办公区、储藏用房等
	媒体用房	媒体工作区、新闻发布厅和媒体技术支持区
	场馆运营用房	办公区、会议区、设备用房和库房
	技术设备用房	计时记分用房和扩声、场地照明机房；计时记分用房应包括：屏幕控制室、数据处理室等
	安保用房	安保观察室、安保指挥室、安保屯兵处等
训练健身设施	训练热身馆及相关用房	训练热身场地、健身房、库房等

2. 流线：体育馆的人员流线主要分为内场人流和外场人流两大部分。

内外场人员流线 表 13.6.3-2

功能分区	具体流线分类	使用区域
外场	普通观众流线	普通观众席、观众休息厅及附属服务设施
	包厢贵宾流线	包厢及包厢看台，包厢休息区
	残疾观众流线	无障碍坐席区、残疾人服务设施如残疾人卫生间等
内场	运动员及随队人员流线	比赛场地、运动员休息室、热身训练馆、检录处、医疗药检等
	赛事管理人员流线	比赛场地、赛事管理办公室、裁判员休息室等
	贵宾流线	贵宾休息室、主席台、场地（颁奖）等
	新闻媒体人员流线	场地（部分记者）、媒体工作室、新闻发布厅、媒体记者休息室、媒体设备用房、媒体库等
	场馆运营人员流线	场馆管理办公室、库房、设备用房等

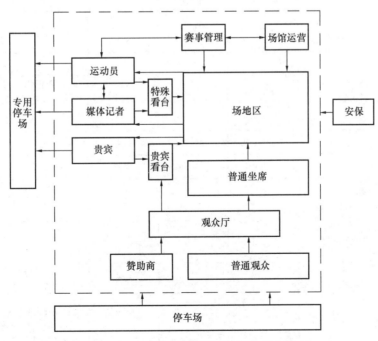

图 13.6.3 体育馆赛时功能与流线示意图

13.6.4 比赛场地

比赛场地要求及最小尺寸   表 13.6.4-1

场地分类	要求	最小尺寸（长×宽，m）
特大型	可设置周长 200m 田径跑道或室内足球、棒球等比赛	根据要求确定
大型	可进行冰球比赛或搭设体操台	70×40
中型	可进行手球比赛	44×24
小型	可进行篮球比赛	38×20

国内已建成场馆场地尺寸参考   表 13.6.4-2

体育馆规模	场馆名称	建成时间	场地尺寸（长×宽，m）
特大	国家体育馆	2007	75.8×45.3
	五棵松体育馆	2008	68.4×56.4
	沈阳奥林匹克中心	2009	79×79
	深圳湾体育中心体育馆	2011	70×40
大型	广东惠州体育馆	2004	75×45
	佛山岭南明珠体育馆	2006	70×50
	安徽淮南市文化体育中心	2007	72×46.8
	北京大学体育馆	2007	47.3×39.7
中型	北京科技大学体育馆	2008	60×40
	南沙体育馆	2010	70×40
	青海海湖体育中心	2013	44×24
	盐城市体育中心	2005	60×40
	深圳大学城体育中心体育馆	2007	82×44
	北京理工大学体育馆	2007	51×35.4

单项体育场地尺寸（单位：m）   表 13.6.4-3

体育项目	场地尺寸	缓冲区尺寸		净高	备注
		端线外	边线外		
手球	(38~44)×(18~20) 7 人制常用 40×20	2	2	7~9	球门后 2.5m 宜设安全挡网
网球	单打 23.77×8.23 双打 23.77×10.97	≥6.40	≥3.66		边线外 3.658m 处上方 5.486m 以下无障碍物；端线外 6.401m 处上方 6.401m 以下无障碍物；球网上方 10.668m 以下无障碍物
篮球	28×15	≥6.00	≥6.00	7.0	
排球	18×9	≥9.00	≥6.00	7.0	
羽毛球	单打 13.40×5.18 双打 13.40×6.10	2.3	2.2	12	训练馆净高可降至 7m
室内足球（五人制）	(18~22)×(38~42)	1.5	1.5	7	
壁球	单打 9.75×6.4 双打 9.75×7.62			5.6	玻璃门应使用安全玻璃，能经受强烈撞击和超重负荷
短刀速度滑冰兼冰球、花样滑冰	冰场场地 61×31	70×45（含冰场场地的总尺寸）			四角圆弧半径 8.5，冰球场应设防护界墙、防护玻璃，场地两端应设固定防护网

体育项目	场地尺寸	缓冲区尺寸		净高	备注
		端线外	边线外		
乒乓球	14×7	5.63	2.738	4.76	场地周围设深色挡板
体操	52×27	4	4	14	隔离挡板内不少于40m×70m（国际比赛）
艺术体操	12×26	2	2	15	场地上铺地毯，地毯下铺衬垫
健美运动	12×12	1	1	5.5	
击剑	26×2				
举重	4（5×5～3×3）×4	3	3	4.0	
拳击	6.5×6.5	0.5	0.5	4.0	
摔跤	12×12	2～3	2～3	4.0	使用摔跤垫
武术	14×8			7.0	
柔道	14×14,16×16	2	2	4.0	赛台上设置赛垫

13.6.5 看台区

看台布局-比赛厅坐席排列方式　　　　表13.6.5

比赛厅形状 / 坐席排列方式	等排交圈	等排对称	不等排对称
矩形			
梯形			
菱形			
多边形			

比赛厅形状 / 坐席排列方式	等排交圈	等排对称	不等排对称
圆形	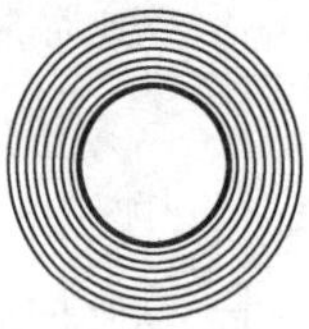	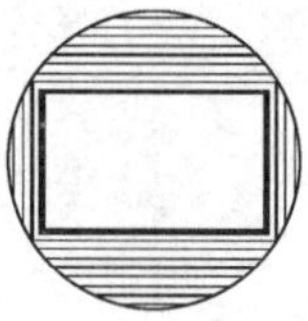	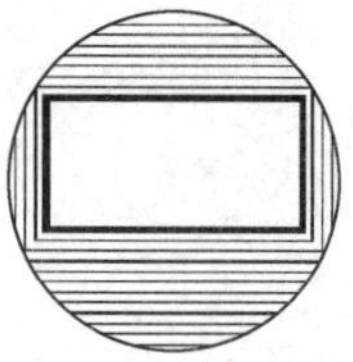
椭圆形	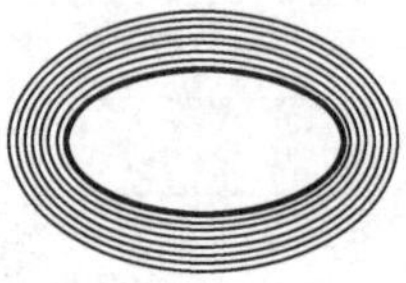	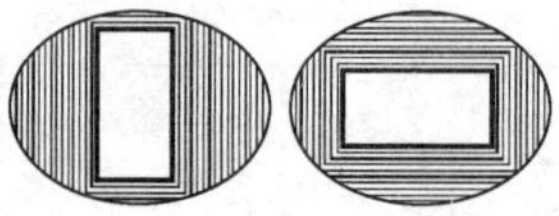	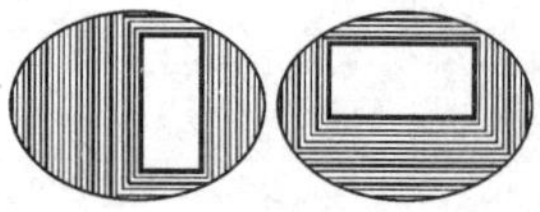
扇形			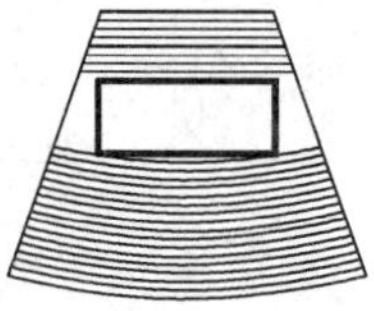

（上图引自《建筑设计资料集》第7分册）

13.6.6　辅助用房

体育馆运动员用房基本内容与面积标准（m²）　　　　　表 13.6.6-1

等级	运动员休息室	兴奋剂检查室	医务急救	检录处
特级	800（4套）	65	35	150
甲级	600（4套）	60	30	100
乙级	300（2套）	50	25	60
丙级	200（2套）	无	25	40

赛事管理用房基本内容与面积标准（m²）　　　　　表 13.6.6-2

等级	组委会办公和接待用房	赛事技术用房	其他工作人员办公区	储藏用房
特级	550	250	100	500
甲级	300	200	80	400
乙级	200	150	60	300
丙级	150	30	40	200

媒体用房基本内容与面积标准（m²）　　　　　表 13.6.6-3

等级	新闻发布厅	记者工作区	记者休息区	评论员控制室	转播信息办	新闻官员办公室
特级	225（150人）	300	75	25	25	25
甲级	150（100人）	200	50	20	20	25
乙级	120（80人）	160	40	15	15	15
丙级	75（50人）	100	25	—	—	15

技术设备用房基本内容与面积标准（m²）　　　　　表 13.6.6-4

等级	显示屏控制室	数据处理室	灯光控制室	扩声控制室
特级		100	20	30
甲级	40	80		
乙级		50	15	20
丙级	20	30	10	10

（表 13.6.6-1～表 13.6.6-4 引自《公共体育场馆建设标准》）

13.6.7　实例

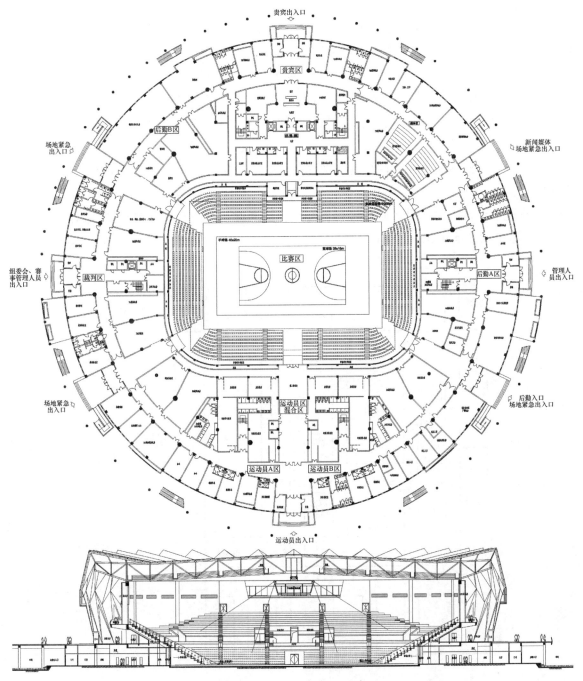

图 13.6.7　某体育中心体育馆

13.7 游 泳 设 施

13.7.1 规模及分类

游泳设施规模分类 表 13.7.1

分类	特大型	大型	中型	小型
观众容量（座）	6000 以上	3000～6000	1500～3000	1500 以下

注：游泳设施的规模分类与前述 13.1.1 条规定的等级有一定关系。

13.7.2 一般规定

1. 建造在室外的训练、休闲健身类水上项目场地布置方向尽可能按比赛场地的要求布置。如不能满足，可根据实际情况进行适当调整。

2. 建造在室外的游泳、花样、跳水、水球等项目的比赛场地应南北向布置，当不能满足要求时，根据地理纬度和主导风向可略偏南或偏北方向，但不宜超过表 13.2.2 的规定。

3. 室外跳水池的跳板和跳台宜朝北。跳水设施布置的方向应避免自然光或人工光源对运动员造成眩光。

4. 游泳及花样游泳场地为室内场地无外采光窗时无朝向要求，当有直射光进入室内时应考虑光线对场地的影响。

5. 观看跳水项目的观众看台应布置在比赛跳台的两侧，不应布置在跳台的前、后方。

13.7.3 游泳馆的功能组成

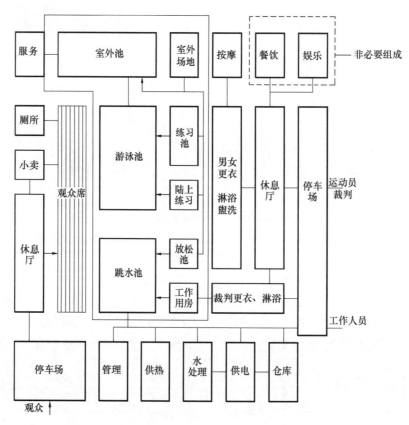

图 13.7.3 游泳馆功能组成及流线

13.7.4 比赛池和练习池

游泳比赛池规格　　　　　　　　表 13.7.4-1

等级	比赛池规格（长×宽×深）（m）		池岸宽（m）		
	游泳池	跳水池	池侧	池端	两池间
特级、甲级	50×25×2	21×25×5.25	8	5	≥10
乙级	50×21×2	16×21×5.25	5	5	≥8
丙级	50×21×1.3		2	3	

注：(1) 甲级以上的比赛设施，游泳池和比赛池应分开设置。
　　(2) 当游泳池和跳水池有多种用途时，应同时符合各项目的技术要求。
　　(3) 新建跳水池，水深宜为 6m。
　　(4) 长度 50m 池误差允许为 +0.03m，两端池壁自水面上 0.3m 至水下 0.8m 必须符合此要求。

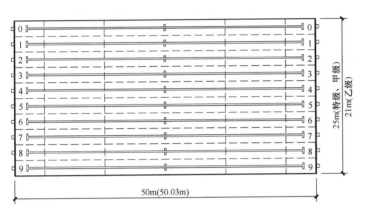

图 13.7.4-1　标准游泳池平面

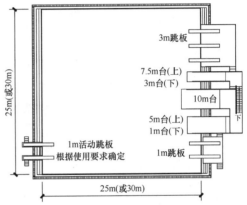

图 13.7.4-2　跳水池平面示意图

其他水池规格及要求　　　　　　　　表 13.7.4-2

	尺寸（m）	水深（m）	设备及其他要求
花样泳池	30×20 比赛区最小尺寸 12×25	12×12m 范围内，3m 其他范围，2.5m	水下扩声
水球池	33×21	1.8（一般） 2.0（最好）	
热身池	长 50	≥1.2	至少 5 个泳道，至少有一端设有出发台；一般设于看台底下或比赛池厅端部；跳水池的跳水设施后方应设一个放松池
造浪池	宽≥5，长≥25 长方形或扇形	最深处 1.2～1.6	造浪装置
水滑梯	根据滑梯长度	0.8～1.0	滑梯宽 0.4m，倾角≤21°
一般游泳池	不限	0.6～1.5	
浅水池	不限	成人初学池 0.9～1.35 儿童初学池 0.6～1.1	

13.7.5 辅助用房与设施

运动员用房基本内容与面积标准（m²）　　　　　　　　表 13.7.5-1

等级	运动员休息室	兴奋剂检查室	医务急救	检录处
特级	800（4 套）	65	35	150
甲级	600（4 套）	60	30	100
乙级	300（2 套）	50	25	60
丙级	200（2 套）	无	25	40

赛事管理用房基本内容与面积标准（m²）　　　表 13.7.5-2

等级	组委会办公和接待用房	赛事技术用房	其他工作人员办公区	储藏用房
特级	550	250	100	300
甲级	300	200	80	250
乙级	200	150	60	200
丙级	150	30	40	150

媒体用房基本内容与面积标准（m²）　　　表 13.7.5-3

等级	新闻发布厅	记者工作区	记者休息区	评论员控制室	转播信息办	新闻官员办公室
特级	225（150人）	300	75	25	25	25
甲级	150（100人）	200	50	20	20	25
乙级	120（80人）	160	40	15	15	15
丙级	75（50人）	100	25	—	—	15

技术设备用房基本内容与面积标准（m²）　　　表 13.7.5-4

等级	跳水积分控制室	游泳计时控制室	显示屏控制室	灯光控制室	扩声控制室
特级	30	30	40	20	30
甲级	30	30	40	20	30
乙级	20	20	40	15	20
丙级	20	20	20	10	10

（表 13.7.5-1～表 13.7.5-4 引自《公共体育场馆建设标准》）

其他设施要求　　　表 13.7.5-5

分类	设计要求			
淋浴、更衣和厕所用房	淋浴数目	100 人以下	100～300 人	300 人以上
	男	1 个/20 人	1 个/25 人	1 个/30 人
	女	1 个/15 人	1 个/20 人	1 个/25 人
控制中心	应设于跳水池处的跳水设施一侧；在游泳池处应设于距终点 3.5m 处；地面高出池岸 0.5～1m，并能不受阻碍地观察到比赛区			
强制预淋浴和消毒洗脚池	设于进入游泳跳水区前，必要时设漫腰消毒池			
隔离设施	观众区与游泳跳水区及池岸间应有良好的隔离设施，观众的交通路线不应与运动员、裁判员及工作人员的活动区域交叉，供观众使用的设施不应与运动员合并使用			

13.7.6　训练设施

1. 按使用可分为跳水训练馆、游泳训练馆、综合训练馆和陆上训练用房等。

2. 训练池应包括根据竞赛规则及国际泳联的规定的热身池和供初学和训练用的练习池。

3. 游泳和跳水的陆上训练用房根据需要确定，跳水训练房室内净高应考虑蹦床训练时所需要的高度。

4. 训练设施使用人数可按每人 4m² 水面面积计算。

13.7.7　实例

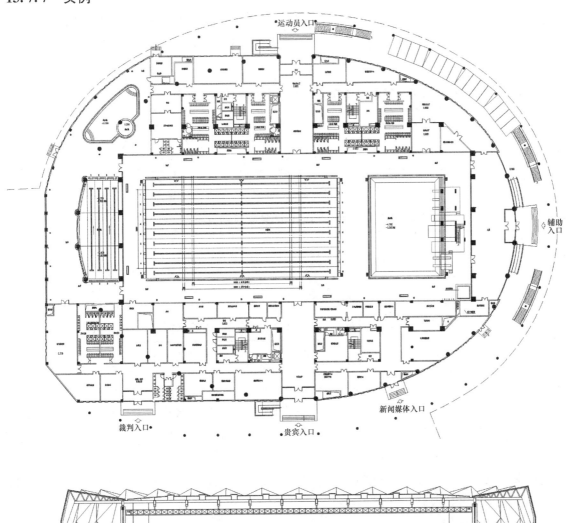

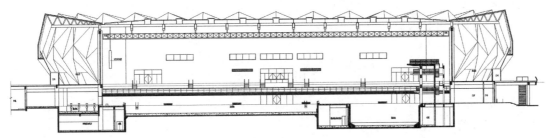

图 13.7.7　某体育中心游泳馆

13.8　体育场馆声学设计

13.8.1　体育场馆的声学设计

应从建筑方案阶段开始，体育场馆的建筑声学设计、扩声系统设计和噪声控制设计协调同步进行。

13.8.2　建筑声学设计

1. 体育场馆的建筑声学条件应保证使用扩声系统时的语言清晰；未设置固定安装的扩声系统的训练馆，其建筑声学条件应保证训练项目对声环境的要求。

2. 建筑声学的处理方案，应结合建筑形式、结构形式、观众席和比赛场地的配置及扬声器的布置等因素确定。

3. 混响时间指标：综合体育馆比赛大厅、游泳馆比赛厅满场混响时间宜满足表13.8.2-1和表13.8.2-2的要求；各频率混响时间相对于500～1000Hz混响时间的比值宜符合表13.8.2-3的规定。

综合体育馆不同容积比赛大厅500～1000Hz满场混响时间 表 13.8.2-1

容积（m³）	<40000	40000～80000	80000～160000	>160000
混响时间（s）	1.3～1.4	1.4～1.6	1.6～1.8	1.9～2.1

注：当比赛大厅容积大于表中列出的最大容积的1倍以上时，混响时间可比2.1s适当延长。

游泳馆比赛厅500～1000Hz满场混响时间 表 13.8.2-2

每座容积（m³/座）	≤25	>25
混响时间（s）	≤2.0	≤2.5

各频率混响时间相对于500～1000Hz混响时间的比值 表 13.8.2-3

频率（Hz）	125	250	2000	4000
比值	1.0～1.3	1.0～1.2	0.9～1.0	0.8～1.0

4. 有花样滑冰表演功能的溜冰馆，其比赛厅的混响时间可按容积大于160000m³的综合体育馆比赛大厅的混响时间设计；冰球馆、速滑馆、网球馆、田径馆等专项体育馆比赛厅的混响时间可按游泳馆比赛厅混响时间的规定设计。

5. 混响时间可按公式13.8.2-1分别对125Hz、250Hz、500Hz、1000Hz、2000Hz、4000Hz六个频率进行计算，计算值取到小数点后一位。

$$T_{60} = \frac{0.16V}{-S\ln(1-\bar{\alpha}+4mV)}$$

式中：T_{60}——混响时间（s）；

　　　V——房间容积（m³）；

　　　S——室内总表面积（m²）；

　　　α——室内平均吸声系数；

　　　m——空气中声衰减系数（m⁻¹）。

公式 13.8.2-1 混响时间计算

6. 室内平均吸声系数应按公式13.8.2-2计算。

$$\bar{\alpha} = \frac{\sum S_i \alpha_i + \sum N_j A_j}{S}$$

式中：S_i——室内各部分的表面积（m²）；

　　　α_i——与表面S_i对应的吸声系数；

　　　N_j——人或物体的数量；

　　　A_j——与N_j对应的吸声量

公式 13.8.2-2 室内平均吸声系数计算

13.8.3 吸声与反射处理

各类型体育场馆的吸声与反射设计要求　　　　　　　　表 13.8.3

体育场馆类型及部位			设计要求
体育馆	比赛大厅	上空	应设置吸声材料或吸声构造
		屋面采光	应结合遮光构造对采光部位进行吸声处理
		四周的玻璃窗	宜设置吸声窗帘
		山墙或其他大面积墙面	应做吸声处理
	比赛场地周围的矮墙、看台栏板		宜设置吸声构造，或控制倾斜角度和造型
	与比赛大厅连通为一体的休息大厅		应结合装修进行吸声处理
游泳馆			声学材料应采取防潮、防酸碱雾的措施
网球馆			应在有可能对网球撞击地面的声音产生回声的部位进行吸声处理
体育场			较深的挑棚内宜进行吸声处理
体育场馆	主席台、裁判席		周围壁面应作吸声处理
	评论员室、播音室、扩声控制室、贵宾休息室和包厢等		应结合装修进行吸声处理
无观众席的体育馆、训练馆和游泳馆			宜在墙面和顶棚进行吸声处理

13.8.4 噪声控制

1. 室内背景噪声限值

室内背景噪声限值　　　　　　　　表 13.8.4-1

房间名称	室内背景噪声限值
体育馆比赛大厅	NR-40
贵宾休息室、扩声控制室	NR-35
评论员室、播音室	NR-30

2. 噪声控制和其他声学要求

噪声控制及其他声学要求　　　　　　　　表 13.8.4-2

位置	要求
体育馆比赛大厅	四周外围护结构的计权隔声量应根据环境噪声情况及区域声环境要求确定
	宜利用休息廊等隔绝外界噪声干扰，休息廊内宜作吸声降噪处理
	对室内噪声有严格要求的，可对屋顶产生的雨致噪声、风致噪声等采取隔离措施
贵宾休息室	围护结构的计权隔声量应根据其环境噪声情况确定
评论员室、播音室	隔墙隔声性能应保证房间外空间正常工作时房间内的背景噪声符合表 13.8.4-1 的规定
比赛大厅、贵宾休息室、扩声控制室、评论员室、播音室等房间	通向此类空间的送风、回风管道应采取消声和减振措施，风口处不宜有引起噪声的阻挡物
空调机房、锅炉房等设备用房	应远离比赛大厅、贵宾休息室等有安静要求的用房；当与主体相连时，应采取有效的降噪、隔振措施

13.8.5 扩声系统

1. 在体育场馆中应设置固定安装的扩声系统，应满足体育比赛时观众席、比赛场地等服务区域的语言扩声需求，有关体育场馆扩声设计的一般要求，传声器与扬声器系统的设置应符合《体育场馆声学设计及测量规程》JGJ/T 131-2012 的规定。

2. 扩声控制室的要求：

1）应设置在便于观察场内的位置，面向主席台及观众席开设观察窗，观察窗的位置和尺寸应保证调音员正常工作时对主席台、裁判席、比赛场地和大部分观众席有良好的视野；观察窗宜可开启，调音员应能听到主扩声系统的效果。

2）地面宜铺设防静电活动架空地板。

3）若有正常工作时发出超过 NR-35 干扰噪声的设备，宜设置设备隔离室。

3. 功放机房：应设置独立的空调系统。

13.9 体育场馆防火设计

13.9.1 体育场馆建筑的防火设计

应按照现行国家标准《建筑设计防火规范》、《体育建筑设计规范》执行。

13.9.2 消防车道

超过 3000 座的体育馆，应设置环形消防车道。

13.9.3 建筑分类

应符合《建筑设计防火规范》表 5.1.1 的规定。在实际工程中，应根据体育场馆建筑使用功能的层数和建筑高度综合确定是按单、多层建筑还是高层建筑进行防火设计：

1. 无其他附加功能（或附加功能部分的高度不超过 24m）的单层大空间体育建筑，当单层大空间的高度超过 24m 时，按多层建筑进行防火设计。

2. 有其他附加功能的单层大空间体育建筑，当附加功能部分的高度超过 24m 时，应按高层建筑进行防火设计。

13.9.4 防火分区

功能用房应结合建筑布局、功能分区和使用要求按《建筑设计防火规范》及《体育建筑设计规范》的规定加以划分；在进行充分论证，综合提高建筑消防安全水平的前提下，对于体育馆的观众厅，其防火分区的最大允许建筑面积可适当增加；并应报当地公安消防部门认定。

13.9.5 内部装修材料

1. 用于比赛、训练部位的室内墙面装修和顶棚（包括吸声、隔热和保温处理），应采用不燃烧体材料；当此场所内设有火灾自动灭火系统和火灾自动报警系统时，可采用难燃烧体材料。

2. 看台座椅的阻燃性应满足《体育场馆公共座椅》QB/T 2601 的相关要求。

13.9.6 屋盖承重钢结构的防火保护

比赛或训练部位的屋盖承重钢结构在下列情况中的一种时，可不做防火保护：

1. 比赛或训练部位的墙面（含装修）用不燃烧体材料。

2. 比赛或训练部位设有耐火极限不低于 0.5h 的不燃烧体材料的吊顶。

3. 游泳馆的比赛或训练部位。

13.9.7　安全疏散

1. 应合理组织交通路线，并应均匀布置安全出口、内部和外部的通道，使分区明确，路线顺畅明确、短捷合理。

2. 看台部分的安全疏散见 13.3.4 条。

3. 观众厅外的疏散走道应符合：观众休息厅等区域中的陈设物、服务设施不应影响观众疏散；当疏散走道有高差变化时宜采用坡道当设置台阶时应有明显标志和采光照明；疏散通道上的大台阶应设置分流栏杆。

14 超高层建筑设计

建筑高度大于 100m 的民用建筑为超高层建筑，包括居住建筑和公共建筑。

14.1 平 面 设 计

14.1.1 平面形式
常见平面形式

表 14.1.1

形式	建议高度	适用类型	简图
中心式	100～300m 或更高	常见方式，核边距一般为 10～15m；结构布置合理，使用部分占有最佳位置，各向采光、视线良好，交通路线短捷；但难于形成大空间，东西向房间较多	
分置式	100～300m 或更高	结构布置合理，进深一般控制在 20～35m；内部可以形成大空间，布置灵活，消防疏散容易满足；但进深大，局部采光不佳	
偏置式	150m 以下	结构布置偏心，但可为核心筒争取到良好的采光通风，内部可以形成大空间，布置灵活；常见于建筑高度较低的板式建筑	
分离式	150m 以下	结构布置偏心，但使用部分完整，有利于形成大空间；空间灵活，不受核心筒的影响；进深一般不大于 25m；常见于建筑高度较低的板式建筑	

14.1.2 核心筒竖向交通布置形式

表 14.1.2

形式	简图	示例

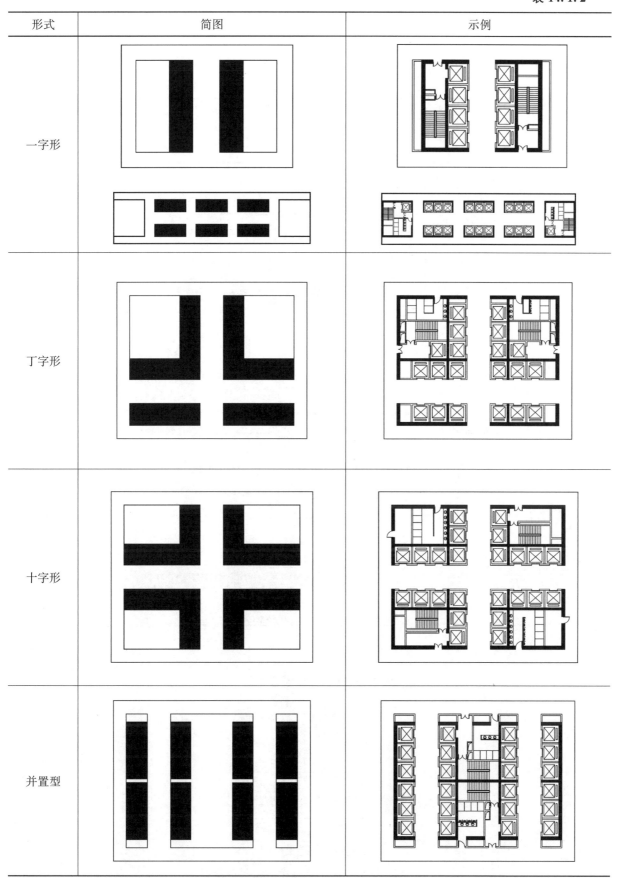

一字形

丁字形

十字形

并置型

14.2 剖 面 设 计

常见办公楼净高控制参数

表 14.2

等级	层高（m）	办公区净高（m）	走道净高（m）	电梯厅净高（m）
超甲级	≥4.2	≥3.0	≥2.8	2.8~3.0
甲级	3.8~4.2	≥2.8	≥2.6	2.6~2.8
乙级	3.6~4.0	≥2.7	≥2.4	2.4~2.7

注：办公区净高不得低于2.5m，走道净高不得低于2.2m。

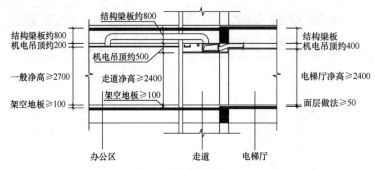

常见办公楼剖面示意图

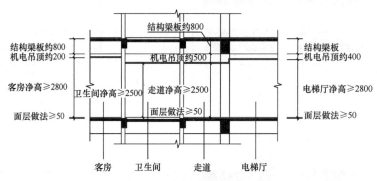

常见五星级酒店客房剖面示意图

注：总统套房除卫生间净高≥2500外，套内其他房间净高
一般≥3200，行政走廊净高一般≥3000。

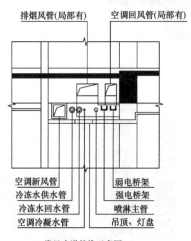

常见走道管线示意图

图 14.2 常见民用建筑净高控制示意图

14.3 乘客电梯系统

14.3.1 配置标准

1. 时间间隔：电梯相继发出的平均时间差

理想用时：≤1.0min；极限用时：1.5～2.0min。

几类建筑乘客电梯运行平均时间间隔

表 14.3.1-1

建筑物性质	平均时间间隔（s）	
住宅、公寓	舒适级	40～70
	普通级	70～90
	经济级	90～120
宾馆、酒店	40～60	
办公建筑	豪华级	30～40
	舒适级	40～50
	经济级	50～60

2. 5分钟的输送能力：在人流高峰期的每5分钟内，电梯单向能运送的人数占建筑总使用人数的百分比。

几类建筑乘客电梯5分钟的输送能力指标

表 14.3.1-2

建筑物性质	5分钟的输送能力	
住宅、公寓	舒适级	8%～10%
	普通级	6%～8%
	经济级	5%～6%
宾馆、酒店	10%～15%	
办公建筑	一家公司专用	15%～20%
	多家公司共用	13%～15%
	出租	11%～13%

3. 几种建筑乘客电梯数量选用估算值

表 14.3.1-3

建筑类型	客梯概略需量	
住宅、公寓	经济型	90～100 户/台
	普通型	60～90 户/台
	舒适型	30～60 户/台
	豪华型	<30 户/台

建筑类型	客梯概略需量	
旅馆	经济型	120~140 间客房/台
	普通型	100~120 间客房/台
	舒适型	70~100 间客房/台
	豪华型	<70 间客房/台
办公楼	经济型	建筑面积 5000~6000m² /台
	普通型	建筑面积 4000~5000m² /台
	舒适型	建筑面积 3000~4000m² /台
	豪华型	建筑面积<2000m² /台

注:(1) 表中客梯规格按载重 1000~1600kg 计算,额定 13~21 人。

(2) 表中客梯数量仅供方案设计时快速参考,技术设计中还需进一步研究。

14.3.2 运行模式

乘客电梯应分层、分区停靠。

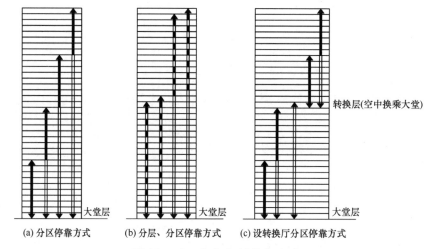

图 14.3.2 乘客电梯停靠方式

分区标准:1. 宜以建筑高度 50m 或 10~12 个层站为一个区。

2. 转换厅(空中换乘大堂),大多用于建筑高度超过 300m 的超高层建筑,宜按 25~35 层分段,段内再行分区。

3. 下区层数可多些,上区层数宜少些。

4. 最低区可采用常规梯速 1.75m/s,以上逐区加速一级,每级加速 1.0~1.5m/s。

14.3.3 控制模式

群控,台数不宜超过 4 台,单列不大于 4 台。

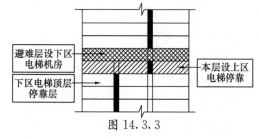

图 14.3.3

14.3.4 中间层电梯机房设置位置

1. 宜设在避难层的设备用房区内,以避免对其他使用层的影响。

2. 当避难层层高+其下层层高不能满足下区电梯冲顶高度+电梯机房高度时,可按右边图示处理。

14.3.5 转换层（空中换乘大堂）设置

表 14.3.5

位置	特点	图示
设在避难层上层	下区电梯机房可设在避难层或转换层内；上区电梯基坑可设在避难层内；穿梭电梯机房可能需设在转换层上一层内；对其他楼层的使用功能影响较小	
设在避难层下层	下区电梯机房可设在避难层或转换层内；穿梭电梯机房设在避难层内；上区电梯基坑需设在转换层下一层内；对其他楼层的使用功能影响较小	
设在避难层之间	下区电梯机房可设在转换层内；穿梭电梯机房需设在转换层上一层内；上区电梯基坑需设在转换层下一层内；对其他楼层的使用功能影响较大	

14.3.6 双层轿厢电梯

双层轿厢电梯是由上下两层轿厢构成的双层电梯，共享一个电梯井道。

设置要求：1. 电梯分奇偶层停靠。

2. 电梯停靠层层高相等（两层轿厢间距离调节能力有限）。

3. 停靠层乘梯人数相当。

4. 基层应设双层候梯大厅，建筑入口需设明显的奇偶层分流标识。

特点：在一定的运输能力下，电梯井道数量减少，提高建筑实用率。两层轿厢门均关闭后电梯方可运行，运行时间延长。

14.4 避 难 层 设 计

建筑高度大于 100m 的公共建筑、住宅建筑应设置避难层（详见本书"建筑防火设计"一章）。

14.4.1 设置高度及间隔高度

1. 第一个避难层（间）的楼面至灭火救援场地地面的高度不应大于 50m。

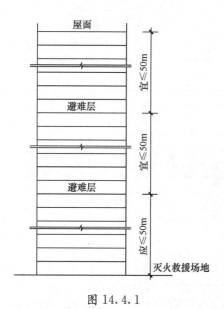

图 14.4.1

2. 两个避难层（间）之间的高度不宜大于 50m。

14.4.2 避难层（间）的净面积

1. 建筑高度≤250m 时，宜按设计人数 5 人/m² 计算；建筑高度＞250m 时，应按设计人数 4 人/m² 计算。

2. 设计避难人数为该避难层所负担楼层的总人数：

办公：宜按人均使用面积 4～10m² 计算（《办公建筑设计规范》）；

酒店：按所负担楼层总床位数计算。

3. 避难层所负担楼层数：为该避难层至上一避难层之间的楼层数。

14.4.3 避难层可兼作设备层

1. 避难层可设置火灾危险性较小的设备用房，不能用于其他使用功能。

2. 设备管道宜集中布置，其中的易燃、可燃液体或气体管道应集中布置。

3. 设备管道区应采用耐火极限不低于 3.00h 的防火隔墙与避难区分隔。

4. 管道井和设备间应采用耐火极限不低于 2.00h 的防火隔墙与避难区分隔。

5. 管道井和设备间的门不应直接开向避难区；确需直接开向避难区时，与避难层区出入口的距离不应小于 5m，且应采用甲级防火门。

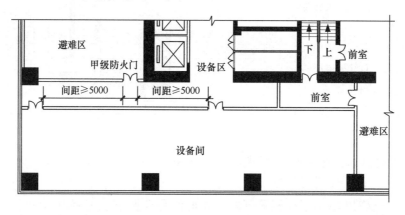

图 14.4.3

14.5 结 构 设 计

14.5.1 结构体系

剪力墙结构、框架-剪力墙结构、框支-剪力墙结构、筒体结构（含框架核心筒结构、筒中筒结构等）、巨型结构。

14.5.2 结构材料

钢筋混凝土结构（代号 RC）、型钢混凝土结构（代号 SRC）、钢管混凝土结构（代号 CFS）、全钢结构（代号 S 或 SS）。

14.5.3 各类钢筋混凝土结构体系经济适用的高宽比

表 14.5.3

高宽比　　抗震设防烈度　　结构体系	6度、7度	8度
剪力墙、框架-剪力墙	6	5
框架-核心筒	7	6
筒中筒结构	8	7
巨型结构	8	7

14.5.4 各类钢筋混凝土结构适用体系及经济适用高度

表 14.5.4

建筑功能	适用的结构体系	经济适用高度（m）		
		6度	7度	8度
住宅（底部不带商业）	剪力墙结构	170	150	130
住宅（底部带商业）	剪力墙结构	170	150	130
	框支-剪力墙结构	140	120	100
公寓、办公楼、酒店	框架-剪力墙结构	160	140	120
	框架-核心筒结构	210	180	140
	筒中筒结构	280	230	170
	巨型结构	280	230	170

14.5.5 工程实例

表 14.5.5

	上海中心大厦	深圳平安金融中心	台北 101 大楼	上海环球金融中心	广州西塔
结构高度（m）	574	555	449	492	432
结构体系	巨型框架＋核心筒＋伸臂桁架	巨型柱斜撑框架＋核心筒＋伸臂桁架	巨型框架＋核心筒＋伸臂桁架	巨型柱斜撑框架＋核心筒＋伸臂桁架	巨型钢管混凝土柱斜交网格外筒＋钢筋混凝土内筒
结构材料	型钢混凝土＋钢外伸臂	型钢混凝土＋钢外伸臂	型钢混凝土钢外伸臂	型钢混凝土钢外伸臂	钢管混凝土
高宽比	7.0	7.3	8.2	8.5	6.5

14.6 电气、设备站房的设置

14.6.1 水泵房的设置

1. 生活水泵房

1) 不同建筑高度的设置要求。

表 14.6.1-1

建筑高度≤150m	建筑高度＞150m	各区段高度
地下水泵房直输到顶层	设中间转输水箱及水泵房	≤150m

2) 站房面积：90～120m²。

3）站房净高：3.6～4.5m。

2. 消防水泵房

1）不同建筑高度的设置要求。

表 14.6.1-2

公共建筑高度≤120m 住宅建筑高度≤150m	公共建筑高度120～250m 住宅建筑高度150～250m	建筑高度＞250m
地下水泵房直输到顶层	设中间转输水泵房及水箱 设置高度100～150m	设中间转输水泵房及水箱 间隔设置高度100～150m
屋顶设高位水箱、 稳压泵房	屋顶设高位水箱、 稳压泵房	屋顶设高位水池（贮存一次火灾 所需的全部消防水量）、 稳压泵房

2）站房面积：

表 14.6.1-3

	屋顶高位水箱＋泵房	中间转输水泵房＋水箱	屋顶设高位水池＋泵房
面积	50～60m²	90～120m²	350～400m²

3）站房净高：3.6～4.5m。

14.6.2 采暖、空调换热机房的设置

1. 散热器、热水地面辐射采暖：换热机房负荷总高度≤50m，分别上下设置独立的采暖系统。如图 14.6.2-1（a），图 14.6.2-1（b）。

2. VRV 空调：负荷总高度≤50m，分别上下设置独立的空调系统。如图 14.6.2-1（b）。

3. 集中空调：换热机房负荷总高度≤100m，分别上下设置独立的空调系统。如图 14.6.2-2（a），图 14.6.2-2（b）。

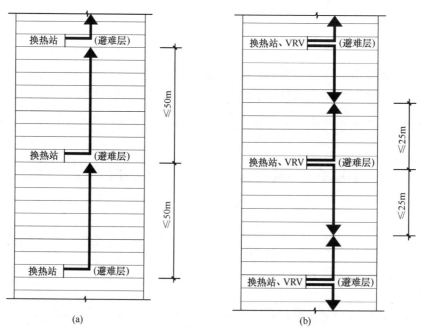

图 14.6.2-1

4. 站房面积：约为负荷使用面积的0.5%。

5. 站房净高：3.5～4.0m。

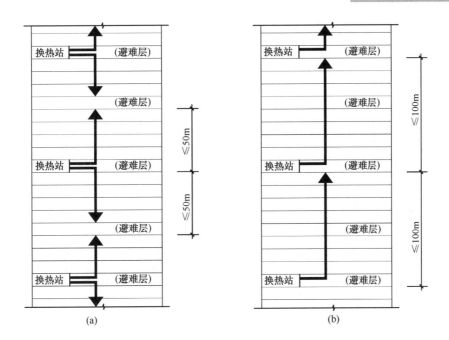

图 14.6.2-2

6. VRV 系统室外机对外通风开口净高：单排 3.0m；双排 4.0m。

14.6.3 变配电所的设置

1. 供电半径（电缆长度）宜≤250m，经济适宜长度 50～150m，可同时上下供输。

2. 高压配电室及底部变配电所可设在首层或地下层，当有多层地下室时不应设在最底层，当地下只有一层时，应采取抬高地面和防止雨水、消防水等积水措施，中间楼层的变配电所根据供电半径设置在避难层中，每隔一个避难层设置一个较为经济适宜。

3. 为减少变配电所对其他楼层的影响，可将其设在屋顶。

4. 站房面积：约为其负担建筑面积的 0.3%（住宅）～1.0%。

5. 站房净高：无电缆沟 3.5m；有电缆沟，沟底至顶板梁底 4.0m。

6. 站房净宽：单排布置配电柜 3.8m；双排布置配电柜 6.3m。

14.6.4 设置限制

1. 水泵房、变配电所不应设在住宅的直接上方、直接下方。当必须设置时，可在其上、下各做一个结构夹层。

2. 当变配电所与上、下或贴邻的居住、办公房间仅有一层楼板或墙体相隔时，变配电所内应采取屏蔽、降噪等措施。

3. 水泵房应采取减振、降噪措施，消防水泵房疏散门应直通安全出口。

14.6.5 隔振措施

1. 换热机房、水泵房

1）卧式水泵（消防水泵除外）应安装在配有 25～32mm 变形量外置式弹簧减振器的惯性地台上，若卧式水泵噪声≥80dBA，则需额外加设浮筑地台。

2）立式水泵（消防水泵除外）应安装在配有 25～32mm 变形量外置式弹簧减振器的惯性地台上，并安装在浮筑地台上。

3）稳压泵、水箱、热交换器应安装在厚度≥50mm 的专业橡胶减振垫上；水箱距离墙身、顶棚应≥50mm。

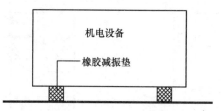

4）机房内风机应配备 25～32mm 变形量外置式弹簧减振器。

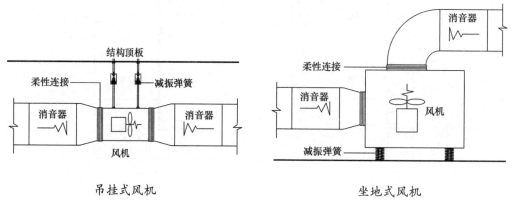

吊挂式风机　　　　　　　　　　　坐地式风机

图 14.6.5-1

2. 终端配变电房

变压器、控制柜应安装在浮筑地台上。

3. 惯性地台

1）重量至少为所承托水泵运行重量的 2.5 倍。

2）混凝土块密度≥2240kg/m³。

3）长宽大于所承托水泵尺寸 300mm，厚度≥150mm。

4）做法：四周用槽钢焊成一个外框，底部焊上钢板，周边焊接角码用于固定弹簧减振器，通过弹簧减振器将其固定结构楼板（或浮筑地台）上，在框内浇筑 C30 混凝土。

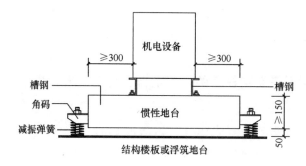

图 14.6.5-2　惯性地台示意图

4. 浮筑地台

1）采用钢筋混凝土浇筑，厚度≥150mm，应能承受上部荷载。

2）下部布置 50mm×50mm×50mm 橡胶减振垫，间距≤600mm×600mm。

3）与墙体接触处应采用厚度大于 10mm 的弹性胶垫隔离。

4）浮动层不得与结构楼板有任何接触，结构楼板平整度≤3mm/m。

14.6.6　降噪措施

1. 设备噪声超过 72dBA 时，顶棚、墙身需设置多孔吸声板，其面积应≥房间表面积的 50%。

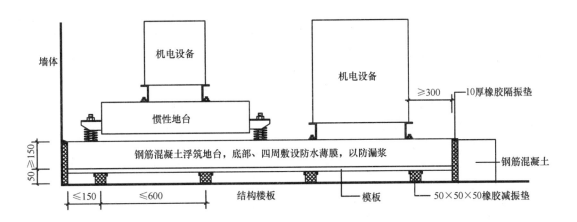

图 14.6.6　浮筑地台示意图（mm）

2. 多孔吸声板的做法可采用：

50 厚超细玻璃丝棉吸声毡（25kg/m³），外罩穿孔面板（穿孔率≥20%）。

14.6.7　屏蔽措施

1. 做法一：墙面抹灰、顶棚抹灰、楼面垫层内敷设细孔钢网。
2. 做法二：楼面垫层内敷设细孔钢网，墙面、顶棚明敷金属板材。
3. 做法三：楼面垫层内敷设细孔钢网，墙面、顶棚刷屏蔽涂料（亦称导电漆）。
4. 各种做法均需与接地装置连接。

14.7　屋 顶 擦 窗 机

擦窗机是用于建筑物或构筑物窗户和外墙清洗、维修等作业的常设悬吊接近设备。按安装方式分为：屋面轨道式、轮载式、插杆式、悬挂轨道式、滑梯式等。

表 14.7

类型		特点	适用范围	
屋面轨道式	双臂动臂变幅形式	1. 擦窗机沿屋面轨道行走 2. 行走平稳、就位准确、安全装置齐全、使用安全可靠、自动化程度高 3. 屋面结构承载应满足要求，预留出擦窗机的行走通道	适用于屋面结构较为规矩、楼顶屋面有足够的空间通道且屋面有一定的承载能力的建筑物	属小型擦窗机设备，工作幅度相对较小，机重较轻
	燕尾臂形式			属最常用的中型设备，一般复杂的建筑立面均可适用，伸展吊船可清洗凹立面
	伸缩臂式			属大型的擦窗机设备，适用于屋面较多，多台擦窗机很难完成整个大楼的作业时常采用伸缩臂擦窗机
	附墙轨道式	1. 轨道沿女儿墙内侧布置，设备可沿轨道自由行走，完成不同立面的作业 2. 行走平稳、就位准确，使用方便、自动化程度高等特点		属小型擦窗机设备，适用于屋面结构较为规整，屋面擦窗机通道尺寸在 500～1000mm，其他轨道式不宜布置时可选择此机型。屋面女儿墙应有一定的承载能力

类型	特点	适用范围
轮载式	1. 屋面行走通道靠女儿墙布置，设备沿通道自由行走； 2. 行走平稳、就位准确，使用方便	适用于屋面结构较规整、有一定的空间通道且屋面为刚性屋面，有一定的承载能力，坡度≤2%
插杆式	1. 插杆基座沿楼顶女儿墙或女儿墙内侧布置； 2. 结构简单、成本低； 3. 插杆、吊船换位需人工搬移、作业效率低	适用于裙房、屋面较多、屋面空间窄小、造价要求低的建筑物
悬挂式	1. 悬挂轨道沿楼顶女儿墙、檐口外侧布置，设备可沿轨道自由行走； 2. 行走平稳、就位准确，使用方便	适用于屋面较多、空间较小、建筑造型复杂、其他擦窗机不易安装的场合，女儿墙应有一定的承载能力
滑梯式	1. 滑梯结构按建筑物屋顶形式设计； 2. 行走平稳、就位准确，使用方便	适用于内外弧形、水平、倾斜的玻璃天幕，球形结构、天桥连廊等建筑物的内外清洗和维护作业

14.8　屋顶直升机停机坪

建筑高度大于100m且标准层建筑面积大于2000m² 的公共建筑，宜在屋顶设置直升机停机坪或供直升机救助的设施。详见本书"建筑防火设计"一章。

14.9 建 筑 实 例

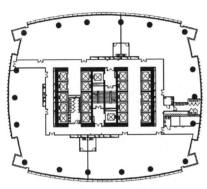

项目名称	某大厦
建筑使用性质	办公楼
总层数/建筑高度	68层/266m
标准层面积	1950m²
核心筒面积	420m²
分区数	4区
核边距	南北向14.2m，东西向12.7m
标准层层高	3.7m

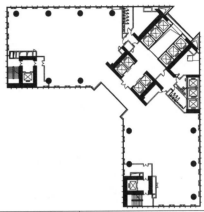

项目名称	某证券大厦
建筑使用性质	办公楼
总层数/建筑高度	34层/160m
标准层面积	1820m²
核心筒面积	680m²
分区数	2区
进深	22m
标准层层高	4.4m

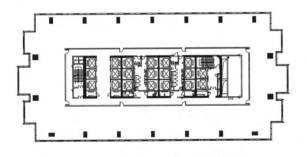

项目名称	某大厦
建筑使用性质	办公楼
总层数/建筑高度	39层/174m
标准层面积	2230m²
核心筒面积	493m²
分区数	3区
核边距	南北向11m，东西向17.6m
标准层层高	4.4m

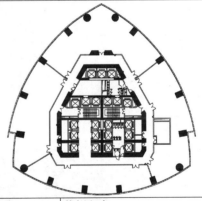

项目名称	某大厦B座
建筑使用性质	下部办公楼，上部酒店
总层数/建筑高度	55层/250m
标准层面积	1890m²
核心筒面积	536m²
分区数	3区
核边距	南向10.3m，东西向12.3m
标准层层高	4.2m

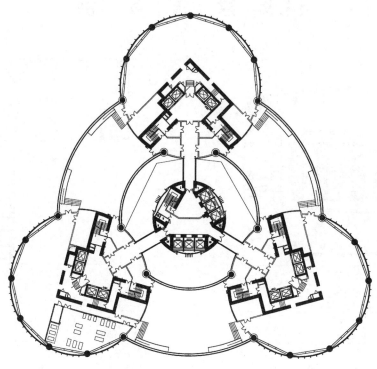

项目名称	某大酒店
建筑使用性质	公寓
总层数/建筑高度	72层/328m
标准层面积	2550m²
核心筒面积	860m²
分区数	1区
核边距	12m
标准层层高	3.8m

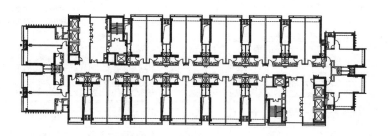

项目名称	某2号塔楼
建筑使用性质	公寓式办公
总层数/建筑高度	50层/172m
标准层面积	1620m²
核心筒面积	310m²
分区数	1区
进深	23.7m
标准层层高	3.1m

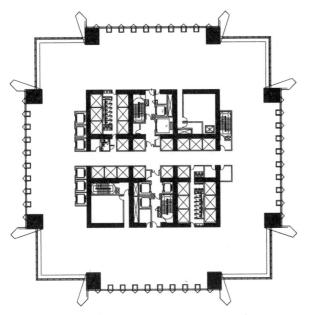

项目名称	某金融中心
建筑使用性质	办公
总层数/建筑高度	116层/600m
标准层面积	3500m²
核心筒面积	1135m²
分区数	3大区，第1大区分3区，第2大区分2区，第3大区分3区
核边距	14.6m
标准层层高	4.2m

项目名称	某金融大厦
建筑使用性质	办公
总层数/建筑高度	48层/220m
标准层面积	2070m²
分区数	3区，转换电梯连接换乘大堂
单边进深	南向东向16.8m，西向北向12.7m
标准层层高	4.5m

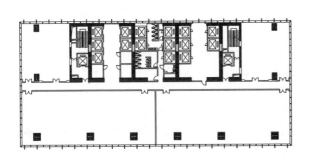

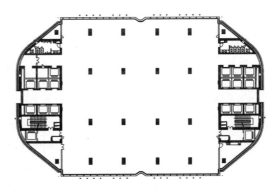

项目名称	某大厦
建筑使用性质	办公
总层数/建筑高度	42层/200m
标准层面积	1890m²
核心筒面积	565m²
分区数	3区
核边距	15m
标准层层高	4.5m

项目名称	某市大厦
建筑使用性质	办公
总层数/建筑高度	39层/174m
标准层面积	2000m²
核心筒面积	572m²
分区数	1区
进深	36.9m
标准层层高	4.2m

15 地铁车站建筑设计

15.1 概　述

15.1.1 地铁车站建筑的分类

地铁车站建筑分类　　　　　　　　　　　　表 15.1.1

地铁车站建筑分类		
车站站台形式	岛式站台	乘客乘车站台位于两股轨道中间区域，乘客换乘另一方向无须跨越轨道
	侧式站台	乘客乘车站台位于两股轨道外侧，乘客换乘另一方向须跨越轨道
	平面组合式站台	在同一平面，同一标高中既有岛式站台也有侧式站台，常用于特殊配线车站及换乘车站
	垂直组合式站台	同一线路不同方向站台采用上下叠加布置方式，常用于同台换乘车站或特殊工法车站
车站施工方法	明挖（含先隧后站）	车站主体采用大开挖形式施工，结构施工顺序由下至上
	暗挖	车站主体因施工条件限制采用矿山开挖方式进行施工，通常暗挖通道两端须先设明挖竖井或基坑
	明暗挖组合	上述两种方式组合，有施工条件的场地采用明挖，不具备场地施工条件的地方采用暗挖，车站平面功能须与施工工法结合布置
	盖挖	在具备施工场地条件，但施工工期受限制情况下，采用的工法为先行施工结构顶板或作临时道路铺盖，恢复道路交通，然后再在盖板下按明挖方式进行施工
车站与地面关系	浅埋	因线路设置要求或地质条件所限，车站采用埋深较浅的工法，常采用单层侧式车站形式，标准地下 2 层
	深埋	因线路穿越上方构筑物或其他地下建筑物，要求车站采用深埋形式，一般为地下 3～5 层
	地面	因线路设置条件，车站主体设于地面，采用单层车站形式
	高架	线路设置要求，车站主体架空于道路或地面以上，采用 2～3 层高架形式

地铁车站建筑分类		
车站功能等级	一般标准站	车站设置条件适中，施工条件较好，无大的突发客流，车站按一般标准车站设置，采用地下2层
	换乘站	因线路设置要求，两条线路必须共点设置，但施工不一定同步建设，常采用地下3层形式，换乘形式有"十"字形、"L"形、"T"形、平行换乘等
	中心站或枢纽站	按线网规划要求，多条线路（三条或以上）共点交汇，或两条轨道交通线路与其他轨道交通（高铁、城际）或与空港、码头、客运站等其他交通建筑组合成换乘枢纽
	特殊站	因车站周边城市环境特点突出，车站建筑设计与环境结合设计有较强的地域特色或文化个性的车站

15.1.2 总平面设计

总平面设计要求

1. 地铁车站建筑总平面布局应综合考虑车站周边既有建筑和规划条件、城市道路、车站规模及形式，合理选择车站站位和出入口、风亭、冷却塔等附属设施的位置。

2. 地铁车站建筑形式应根据线路特征、运营要求、周边环境及车站区间采用的施工工法等条件确定。每站的人行通道数量远期一般不少于3个，近（初）期至少要有2个独立出入口能直通地面。

3. 地铁车站建筑出入口、风亭、冷却塔等地面建筑应满足表15.1.2-1～表15.1.2-3的规定。

出入口、风亭、冷却塔与规划道路、建筑物距离表   表 15.1.2-1

间距类别		距离要求	备注
退缩道路红线	规划道路宽≥60m	10m	参考值，需规划部门确认
	规划道路宽<60m	5m	
防火间距	民用建筑一、二级	6m	
	民用建筑三级	7m	
	民用建筑四级	9m	
	高层建筑	9m	
	高层建筑裙房	6m	
	汽车加油站	按现行国家标准《汽车加油加气站设计与施工规范》GB 50156	
	高压电塔	按现行国家标准《城市电力规划规范》GB 502932	

出入口、风亭、冷却塔之间控制距离表（m）   表 15.1.2-2

	新风亭	排风亭	活塞风亭	出入口	冷却塔	紧急疏散口
新风亭	—	10	10	—	10	—
排风亭	10	—	5	10	5	5
活塞风亭	10	5	—	10	5	5
出入口	5	10	10	—	10	—
冷却塔	10	5	10	10	—	10
紧急疏散口	—	5	5	—	5	—

风亭、冷却塔与敏感建筑控制距离表　　　表 15.1.2-3

区域类别	区域名称	控制距离（m）
1	居住、医院、文教区、行政办公	25～50
2	居住、商业、工业混合区	15～30
3	交通干线两侧	≥15

15.1.3　地铁车站建筑功能组成

地铁车站建筑一般由站厅层、站台层（含站台板下夹层）等主要使用空间及人行通道（天桥）、地面出入口、风道、地面风亭等次要使用空间组成。主要使用空间按运营要求划分为乘客公共区及设备与管理用房区。

15.1.4　地铁车站建筑的总平面布置实例

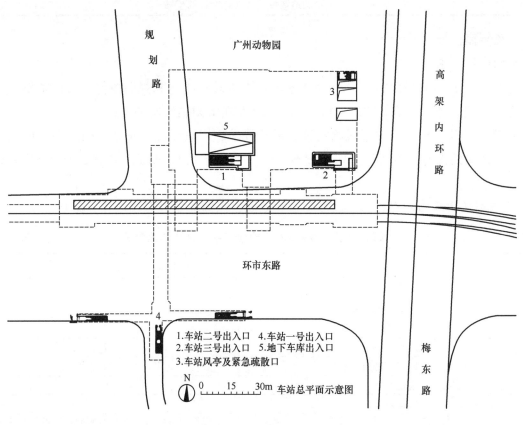

1. 车站二号出入口　4. 车站一号出入口
2. 车站三号出入口　5. 地下车库出入口
3. 车站风亭及紧急疏散口

0　15　30m　车站总平面示意图

图 15.1.4　某站总平面

15.2　车　站　站　厅

15.2.1　站厅层一般划分为公共区（非付费区与付费区，用闸机和栏杆隔开）、设备及管理用房区两部分。非付费区为乘客提供集散、售检票、公共电话、银行及其他配套服务的空间，并兼顾行人过街功能。付费区提供检票、补票、楼扶梯进出站台的空间。主要布置楼扶梯、无障碍电梯、票亭、栏杆、售检票、进出闸机等设施。

15.2.2　当站厅公共区采取付费区在中、非付费区在两端的布置形式时，至少在一侧留通道连接两个非付费区，通道宽度不小于 4m。

15.2.3 站厅非付费区面积应大于付费区面积，一般车站站厅层公共区两侧非付费区宽度按不小于 2 跨且不小于 16m 考虑，对于公共区兼顾过街功能和大客流的车站，此宽度按不小于 2 跨半且不小于 20m 考虑。

15.2.4 票亭应设在付费区与非付费区的分隔带上，一般车站票亭设 2 座，分设于两侧付费区与非付费区交界处。

15.2.5 车站出入口兼顾过街功能时，应避免过街人流对站厅的影响。车站如设置 24 小时过街通道，通道与车站公共区必须分隔。

15.2.6 车站内闸机口和楼梯口（自动扶梯）的总通过能力应相互协调平衡，并满足高峰小时进出站客流的通过能力。车站各种通行服务设施的最大通过服务能力见表 15.2.6。

车站各部位设计通过能力表　　　　表 15.2.6

部位名称		正常运营通过能力（人/小时）	紧急疏散通过能力（人/小时）
1m 宽楼梯	下　行	2580	3080
	上　行	2580	
	双向混行	2580	
1m 宽通道	单　向	4800	4800
	双向混行	3900	
1m 宽自动扶梯	输送速度 0.65m/s，上行	6600	7300
	输送速度 0.65m/s，下行	7200	
	停运时的自动扶梯	2100	2770
闸机	进闸机	1500	—
	出闸机、双向闸机	1200	—
人工售票口		1200	
自动售票机		240	
人工检票口		2600	—

15.2.7 站厅设计标准

1. 地下站装修后公共区地坪面至结构顶板底面净高≥4800mm。

2. 地下站预留吊顶及管线空间≥1300mm。

3. 地下站公共区建筑楼面至吊顶底面净高，一般站≥3200mm；大空间站厅及大型枢纽站≥3500mm。

4. 站厅建筑楼面至任何悬挂障碍物底面≥2400mm。

5. 管理及设备一般用房装修后净高≥2500mm。

6. 内部管理区走道净宽。

单面布置≥1800mm（困难情况下≥1500mm）；双面布置≥2100mm（困难情况下≥1800mm）。

7. 通道及内部管理区走道净高≥2500mm。

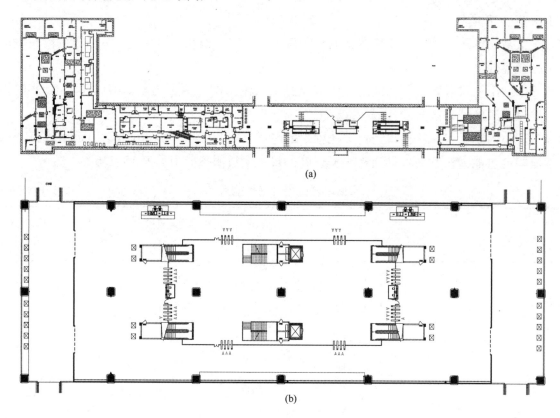

(a)

(b)

图 15.2.7

(a) 某站厅平面图；(b) 某站（高架站）站厅平面图

15.3　站　　台

15.3.1　站台是车站内乘客等候列车和乘降的平台。

15.3.2　站台位于地下的车站设置全封闭站台门式，站台位于地上的车站设置半高安全门。

15.3.3　站台宽度按以下公式计算：

岛式站台宽度 $$B_d = 2b + n \times z + t$$

侧式站台宽度 $$B_c = b + z + t$$

其中 $Q_{上、下} \cdot \rho/L + b_a$

式中　b——站台乘降区宽度（m）；

n——横向柱数；

z——横向柱宽（m），单柱车站结构柱宽不应大于700mm；

t——每组人行梯与自动扶梯宽度之和（m）；

$Q_{上、下}$——客流控制方向一列车超高峰小时的上、下车设计客流量（换乘车站应含换乘客流量）；

ρ——站台上人流密度0.33～0.75平方米/人，新线线路建议不小于0.5平方米/人；

L——安全门两端之间的站台有效候车区长度（m）；

b_a——站台边缘至站台门立柱内侧的距离（m），取0.4m。

15.3.4　人行楼梯和自动扶梯的总量布置除应满足上、下乘客的需要外，还应按站台层的事故疏散时间不大于6min（其中1min为反应时间）进行验算。

15.3.5　站台设计标准

1. 岛式站台宽度（无柱时）≥9000mm；

2. 岛式站台宽度，单柱时≥11000mm；

3. 岛式站台宽度，双柱时≥13000mm；

4. 岛式站台侧站台净宽（扣除站台门及装修厚度）≥2500mm；

5. 纵向设梯的侧站台≥3500mm；

6. 垂直于侧站台开通道口的侧站台≥4000mm；

7. 单洞暗挖车站侧站台宽度（从净高2000mm处）≥3200mm；

8. 站台层公共区地坪装修面至轨面高1080mm；

9. 地下车站轨面至轨行区结构底板面580mm；

10. 高架车站轨面至轨行区结构底板面520mm；

11. 站厅、站台悬挂物离地净高须≥2400mm。

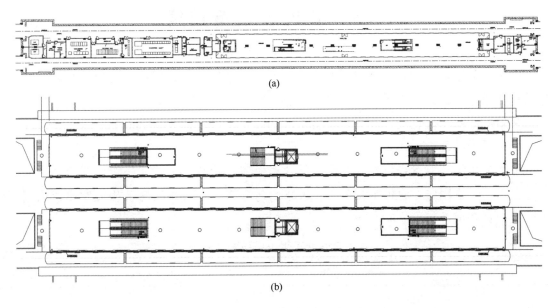

(a)

(b)

图15.3.5

(a) 某站台平面图；(b) 某站（高架站）站台平面图

15.4　站台板下夹层

站台下夹层主要供车站设备管线穿越、排热风道变电所夹层使用，内部主要设置排热风道、变电所电缆夹层等设施，站台变电所下夹层净高不小于1.9m，站台板上应设检修人孔。

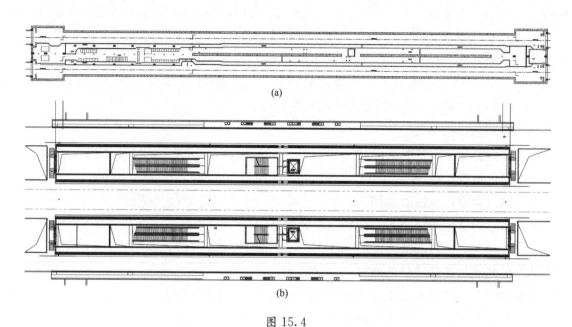

图 15.4

（a）某站台板下夹层平面图；（b）某站（高架站）站台板下夹层平面图

15.5　管理及设备用房

15.5.1　车站设备管理区的布置，用房的分区及房间关系应尽量采用标准设计，站厅层主要设备端，应设有连接站台的人行楼梯。

15.5.2　车站控制室宜设在便于对售、检票口（机）、人行楼梯和自动扶梯等部位观察的位置，其地面高于站厅公共区地面450mm。

15.5.3　公共卫生间宜设置在付费区站台一端，避免室外视线的干扰，一般设置前室。

15.5.4　车站的设备用房，应根据相关工艺要求合理布置。设备用房由各相关专业或系统用房指标，规模及布置要求参见表15.5.4-1、表15.5.4-2。

地下车站管理用房面积表（m²）　　　　　　表 15.5.4-1

房　间		面积	房　间		面积
车站控制室	一般站	40	会议室	一般站	30
	换乘站	60		换乘站	50
站长室	一般站	12		中心站	80
	中心站或换乘站	15～20	车站备品库	一般站	30
接处警室	一般站	20		换乘站	50
	换乘站	20	广告备品库	一般站	8
警务监控机房	一般站	25		换乘站	10
	换乘站	30	更衣室	一般站	20×2
安全办公室		15		换乘站	30×2

房 间		面积	房 间	面积
工作人员卫生间		12×2	站台应急间	10
保洁工具间		9×2	正线派班室及轮值值班室	30
保洁间	一般站	10	乘务换乘室	25
	换乘站	15	乘务更衣室	20
票亭		7.5	正线司机专用卫生间	5
站务休息室	一般站	15	车辆检修驻站室	10~15
	换乘站	20	保安工作间	10~15
			商业经营管理用房	10~15

地下车站设备用房/少人值守用房面积表（m²）　　表 15.5.4-2

房 间		面积	房 间		面积
机电综合维修室		25	牵引降压混合变电所	35kV 开关柜室	48/52
综合监控设备室		25			59/65
票务管理室	一般站	25		1500V 直流开关柜室	68/79
	换乘站	35		整流变压器室	30×2
AFC 设备室		20		0.4kV 开关柜室	与低压柜的数量相关
AFC 维修室	一般站	8		控制室	33
	AFC 维修工班	15		制动能量	90
气瓶室		15~20		回馈装置室	2.8
照明配电室		8~12		检修兼储藏室	10~15
环控电控室（含监控设备）		42	降压变电所	35kV 开关柜室	48/52/59/65
应急照明电源室		22~25		控制室	33
通信设备室（含 PIDS）	采用 UPS 整合	50		0.4kV 开关柜室	与低压柜的数量相关 2.8
	采用独立设置 UPS	70		检修兼储藏室	10~15
民用通信机房	一般站	60	跟随变电所 0.4kV 开关柜室		与低压柜的数量相关
	换乘站	100			
信号设备及电源室	联锁站	90	工建维修工班		25
	非联锁站	36	工建维修材料室		20
电缆引入间		4	自动化维修工班		25
信号值班室		10	自动化维修材料室		20
站台门设备及控制室		20	通信维修工班		25
污水泵房		10	通信材料间		20
废水泵房		10	信号维修工班		25
电缆井		5	信号材料间		20
环控机房（分站供冷）		1100	车务应急抢险用房		200
环控机房（集中供冷站）		760	UPS 整合室		20
工务用房		12	蓄电池室		25
车辆紧急抢修用房		20			
接触网紧急抢修用房		20			

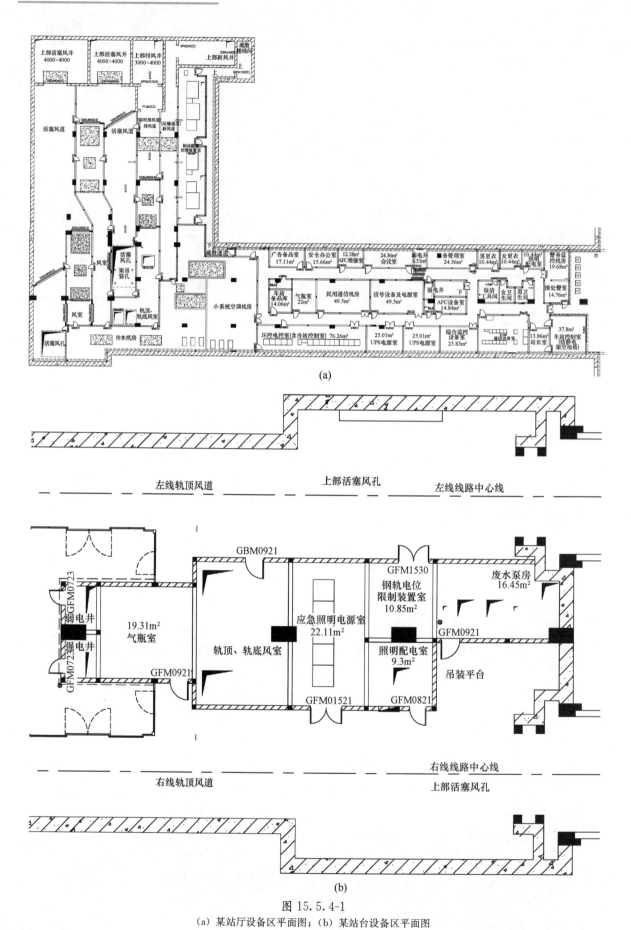

图 15.5.4-1

(a) 某站厅设备区平面图；(b) 某站台设备区平面图

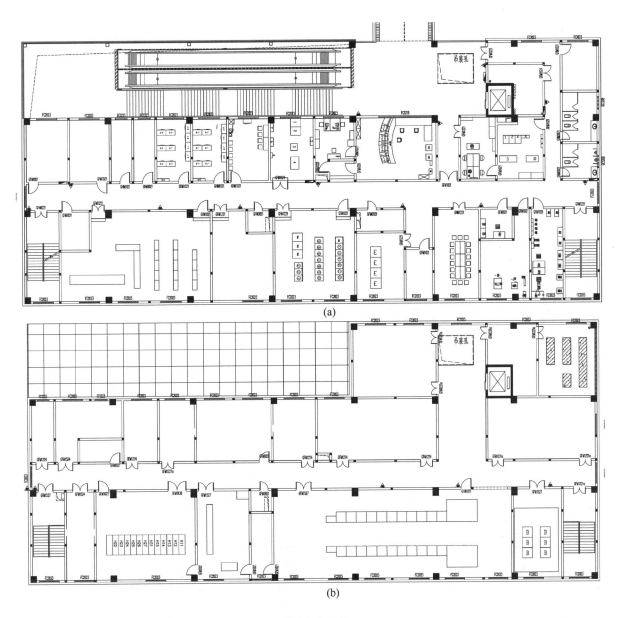

图 15.5.4-2

(a) 某站（高架站）设备区二层平面图；(b) 某站（高架站）设备区三层平面图

15.6 通 道、出 入 口

　　人行通道（天桥）、地面出入口是乘客进出地铁车站的连通空间，应能有效、便利地吸引和疏导乘车客流。车站出入口位置位于道路两边红线以外，同时还应考虑足够的集散空间。出入口应尽量直接连已建的（或待建的）建筑物地下室、过街道、商场、人行天桥，并要考虑地面人行过街的因素。地下车站一般宜设四个出入口，但不能少于两个。

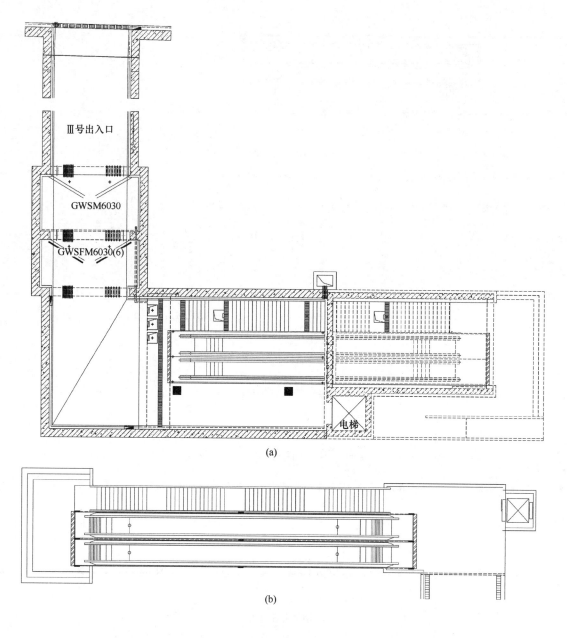

图 15.6

（a）出入口通道平面图；（b）某站（高架站）出入口通道平面图

15.7 风 道、风 亭

　　地面风亭是地铁车站因通风需要而设在地面的附属构筑物，其布置应满足城市规划要求并与城市环境相协调。且应置于道路两旁红线以外。风亭与相邻建筑物合建时，要与建筑物相协调，独立修建的地面风亭应注意美观与周围环境协调。风亭应布置在外界开阔、空气流通的地方，不影响交通，不对附近居民造成直接污染。风亭通风口不得正对邻近建筑物的门窗。

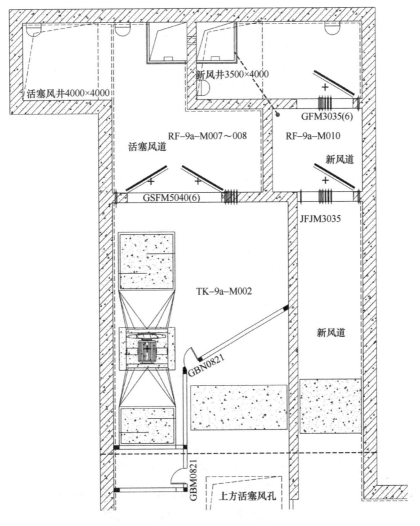

图 15.7　风亭平面图

15.8　消　防　与　疏　散

15.8.1　设计原则

地铁车站建筑消防设计主要依据现行国家及标准《地铁设计规范》GB 50157、《城市轨道交通技术规范》GB 50490、《城市轨道交通工程项目建设标准》建标 104、《建筑设计防火规范》GB 50016。同时根据工程的具体情况，在执行某些原则有一定困难或规范未明确时，按与地方公安消防局协调的意见处理。

15.8.2　耐火等级与防火分区

1. 地铁车站各部位耐火等级应符合下列规定：

1）地下的车站、区间、变电站等主体工程及出入口通道、风井的耐火等级应为一级；

2）出入口地面建筑、地面车站结构的耐火等级不应低于二级；

3）车辆基地内建筑的耐火等级应根据其使用功能，按照现行国家标准《建筑设计防火规范》

GB 50016 的规定确定。其中停车列检库的火灾危险性分类定为戊类。

2. 防火分区的划分应符合下列规定：

单线地下车站站台和站厅公共区应划为一个防火分区，面积不限；其他部位根据功能布局划分，每个防火分区的最大允许使用面积不应大于 1500m²；单线地上车站防火分区不应大于 2500m²；与车站相接的商业设施等公共场所，应单独划分为防火分区。

地下换乘车站站厅公共区面积超过 5000m² 时，依据现行国家标准《地铁设计规范》《城市轨道交通技术规范》，应通过消防性能化安全设计分析，采取必要的消防措施。

15.8.3 防火分隔措施

两个相邻防火分区之间应采用耐火极限不低于 4h 的防火墙和 A 类隔热防火门分隔。

15.8.4 疏散通道及疏散出口

15.8.4.1 地铁车站出入口的设置应满足进出站客流和事故疏散的需要，并应符合下列规定：

车站应设置不少于 2 个直通地面或其他室外空间的安全出口。地下一层侧式站台车站，每侧站台不应少于 2 个安全出口。

地下车站有人值守的设备管理区内，每个防火分区的安全出口数量不应少于 2 个，并应至少有 1 个安全出口直通地面，当值守人员小于或等于 3 人时，设备管理区可利用与相邻防火分区相通的防火门或能通向站厅公共区的出口作为安全出口。有人值守的设备管理用房的疏散门至最近安全出口的距离，当疏散门位于 2 个安全出口之间时，不应大于 40m，当疏散门位于袋形走道两侧或尽端时，不应大于 22m。

设备层的安全出口应独立设置。

地下车站应设置消防专业通道。

15.8.4.2 站台至站厅或其他安全区域的疏散楼梯、自动扶梯和疏散通道的通过能力，应保证在远期或客流控制期中超高锋小时最大客流量时，一列进站列车所载乘客及站台上的候车乘客能在 4min 内全部撤离站台，并应能在 6min 内全部疏散至站厅公共区域或其他安全区域。

乘客全部撤离站台的时间应满足下式要求：

$$T = \frac{Q_1 + Q_2}{0.9[A_1(N-1) + A_2 B]} \leqslant 4min$$

式中　Q_1——远期或客流控制期中超高峰小时最大客流时一列进站列车的载客人数（人）；

Q_2——远期或客流控制期中超高峰小时站台上的最大候车乘客人数（人）；

A_1—— 一台自动扶梯的通过能力[人/（分钟·台）]；

A_2——单位宽度疏散楼梯的通过能力[人/（分钟·米）]；

N——用作疏散自动扶梯的数量；

B——疏散楼梯的总宽度（m，每组楼梯的宽度应按 0.55m 的整倍数计算）

注：人行楼梯总宽度应按楼梯扶手带中心线之间的间距计算

在公共区付费区与非付费区之间的栅栏上应设置平开疏散门，自动售票机和疏散门的通过能力应满足下式要求：

$$A_3 + LA_4 \geqslant 0.9[A_1(N-1) + A_2 B]$$

式中　A_3——自动检票机门常开时的通过能力（人/分钟）

A_4——单位宽度疏散门的通过能力[人/（分钟·米）]

L——疏散门的净宽度（m，按 0.55m 的整倍数计算）

15.8.4.3 站厅公共区和站台计算长度内任一点距疏散楼梯口或疏散通道口或用于疏散的自动扶梯口的距离不应大于50m。

15.8.4.4 地铁出入口通道的长度不宜超过100m，当大于100m时，应增设安全出口，且该通道内任一点至最近安全出口的疏散距离不应大于50m。

15.8.4.5 每个站厅公共区应至少设置2个直通室外的安全出口。安全出口应分散布置，且相邻两个安全出口之间的最小水平距离不应小于20m。换乘车站共用一个站厅公共区时，站厅公共区的安全出口应按每条线不少于2个设置。

16 机场航站楼建筑设计

16.1 概　　述

按经营的航班类型和服务旅客的不同分类

表 16.1

分类	定义	实例
国内航站楼	设施只为运营国内航班服务	上海虹桥机场 T2 航站楼
国际航站楼	设施只为运营国际航班服务	香港赤腊角国际机场
国内和国际混用航站楼	设施同时为运营国际和国际航班服务	广州白云国际机场
航空公司专属航站楼	设施只为某一航空公司的航班服务	美国洛杉矶国际机场
专机/公务机航站楼	设施按专机/公务机的航班服务标准设置，只服务专机/公务机旅客	首都机场专机楼
低成本航站楼	设施按低成本航空公司的航班服务标准设置	美国肯尼迪机场 5 号航站楼

16.2　总　体　规　划

16.2.1　总体规划内容

总体规划内容

表 16.2.1

功能分区	内　　容
飞行区	跑道系统、滑行道系统、机坪、目视助航系统、附属设施等
旅客航站区	航站楼、站坪、停车设施、道路、高架桥、轨道交通、综合交通中心、机场宾馆
货运区	生产用房、业务仓库、集装器库（场）、货物安检设施、联检设施、保税仓库、停车场及配套设施、货运机坪等
航空器维修区	维修机库、维修机坪、航空器及发动机维修车间、发动机试车台、外场工作间、航材库及配套设施
工作区	机场管理机构、航空公司、民航行业管理部门、空中交通管理部门、航油公司、联检单位、公安、武警、空警、安检等驻场单位的办公和业务设施、地面专业设备及特种车辆保障设施、机上供应器及配餐设施、消防及安全保卫设施、应急救援及医疗中心、旅客住宿、餐饮、休闲娱乐等生活服务设施

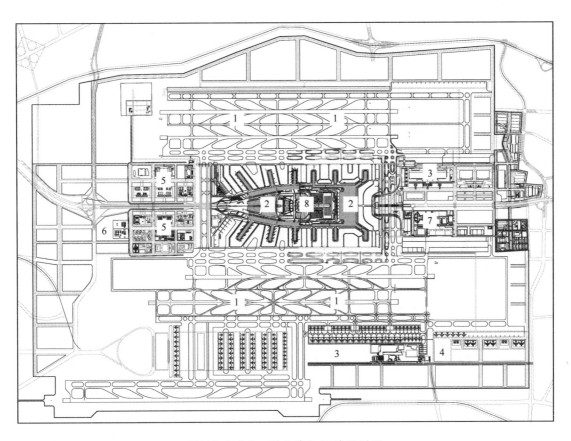

图 16.2.1-1 国内某机场总规划图

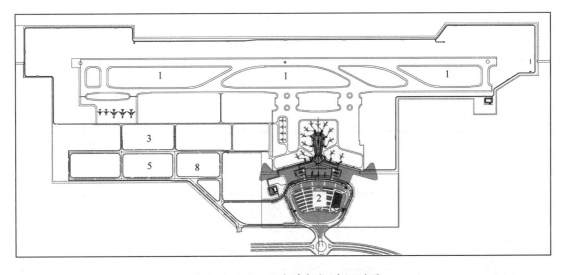

图 16.2.1-2 国内某机场总规划图

1—飞行区；2—航站区；3—货运区；4—航空器维修区；
5—工作区；6—油库区；7—生产辅助设施区；8—塔台

16.2.2 飞行分类

飞机分类 表 16.2.2

飞机类型	代表机型	平均座位数（个）	飞机高度（m）	转弯半径（m）
A	B100、Beechjet400、Learjet45	30	4.5	15～20
B	Dh8、CRJ-700	50	6.3	20～25
C	B737、A320	150	12.3	20～30
D	B757、B767、A310、A300	250	17	30～40
E	B747、B777、A330、A340、B787	380	19.5	40～45
F	A380、B747-8	525	24.4	45～50

16.2.3 航站楼构型

航站楼构型 表 16.2.3

划分方式	构型	实例
按航站楼与机位的衔接方式	简易式	—
	运输车式	—
	前列式	上海浦东国际机场一号航站楼
	指廊式	广州白云国际机场一号航站楼
	卫星式	美国亚特兰大国际机场
按航站区交通模式	尽端式	北京首都国际机场
	贯穿式	巴黎戴高乐国际机场、广州白云国际机场航站楼
按航站楼单元组合方式	集中式	香港赤腊角国际机场
	单元式	美国洛杉矶国际机场

16.2.4 航站楼建筑面积指标（平方米/每高峰小时旅客）

航站楼建筑面积不宜小于 $2000m^2$，按典型高峰小时旅客量估算：

航站楼建筑面积估算 表 16.2.4

旅客航站区指标	3	4	5	6
国际及地区	28～35	28～35	35～40	35～40
国内	20～26	20～26	26～30	26～30

16.2.5 交通中心

交通中心 表 16.2.5-1

内容	地铁站厅、轨道站厅
	出租车站
	城际大巴
	市内大巴
	各类社会车辆停车场
	航班信息服务，商业、餐饮等各类服务设施
要点	提供独立步行系统，人车分流
	大容量的公共交通尽量贴近航站楼布置
	考虑旅客携带行李，尽量少换层，必要时选用自动人行步道、电梯等换层设施
	流程清晰，对不同交通工具的旅客分流方式尽量简洁

交通中心及停车楼——各类车型比例（国内某机场数据）　　表 16.2.5-2

类　型		各种交通工具比例
私车		30％
出租车		20％
大巴	机场大巴	18％
	中巴	5％
	班车	3％
	长途大巴	7％
轨道交通		15％
其他		2％
合计		100％

16.3　航　站　楼

16.3.1　航站楼分区

航站楼分区　　表 16.3.1

空侧/安全控制区		航站楼内旅客、工作人员及其行李、物品需经安全检查才能进入的区域
国际控制区		航站楼内旅客、工作人员及其行李、物品必须经过出入境管理部门检查和安全检查才能进入的区域
陆侧	公共区	旅客和非旅行公众不经安全检查可进出的区域
	后勤区	工作人员不经安全检查可进出的区域
贵宾区		有特殊身份或经特殊允许才能进入的区域
其他安全控制区		经过特殊允许和检查的工作人员才能进入的区域

16.3.2　航站楼功能流程设计

航站楼旅客流程　　表 16.3.2-1

出港流程	国内旅客出港	方向清晰、简洁高效、空间顺畅； 减少旅客换层、缩短步行距离； 按安保要求严格区分隔离区内外，国际国内旅客流线； 具有可调控的弹性，适应机场运营的发展； 结合流线特点合理布置商业服务设施
	国际旅客出港	
到港流程	国内旅客到港	
	国际旅客到港	
中转流程	国内进港中转国内出港	
	国际进港中转国内出港	
	国内进港中转国际出港	
	国际进港中转国际出港	

注：国际航班国内段流程视各机场航站楼情况而定。

航站楼旅客流程设计原则 表 16.3.2-2

旅客流程设计原则	国际、国内出港值机采用开放式办票及柜台式安检模式
	国际、国内出港可采用国际国内可转换安检通道的安检模式
	国内中转国内旅客不提行李无二次安检
	国内中转国际联程旅客不提行李,行李后台查验,旅客通过中转小流程专用的竖向设施重新进入国际联检候检区
	国际中转国内联程旅客不提行李,行李后台查验,旅客人身及手提行李需过海关及二次安检,海关对托运行李抽查;非联程机票旅客需提取行李过海关及二次安检
	国际中转国际旅客不提行李,行李后台查验,旅客通过中转小流程专用的竖向设施经检验检疫、边防及海关重新进入国际指廊候机厅,旅客需要过二次安检

航站后勤流程 表 16.3.2-3

分类	对象	设施	要点
员工流程	机场运营、航空公司、安检/联检等驻场单位员工	进入隔离区的检查口,现场工作的办公室、检查区域或设施,必要的生活设施等	合理规划不同的工作区;与旅客流程分开,不交叉;严格区分隔离区内外;流线便捷
货物配送流程	各区域的商店和餐饮店、办公区的配送物品	进入隔离区的检查口,货车通道、卸货区、库房、货梯、厨房等	配送严格区分隔离区内外;国际配送严格区分海关监控关前关后;尽量避免与客流交织
垃圾清运流程	公共区垃圾,工作区垃圾,餐饮垃圾	收集箱、暂存间、专用货梯、集中处理间、压缩站、垃圾车通道	合理组织清运流线,考虑分级收集
行李手推车回收	陆侧大型行李手推车、空侧随身行李手推车	行李手推车存放点,回收通道,电梯/坡道	计算手推车数量及存放点位置和面积;规划回收通道

16.4 航站楼流程参数

航站楼设施旅客服务水平

IATA 航站楼设施服务水平 表 16.4-1

服务水平	空间	时间	对比 IATA 第 9 版
富余	能提供更多的或空余的空间	流程设施有富余	A
适度	对需要的流程和设施设置充分的空间和舒适的环境	让旅客满意的流程办理和等候时间	B、C、D
不足	拥挤和不属实	不可接受的流程办理和等候时间	E

航站楼需要进行服务水平评估的内容　　　　表 16.4-2

旅客需求
旅客服务设施容量和排队时间
候机区容量
通行空间的容量
流程最少连接时间
服务理念
设施可持续发展

IATA 航站楼设施服务水平评估标准　　　　表 16.4-3

旅客类型	等候空间（平方米/旅客）			流程设施等候时间（分钟）经济舱			流程设施等候时间（分钟）商务舱/头等舱			座位占用比例（%）下限取值仅在有商业座位区同时使用时		
IATA标准	富余	适度	不足	富余	适度	不足	富余	适度	不足	富余	适度	不足
出港大厅	>2.3	2.3	<2.3									
值机　自助值机	>1.8	1.3~1.8	<1.3	0	0~2	>2	0	0~2	>2			
值机　行李托运（排队宽度1.4~1.6m）	>1.8	1.3~1.8	<1.3	0	0~5	>5	0	0~3	>3			
值机　值机柜台（排队宽度1.4~1.6m）	>1.8	1.3~1.8	<1.3	<10	10~20	>20	商务舱 <3 / 头等舱 0	商务舱 3~5 / 头等舱 0~3	商务舱 >5 / 头等舱 >3			
安全检查（排队宽度1.2m）	>1.2	1.0~1.2	<1.0	<5	5~10	>10	快速通道					
出境边防检查（排队宽度1.2m）	>1.2	1.0~1.2	<1.0	<5	5~10	>10	0	0~3	>3			
候机区　座位	>1.7	1.5~1.7	<1.5							>70%	50%~70%	<50%
候机区　站位	>1.2	1.0~1.2	<1.0							>70%	50%~70%	<50%
入境边防检查（排队宽度1.2m）	>1.2	1.0~1.2	<1.0	<10	10	>10	快速通道 <5	5	>5			
过境边防检查（中转）	>1.2	1.0~1.2	<1.0	<5	5	>5	0	0~3	>3			
行李提取　窄体机	>1.7	1.5~1.7	<1.5	0	0~15	>15	0	0~15	>15			
行李提取　宽体机	>1.7	1.5~1.7	<1.5	0	0~25	>25	0	0~15	>15			
到港大厅	>1.7	1.2~1.7	<1.2							>20%	15%~20%	<15%
VIP 候机厅		4.0										

距离控制指标 表 16.4-4

流程最长步行距离指标	—	300m
	增设自动步道	超过 300m
	增设旅客捷运系统	超过 750m
服务设施间距	功能设施之间的距离不宜大于 300m，如停车场到航站楼入口，办票到安检等、行李提取航站楼出口等	

时间指标控制 表 16.4-5

出港	国内出港（从旅客在航站楼内办理值机手续起至旅客登机）	不超过 30 分钟
	国际出港（从旅客在航站楼内办理值机手续起至旅客登机）	不超过 45 分钟
到港	从旅客的飞机着陆到离开机场	不超过 45 分钟
	等候大巴	不超过 10 分钟
	等候的士	不超过 3 分钟

中转：使用最短连接时间控制。

平均步行速度：1.3m/s（IATA-C 类标准空侧指标），自动步道速度：30m/分钟。

最短连接时间标准。

注：最短连接时间为离机到再登机的时间，包括办理手续时间和行进时间两部分。

最短连接时间 表 16.4-6

中转类型	IATA 建议标准	中国民航标准
国内-国内	35～45 分钟	不超过 60 分钟
国内-国际	35～45 分钟	不超过 90 分钟
国际-国内	45～60 分钟	不超过 90 分钟
国际-国际	45～60 分钟	不超过 75 分钟

最短连接时间计算参数 表 16.4-7

	等候时间		等候时间
出港安检	5 分钟	边防	5 分钟
检疫	3 分钟	行李提取	15 分钟
海关	3 分钟	中转办票	5 分钟

16.5 航站楼剖面流程

航站楼剖面流程 表 16.5-1

	一层式	一层半式	两层式	两层半式	多层式
陆侧道路	单层，出港到港平层划分	单层，出港到港平面划分	两层，出港在上，到港在下	两层，出港在上，到港在下	两层或多层，出港在上，到港在下

续表

	一层式	一层半式	两层式	两层半式	多层式
旅客主要功能区	办票、候机厅、行李提取均在首层	办票、行李提取在首层，候机厅、到港通道在二层	出港功能在二层，到港通道在二层，其他到港功能均在一层	出港功能在二层，到港功能在一层，到港通道采用夹层模式	出港流程功能在上层，到港流程功能在下层，功能复杂
登机模式	无近机位，站坪步行，舷梯登机	近机位通过平层登机桥登机	近机位通过平层登机桥登机	近机位一般通过剪刀式登机桥登机	近机位一般通过剪刀式登机桥登机或登机桥内扶梯登机

楼层高度控制因素　　　　　　　　　　　　　表 16.5-2

一般室内空间净高	不宜小于 2.5m	进出港车道边空间净高	不宜小于 4.5m
较大的公共空间净高	不宜小于 6m	登机桥空间净高	不宜小于 2.4m
低成本航站楼层高	不应大于 8m	登机桥固定端下的站坪服务车道净高	不宜小于 4m

16.6　航站楼各主要功能空间

16.6.1　办票大厅

办票大厅选址　　　　　　　　　　　　　表 16.6.1-1

办票厅选位原则	前端应方便联系陆侧的交通设施，后端应方便连接国内安检大厅及国际联检大厅
办票厅位置	为方便旅客，机场及航空公司日趋提供多样服务，在陆侧的轨道车站、停车场、城市中心等地分设办票大厅

办票大厅布置　　　　　　　　　　　　　表 16.6.1-2

航站楼的办票厅对应办票柜台成组布置原则	岛式
	前列式
办票岛功能	国际/国内出港旅客办理乘机手续柜台、国际/国内出港贵宾办理乘机手续柜台、常规/超规行李托运、常规/超规行李安检，旅客排队等候、通行空间
影响办票岛设计因素	办票柜台类型（包含经济舱、高舱位、贵宾、无行李办票、残疾人、团队等）
	测算后每种类型柜台数量及预留发展模式
	出港行李安全检查模式（如果采用集中的安检模式，考虑到安检机容量建议每组 10～18 个柜台）
	建筑的柱距、空间形态
	行李安检开包柜台或用房应设置在办票流程后旅客必经的通道上，建议靠近办票柜台和安检机

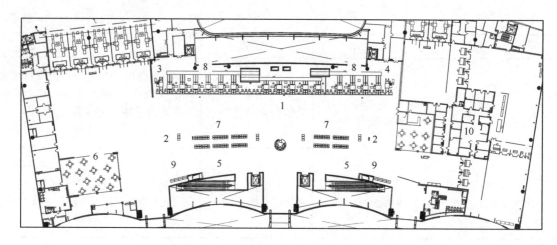

图 16.6.1-1　国内某机场办票大厅（前列式办票）

1—办票岛；2—自助办票机；3—国内超规行李托运；4—国际超规行李托运；

5—行李打包；6—零售、餐饮；7—休息座椅；8—行李传送带；9—柜台服务

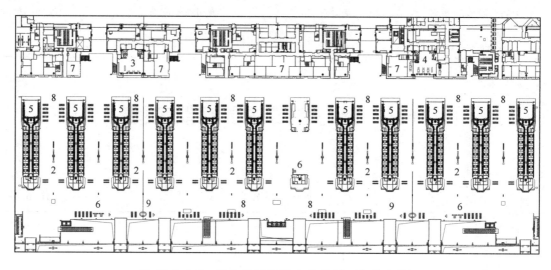

图 16.6.1-2　国内某航站楼办票大厅（岛式办票）

1—办票岛；2—自助办票机；3—国内超规行李托运；4—国际超规行李托运；5—行李开包检查；

6—行李打包；7—零售、餐饮；8—休息座椅；9—柜台服务

16.6.2　旅客人身和手提行李的安检工作区

安检区工作要求　　　　　　　　　　　　　　表 16.6.2

基本要求	每个独立的安检工作区均应设置人身和行李的安全检查设施设备，应配备可疑物品处置装备，如防爆球、防爆罐和防爆毯等
	设有贵宾室并有贵宾通道的航站楼应设置贵宾安全检查通道
	一类、二类机场应设置机组和工作人员专用安全检查通道
	应设置满足无障碍通过的安全检查通道，应设置旅客反向通道，并配备视频监控系统
	配置液态物品检测设备、必要的人身防护装备
	与公共活动区之间应实施全高度或净高度不低于 2.5m、非透视物理隔离；公共区域一侧不应有可用于攀爬的受力点和支撑点，并设置视频监控系统
	应能够对公众关闭

续表

安检工作区设施	安全检查通道要求及设施	按照高峰小时旅客出港流量每180人设置一个通道
		每条安全检查通道设置验证区、检查区、整理区；每条安全检查通道前的候检区长度应不小于20m或面积应不小于40m²
		每个安全检查通道长度应不小于13m（包括验证柜台），其中X射线安全检查设备前端应设置长度不小于3.5m并与传送带相连的待检台；采用单门单机模式的每个通道宽度应不小于4m，采用单门双机模式的两条安检通道宽度应不小于8m
		每条安全检查通道应在前端设置能够锁闭的门，门体高度不低于2.5m
		相邻的安全检查通道之间宜实施物理隔离；错位式通道之间应设置不低于2.5m的非透视的物理隔断
		安全检查通道验证柜台、通过式金属探测门、手持金属探测器等；手提行李安全检查设备、开包检查台和物品整理台等
	服务用房及工作区设施	规模按每人≥6m²设置。安检值班室（≥15~25m²）、公安值勤室（≥20m²）、执勤点、备勤室、特别检查室（≥10~15m²）、办证室（≥15m²）、警卫值班室（≥15m²）、暂存物品保管室和设备维修备件室（≥10m²）
		爆炸物探测设备、可疑物品处置装备、液态物品检测设备

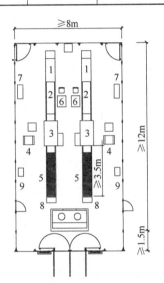 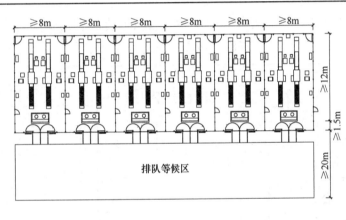

排队等候区

图 16.6.2 典型安检区布置

1—开包台；2—行李台；3—X光机；4—安全门；5—待检台；
6—工作台；7—穿鞋凳；8—篮框架；9—鞋柜

16.6.3 国际联检工作区

国际联检的次序各个机场或有不同，须与当地的联检部门逐一协调确定。

国际联检相关要求   表 16.6.3

	部门职能	工作区设疫	工作区空间布局要求
检验检疫	依法对出入境旅客行李物品实施卫生检疫、传染病监测和有害动植物的监管；在出入境检验工作区通常采用抽检方式	柜台及架设的红外线检查设备	候检区长度不小于10m；柜台布置采用通过式

	部门职能	工作区设施	工作区空间布局要求
海关	依法对出入境旅客行李物品实施监管;征收关税;查缉走私、毒品、各类违禁品;办理其他海关业务;在出入境海关工作区通常采用抽检方式	海关公告、填表台、通道(包括有物品申报的红色通道和无物品申报的绿色通道,以国内某机场为例按旅客量2:8设置)申报柜台、检查柜台、开包台、X光机等检查设备	绿色通道采用简易栏杆/闸机分隔的单人通道,宽度不小于0.7m;绿色通道长度不小于25m;红色通道留出排队空间
边防检查	检查出入境旅客的护照或其他证件材料,核实身份,可分为入境、出境和过境检查	边防公告、填表台、候检区、旅客通道(本地旅客、境外旅客、自助通关、落地签证等)验证柜台、指挥柜台	排队候检区域深度度不小于15m候检区排队方式可采用蛇形或直列旅客通道宽度为0.8~0.9m验证台可正面或侧门布置
安全检查	国际出港旅客安全检查工作区要求同国内		

联检通道数量设施必须满足计算高峰小时单向旅客流量,同时与绝对高峰的旅客小时单向旅客流量对比,考虑一定的应变余量。

单独设置贵宾/高舱位旅客通道;设置回流旅客通道;每个检查场地旁边设置足够的辅助用房,如:监控、检查、值班、隔离、缉毒犬室等。

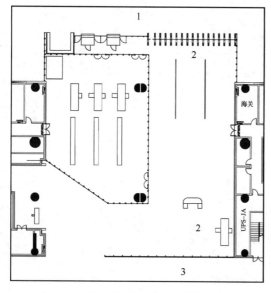

图 16.6.3-1　国内某机场航站楼入境
联检程序(行李提取后)
1—行李提取厅;2—海关绿色通道;3—迎客大厅

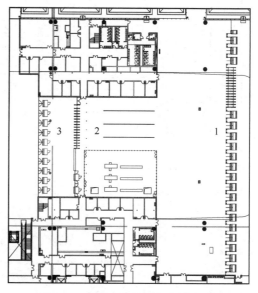

图 16.6.3-2　国内某机场航站楼
出境联检程序
1—出发边检;2—海关检查;3—检疫

16.6.4　候机厅

候机厅布置　　　　　　　　　　　　　　　　　　　　　表 16.6.4-1

候机厅布置		候机厅功能
带状候机厅	单侧候机厅	登机口、旅客座位区、头等舱商务舱旅客候机厅、母婴候机室、旅客通道、商业服务、问询服务、卫生间、吸烟室、儿童活动区、电话、网点等
	双侧候机厅	
集中式候机厅	岛式候机厅	
	尽端式候机厅	

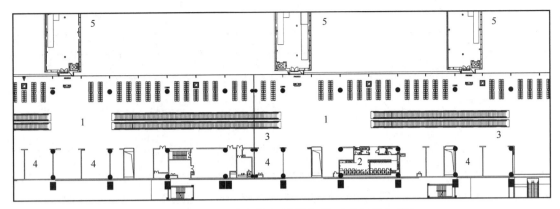

图 16.6.4-1 国内某机场候机厅（单侧候机厅）

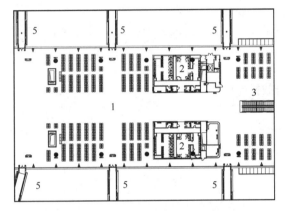

图 16.6.4-2 国内某机场候机厅
（双侧候机厅）

1—候机厅；2—卫生间；3—自动步道；
4—商业零售；5—登机桥

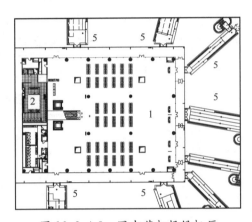

图 16.6.4-3 国内某机场候机厅
（尽端候机厅）

1—候机厅；2—卫生间；3—自动步道；
4—商业零售；5—登机桥

候机厅设施 表 16.6.4-2

基本设施	候机座椅区、登机口柜台、航班信息、登机信息、问询服务、高舱位候机厅、母婴候机室、卫生间、便利店、饮水处等
辅助设施	引导标识、问询服务、公共电话、吸烟室、残疾人服务、儿童活动区、餐饮店、医务室、宗教服务、延误航班候机、商业展示等

候机厅旅客候机面积及候机区域宽度进深尺寸计算 表 16.6.4-3

飞机类型	C	D	E	F
旅客数量	180	250	400	550
载客率（%）	83	83	83	83
使用座椅旅客比例（%）	70	70	70	70
平均候机旅客数量	105	145	232	320
旅客候机面积指标	1.6	1.6	1.6	1.6
旅客候机面积需求	167	232	372	511
按 LOS 系数折算候机面积（以 C 级 65% 为例）	257	358	572	787

飞机类型	C	D	E	F
飞机翼展宽度	36	52	65	80
飞机间最小净距	4.5	7.5	7.5	7.5
门卫宽度	40.5	59.5	72.5	87.5
可用宽度	30.4	44.6	54.4	65.6
门卫深度	8.5	8.0	10.5	12.0

按某国际机场高峰小时旅客数量假设载客率，假设30%旅客在商业区，并且放大1.1倍数，旅客候机面积指标按70%座位1.6平方米/人；30%站位1.1平方米/人。

候机厅旅客候机座椅数量计算

对于同时服务多个机位的集中式候机厅，考虑到登机口同时登机的使用率，座椅数量可以根据航线错峰的概率下调10%。

旅客座椅数量计算　　　　　　　　表16.6.4-4

飞机类型	C	D	E	F
平均旅客数量	180	250	400	550
载客率（%）	83	83	83	83
需要座椅的旅客（%）	70	70	70	70
座椅数量	105	145	232	320

16.6.5　行李提取大厅

行李提取大厅分类　　　　　　　　表16.6.5-1

分类	设施
国内到港旅客行李提取大厅	普通行李提取转盘，超大行李提取转盘/门、行李查询、到港行李转盘
国际/地区到港旅客行李提取大厅	分配信息、行李手推车、休息座椅、卫生间、更衣室等辅助设施

行李提取转盘　　　　　　　　表16.6.5-2

形状	匀速0.3m/s转动的封闭匀速环，可利用直段和90°转角弧段设计为O形、L形、T形、U形等	行李转盘外需提供3.5m的宽度供旅客等待、提取、装车，两个行李转盘之间的宽度建议为11~13m
形式	岛式	旅客提取段和行李装卸段分开，上段在行李机房内
	半岛式	旅客提取段和行李装卸段连接，用墙壁分开

行李提取转盘设计参数　　　　　　　　表16.6.5-3

机型	旅客提取段长度	行李上载段长度	每航班占用时间
B、C（1~2架次）	40~70m	20~50m	15~20分钟
D、E	70~90m	50~70m	30~45分钟
F	95~115m		45分钟

注：旅客行李率≥1.5件/人，转盘长度取上限。

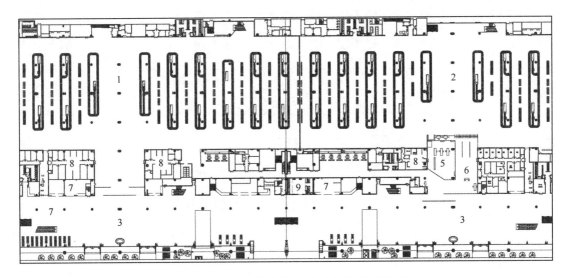

图 16.6.5-1　国内某机场航站楼行李提取厅

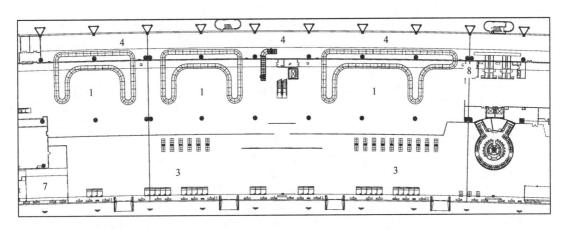

图 16.6.5-2　国内某机场航站楼行李提取厅

1—国内行李提取厅；2—国际行李提取厅；3—迎客大厅；4—行李处理厅；5—海关；

6—检验检疫；7—商业零售；8—业务用房；9—卫生间

行李箱常规尺寸　　　　　　　　　　　　　　　　表 16.6.5-4

最大		最小	
长（L）	0.90m	长（L）	0.30m
宽（W）	0.35m	宽（W）	0.10m
高（H）	0.70m	高（H）	0.20m

16.6.6　迎客大厅

迎客大厅功能　　　　　　　　　　　　　　　　　表 16.6.6

主要功能	服务到港旅客和迎客人员
基本设施	接客口、航空公司服务、航班信息显示、城市交通接驳，连接办票大厅
辅助设施	引导标识、问询服务、行李寄存、手推车、汇合点、零售、餐饮店、酒店/旅行社服务、银行、ATM、邮政、快递、电话、卫生间、饮水处、休息座椅、商业展示等

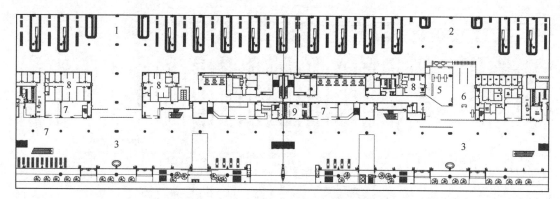

图 16.6.6 国内某机场航站楼行李迎客厅

1—国内行李提取厅;2—国际行李提取厅;3—迎客大厅;4—行李处理厅;5—海关;
6—检验检疫;7—商业零售;8—业务用房;9—卫生间

16.6.7 卫生间

卫 生 间 计 算   表 16.6.7-1

设施	男厕、女厕、无障碍卫生间、第三卫生间、母婴室、更衣室、清洁间
公共区内卫生间间距	建议公共区内卫生间充分体现人性化服务,设置间距在 75～100m
设计要点	入口不设门,方便出入。采用简单的迷路式设计,达到视线遮挡的目的
	男女厕位数量比例为 1:1.5～2
	卫生间设计采用标准化设计,采用统一模数控制,而且方便日后的管理维护

表 16.6.7-2

类别	厕位数量	盥洗台	
		厕位数(个)	洗手盆数(个)
男(人数/小时)	100 人以下设 2 个,每增加 60 人增设 1 个	4 以下	1
女(人数/小时)	100 人以下设 4 个,每增加 30 人增设 1 个	5～8	2
		9～21	每增加 4 厕位增设 1 个
		22 以上	每增加 5 厕位增设 1 个

注:(1)男、女厕所大便器数量均不应少于 3 个,男厕的小便器数量不应少于大便器数量。

(2)国内区域蹲坐比为 4:1,国际区域蹲坐比为 1:1。

16.6.8 航站楼商业服务设施

航站楼商业服务设施   表 16.6.8-1

特点	人流量大,数量稳定,顾客类型单一
	在国际机场的空侧有免税店
布置原则	商业设施和旅客流程结合,旅客类型、旅客行为模式和旅客流程的布置是商业设施布点和选型的重要依据
	有集中的商业区,也有分散的商业点
	布局清晰,消费便捷
	商业区布局灵活,便于调整
	有特有的机场商业氛围
面积估算方式	约占 8%～12% 航站楼面积
	空侧商业面积大于陆侧,约 2:1
	国内商业区或采用 800～1000 平方米/百万旅客/年的设计标准
	国际商业区或采用 1000～1300 平方米/百万旅客/年的设计标准
	国内出港商业区或采用 1.8 平方米/1000 出港旅客/年的设计标准
	国际出港商业区或采用 2.3 平方米/1000 出港旅客/年的设计标准

商业区类型分布 表 16.6.8-2

商业区	位置	服务商品类型
陆侧出港区	值机区前	服务类设施：行李寄存、便利店、银行网点等
		餐饮：咖啡、西餐厅等
	值机区后	餐饮：大型餐厅（中餐/西餐）
		零售商店：土特产、纪念品、工艺品、礼品等
空侧出港区	安检后公共区	服务类业态：便利店、书店等
		各类型餐饮店
		零售商店/免税店：品牌服装、鞋帽、土特产、纪念品、工艺品、礼品、手表、珠宝、箱包、化妆品等
		休闲娱乐：健身、理疗、儿童游戏等
		计时旅馆
	候机区	服务类业态：便利店、书店等
		餐饮：咖啡、冷饮、面包屋、简餐类
空侧到港区	旅客通道	少量服务类设施：电信、银行网点
		小型零售商店/免税店：土特产、便利店
陆侧到港区	迎客大厅	服务类设施：行李寄存、电信产品、银行网点、货币兑换、旅游产品、酒店服务、车辆租赁等
		餐饮：大中型餐厅（中餐/西餐）
		零售商店：礼品、工艺品等

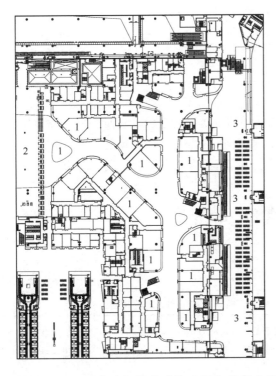

图 16.6.8-1 国内某机场航站楼国际免税商业区

1—商业；2—出境边防检查；3—候机厅

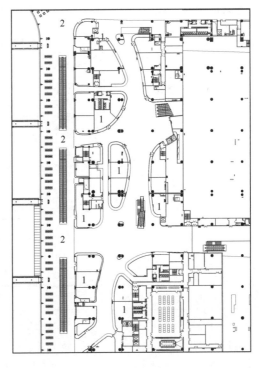

图 16.6.8-2 国内某机场航站楼国内集中商业区

1—商业；2—候机厅

16.6.9 贵宾服务设施

贵宾流程分类 表 16.6.9-1

旅客类别		流程
出港贵宾	商务贵宾	航空公司/服务公司专人陪同办理值机和行李托运手续,在普通贵宾室候机,经过专用检查通道到空侧由专用摆渡车送到飞机旁
	政要贵宾	服务公司专人全程接待陪同、专人办理值机和行李托运手续,在专用贵宾室候机,经过专用礼遇通道到空侧由专用摆渡车送到飞机旁
到港贵宾	商务贵宾	下机后由专用摆渡车送到贵宾室
	政要贵宾	下机后由专用摆渡车送到贵宾室或者直接到陆侧车道

贵宾服务功能 表 16.6.9-2

基本功能	专用陆侧车道,专用停车场、入口大厅、前台接待、用餐区、贵宾室、行李寄存、商务区、吸烟室、卫生间,安全(海关、边防、检疫)检查通道
其他功能	独立贵宾室、餐厅、酒吧、特色零售、新闻中心、政要礼遇通道、媒体服务、健康中心等

16.6.10 无障碍设计

详见无障碍设计一章。

无障碍设施分布 表 16.6.10

区域	无障碍设施
出港/到港车道边	无障碍停车位
候机楼车道边,到停车楼、交通中心等各项公共交通设施通道	无障碍通过设计、盲道
出港大厅、值机大厅区等	盲道、残疾人值机柜台、问询柜台
候机厅、行李提取厅	残疾人轮椅席位
登机桥或航站楼内坡道	坡道不大于 1:12
其他	残疾人专用电梯或带残疾人功能的客梯、残疾人卫生间、公共服务设施(饮水机、公共电话、求助服务、柜台等)考虑方便残疾人使用

16.7 航站楼防火设计

总平面布局 表 16.7-1

特定设施	航站楼总平面布局要求
应设置环形消防车道	边长大于 300m 的航站楼,应在其适当位置增设穿过航站楼的消防车道。消防车道可利用高架桥和机场的公共道路。尽头式消防车道应设置回车道或回车场
消防车道	净宽度和净空高度均不宜小于 4.5m,消防车道的转弯半径不宜小于 9m

续表

特定设施	航站楼总平面布局要求
地铁车站、轻轨车站和公共汽车站等城市公共交通设施	不应与其贴邻或上、下组合建造。必要连通时，应在连通部位设置间隔不小于 10m 的露天开敞分隔空间
其他使用功能	不应与其上、下组合建造

建 筑 耐 火　　　　　　　　　　　　　表 16.7-2

航站楼	耐火等级
一层式、一层半式航站楼	不应低于二级
其他航站楼	不应低于一级
航站楼的地下或半地下室	不应低于一级

航站楼防火分区　　　　　　　　　　　表 16.7-3

区　域		要　求
主楼与走廊		连接处宜设置防火墙、甲级防火门或耐火极限不低于 3h 的防火卷帘
出发区、到达区、候机区等公共区可按功能划分防火分区		航站楼设置自动灭火系统和火灾自动报警系统，采用不燃或难燃装修材料，公共区内的商业服务设施、办公室和设备间等功能房间采取了防火分隔措施
非公共区应独立划分防火分区		
行李提取区		宜独立划分防火分区
迎客区		宜独立划分防火分区
行李处理用房		应独立划分防火分区
	采用人工分拣	按《建筑设计防火规范》GB 50016 有关单层或多层丙类厂房的要求划分防火分区
	采用机械分拣	符合下列条件时，行李处理用房的防火分区大小可按工艺要求确定： 1. 设置自动灭火系统和火灾自动报警系统； 2. 采用不燃装修材料； 3. 里面的办公室、休息室、储藏间等采用耐火极限不低于 2h 的防火隔墙、乙级防火门进行分隔
	当采用多套独立的行李分拣设施时，应按每套行李分拣设施的服务区域分别划分防火分区	

安全出口要求　　　　　　　　　　　表 16.7-4

类　别	要　求
安全出口数量	每个防火分区应至少设置 1 个直通室外或避难走道的安全出口，或设置 1 部直通室外的疏散楼梯
可利用的安全出口	通向相邻防火分区的甲级防火门
	通向高架桥的门
	通向登机桥的门

类　别	要　求		
疏散楼梯	区域	类型	净宽要求
	公共区	可采用敞开楼梯（间）	≥1.4m
	非公共区	应采用封闭楼梯间或室外疏散楼梯	≥1.1m
	层数大于等于3层	防烟楼梯间	
	埋深大于10m的地下或半地下场所		

疏　散　距　离　　　　　　　　表 16.7-5

区域类别	要　求	
公共区的疏散距离	任一点均应至少有2条不同方向的疏散路径	
	室内平均净高	任一点至最近安全出口的直线距离
	小于6m	不应大于40m
	大于20m时	不应大于90m
	其余	不应大于60m
行李处理用房	任一点至最近安全出口的直线距离不应大于60m	
非公共区	符合《建筑设计防火规范》GB 50016有关公共建筑的规定	

航站楼内不同功能区的设计疏散人数　　　　　　　表 16.7-6

功能区		设计疏散人数
出发区		［国内出港高峰小时人数×（国内集中系数＋国内迎送比）＋国际出港高峰小时人数×（国际集中系数＋国际迎送比）］×0.5＋核定工作人员数量
候机区	近机位	（设计机位的飞机满载人数之和）×0.8＋核定工作人员数量
	远机位	候机区的固定座位数＋核定工作人员数量
到港区	到港通道	（国内进港高峰小时人数×国内集中系数＋国际进港高峰小时人数×国际集中系数）/3＋核定工作人员数量
	行李提取区	（国内进港高峰小时人数×国内集中系数＋国际进港高峰小时人数×国际集中系数）/4＋核定工作人员数量
	迎客区	（国内进港高峰小时人数×国内集中系数＋国际进港高峰小时人数×国际集中系数）/6＋国内进港高峰小时人数×国内迎送比＋国际进港高峰小时人数×国际迎送比＋核定工作人员数量
非公共区及其他机场服务人员的工作场所		按核定人数确定

表 16.7-7

机位类别	设计机位的飞机满载人数（人）
C	180
D	280
E	400
F	550

防火分隔和防火构造
表 16.7-8

部　　位		要　　求
航站楼连通地下交通联系通道等地下通道		应采取防火分隔，其耐火极限不应低于 3h，连通处的门应采用甲级防火门
设置在地下通道两侧的设备间之间		应设置耐火极限不低于 2h 的防火隔墙
航站楼内地下通道		按《建筑设计防火规范》GB 50016 有关城市交通隧道的规定确定
在公共区内布置的商店、休闲、餐饮等商业服务设施	面积要求	每间商店的建筑面积不应大于 200m²
		每间休闲、餐饮等其他场所的建筑面积不应大于 500m²
		连续成组布置时，每组的总建筑面积不应大于 2000m²，组与组的间距不应小于 9m
	防火分隔	每间商铺之间应设置耐火极限不低于 2h 的防火隔墙，且防火隔墙处两侧应设置总宽度不小于 2m 的实体墙
		商铺与其他场所之间应设置耐火极限不低于 2h 的防火隔墙（有困难时采用防火卷帘）和耐火极限不低于 1h 的顶板
	其他情况	当每间的建筑面积小于 20m² 且连续布置的总建筑面积小于 200m² 时，每间商铺之间应采用耐火极限不低于 1h 的防火隔墙分隔，或间隔不应小于 6.0m，与公共区内的开敞空间之间可不采取防火分隔措施，但与可燃物之间的间隔不应小于 9m
行李处理用房与公共区之间		应设置防火墙，行李传送带穿越防火墙处的洞口应采用耐火极限不低于 3h 的防火卷帘等进行分隔
吊顶内的行李传输通道		应采用耐火极限不低于 2h 的防火板等封闭，行李传输夹层应采用耐火极限均不低于 2h 的防火隔墙和楼板与其他空间分隔
有明火作业的厨房及其他热加工区		应采用耐火极限不低于 2h 的防火隔墙和耐火极限不低于 1h 的顶板与其他部位分隔，防火隔墙上的门、窗和直接通向公共区的房间门应采用乙级防火门、窗
库房、设备间、贵宾室或头等舱休息室、公共区内的办公室等用房		
公共区内未采取防火分隔措施的中庭、自动扶梯和敞开楼梯等上、下层连通的开口部位周围		应设置凸出顶棚不小于 500mm 且耐火极限不低于 0.5h 的挡烟垂壁，但挡烟垂壁距离楼地面不应小于 2.2m
综合管廊与航站楼		采用耐火极限不低于 3h 的不燃性结构进行分隔
航站楼内的电缆夹层		采用耐火极限不低于 2h 的防火隔墙和耐火极限不低于 1h 的楼板与其他空间分隔
航站楼外墙和屋面的保温材料		燃烧性能均应为 A 级

16.8 航站楼安全保卫设计

16.8.1 机场安全保卫等级分类

机场安全保卫等级分类   表 16.8.1

类别	一类	二类	三类	四类
年旅客量	≥1000 万人次	≥200 万人次 <1000 万人次	≥50 万人次 <200 万人次	<50 万人次
	应将航班旅客及其行李所使用的区域与通用航空（含公务航空）所使用的区域分开			

16.8.2 停车场要求

航站楼主体建筑 50m 范围内不应设置公共停车场。

航站楼地下不应设置停车场。航站楼地下已设有员工停车场和员工车辆通道的，应在入口处设置通行管制设施。确保未经授权的车辆不得进入；并应具备机场威胁等级提高时，对车辆及驾乘人员实施安全检查的条件。

一类、二类机场应建立停车场管理系统，三类机场宜建立停车场管理系统。

16.8.3 航站楼安防设计要求
16.8.3.1 基本要求

表 16.8.3.1

分区	航站楼应实行分区管理，如公共活动区、安检（联检）工作区、旅客候机隔离区、行李分拣装卸区和行李提取区等，各区域之间应进行隔离，并根据区域安全保卫需要设有封闭管理、安全检查、通行管制、报警、视频监控、防爆、业务用房等安全保卫设施
旅客	航站楼旅客流程设计中，国际旅客与国内旅客分开，国际进、出港旅客分流，国际、地区中转旅客再登机时应经过安全检查
空陆侧隔离设施	航站楼的空侧和陆侧之间应实施非透视物理隔离，隔离设施净高度不低于 2.5m，公共区域一侧不应有用于攀爬的受力点和支撑点，并设置视频监控系统（物理隔断为全高度的情况除外）
管道	应对连接公共活动区和机场控制区的通风道、排水道、地下公用设施、隧道和通风井等进行物理隔离，并加以保护
拆卸装置	空陆侧隔离设施的拆卸装置均应设在安全侧
风口	空调风口不应设置在公众可接触区域
标识	航站楼内明显位置应设置安全保卫、应急疏散等标识
垂直交通	同一电梯或楼梯应只能通往具有相同权限的控制区域；如果出现同一电梯或楼梯可通往不同权限的控制区域时，应设置有效的安全保卫设施

16.8.3.2　区域安防设施要求

表 16.8.3.2

区域或设施		设计要求
航站楼公共活动区	售票处、乘机手续办理柜台、安全检查通道等位置	安全保卫相关的告示牌、动态电子显示屏或广播等
	售票柜台、值机柜台、行李传送带等设施	应能防止无关人员和物品由此进入机场控制区
	公共活动区	应配备可疑物品处置装置，如防爆罐、防爆球和防爆毯等
	从公共活动区俯视观察到航空器活动区的所有区域	均应实施物理隔离，净高度不低于 2.5m，公共区域一侧不应有可用于攀爬的受力点和支撑点，并设置视频监控系统（物理隔断为全高度的情况除外）
	小件行李寄存	配置实施安全检查的设备，小件行李寄存处应能锁闭
	垃圾箱	应置于视频监控覆盖范围内，并便于检查
	航站楼出入口数量	应在保证通行顺畅的前提下尽可能少
	门禁系统	一类、二类和三类机场应在公共活动区通往候机隔离区、航空器活动区之间的通行口，以及安全保卫要求不同的区域之间设置门禁系统
安检工作区	安检工作区	航站楼内所有区域均不应俯视观察到安检工作现场，否则应实施非透视物理隔离，净高度不低于 2.5m，公共区域一侧不应有用于攀爬的受力点和支撑点，必要时，应能够对公众关闭
候机区	全区	应封闭管理，与公共活动区相邻或相通的门、窗和通道等，均应设置安全保卫设施
	工作人员通道	应在满足必要运营需求的情况下，数量最少
	候机区	1. 不应在候机隔离区或候机隔离区上方设置属于公共活动区的通道或阳台； 2. 应急反应路线及通道应满足应急救援人员和应急装备快速进入的需求； 3. 商品安检工作区宜与旅客人身和手提行李安检工作区分开； 4. 应为特许经营商的运货、仓储、员工出入路线设计适当的流程
行李	行李分拣装卸	应设置通行管制设施或采取通行管制措施
	行李提取	应设置通行管制设施或采取通行管制措施
出入口	航站楼入口	应预留实施安全保卫措施，放置防爆和防生化威胁等的安全保卫设施设备
	登机口	应预留实施安全保卫措施的空间，用于实施旅客身份验证、旅客及其行李信息的二次核对、开包检查等安全保卫措施
办公区	航站楼内办公区	一类、二类机场办公区出入口应设置门禁系统。警用设施存放地点、急救室等应合理布局，以提高快速反应能力

16.8.3.3 航站楼的物理保护

表 16.8.3.3

航站楼前	应设置坚固护柱或阻挡设施,防止车辆开上人行道或进入航站楼
对外大门	应无法从外侧拆卸
应急疏散口	应设置安全保卫设施,防止未经授权人员利用
窗户	航站楼内可从公共活动区进入机场控制区的窗户,都应确保无法从外部拆卸,防止未经授权人员攀爬或利用
通行口	从航站楼内外所有通往航站楼楼顶的通行口和管道,以及航站楼的天窗应设置物理防护设施
出入口	公共活动区内检修通道、燃料管道、综合管廊等出入口应设置安全保卫设施
航站楼前	应设置坚固护柱或阻挡设施,防止车辆开上人行道或进入航站楼

17 铁路旅客车站建筑设计

17.1 概　　述

17.1.1 铁路旅客车站的定义

1. 铁路旅客车站

办理铁路客运业务，为铁路旅客提供乘降功能的场所。一般由铁路客站站房、客运服务设施和城市配套设施（车站广场和城市交通配套设施）等组成。

2. 铁路客站站房

为铁路旅客办理客运业务的公共建筑。主要由进站、出站集散厅，候车区（厅、室）、售票用房、客运作业及附属用房、行包用房，以及为旅客服务的商业用房等组成。

3. 客运服务设施

铁路客站范围内为旅客服务的站台、站台雨棚、地道、天桥等建筑物或构筑物，以及检票口、电梯与自动扶梯、公共信息导向系统等设施的统称。

17.1.2 铁路客站的规模

1. 铁路客站规模应根据最高聚集人数或高峰小时发送量按表 17.1.2-1 和表 17.1.2-2 确定。

客货共线铁路客站规模表

表 17.1.2-1

车 站 规 模	最高聚集人数 H（人）
特大型	$H{\geqslant}10000$
大 型	$3000{\leqslant}H{<}10000$
中 型	$600{<}H{<}3000$
小 型	$H{\leqslant}600$

高速铁路与城际铁路客站规模表

表 17.1.2-2

车 站 规 模	高峰小时发送量
特大型	PH${\geqslant}$10000
大 型	$5000{\leqslant}$PH${<}10000$
中 型	$1000{\leqslant}$PH${<}5000$
小 型	PH${<}1000$

2. 铁路客站站房建筑面积应根据铁路客站最高聚集人数，按下列指标计算决定：

1）中、小型铁路客站站房建筑面积宜为 5～8 平方米/人。

2）特大型、大型铁路客站站房建筑面积宜为 8～15m^2/人。

17.2 总 平 面

17.2.1 总平面布置

铁路客站总平面布置应符合下列规定：

1. 铁路客站流线与功能布局便于旅客乘降和疏解。

2. 铁路客站与城市轨道交通、道路等连接顺畅。

3. 旅客进站、出站和换乘流线应短捷。

4. 特大型、大型铁路客站的进站、出站旅客流线应分开设置。

5. 旅客流线与车辆、行包和邮件流线宜相对独立，避免交叉。

17.2.2 旅客站房平台

旅客站房应设置站房平台，并符表 17.2.2 的要求；

站房平台设计要点 表 17.2.2

	特大型	大 型	中 型	小 型
长度	不应小于站房主体建筑总长度			
宽度	≥35m	≥25m	≥10m	≥10m
	采用立体交通布局的铁路客站，应分层设置，每层平台的宽度不宜小于 10m			

17.2.3 城市配套设施

1. 人车分流布置，并有利于铁路客站内部的交通组织和外部道路衔接。

2. 车站广场道路临近站房平台等人员密集场所时，应设置防冲撞设施。

3. 地面应高出车行道 0.15m。

4. 车站广场应设厕所，其最小使用面积可根据最高聚集人数按每千人不小于 25m^2或 4 个厕位确定，当车站广场面积较大时，厕所宜分散设置。

5. 特大型、大型铁路客站宜采用多方向进站、出站的布局形式，并宜采用立体交通形式。

6. 铁路客站与城市交通站点的换乘距离不宜大于 300m。

7. 车站广场绿化不宜小于 10%。

8. 人行区域面积宜根据旅客车站最高聚集人数按 1.83m^2/人确定。

9. 公交汽（电）车、出租车、社会车辆等城市交通配套场地规模应根据交通量确定，并适当留有余地。其中，出租车上客区和落客区应根据旅客流线分别设置。

10. 小客车单位车道边长度宜为 7m。小客车车道边数量应依据小客车载客人数和平均停靠时间计算确定。其中，出租车平均载客人数宜按 1.5 人/车确定，小型社会车平均载客人数宜按 2.5 人/车确定。

17.2.4 总平面布置实例

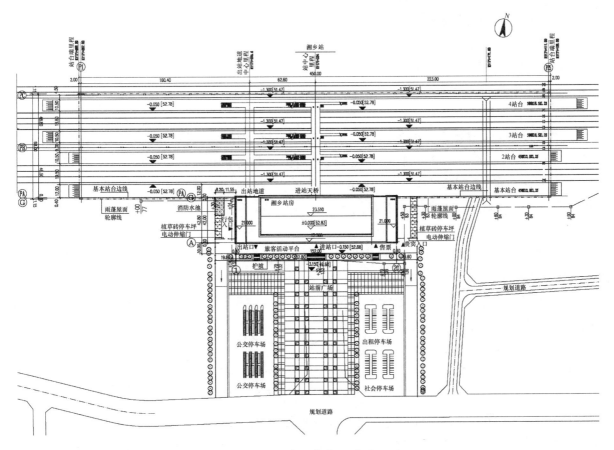

图 17.2.4 某旅客车站总平面图

17.3 站 房 建 筑

17.3.1 铁路客站站房功能分区

1. 铁路客站站房功能分区见表 17.3.1

铁路客站功能分区表 表 17.3.1

设计要求	公共区	设备区	办公区
	多宜采用开敞空间布局，旅客流线应顺畅有序（公共区的安全疏散必须符合安现行国家标准《建筑设计防火规范》GB 50016 的有关规定）	宜远离公共区集中设置，并宜利用建筑空间	办公用房宜集中设置，并应设置与公共区联系通道
	应划分合理，功能明确，便于管理		

2. 铁路客站进站、出站通道和换乘通道及楼梯宽度除应满足旅客高峰通过能力的需要外，尚应符合现行国家标准《建筑设计防火规范》GB 50016 的相关规定。

3. 旅客进站流线可按购票、实名制验票、安检、候车、进站验票等作业环节进行设计。

4. 旅客出站流线上应设置出站检票设施。

5. 旅客中转换乘流线宜按站内换乘进行设计。

17.3.2　集散厅

集散厅设计要求

1. 中型及以上的铁路客站的进站、出站集散厅应按高峰小时发送量确定，进站集散厅使用面积按不小于 0.25 平方米/人。出站集散厅使用面积按不宜小于 0.2 平方米/人。

2. 小型铁路客站的进站集散厅宜与候车区合并设置，应按高峰小时发送量确定，进站厅使用面积不应小于 250m²。出站厅使用面积按不宜小于 150m²。进出站合并设置时使用面积不应小于 350m²。

3. 进站集散厅应设置问询、小件寄存等服务设施，中型及以上铁路客站宜设自助存包柜。出站集散厅内应设置旅客厕所和检补票室。

4. 铁路客站站房应在进站集散厅及其他主要旅客入口处设置安检区，每处安检区最小使用面积应满足设置两组安检设备的要求。

5. 进站集散厅应设置实名制验票口。

17.3.3　候车区（厅、室）

1. 候车区（厅、室）总使用面积应根据最高聚集人数，按不应小于 1.2 平方米/人确定。特大型、大型铁路客站候车区（厅、室）的使用面积应在计算基上增加 5%。

2. 特大型、大型铁路客站宜根据客运需求设置软席候车区。软席候车区候车人数、客货共线铁路可采用最高聚集人数的 4%，高速铁路和城际铁路可采用最高聚集人数的 10%；使用面积应按不小于 2 平方米/人计算确定。

3. 无障碍候车区设计应符合下列规定：

1) 中型及以上铁路客站应设置无障碍候车区，小型铁路客站应在候车区内设置轮椅候车席位。

2) 无障碍候车区人数可采用最高聚集人数的 4%，使用面积应按不小于 2 平方米/人计算确认。

3) 无障碍候车区宜邻近进站检票口及无障碍电梯。

4. 铁路客站可根据需要设置商务候车室，商务候车室设计宜符合下列规定：

1) 设置单独出入口和直通车站广场的车行道。

2) 设置独立的实名制验标和安检设施。

3) 设置厕所、盥洗间、服务员室和备品间。盥洗间应设盥洗用热水。

5. 普通候车区（厅、室）座椅的排列方向应有利于旅客通向进站检票口，座椅间走道净宽不得小于 1.3m，并应满足军人（团体）候车的要求。

商务候车室实例

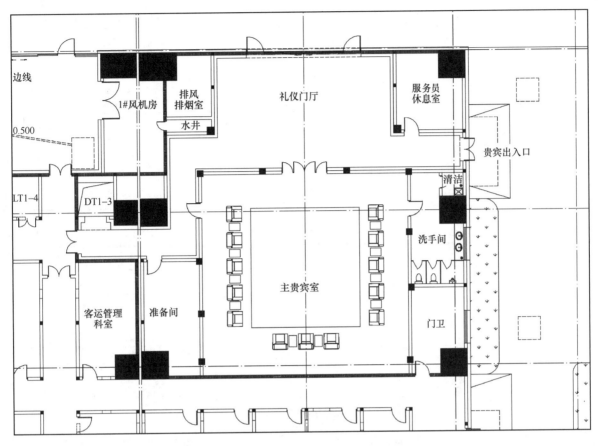

图 17.3.3

17.3.4 售票用房

售票主要用房见表 17.3.4-1

售票主要用房组成表   表 17.3.4-1

房间名称	旅客车站建筑规模			
	特大型	大型	中型	小型
售票厅	应设	应设	应设	应设
售票室	应设	应设	应设	应设
票据室	应设	应设	应设	宜设
办公室	应设	应设	宜设	应设
进款室	应设	应设	应设	宜设
总账室	应设	应设	不设	不设
订、送票室	应设	宜设	不设	不设
微机室	应设	应设	应设	应设
自动机	应设	宜设	宜设	宜设
公安制证窗口	应设	应设	应设	应设
售票人员专用厕所	应设	应设	应设	应设

售票窗口设计规定　　　　　　　　　　表 17.3.4-2

	相邻售票窗中心距离	靠墙售票窗中心距离	售票窗台至地面高度	自动售、取票机
设计要点	宜为 1.6m	大于 1.2m	1m	宜采用嵌入式安装

售票室设计要点　　　　　　　　　　表 17.3.4-3

	每个售票窗口使用面积	售票室使用面积
使用面积	不应小于 6m²	不应小于 14m²
设计要点	1. 售票室应设置防盗设施 2. 售票室与公共区之间不应设门 3. 地面宜高出售票厅地面 0.2m，并采用防电架空地板，无障碍售票窗除外	

票据库设计要点　　　　　　　　　　表 17.3.4-4

	特大型、大型	中小型
使用面积	每间不应小于 30m²（两间各 15m²）	不宜小于 15m²

售票厅实例

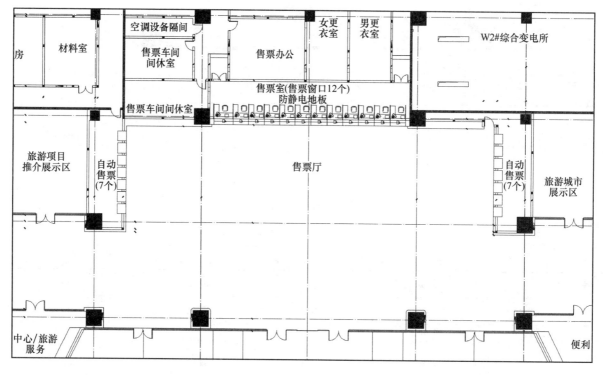

图 17.3.4

17.3.5　其他服务设施

1. 站内商业设施见表 17.3.5

站内商业设施表　　　　　　　　　　表 17.3.5

	特大型、大型	中　型	小　型
站内商业设施	宜为铁路客站站房建筑面积的 8%～10%	宜为铁路客站站房建筑面积的 4%～8%	宜为铁路客站站房建筑面积的 2%～4%

2. 问讯处、综合服务台可根据需要设置在集散厅或候车区。

17.3.6 旅客厕所的设置规定

除应符合国家现行标准《城市公共厕所设计标准》CJJ 14 的有关规定外，尚应符合下列规定：

1. 设置位置明显，标志易于识别。

2. 厕位数宜按最高聚集人数 2.5 个/100 人确定，男女厕位比例应为 1：2，且男厕所大便器数量不应少于 3 个，女厕所大便器数量不应少于 4 个，每个厕所应至少设置 1 个座便器。男厕应布置与大便器数量相同的小便器。

3. 厕所隔间应设承物台、挂钩。

4. 男女厕所宜分设盥洗间，盥洗间应设面镜，水龙头数量应根据最高聚集人数 1 个/150 人设置，且不应少于 3 个。

5. 厕所平面布置应满足私密性要求。

6. 厕所间隔长度不应小于 1.5m，宽度不应小于 1m；双侧厕所隔间的净距不应小于 2m；单侧厕所隔间至对面墙面或小便器的净距不应小于 2m。

7. 厕所内应设独立的清扫间。

8. 厕所应设置第三卫生间。

9. 铁路客站站房应单独设置旅客用开水间，开水间应与卫生间隔离设置。

10. 铁路客站站房应设置母婴服务设施，并应符合下列规定：

1）特大型、大型、中型铁路客站应设置独立母婴室，宜设置母婴候车区；小型站宜设置独立母婴室。

2）母婴室使用面积不应小于 10m²。

3）母婴室应具有保护哺乳私密性的设施，地面应防滑。

4）母婴室应配置婴儿护理台、洗手盆、婴儿床、座椅等设施，宜配置恒温空调、呼叫设备。

17.3.7 行包用房

1. 客货共线铁路旅客车站宜设置行李托取处。特大型、大型站的行李托运和提取应根据进站、出站流线分开设置，中型铁路客站的行李托运处应可合并，小型站可设行李托取点。

2. 办理行包业务的铁路客站应设置行包通道。特大型、大型铁路客站的行包库宜与跨越线路的行包地道相连。

3. 行包用房的主要组成应符合表 17.3.7-1 的规定。

行包用房主要组成　　　　　　表 17.3.7-1

房间名称	设计包裹库存件数 N（件）			
	N≥2000	1000≤N<2000	400≤N<1000	400 以下
行包库	应设	应设	应设	应设
行包托运提取厅	应设	应设	应设	应设
办公室	应设	应设	应设	宜设
票据室	应设	应设	宜设	不设
总检室	应设	不设	不设	不设
装卸工休息室	应设	应设	宜设	不设
牵引车库	应设	应设	宜设	宜设
拖车存放处	应设	宜设	宜设	不设

行包库应附合下列规定：

1) 特大型、大型铁路客站的始发、终到和中转行包库区宜分别设置。

2) 线下式行包库和多层行包库应设置垂直升降设施，垂直升降设施应能容纳一辆行包拖车。

3) 特大型铁路客站行包库各层之间应有供行包拖车通行的坡道。铁路客站行包作业区之间，以及作业区与站台、广场之间有高差时，应留有供小型搬运设备通过的坡道。坡道坡度不应大于1∶12；坡道净宽度，有栏杆时不应小于3m，无栏杆时不应小于4m。

4) 特大型、大型铁路客站宜设无主行包存放间，其使用面积可按设计包裹库存件数1‰设置，并不宜小于20m²。

5) 行包库内净高度不应小于4m。有机械作业的行包库，应满足机械作业的要求，其门的宽度和高度均不应小于3m。

6) 行包库宜设高窗，并应加设防护设施。

7) 设计行包库存件数2000件及以上的铁路客站宜预留室外堆放场地，场地应有防雨设施。

8) 行包库与行包托运厅、提取厅应设置不小于1.5m宽的通道，通道应有可开闭的隔离栅栏门。

9) 特大型铁路客站行李提取厅可设置行李传送带。

10) 行包托运厅、提取厅使用面积及托取窗口数量不应小于表17.3.7-2的规定。

行包托运厅、提取厅使用面积及托取窗口数量表　　　　　表 17.3.7-2

名　　称	设计行包库存件数 N（件）					
	N600 以下	600≤N<1000	1000≤N<2000	2000≤N<4000	4000≤N<10000	10000 及以上
托取窗口	1	1	2	4	7	10
托取厅（m²）	15	25	30	60	150	300

17.3.8　空间环境

1. 铁路客站站房内空间应通透、开敞、明亮，尺度应满足不同空间功能需求。

2. 铁路客站站房主要空间设计应具有视觉引导作用，方便旅客识别与疏散。

3. 铁路客站站房公共区宜利用天然采光、自然通风，采光设计应采取减少炫光的措施。

4. 铁路客站站房室内声学设计应符合下列规定：

公共区面积在50000m²及以上或平均高度在18m以上的铁路客站站房，宜进行声学设计。

5. 铁路客站站房公共区声学环境500Hz频率混响时间宜符合表17.3.8的规定。

不同容积公共区 500Hz 频率混响时间　　　　　表 17.3.8

容积（1×1000m³）	≤100	>100
混响时间（s）	≤4	≤5.5

17.3.9　内部装修与构造

1. 符合现行国家标准《建筑内部装修设计防火规范》GB 50222 的相关规定。

2. 室内公共空间的墙面、柱面阳角宜采用圆角处理，墙面1.8m以下宜采用抗冲撞材料饰面，玻璃幕墙距地面 0.1m 处应设置防撞栏杆。

3. 临空处栏板设置高度不应小于 1.3m，扶手高度应为 1.1m。采用玻璃栏板时，应采用钢化夹胶玻璃，距地 0.1m 处应设置防撞构造。

4. 玻璃隔断应采用钢化夹胶玻璃，底部应设置防撞设施，距地面 0.1m 处应设置防撞构造。

5. 楼梯、自动扶梯栏杆，以及栏板应安全、可靠，端部不应出现棱角。

17.3.10 建筑幕墙与金属屋面

1. 铁路线路上方外墙不宜装设石材和玻璃幕墙。必须装设时，应在幕墙下方设挑檐、防冲击棚等防护设施。

2. 旅客主要通道上方及铁路线路上方严禁采用全隐框玻璃幕墙，且不应采用倒挂（贴）石材、面砖等材料。

3. 金属屋面雨水设计重现期，大型及以上铁路客站应为 100 年，中小型铁路客站应为 50 年。金属屋面应设置溢流系统。

4. 金属屋面应设置直通屋面的检修设施，无女儿墙或女儿墙（含屋面上翻檐口）低于 500mm 的屋面，应设置防坠落构件。

17.3.11 建筑节能

1. 铁路客站站房主要功能区应利用自然通风降温，并可设置机械排风装置加强自然补风。自然通风开口面积与地面面积比值宜符合表 17.3.11-1 规定：

自然通风开口面积与地面面积比值（pw）　　　表 17.3.11-1

气候区	严寒地区、寒冷地区	夏热冬冷地区	夏热冬暖、温和地区
单层铁路客站	$\varphi_{NV} \geq 3\%$	$\varphi_{NV} \geq 4\%$	$\varphi_{NV} \geq 4\%$
多层铁路客站	$\varphi_{NV} \geq 1.5\%$	$\varphi_{NV} \geq 2\%$	$\varphi_{NV} \geq 2\%$

2. 设置空气调节、系统的铁路客站站房主要出入口应设置门斗或双层门。门斗、双层门数量与外门数量比值宜符合表 17.11-2 规定：

门斗、双层门数量与外门数量比值　　　17.3.11-2

地区	门斗、双层门数量与外门数量比值
严寒地区、寒冷地区	$\varphi_W \geq 50\%$，或 $\varphi_N + \varphi_S = 100\%$
夏热冬冷地区、夏热冬暖地区	$\varphi_W + \varphi_N + \varphi_S \geq 50\%$

17.3.12 地下车站

1. 地下车站设计在满足功能及客流需求的同时，应采用保证乘降安全和管理方便的通风、照明、卫生、防水、防灾等措施。

2. 设置在地下站台两端的设备区与无人值守办公区，可伸入站台计算长度内，但伸入长度不应大于一节车厅的长度，且设备区、无人值守办公区端部与楼梯口、自动扶梯口或通道口的距离不应小于 8m。

3. 地下车站建筑主要部位净宽和净高不应小于表 17.3.12-1 和表 17.3.12-2 的规定。

地下车站主要部位最小净席   表 17.3.12-1

部位名称	最小净宽（m）
公共区单向楼梯	1.8
公共区双向混行楼梯	2.4
公共区域自动扶梯并列设置的楼梯	1.6
站台至轨道区的工作梯（兼疏散梯）	1.1

地下车站主要部位最小净高   表 17.3.12-2

部位名称	最小净宽（m）
站厅公共区	3
站台公共区	3
站台、站厅管理用房	2.5
旅客出入口通道	3

17.3.13 客运作业及附属用房

应根据需要设置交接班室、间休室、更衣室、职工活动室、浴室、就餐间、清扫室（含工具间）等，并应符合下列规定：

1. 中型及以上铁路客站应设交接班室，其使用面积应根据最大班人数按不小于 1 平方米/人计算确定，且不宜小于 30m²。

2. 间休室使用面积应根据最大班人数的 2/3 按不小于 4 平方米/人计算确定，且不宜小于 20m²。

3. 更衣室使用面积应根据最大班人数按不小于 1 平方米/人计算确定。

客运作业及附属用房一览表   表 17.3.13

补票室使用面积	根据最大班人数不少于 2 平方米/人计算确定，且不少于 10m²
上水室、卸污工室	分别布置，根据最大班人数不少于 2 平方米/人计算确定，且不少于 8m²
公安办公室	在旅客相对集中处设置，使用面积不宜少于 25m²

17.4 客 运 服 务 设 施

17.4.1 站台

1. 铁路客站站台的长度、宽度、高度应符合现行国家标准《铁路车站及枢纽设计规范》（TB 10099）的规定。

2. 站台出入口或建筑物边缘至靠线路侧旅客站台边缘的净距不应小于 3m，困难条件下，中、小型站不应小于 2.5m；改建既有站侧净距不应小于 2m。

3. 旅客站台面应符合下列规定：

1）旅客站台应采用刚性防滑地面，并满足行李、包裹车荷载的要求，通行消防车的站台还应满足消防车荷载的要求。

2）站台地面横坡不应大于 1%。

3）旅客列车停靠的站台应在全长范围内设置宽度为 0.1m 的黄色安全警戒线。

17.4.2 雨棚

站台雨棚设置规定　　　　　　　　　　　　　　　　表 17.4.2

		特大型	大型	中型	小型
雨棚长度	旅客站台	与站台同等长度			可根据客运量和需要确定
雨棚高度		通行消防车的站台，雨棚悬挂物下缘至站台面的高度不应小于4m			
雨棚构件		与轨道的间距应符合现行《标准轨距铁路建筑限界》（GB 146.2）的有关规定			
其他要点		1. 雨棚形式及高度应满足防飘雨、飘雪要求； 2. 线间立柱雨棚屋面的开口宽度和檐口高度应根据防飘雨、飘雪的要求确定； 3. 地道出入口处无站台雨棚时应单独设置雨棚，并宜为封闭式雨棚，其覆盖范围应大于地道出入口，且不应小于4m； 4. 旅客进站、出站流线上的雨棚应连续设置			

17.4.3 旅客站台栏杆（板）

旅客站台栏杆（板）设置应符合下列规定：

1. 旅客站台边缘栏杆（板）高度不应小于1.3m，临空高度大于12m时，栏杆（板）高度不应小于2.2m，栏杆（板）距站台面0.1m高度内不应留有空余，当栏板不直接落地时，可设宽0.15m，高0.1m的挡台。

2. 站台端部（垂直于线路方向）的栏杆高度不应小于1.3m。

3. 线侧平式站房与站台相接时，临站房一侧外边缘栏杆（板）高度不应小于2.2m。

4. 旅客站台宜结合楼、扶梯集中设置客运工作间及保洁用房，并应设置水电设施。

5. 特大型、大型铁路客站基本站台应设置通向路线设施的楼梯、电梯和上自动扶梯。

17.4.4 跨线设施

1. 旅客进站、出站通道设置应根据旅客流量、铁路客站站房功能布局及进出站流线等情况综合确定，并应符合国家现行标准《铁路车站及枢纽设计规范》TB 10099 的有关规定。

2. 旅客进站、出站通道宽度和高度应计算确定，且净宽和净高应符合表17.4.4-1的规定。

旅客进站、出站通道最小净宽和最小净高（m）　　　　　表 17.4.4-1

项目	特大型站	大型站	中、小型站
最小净宽	12	8～12	6～8
地道最小净高	3		2.5
封闭天桥最小净高	3.5		3

3. 旅客天桥、地道通向站台出入口宽度应符合下列规定：

旅客天桥、地道通向站台宜设双向出入口。高速铁路和客货共线铁路旅客站台出入口宽度应符合表17.4.4-2的规定；城际铁路旅客站台出入口宽度应符合表 17.4.4-3 的规定。出入口设有自动扶梯或升降电梯时，其宽度应根据升降设备的数量和要求确定。

高速铁路和客货共线铁路旅客站台出入口宽度（m）　　　表 17.4.4-2

名称	特大型、大型站	中型站	小型站
基本站台和岛式中间站台	5～5.5	4～5	3.5～4
侧式中间站台	5	4	3.5～4

名称	中型站	小型站
站台	4.5~5	3~4

4. 既有铁路客站改建时，可利用既有旅客进站、出站通道，并应符合本条第 3 款的规定。

5. 铁路客站应根据行包邮件、餐饮物料配送、垃圾转运，以及保洁机具和维修设备作业需要，设置通往站台的作业地道。作业地道设置应符合下列规定：

1）特大型、大型铁路客站不应少于 1 处，有始发终到客车作业的中型站可设置 1 处。

2）地道净宽不应小于 5.2m，净高不应小于 3m。

3）地道通向各站台均宜设一个出入口，出入口宜设置在站台的端部，其净宽不应小于 4.5m。受条件限制，且出入口处设有导向标志系统时，其宽度不应小于 3.5m。

6. 旅客天桥、地道通向站台出入口之间的距离应符合下列规定：

1）特大型、大型铁路客站不宜小于 20m。

2）中、小型铁路客站不宜小于 15m。

7. 天桥、地道出入口阶梯和坡道应符合下列规定：

1）旅客用天桥、地道出入口阶梯单独设置时，踏步高度不宜大于 0.14m，踏步宽度不宜小于 0.32m；旅客用地道、天桥阶梯与自动扶梯并行设置时，踏步高度不宜大于 0.15m，踏步宽度不宜小于 0.3m。每段阶梯不应大于 18 步，直跑阶梯平台宽度不宜小于 1.5m。

2）旅客用天桥、地道采用坡道时应有防滑措施，且坡度不宜大于 1∶8。

3）行包地道出入口坡道坡度不宜大于 1∶12，起坡点距主通道的水平距离不宜小于 10m。

4）地道主体与出入口相接位置宜采用圆角处理。

8. 地道应符合下列规定：

1）站台上地道出入口处地面应高出站台面 0.02m，并采用缓坡与站台面相接。

2）地道应设置防水及排水设施。

3）自然通风条件不良的地道应设置通风设施并采取防潮措施。

9. 旅客用天桥应符合下列规定：

1）天桥应设有顶棚。严寒和寒冷地区应采用封闭式，其他地区两侧宜设置安全围护结构。

2）天桥栏杆（板）或围护的净高度不应小于 2.2m。桁架式天桥栏杆（板）或围护应设置在桁架内侧。

3）天桥两侧采用玻璃窗采光时，玻璃应采用钢化夹胶玻璃。落地玻璃窗应采取防撞措施。

10. 位于线路上方的建（构）筑物应形式简洁、连接安全可靠，且不应用装饰性构件，并应预留检修维护条件。

11. 高架候车厅和旅客用天桥采光窗、玻璃幕墙开启扇严禁放置在高速铁路正线上方。

17.4.5　检票口

1. 进站、出站检票口设置数量应根据旅客流量、检票口通过能力、候检时间等因素计算确定。

2. 设置自动检票机的铁路客站，每组自动检票机旁应设人工检票口。

3. 进站检票口与直对的疏散门或通向站台楼梯踏步的距离不宜小于 4m，与自动扶梯工作点的距离不宜小于 7m。出站检票口与直对的疏散门或楼梯踏步的距离不宜小于 5m，与自动扶梯工作点的距离不宜小于 8m。地下车站出站检票口与出入口通道边缘的距离不宜小于 5m。

4. 进站、出站检票口应满足安全疏散及无障碍通行要求。

5. 进站、出站检票口附近不应设置座椅及其他影响排队验票的设施，且进站检票口前供候检排队区域长度不宜小于 15m，出站检票口不宜小于 7m。

6. 检票口宜根据换乘流线需要采取双向进站、出站检票。

17.4.6　电梯与自动扶梯

1. 旅客进站、出站通道上宜设置电梯、自动扶梯。水平换乘距离大于 300m 的换乘通道宜设置自动人行道，自动人行道倾角不应大于 12°。

2. 室外运行的自动扶梯宜设顶棚和围护设施，电梯、自动扶梯应设置排水设施。

3. 自动扶梯应采用公共交通型，并应具有变频调速功能。自动扶梯选用应符合下列规定：

1）设置在旅客进站、出站通道上的自动扶梯，与楼梯并排设置时，倾角宜采用 23.2°；单独设置时，倾角可采用 23.2° 或 27.3°。

2）自动扶梯额定速度宜为 0.5m/s。

3）梯级深度不应小于 0.38m，水平梯级踏面不应小于 3 级。

4. 自动扶梯工作点与前方影响通行固定设施的距离不应小于 8m；两台相对布置的自动扶梯工作点的间距不应小于 16m。自动扶梯与楼梯相对布置时，自动扶梯工作点与楼梯第一级踏步的距离不应小于 12m。

5. 电梯选用应符合下列规定：

1）客用电梯额定载重量不应小于 1000kg。兼做物流通道时，其额定载重量不应小于 1600kg。

2）客用电梯额定速度宜为 1m/s，且不应小 0.63m/s。

3）客用电梯门宜采用双扇中分门，宽度不应小于 1m，且不应朝向铁路线路方向。

6. 货运电梯应符合国家现行有关标准的规定。

7. 自动扶梯扶手高度不应小于 1m，也不应大于 1.1m。提升高度 12m 及以上的自动扶梯应采取必要的安全措施。

8. 自动扶梯与站台交界处地面宜高出站台面 0.02m，且应采用缓坡与站台面相接。

17.5　无 障 碍 设 施

17.5.1　铁路客站无障碍设施范围

铁路客站无障碍设施范围应包括站房平台、站房公共区、客运服务设施等，并应满足行动障碍旅客购票、候车、进站、出站、行包托取的需求。

17.5.2　集散厅无障碍设施

集散厅无障碍设施应符合下列规定：

1. 集散厅出入口应为无障碍出入口。

2. 进站集散厅与候车区（厅、室）之间、集散厅与地面层之间有高差时，应设置轮椅坡道或无障碍电梯、升降平台等升降设施。

3. 出站集散厅内地面有高差时，应设置轮椅坡道或无障碍电梯、升降平台等升降设施。

4. 实名制验票区应至少设置 1 处低位窗口，验票通道净宽不应小于 0.9m。

17.5.3 候车区（厅、室）的出入口

候车区（厅、室）的出入口应为无障碍出入口，且其轮椅候车席位应符合下列规定：

1. 轮椅候车席位宜邻近进站检票口及无障碍升降设施，并可分区集中设置。

2. 每个轮椅候车席位的占地面积不应小于 1.1m×0.8m。轮椅候车席位处的地面应设置无障碍标志。

17.5.4 售票厅、行包托取处无障碍设施

售票厅、行包托取处无障碍设施应符合下列规定：

1. 售票厅、行包托取处出入口应为无障碍出入口。人工售票窗口应至少设置 1 处低位窗口。

2. 供行动障碍旅客使用的通道、走廊、厅（室）、跨线设施等应符合无障碍通行要求。无障碍通道宽度不应小于 1.5m，特大型、大型铁路客站无障碍通过宽度不宜小于 1.8m。供行动障碍旅客通行的检票口净宽不应小于 0.9m，检票口栏杆内、外侧 1.8m 范围内地面应平整。

3. 供旅客使用的楼梯、台阶应为无障碍楼梯、台阶，并应在距楼梯、台阶的起点与终点 250～500mm 处设 300～600mm 宽的提示盲道，其长度应与楼梯、台阶宽度相同。

17.5.5 供行动障碍旅客使用的坡道

供行动障碍旅客使用的坡道应符合下列规定：

1. 坡道的坡度不应大于 1/12、坡面应平整且防滑，坡道净宽不应小于 2m。

2. 坡道高度每升高 1.5m 应设长度不小于 2m 的中间平台。

3. 坡道两侧应设置扶手，并应符合现行国家标准《无障碍设计规范》GB 50763 的规定。栏杆下方宜设置安全阻挡设施。

4. 距每段坡道的起点与终点 250～500mm 处应设置 300～600mm 宽的提示盲道，其长度应与坡道宽度相同。

17.5.6 无障碍升降设施

供行动障碍旅客使用的铁路跨线设施与各站台间应设置坡道或无障碍升降设施。无障碍升降设施应符合下列规定：

1. 特大型、大型铁路客站应设置与站台相通的无障碍电梯。

2. 中型铁路客站设置坡道有困难时，应设置与站台相通的无障碍电梯或预留电梯井道；预留电梯井道时，应设置无障碍升降平台或爬楼车等升降设施。

3. 小型铁路客站设置坡道有困难时，应设置无障碍升降平台或爬楼车等升降设施。

4. 改建铁路客站设置坡道或无障碍电梯有困难时，应设置无障碍升降平台或爬楼车等升降设施。

5. 距无障碍电梯口 250～500mm 处应设置 300～600mm 宽提示盲道，其长度应与电梯口宽度相同。

17.5.7 旅客公共厕所无障碍设计

旅客公共厕所无障碍设计应符合以下规定：

1. 中型及以上铁路客站应设置专用无障碍厕所。设置第三卫生间的铁路客站，第三卫生间应兼做专用无障碍厕所。

2. 小型铁路客站宜设置专用无障碍厕所；困难时，应在公共厕所内设置无障碍厕位。

17.5.8 旅客站台无障碍设计

旅客站台无障碍设计应符合下列规定：

1. 站台安全警戒线内侧应设置 600mm 宽提示盲道，提示盲道宜与安全警戒线等长。安全警戒线内侧提示盲道应与出站铁路跨线设施与站台上的楼梯出入口、坡道出入口、无障碍电梯口的提示盲道之间采用行进盲道相连。

2. 井盖及水箅子的上表面应与地面平齐，水箅子上的孔洞宽度不应大于 10mm。

3. 固定在墙、立柱上的物体或标牌下缘距地面的高度不应小于 2m。自动扶梯、楼梯下的三角区净高小于 2m 且旅客可以进入的区域，应设置防护设施，并应在防护设施外设置提示盲道。

4. 站台盲道的防滑值（BPN）不应小于 80。

5. 自动扶梯、站场范围内的平过道严禁作为无障碍通道。自动扶梯应在距上下支撑点 250～500mm 处设置 300～600mm 宽的提示盲道，其长度应与自动扶梯宽度相同，并严禁与行进盲道相连。

17.6 消 防 车 道

1. 大型、特大型旅客车站，当站房为线侧平式时，应利用基本站台作为消防车道。

2. 消防车道净宽度和净空高度均不应小于 4m。

3. 线路间硬化地面可兼做消防车道，其净宽不应小于 4m。

4. 高架候车厅（室）设置环形消防车道确有困难时，必须沿侧式站房设置环形消防车道，站台上应设置符合线路上方高架站房消防灭火要求的消火栓系统。

17.7 建筑防火分区和建筑构造

17.7.1 大型、特大型旅客汽车站高架候车厅（室）的耐火等级不应低于一级。

17.7.2 铁路旅客车站候车区及集散厅符合下列条件时，其每个防火分区建筑面积不应大于 10000m²：

1. 设置在首层、单层高架层，或有一半数量的直接对外疏散口且采用室内封闭楼梯间的二层。

2. 设有自动喷淋水灭水系统、排烟设施和火灾自动报警系统。

3. 内部装修设计符合《建筑内部装修设计防火规范》GB 50222 的相关规定。

17.7.3 旅客车站站房公共区严禁设置娱乐、演艺等场所。设置为旅客服务的餐饮、商品零售点应符合下列规定：

1. 顶板的耐火极限不应低于 1.5h，隔墙的耐火极限不应低于 2h，隔墙两侧沿走道门洞之间应设置宽度不小于 2m 的实体墙或 A 类防火玻璃。

2. 固定设置的餐饮、商品零售点面积不应大于 100m²，连续设置时，总建筑面积不应大于 500m²。

3. 当商品零售点建筑面积大于 20m²，且与其他功能用房或餐饮零售点间距不小于 8m 时，可不采取防火分隔措施。

17.7.4 高架候车厅（室）通往站台的进站楼梯作为消防疏散楼梯时，疏散门至楼梯踏步的缓冲距离不宜小于4m。

17.7.5 铁路旅客车站的疏散口、走道和楼梯的净宽度应符合《建筑设计防火规范》GB 50016的有关规定，且站房内所有为旅客疏散服务的楼梯梯段净宽度均不得小于1.6m。

17.7.6 旅客地道内地面、墙面、顶面装饰材料燃烧性能等级均不应低于A级，地道内广告灯箱及其他相关设施所用材料燃烧性能等级不应低于B1级。

17.7.7 旅客车站集散厅、售票厅和候车厅（室）等，其室内任一点至最近疏散门或安全出口的直线距离不应大于30m；当该场所设置自动喷水灭火系统时，室内任一点至最近安全出口的安全疏散距离可增加25％。

18 车 库 设 计

18.1 车 库 设 计 概 述

18.1.1 车库的分类及特点

表 18.1.1

划分方式	分类		特 点
按车辆类型	机动车库		停放以动力驱动或牵引，达到一定运行速度，在道路上行驶，载人、载物或进行工程专项作业的轮式车辆
	非机动车库		停放以人力驱动在道路行驶或虽是动力驱动，但行驶速度、空车质量和外形尺寸满足规定要求的交通工具
按建设方式	单建式		单独建造的具有独立完整建筑主体结构与设备系统的车库
	附建式		与其他建筑物（构筑物）结合建造并共用或部分共用建筑主体结构与设备系统的车库
按使用性质	公共车库		为从事各种活动的出行者提供泊车服务的社会公共停车库
	专用车库		专业运输部门或企事业单位所属的停车库，仅供相关单位内部自有车辆停放
	私家车库		专为个人使用的车库，一般附建于私有住宅、别墅
按停车方式	机械式		采用机械式停车设备进出、存取、停放机动车辆的车库
		复式	室内有车道且有驾驶员进出的机械式停车库
		全自动式	室内无车道且无驾驶员进出的机械式停车库
		优点：利用水平、垂直自动运输设备进出车，车库利用率较高，需要较少管理人员 缺点：需要使用机器设备，造价较高；进出车时间较长	
	非机械式		具有车道、车位等完整结构及设备系统，由驾驶员自主驾车进出、停放、存取的车库
按出入方式	坡道式		通过坡道进行室内外车辆交通联系，各楼层之间以坡道作为车辆竖向交通联系方式进行车辆存取 优点：进出车方便、快速，造价低廉，使用成本低 缺点：占地面积较大，使用率不高，需较多管理人员
	平入式		机动车由室外场地直接（或间接）进入停车空间的车库
	升降梯式		通过升降梯进行室内外车辆交通联系，各楼层之间以升降梯作为车辆竖向交通联系方式进行车辆存取
按停车楼板	平楼板式		停车楼层为水平楼面
	斜楼板式		螺旋形倾斜楼板上（通）停车　　　直坡形斜楼板上（通）停车
	错层式		二段式　　　三段式

18.1.2 坡道类型

表 18.1.2

坡道类型	特点	简图	
直线长坡道	优点：视线好、上下方便、切口规整施工简便，实际较多采用 缺点：占用面积和空间较大，常布置在主体建筑外	 外直坡道	 内直坡道
直线短坡道	优点：使用方便，节省面积 缺点：层数少的车库不能充分发挥优势		
曲线形坡道	优点：占地面积小，宜在狭窄地段使用，多用于多层车库 缺点：视线效果及驾车舒适性较差，车辆需要多次转弯 单螺旋坡道：机动车沿一条连续的螺旋车道行驶 双螺旋坡道：上下楼层螺旋坡道设于同一双行线螺旋坡道内 跳层螺旋坡道：上下楼层螺旋坡道重叠错开设置，为同一圆心	 单螺旋形坡道	 曲线形坡道
		 双螺旋形坡道	 跳层螺旋形坡道

18.1.3 库内机动车车辆通停方式及特点

表 18.1.3

通停方式	一侧车道，另一侧停车	中间车道，两侧停车	两侧车道，中间停车	环形停车
简图				
特点	适合狭窄空间，停车利用率较低	较常使用的通停方式，车库的停车利用率较高	一般受墙、柱制约时采用，停车利用率较低，但车子顺进、顺出，出车迅速安全	车辆的调头次数最少、车道通顺

18.1.4 库内机动车车辆存放、停驶方式及特点（以微型、小型车为例）

表 18.1.4

方式	垂直式、前进停车、后退停车	60°斜列式、前进停车、后退停车
简图	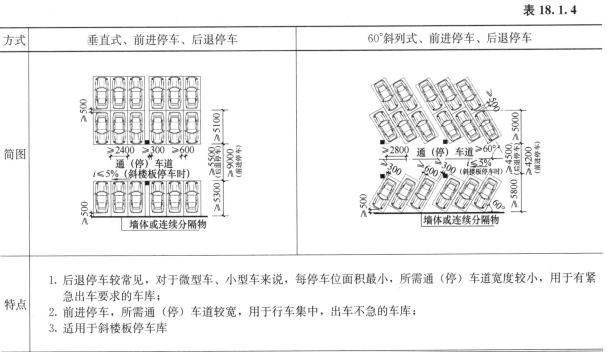	

特点	1. 后退停车较常见，对于微型车、小型车来说，每停车位面积最小，所需通（停）车道宽度较小，用于有紧急出车要求的车库； 2. 前进停车，所需通（停）车道较宽，用于行车集中，出车不急的车库； 3. 适用于斜楼板停车库

方式	平行式、后退停车	垂直平行式、后退停车	30°斜列式前进（后退）停
简图	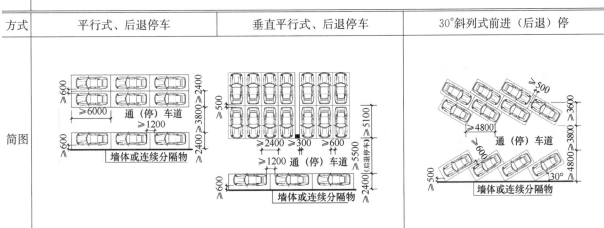		

方式	45°斜列交叉式前进（后退）停车	45°斜列式前进（后退）停车
简图	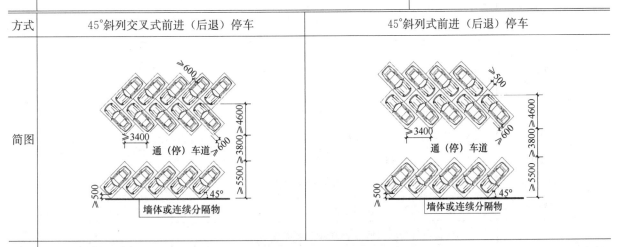	

特点	1. 后退停车较常见，对于微型车、小型车来说，每停车位面积最小，所需通（停）车道宽度较小，用于有紧急出车要求的车库； 2. 30°斜列式前进（后退）停车，所需通（停）车道宽相同； 3. 停车位长向中线与斜楼板纵向中线之间夹角小于60°，不适于斜楼板停车库

18.2 车库建筑设计

18.2.1 车库建筑设计要求

表 18.2.1

建筑规模	特大型	大型		中型		小型	
停车库停车当量数	>1000	301~1000		51~300		≤50	
		501~1000	301~500	101~300	51~100	25~50	<25
车库出入口数量	≥3	≥2		≥2	≥1	≥1	
居建与非居建共用车库、非居建车库出入口车道数	≥5	≥4	≥3	≥2		≥2	≥1
居建车库出入口车道数	≥3	≥2	≥2	≥2		≥2	≥1
机动车换算当量系数	车型	微型车	小型车	轻型车	中型车	大型车	
	换算系数	0.7	1.0	1.5	2.0	2.5	

设计常数	设计车型外廓尺寸 总长×宽×高(m)	微型车 3.8m×1.6m×1.8m，小型车 4.8m×1.8m×2.0m，轻型车 7.0m×2.25m×2.75m		
	机动车最小转弯半径	微型车 4.5m，小型车 6m，轻型车 6m~7.2m，中型车 7.2m~9m，大型车 9m~10.5m		
	小型车最小停车位尺寸：长×宽(m)	横向停车	5.1(5.3)×2.4	括号内尺寸为停车位毗邻墙体或连续分隔物时的尺寸
		纵向停车	6.0×2.1(2.4)	
	每车位建筑面积(m²)	小型车 27~35（包括坡道面积）	小型车 20~27(不包括坡道面积)	
	车辆出入口宽度(m)	双向行驶≥7	单向行驶≥4	
	车辆出入口、坡道及停车区域的最小净高	小型车：2.2m	轻型车：2.95m	中型、大型客车：3.7m

出入口设计	车库基地出入口	安全设施	车库基地出入口应设置减速安全设施。		
		宽度(m)	双向行驶≥7	单向行驶≥4	机非混行时，单向增加≥1.5
		地面坡度	宜 0.2%~5%，当>8%时应设缓坡与城市道路连接		
		间距(m)	应≥15，且应≥两出入口道路转弯半径之和		
		候车道	需办出入手续时，应在附近设≥4m×10m(宽×长)候车道，不占城市道路。		
		数量	首先按各地规划或交通管理有关规定设计		
			基地内建筑面积≤3000m²时	基地道路与城市道路连接口	=1，宽度≥4m
			基地内建筑面积>3000m²时		=1，宽度≥7m / ≥2，宽度各≥4m

续表

建筑规模			特大型	大型	中型	小型
出入口设计	车库基地出入口	位置	应设于城市次干道或支路，不应(不宜)直接与城市快速路(主干道)连接			
			距城市主干道交叉口			应≥70m
			与人行天桥、地道(含引道引桥)、人行横道线等最边线距离			应≥5m
			距地铁出入口、公交站台边缘			应≥15m
			距公园、学校、儿童及残疾人建筑出入口			应≥20m
		通视条件	在距出入口边线以内2m处作视点，视点的120°范围内至边线外不应有遮挡视线的障碍物。(如右图阴影区域) 1—建筑基地；2—城市道路；3—车道中心线；4—车道边线；5—视点位置；6—基地机动车出入口；7—基地边线；8—道路红线；9—道路缘石线	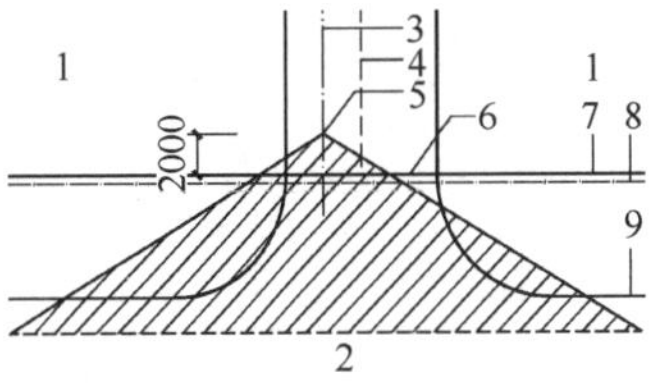		
		机动车道转弯半径	宜≥6m，且满足基地各类通行车辆最小转弯半径要求			
	机动车库出入口		车库人员出入口与车辆出入口必须分开设置，载车电梯严禁代替乘客电梯作为出入口并应设标识			
			车辆出入口最小间距			应≥15
		升降梯式	升降梯数量应≥2台，停车当量<25辆时可设1台。出入口宜分开设置，应设限高限载标识			
			升降梯门宜为通过式双开门，否则应在各层进出口处设车辆等候位			
			升降梯口应设防雨，升降梯坑应设排水。若采用升降平台，应设安全防护或防坠落措施			
			升降梯操作按钮宜方便驾驶员触及；各层出入口应有楼层号及行驶方向标识			
		平入式	室内外高差应：150mm～300mm		出入口外宜有≥5米的距离与室外车行道相连	
		坡道式	坡道最小净宽(不含道牙、分隔带等)	微型、小型车	直线单行3m，直线双行5.5m 曲线单行3.8m，曲线双行7m	
				轻、中、大型车	直线单行3.5m，直线双行7.0m 曲线单行5.0m，曲线双行10.0m	
			坡道纵向坡度 i	微型、小型车	直线坡道≤15%，曲线坡道≤12%	
				轻型车	直线坡道≤13.3%，曲线坡道≤10%	
				中型车	直线坡道≤12%，曲线坡道≤10%	
				大型车	直线坡道≤10%，曲线坡道≤8%	
				斜楼板坡度	≤5%	
			缓坡长度(m)	直线缓坡≥3.6，曲线缓坡≥2.4	当车道纵坡 $i>10\%$ 时，坡道上、下端应设缓坡	
			缓坡坡度	$=i/2$		
			坡道转弯超高	环道横坡坡度(弯道超高)2～6%		
			坡道转弯处最小环形车道内半径	$\alpha\leq90°$	$90°<\alpha<180°$	$\alpha\geq180°$	α—坡道连续转向角度
				4m	5m	6m	

建筑规模		特大型	大型	中型	小型
室外车道	总平面车道	宽度(m)	机动车	单向行驶≥4	双向行驶≥6(小型)	双向行驶≥7(中、大型)
			非机动车	单向行驶应≥1.5		双向行驶宜≥3.5
		纵向坡度	应≥0.2%,当>8%时应设缓坡与城市道路连接,缓坡长度≥4m			
		转弯半径	微型、小型车≥3.5m	普通消防车≥9m		重型消防车≥12m
车库内车道	环形通车道最小内半径	微型车、小型车≥3m			
	小型车通(停)车道最小宽度	平行后停	30°、45°停	垂直前停	垂直后停	60°前(后)停	复式机械后停
		3.8m	9m	5.5m	4.5m(4.2m)	5.8m
	通道长度	场、库内一般通道长度宜≤68m,且逆时针单向循环			
	错层式停车坡道	两段坡道中心线之间的距离应≥14.0m			

车库停车区	机动车与机动车、墙、柱、护栏之间最小净距(m)		微型、小型车	轻型车	中、大型车	残疾人车位及轮椅通道
		平行式停车,机动车之间纵向净距	1.20	1.20	2.40	
		垂直、斜列式停车,机动车间纵向净距	0.50	0.70	0.80	
		机动车间横向净距	0.60	0.80	1.00	
		机动车与柱子间净距	0.30	0.30	0.40	
		机动车与墙、护栏及其他构筑物间净距 纵向	0.50	0.50	0.50	
		横向	0.60	0.80	1.00	

标志和标线	车库入口	应设停车库入口标志、规则牌、限速标志、限高标志、禁止驶出标志和禁止烟火标志
	车行道	应设置车行出口引导标志、停车位引导标志、注意行人标志、车行道边缘线和导向箭头
	停车区域	应设置停车位编号、停车位线条和减速慢行标志
	每层出入口	应在明显部位设置楼层及行驶方向标志
	人行通道	应设置人行道标志和标线
	车库出口	应设置出口指示标志和禁止驶入标志
	地面	应采用醒目线条标明行驶方向,用10~15cm宽线条标明停车位
		场、库内一般通道宜采用逆时针单循环,避免小半径右转弯

构造	电梯	≥4F的多层汽车库或-3F的地下汽车库应设置乘客电梯,电梯服务半径宜≤60m
	排水	地面应设地漏或排水沟等排水设施,地漏(或集水坑)的中距宜≤40m
		地面排水应i≥0.5%
	防护	地面和坡道应防滑、防雨、防倒灌 / 柱子、墙阳角、凸出结构等处应防防撞
		坡道上方应防坠物 / 寒冷地区室外坡道应防雪防滑 / 停车库及坡道应防眩光
	轮挡	宜设于距停车位端线为汽车前悬或后悬的尺寸减0.2m处(一般为后端线往里≥1.0m处),高度宜=0.15m。车轮挡不得阻碍楼地面排水
	护栏和道牙	入库坡道横向侧无实体墙时,应设护栏和道牙。道牙(宽度×高度)应≥0.30m×0.15m
	排风口	与人员活动场所的距离应≥10m,否则底部距人活动地坪的高度应≥2.5m

18.2.2 机动车库车道设计

1. 地下车库坡道纵剖面设计图示

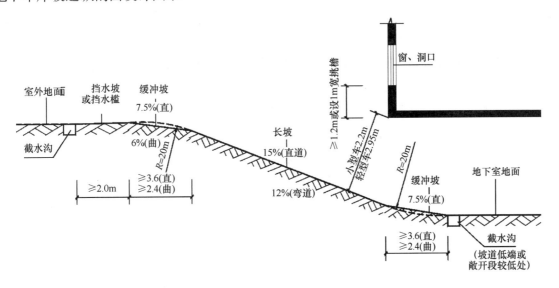

图 18.2.2-1 地下车库坡道纵剖面（小汽车）

2. 环形车道及小型车各项指标

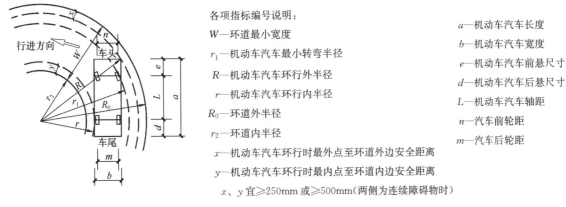

各项指标编号说明：

W—环道最小宽度

r_1—机动车汽车最小转弯半径

R—机动车汽车环行外半径

r—机动车汽车环行内半径

R_0—环道外半径

r_2—环道内半径

x—机动车汽车环行时最外点至环道外边安全距离

y—机动车汽车环行时最内点至环道内边安全距离

x、y 宜≥250mm 或≥500mm（两侧为连续障碍物时）

a—机动车汽车长度

b—机动车汽车宽度

e—机动车汽车前悬尺寸

d—机动车汽车后悬尺寸

L—机动车汽车轴距

n—汽车前轮距

m—汽车后轮距

图 18.2.2-2 环形车道及小型车各项指标图

18.3 机械式机动车库设计

18.3.1 机械式机动车库分类

表 18.3.1

类 别	主要特征
1. 全自动停车库	库内无车道且无人员停留，采用机械设备进行垂直或水平移动来实现自动存取汽车
2. 复式停车库	库内有车道、有人员停留的，同时采用机械设备传送，在一个建筑层内布置一层或多层停车架的汽车库
3. 敞开式机械停车库	每层车库外围敞开面积超过该层四周外围总面积 25% 的机械式停车库，且敞开区域长度不小于车库周长的 50%

18.3.2 机械式机动车库设计要点

1. 机械式车库的停车设备选型应与建筑设计同步进行,应结合停车设备的技术要求与合理的柱网关系进行设计。
2. 车库内外凡是能使人跌落入坑的地方,均应设置防护栏。
3. 机械式车库应根据需要设置检修通道,且宽度≥600mm,净高≥停车位净高,设检修孔时边长≥700mm。
4. 机械式车库地下室和各底坑应做好防、排水设计。
5. 机械车库与主体建筑物结构连接时,应根据设备运行特点采取隔振、防噪措施。
6. 车库内消防、通风、电缆桥架等管线不得侵占停车位空间。

18.3.3 适停车型外廓尺寸及重量

表 18.3.3

适停车型	组别代号	外廓尺寸 (长×宽×高,mm)	重量 (kg)
小型车	X	≤4400×1750×1450	≤1300
中型车	Z	≤4700×1800×1450	≤1500
大型车	D	≤5000×1850×1550	≤1700
特大型车	T	≤5300×1900×1550	≤2350
超大型车	C	≤5600×2050×1550	≤2550
客车	K	≤5000×1850×2050	≤1850

18.3.4 单套设备存容量、单车最大进出时间、出入口数及停车位最小外廓尺寸

表 18.3.4

车库类别	设备类别	单套设备存容量(辆)	单车最大进出时间(s)	最少出入口数(个/套)	停车位最小外廓尺寸(mm)		
					宽度	长度	高度
复式机械车库	升降横移类	3~35	240	沿入位层可全部设置	车宽+500(通道)	车长+200	车高+微升降高度+50,且≥1600,兼作人行通道时应≥2000
	简易升降类	1~3	170	1			
全自动机械车库	垂直升降类	10~50	210	1	车宽+150	车长+200	车高+微升降高度+50,且≥1600
	巷道堆垛类	12~150	270	3			
	平面移动类	12~300	270	3			
	垂直循环类	8~34	120	1			
	水平循环类	10~40	420	1			
	多层循环类	10~40	540	1			

18.3.5 出入口形式及设计要求

表 18.3.5

	出入口形式	适用车库	设计要求
复式	汽车通道＋载车板	升降横移、简易升降类	出入口满足机动车后进停车时,通道宽度应≥5.8m
全自动	管理、操作室＋回转盘	垂直升降、巷道堆垛、平面移动、垂直循环、水平循环、多层循环类	1. 出入口处应设不少于2个候车位,当出入口分设时,每个出入口处至少应设1个候车位; 2. 出入口净宽≥设计车宽＋0.50m且≥2.50m,净高≥2.00m; 3. 管理操作室宜近出入口,应有良好视野或视频监控系统。管理室可兼作配电室,室内净宽≥2m,面积≥9m²,门外开; 4. 出入口处应防雨水倒灌,回转盘底坑应做好防、排水设计

18.3.6 各类机械式停车设备运行方式和对应的建筑设计要求及简图

表 18.3.6

类别	基本运行方式、建筑设计要求、设备布置简图
	基本运行方式:每车位有一块载车板,利用载车板在机械传动装置驱动下,沿轨道升、降、横向平移存取车辆
升降横移类	停车空间尺寸(mm)要求: 车位宽度 W: 2350～2500 车位长度 L: 5500～6000 出入层: ≥2000 二层: 3500～3650 三层: 5650～5900 四层: 7450～7700 五层: 9030～9550 六层: 11150～11400 地坑: ≥2000 重列式净高应增加100～200

类别	基本运行方式、建筑设计要求、设备布置简图

基本运行方式：利用设备的升降或仰俯机构驱动载车板上下移动存取车辆(含：垂直升降式和仰俯摇摆式)

停车空间尺寸(mm)要求：

	垂直升降式	仰俯式
车位宽度	≥适停车宽+500	$C≥2330$
车位长度	≥适停车长+200	$J≥5100$
停层净高	$H≥2000$	$H=2700\sim3100$

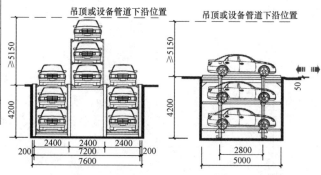

垂直升降式正立面图　　垂直升降式侧立面图

仰俯升降式侧立面图

仰俯升降式简图

简易升降类

基本运行方式：利用升降机将载车板升降到指定层后用升降机上的横移机构搬运车辆实现存取

塔库平面尺寸(mm)要求：

塔库宽度	≥6900
塔库长度	≥6150
停层净高	≥1650
机房净高	≥2000
底坑深度	≥1200
存车层数	20～25

出入口尺寸(mm)要求

净宽	≥车宽+500且≥2250
净高	≥车宽+150且≥2000

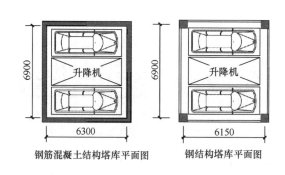

钢筋混凝土结构塔库平面图　　钢结构塔库平面图

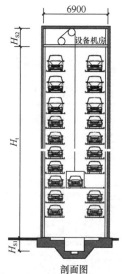

剖面图

垂直升降类

类别	基本运行方式、建筑设计要求、设备布置简图

基本运行方式：用巷道堆垛起重机或桥式起重机，将进到搬运器上的车辆水平、垂直移动到存车位，用存取机构将车辆存取到车位上

车库基本尺寸(mm)要求：

	车位纵向式布置	车位横向式布置
长度	$L = 1000 + \sum L_c + 1750$	$L = 1500 + \sum W_c + \sum W_q + 600$
宽度	$W = 2W_c + 2W_s$	$W = 2L_c + W_s$
高度	$H = H_t + \sum H_c + 700$	$H = H_s + \sum H_c + \sum H_b + H_t + 200$

L_c：停放车位长度　　H_s：设备安装基坑高度
H_c：停放车位高度　　W_c：停放车位宽度
H_b：结构楼板厚度　　W_s：堆垛机运行宽度
H_t：堆垛机结构高度 $+ H_c$　　W_q：承重墙(柱)宽度

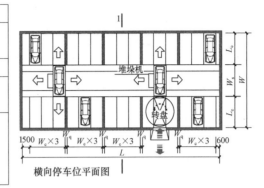

横向停车位平面图

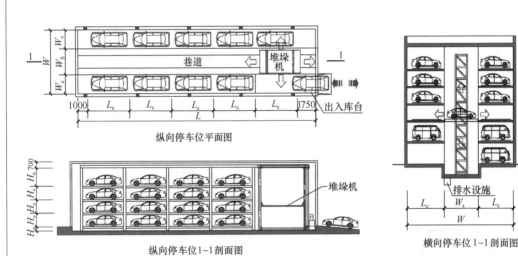

纵向停车位平面图

纵向停车位1-1剖面图

横向停车位1-1剖面图

基本运行方式：在同一层上用搬运台车或起重机平面移动车辆，或使载车板在平面内往返存取车辆，当设多层停车架时，需增加升降系统

车库基本尺寸(mm)要求：

	纵向停车	横向停车
车位纵向尺寸	≥5450	≥5200
车位横向尺寸	≥2000	≥2200
中间巷道宽度	3000	5400
层高	≥2200	≥1950

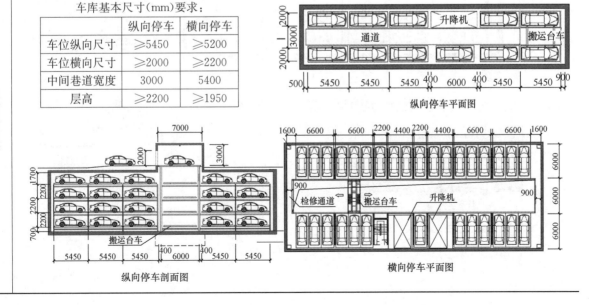

纵向停车平面图

纵向停车剖面图

横向停车平面图

巷道堆垛类 / 平面移动类

类别	基本运行方式、建筑设计要求、设备布置简图

基本运行方式：由停车架和机械传动装置组成，每个车位均有一个停车架，在机械传动装置驱动下，沿垂直方向循环运动，到地面层位置时进行车辆存取

垂直循环类

车库基本尺寸(mm)要求：

出入口位置	下部出入
停车规格	≤5000×1850×1550
车位长度	≥7000
车位宽度	≥5400
车库高度	$H=4250+825n$ (n—容车数量，取偶数)
出入口净宽	≥车宽+500 且≥2250
出入口净高	≥车高+150 且≥1800

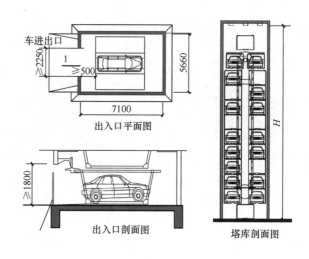

出入口平面图

出入口剖面图

塔库剖面图

基本运行方式：车辆搬运器在同一水平面内排列成2列或2列以上做连续循环移动，实现车辆存取

水平循环类

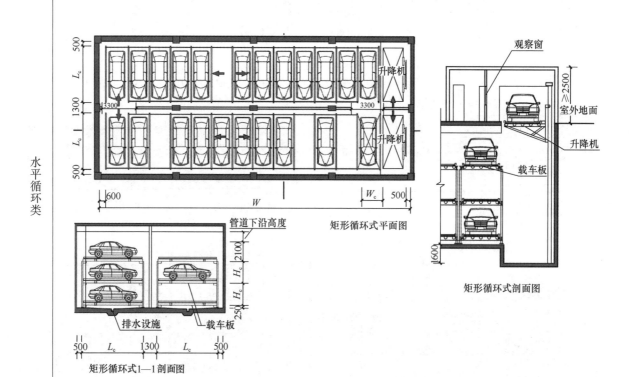

矩形循环式平面图

矩形循环式剖面图

矩形循环式1—1剖面图

类别	基本运行方式、建筑设计要求、设备布置简图
多层循环类	基本运行方式：载车板在机械传动装置驱动下做上、下、水平循环运动，实现车辆存取 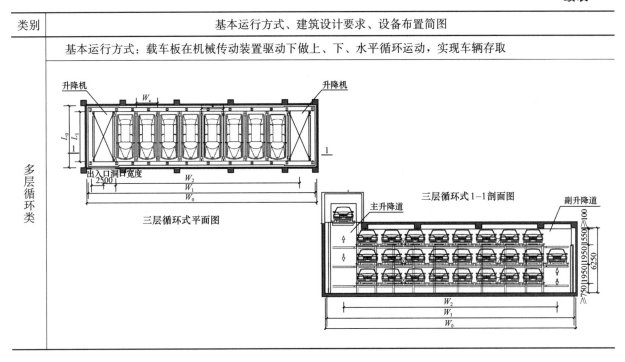 三层循环式平面图 三层循环式1-1剖面图

18.4　电动汽车停车设计

表 18.4

类　别	技术要求	
电动汽车停车位	停车位＋配套充电设施位	
充电设施	非车载充电机(一般快充用)	交流充电桩(民用建筑常用)
	将电网交流电转为直流电给电动汽车蓄电池充电	用电网交流电给电动汽车的车载充电机充电
设置比例	按各地规定；一般民用建筑停车库(场)内，建设充电设施或预留建设条件的最小比例为≥10％	
车位设置	车位及充电设施建设不得妨碍消防车通行、登高操作和人员疏散	
	公建附建停车库(场)宜设非车载充电区(快充)，且靠近出入口	住宅附建停车库可不设
	电动汽车应集中停放，成区布置，每区停车数量应≤50辆	
	大型停车库(场)应设多个分散的电动车停车区，并靠近出口处	
	停车区宜靠近供电电源端，并便于供电电源线路进出	
	应设置区别于其他停车位的明显标识及停车指引。车库应设置停车区指引标识。	
	配建充电基础设施的停车场、汽车库应设置充电停车区域导向、电动汽车停车位，以及安全警告等标识，电动汽车充电设施标志设计应符合现行国家标准《图形标志电动汽车充换电设施标志》GB/T 31525 的规定	

类　别	技术要求
充电设施及相关 电气设备房设置	应一位一充且靠近电动车位；宜靠墙、柱或相邻车位中间设置；在室外时，应设防雨、雪顶棚
	不应设于有爆炸危险场所的正上、下方，毗邻时应满足 GB 50058 的规定，不应设在有明火或散发火花的地点
	不应设于有剧烈振动或高温的场所
	不宜设在多尘、有水雾及腐蚀性和破坏绝缘的有害气体及导电介质的场所，否则应设在此类场所的常年主导风向下风侧
	不应设在防、排水设施不完善的地方，厕所、浴室或其他经常积水等场所的正下方，或贴邻；因条件限制必须设时，应采用相应的防护措施
	不应设在修车库内以及甲、乙类物品运输车的汽车库、停车场内
	非车载充电机外廓距停车位边线应≥400mm ・ 交流充电桩外廓不应侵入停车位边线
	非车载充电机平面尺寸：500mm 宽×400mm 厚 ・ 交流充电桩平面尺寸：450mm 宽×330mm 厚
	充电设施基座高度应≥200mm，充电设施安装基座应为不燃构件；基座宜大于充电设备长宽外廓尺寸不低于 50mm
	充电设施外宜设高度≥800mm 的防撞栏，或采用其他防撞措施
	充电设备应垂直安装，偏离垂直位置任一方向的误差不应大于 5°
	充电设备采用壁挂式安装方式时，应竖直安装于与地平面垂直的墙面，墙面应符合承重要求，充电设施应固定可靠
	壁挂式充电设备安装高度宜为设备人机操作区域水平中心线距地面 1.5m
	充电设备不应遮挡行车视线，电动汽车在停车位充电时不应妨碍区域内其他车辆的充电与通行
	充电设备不应布置于疏散通道上，且充电时不应影响人员疏散
	充电设备应在醒目位置特别标识"有电危险""未成年人禁止操作"警示牌及安全注意事项，室外场所还应特别标识"雷雨天气禁止操作"警示牌
	应设置在消防力量便于到达的场所

18.5　非机动车库设计

18.5.1　非机动车库设计要求

表 18.5.1

车　型	非机动车				二轮摩托车
	自行车	三轮车	电动自行车	机动轮椅车	
设计车型长度(m)	1.90	2.50	2.00	2.00	2.00
设计车型宽度(m)	0.60	1.20	0.80	1.00	1.00
设计车型高度(m)	1.20(骑车人骑在车上时，高度＝2.25)				

车 型	非机动车				二轮摩托车
	自行车	三轮车	电动自行车	机动轮椅车	
换算当量系数	1.0	3.0	1.2	1.5	1.5
出入口净宽度(m)	≥1.80	≥车宽＋0.6	≥1.80	≥车宽＋0.6	
出入口净高度(m)	≥2.50				
停车当量数(辆)与出入口数量	停车当量≤500辆时，出入口设1个			停车当量每增加500辆，出入口数增加1个	
	停车当量>500辆时，出入口≥2个				
出入口直线形坡道	长度>6.8m或转向时，应设休息平台，平台长度≥2.00m				
踏步式出入口斜坡	推车坡度≤25％，推车斜坡净宽≥0.35m，出入口总净宽≥1.80m				
坡道式出入口斜坡	坡度≤15％，坡道宽度≥1.80m				
地下车库坡道口	在地面出入口处应设置h≥0.15m的反坡及截水沟				
车库楼层位置	不宜低于地下二层，室内外地坪高差ΔH>7m时，应设机械提升装置				
分组停车数(辆)	每组当量停车数应≤500				
停车区域净高(m)	≥2.00				
出入口安全、通视要求	非机动车库出入口宜与机动车库出入口分开设置，且出地面处的最小距离≥7.5m 当出入口坡道需与机动车出入口共设时，应设安全分隔设施，且应在地面出入口外7.5m范围内设置不遮挡视线的安全隔离栏杆				

18.5.2 自行车停车宽度和通道宽度

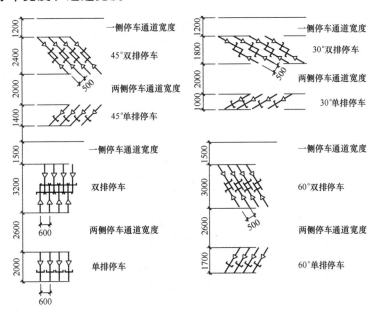

图 18.5.2　自行车停车宽度和通道宽度

18.6　汽车库、修车库、停车场防火设计

18.6.1　汽车库、修车库、停车场分类及防火设计要求

表 18.6.1

	分　类	Ⅰ	Ⅱ	Ⅲ	Ⅳ
汽车库	停车数量（辆）	>300	150～300	51～150	≤50
	总建筑面积 S（m²）	S>10000	5000<S≤10000	2000<S≤5000	S≤2000

分　类		Ⅰ	Ⅱ	Ⅲ	Ⅳ
修车库	车位数（个）	>15	6～15	3～5	≤2
	总建筑面积 S（m²）	S>3000	1000<S≤3000	500<S≤1000	S≤500
停车场	停车数量（辆）	>400	251～400	101～250	≤100
耐火等级		一级	不低于二级		不低于三级
		地下、半地下和高层汽车库；甲乙类物品运输车的汽车库和修车库等均应一级			
汽车疏散出口（个）	地上汽车库	每库或每层≥2（分散设置，尽量设于不同分区）		每库或每层≥2或1（设双车道时）	1（若为停车场，停车数量应≤50）
	地下、半地下汽车库	每库或每层≥2（分散设置，尽量设于不同分区）		≥2或1（设双车道、停车数≤100且S<4000）	1（及Ⅱ、Ⅲ类修车库也可）
人员安全出口（个）		每防火分区≥2			1（Ⅲ类修车库可）
汽车库各出入口关系		汽车疏散出口与车库的或所在建筑其他部分的人员安全疏散出口均应分开独立设置			
汽车疏散坡道净宽		单车道≥3m，　双车道≥5.5m			

人员疏散楼梯	防烟楼梯间	高层车库 h>32m，地下车库室内地面与室外出口地坪高差 Δh>10m 时设
	封闭楼梯间	除防烟楼梯间及满足条件的室外疏散楼梯外，均应设
	室外疏散楼梯	倾角≤45°、栏杆扶手高 h≥1.1m，各层楼梯平台耐火极限≥1h，楼梯 2m 范围内除疏散门外无其他门窗洞口
	疏散楼梯净宽	≥1.1m
	机械车库救援楼梯间	无人无车道机械车库，停车数量>100 时，应设≥1 个供灭火救援用的楼梯间，楼梯间应采用防火隔墙和乙级防火门，净宽≥0.9m
		与住宅地下室连通的地下、半地下车库，可直接或设连通走道借用住宅的疏散楼梯间疏散，设甲级防火疏散门，通道采用防火隔墙
		汽车库与托儿所、幼儿园、老年建筑、中小学教学楼、病房楼等的安全出口和疏散楼梯应分别独立设置
人员疏散距离（m）		≤45（无自动灭火系统），≤60（有自动灭火系统），≤60（单层或设于首层）
疏散出口水平距离		人员疏散出口应≥5m
		汽车疏散出口应≥10m；毗邻设置的二个汽车坡道，中间应设防火隔墙分隔

防火分区最大允许建筑面积（m²）/设自动灭火系统的防火分区面积（m²）	全地下车库、地上高层车库	坡道式	2000/4000		
		有人有车道机械式	1300/2600		
		敞开、错层、斜楼板式	4000/8000		
	半地下车库、地上多层车库	坡道式	2500/5000		
		有人有车道机械式	1625/3250		
		敞开、错层、斜楼板式	5000/10000		
	地上单层车库	坡道式	3000/6000		
		有人有车道机械式	1950/3900		
		敞开、错层、斜楼板式	6000/12000		
		甲、乙类物品运输车	500/500		
	无人无车道机械式车库	每 100 辆设一个防火分区或每 300 辆设一个防火分区，但必须采用防火措施分隔出停车数≤3 辆的停车单元			
	修车库	2000/2000			
		当修车部位与相邻使用有机溶剂的清洗和喷漆工段采用防火墙分隔时，4000			
	汽车库内配建充电基础设施区域的防火分区最大允许建筑面积（m²）（广东规定）	耐火等级	单层汽车库	多层汽车库半地下汽车库	地下汽车库高层汽车库
		一、二级	3000	2500	2000

防火单元	汽车库内设置充电基础设施的区域应划分防火单元（广东规定）	1. 地下、高层汽车库的每个防火单元内停车数量应≤20辆；半地下、单层、多层汽车库的每个防火单元内停车数量应≤50辆			
		2. 每个防火单元应采用耐火极限不小于 2.00h 的防火隔墙、防火分隔水幕或乙级防火门等防火分隔设施与其他防火单元和汽车库其他部位分隔；采用防火分隔水幕时，应符合现行国家标准的相关规定			
		3. 防火单元内的行车通道应采用具有停滞功能的特级防火卷帘作为防火单元分隔，火灾发生时，防火卷帘应能由火灾自动报警系统联动下降并停在距地面 1.8m 的高度，并应在防火卷帘两侧设置由值班人员或消防救援人员现场手动控制防火卷帘开闭的装置			
	新建汽车库内配建的分散充电设施在同一防火分区内应集中布置及设立独立的防火单元（国标规定）	布置在一、二级耐火等级的汽车库首层、二、三层及地下、半地下层，不应布置在地下四层及以下			
		防火单元最大允许面积（m²）	耐火等级	单层汽车库	多层汽车库	地下汽车库或高层汽车库
			一、二级	1500	1250	1000
	防火单元分隔	各单元应采用耐火极限≥2.00h 的防火隔墙或防火卷帘、防火分隔水幕等与其他防火单元和汽车库其他部分分隔			
		防火隔墙上需开设相互连通的门时，应采用耐火等级≥乙级的防火门			
分组布置	停车场的充电基础设施布置	宜集中布置或分组集中布置，每组不应大于 50 辆，组之间或组与未配置充电基础设施的停车位之间，可设置耐火极限不小于 2.00h 且高度不小于 2m 的防火隔墙，或设置不小于 6m 的防火间距进行分隔			

最小防火间距 (m)	多层民用 建筑、 车库	高层民用 建筑、 车库	厂房、 仓库	甲类 厂房	甲类 仓库	重要 公建
多层车库	10	13	10	12	12～20	10 / 13
高层车库	13	13	13	15	15～23	13
停车场	6	6	6	6	12～20	6
甲乙类物品运输车库	25	25	12	30	17～25	50

附注:

	汽车库、修车库、停车场 之间或与其他建筑之间	防火间距	条件与要求
1	相邻两座建筑间	不限	较高一面外墙为无门、窗、洞口的防火墙,或高出相邻较低一座一、二级耐火等级建筑的屋面15m及以下范围内的外墙为无门、窗、洞口的防火墙
	停车场与相邻建筑间		当建筑外墙为无门、窗、洞口的防火墙,或比停车部位高15m范围以下的外墙为无门、窗、洞口的防火墙时
2	相邻两座建筑间	按GB 50067-2014 表4.2.1规定 减少50%	当相邻较高一面外墙上,同较低建筑等高的以下范围内的墙为无门、窗、洞口的防火墙时
3	相邻两座一、二级耐火等级建筑间	≥4m	当相邻较高一面外墙耐火极限≥2h,墙上开口部位设甲级防火门、窗或耐火极限≥2h防火卷帘、水幕
			当相邻较低一座外墙为防火墙、屋顶无开口且屋顶耐火极限≥1h时
4	停车场汽车组与组间	≥6m	停车场汽车分组停放,每组停车数宜≤50辆
5	甲类仓库与其他建筑的防火间距取值应按GB 50067-2014的4.2.4条执行		
6	上表中有关"车库"栏,均含"修车库",上表中各类建筑的耐火等级均按一、二级		

防火间距
(m) 对应上面整个附注区域

消防车道	应环形设置或沿车库的一个长边和另一边设置,消防车道净宽净高应≥4m
消防电梯	建筑高度>32m的汽车库,应设置消防电梯;每个防火分区至少设1部
配建充电基础 设施的汽车库	均应设置火灾自动报警系统、防排烟系统、消防给水系统、自动灭火系统、消防应急照明和疏散指示标志
装修材料	地下室汽车库、修车库的顶棚、墙面、隔断、固定家具等装修材料的燃烧性能等级应为A级,地面装修材料的燃烧性能等级应为B1级

注:(1)地下车库耐火等级均应为一级。

(2)本章节内容仅适用于一、二级耐火等级的建筑。

18.6.2 汽车库、修车库平面布置规定

表 18.6.2

平面布置规定	Ⅱ、Ⅲ、Ⅳ类修车库	地上车库	半地下、地下车库
托幼、老年人建筑、中小学教学楼、病房楼	不应组合建造或贴邻	不应组合建造	符合规定时可组合
商场、展览、餐饮、娱乐等人员密集场所	不应组合建造或贴邻	可组合或贴邻建造	
一、二级耐火等级建筑	可设于首层或贴邻		
为汽车库服务的附属用房，修理车位、喷漆间、充电间、乙炔间、甲乙类库房	符合规定时可贴邻，但应采用防火墙隔开，并可直通室外	不应内设	
甲、乙类厂房、仓库	不得贴邻或组合建造		
汽油罐、加油机、加气机、液化气天然气罐	不可内设		

注：本表中"符合规定"指的是《汽车库、修车库、停车场防火规范》GB 50067 的相应规定。

18.6.3 场地内小型道路满足消防车通行的弯道设计

场地内小型车通行的道路，转弯半径一般较小，当必须满足消防车紧急通行时，可如右图所示，在小区道路弯道外侧保留一定的空间，其控制范围为弯道处外侧一定宽度（图中阴影部分），控制范围内不得修建任何地面构筑物，不应布置重要管线、种植灌木和乔木，道路缘石高 $h \leqslant 120$mm。

按消防车转弯半径为 12m 计算，转弯最外侧控制半径 $R_0 = 14.5$m。

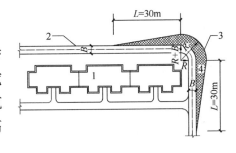

图 18.6.3 场地内小型道路满足消防车通行的弯道设计

1—建筑轮廓；2—道路缘石线；3—弯道外侧构筑物控制边线；4—控制范围；B—道路宽度；R—道路转弯半径；R_0—消防车道转弯最外侧控制半径；L—渐变段长度

19 长途汽车客运站设计

19.1 长途汽车客运站建筑规模分级

长途汽车客运站的站级分级应根据年平均日旅客发送量划分，并应符合表19.1的规定

长途汽车客运站的站级分级 表19.1

分级	发车位（个）	年平均日旅客发送量 （人/d）
一级	≥20	≥10000
二级	13～19	5000～9999
三级	7～12	2000～4999
四级	≤6	300～1999
五级	—	≤299

注：（1）重要的长途汽车站，其站级分级可按实际需要确定，并报主管部门批准。

（2）当年平均日旅客发送量超过25000人次时，宜另建分站。

19.2 长途汽车站旅客最高聚集人数计算

$$Q_{max} = F \times a$$

式中：Q_{max}——旅客最高聚集人数（人）；

F——设计年度平均日旅客发送量（人）；

a——计算百分比（%），按表19.2取值。

计算百分比 表19.2

设计年度平均日 旅客发送量（人） F	计算百分比（%） a	设计年度平均日 旅客发送量（人） F	计算百分比（%） a
≥15000	8	300～2000	15～20
10000～14999	10～8	100～299	20～30
5000～9999	12～10	＜100	30～50
2000～4999	15～12	—	—

19.3　长途汽车客运站的基本房间分类、组成及设置条件

长途汽车客运站的基本房间分类、组成及设置条件　　　　　表 19.3

设施名称			一级站	二级站	三级站	四级站	五级站
场地设施		站前广场	●	●	●	●	●
		停车场	●	●	●	●	●
		发车位、站台	●	●	●	●	●
建筑设施	站房	站务用房	候车厅（室）				
		候车厅（室）	●	●	●	●	●
		重点旅客候车室（区）	●	●	★	—	—
		售票厅	●	●	★	★	★
		行包托运厅（处）	●	●	★	—	—
		综合服务处	●	●	★	★	—
		站务员室	●	●	●	●	●
		驾乘休息室	●	●	●	●	●
		调度室	●	●	●	★	—
		治安室	●	●	★	—	—
		广播室	●	●	★	—	—
		医疗救护室	★	★	★	★	★
		无障碍通道	●	●	●	●	●
		无障碍服务设施	●	●	●	●	●
		饮水室	●	★	★	★	★
		盥洗室和旅客厕所	●	●	●	●	●
		智能化系统用房	●	★	★	—	—
	办公用房		●	●	●	★	—
	辅助用房	生产辅助用房	汽车安全检验台				
		汽车安全检验台	●	●	●	●	●
		汽车尾气测试室	★	★	—	—	—
		车辆清洁、清洗台	●	●	★	—	—
		汽车维修车间	★	★	—	—	—
		材料间	★	★	—	—	—
		配电室	●	●			
		锅炉房	★	★	—	—	—
		门卫、传达室	★	★	★	★	★
	生活辅助用房	司乘公寓	★	★	★	★	★
		餐厅	★	★	★	★	★
		商店	★	★	★	★	★

注："●"——必备；"★"——视情况设置；"—"——不设

19.4　选址及总平面布置

19.4.1　车站占地面积指标

表 19.4.1

	一级站	二级站	三、四、五级站
占地面积（平方米/百人次）	360	400	500

注：车站占地面积按每 100 人次日发量指标进行核定，且不低于所列指标的计算值，规模较小的四级车站和五级车站占地面积不应小于 2000m²。

19.4.2　车站内各用地指标

表 19.4.2

	站前广场	停车场	发车位
用地面积	1.5 平方米/人	28×车位数×车面积	4.0×发车位数×客车投影面积

19.4.3　长途汽车客运站的选址及总平面布置要求

表 19.4.3

		设 计 要 求
选址		1）站址应有供水、排水、供电和通信等条件； 2）应避开易发生地质灾害的区域； 3）与有害物品、危险品等污染源的防护距离，应符合环境保护、安全和卫生等国家现行有关标准的规定
总平面布置		1）应合理利用地形条件，布局紧凑，节约用地，远、近期结合，并宜留有发展余地； 2）分区明确，使用方便，流线简捷，避免旅客、车流、行包流线的交叉； 3）站前广场应明确划分车流、客流路线，停车区域、活动区域及服务区域，在满足使用的条件下应注意节约用地； 4）应包括站前广场、站房、营运停车场和其他附属建筑等内容
	汽车进、出站口	1）一、二级汽车客运站进站口、出站口应分别设置，三、四级汽车客运站宜分别设置；进站口、出站口净宽不应小于 4.0m，净高不应小于 4.5m； 2）汽车进站口、出站口与旅客主要出入口之间应设不小于 5.0m 的安全距离，并应有隔离措施； 3）汽车进站口、出站口与公园、学校、托幼、残障人使用的建筑及人员密集场所的主要出入口距离不应小于 20.0m； 4）汽车进站口、出站口与城市干道之间宜设有车辆排队等候的缓冲空间，并应满足驾驶员行车安全视距的要求
	站内道路	1）人行道路、车行道路应分别设置； 2）双车道宽度不应小于 7.0m；单车道宽度不应小于 4.0m； 3）主要人行道路宽度不应小于 3.0m

19.5 站 前 广 场

长途汽车客运站的站前广场组成、规模及设计要求　　　　　表 19.5

组成		车行及人行道路、停车场、乘降区、集散场地、绿化用地、安全保障设施和市政配套设施等组成
规模	一、二级站	当按旅客最高聚集人数计算时，每人不宜小于 1.5m²
	三、四、五级站	可根据当地要求和实际情况确定
设计要求		1）站前广场应与城镇道路衔接，在满足城镇规划的前提下，应合理组织人流、车流，方便换乘与集散，互不干扰；对于站前广场用地面积受限制的交通客运站，可采用其他方式完成人流的换乘与集散； 2）站前广场应设置社会停车场，并应合理划分城市公共交通、小型客车和小型货车的停车区域；出租车的等候区应独立设置； 3）站前广场的无障碍设计应符合现行国家标准《无障碍设计规范》GB 50763 的规定；人行区域的地面应坚实平整，并应防滑

19.6 站 房

长途汽车客运站的站房组成、规模及设计要求　　　　　表 19.6

组成	进站大厅、候乘厅、售票用房、行包用房、站务用房、服务用房、附属用房等组成
规模	按旅客最高聚集人数确定
设计要求	1）站房内营运区建筑空间布局和结构选型应具有适当的灵活性、通用性和先进性，并应能适应改建和扩建的需要； 2）站房旅客入口处应留有设置防爆及安全检测设备的位置，并应预留电源； 3）站房与室外营运区应进行无障碍设计，并应符合现行国家标准《无障碍设计规范》GB 50763 的有关规定； 4）站房的吸声、隔热、保温等构造，不应采用易燃及受高温散发有毒烟雾的材料； 站房的节能设计应符合现行国家标准《公共建筑节能设计标准》GB 50189 的有关规定

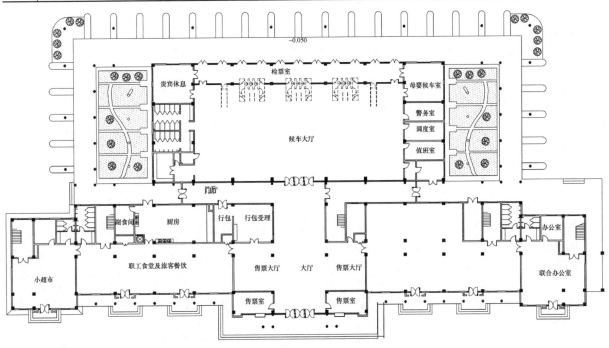

图 19.6-1　站房平面布置示例

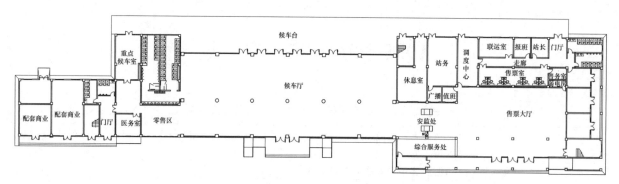

图 19.6-2 站房平面布置示例

19.6.1 候乘厅

候乘厅的设计要点

表 19.6.1

	一、二级站的候乘厅	三、四、五级站的候乘厅
组成	重点候乘厅＋母婴候乘厅＋普通候乘厅	普通候乘厅
面积要求	使用面积应按旅客最高聚集人数计算,且每人不应小于1.1m²	
设计要求	1)候乘厅内应设无障碍候乘区,并应邻近检票口,候乘厅与站台之间应满足无障碍通行要求; 2)候乘厅每排座椅不应超过20座,座椅之间走道净宽不应小于1.3m,并应在两端设不小于1.5m通道; 3)当候乘厅与入口不在同层时,应设置自动扶梯和无障碍电梯或无障碍坡道; 4)候乘厅的检票口应设导向栏杆,通道应顺直,且导向栏杆应采用柔性或可移动栏杆,栏杆高度不应低于1.2m; 5)候乘厅内应设饮水设施,并应与盥洗间和厕所分设; 6)候乘厅内应设检票口,每三个发车位不应少于一个;当采用自动检票机时,不应设置单通道; 7)候乘厅的疏散门不应设置门槛,其净宽度不应小于1.40m,且紧靠门口内外各1.40m范围内不应设置踏步; 8)设母婴候乘厅时,应邻近检票口,母婴候乘厅内宜设置婴儿服务设施和专用厕所; 9)一、二级交通客运站应设母婴候乘厅,其他站级可根据需要设置,并应邻近检票口	
构造要求	1)候乘厅室内空间应采取吸声降噪措施,背景噪声的允许噪声值(A声级)不宜大于55dB; 2)候乘厅的地面应采用防滑、耐磨、不易起尘的块材面层或水泥类整体面层; 3)候乘厅临空栏杆顶部的水平荷载应取1.0kN/m,竖向荷载应取1.2kN/m; 4)候乘厅及疏散通道墙面不应采用具有镜面效果的装修饰面及假门; 5)当检票口与站台有高差时,应设坡道,其坡度不得大于1:12; 6)候乘厅当采用自然通风时,候乘厅净高不应低于3.6m; 7)候乘厅的吸声、隔热、保温等构造,不应采用易燃及受高温散发有毒烟雾的材料	

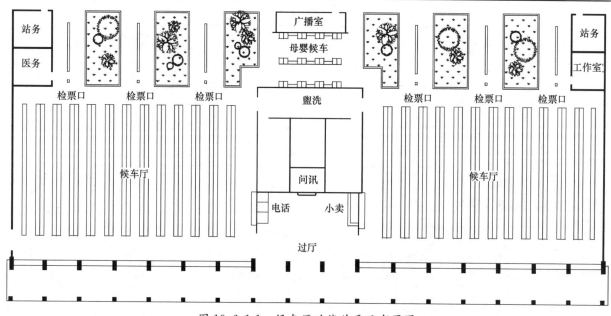

图 19.6.1-1 候车厅功能关系及布置图

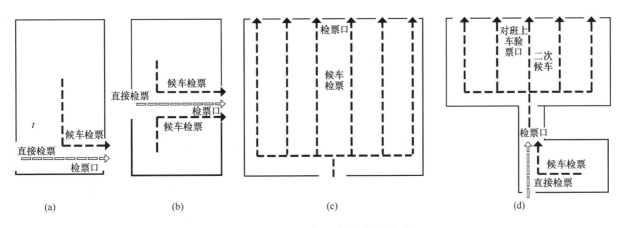

图 19.6.1-2　候车形式与平面关系

(a) 侧向候车的四级站；(b) 两侧候车的四级站；

(c) 一般候车的一、二、三级站；(d) 设二次候车的一、二、三级站

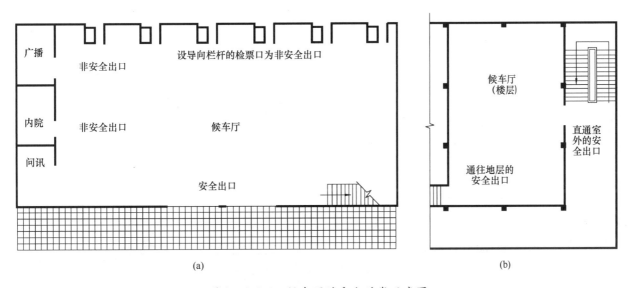

图 19.6.1-3　候车厅的安全疏散示意图

(a) 候车厅设于地面层；(b) 候车厅设于楼层

19.6.2　售票用房

| 售票厅及票务用房的设计要点 | | 表 19.6.2 |

售票用房		设　计　要　点
售票厅		1) 售票窗口的数量应按旅客最高聚集人数的 1/120 计算； 2) 售票厅的使用面积，应按每个售票窗口不应小于 15.0m² 计算； 3) 售票窗口的中距不应小于 1.5m，靠墙售票窗口中心距墙边不应小于 1.2m； 4) 售票窗口窗台距地面高度宜为 1.1m，窗口宽度宜为 0.5m； 5) 售票窗口前宜设导向栏杆，栏杆高度不宜低于 1.2m，宽度宜与窗口中距相同； 6) 设自动售票机时，其使用面积应按 4.0m²/台计算，并应预留电源； 7) 一、二级交通客运站应至少设置一个无障碍售票窗口； 8) 售票厅的位置应方便旅客购票；四级及以下站级的客运站，售票厅可与候乘厅合用，其余站级的客运站宜单独设置售票厅，并应与候乘厅、行包托运厅联系方便； 9) 当采用自然通风时，售票厅净高不应低于 3.6m
票务用房	售票室	1) 售票室使用面积可按每个售票窗口不小于 5.0m² 计算，且最小使用面积不宜小于 14.0m²； 2) 售票室室内工作区地面至售票口窗台面不宜高于 0.8m； 3) 售票室应有防盗设施，且不应设置直接开向售票厅的门
	票据室	票据室应独立设置，使用面积不宜小于 9.0m²，并应有通风、防火、防盗、防鼠、防水和防潮等措施

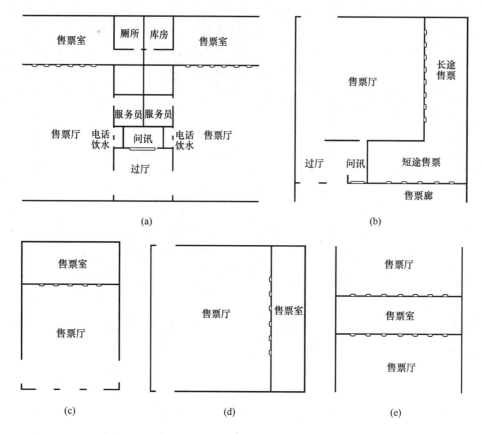

图 19.6.2-1 售票厅的平面组合

（a）按发车方向分向售票；（b）按长、短途分向售票；

（c）袋形售票厅之一；（d）袋形售票厅之二；（e）双向售票室

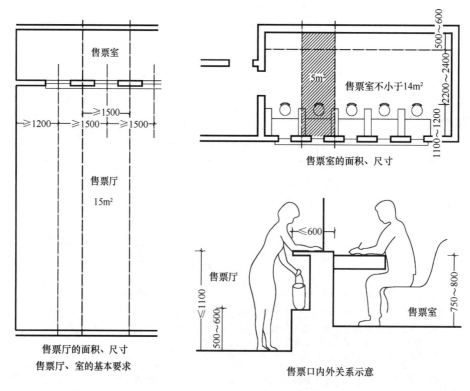

图 19.6.2-2 售票厅、售票室的设计要求

19.6.3　行包用房

各级长途汽车客运行包用房组成及布置要求　　　　　　　　　表 19.6.3

	一、二级站行包房	三、四级站行包房
组成	根据需要设置行包托运厅、行包提取厅、行包仓库和业务办公室、计算机室、票据室、工作人员休息室、牵引车库等用房	
布置要求	分别设置行包托运厅、行包提取厅，且行包托运厅宜靠近售票厅，行包提取厅宜靠近出站口	行包托运厅和行包提取厅，可设于同一空间内
面积要求	1）行包托运处面积＝托运厅面积＋受理作业室面积＋行包库房面积 托运厅面积＝25.0m²/托运单元×托运单元数 受理作业室面积＝20.0m²/托运单元×托运单元数 行包库房面积＝0.1m²/人×设计年度旅客最高聚集人数＋15.0m² 托运单元数：一级车站 2～4 个；二级车站 2 个；三、四、五级车站 1 个； 2）行包提取处面积＝托运处面积的 30%～50% 计算	
设计要求	1）行包仓库内净高不应低于 3.6m；行包仓库应有利于运输工具通行和行包堆放；行包仓库应通风良好，并应有防火、防盗、防鼠、防水和防潮等措施； 2）行包托运与提取受理处的门净宽不应小于 1.5m；受理柜台面高度不宜大于 0.5m，台面材料应耐磕碰；行包受理口应有可关闭设施； 3）不在同一楼层的行包用房，应设机械传输或提升装置；有机械作业的行包仓库，应满足机械作业的要求，其门的净宽度和净高度均不应小于 3.0m	

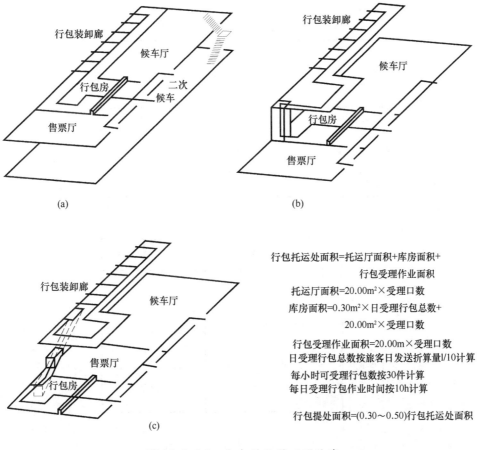

行包托运处面积＝托运厅面积＋库房面积＋
　　　　　　　行包受理作业面积
托运厅面积＝20.00m²×受理口数
库房面积＝0.30m²×日受理行包总数＋
　　　　　 20.00m²×受理口数
行包受理作业面积＝20.00m²×受理口数
日受理行包总数按旅客日发送折算量1/10计算
每小时可受理行包数按30件计算
每日受理行包作业时间按10h计算

行包提取面积＝(0.30～0.50)行包托运处面积

图 19.6.3-1　行包的几种不同流线

（a）旅客主要出入口与停车场有较大高差时的流线；（b）具有垂直提升的流线；（c）具有坡道提升的流线

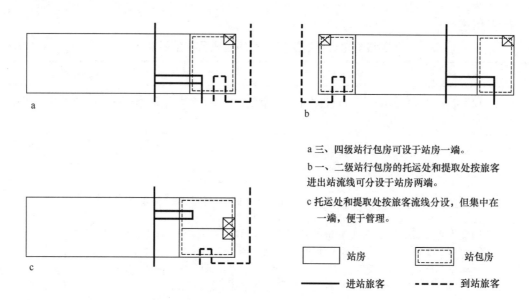

a 三、四级站行包房可设于站房一端。

b 一、二级站行包房的托运处和提取处按旅客进出站流线可分设于站房两端。

c 托运处和提取处按旅客流线分设，但集中在一端，便于管理。

站房		站包房

—— 进站旅客　---- 到站旅客

图 19.6.3-2　行包房在站房中的位置

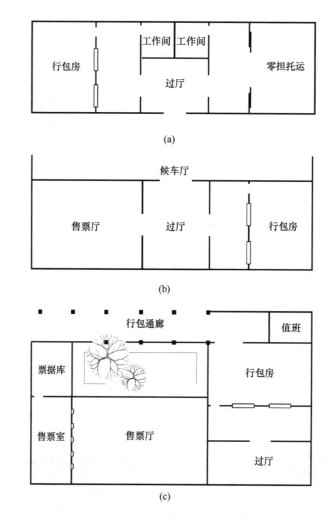

图 19.6.3-3　行包房与其他空间的平面组合

（a）行包、零担集中布置；（b）行包、售票、候车集中布置；（c）通廊庭院式布置

19.6.4 站务用房

其用房宜包括服务人员更衣室与值班室、广播室、补票室、调度室、客运办公用房、公安值班室、站长室、客运值班室、会议室等。

站务各用房使用面积及设计要求　　　　　　表 19.6.4

房间名称		最小使用面积（m²）	备　注
值班室		9	按最大班人数不少于 2.0 平方米/人确定
广播室		8	宜 10.0～20.0m²，应有隔声、防潮和防尘措施； 宜设在便于观察候乘厅、站场、发车位的部位
客运办公用房		4	根据现行行业标准《办公建筑设计规范》JGJ 67 的要求，办公室的使用面积不宜小于 4 平方米/人
补票室		10	应有防盗设施
调度室	一、二级	20	位置应邻近站场和发车位，并应设外门； 一级车站的调度室使用面积宜为 30.0～50.0m²； 二级车站的调度室使用面积宜为 20.0～30.0m²；
	三、四级	10	三级车站使用面积宜为 15.0～20.0m²
公安值班室		由公安部门确定	室内应设独立的通信设施； 门窗应有安全防护设施
站务员室		—	可按 2.0 平方米/人×当班站务员人数+15.0m² 取值
汽车尾气测试室		—	可按需要设置： 一级车站的测试室使用面积宜为 120.0～180.0m²； 二级车站测试室使用面积宜为 60.0～120.0m²

注：表中"—"表示规范未作要求，备注中使用面积数值取自《汽车客运站级别划分和建设要求》JT 200。

19.6.5 服务用房与附属用房

1. 服务用房与设施

服务用房与设施宜有问讯台（室）、小件寄存处、自助存包柜、邮政、电信、医务室、商业服务设施等。

旅客的服务用房使用面积及设计要求　　　　　　表 19.6.5-1

房间名称	最小使用面积（m²）	设　计　要　求
问讯台（室）	6	位置应邻近旅客主要出入口，且问讯台（室）前应有不小于 8.0m² 的旅客活动场地
小件寄存处	—	应有通风、防火、防盗、防鼠、防水和防潮等措施
医务室	10	位置应邻近候乘厅，使用面积宜 20.0～40.0m²
饮水室	—	可与盥洗室结合设置，使用面积宜 20.0～30.0m²
商业服务	—	可根据需要设置小型商业服务设施

注：表中"—"表示规范未作要求。

2. 厕所和盥洗室

厕所和盥洗室设计要求　　　　　　　　　　　　　　　　表 19.6.5-2

使用面积要求	男厕：1.2 平方米/人×（4%～6%）×设计年度旅客最高聚集人数＋15.0m²； 女厕：1.5 平方米/人×（3%～5%）×设计年度旅客最高聚集人数＋15.0m²； 男女旅客人数宜各按 50% 计算，公共厕所男厕位与女厕位的比例宜为 2:3
平面布置要求	1）一、二、三级交通客运站工作人员和旅客使用的厕所应分设，四级及以下站级的交通客运站，工作人员和旅客使用的厕所可合并设置； 2）一、二级交通客运站的厕所宜分散布置，一、二级客运站应单独设盥洗室，并宜设置儿童使用的盥洗台和小便器； 3）候乘厅内厕所服务半径不宜大于 50.0m； 4）在旅客出站口处设厕所，洁具数量可根据同时到站车辆不超过四辆确定； 5）应设置无障碍厕位，一、二级客运站宜设无性别厕所，并宜与无障碍厕所合用
构造要求	1）厕所应设前室； 2）厕所宜有自然采光，并应有良好通风

为旅客配置的卫生洁具设施数量要求　　　　　　　　　表 19.6.5-3

设　施	男	女
大便器	每 1～150 人配 1 个	1～12 人配 1 个；13～30 人配 2 个； 30 人以上，每增加 1～25 人增设 1 个
小便器	75 人以下配 2 个； 75 人以上每增加 1～75 人增设 1	无
洗手盆	每个大便器配 1 个； 每 1～5 个小便器增设 1 个	每 2 个大便器配 1 个
清洁池	至少配 1 个，用于清洁设施和地面	

为职工配置的卫生洁具设施数量要求　　　　　　　　　表 19.6.5-4

数量（人）	大便器数量（个）	洗手盆数量（个）
1～5	1	1
6～25	2	2
26～50	3	3
51～75	4	4
76～100	5	5
＞100	增建卫生间的数量或按每 25 人的比例增加设施	
其中男职工的卫生设施		

男性人数	大便器（个）	小便器（个）
1～15	1	1
16～30	2	2
31～45	2	2
46～60	3	3
61～75	3	3
76～90	4	4
91～100	4	4
＞100	增设卫生间的数量或按每 50 人的比例增加设施	

注：（1）洗手盆设置：50 人以下为每 10 配 1 个，50 人以上为每增加 20 人增配 1 个。

　　（2）本表格内容摘自《城市公共厕所设计标准》CJJ 14。

3. 附属用房

常包含设备用房、维修用房、洗车台、司乘休息室和职工浴室、食堂、仓库等附属用房。

1）有噪声和空气污染源的附属用房，应设置防护措施。

2）汽车客运站维修用房应按一级维护及小修规模设置；维修用房场地宜与城镇道路直通，并应与站场之间有隔离设施。

3）驾乘休息室的使用面积可按3.0×发车位数（m²）取值。

19.7　营运停车场、发车位与站台

营运停车场、发车位与站台的设计要求		表 19.7
	设 计 要 求	
站台	1）站台设计应有利旅客上下车和客车运转，单侧站台净宽不应小于2.5m，双侧设站台时，净宽不应小于4.0m； 2）当站台雨棚设置承重柱时，应符合下列规定： a. 柱子与候乘厅外墙净距不应小于2.5m； b. 柱子不得影响旅客交通、行包装卸和行车安全	发车位为露天时，站台应设置雨棚，雨棚宜能覆盖到车辆行李舱位置，雨棚净高不得低于5.0m
发车位	1）发车位面积＝4.0×发车位数×客车投影面积（9～12m×2.5m）； 2）发车位宽度不应小于3.9m； 3）汽车客运站发车位和停车区前的出车通道净宽不应小于12.0m； 4）发车位地面设计应坡向外侧，坡度不应小于0.5%	
营运停车场	1）汽车客运站营运停车场的停车数大于50辆时，其汽车疏散口不应少于两个，且疏散口应在不同方向设置，并应直通城市道路；停车数不超过50辆时，可只设一个汽车疏散口； 2）汽车客运站营运停车场内的车辆宜分组停放，车辆停放的横向净距不应小于0.8m，每组停车数量不宜超过50辆，组与组之间防火间距不应小于6.0m； 3）汽车客运站营运停车场周边宜种植常绿乔木； 4）营运停车场应合理布置洗车设施及检修台；通向洗车设施及检修台前的通道应保持不小于10.0m的直道； 5）停车场面积＝28.0×发车位数×客车投影面积（9～12m×2.5m）营运停车场容量应按站场面积和现行行业标准《汽车客运站级别划分和建设要求》JT/T 200确定	

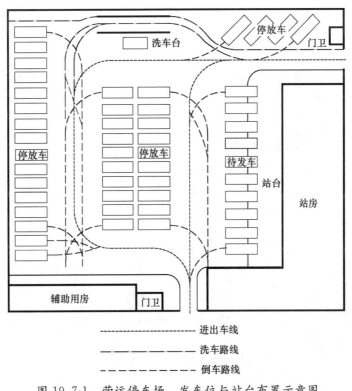

图 19.7-1　营运停车场、发车位与站台布置示意图

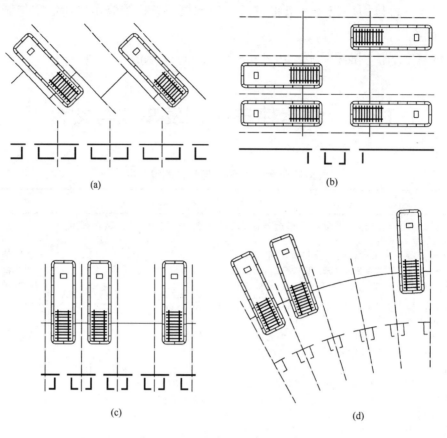

图 19.7-2　站台平面布置示意

（a）齿形站台，斜向发车位；（b）站台与候车厅垂直布置双向发车位；

（c）站台与候车厅平行，一般性发车位；（d）弧形候车厅及站台，放射形发车位

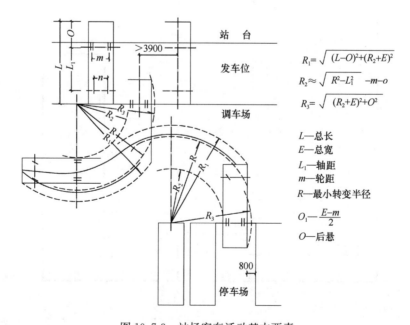

$$R_1 = \sqrt{(L-O)^2 + (R_2+E)^2}$$

$$R_2 \approx \sqrt{R^2 - L_1^2} - m - o$$

$$R_3 = \sqrt{(R_2+E)^2 + O^2}$$

L—总长

E—总宽

L_1—轴距

m—轮距

R—最小转变半径

$O_1 \dfrac{E-m}{2}$

O—后悬

图 19.7-3　站场客车活动基本要素

19.8 长途汽车客运站的无障碍设计

表 19.8

需要做无障碍设计的位置	无障碍设计要求
站前广场	站前广场人行通道的地面应平整、防滑、不积水，有高差时应做轮椅坡道
出入口	至少应有 1 处为无障碍出入口，宜设置为平坡出入口，且须位于主要出入口处
室内走道	门厅、售票厅、候车厅、检票口等旅客通行的室内走道应为无障碍通道
厕所	在男、女公共厕所附近设置 1 个无障碍厕所或供旅客使用的男、女公共厕所内设置无障碍厕位、洗手盆、小便器并满足无障碍通行
公众使用的主要楼梯	应满足无障碍楼梯设计要求
问询台、服务窗口、电话台、安检验证台、行李托运台、各种业务台、饮水机	应设置低位服务设施，低位服务设施上表面距地面高度宜为 700～850mm，其下部宜至少留出宽 750mm，高 650mm，深 450mm 供乘轮椅者膝部和足尖部的移动空间；低位服务设施前应有轮椅回转空间，回转直径不小于 1.50m

19.9 长途汽车客运站的耐火等级及防火与疏散

1. 交通客运站的防火和疏散设计应符合国家现行有关建筑防火设计标准的有关规定。

2. 交通客运站的耐火等级，一、二、三级站不应低于二级，其他站级不应低于三级。

3. 交通客运站与其他建筑合建时，应单独划分防火分区。

4. 汽车客运站的停车场和发车位除应设室外消火栓外，还应设置适用于扑灭汽油、柴油、燃气等易燃物质燃烧的消防设施。体积超过 5000m³ 的站房，应设室内消防给水。

5. 候乘厅应设置足够数量的安全出口，进站检票口和出站口应具备安全疏散功能。

6. 交通客运站内旅客使用的疏散楼梯踏步宽度不应小于 0.28m，踏步高度不应大于 0.16m。

7. 候乘厅及疏散通道墙面不应采用具有镜面效果的装修饰面及假门。

8. 交通客运站消防安全标志和站房内采用的装修材料应分别符合现行国家标准《消防安全标志设置要求》GB 15630 和《建筑内部装修设计防火规范》GB 50222 的有关规定。

19.10 建筑平面设计实例

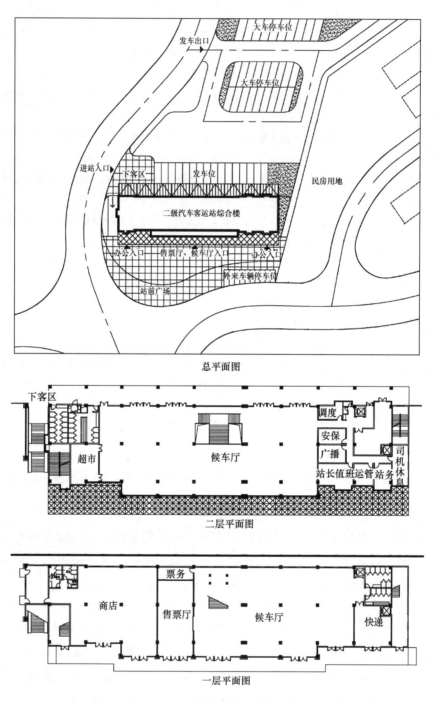

图 19.10-1 建筑平面设计实例——某长途汽车客运站站房

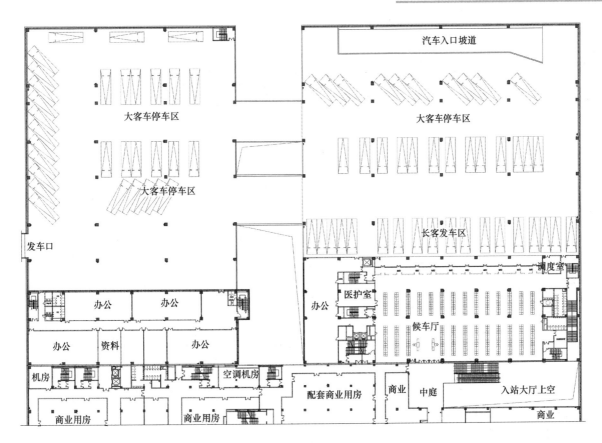

图 19.10-2　建筑平面设计实例——某长途汽车客运站

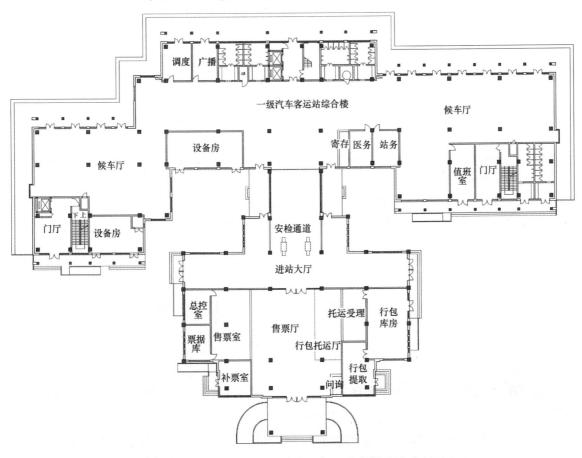

图 19.10-3　建筑平面设计实例——某长途汽车客运站

20 高速公路服务站设计

20.1 服务站建设用地指标

服务站用地指标基准值（公顷/处） 表 20.1-1

公路技术等级	车道数	用地指标基准值	编制条件	
			路段交通量 Q（pcu/d）	大型车比例 μ（%）
高速公路	八	9.5333	$60000 \leq Q < 80000$	$20 < \mu \leq 30$
	六	7.6	$45000 \leq Q < 60000$	$20 < \mu \leq 30$
	四	6.5333	$25000 \leq Q < 40000$	$20 < \mu \leq 30$

服务站用地指标调整系数 表 20.1-2

公路技术等级	车道数	路段交通量 Q（pcu/d）	大型车比例 μ（%）				
			$\mu \leq 10$	$10 < \mu \leq 20$	$20 < \mu \leq 30$	$30 < \mu \leq 40$	$\mu > 40$
高速公路	八	$80000 < Q \leq 100000$	0.65	0.93	1.09	1.24	1.36
		$60000 < Q \leq 80000$	0.59	0.82	1.00	1.14	1.24
	六	$60000 < Q \leq 80000$	0.73	0.99	1.20	1.38	1.51
		$45000 < Q \leq 60000$	0.59	0.85	1.00	1.12	1.25
	四	$40000 < Q \leq 55000$	0.64	0.90	1.09	1.25	1.35
		$25000 \leq Q < 40000$	0.60	0.85	1.00	1.15	1.25

注：（1）服务站用地面积不包含服务站出入口加减速车道、贯穿车道以及填（挖）方边坡、边沟的用地。服务区用地指标一般条件（即服务站所在路段按车道数可承载的通常交通量和大型车比例）下的基准值按表 20.1-1 取值。当实际建设的服务站所在路段的交通量和大型车比例与基准值的编制条件不同时，其用地指标按表 20.1-2 中的系数进行调准。

（2）经主管部分批准，服务站可与公共汽车停靠站、公路治理超限超载站、联合执法站等设施合建。与服务站合建的设施的用地面积应单独计列。

（3）当服务设施需要承担公路交通应急保障功能时，其用地面积应根据实际涉及方案增加。

（4）服务站出入口加减速车道用地指标：Ⅰ类地形区一般不宜超过 3.4 公顷/处，Ⅱ类、Ⅲ类地形区一般不宜超过 4.0 公顷/处。

20.2 服务站的选址及规模

20.2.1 选址

1. 根据高速公路服务站总体规划确定，服务区具体建设位置的选择应根据该服务站所在路段的交通区位、交通性质与技术条件、日常运营管理条件等因素确定。

2. 应充分利用特定的自然环境资源和地理条件，形成富有地方特色、人文历史的服务区景观。

3. 场地不应选择低洼易淹和有山洪、断层、滑坡、流砂、地震断裂带等地质灾害易产生地段。

4. 场地与隧道出口、互通立交应保持一定的距离，与隧道间距不小于 1km，与互通立交间距不小于 2km。

5. 应选在靠近城镇，并必须具有水源、电源、通信、消防疏散及排污等建设基础条件，水源必须充足，饮用水符合国家标准。

20.2.2 服务站用地和建筑面积

表 20.2.2

服务设施	用地面积（公顷/处）	建筑面积（平方米/处）
服务站	4.0～5.333	5500～6500

注：（1）服务站用地面积不包含服务站出入口加减速车道、贯穿车道以及填（挖）方边坡、边沟的用地。

（2）服务站的平均间距不宜大于 50km；最大间距不宜大于 60km。

20.3 服务站常见布局分类

常见布局分类 表 20.3

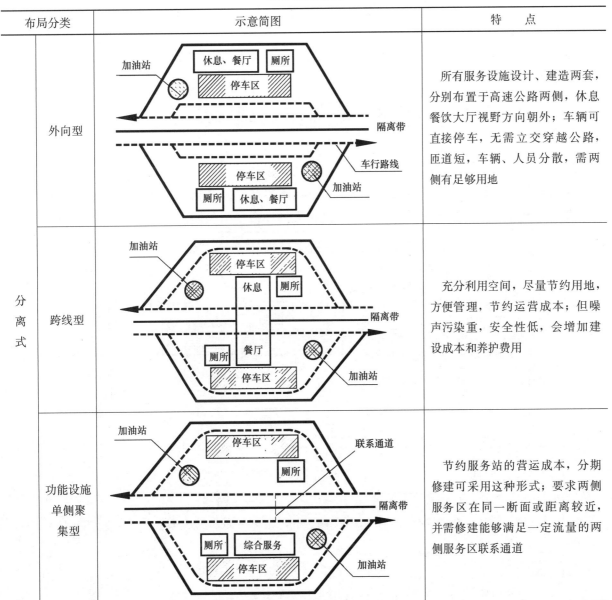

布局分类		示意简图	特 点
分离式	外向型		所有服务设施设计、建造两套，分别布置于高速公路两侧，休息餐饮大厅视野方向朝外；车辆可直接停车，无需立交穿越公路，匝道短，车辆、人员分散，需两侧有足够用地
	跨线型		充分利用空间，尽量节约用地，方便管理，节约运营成本；但噪声污染重，安全性低，会增加建设成本和养护费用
	功能设施单侧聚集型		节约服务站的营运成本，分期修建可采用这种形式；要求两侧服务区在同一断面或距离较近，并需修建能够满足一定流量的两侧服务区联系通道

续表

布局分类		示意简图	特点
集中式	单侧聚集型	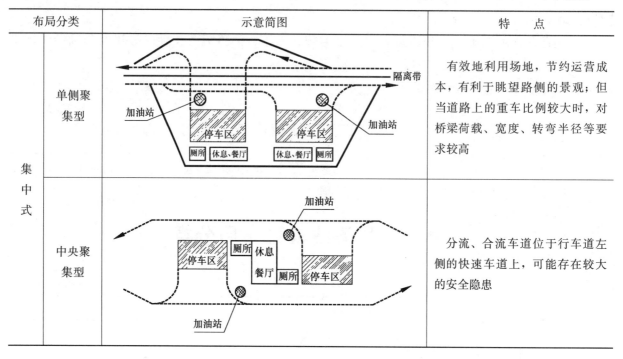	有效地利用场地,节约运营成本,有利于眺望路侧的景观;但当道路上的重车比例较大时,对桥梁荷载、宽度、转弯半径等要求较高
	中央聚集型		分流、合流车道位于行车道左侧的快速车道上,可能存在较大的安全隐患

20.4 服务站设施组成

高速公路的服务设施等级为 A 级。

高速公路的服务站应有停车场、加油站、车辆维修站、公共厕所、室内外休息区、餐饮、商品零售点等设施。另根据公路环境和需求可设置人员住宿、车辆加水等设施。

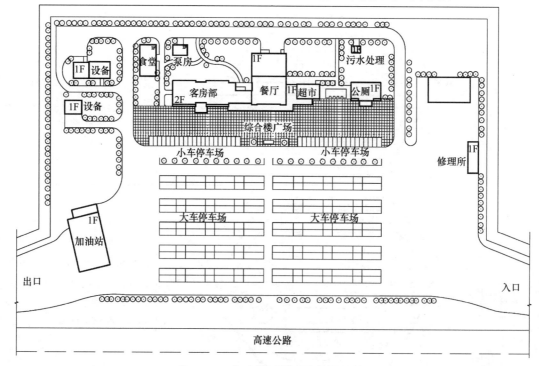

图 20.4 某服务站总平面布置示例

20.5　服务站的交通组织

服务站的交通组织应符合下列规定：

1. 服务站内的交通主干线（从入口匝道至出口匝道）与各功能分区应紧密联系，停车场与服务区其他功能性建筑之间的设计应通畅；服务站内的道路交通组织设计应方便、快捷、安全、畅通。

2. 应设置交通导向标志，避免不同车型行车路线的相互干扰与冲突，更应避免停车车流、加油车流及维修车流之间的交叉。

3. 应避免车流和人流的交叉。

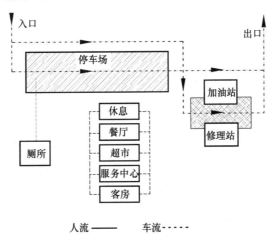

图20.5　服务站汽车、人员流线设计图

20.6　道　路　广　场

道路广场的设计要求　　　　　　　　　　　　　　　　　表20.6

		设　计　要　求
场地道路	平面设计	1）在满足车行条件下，应结合自然条件及建筑物的布局，因地制宜地确定路线具体方向及位置； 2）应选择合理的曲线半径，解决好直线与曲线的衔接；半拖挂车转弯半径不应小于24m，大型车转弯半径不应小于18m，小型车转弯半径不应小于12m；对于各种车辆混合的车道，应以最大型车辆的转弯半径为准； 3）在道路转折处线形应采用圆曲线，应保持一定的行车视距
	纵断面设计	1）纵断面设计要求线型平顺，尽量减小工程量，并保证道路及两侧建筑用地的排水要求和满足地下管线的敷设要求； 2）道路的纵坡应能适应路面上自然排水，纵坡值应根据当地雨季降水量大小、降水强度、路面类型以及排水管直径大小而定，一般介于 $0.3\% \sim 0.5\%$

续表

设　计　要　求
广场和通道	1）在停车场与建筑设施、绿地之间应设置广场和通道； 2）停车场和建筑设施前面的广场不应有较大的高差，在停车场和各设施之间因地形有高差时，必须设置无障碍坡道； 3）在停车场外围行驶的主要通道应为单向通行；主要行车道不应直接连接到停车车位上，也不应直接导向综合楼的出入口处； 4）服务站出入口行车道转弯半径不小于24m；场区内行车路线应按主、次车道分开，主干车道宽度不小于8m，次车道不小于4.5m

20.7　停　车　场

20.7.1　停车场的功能分区及设计要求

停车场的功能分区及设计要求　　　　　　　　　　　　　　　表 20.7.1

分区	大客车区、小客车区、货车及超长车区、特种车区（家禽、牲畜）、危险品车区
设计要求	1）每个停车分区的出入口数量设置应满足现行国家规范《汽车库、修车库、停车场设计防火规范》的要求；货车、客车的停车场应分开布置；客车停车区宜靠近主要建筑物设置，距离公共卫生间、餐饮、休息等主要设施较近的位置，货车停车区不宜设置在主要建筑物前侧； 2）建筑基地内总停车数在100辆以下时应设置不少于1个无障碍机动车停车位，100辆以上时应设置不少于总停车数1%的无障碍机动车停车位，并设置残疾人专用通道，其停车位坡度不应大于1：50，一侧设置宽不小于1.2m的轮椅通道，供乘轮椅者从轮椅通道直接进入人行道和到达无障碍出入口； 3）平面和竖向设计应符合下列规定： ① 停车场的进、出通道应分开设置，单车道净宽不应小于4m，双车道净宽不应小于6m，因地形高差通道为坡道时，双车道则不应小于7m；当车辆穿过建筑物时，通道的净高和净宽应大于5m； ② 停车场内应用标牌标明区域，用标线指明行驶路线，停车车位应以标线划分、编号； ③ 充分利用地形，尽量减少土石方量； ④ 停放车辆的纵向坡度应小于2%，横向坡度应小于3%

注：其余与普通停车场设计相同部分详见"车库设计"一章。

20.7.2　车位数计算

停车场车位数根据主线交通量与设施的利用率按下面公式求得：

$$停车位位数（一侧）＝一侧设计交通量 × 驶入率 × 高峰率 / 周转率$$

式中，一侧设计交通量＝0.5×设计日交通量×高峰期日服务系数

驶入率：驶入服务站的车辆数（辆/日）主线交通量（辆/日）

高峰率：高峰时停留车辆数（辆/时）停放车辆数（辆/日）

周转率：1（小时）/平均停车时间（小时）

高峰期日服务系数　　　　　　　　　　　　　　　表 20.7.2-1

年平均日交通量 Q	$0 < Q \leqslant 25000$	$25000 Q \leqslant 50000$	$50000 < Q$
高峰期日服务系数	1.40	$1.65 - Q × 10^{-5}$	1.15

不同车型在服务区的统计参考　　　　　　　　表 20.7.2-2

设施种类	车种	停留率	高峰率	平均停留时间（min）
服务区	小型车	0.175	0.10	25
	大型客车	0.25	0.25	20
	大型货车	0.125	0.075	30

20.8　服务站建筑设计

服务站建筑包括大厅、餐饮、小型综合性超市购物或小卖部、住宿、办公、司乘人员服务等功能，建筑物至少应有 1 处为无障碍出入口，且宜位于主要出入口处。

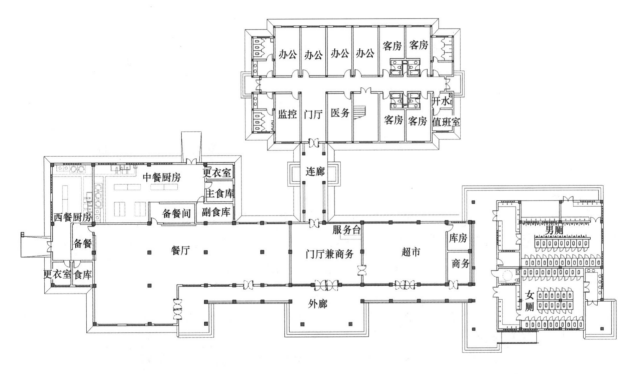

图 20.8　某服务站综合楼平面示例

20.8.1　餐厅和厨房

餐厅、厨房的设计应符合国家现行行业标准《饮食建筑设计规范》JGJ 64 的有关规定。

1. 餐厅与饮食厅每座最小使用面积

表 20.8.1-1

等级 \ 类别	餐馆餐厅（平方米/座）	饮食店饮食厅（平方米/座）
一级	1.3	1.3
二级	1.0	1.0
三级	1.0	1.0

2. 餐厅与饮食厅的设计要求

表 20.8.1-2

		小餐厅、小饮食厅	大餐厅、大饮食厅
设计要求	净高	一般不应低于 2.60m； 当设空调时不应低于 2.40m	一般不应低于 3.00m； 当采用异形顶棚时最低处不应低于 2.40m
	餐桌布置	1) 仅就餐者通行时，桌边到桌边的净距不应小于 1.35m；桌边到内墙面的净距不应小于 0.90m； 2) 有服务员通行时，桌边到桌边的净距不应小于 1.80m；桌边到内墙面的净距不应小于 1.35m； 3) 有小车通行时，桌边到桌边的净距不应小于 2.10m	
	采光、通风	天然采光时，窗洞口面积不宜小于该厅地面面积的 1/6；自然通风时，通风开口面积不应小于该厅地面面积的 1/16	

20.8.2 公共厕所

服务站公共厕所的设计应符合国家现行行业标准《城市公共厕所设计标准》CJJ 14—2016 的有关规定。

20.8.3 医务室与急救站

根据服务站需要设置，设置时医务室应设有诊疗室、输液注射室、药品室和观察室等，急救站应设有抢救室、手术室、值班室等，面积约 60m² 左右。

医务室与急救站的设计要求　　　　　　　　　　表 20.8.3

设计要求	1) 医务室和急救站应设置直接对外的出入口，出入口应靠近车道，出入口门的宽度应便于担架的进出、伤员的救治； 2) 医务室应设有诊疗室、输液注射室、药品室和观察室等，急救站应设有抢救室、手术室、值班室等，面积约 60m² 左右； 3) 药品室应采取防潮、防鼠等措施； 4) 医务室和急救站用房的地面、墙面、顶棚，应便于清扫、冲洗，其阴阳角宜做成弧形；水池和排水管应采用耐腐蚀材料；工作台面应采用耐腐蚀、易冲洗、耐燃烧的面层

注：服务站内医务室与急救站的设计应符合国家现行行业标准《综合医院建筑设计规范》GB 51039 的有关规定。

20.8.4 商业（小型综合性超市购物或小卖部）

该部分内容的设计应符合国家现行行业标准《商店建筑设计规范》JGJ 48。

商业的建筑面积应根据服务站的规模确定，国内常见服务站内商业的建筑面积宜为250~600m²。

20.8.5 住宿及司乘人员休息所

该部分内容的设计应符合国家现行行业标准《旅馆建筑设计规范》JGJ 62 的规定。

　　住宿及司乘人员休息所的建筑面积应根据服务站的规模确定，国内常见服务站内住宿及司乘人员休息所的建筑面积宜为250～800m²。

20.8.6　员工宿舍设计

　　宿舍设计应符合国家现行行业标准《宿舍建筑设计规范》JGJ 36的规定。

　　员工宿舍的建筑面积应根据服务站的规模确定，国内常见服务站内员工宿舍所的建筑面积宜为150～800m²。

20.8.7　设计实例

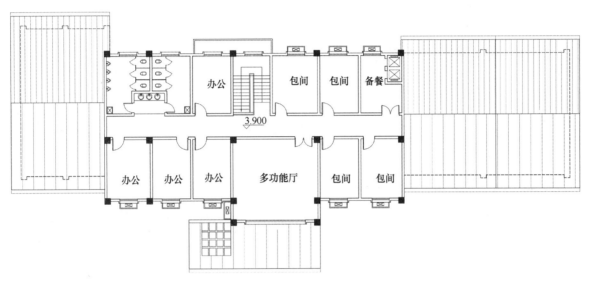

某服务区综合楼二层平面图

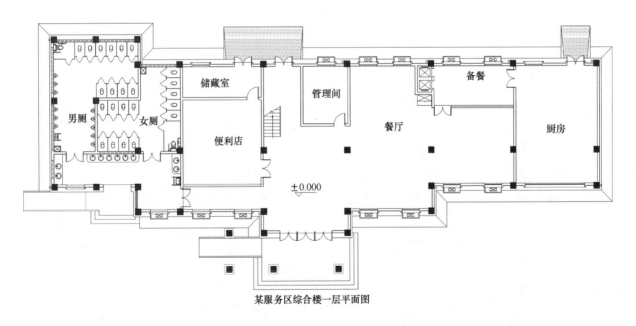

某服务区综合楼一层平面图

图 20.8.7-1　建筑平面设计实例-某服务站综合楼

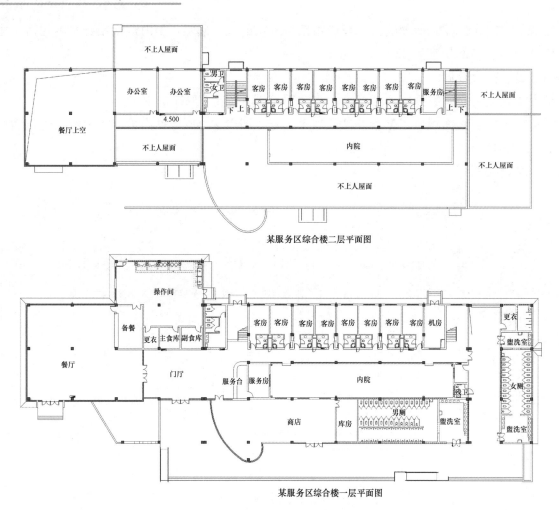

图 20.8.7-2　建筑平面设计实例-某服务站综合楼

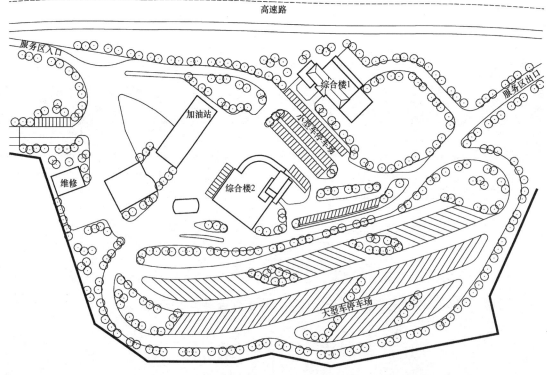

图 20.8.7-3　建筑平面设计实例-法国某服务站总平面布置

20.9 加 油 站 设 计

根据加油站在服务站的总平面布局中所处的位置，其布置方式一般可分为：

1. 入口型：加油站布置在服务区的入口处。但是，当加油的车辆比较多时，就会在服务区入口处排队，妨碍匝道上车辆的行驶。

2. 出口型：加油站布置在服务区的出口处。

3. 中间型：加油站布置在入口和出口之间。

加油站的车辆入口和出口应分开设置。

20.10 修 理 所 设 计

修理所设计应由汽车修理间、机工间、充电间、材料库等组成。

修理所设计要求 表 20.10

设计要求	1）修理所面积大小应按修理台位而定，一般每台位按 60～70m² 计算，其余房间按修理工作量和设备条件而定； 2）服务站的汽车修理间的面积尺寸应考虑各种车辆的占地尺寸、修理所需的操作尺寸；为节约用地，修理间不宜设计成单间； 3）修理间内应设检修坑及洗涤盆； 4）修理间的开间一般取 4～4.5m，进深取 6～9m，留出一定空间便于维修；层高不应低于 4.8m，留出人员检修空间

20.11 建 筑 防 火

服务站防火设计要求 表 20.11

建筑分类		防火设计要求	
		一般要求	其余要求
为驾乘人员服务的建筑	商业、餐饮、住宿、办公、厕所、设备用房	根据建筑规模、层数按照现行《建筑防火设计规范》GB 50016 进行防火设计，其中建筑的耐火等级不应低于二级	详见"建筑防火设计"一章
为车辆提供加油、维护和修理等服务的建筑	汽车加油站	应根据加油站的级别，依照现行《汽车加油加气站设计与施工规范》GB 50156 的要求，满足与周边建筑的防火间距；加油站建筑的耐火等级不应低于二级	
	汽车维护、修理间、停车场	一、二级的汽车修理间与一、二级民用建筑防火间距应不小于10m；汽车维护、修理间的耐火等级不应低于二级；停车场与一、二级民用建筑防火间距应不小于6m。汽车修理、停车场的防火设计还应满足现行规范《汽车库、修车库、停车场设计防火规范》GB 50067 的要求	

21 居住区与住宅建筑设计

21.1 居住区规划设计指标

21.1.1 居住区分级控制规模

居住区按照居民在合理的步行距离内满足基本生活需求的原则，分级控制规模。

居住区分级控制规模表　　　　　　　表 21.1.1

距离与规模	十五分钟生活圈居住区	十分钟生活圈居住区	五分钟生活圈居住区	居住街坊
步行距离（m）	800～1000	500	300	—
居住人数（人）	50000～100000	15000～25000	5000～12000	1000～3000
住宅数量（套）	17000～32000	5000～8000	1500～4000	300～1000

21.1.2 各级生活圈居住区用地应合理配置、适度开发。

1. 十五分钟生活圈居住区用地控制指标

十五分钟生活圈居住区用地控制指标表　　　　表 21.1.2-1

建筑气候区划	住宅建筑平均层数类别	人均居住用地面积（平方米/人）	居住区用地容积率	居住区用地构成（%）				
				住宅用地	配套设施用地	公共绿地	城市道路用地	合计
Ⅰ、Ⅶ	多层Ⅰ类（4～6层）	40～54	0.8～1.0	58～61	12～16	7～11	15～20	100
Ⅱ、Ⅵ		38～51	0.8～1.0					
Ⅲ、Ⅳ、Ⅴ		37～48	0.9～1.1					
Ⅰ、Ⅶ	多层Ⅱ类（7～9层）	35～42	1.0～1.1	52～58	13～20	9～13	15～20	100
Ⅱ、Ⅵ		33～41	1.0～1.2					
Ⅲ、Ⅳ、Ⅴ		31～39	1.1～1.3					
Ⅰ、Ⅶ	高层Ⅰ类（10～18层）	28～38	1.1～1.4	48～52	16～23	11～16	15～20	100
Ⅱ、Ⅵ		27～36	1.2～1.4					
Ⅲ、Ⅳ、Ⅴ		26～34	1.2～1.5					

注：居住区用地容积率是生活圈内，住宅建筑及其配套设施地上建筑面积之和与居住区用地总面积的比值。

2. 十分钟生活圈居住区用地控制指标

十分钟生活圈居住区用地控制指标表　　　　表 21.1.2-2

建筑气候区划	住宅建筑平均层数类别	人均居住用地面积（平方米/人）	居住区用地容积率	居住区用地构成（%）				
				住宅用地	配套设施用地	公共绿地	城市道路用地	合计
Ⅰ、Ⅶ	低层（1~3层）	49~51	0.8~0.9	71~73	5~8	4~5	15~20	100
Ⅱ、Ⅵ		45~51	0.8~0.9					
Ⅲ、Ⅳ、Ⅴ		42~51	0.8~0.9					
Ⅰ、Ⅶ	多层Ⅰ类（4~6层）	35~47	0.8~1.1	68~70	8~9	4~6	15~20	100
Ⅱ、Ⅵ		33~44	0.9~1.1					
Ⅲ、Ⅳ、Ⅴ		32~41	0.9~1.2					
Ⅰ、Ⅶ	多层Ⅱ类（7~9层）	30~35	1.1~1.2	64~67	9~12	6~8	15~20	100
Ⅱ、Ⅵ		28~33	1.2~1.3					
Ⅲ、Ⅳ、Ⅴ		26~32	1.2~1.4					
Ⅰ、Ⅶ	高层Ⅰ类（10~18层）	23~31	1.2~1.6	60~64	12~14	7~10	15~20	100
Ⅱ、Ⅵ		22~28	1.3~1.7					
Ⅲ、Ⅳ、Ⅴ		21~27	1.4~1.8					

注：居住区用地容积率是生活圈内，住宅建筑及其配套设施地上建筑面积之和与居住区用地总面积的比值。

3. 五分钟生活圈居住区用地控制指标

五分钟生活圈居住区用地控制指标表　　　　表 21.1.2-3

建筑气候区划	住宅建筑平均层数类别	人均居住用地面积（m²）	居住区用地容积率	居住区用地构成（%）				
				住宅用地	配套设施用地	公共绿地	城市道路用地	合计
Ⅰ、Ⅶ	低层（1~3层）	46~47	0.7~0.8	76~77	3~4	2~3	15~20	100
Ⅱ、Ⅵ		43~47	0.8~0.9					
Ⅲ、Ⅳ、Ⅴ		39~47	0.8~0.9					
Ⅰ、Ⅶ	多层Ⅰ类（4~6层）	32~43	0.8~1.1	74~76	4~5	2~3	15~20	100
Ⅱ、Ⅵ		31~40	0.9~1.2					
Ⅲ、Ⅳ、Ⅴ		29~37	1.0~1.2					
Ⅰ、Ⅶ	多层Ⅱ类（7~9层）	28~31	1.2~1.3	72~74	5~6	3~4	15~20	100
Ⅱ、Ⅵ		25~29	1.2~1.4					
Ⅲ、Ⅳ、Ⅴ		23~28	1.3~1.6					
Ⅰ、Ⅶ	高层Ⅰ类（10~18层）	20~27	1.4~1.8	69~72	6~8	4~5	15~20	100
Ⅱ、Ⅵ		19~25	1.5~1.9					
Ⅲ、Ⅳ、Ⅴ		18~23	1.6~2.0					

注：居住区用地容积率是生活圈内，住宅建筑及其配套设施地上建筑面积之和与居住区用地总面积的比值。

21.1.3 居住街坊用地与建筑控制

居住街坊用地与建筑控制指标表　　　　　　表 21.1.3

建筑气候区划	住宅建筑平均层数类别	住宅用地容积率	建筑密度最大值（%）	绿地率最小值（%）	住宅建筑高度控制最大值（m）	人均住宅用地面积最大值（平方米/人）
Ⅰ、Ⅶ	低层（1～3层）	1.0	35	30	18	36
	多层Ⅰ类（4～6层）	1.1～1.4	28	30	27	32
	多层Ⅱ类（7～9层）	1.5～1.7	25	30	36	22
	高层Ⅰ类（10～18层）	1.8～2.4	20	35	54	19
	高层Ⅱ类（19～26层）	2.5～2.8	20	35	80	13
Ⅱ、Ⅵ	低层（1～3层）	1.0～1.1	40	28	18	36
	多层Ⅰ类（4～6层）	1.2～1.5	30	30	27	30
	多层Ⅱ类（7～9层）	1.6～1.9	28	30	36	21
	高层Ⅰ类（10～18层）	2.0～2.6	20	35	54	17
	高层Ⅱ类（19～26层）	2.7～2.9	20	35	80	13
Ⅲ、Ⅳ、Ⅴ	低层（1～3层）	1.0～1.2	43	25	18	36
	多层Ⅰ类（4～6层）	1.3～1.6	32	30	27	27
	多层Ⅱ类（7～9层）	1.7～2.1	30	30	36	20
	高层Ⅰ类（10～18层）	2.2～2.8	22	35	54	16
	高层Ⅱ类（19～26层）	2.9～3.1	22	35	80	12

注：（1）住宅用地容积率是居住街坊内，住宅建筑及其便民服务设施地上建筑面积之和与住宅用地总面积的比值。

（2）建筑密度是居住街坊内，住宅建筑及其便民服务设施建筑基底面积与该居住街坊用地面积的比率（%）。

（3）绿地率是居住街坊内绿地面积之和与该居住街坊用地面积的比率（%）。

21.1.4 当住宅建筑采用低层或多层高密度布局时，居住街坊用地与建筑控制指标

低层或多层高密度居住街坊用地与建筑控制指标表　　　　表 21.1.4

建筑气候区划	住宅建筑层数类别	住宅用地容积率	建筑密度最大值（%）	绿地率最小值（%）	住宅建筑高度控制最大值（m）	人均住宅用地面积（平方米/人）
Ⅰ、Ⅶ	低层（1～3层）	1.0、1.1	42	25	11	32～36
	多层Ⅰ类（4～6层）	1.4、1.5	32	28	20	24～26
Ⅱ、Ⅵ	低层（1～3层）	1.1、1.2	47	23	11	30～32
	多层Ⅰ类（4～6层）	1.5～1.7	38	28	20	21～24
Ⅲ、Ⅳ、Ⅴ	低层（1～3层）	1.2、1.3	50	20	11	27～30
	多层Ⅰ类（4～6层）	1.6～1.8	42	25	20	20～22

注：（1）住宅用地容积率是居住街坊内，住宅建筑及其便民服务设施地上建筑面积之和与住宅用地总面积的比值。

（2）建筑密度是居住街坊内，住宅建筑及其便民服务设施建筑基底面积与该居住街坊用地面积的比率（%）。

（3）绿地率是居住街坊内绿地面积之和与该居住街坊用地面积的比率（%）。

21.1.5 新建各级生活圈居住区应配套规划建设公共绿地，应集中设置具有一定规模，且能开展休闲、体育活动的居住区公园。旧改项目可采取多点分布及立体绿化等方式，但人均公共绿地不应低于控制指标的 70%。

公共绿地控制指标表　　　　　　　　　　　　　　表 21.1.5

类　　别	人均公共绿地面积（平方米/人）	居住区公园		备注
		最小规模（hm²）	最小宽度（m）	
十五分钟生活圈居住区	2.0	5.0	80	不含十分钟生活圈及以下级居住区的公共绿地指标
十分钟生活圈居住区	1.0	1.0	50	不含五分钟生活圈及以下级居住区的公共绿地指标
五分钟生活圈居住区	1.0	0.4	30	不含居住街坊的绿地指标

注：居住区公园中应设置 10%～15% 的体育活动场地。

21.1.6 **居住街坊集中绿地的规划建设，应符合下列规定：**

1. 新建项目不应低于 0.50 平方米/人，旧改项目不应低于 0.35 平方米/人。

2. 宽度不应低于 8m。

3. 在标准的建筑日照阴影范围之外的绿地面积不应小于 1/3，其中应设置老人、儿童活动场地。

21.1.7 **居住区规划设计技术指标应符合表 21.1.7 的规定。**

居住区综合技术指标表　　　　　　　　　　　　　表 21.1.7

项　　目			计量单位	数值	所占比例（%）	人均面积指标（平方米/人）
各级生活圈居住区指标	居住区用地	总用地面积	hm²	▲	100	▲
		其中 住宅用地	hm²	▲	▲	▲
		其中 配套设施用地	hm²	▲	▲	▲
		其中 公共绿地	hm²	▲	▲	▲
		其中 城市道路用地	hm²	▲	▲	—
	居住总人口		人	▲	—	—
	居住总套（户）数		套	▲	—	—
	住宅建筑总面积		万平方米	▲	—	—
居住街坊指标	用地面积		hm²	▲	—	▲
	容积率		—	▲	—	—
	地上建筑面积	总建筑面积	万平方米	▲	100	—
		其中 住宅建筑	万平方米	▲	▲	—
		其中 便民服务设施	万平方米	▲	▲	—
	地下总建筑面积		万平方米	▲	▲	—
	绿地率		%	▲	—	—
	集中绿地面积		m²	▲	—	▲
	住宅套（户）数		套	▲	—	—

项　　目			计量单位	数值	所占比例 （%）	人均面积指标 （平方米/人）
居住街坊指标	住宅套均面积		平方米/套	▲	—	—
	居住人数		人	▲	—	—
	住宅建筑密度		%	▲	—	—
	住宅建筑平均层数		层	▲	—	—
	住宅建筑高度控制最大值		m	▲	—	—
	停车位	总停车位	辆	▲	—	—
		其中 地上停车位	辆	▲	—	—
		地下停车位	辆	▲	—	—
	地面停车位		辆	▲	—	—

注：▲为必列指标。

21.1.8 配套设施应遵循配套建设、方便使用、统筹开放、兼顾发展的原则进行配置。

1. 十五分钟和十分钟生活圈居住区配套设施，应依照其服务半径相对居中布局。

2. 十五分钟生活圈居住区配套的公共服务设置宜联合建设并形成街道综合服务中心，其用地面积不宜小于 $1hm^2$。

3. 五分钟生活圈居住区配套的公共服务设置宜集中布置并形成社区综合服务中心，其用地面积不宜小于 $0.3hm^2$。

21.1.9 居住区配套设施分级设置要求

十五分钟生活圈居住区、十分钟生活圈居住区配套设施设置规定　　表 21.1.9-1

类别	序号	项目	十五分钟生活圈居住区	十分钟生活圈居住区	备注
公共管理和公共服务设施	1	初中	▲	△	应独立占地
	2	小学	—	▲	应独立占地
	3	体育馆（场）或全民健康中心	△	—	可联合建设
	4	大型多功能运动场地	▲	—	宜独立占地
	5	中型多功能运动场地	—	▲	宜独立占地
	6	卫生服务中心（社区医院）	▲	—	宜独立占地
	7	门诊部	▲	—	可联合建设
	8	养老院	▲	—	宜独立占地
	9	老年养护院	▲	—	宜独立占地
	10	文化活动中心(含青少年、老年活动中心)	▲	—	可联合建设
	11	社区服务中心（街道级）	▲	—	可联合建设
	12	街道办事处	▲	—	可联合建设
	13	司法所	▲	—	可联合建设
	14	派出所	△	—	宜独立占地
	15	其他	△	△	可联合建设

类别	序号	项目	十五分钟生活圈居住区	十分钟生活圈居住区	备注
商业服务业设施	16	商场	▲	▲	可联合建设
	17	菜市场或生鲜超市	—	▲	可联合建设
	18	健身房	△	△	可联合建设
	19	餐饮设施	▲	▲	可联合建设
	20	银行营业网点	▲	▲	可联合建设
	21	电信营业网点	▲	▲	可联合建设
	22	邮政营业场所	▲	—	可联合建设
	23	其他	△	△	可联合建设
市政公用设施	24	开闭所	▲	△	可联合建设
	25	燃料供应站	△	△	宜独立占地
	26	燃气调压站	△	△	宜独立占地
	27	供热站或热交换站	△	△	宜独立占地
	28	通信机房	△	△	可联合建设
	29	有线电视基站	△	△	可联合设置
	30	垃圾转运站	△	△	应独立占地
	31	消防站	△	—	宜独立占地
	32	市政燃气服务网点和应急抢修站	△	△	可联合建设
	33	其他	△	△	可联合建设
交通场站	34	轨道交通站点	△	△	可联合建设
	35	公交首末站	△	△	可联合建设
	36	公交车站	▲	▲	宜独立设置
	37	非机动车停车场（库）	△	△	可联合建设
	38	机动车停车场（库）	△	△	可联合建设
	39	其他	△	△	可联合建设

注：（1）▲为应配建的项目；△为根据实际情况按需配建的项目。

（2）在国家确定的一、二类人防重点城市，应按人防有关规定配建防空地下室。

五分钟生活圈居住区配套设施设置规定　　　　表 21.1.9-2

类别	序号	项目	五分钟生活圈居住区	备注
社区服务设施	1	社区服务站（含居委会、治安联防站、残疾人康复室）	▲	可联合建设
	2	社区食堂	△	可联合建设
	3	文化活动站（含青少年活动站、老年活动站）	▲	可联合建设
	4	小型多功能运动（球类）场地	▲	宜独立占地
	5	室外综合健身场地（含老年户外活动场地）	▲	宜独立占地
	6	幼儿园	▲	宜独立占地

类别	序号	项目	五分钟生活圈居住区	备注
社区服务设施	7	托儿所	△	可联合建设
	8	老年人日间照料中心(托老所)	▲	可联合建设
	9	社区卫生服务站	△	可联合建设
	10	社区商业网点(超市、药店、洗衣店、美发店等)	▲	可联合建设
	11	再生资源回收点	▲	可联合设置
	12	生活垃圾收集站	▲	宜独立设置
	13	公共厕所	▲	可联合建设
	14	公交车站	△	宜独立设置
	15	非机动车停车场(库)	△	可联合建设
	16	机动车停车场(库)	△	可联合建设
	17	其他	△	可联合建设

注：(1) ▲为应配建的项目；△为根据实际情况按需配建的项目。

(2) 在国家确定的一、二类人防重点城市，应按人防有关规定配建防空地下室。

居住街坊配套设施设置规定　　　　　　　　　表 21.1.9-3

类别	序号	项目	居住街坊	备注
便民服务设施	1	物业管理与服务	▲	可联合建设
	2	儿童、老年人活动场地	▲	宜独立占地
	3	室外健身器械	▲	可联合设置
	4	便利店(菜店、日杂等)	▲	可联合建设
	5	邮件和快递送达设施	▲	可联合设置
	6	生活垃圾收集点	▲	宜独立设置
	7	居民非机动车停车场(库)	▲	可联合建设
	8	居民机动车停车场(库)	▲	可联合建设
	9	其他	△	可联合建设

注：(1) ▲为应配建的项目；△为根据实际情况按需配建的项目。

(2) 在国家确定的一、二类人防重点城市，应按人防有关规定配建防空地下室。

21.1.10　配套设施用地指标及建筑面积指标，应按照居住区分级的人口规模进行控制。

配套设施控制指标（平方米/千人）　　　　　表 21.1.10

类　别	十五分钟生活圈居住区		十分钟生活圈居住区		五分钟生活圈居住区		居住街坊	
	用地面积(m²)	建筑面积(m²)	用地面积(m²)	建筑面积(m²)	用地面积(m²)	建筑面积(m²)	用地面积(m²)	建筑面积(m²)
总指标	1600~2910	1450~1830	1980~2660	1050~1270	1710~2210	1070~1820	50~150	80~90

续表

类　别		十五分钟生活圈居住区		十分钟生活圈居住区		五分钟生活圈居住区		居住街坊	
		用地面积（m²）	建筑面积（m²）	用地面积（m²）	建筑面积（m²）	用地面积（m²）	建筑面积（m²）	用地面积（m²）	建筑面积（m²）
其中	公共管理与公共服务设施 A 类	1250～2360	1130～1380	1890～2340	730～810	—	—	—	—
	交通场站设施 S 类	—	—	70～80	—	—	—	—	—
	商业服务业设施 B 类	350～550	320～450	20～240	320～460	—	—	—	—
	社区服务设施 R12、R22、R32	—	—	—	—	1710～2210	1070～1820	—	—
	便民服务设施 R11、R21、R31	—	—	—	—	—	—	50～150	80～90

注：（1）十五分钟生活圈居住区指标不含十分钟生活圈居住区指标，十分钟生活圈居住区指标不含五分钟生活圈居住区指标，五分钟生活圈居住区指标不含居住街坊指标。

（2）配套设施用地应含与居住区分级对应的居民室外活动场所用地；未含高中用地、市政公共设施用地，市政公用设施应根据专业规划确定。

21.1.11　各级居住区配套设施规划建设控制指标

十五分钟生活圈居住区、十分钟生活圈居住区配套设施规划建设控制要求

表 21.1.11-1

类别	设施名称	单项规模		服务内容	设置要求
		建筑面积（m²）	用地面积（m²）		
公共管理与公共服务设施	初中*	—	—	满足 12 周岁～18 周岁青少年入学要求	（1）选址应避开城市干道叉口等交通繁忙路段； （2）服务半径不宜大于 1000m； （3）学校规模应根据适龄青少年人口确定，且不宜超过 36 班； （4）鼓励教学区和运动场地相对独立设置，并向社会错开开放运动场地
	小学*	—	—	满足 6 周岁～12 周岁儿童入学要求	（1）选址应避开城市干道叉口等交通繁忙路段； （2）服务半径不宜大于 500m；学生上下学穿越城市道路时，应有相应的安全措施； （3）学校规模应根据适龄儿童人口确定，且不宜超过 36 班； （4）应设不低于 200m 环形跑道和 60m 直跑道的运动场，并配置符合标准的球类场地； （5）鼓励教学区和运动场地相对独立设置，并向社会错时开放运动场地

类别	设施名称	单项规模		服务内容	设置要求
		建筑面积 (m²)	用地面积 (m²)		
公共管理与公共服务设施	体育场（馆）或全民健身中心	2000~5000	1200~15000	具备多种健身设施、专用于开展体育健身活动的综合体育场（馆）或健身馆	（1）服务半径大宜大于1000m； （2）体育场应设置60m~100m直跑道和环形跑道； （3）全民健身中心应具备大空间球类活动、乒乓球、体能训练和体质检测等用房
	大型多功能运动场地	—	3150~5620	多功能运动场地或同等规模的球类场地	（1）宜结合公共绿地等公共活动空间统筹布局； （2）服务半径不宜大于1000m； （3）宜集中设置篮球、排球、7人足球场地
	中型多功能运动场地	—	1310~2460	多功能运动场地或同等规模的球类场地	（1）宜结合公共绿地等公共活动空间统筹布局； （2）服务半径不宜大于500m； （3）宜集中设置篮球、排球、5人足球场地
	卫生服务中心＊（社区医院）	1700~2000	1420~2860	预防、医疗、保健、康复、健康教育、计生等	（1）一般结合街道办事处所管辖区域进行设置，且不宜与菜市场、学校、幼儿园、公共娱乐场所、消防站、垃圾转运站等设施毗邻； （2）服务半径不宜大于1000m； （3）建筑面积不得低于1700 m²
	门诊部	—	—	—	（1）宜设置于辖区内位置适中、交通方便的地段； （2）服务半径不宜大于1000m
	养老院＊	7000~17500	3500~22000	对自理、介助和介护老年人给予生活起居、餐饮服务、医疗保健、文化娱乐等综合服务	（1）宜临近社区卫生服务中心、幼儿园、小学以及公共服务中心； （2）一般规模宜为200~500床
	老年养护院＊	3500~17500	1750~22000	对介助和介护老年人给予生活护理、餐饮服务、医疗保健、康复娱乐、心理疏导、临终关怀等服务	（1）宜临近社区卫生服务中心、幼儿园、小学以及公共服务中心； （2）一般中型规模为100~500床

续表

类别	设施名称	单项规模		服务内容	设置要求
		建筑面积（m²）	用地面积（m²）		
公共管理与公共服务设施	文化活动中心*（含青少年活动中心、老年活动中心）	3000～6000	3000～12000	开展图书阅览、科普知识宣传与教育，影视厅、舞厅、游艺厅、球类、棋类；科技与艺术等活动；宜包括儿童之家服务功能	(1) 宜结合或靠近绿地设置； (2) 服务半径不宜大于1000m
	社区服务中心（街道级）	700～1500	600～1200	—	(1) 一般结合街道办事处所辖区域设置； (2) 服务半径不宜大于1000m； (3) 建筑面积不应低于700m²
	街道办事处	1000～2000	800～1500	—	(1) 一般结合所辖区域设置； (2) 服务半径不宜大于1000m
	司法所	80～240	—	法律事务援助、人民调解、服务保释、监外执行人员的社区矫正等	(1) 一般结合街道所辖区域设置； (2) 宜与街道办事处或其他行政管理单位结合建设，应设置单独出入口
	派出所	1000～1600	1000～2000	—	(1) 宜设置于辖区内位置适中、交通方便的地段； (2) 2.5万～5万人宜设置一处； (3) 服务半径不宜大于800m
商业服务业设施	商场	1500～3000	—	—	(1) 应集中布局在居住区相对居中的位置； (2) 服务半径不宜大于500m
	菜市场或生鲜超市	750～1500 或 2000～2500	—	—	(1) 服务半径不宜大于500m； (2) 应设置机动车、非机动车停车场
	健身房	600～2000	—	—	服务半径不宜大于1000m
	银行营业网点	—	—	—	宜与商业服务设施结合或临近设置
	电信营业场所	—	—	—	根据专业规划设置
	邮政营业场所	—	—	—	包括邮政局、邮政支局等邮政设施以及其他快递营业设施	(1) 宜与商业服务设施结合或临近设置； (2) 服务半径不宜大于1000m

类别	设施名称	单项规模		服务内容	设置要求
		建筑面积（m²）	用地面积（m²）		
市政公用设施	开闭所＊	200～300	500	—	（1）0.6万套～1.0万套住宅设置1所； （2）用地面积不应小于500 m²
	燃料供应站＊	—	—	—	根据专业规划设置
	燃气调压站＊	50	100～200	—	按每个中低压调压站负荷半径500m设置；无管道燃气地区不设置
	供热站或热交换站＊	—	—	—	根据专业规划设置
	通信机房＊	—	—	—	根据专业规划设置
	有线电视基站＊	—	—	—	根据专业规划设置
	垃圾转运站＊	—	—	—	根据专业规划设置
	消防站＊	—	—	—	根据专业规划设置
	市政燃气服务网点和应急抢修站＊	—	—	—	根据专业规划设置
交通场站	轨道交通站点＊	—	—	—	服务半径不宜大于800m
	公交首末站＊	—	—	—	根据专业规划设置
	公交车站	—	—	—	服务半径不宜大于500m
	非机动车停车场（库）	—	—	—	（1）宜就近设置在非机动车（含共享单车）与公共交通换乘接驳地区； （2）宜设置在轨道交通站点周边非机动车车程15min范围内的居住街坊出入口处，停车面积不应小于30m²
	机动车停车场（库）	—	—	—	根据所在地城市规划有关规定设置

注：（1）加＊的配套设施，其建筑面积与用地面积规模应满足国家相关规划及标准规范的有关规定。

（2）小学和初中可合并设置九年一贯制学校，初中和高中可合并设置完全中学。

（3）承担应急避难功能的配套设施，应满足国家有关应急避难场所的规定。

五分钟生活圈居住区配套设施规划建设要求　　　　　表 21.1.11-2

设施名称	单项规模		服务内容	设置要求
	建筑面积（m²）	用地面积（m²）		
社区服务站	600～1000	500～800	社区服务站含社区服务大厅、警务室、社区居委会办公室、居民活动用房，活动室、阅览室、残疾人康复室	（1）服务半径不宜大于 300m； （2）建筑面积不得低于 600m²
社区食堂	—	—	为社区居民尤其是老年人提供助餐服务	宜结合社区服务站、文化活动站等设置
文化活动站	250～1200	—	书报阅览、书画、文娱、健身、音乐欣赏、茶座等，可供青少年和老年人活动的场所	（1）宜结合或靠近公共绿地设置； （2）服务半径不宜大于 500m
小型多功能运动（球类）场地	—	770～1310	小型多功能运动场地或同等规模的球类场地	（1）服务半径不宜大于 300m； （2）用地面积不宜小于 800m²； （3）宜配置半场篮球场 1 人、门球场地 1 个、乒乓球场地 2 个； （4）门球活动场地应提供休憩服务和安全防护措施
室外综合健身场地（含老年户外活动场地）	—	150～750	健康场所，含广场舞场地	（1）服务半径不宜大于 300m； （2）用地面积不宜小于 150 m²； （3）老年人户外活动场地应设置休憩设施，附近宜设置公共厕所； （4）广场舞等活动场地的设置应避免噪声扰民
幼儿园 *	3150～4550	5240～7580	保教 3～6 周岁的学龄前儿童	（1）应设于阳光充足、接近公共绿地、便于家长接送的地段；其生活用房应满足冬至日底层满窗日照不少于 3h 的日照标准；宜设置于可遮挡冬季寒风的建筑物背风面； （2）服务半径不宜大于 300m； （3）幼儿园规模应根据适龄儿童人口确定，办园规模不宜超过 12 班，每班座位数宜为 20～35 座；建筑层数不宜超过 3 层； （4）活动场地应有不少于 1/2 的活动面积在标准的建筑日照阴影线之外

设施名称	单项规模		服务内容	设置要求
	建筑面积（m²）	用地面积（m²）		
托儿所	—	—	服务 0～3 周岁的婴幼儿	（1）应设于阳光充足、便于家长接送的地段；其生活用房应满足冬至日底层满窗日照不少于 3h 的日照标准；宜设置于可遮挡冬季寒风的建筑物背风面； （2）服务半径不宜大于 300m； （3）托儿所规模宜根据适龄儿童人口确定； （4）活动场地应有不少于 1/2 的活动面积在标准的建筑日照阴影线之外
老年人日间照料中心 *	350～750	—	老年人日托服务，包括餐饮、文娱、健身、医疗、保健等	服务半径不宜大于 300m
社区卫生服务站 *	120～270	—	预防、医疗、计生等服务	（1）在人口较多、服务半径较大、社区卫生服务中心难以覆盖的社区，宜设置社区卫生站加以补充； （2）服务半径不宜大于 300m； （3）建筑面积不得低于 120m²； （4）社区卫生服务站应安排在建筑首层并应有专用出入口
小超市	—	—	居民日常生活用品销售	服务半径不宜大于 300m
再生资源回收点 *	—	6～10	居民可再生物资回收	（1）1000～3000 人设置 1 处； （2）用地面积不宜小于 6m²； 其选址应满足卫生、防疫及居住环境等要求
生活垃圾收集站 *	—	120～200	居民生活垃圾收集	（1）居住人口规模大于 5000 人的居住区及规模较大的商业综合体可单独设置收集站； （2）采用人力收集的，服务半径宜为 400m，最大不宜超过 1km；采用小型机动车收集的，服务半径不宜超过 2km

续表

设施名称	单项规模		服务内容	设置要求
	建筑面积（m²）	用地面积（m²）		
公共厕所 *	30～80	60～120	—	（1）宜设置于人流集中处； （2）宜结合配套设施及室外综合健身场地（含老年户外活动场地）设置
非机动车停车场（库）	—	—	—	（1）宜就近设置在自行车（含共享单车）与公共交通换乘接驳地区； （2）宜设置在轨道交通站点周边非机动车车程 15min 范围内的居住街坊出入口处，停车面积不应小于 30m²
机动车停车场（库）	—	—	—	根据所在地城市规划有关规定配置

注：（1）加 * 的配套设施，其建筑面积与用地面积规模应满足国家相关规划和建设标准的有关规定。

（2）承担应急避难功能的配套设施，应满足国家有关应急避难场所的规定。

居住街坊配套设施规划建设控制要求　　　　　　　　表 21.1.11-3

设施名称	单项规模		服务内容	设置要求
	建筑面积（m²）	用地面积（m²）		
物业管理与服务	—	—	物业管理服务	宜按照不低于物业总建筑面积的 2‰ 配置物业管理用房
儿童、老年人活动场地	—	170～450	儿童活动及老年人休憩设施	（1）宜结合集中绿地设置，并宜设置休憩设施； （2）用地面积不应小于 170 m²
室外健身器械	—	—	器械健身和其他简单运动设施	（1）宜结合绿地设置； （2）宜在居住街坊范围内设置
便利店	50～100	—	居民日常生活用品销售	1000～3000 人设置 1 处
邮件和快件送达设施	—	—	智能快件箱、智能信包箱等可接收邮件和快件的设施或场所	应结合物业管理设施或在居住街坊内设置

设施名称	单项规模		服务内容	设置要求
	建筑面积(m²)	用地面积(m²)		
生活垃圾收集点*	—	—	居民生活垃圾投放	(1) 服务半径不应大于70m,生活垃圾收集点应采用分类收集,宜采用密闭的方式; (2) 生活垃圾收集点可采用放置垃圾容器或建造垃圾容器间方式; (3) 采用混合收集垃圾容器间时,建筑面积不宜小于5 m²; (4) 采用分类收集垃圾容器间时,建筑面积不宜小于10m²
非机动车停车场(库)	—	—	—	宜设置于居住街坊出入口附近;并按照每套住宅配建1~2辆配置;停车场面积按照0.8~1.2m²/辆配置,停车库面积按照1.5~1.8m²/辆配置;电动自行车较多的城市,新建居住街坊宜集中设置电动自行车停车场,并宜配置充电控制设施
机动车停车场(库)	—	—	—	根据所在地城市规划有关规定配置,服务半径不宜大于150m

注:加*的配套设施,其建筑面积与用地面积规模应满足国家相关规划标准有关规定。

21.1.12 居住区应相对集中设置停车场(库),宜采用地下停车、停车楼、机械停车设施,应具备公共充电设施。地面停车数量不宜超过住宅总套数的10%。非机动车停车场(库)应设置在方便居民使用的位置。

配建停车场(库)的停车位控制指标(车位/100m²建筑面积) 表 21.1.12

名称	非机动车	机动车
商场	≥7.5	≥0.45
菜市场	≥7.5	≥0.30
街道综合服务中心	≥7.5	≥0.45
社区卫生服务中心(社区医院)	≥1.5	≥0.45

21.1.13 居住区应采用"小街区、密路网"的交通组织方式,路网密度不应小于8km/km²;城市道路间距不应超过300m,宜为150~250m,并与居住街坊的布局结合。

21.1.14 支路的红线宽度宜为14~20m,人行道宽度不应小于2.5m。主要附属道路路面宽度不应小于4.0m,其他附属道路路面宽度不应小于2.5m。人行出入口间距不宜超过200m。

21.1.15　附属道路最小纵坡不应小于 0.3%，最大纵坡应符合表 21.1.15 的规定。

附属道路最大纵坡控制指标（%）　　　　　　　　**表 21.1.15**

道路类别及其控制内容	一般地区	积雪或冰冻地区
机动车道	8.0	6.0
非机动车道	3.0	2.0
步行道	8.0	4.0

21.1.16　居住区道路便于至建筑物、构筑物的最小距离，应符合表 21.1.16 的规定。

居住区道路边缘至建筑物、构筑物最小距离（m）　　　　**表 21.1.16**

与建、构筑物关系		城市道路	附属道路
建筑物面向道路	无出入口	3.0	2.0
	有出入口	5.0	2.5
建筑物山墙面向道路		2.0	1.5
围墙面向道路		1.5	1.5

注：道路边缘对于城市道路是指道路红线。附属道路分两种情况：道路断面设有人行道时，指人行道的外边线；道路断面未设人行道时，指路面边线。

21.2　总　体　布　局

21.2.1　住宅布置方式

表 21.2.1

住宅布置方式	简　图
行列式 易形成巷式空间 适用于居住组团	 某市保障房项目

住宅布置方式	简　图
点式 （相对于行列式易形成开放通透空间） 适用于居住组团	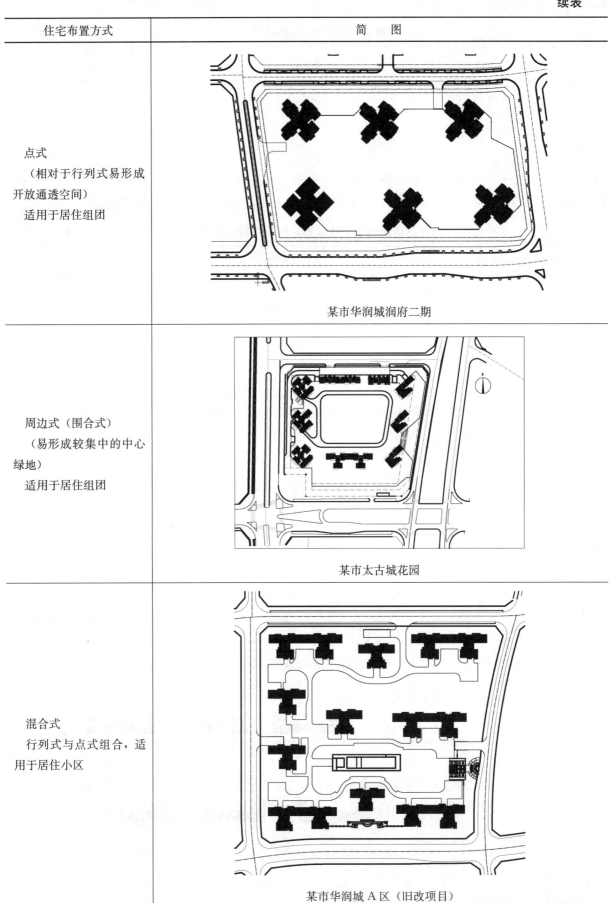
周边式（围合式） （易形成较集中的中心绿地） 适用于居住组团	
混合式 行列式与点式组合，适用于居住小区	

某市华润城润府二期

某市太古城花园

某市华润城 A 区（旧改项目）

住宅布置方式	简　图
组团式 适用于居住区、居住小区，形成公共空间与组团空间	 某市侨香村住宅区

21.2.2　住宅建筑的间距应符合表 21.2.2 的规定；对特定情况，还应符合下列规定：

1. 老年人居住建筑日照标准不应低于冬至日日照实数 2h。

2. 在原设计建筑外增加任何设施不应使相邻住宅原有日照标准降低，既有住宅建筑进行无障碍改造加装电梯除外。

3. 旧改项目内新建住宅建筑日照标准不应低于大寒日日照时数 1h。

住宅建筑日照标准　　　　　　　　　　　　　表 21.2.2

建筑气候区划	Ⅰ、Ⅱ、Ⅲ、Ⅶ气候区		Ⅳ气候区		Ⅴ、Ⅵ气候区
城市常住人口（万人）	≥50	<50	≥50	<50	无限定
日照标准日	大寒日				冬至日
日照时数（h）	≥2		≥3		≥1
有效日照时间带 （当地真太阳时）	8～16 时			9～15 时	
计算起点	底层窗台面				

注：底层窗台面是指距室内地坪 0.9m 高的外墙位置。

21.2.3　住宅间距

1. 日照间距

日照间距除应满足当地日照标准的要求外，还应满足当地规划部门对日照间距的最小控制要求。

2. 防火间距

见第3章一般规定相关内容。

3. 视线间距

应满足当地规划部门对视觉间距的最小控制要求。

《深圳市城市规划标准与准则》对住宅建筑的视觉间距控制要求一览表　　表 21.2.3

	平行布置	垂直布置	并排布置	夹角布置
低、多层之间	新区≥两幢平均高度的1.0倍,旧区≥两幢平均高度的0.8倍;南侧≥5层点式住宅且面宽<25m时,按≥两幢建筑平均高度的0.8倍;<5层≥建筑高度的1.0倍,且最小间距≥9m	南北向:新区≥两幢建筑平均高度的0.8倍,旧区≥0.7倍;东西向:新区≥两幢建筑平均高度的0.7倍,旧区≥0.6倍;当山墙宽度>12m时,应按平行布置的间距控制	按消防间距或通道要求控制,住宅侧面均有居室门或窗户的,应按垂直布置控制	两幢建筑的夹角≤30°,其最窄处间距应按平行布置控制;两幢建筑的夹角>330°,其最窄处间距应按垂直布置控制
低、多层与高层、超高层	低、多层位于南、东或西侧,其间距≥低、多层住宅高度的1.0倍,且≥13m;低、多层位于北侧,其最小间距≥24m	南北向且低、多层住宅位于南侧,建筑间距≥低、多层住宅高度的0.8倍,且≥13m;低、多层位于北、东、西向时,按高层与超高层间距	应按消防间距或通道要求控制,低、多层与高层、超高层住宅侧面均有居室门或窗户的,其最小间距≥13m	
高层之间	≥24m			
高层与超高层	高层位于南侧,其最小间距≥24m;高层住宅位于北侧,其最小间距≥30m	南北向的最小间距≥18m;东、西向的两侧均有居室门或窗的最小间距≥18m,其他情况最小间距不应小于13m,垂直布置的山墙宽度>15m时,按平行布置控制	应按消防间距或通道要求控制,高层、超高层住宅侧面均有居室门或窗户的,其最小间距≥18m	
超高层之间	≥30m			

21.3　住　宅　建　筑　分　类

21.3.1　按建筑高度或层数划分

表 21.3.1

分类	高度或层数
低层住宅	1～3 层
多层住宅	4～6 层
中高层住宅	7～9 层
高层住宅	≥10 层（注：《建筑设计防火规范》高度＞27m）
超高层住宅	高度＞100m

21.3.2　按建筑形态划分

表 21.3.2

分类	简　图
独立式住宅 独门独户的低层 住宅，如独栋别墅	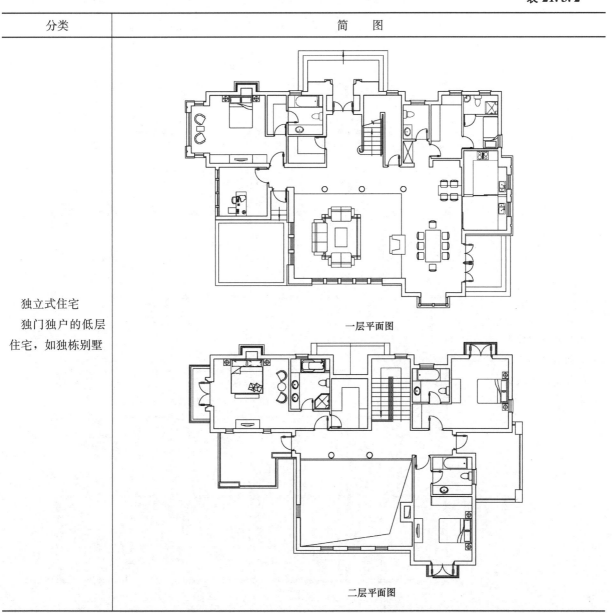 一层平面图 二层平面图

分类	简　图
并联式住宅 　由2户独门独户的住宅共用一分户墙拼联成一栋的低层住宅,如双拼住宅	 一层平面
联排式住宅 　由几幢低层住宅并联而成有独立门户的住宅,如联排住宅	 二层平面 三层平面

续表

分　类	简　图
合院式住宅 由1户或几户住宅围合1个或几个院落形成的住宅组合，如三合院、四合院等	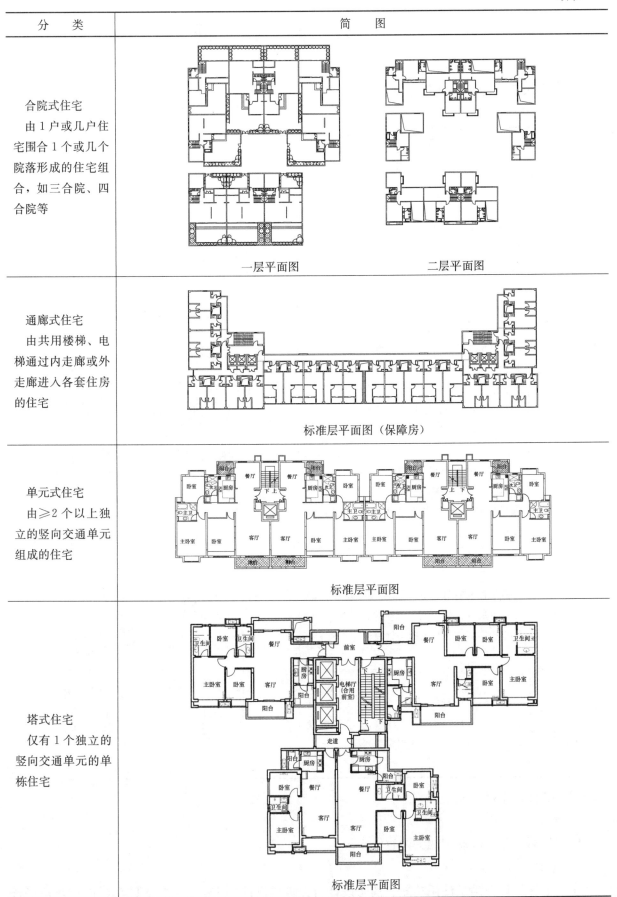 一层平面图　　　　　　二层平面图
通廊式住宅 由共用楼梯、电梯通过内走廊或外走廊进入各套住房的住宅	标准层平面图（保障房）
单元式住宅 由≥2个以上独立的竖向交通单元组成的住宅	标准层平面图
塔式住宅 仅有1个独立的竖向交通单元的单栋住宅	标准层平面图

21.4 公 共 空 间

21.4.1 出入口、门厅、架空层

表 21.4.1

	设计要求	简图
出入口	包括台阶、坡道、平台等	
大堂	大堂可与电梯厅、楼梯间等合用;门厅外门净宽宜≥1.50m,净高应≥2.00m;门厅层高不应小于住宅层高;设置架空层时,可与架空层同高	
室内外高差	首层设有住宅时,住宅的室内外高差宜≥0.30m;首层设有架空花园时,架空花园地面不应低于室外场地标高,住宅门厅(含电梯厅、楼梯间等)与室外场地高差≥0.15m,出入口处设置无障碍通行措施	
雨篷	出入口上方应设置雨篷,进深不应小于入口平台进深,且≥1.00m;出入口上方应满足采取防止物体坠落伤人安全措施的要求	
架空层	高层住宅宜在建筑地面层或裙房屋面的住宅首层设置架空层,提供绿化休闲空间;架空层层高应满足当地规划设计控制要求	
信报箱、物流存储箱	出入口应设置信报箱,宜设置物流存储箱;不应占用公共通行空间,应兼顾收发与住宅安防要求,并选用定型产品	

21.4.2 楼梯、电梯

1. 楼梯

楼梯见第 3 章一般规定相关内容。

2. 电梯

住宅电梯设计应满足使用功能、消防设计与无障碍设计要求。≥7 层的住宅或住户入户层楼

面（含跃层、错层等住宅）距室外设计地面的高度＞16m 的住宅应设置电梯。

电梯数量以独立的交通单元计，最低配置要求：7～11 层住宅，≥1 台；≥12 层住宅，≥2 台，其中 1 台电梯可容纳担架使用且作为消防电梯。在满足最低配置要求下，应根据项目的设计标准，确定相应的电梯数量。高层、超高层住宅，其电梯数量可通过电梯运输效率计算确定。

住宅电梯配置表（参照 1000 千克/台电梯）　　　　　　　表 21.4.2

标准建筑类别	数　　量			
	经济级	常用级	舒适级	豪华级
住宅	90～100 户/台	60～90 户/台	30～60 户/台	＜30 户/台

21.4.3　设备管线、设备管井、设备层

1. 公共设备管井

住宅公共管线应设置在公共空间，便于维护检修。雨水管、燃气管可设置在套内阳台中。高层住宅应设置设备管井，多层住宅宜设置设备管井。

常用设备管井表　　　　　　　　　　　　　　表 21.4.3

设备管井名称	设备管井尺寸
水管井	内开门内操作 700mm×(1100～1600)mm 对外全开门外操作 400mm×(1100～1600)mm
室内消火栓	双栓 800mm×1200mm×240mm 单栓 700mm×1100mm×240mm
强电管井	内开门内操作 800mm×(1000～1500)mm
弱电管井	对外全开门外操作 400mm×(700～800)mm
加压送风井	防烟楼梯间 0.8～1.4m² 剪刀楼梯 1.0～1.2m² 消防电梯前室 0.6～0.8m² 其合用前室 0.8～1.0m²

2. 设备转换

住宅下方为其他使用功能时，宜设置设备层，设备层可利用避难层、架空层等空间，避免住宅设备管线对其他功能空间的影响。

对于超高层住宅，高度＞150m 的住宅中宜设置水泵房，高度＞200m 的住宅中宜设置配电房。水泵房、配电房、风机房可设在避难层中，并采取相应的防火隔离措施。

3. 设备降噪、减振、隔声、防电磁干扰

水泵房、冷热源机房、变配电机房等有噪声及振动的设备应避免紧邻住户设置。如需设置在住宅建筑中或屋面上时，应采用降噪、减振、隔声、防电磁干扰等措施。

21.4.4　避难层、避难间

1. 避难层

建筑高度大于 100m 的住宅建筑应设置避难层，并应符合消防设计要求。避难层的层高应满足消防及当地规划设计控制要求。

2. 套内避难要求

建筑高度＞54m、≤100m 的住宅建筑，每户应设置 1 间相对安全的房间，该房间应靠外墙设置，并应设置可开启外窗；内、外墙体的耐火极限≥1.00h，该房间的门宜采用乙级防火门，外窗宜采用耐火完整性≥1.00h 的防火窗。

21.5 套内空间

21.5.1 套型设计

1. 住宅套型

住宅应按套型设计,每套应设起居室(厅)、卧室、厨房和卫生间基本生活空间。

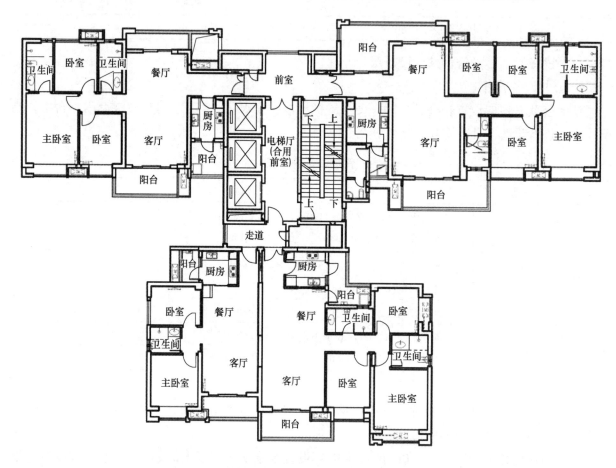

图 21.5.1 (住宅标准层平面)

2. 套型使用面积

住宅的套型使用面积应满足规划要求,并满足其最小使用面积要求。

保障房的套型使用面积应满足当地保障房建设标准的要求。

住宅套型的最小使用面积表(单位:m²)　　　　　表 21.5.1-1

套型	功能空间	最小使用面积
一类	起居室(厅)、卧室、厨房和卫生间	30
二类	兼起居室卧室、厨房和卫生间	22

3. 套型使用率

住宅设计应在满足公共空间的使用功能、防火安全、结构安全的前提下,提高住宅套内空间的使用效率,住宅套内面积使用率宜≥70%。

4. 各功能空间使用面积

各功能空间在满足最小使用面积要求同时，应满足家具、电器设备、厨具、洁具等布置空间要求，并满足人员使用空间的要求。

保障房的各功能空间应满足当地保障房建设标准的要求。

各功能空间的最小使用面积表（m²）　　　　　表 21.5.1-2

	起居室	卧室			厨房		卫生间				
		兼起居室卧室	双人	单人	一类	二类	便器、洗浴、洗面	便器洗面	便器洗浴	洗面洗浴	便器
使用面积	10	12	9	5	4	3.5	2.5	1.8	2.0	2.0	1.1

5. 套内空间设计要求

设计要求	简　图
起居室卧室 　起居室（厅）宜设置在套内近入口处，包括客厅、餐厅等功能 　起居室（厅）、卧室在满足最小使用面积的前提下，应满足家具布置与使用空间要求 　起居室（厅）与卧室之间宜动静分区，可设置过道等过渡空间；起居室（厅）布置家具的墙面直线长度应≥3m	
厨房 　厨房宜布置在套内近入口处；应设置洗涤池、案台、炉灶及排油烟机、热水器、燃气阀等设施或预留位置，宜预留冰箱位置；住宅厨房应设置集中烟道、高空排放；单排布置设备的厨房净宽应≥1.50m，双排布置设备的厨房其两排设备的净距应≥0.90m	
卫生间 　每套住宅至少应配置便器、洗浴器、洗面器三件卫生设备；无前室的卫生间的门不应直接开向起居室（厅）或厨房；卫生间不应直接布置在下层住户的卧室、起居室（厅）和厨房的上层；卫生间直接布置在本套住户内的上层时，应有防水、隔声和便于检修的措施	
其他 　宜设置入口门厅、储藏空间、书房、家庭厅、过道等功能空间	

6. 层高与净高

住宅层高宜为 2.80m，最大层高应满足当地规划设计要求。

住宅套内净高表　　　　　　　　　　　表 21.5.1-3

功能空间	净　高
起居室（厅）、卧室	≥2.40m，使用面积≤1/3 的局部空间≥2.10m 坡屋顶时，使用面积≤1/2 的局部空间≥2.10m
厨房、卫生间	≥2.20m，管道下方≥1.90m

21.5.2 入户花园、阳台、洗衣机与空调位

根据套型设计要求，可适当设置入户花园、生活阳台、服务阳台、平台、露台等室外生活空间。

表 21.5.2

	设计要求	简图
洗衣机	洗衣机可设置于阳台、露台、卫生间内，或紧邻卫生间设置	
空调机	套内应预留室内外空调机位，室外空调机宜设置专用室外空调机位或阳台内，并设置有组织排水管线；空调机设置在外立面时，需兼顾通风换气与遮蔽要求	

21.5.3 门窗

住宅户门应满足安全、隔声、节能要求。向外开启的户门不应妨碍公共交通。

门窗洞口最小尺寸表（单位：m）　　　　　表 21.5.3-1

类别	洞口宽度	洞口高度	类别	洞口宽度	洞口高度
户（套）门	1.00	2.00	厨房门	0.80	2.00
起居室（厅）门	0.90	2.00	卫生间门	0.70	2.00
卧室门	0.90	2.00	阳台门（单扇）	0.70	2.00

表中门洞高度不包括门上亮子高度。洞口两侧地面有高低差时，以高地面为起算高度。推拉门的宽度以开启后有效通行宽度计。

门窗设计要求表　　　　　　　　　　　表 21.5.3-2

	设 计 要 求
窗台高度	外窗窗台距楼面、地面的高度<0.90m 时，应有防护设施；窗外有阳台或设防护的平台时可不受此限制；窗台的净高度或防护栏杆的高度均应从可踏面起算，保证净高≥0.90m
凸窗	凸窗窗台高度≤0.45m 时，防护高度应从窗台面起算≥0.90m；凸窗开启扇洞口底距窗台面<0.90m 时，其窗洞口防护高度应从窗台面起算≥0.90m
外门窗	平开窗或上悬窗紧邻公共走廊与公共屋面、底层外窗紧邻人行通道时，其下沿<2m 处应采取防撞措施，并应避免视线干扰，不应妨碍交通；底层阳台门应采取安全措施

21.5.4 室内环境

1. 天然采光

采光门窗下沿距楼地面低于 0.50m 的洞口面积不计入采光面积。

天然采光门窗洞口的窗地比与采光系数表 表 21.5.4-1

	采光门窗洞口的窗地比	采光系数
起居室（厅）、卧室、厨房	≥1/7	≥1%
楼梯间设有天然采光时	≥1/12	≥0.5%

2. 自然通风

住宅设计应有利于室内自然通风，每套住宅的自然通风开口面积不应小于地面面积的 5%。起居室（厅）、卧室、厨房应设有天然通风条件。套内空间自然通风面积应同时满足节能要求。

住宅套内空间自然通风开口面积表（单位：m²） 表 21.5.4-2

功能空间	自然通风要求	节能要求
起居室（厅）	≥楼地面面积的 5%	≥楼地面面积的 10% 或外窗面积的 45%
卧室	≥楼地面面积的 5%	
厨房	≥楼地面面积的 10%且≥0.60m²	
卫生间	≥楼地面面积的 5%	
阳台	开口面积≥对应空间开门要求，且厨房阳台应≥0.6m²	

3. 隔声与降噪

住宅室内空间应动静分区。卧室、起居室（厅）与室内外噪声源之间应采取隔声与降噪的措施。卧室不应紧邻电梯布置。起居室（厅）不宜紧邻电梯布置，否则应采取隔声、减震的措施。

住宅室内隔声与隔振要求表 表 21.5.4-3

功能空间	室内噪声级（等效连续 A 声级）	分户墙和分户楼板的空气声隔声性能（空气声隔声评价量 Rw+C）	分户楼板的计权规范化隔声评价量
起居室（厅）	≤45dB	≥45dB 分隔住宅与非住宅的楼板≥51dB	宜≤75dB 应≤85dB
卧室	昼间≤45dB 夜间≤37dB		

4. 污染物控制

住宅室内空气污染物的活度和浓度应符合下表的规定。

住宅室内空气污染物限值 表 21.5.4-4

项 目	活度和浓度限值
氡	≤200Bq/m³
游离甲醛	≤0.08mg/m³
苯	≤0.09mg/m³
氨	≤0.2mg/m³
总挥发性有机化合物（TVOC）	≤0.5mg/m³

22 绿色建筑设计

22.1 绿色建筑的分类与等级

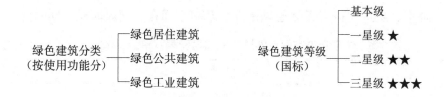

22.2 绿色建筑设计策略

22.2.1 场地设计及社区规划

- (1) 场地选择
- (2) 场地规划
- (3) 风和场地设计
- (4) 日照
- (5) 植物和植被
- (6) 绿色雨水规划

22.2.2 被动式技术

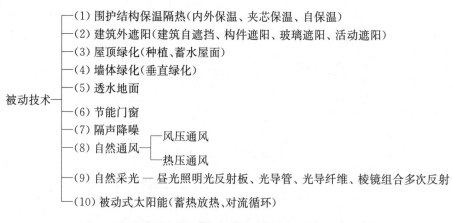

被动技术
- (1) 围护结构保温隔热(内外保温、夹芯保温、自保温)
- (2) 建筑外遮阳(建筑自遮挡、构件遮阳、玻璃遮阳、活动遮阳)
- (3) 屋顶绿化(种植、蓄水屋面)
- (4) 墙体绿化(垂直绿化)
- (5) 透水地面
- (6) 节能门窗
- (7) 隔声降噪
- (8) 自然通风 — 风压通风 / 热压通风
- (9) 自然采光 — 昼光照明光反射板、光导管、光导纤维、棱镜组合多次反射
- (10) 被动式太阳能(蓄热放热、对流循环)

22.2.3 节水技术

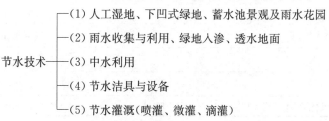

节水技术
- (1) 人工湿地、下凹式绿地、蓄水池景观及雨水花园
- (2) 雨水收集与利用、绿地入渗、透水地面
- (3) 中水利用
- (4) 节水洁具与设备
- (5) 节水灌溉(喷灌、微灌、滴灌)

22.2.4 设备节能技术

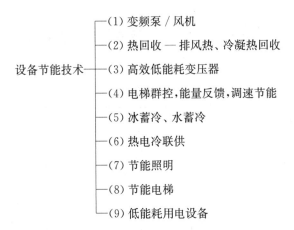

设备节能技术
- (1) 变频泵／风机
- (2) 热回收 — 排风热、冷凝热回收
- (3) 高效低能耗变压器
- (4) 电梯群控,能量反馈,调速节能
- (5) 冰蓄冷、水蓄冷
- (6) 热电冷联供
- (7) 节能照明
- (8) 节能电梯
- (9) 低能耗用电设备

22.2.5 可再生能源利用技术

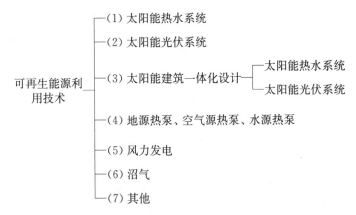

可再生能源利用技术
- (1) 太阳能热水系统
- (2) 太阳能光伏系统
- (3) 太阳能建筑一体化设计
  - 太阳能热水系统
  - 太阳能光伏系统
- (4) 地源热泵、空气源热泵、水源热泵
- (5) 风力发电
- (6) 沼气
- (7) 其他

22.2.6 软件模拟技术

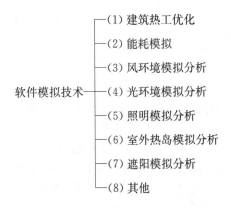

软件模拟技术
- (1) 建筑热工优化
- (2) 能耗模拟
- (3) 风环境模拟分析
- (4) 光环境模拟分析
- (5) 照明模拟分析
- (6) 室外热岛模拟分析
- (7) 遮阳模拟分析
- (8) 其他

22.2.7 环保技术

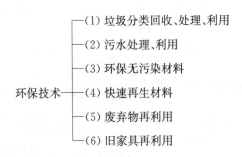

环保技术
- (1) 垃圾分类回收、处理、利用
- (2) 污水处理、利用
- (3) 环保无污染材料
- (4) 快速再生材料
- (5) 废弃物再利用
- (6) 旧家具再利用

22.3 绿色建筑决策要素与技术措施

绿色建筑决策要素与技术措施 表 22.3

指标	决策要素			技术措施
1 节地与室外环境	1.1 场地选择	场地安全	洪水位	场地位于当地洪水位之上
			洪涝泥石流	远离洪涝灾害或泥石流威胁,设置防灾挡灾措施
			地震断裂带	避开地震断裂带、易液化土、软弱土等对抗震不利的地段
			电磁辐射	远离电磁辐射污染源:电视广播发射塔、通信发射台、雷达站、变电站、高压电线等,或采取遮蔽、隔离等安全环保措施
			火、爆、毒	远离火、爆、毒——油库、煤气站、有毒物质厂房仓库
			土壤氡	土壤氡浓度检测,对超标土壤采取防治措施
			各种污染	远离空气污染、水污染、固体污染、光污染、噪声污染、土壤污染等各种污染源,查阅环评报告,并采取相应的避让防治措施
		废弃场地利用	废弃场地包含内容	不可建设用地:裸岩、石砾地、陡坡地、塌陷地、盐碱地、沙荒地、沼泽地、废窑坑等
				工厂与仓库弃置地、非农田闲置地
			土壤检测	检测土壤中是否存在有毒物质
			土壤治理	对有毒有污染的土壤采取改造改良等治理修复措施
			再利用评估	对废弃场地的再利用进行评估,确保安全,符合相关标准要求
	1.2 土地利用	规划指标	居住建筑人均居住用地(11~35m²)人均公共绿地(1.0~1.5m²)	合理控制人均居住用地指标,节约集约利用土地采取合理规划、适当提高容积率、增加层数、加大进深、高低结合、点板结合、退台处理等节地措施
				合理设置绿化用地,同时采取屋顶绿化、墙体绿化等立体绿化措施
			公共建筑容积率	合理控制容积率(0.5~3.5);尽量增大绿地率(30%~40%),并将绿地向社会公众开放
			地下空间利用	合理开发利用地下空间,可采用下沉式广场、地下半地下室、多功能地下综合体(车库、步行通道、商业、设备用房等)

指标		决策要素		技术措施
1 节地与室外环境	1.3 室外环境	光污染	玻璃幕墙	外立面避免大面积采用玻璃幕墙 严格控制玻璃幕墙玻璃的可见光反射比≤0.2，在市中心区、主干道立交桥等区域幕墙玻璃的可见光反射比≤0.16
			室外照明	降低外装修材料（涂料、玻璃、面砖等）的眩光影响 合理选配节能型照明器具，并采取相应措施防止溢流
		声环境	场地噪声	远离噪声源——避免邻近主干道、远离固定设备噪声源，隔离噪声源——隔声绿化带、隔声屏障、隔声窗等
			模拟分析	进行场地声环境模拟分析和预测
		风环境	模拟分析	对场地风环境进行CFD数据模拟分析，指导建筑规划布局及体型设计
			优化布局 自然通风	调整建筑布局，景观绿化布置等，改善住区流场分布、减少涡流和滞风现象，加强自然通风，避开冬季不利风向，必要时设置防风墙，防风林、导风墙（板）、导风绿化等
		降低热岛强度	场地及建筑排热	降低室外场地及建筑外立面的排热： 红线范围内户外活动场地有遮阴措施（乔木、构筑物等）； 外墙、屋顶、地面、道路采用太阳辐射反射系数≥0.4的材料； 合理设置屋顶绿化和墙体绿化； 尽量增加室外绿地面积
			空调排热	降低夏季空调室外排热： 采用地源热泵或水源热泵负担部分或全部空调负荷，有效减少碳排放； 采用排风热回收措施
	1.4 交通设施与公共服务	交通体系	公共交通	建筑外的公共平台直接通过天桥与公交站点相连； 建筑的部分空间与地面轨道交通站点出入口直接连通； 地下空间与地铁站点直接相连
		停车场所	停车位	按当地停车位配制标准设置地下和地上停车位
			停车方式	停车方式——地下车库、停车楼、机械式停车库等
			自行车	按有关规定标准设置自行车位及自行车道
		公共服务设施	居住建筑	住区配套服务设施——教育、医疗卫生、文化体育、商业、金融邮电、社区服务、市政公用、行政管理； 住区内1000m范围内的公共服务设施不应少于5种；场地出入口到达幼儿园的距离≤300m，到达小学、公交车站和商业≤500m
			公共建筑	2种及以上的公建集中布置，或公建兼容2种及以上的公共服务功能配套辅助设施设备共同使用，资源共享； 建筑和室外活动场地应向社会公众提供开发的公共空间
			无障碍设计	建筑入口、电梯、卫生间、停车场（库）、人行通道等处均应采用无障碍设计

指标	决策要素			技术措施	
1 节地与室外环境	1.5 场地设计与场地生态	生态保护	地形地貌	尽量保持和充分利用原有地形地貌	
			土石方工程	尽量减少土石方工程	
			生态复原	减少开发建设过程对场地及周边环境生态系统的破坏（水体、植被），对被损害的地形地貌、水体植被等，事后应及时采取生态复原措施	
		地面景观	乡土植物	采用适合当地气候特征的乡土植物	
			复层绿化	采取乔、灌、草相结合的复层立体式绿化	
			林荫场地	尽量多设置林荫广场，林荫休憩，娱乐场地，林荫停车场、林荫道路等遮阴效果好的场地	
			下凹绿地	采用下凹式绿地，调蓄雨水	
			透水地面	采用透水地面、透水铺装（停车场、道路、室外活动场地）	
		雨水收集利用	专项设计	对大于 $10hm^2$ 的场地进行雨水专项规划设计	
			雨水径流	合理规划地表与屋面雨水径流，对场地雨水实施外排总量控制，且总量控制率宜≥55%	
			雨水利用	收集和利用屋面雨水、道路雨水进入地面生态设施	
		立体绿化	屋面绿化	屋顶绿化——种植屋面	
			立面绿化	立面垂直绿化——墙体绿化、阳台绿化	
2 节能与能源利用	2.1 围护结构	建筑体形	朝向	选择本地区最佳朝向或适宜朝向	
			体形系数	满足节能设计标准的要求	
			窗墙（地）比	满足节能设计标准的要求	
		保温隔热	屋面保温	正置式、倒置式保温隔热屋面、架空屋面、蓄水屋面等	
			墙体保温	外保温、内保温、夹芯保温、自保温	
			门窗幕墙	断热型材、节能玻璃（Low-E、中空、镀膜、真空、自洁、智能等）	
		遮阳系统	外遮阳	水平遮阳、垂直遮阳、综合遮阳、固定遮阳、活动遮阳、玻璃遮阳、卷帘、百叶、内置百叶中空玻璃、玻璃幕墙中置遮阳百叶等，遮阳一般用于西向或西偏北向	
			内遮阳	卷帘、百叶	
		外窗幕墙开启面积		可开启面积比例满足节能与绿建标准的要求	
	2.2 暖通空调	冷热源选型	系统及容量	合理确定冷热源机组容量；选择高效冷热源系统	
			机组	选择高性能冷热源机组（能效比、热效率、性能系数）	
			控制系统	配置空调冷热源智能控制系统	
		空调	设备	选用高性能输配设备（风机、水泵）	
		输配系统	水系统	空调水系统变流量运行（空调水泵变频运行）	
			送风系统	空调变风量运行	
			新风系统	智能新风系统	
		自动控制	制冷机房	制冷机房群控子系统	
			空调末端	空调末端群控制系统	

指标	决策要素			技术措施
2 节能与能源利用	2.3 能源综合利用	余热回收利用	锅炉	锅炉排烟热回收
			水冷机组	冷水机组冷凝热量回收
			热泵机组	采用全热回收型热泵机组
		蓄冷蓄热	冰蓄冷	冰蓄冷技术
			水蓄冷	水蓄冷技术
			蓄热技术	蓄热技术
		排风热回收	集中空调	对集中采暖空调的建筑——选用全热回收装置或显热回收装置
			非集中空调	对不设集中新风排风的建筑——采用带热回收的新风与排风的双向换气装置
	2.4 可再生能源利用	太阳能热水	集热器	集热器类型——平板型、真空管式、热管式、U形管式等
			热水系统运行方式	热水系统运行方式——强制循环间接加热（双贮水装置、单贮水装置）； 强制循环直接加热（双贮水、单贮水装置）； 直流式系统、自然循环系统
			热水供应方式	集中供热水系统，集中集热分散供热水系统，分散供热水系统
		光伏发电	系统选择	独立光伏发电系统，并网光伏发电系统，光电建筑一体化系统
			输出方式	交流系统，直流系统，交直流混合系统
		地热	系统选择	地源热泵系统，水源热泵系统（地下水源、地表水源、污水源）
		风能	应用形式	大型风场发电，小型风力发电与建筑一体化
	2.5 照明与电气	照明系统	节能灯具	采用节能灯具——T5荧光灯、LED灯等
				采用低能耗性能优的光源用电附件——电子镇流器、电感镇流器
				电子触发器、电子变压器等
			照明控制	采用智能照明控制系统——分区控制、定时控制、自动感应开关、照度调节等
				照明功率密度值达到现行国标规定的目标值
		电梯	节能电梯	采用节能电梯及节能自动扶梯
			电梯控制	采用电梯群控、扶梯自动启停等节能控制措施
		供配电系统	变压器	所用配电变压器满足现行国标的节能评价值
			电气设备	水泵、风机及其他电气设备装置满足相关国标的节能评价值
			无功补偿	对供配电系统采取动态无功补偿装置和措施或谐波抑制和治理措施
			变配电所	合理选择变配电所位置，正确选择导线截面及线路敷设方案
		能耗分项计量	按用途分项	冷热源、输配系统、照明、办公设备、热水能耗等
			按区域分项	办公、商业、物业后勤、旅馆等
		智能化系统	居住建筑	安全防范、管理与监控、信息网络三大子系统
			公共建筑	信息设施、信息化应用、建筑设备管理 公共安全、机房、智能化集成系统

指标	决策要素			技术措施	
3 节水与水资源利用	3.1 水系统规划	水资源利用	制定方案	当地水资源现状分析,项目用水概况 用水定额,给排水系统设计,节水器具设备 非传统水源综合利用方案,用水计量	
	3.2 节水器具与设备		节水卫生器具	节水水龙头,节水坐便器,节水淋浴器	
			节水灌溉	喷灌、微喷灌、微灌、滴灌、渗灌、涌泉灌	
		冷却塔节水	冷却塔选型	选用节水型冷却塔,冷却塔补水使用非传统水源	
			冷却塔废水	充分利用冷却塔废水	
			冷却水系统	采用开式循环冷却水系统	
			冷却技术	采用无蒸发耗水量的冷却技术（风冷式冷水机组、风冷式多联机、地源热泵、干式运行的闭式冷却塔等）	
	3.3 非传统水源利用	雨水利用	雨水入渗	绿地入渗、透水地面、洼地入渗、浅沟入渗、渗透管井、池等	
			雨水收集	优先收集屋面雨水用作景观绿化用水、道路冲洗等	
			调蓄排放	人工湿地、下凹式绿地、雨水花园、树池、干塘等	
		中水回用	中水水源	盆浴淋浴排水、盥洗排水、空调冷却水、冷凝水、泳池水、洗衣水等	
			处理工艺	物理化学法、生物法、膜分离法	
			用途	景观补水、绿化灌溉、道路冲洗、洗车、冷却补水、冲厕等	
	3.4 避免管网漏损	设计选型监测	阀门、设备管材选用	选用密闭性能好的阀门、设备; 使用耐腐蚀、耐久性能好的管材	
			埋地管道设计施工监督	室外埋地管道采用有效措施避免管网漏损——做好基础处理和覆土,控制管道埋深,加强施工监督、把好施工质量关	
			运行检测	运行阶段对管网漏损进行检测、整改	
	3.5 用水计量		按使用功能	对厨房、卫生间、空调系统、游泳池、绿化、景观等用水分别设置用水计量装置,统计用水量	
			按付费或管理单元	按付费或管理单元、分别设置用水计量装置,统计用水量	
4 节材与材料资源利用	4.1 材料选用		本地化建材	使用当地生产的建材,提高就地取材制成的建材产品的比例	
			可再循环利用材料	包括:钢、铸铁、铜及铜合金、铝、铝合金、不锈钢、玻璃、塑料、石膏制品、木材、橡胶等	
		高强材料	钢筋混凝土结构	在受力普通钢筋中尽量使用不低于400MPa级钢筋	
			高层建筑	尽量采用强度等级不小于C50的混凝土	
			钢结构	尽量选用Q345及以上的高强钢材	
		耐久材料	钢筋混凝土结构	尽量采用高性能高耐久性的混凝土	合理采用清水混凝土,采用耐久性好,易维护的外立面和内装材料
			钢结构	尽量选用耐候结构钢与耐候型防腐涂料	

指标	决策要素			技术措施
4 节材与材料资源利用	4.1 材料选用	废弃物	建筑废弃物	利用建筑废弃物再生骨料制作的混凝土砌块、水泥制品、再生混凝土
			工业废弃物	利用工业废弃物、农作物秸秆,建筑垃圾、淤泥为原料制作的水泥、混凝土、墙体材料、保温材料等
		预拌混凝土、预拌砂浆		现浇混凝土采用预拌混凝土,建筑砂浆采用预拌砂浆
	4.2旧建筑及其材料利用			利用旧建筑材料——砌块、砖石、管道、板材、木制品、钢材、装饰材料;合理利用既有建筑物、构筑物
	4.3 建筑造型	造型简约		造型要素简约,无大量装饰性构件
		女儿墙高度		合理设置女儿墙高度,避免其超过规范安全要求2倍以上
		装饰构件		采用装饰和功能一体化构件
	4.4 结构优化	结构体系选择		采用资源消耗小和环境影响小的建筑结构体系
		结构优化		对地基基础、结构体系、结构构件进行节材优化设计
	4.5 建筑工业化	预制结构		采用装配式结构体系; 采用预制混凝土结构和预制钢筋制品
		建筑部品		整体式厨房、卫浴成套定型产品; 装配式隔墙、复合外墙、集成吊顶(吊顶模块与电器模块二者标准化组合模块)、工业化栏杆等
	4.6 室内灵活隔断	可变换功能的室内空间		采用可重复使用的灵活隔墙和隔断——轻钢龙骨石膏板、玻璃隔墙、预制板隔墙、大开间敞开式空间的矮隔断
	4.7 土建装修一体化	设计同步		土建设计与装修设计同步进行
		图纸齐全		土建与装修各专业的施工图齐全,且达到施工图深度要求
		预留预埋无缝对接		土建设计考虑装修要求,事先进行孔洞预留和预埋件安装,二者紧密结合,统一协调、无缝对接
5 室内环境质量	5.1 室内空气品质	室内通风	室内空气污染源控制	采用绿色环保建材; 入住前进行室内空气质量检测(氨、氡、甲醛、苯、TVOC)
			自然通风	加强自然通风——穿堂风
			室内通风气流组织设计	优化室内气流组织设计(将厨卫设置在自然通风的负压侧,对不同功能房间保持一定压差,避免厨卫餐厅地下车库等的气味或污染物串通到别的房间,注意进排风口的位置与距离,避免短路污染)
			建筑设计优化	建筑空间和平面设计优化——外窗可开启面积比例,房间进深与净高的关系,导风窗、导风墙等
			空调新风设计优化	新风量合理、新风比可调节、尽量做到过渡季节全新风运行设计
		空气质量监控	浓度监测	CO,CO_2浓度监测
			实时报警	其他污染物浓度实时报警

指标	决策要素		技术措施
5 室内环境 质量	5.2 室内 热湿 环境	空气 温湿 度控 制 — 热湿参数	温度：冬季 18～20℃，夏季 24～28℃ 相对湿度：冬季 30%～60%，夏季 40%～65%
		设计优化	供暖空调系统末端现场可独立调节（独立调节温湿度，独立开启关闭）
		遮阳 隔热 — 可调节遮阳	活动外遮阳，中空玻璃内置智能内遮阳，外遮阳＋内部高反射率可调节遮阳……
	5.3 室内 声环 境	建筑 布局 隔声 — 总体布局	建筑总体布局隔声降噪、远离噪声源——主干道、立交桥，并设置绿化、隔声屏障等
		平面布局	建筑平面布局隔声降噪、避开噪声源——变配电房、水泵房、空调机房、电梯井道机房等
		围护 结构 隔声 — 隔声材料	隔声垫、隔声砂浆、地毯
		隔声构造	浮筑楼板、双层墙、木地板等
		隔声门窗	采用隔声门窗
		设备 隔声 减震 — 设备选型	选用噪声低的设备
		设备隔声	对噪声大的设备采取设消声器、静压箱措施
		设备基础	对有振动的设备基础采取减震降噪措施
		管道支架	对设备管道及支架均采取消声减震降噪措施
	5.4 室内 光环 境与 视野	室内 采光 — 外窗设计	外窗优化设计——采光系数、窗地比、窗墙比、室外视野
		自然采光	优化自然采光——导光玻璃、导光管、导光板、天窗、采光井、下沉式庭院
		控制眩光	避免直射阳光、视觉背景不宜为窗口、室内外遮挡设施、窗周围的内墙面宜采用浅色饰面
		室内 视野 — 建筑间距	两栋住宅楼的水平视线距离≥18m，同时应避免互相视线干扰
		全明设计	居住建筑尽量做到全明设计（含卫生间、电梯厅）； 公共建筑主要房间至少70%的区域能通过外窗看到室外景观
6 施工管理	6.1 组织 与管 理	管理团队	组建施工管理团队——项目经理、管理员、绿色施工方案、责任人
		管理体系	建立环保管理体系——目标、网络、责任人、认证
		评价体系	建立绿色施工动态评价体系——事前控制、事中控制、事后控制、环境影响评价、资源能源效率评价、绿色指标、目标分解……
		管理制度	建立人员安全与健康管理制度——防尘、防毒、防辐射、卫生急救、保健防疫、食住、水与环境卫生管理、营造卫生健康的施工环境

指标	决策要素		技术措施
6 施工管理	6.2 环境保护	防水土流失防尘 围墙排水沟	设置围墙或淤泥栅栏、临时排水沟、沉淀池（井）
		过滤网、清洗台	下水道入口处设置过滤网、搅拌机、运输车清洗台
		覆盖绿化	临时覆盖或绿化
		其他	其他措施——洒水、脚手架外侧设置密目防尘网（布）
		噪声控制 监测控制	在施工现场对噪声进行实时监测与控制，确保噪声不超标
		设备选型	使用低噪声、低振动的机械设备
		隔声隔振	采取隔声隔振措施，尽量减少噪声对周边环境的影响
		光污染 室外照明	采取遮光措施——夜间室外照明加灯罩
		电焊作业	电焊作业采取遮挡措施，避免电焊弧光外泄
		废弃物处理 制定计划 分类堆放	制定废弃物管理计划、统一规划现场堆料场，分类堆放储存，标明标识，专人管理
		限额领料	限额领料，节约材料
		清理回收	每天清理回收、分类堆放、专人负责
		专门处理	现场不便处理，但可回收利用的废弃物，可运往废弃物处理厂处理
		记录拍照	专人记录废弃物处理量，定期拍照，反映废弃物管理及回用情况
	6.3 资源节约	节地 临时用地指标	尽量降低临时用地指标——合理确定施工临时设施（临时加工厂、现场作业棚、材料堆场、办公生活设施等），施工现场平面布置紧凑，合理无死角，有效利用率≥90%
		临时用地保护	减少土方开挖和回填量，减少对土地的扰动，保护周边自然生态环境，少占不占农田耕地，竣工后及时恢复原地形地貌
		节能 节能方案	制定并实施施工节能用能方案
		施工设备	合理选择配置施工机械设备，避免大功率低负荷或小功率超负荷运行
		用电控制	设定施工区、生活区用电量控制指标，定期监测、计量、对比分析，并随时改正完善
		临时建筑	现场施工临时建筑设施应合理布置与设计，基本符合节能设计标准要求，尽量减少能耗
		施工进度	合理安排施工工序和施工进度，减少和避免返工造成的能源浪费
		节能灯具	施工照明采用节能灯具
		节水 蓄水池	在施工现场修建蓄水池，将施工降水抽进水池供施工现场使用
		节水器具	临时办公、生活设施采用节水型水龙头和节水型卫生洁具
		节水工艺	采用节水施工工艺
		节水教育	加强对员工进行"节约用水"教育

指标	决策要素		技术措施
6 施工管理	6.3 资源节约	节材	节材管理措施: 就地取材,减少运输过程造成的材料损坏与浪费,选用适宜工具和装卸方法运输材料、防止损坏和遗漏,材料就近堆放,避免和减少二次搬运
			木作业节材: 按计划放样开料,不得随意乱开料; 剩余短料、边角料分类堆放待用
			施工现场及临时建筑设施节材: 施工中尽量采用可循环材料,办公、生活用房采用周转式活动房,采用装配式可重复使用围挡作围墙,提高钢筋利用率(专业化加工),提高模板周转次数,废弃物减量化资源化
	6.4 机电系统调试		调试步骤: 三个步骤:设备单机调试—系统调试—系统联动调试
			调试过程: (1) 制定工作方式和工作计划 (2) 审查设计文件和施工文件 (3) 编制检查表和功能测试操作步骤 (4) 现场观测 (5) 准备功能运行测试 (6) 功能测试
			调试报告: 撰写机电综合调试报告
7 运营管理	7.1 管理制度		资质与能力: 提升物业管理部门的资质与能力——通过 ISO 14001 环境管理体系认证
			制定科学可行的操作管理制度: 节能管理制度,节水管理制度,耗材管理制度,绿化管理制度,建筑、设备、系统的维护制度,岗位责任制,安全卫生制度,运行值班制度,维修保养制度,事故报告制度
			绿色教育与宣传: 对操作管理人员和建筑使用人员进行绿色节能教育与宣传,提高绿色意识
			资源管理激励机制: 物业管理的经济效益与建筑能耗、水耗、资源节约等直接挂钩,租用合同应包含节能条款,做到多用资源多收费,少用资源少收费,少用资源有奖励,从而达到绿色运营的目标,采用能源合同管理模式
	7.2 技术管理	节能节水管理	分户分类计量: 分户(居建)分类(公建)计量
			节能管理: 业主和物业共同制定节能管理模式; 建立物业内部的节能管理机制; 节能指标达到设计要求
			节水管理: 防止给水系统和设备管道的跑冒滴漏; 提高水资源的使用效率,采取梯级用水、循环用水措施,充分使用雨水、再生水(中水)等非传统水源; 定期进行水质检测
		耗材管理	维护制度: 建立建筑、设备、系统的维护制度、减少维修耗材
			耗材管理制度: 建立物业耗材管理制度,选用绿色材料(反复使用清洁布,采用双面打印或电子办公方式,减少纸张的消耗等)

指标	决策要素			技术措施
7 运营管理	7.2 技术管理	室内环境品质管理		空调清洗；HVAC设备自动监控技术
		设备 设置 检测	设备设置	各种设备、管道的布置应方便维修、改造和更换
			施工单位	施工单位在施工图上详细注明设备和管道的安装位置
			物业单位	物业管理单位应定期检查、调试设备系统、不能提升设备系统的性能，提高能效管理水平
		物业 档案 管理	技术交接	做好技术交换工作——设计资料、施工资料的归库管理
			建立档案	建立完善的建筑工程设备，能耗监管、配件档案及维修记录
			运营记录	按时连续地记录建筑的运行情况——日常管理记录、全年计量与收费记录、建筑智能化系统运行数据记录、绿化养护记录、垃圾处理记录、废气废水处理排放记录等
	7.3 环境管理	绿化 管理	病虫害防治	采取无公害、病虫害的防治措施； 加强病虫害的预测预报； 对化学药品的使用要规范、并实行有效的管控
			树木成活率	提高树木成活率
		垃圾 管理	垃圾分类	垃圾分类回收——建筑垃圾、生活垃圾、厨余垃圾、办公垃圾
			可降解垃圾	可降解垃圾单独收集——纸张、植物、食物粪便、肥料、有机厨余垃圾等
			垃圾站	垃圾站冲洗清洁

指标	决策要素		技术措施
8 提高与 创新	8.1 性能 提高	卫生器具用水效率 达国标一级	卫生器具一级用水效率等级指标

卫生器具一级用水效率等级指标：

器具	水嘴 （流量）	坐便器（冲 水量/次）			小便器 （冲水 量/次）	淋浴器 （流量）	大便器 冲洗阀 （冲水 量/次）	小便器 冲洗阀 （冲水 量/次）
1级 用水 效率 等级	0.1 L/s	单档	平均	4.0L	2.0L	0.08 L/s	4.0L	2.0L
		双档	大档	4.5L				
			小档	3.0L				
			平均	3.5L				

指标	决策要素		技术措施
8 提高与 创新	8.1 性能 提高	环保节约型结构	钢结构、木结构、预制装配式结构及构件
		主要功能房间采取 有效的空气处理 措施	空调系统的新风回风经过滤处理
			人员密集空调区域或空气质量要求较高场所的全空气空调系统设置空气净化装置，并对净化装置选型（高压静电、光催化、吸附反应） 提出了根据人员密度、初投资、运行费用、空调区环境要求、污染物性质等经技术经济比较确定等具体要求。 空气净化装置的设置符合《民用建筑供暖通风与空气调节设计规范》第7.5.11条的要求
		空气中有害污染物 浓度≤70%国标	氨 NH_3：0.14mg/m³，甲醛 HCHO：0.07mg/m³，苯 C_6H_6：0.08mg/m³，总挥发性有机物 TVOC：0.42mg/m³，氡 ^{222}Rn：320Bq/m³，可吸入颗粒物 PM_{10}：0.11mg/m³

指标	决策要素		技术措施
8 提高与 创新	8.2 创新	建筑规划设计	**改善场地微气候环境** 建筑结合当地气候和最佳朝向，避免东西向； 设置架空层促进自然通风； 屋顶绿化、外墙垂直绿化； 场地内设置挡风板、导风板、区域通风廊道； 优化建筑体形控制迎风面积比
			改善自然通风效果 在建筑形体中设置通风开口； 利用中庭加强自然通风(上设天窗)； 设置太阳能拔风道； 门上设亮子或内廊墙上设百叶高窗组织穿堂风； 设置自然通风道、通风器、通风窗、地道风
			改善天然采光效果 设置反光板、顶层全部采用导光管； 设置自然采光通风的楼梯、电梯间
			提高保温隔热性能 建筑形体形成有效的自遮阳； 屋顶遮阳或采用通风屋面； 外墙设置双层通风外墙； 透明围护结构采用可调节外遮阳； 选用新型高效的保温隔热材料(真空型)； 屋面外墙面采用高效隔热反射材料(陶瓷隔热涂料或 TPO 防水层)，设置被动式太阳能房
			其他被动措施 利用连廊、平台、架空层、屋面等向外部公众提供开放的运动、休闲、交往空间； 有效利用难于利用的空间(人防、坡屋顶、异形空间等)，提高空间利用率； 充分利用本地乡土材料，再利用拆除的旧建筑材料； 采用空心楼盖； 采用促进行为节能的措施
		选用废弃场地	对废弃场地进行改造并加以利用
		充分利用旧建筑	尚可使用的旧建筑：能保证使用安全的旧建筑，通过少量改造加固后能安全使用的旧建筑
			进行环境评估并编写《环评报告》； 对旧建筑进行检测鉴定，编写旧建筑利用专项报告
		BIM 技术应用	在项目设计中建立和应用 BIM 信息，并向内部各方(或专业)或外部其他方(或专业)交付使用，协同工作，信息共享； 具有正确性、完整性、协调一致性。应用产生的效果、效率和效益均较好
		减少碳排放	进行建筑碳排放计算分析，采取措施降低建筑物在施工阶段和运营阶段的碳排放——建筑节能、可再生能源利用、交通运输、绿化(碳汇)
		节约能源资源 保护生态环境 保障安全健康	采用超越现有技术的新技术、新工艺、新装置、新材料； 在关键技术、技术集成、系统管理等方面取得重大突破； 创新技术在应用规模、复杂难易程度及技术先进性在国内国际达到领先水平，具有良好的经济、社会和环境效益，具有发展前景和推广价值，对推动行业技术进步、引导绿色建筑发展具有积极意义和作用

注：本节内容及本表资料来源——田慧峰、孙大明、刘兰编著的《绿色建筑适宜技术指南》及住建部《绿色建筑评价技术细则》。

23 海绵城市与低影响开发

23.1 概念及相关名词术语

23.1.1 概念

海绵城市是指城市像海绵具有"弹性",下雨时吸水、渗水、净水,需要时将水适时"释放",实现雨水在城市区域的渗透、积存、净化和利用,有利于城市生态,环境建设。即通过加强城市规划建设管理,充分发挥建筑、道路和绿地、水系等生态系统对雨水的吸纳、蓄渗和缓释作用,有效控制雨水径流,实现自然积存、自然渗透、自然净化的城市发展方式。

23.1.2 名词术语

表 23.1.2

低影响开发	Low Impact Development,LID 是指在场地开发过程中采用源头、分散式措施维持场地开发前的水文特征。其核心是维持场地开发前后水文特征不变,包括径流总量、峰值流量、峰值时间等。广义的低冲击开发是指在城市开发建设过程中采用源头削减、中途转输、末端调蓄等多种手段,通过渗、滞、蓄、净、用、排等多种技术,实现城市良性水文循环,提高对径流雨水的渗透、调蓄、净化、利用和排放能力,维持或恢复城市的"海绵"功能
年径流总量控制率	雨水通过自然和人工强化的入渗、滞蓄、调蓄和收集回用,场地内累计一年得到控制的雨水量占全年总降雨量的比例
年径流污染控制率	雨水经过预处理措施和低影响开发设施物理沉淀、生物净化等作用,场地内累计一年得到控制的雨水径流污染物总量占全年雨水径流污染物总量的比例

注:本表参考《海绵城市建设技术指南(201410)》整理。

23.2 建 设 目 标

表 23.2

建设目标	将部分降雨就地消纳和利用(按全国各地区比例)
	逐步实现小雨不积水、大雨不内涝、水体不黑臭,热岛效应有一定缓解
	到 2020 年,城市建成区 20% 以上的面积达到目标要求
	到 2030 年,城市建成区 80% 以上的面积达到目标要求
	同时配套编制逐步完善城市排水防洪系统规划,加强排水防洪,系统建设,发展绿色建筑

注:本表参考《国务院办公厅关于推进海绵城市建设的指导意见》整理。

23.3 低影响开发雨水系统的设计

表 23.3

建筑与居住区	可采用的技术设施主要有：透水铺装、绿色屋顶、生物滞留设施、植草沟、储水池、雨水桶、调节塘（池）、植草沟、渗管（渠）、植被缓冲带、初期雨水弃流设施和人工湿地等
	景观水体、草坪绿地和低洼地宜具有雨水储存或调节功能，景观水体可建成集雨水调蓄、水体净化和生态景观为一体的多功能生态水体
	雨水入渗系统不应对人身安全、建筑安全、地质安全、地下水水质、环境卫生等造成不利影响
道路与广场	使用透水铺装，推行道路与广场雨水的收集、净化和利用
	增强道路对雨水的消纳功能，减轻对市政排水系统的压力
	道路径流雨水进入道路红线内外绿地内的低影响开发设施前，应利用沉淀池、前置塘等对进入绿地内的径流雨水进行预处理，防止径流雨水对绿地环境造成破坏
城市绿地	通过建设雨水花园、下凹式绿地、人工湿地等措施，增强公园和绿地系统的城市海绵体功能，消纳自身雨水，并为蓄滞周边区域雨水提供空间
	城市绿地内湿塘、雨水湿地等雨水调蓄设施应采取水质控制措施，利用雨水湿地、生态堤岸等设施提高水体的自净能力
城市水系	加强对城市坑塘、河湖、湿地等水体自然形态的保护和恢复
	禁止填湖造地、截弯取直、河道硬化等破坏水生态环境的建设行为
	恢复和保持河湖水系的自然连通，构建城市良性水循环系统，逐步改善水环境质量
	加强河道系统整治，因势利导改造渠化河道，重塑健康自然的弯曲河岸线，恢复自然深潭浅滩和泛洪漫滩，实施生态修复，营造多样性生物生存环境
	到 2030 年，城市建成区 80% 以上的面积达到目标要求

注：本表参考《国务院办公厅关于推进海绵城市建设的指导意见》及《海绵城市建设技术指南（201410）》整理。

23.4 技 术 指 标

表 23.4

规划层级	控制目标与指标	赋值方法
城市总体规划、专项（专业）规划	控制目标 年径流总量控制率及其对应的设计降雨量	年径流总量控制率目标选择，可通过统计分析计算得到年径流控制率及其对应的设计降雨量

规划层级	控制目标与指标	赋值方法
详细规划	综合指标 单位面积控制容积	根据总体规划阶段提出的年径流总量控制率目标，结合各地块绿地率等控制指标，计算各地块的综合指标——单位面积控制容积
专项规划	单项指标 1. 下沉式绿地率及其下沉深度 2. 透水铺装率 3. 绿色屋顶率 4. 其他	根据各地块的具体条件，通过技术经济分析，合理选择单项或组合控制指标，并对指标进行合理分配。指标分解方法： 方法1：根据控制目标和综合指标进行试算分解； 方法2：模型模拟

注：(1) 下沉式绿地率＝广义的下沉式绿地面积/绿地总面积，广义的下沉式绿地泛指具有一定调蓄容积（在以径流总量控制为目标进行目标分解或设计计算时，不包括调节容积）的可用于调蓄径流雨水的绿地，包括生物滞留设施、渗透塘、湿塘、雨水湿地等；下沉深度指下沉式绿地低于周边铺砌地面或道路的平均深度，下沉深度小于100mm的下沉式绿地面积不参与计算（受当地土壤渗透性能等条件制约，下沉深度有限的渗透设施除外），对于湿塘、雨水湿地等水面设施系指调蓄深度。

(2) 透水铺装率＝透水铺装面积/硬化地面总面积。

(3) 绿色屋顶率＝绿色屋顶面积/建筑屋顶总面积。

(4) 本表摘自《海绵城市建设技术指南（201410）》。

23.5 技 术 措 施

各类低影响开发技术又包含若干不同形式的低影响开发设施，主要有透水铺装、绿色屋顶、下沉式绿地、生物滞留设施、渗透塘、渗井、湿塘、雨水湿地、蓄水池、雨水罐、调节塘、调节池、植草沟、渗管/渠、植被缓冲带、初期雨水弃流设施、人工土壤渗滤等。

表23.5

设施	概念构造	适用性	优缺点	典 型 构 造
透水铺装	透水砖铺装、透水水泥混凝土铺地和透水沥青混凝土铺装、嵌草砖、鹅卵石、碎石铺装等	广场、停车场、人行道以及车流量和荷载较小的道路	适用广、施工方便，补充地下水，具有峰值流量削减和雨水净化作用，易堵塞，易冻融破坏	

设施	概念构造	适用性	优缺点	典 型 构 造
绿色屋顶	种植屋面、屋顶绿化 基质深度根据植物需求及屋顶荷载确定	符合屋顶荷载、防水等条件的平屋顶建筑和坡度≤15°的坡屋顶建筑	减少屋面径流总量、径流污染负荷、节能减排作用,严格要求屋顶荷载、防水、坡度、空间条件等	
下沉式绿地	具有一定的调蓄容积,用于调蓄和净化径流雨水的绿地	城市建筑与小区、道路、绿地和广场	适用广,建设和维护费用低,大面积应用易受地形等条件影响	
生物滞留设施	在地势较低区域,通过植物、土壤和微生物系统蓄渗、净化径流雨水的设施	建筑与小区内建筑、道路停车场的周边绿地、城市道路绿化带	形式多、适用广、易与景观结合,径流控制效果好,建设维护费用较低	
渗透塘	雨水下渗补充地下水的洼地	汇水面积大且具有一定空间条件的区域	补充地下水、削减峰值流量,建设费用较低/高,对场地条件和后期维护管理要求较高	

设施	概念构造	适用性	优缺点	典 型 构 造
渗井	通过井壁和井底进行雨水下渗的设施	建筑与居住区内建筑、道路及停车场的周边绿地	占地面积小，建设和维护费用低，水质和水量控制作用有限	
湿塘	具有雨水调蓄和净化功能的景观水体	建筑与小区、城市绿地、广场等具有空间条件的场地	有效削减径流总量、径流污染和峰值流量，对场地条件和建设维护费用要求高	
雨水湿地	利用物理、水生植物及微生物等作用净化雨水	建筑与小区、城市道路、城市绿地、滨水带等区域	有效削减污染物，有径流总量和峰值流量控制效果，建设维护费用高	
蓄水池	具有雨水储存功能的集蓄利用设施	有雨水回用需求的建筑与小区、城市绿地等	节省占地、雨水管渠易接入、防止蚊蝇滋生、储存水量大，建设费用及后期维护管理要求高	
雨水罐	地上或地下封闭式的简易雨水集蓄利用设施	适用于单体建筑屋面雨水的收集利用	多为成型产品，施工安装方便，便于维护，但其储存容积较小，雨水净化能力有限	

设施	概念构造	适用性	优缺点	典型构造
调节塘	由进水口、调节区、出口设施、护坡及堤岸构成，也可通过合理设计使其具有渗透功能	建筑与居住区、城市绿地等	有效削减峰值流量，建设及维护费用低，功能单一	
调节池	地上敞口式调节池或地下封闭式调节池	用于城市雨水管渠系统中，削减管渠峰值流量	有效削减峰值流量，功能单一，建设维护费用	
植草沟	种有植被的地表沟渠，可收集、输送和排放径流雨水，具有一定的雨水净化作用	建筑与居住区内道路，广场、停车场等不透水面的周边，城市道路及城市绿地等区域	建设维护费用低，易与景观结合，易受场地条件制约	 注： 1. 植草沟的造型要求应符合以下要求： 1) 抛物线形植草沟适用于用地受限较小的地段； 2) 梯形植草沟适用于用地紧张地段； 3) 三角形植草沟适用于低填方路基且占地面积充裕的地段 2. 植草沟断面边坡坡度是控制断面尺寸的参数，通常取值范围宜为1/4～1/3 3. 植草沟的深度 h 应大于最大有效水深，一般最大不宜大于600mm 4. 植草沟的宽度应根据汇水面积确定，宜为150～2000mm 5. 植草沟的长度 L 应根据具体的平面布置情况取值，此参数可按照设计流量及具体生态草沟的断面形式而定，主要原则是防止沟底冲刷破坏 6. 植草沟不宜作为行洪通道
渗管/渠	具有渗透功能的雨水管/渠	建筑与居住区及公共绿地内转输流量较小的区域	对场地空间要求小，但建设费用较高，易堵塞，维护较困难	

设施	概念构造	适用性	优缺点	典 型 构 造
植被缓冲带	经植被拦截及土壤下渗作用减缓地表径流流速,并去除径流中的部分污染物	于道路等不透水面周边,作为生物滞留设施等低影响开发设施的预处理设施	建设维护费用低,对场地空间大小、坡度等条件要求较高	
初期雨水弃流设施	通过一定方法或装置将存在初期冲刷效应、污染物浓度较高的降雨初期径流予以弃除	用于屋面雨水的雨落管、径流雨水的集中入口等低影响开发设施的前端	占地面积小,建设费用低,可降低雨水储存及雨水净化设施的维护管理费用	
人工土壤渗滤	主要作为蓄水池等雨水储存设施的配套雨水设施,以达到回用水水质指标	用于有一定场地空间的建筑与居住区及城市绿地	净化效果好,易与景观结合,建设费用高	

注:本表参考《海绵城市建设技术指南(201410)》、南宁市海绵城市规划设计导则及网络整理。

24 BIM(建筑信息模型) 应用

24.1 BIM 在城市规划中的应用

24.1.1 BIM 与 GIS 的结合

GIS（地理信息系统 Geographic Information System）是对城市空间中的地形、道路、市政、景观等有关宏观数据进行整合、管理、分析、显示的技术系统。

而通过 BIM，则提供了建筑的精确高度、外观尺寸以及内部空间等微观的准确信息。因此，综合 BIM 和 GIS，把建筑空间信息与其周围地理环境共享，应用到城市三维 GIS 分析中，将极大地提升城市规划及主题分析的深度、精度和应用范畴。

24.1.2 数字城市仿真

基于 BIM 模型，结合 GIS，可精确建立城市尺度的三维景观仿真模型，为城市空间规划、城市天际线控制，或城市尺度的室内空间（地铁商业街）的规划提供可视化的、理性的规划控制依据。

24.1.3 规划专题分析

基于 BIM 模型，结合相关分析工具，可精确地进行城市交通流量分析、城市日照分析、城市风环境分析等。

24.1.4 城市市政模拟

通过 BIM 和 GIS 融合可以建立城市建筑和市政管线的三维模型，为规划及维护提供精确的可视化的信息。

24.1.5 城市环境保护

基于城市建筑的 BIM 模型，可赋予其人员、车流密度，三废排放信息、噪声污染数据等信息，进行对应的专项定量的分析，为城市规划的环保决策提供科学精确的依据。

24.2 BIM 在建筑设计阶段的应用

24.2.1 前期构思方案的分析和论证

利用 BIM 技术平台，结合相关分析软件，通过对设计条件与信息的整理分析，进行专项比选、分析和论证，从中选择最佳结果。如：

利用 BIM 结合 GIS，对项目的场地地形进行高程、坡度、坡向等方面的分析；

利用 BIM 结合 Onuma Planning System 和 Affinit 等方案设计软件，将任务书里基于数字的项目要求转化成基于几何形体的概念方案，利于业主和设计师之间的沟通和方案研究论证。

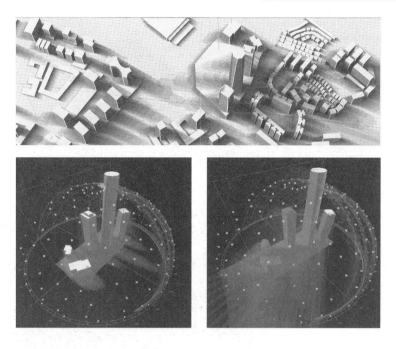

图 24.2.1 体型阴影分析

24.2.2 复杂建筑的参数化设计

利用 BIM 技术平台，结合几何造型软件及参数化设计软件（如 Rhino＋Grasshopper、Revit＋Dynamo 等），使各种复杂造型方案的技术表达及实施成为可能。参数化设计，把建筑造型及功能的相关要素设为若干函数的变量，通过改变函数或变量来导出不同的方案，为建筑师在充满创想的复杂造型中寻找出内在逻辑理性，使复杂的空间结构能得以进行合理化分析、标准化建造。

图 24.2.2-1 复杂造型的参数化设计

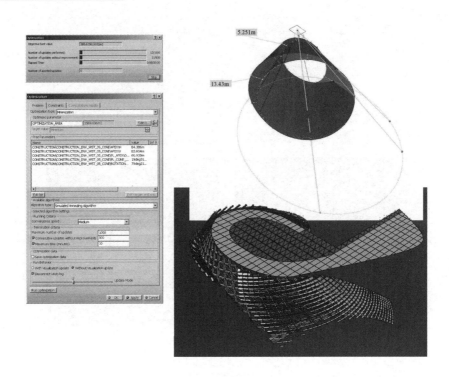

图 24.2.2-2　参数化造型-方案量化对比

24.2.3　节能绿建分析

利用 BIM 技术平台，结合专项工程分析软件（如 Ecotect、Green Building Studio 等），可对建筑设计方案进行日照采光、自然通风、建筑热工、噪声环境等多项建筑节能绿建专项分析，并形成可视化分析结果，从而在众多方案中优选出更节能、更绿色的最佳方案。

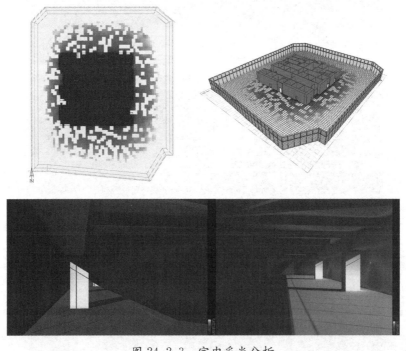

图 24.2.3　室内采光分析

24.2.4　建筑消防性能分析

利用 BIM 技术平台，结合专项工程分析软件，可进行建筑的人员消防疏散模拟，烟气扩散模拟等，给建筑的消防设计提供直观的、客观的方案决策依据。

时间	模拟情况截图
0s	
15s	

时间	模拟情况截图
100s	
200s	
300s	

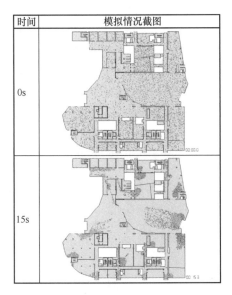
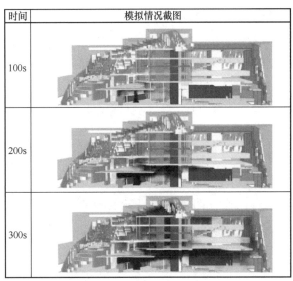

图 24.2.4　消防性能分析

24.2.5　其他的专项工程分析

利用 BIM 技术平台，结合各种工程分析工具，可进行相应的专项设计分析，如：

结合 PKPM 及 ETABS、STAAD、MIDAS 等国内外软件——进行结构分析设计；

结合鸿业、博超及 Design Master 等国内外软件——进行水暖电分析设计。

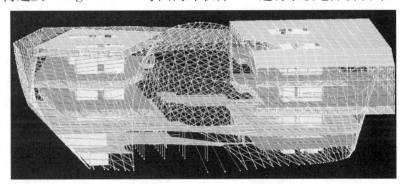

图 24.2.5-1　有限元结构分析

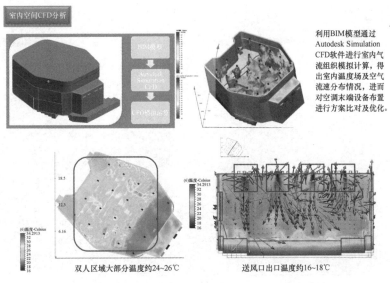

利用BIM模型通过 Autodesk Simulation CFD软件进行室内气流组织模拟计算，得出室内温度场及空气流速分布情况，进而对空调末端设备布置进行方案比对及优化。

双人区域大部分温度约24~26℃　　送风口出口温度约16~18℃

图 24.2.5-2　室内空调温度及气流分布分析

24.2.6 碰撞检测与管线综合优化

随着建设项目规模和功能复杂程度的增加，设计、施工及建设各方，对机电管线的碰撞检测与综合优化的要求愈加强烈。利用专业碰撞检测软件（Autodesk Navisworks、Bentley Project-wise Navigator 等），将建筑、结构及各机电专业的 BIM 模型，整合在虚拟三维环境下，能快捷直观地发现设计中各准确部位的管线及土建的碰撞冲突，及时优化排除。管线碰撞检测应排除以下各种碰撞：

1. 土建与管线的硬碰撞，即土建与管线的实体碰撞。
2. 管线之间的软碰撞，即设备管线安装维修需要的最小空间的碰撞。
3. 功能性阻碍，如管道对灯光的阻碍、管道对喷淋的阻碍等功能碰撞。

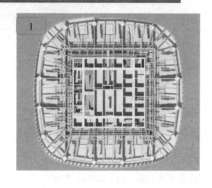
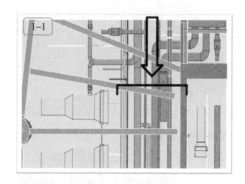
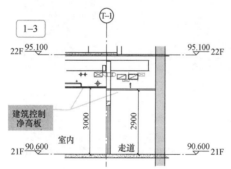
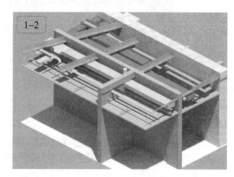

图 24.2.6　管线检测与综合优化

4. 程序性碰撞，即施工工序的错误，引起的安装上的碰撞。

24.2.7　协同设计

BIM 的出现，使"协同"不再是简单的二维设计文件参照。基于 BIM 基础上的三维协同设计，是各专业、所有数据信息均相互关联的协同；与快速发展的网络技术相结合，可使分布在不同地理位置、不同专业的设计人员，通过网络协同展开设计工作；而且协同范畴可从单纯设计阶段扩展到建筑全生命周期。

24.2.8　高效输出三维/二维成果文件

BIM 系统模型创建过程即是设计的过程，完成后可根据需要导出三维表现文件、二维工程图纸，以及各种工程量统计文档。这种成果文件的输出，可以在任何时段、对任何部位、任何角

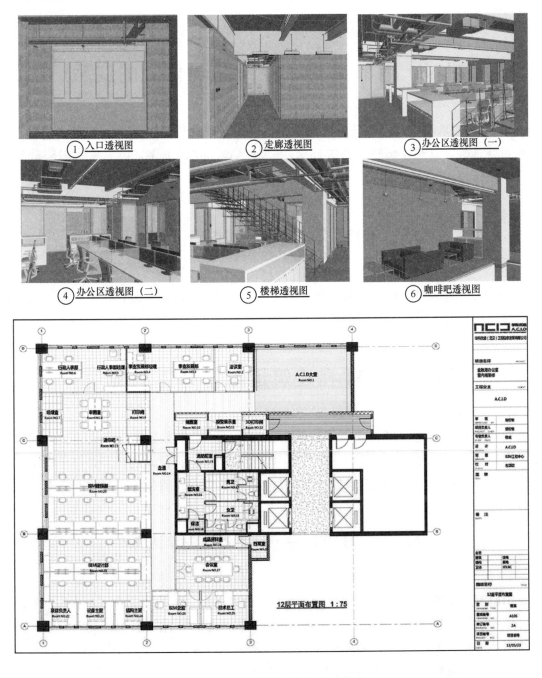

图 24.2.8　三维/二维文件的输出

度进行；而且，应对设计修改，任何一个专业对模型的修改，均可即时反映到协同的各专业中，各专业即可高效地了解修改情况，作出相应调整。

24.3 BIM 在工程量统计上的应用

从设计前期的成本比较、投资估算，到初步设计的投资概算，以至项目施工招标预算和竣工后决算，都需要快速获得准确的工程量统计。BIM 模型作为一个富含工程信息的数据库，依据分类和编码标准，可准确、快捷地提供造价管理所需的各种工程量数据，实现工程量信息与设计文件的完全一致。

24.4 BIM 在施工组织与优化上的应用

通过 BIM 可对项目重点部分进行可建性模拟，按时段进行施工方案的分析优化，验证复杂建筑体系可建造性，直观了解整个施工环节的时间节点、安装工序，提高施工组织计划的可行性、效率和安全性。

24.5 BIM 在数字化建造上的应用

BIM 结合数字化制造，可显著提高建筑行业工业化程度及生产效率。通过数字化建造，可自动完成建筑物构件的预制，不仅可减小建造误差，还可大幅提高生产率。

24.6 BIM 在建筑运维管理上的应用

建筑物竣工后，通过 BIM 模型能将建筑物空间信息和设备参数信息有机地整合起来，运营期间，结合运营维护管理系统，可充分发挥空间定位和历史数据记录的优势，对于设施、设备的适用状态提前作出判断，合理制定维护计划，大大提高物业运维管理的精确性和效率。

24.7 BIM 设计文件交付内容

24.7.1 BIM 模型文件

核心模型文件包括方案、初步设计、施工图各阶段的建筑、结构、机电专业的 BIM 模型。

建筑专业常用软件：Revit、Rhino、Catia、ArchiCAD 等。

结构专业常用软件：PKPM、探索者、盈建科等。

机电专业常用软件：Revit、鸿业、MagiCAD 等。

1. BIM 模型命名管理

1）模型构件命名

为统一实施管理，应制定模型构件命名方式，模型中的构件命名应包括：

构件类别、构件名称、构件尺寸，构件名称应与设计或实际工程名称一致。

模型构件命名示意：

表 24.7.1-1

专业	构件分类	命名原则	举例（mm）
建筑	内部砌块墙	墙类型名—墙厚	内部砌块墙—150
	屋面板	屋面板—板厚	屋面板—150
	顶棚	顶棚类型名—规格尺寸	顶棚—600×600

2）模型材质命名

材质的命名分类清晰，便于查找，命名参考设置应由材质"类别"和"名称"的实际名称组成。

例如：玻璃—磨砂，现场浇筑混凝土—C30。

3）模型楼层命名

楼层命名应与设计图纸保持一致。

2. BIM 模型拆分原则

模型拆分按各个建筑的单体、专业、区域或楼层进行拆分，拆分原则如下：

1）按专业分类划分

项目模型按照专业分类进行划分。若有外立面幕墙部分，将作为子专业分离出来，相关模型保存在对应文件夹中。项目模型拆分专业为：土建（建筑结构）、机电、幕墙外立面。

2）按楼层划分

各专业模型需按楼层进行划分。

3）按机电系统划分

机电各专业在楼层的基础上还需按系统划分。

4）按分包区域划分

在施工阶段应根据施工分包区域划分模型。

模型拆分示意：

表 24.7.1-2

专业	模型拆分规则
建筑	按建筑、楼号、施工缝、构件功能分一个单体、一层楼层或多层楼层
结构	按建筑、楼号、施工缝、构件功能分一个单体、一层楼层或多层楼层
机电	参照建筑专业拆分方式，根据系统、子系统可进一步细化

3. BIM 模型信息管理

BIM 模型应包含正确的几何信息和非几何信息，几何信息包括形状、尺寸、坐标等。

非几何信息包括项目参数、设备参数、运维信息等。

24.7.2 BIM 导出的二维图纸

BIM 模型导出的二维图纸，应根据现行建筑行业文件深度标准及制图规范进行深化，才可作为设计文件交付。

24.7.3 碰撞检测报告文档

基于初设、施工图阶段模型内所有内容，进行土建与设备管线的碰撞检测的报告文档。

24.7.4 机电管线综合文件

基于初设、施工图阶段模型内所有内容，对复杂空间部位（地下室、设备房、走廊等）进行机电管线综合，完成的管线图和结构留洞图。

24.7.5 机电设备材料统计文件

基于初设、施工图阶段模型内所有内容，完成的机电设备材料的统计文件。

24.7.6 3D 漫游及三维可视化交流文件

基于方案、初步设计、施工图各阶段体量模型，完成的三维可视化交流文件。

25 装配式建筑设计

25.1 一 般 规 定

1. 装配式建筑设计除满足国家及省、市现行装配式相关的政策、规范及标准要求外，还应满足国家建筑基本规范和专用规范、标准要求。

2. 装配式建筑设计应遵循建筑全寿命周期的可持续性原则，满足建筑设计标准化、生产工厂化、施工装配化、装修一体化、管理信息化的要求。

3. 装配式建筑设计应符合城市规划的要求，并与当地的产业链资源和周围环境相协调。

4. 装配式建筑设计应遵循工业化建造的设计原则，体现工业化建造的特点，综合考虑建筑使用功能、预制构件生产及运输、现场装配式施工、成本造价等因素。

5. 装配式建筑设计应遵循模数协调，满足构件部品标准化和通用化要求，并应符合现行国家标准《建筑模数协调标准》GB/T 50002 的规定。

6. 装配式建筑设计应采用标准化设计方法，选用标准化、系列化的主体构件和内装部品，以"少规格、多组合"的原则进行设计。

7. 装配式建筑设计应将结构系统、外围护系统、设备与管线系统、内装系统集成设计，实现建筑功能完整、性能优良。

25.2 主 要 技 术 体 系

25.2.1 装配式混凝土结构体系

根据装配式建筑结构类型，装配式混凝土结构体系主要包括装配整体式框架结构、装配整体式框架－现浇剪力墙结构、装配整体式框架－现浇核心筒结构、装配整体式剪力墙结构、装配整体式部分框支剪力墙结构等。

1. 装配整体式混凝土结构房屋的最大适用高度（m）：

表 25.2.1-1

结构体系	抗震设防烈度			
	6 度	7 度	8 度（0.2g）	8 度（0.3g）
装配整体式框架结构	60	50	40	30
装配整体式框架-现浇剪力墙结构	130	120	100	80
装配整体式框架-现浇核心筒结构	150	130	100	90

续表

结构体系	抗震设防烈度			
	6 度	7 度	8 度 (0.2g)	8 度 (0.3g)
装配整体式剪力墙结构	130 (120)	110 (100)	90 (80)	70 (60)
装配整体式部分框支剪力墙结构	110 (100)	90 (80)	70 (60)	40 (30)

注：(1) 房屋高度指室外地面到主要屋面的高度，不包括局部突出屋顶的部分。

(2) 部分框支剪力墙结构指地面以上有部分框支剪力墙的剪力墙结构，不包括仅个别框支墙的情况。

2. 高层装配整体式混凝土结构的高宽比不宜超过下表数值：

表 25.2.1-2

结构类型	抗震设防烈度	
	6 度、7 度	8 度
装配整体式框架结构	4	3
装配整体式框架-现浇剪力墙结构	6	5
装配整体式剪力墙结构	6	5
装配整体式框架-现浇核心筒结构	7	6

注：以上表格详见《装配式混凝土建筑技术标准》GB/T 51231—2016。

25.2.2 装配式钢结构体系

装配式钢结构建筑可根据建筑功能、建筑高度以及抗震设防烈度等选择下列结构体系：钢框架结构、钢框架-支撑结构、钢框架-延性墙板结构、筒体结构、巨型结构、交错桁架结构、门式刚架结构、低层冷弯薄壁型钢结构等。

1. 重点设防类和标准设防类多高层装配式钢结构建筑适用的最大高度（m）：

表 25.2.2-1

结构体系	6 度 (0.05g)	7 度		8 度		9 度 (0.40g)
		(0.10g)	(0.15g)	(0.20g)	(0.30g)	
钢框架结构	110	110	90	90	70	50
钢框架-中心支撑结构	220	220	200	180	150	120
钢框架-偏心支撑结构 钢框架-屈曲约束支撑结构 钢框架-延性墙板结构	240	240	220	200	180	160
筒体（框筒、筒中筒、桁架筒、束筒）结构、巨型结构	300	300	280	260	240	160
交错桁架结构	90	60	60	40	40	

注：(1) 房屋高度指室外地面到主要屋面板板顶的高度（不包括局部突出屋顶部分）。

(2) 超过表内高度的房屋，应进行专门研究和论证，采取有效的加强措施。

(3) 交错桁架结构不得用于 9 度区。

(4) 柱子可采用钢柱或钢管混凝土柱。

(5) 特殊设防类，6、7、8 度时宜按本地区抗震设防烈度提高一度后符合本表要求，9 度时应做专门研究。

2. 多高层装配式钢结构建筑的高宽比不宜大于下表的规定：

表 25.2.2-2

6 度	7 度	8 度	9 度
6.5	6.5	6.0	5.5

注：（1）计算高宽比的高度从室外地面算起。

（2）当塔形建筑底部有大底盘时，计算高宽比的高度从大底盘顶部算起。

（3）以上表格详见《装配式钢结构建筑技术标准》GB/T 51232—2016。

25.2.3 装配式木结构体系

装配式木结构建筑抗震设计应按设防类别、烈度、结构类型和房屋高度采用相应的计算方法，并应符合现行国家标准《建筑抗震设计规范》GB 50011、《木结构设计规范》GB 50005 和《多高层木结构建筑技术标准》GB/T 51226 的规定。

相关标准详见《装配式木结构建筑技术标准》GB/T 51233—2016。

25.3 总 体 设 计

25.3.1 场地总体布局

根据装配式建筑特点，场地总体布局中应充分考虑预制构件运输车行路线的设置，配合现场施工组织方案合理布置施工塔吊位置、预制构件临时堆场位置，对场地进行精细化设计。

25.3.2 装配式建筑规划设计

1. 装配式建筑的规划设计应基于标准化设计原则，根据规划建设要求，通过标准单元模块组合成适应场地的不同楼栋，再组合楼栋形成多样化的总体规划形态。

2. 装配式建筑设计，除了考虑环境、功能要求及审美需要等因素外，应综合考虑标准楼栋、标准模块及标准构件，尽量减少预制柱、预制梁、预制楼板、预制外墙、预制阳台等构件种类，提高建造效率，实现建筑功能性与经济性的统一。

3. 建筑标准楼栋设计时，应考虑单元模块的组合拼接方式、体型系数、核心筒效率及建筑采光、通风性能等因素。

25.3.3 建筑性能设计

1. 装配式建筑应符合国家现行标准对建筑适用性能、安全性能、环境性能、经济性能、耐久性能等综合规定。

2. 装配式建筑的耐火等级应符合现行国家标准《建筑设计防火规范》GB 50016 的有关规定。

3. 装配式建筑的热工性能应符合国家现行标准《民用建筑热工设计规范》GB 50176、《公共建筑节能设计标准》GB 50189、《严寒和寒冷地区居住建筑节能设计标准》JGJ 26、《夏热冬冷地区居住建筑节能设计标准》JGJ 134 和《夏热冬暖地区居住建筑节能设计标准》JGJ 75 的有关规定。

4. 装配式建筑应根据功能部位、使用要求等进行隔声设计，在易形成声桥的部位应采用柔性连接或间接连接等措施，并应符合现行国家标准《民用建筑隔声设计规范》GB 50118 的有关规定。

5. 装配式木结构建筑的防水、防潮和防生物危害设计应符合现行国家标准《木结构设计规范》GB 50005 的规定。

6. 钢构件应根据环境条件、材质、部位、结构性能、使用要求、施工条件和维护管理条件等进行防腐蚀设计,并应符合现行行业标准《建筑钢结构防腐蚀技术规程》JGJ/T 251 的有关规定。

25.4 建筑平面设计的基本要求

1. 装配式建筑平面设计应考虑有利于装配式建造的要求。

装配式建筑的平面形状、体型及其构件的布置应符合《装配式混凝土结构技术规程》JGJ 1—2014、《装配式混凝土建筑技术标准》GB/T 51231—2016、《装配式钢结构建筑技术标准》GB/T51232—2016、《装配式木结构建筑技术标准》GB/T51233—2016 的相关规定,并应符合国家工程建设节能减排、绿色环保的要求。

2. 平面设计应采用标准化、模块化的设计方法。

建筑标准化设计体系宜涵盖从建筑的部品部件到单元模块及组合平面,充分考虑建筑使用功能、立面效果、建筑性能以及维护使用等各个环节。例如,装配式住宅的室内空间宜采用模块化设计,可细分为居住空间模块、厨房模块、卫生间模块、阳台模块、核心筒模块等,建筑部品的标准化是实现各功能空间模块化的基础,主要包括技术标准化及产品标准化。(如图 25.4-1)

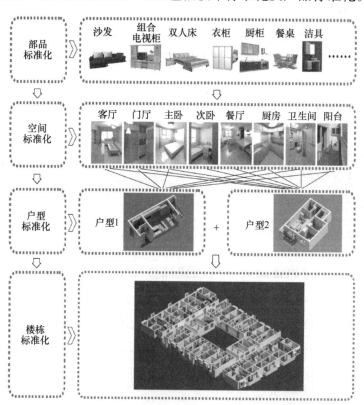

图 25.4-1

3. 建筑平面宜结构空间规整,形成大空间的布置。

4. 装配式建筑平面设计，应通过一个或多个标准套型单元进行复制、旋转及对称方式形成标准层组合平面，以实现建筑构件的标准化。如图 25.4-2 所示。

5. 装配式建筑的围护结构以及楼梯、阳台、隔墙、空调板、管道井等构件部品应采用工业化、标准化的预制构件制品。如图 25.4-3 所示。

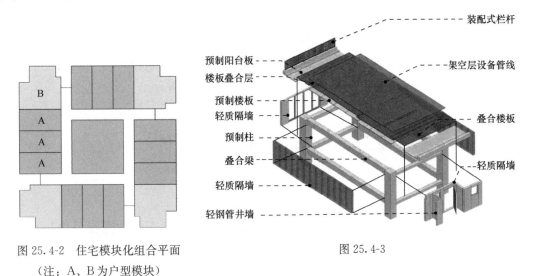

图 25.4-2 住宅模块化组合平面
（注：A、B 为户型模块）

图 25.4-3

6. 装配式公共建筑应采用标准化楼电梯、公共卫生间、公共管井及基本单元等模块进行组合设计。

7. 装配式住宅建筑应采用标准化楼电梯、公共管井及标准化户型、厨房、卫生间等模块进行组合设计。

8. 装配式建筑应通过建筑、结构、设备、装修等专业的协同设计，运用信息化技术手段满足建筑设计、生产运输、施工安装等一体化设计要求。

9. 装配式混凝土建筑的平面与空间布置原则。

（1）平面形状宜简单、规则、对称，质量、刚度分布宜均匀，不应采用严重不规则的平面布置。

（2）建筑平面长度不宜过大，平面突出部分的长度不宜过大，不宜采用角部重叠或细腰形平面布置，并应满足《装配式混凝土结构技术规程》JGJ 1—2014 规定的要求。

（3）竖向布置应连续、均匀，应避免抗侧力结构的侧向刚度和承载力沿竖向突变，并应符合现行国家标准《建筑抗震设计规范》GB 50011 的有关规定。

10. 装配式钢结构建筑的平面与空间布置原则。

（1）装配式钢结构建筑平面与空间的设计应满足结构构件布置、立面基本元素组合及可实施性等要求。

（2）装配式钢结构建筑应采用大开间大进深、空间灵活可变的结构布置方式。

（3）装配式钢结构建筑平面设计应符合下列规定：

a. 结构柱网布置、抗侧力构件布置、次梁布置应与功能空间布局及门窗洞口协调。

b. 平面几何形状宜规则平整，并宜以连续柱跨为基础布置，柱距尺寸应按模数统一。

c. 设备管井宜与楼电梯结合，集中设置。

（4）装配式钢结构建筑立面设计应符合下列规定：

a. 外墙、阳台板、空调板、外窗、遮阳设施及装饰等部品部件宜进行标准化设计。

b. 宜通过建筑体量、材质肌理、色彩等变化，形成丰富多样的立面效果。

（5）装配式钢结构建筑应根据建筑功能、主体结构、设备管线及装修等要求，确定合理的层高及净高尺寸。

11. 装配式木结构建筑采用预制空间组件设计时，应符合下列规定：

（1）由多个空间组件构成的整体单元应具有完整的使用功能。

（2）模块单元应符合结构独立性，结构体系相同性和可组合性的要求。

（3）模块单元中设备应为独立的系统，并应与整体建筑协调。

25.5 构 造 设 计

25.5.1 楼地面构造

1. 装配式混凝土结构建筑的楼板宜采用叠合楼板设计，楼地面的构造设计应适合叠合楼板的施工与建造特点，并满足相关国家标准的规定。

2. 装配式钢结构建筑的楼板应符合下列规定：

（1）楼板可选用工业化程度高的压型钢板组合楼板、钢筋桁架楼承板组合楼板、预制混凝土叠合楼板及预制预应力空心楼板等。

（2）楼板应与主体结构可靠连接，保证楼盖的整体牢固性。

（3）抗震设防烈度为6、7度且房屋高度不超过50m时，可采用装配式楼板（全预制楼板）或其他轻型楼盖，但应采取下列措施之一保证楼板的整体性：设置水平支撑或采取有效措施保证预制板之间的可靠连接。

（4）装配式钢结构建筑可采用装配整体式楼板，但应适当降低最大高度。

（5）楼盖舒适度应符合现行行业标准《高层民用建筑钢结构技术规程》JGJ 99的规定。

25.5.2 建筑屋面应符合下列规定：

1. 应根据现行国家标准《屋面工程技术规范》GB 50345中规定的屋面防水等级进行防水设防，并应具有良好的排水功能，宜设置有组织排水系统。

2. 太阳能系统应与屋面进行一体化设计，电气性能应满足国家现行标准《民用建筑太阳能热水系统应用技术规范》GB 50364和《民用建筑太阳能光伏系统应用技术规范》JGJ 203的规定。

3. 采光顶与金属屋面的设计应符合现行行业标准《采光顶与金属屋面技术规程》JGJ 255的规定。

25.5.3 建筑外围护系统应符合下列规定：

1. 装配式建筑的外围护系统应满足结构、热工、防水、防火、保温、隔热、隔声及建筑造型设计等要求，设计使用年限应与主体结构相协调。

2. 外围护系统的立面设计应综合装配式建筑的构成条件、装饰颜色与材料质感等设计要求。

3. 外围护系统的设计应符合模数协调和标准化要求，并应满足建筑立面效果、制作工艺、运输及施工安装的条件。

4. 装配式建筑外围护系统设计应包括下列内容：

（1）外围护系统的性能要求。

（2）外墙板及屋面板的模数协调要求。

（3）屋面结构支承构造节点。

（4）外墙板连接、接缝及外门窗洞口等构造节点。

（5）阳台、空调板、装饰件等连接构造节点。

5. 预制外墙板接缝必须进行防水处理，结合工程实际选用适宜的板缝形式、板缝设置部位、防水材料及结构防水等措施。例如，"装配式剪力墙"连接节点防水构造设计：

（1）预制外墙接缝应根据工程特点和自然条件等，确定防水设防要求，进行防水设计。对水平缝及垂直缝的处理宜选用构造防水与材料防水结合的两道防水构造。

（2）预制外墙接缝采用构造防水时，水平缝宜采用企口缝或高低缝，宜结合结构后浇带或灌浆带的设计，利用现浇节点实现结构防水，提高外墙防水的可靠性。

（3）预制外墙接缝采用结构防水时，应在预制构件与现浇节点的连接界面设置"粗糙面"，保证预制构件和现浇节点接缝处的整体性和防水性能。（图 25.5.3-1 垂直缝防水构造，图 25.5.3-2 水平缝防水构造）

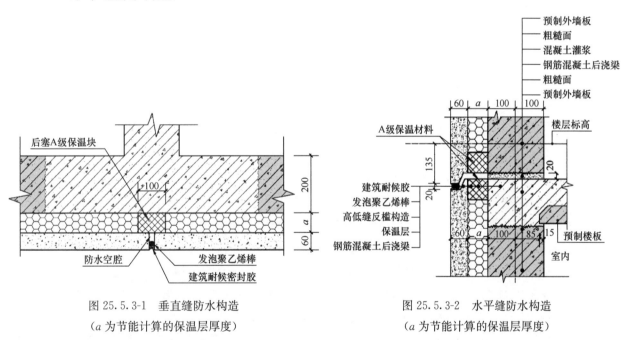

图 25.5.3-1　垂直缝防水构造
（a 为节能计算的保温层厚度）

图 25.5.3-2　水平缝防水构造
（a 为节能计算的保温层厚度）

（4）门窗应采用标准化部件，并宜采用缺口、预留附框或预埋件等方法与墙体可靠连接，门窗洞口与门窗框间的密闭性不应低于门窗的密闭性。（图 25.5.3-3 窗口上节点构造，图 25.5.3-4 窗口下节点构造）

6. 外墙装饰构件如空调板等应结合外墙板整体设计，保证与主体结构的可靠连接，并应满足安全、防水及热工的要求。

7. 当屋面采用预制女儿墙板时，应采用与下部墙板结构相同的分块方式和节点做法，在女儿墙内侧要求的泛水高度处设凹槽或挑檐等防水材料的收头构造。

8. 挑出外墙的阳台、雨篷等预制构件的周边应在板底设置滴水线。

9. 外围护系统应根据建筑所在地区的气候条件、使用功能等综合确定抗风性能、抗震性能、耐撞击性能、防火性能、水密性能、气密性能、隔声性能、热工性能和耐久性能等要求，屋面系统还应满足结构性能要求。

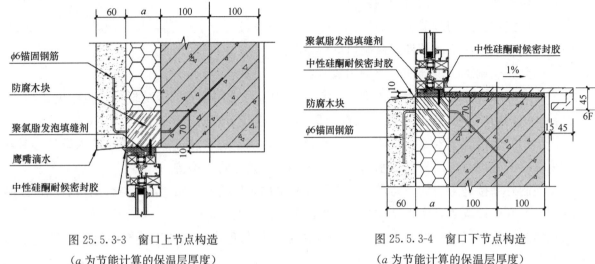

图 25.5.3-3　窗口上节点构造
（*a* 为节能计算的保温层厚度）

图 25.5.3-4　窗口下节点构造
（*a* 为节能计算的保温层厚度）

25.5.4　防火构造设计

1. 装配式建筑的耐火等级应符合现行国家标准《建筑设计防火规范》GB 50016 的有关规定。

（1）预制外墙板作为围护结构，与各层楼板、防火墙、隔墙相交部位应采用耐火材料封堵。

（2）预制混凝土构件的保护层厚度应满足相关规范的防火设计要求。

（3）装配式钢结构建筑预制外墙中露明的金属支撑件及外墙板内侧与主体结构的调整间隙，应采用燃烧性能等级为 A 级的材料进行封堵，封堵构造的耐火极限不得低于墙体的耐火极限，封堵材料在耐火极限内不得开裂、脱落。

（4）装配式钢结构建筑预制外墙的防火性能应按非承重外墙的要求执行，当夹芯保温材料的燃烧性能等级为 B1 或 B2 级时，内、外叶墙板应采用不燃材料且厚度均不应小于 50mm。

（5）装配式木结构建筑的防火设计应符合《多高层木结构建筑技术标准》GB/T51226 的规定。预制木构件组件和部件，在制作、运输和安装过程中不得与明火接触。

2. 复合在预制外墙上的保温材料，宜采用工厂预制的方法与墙体结构一体化生产。其材料的防火性能应满足国家现行相关防火设计规范的要求。

3. 预制外墙板间的板缝部位应封闭，其封闭材料的耐火极限应满足国家现行相关防火设计规范的要求，预制夹心外墙板中的保温材料及接缝处填充用保温材料的燃烧性能应符合现行相关国家规范及标准的要求。

4. 预制外墙板上的开洞部位，洞口一侧暴露的保温材料应封闭，其封闭材料的耐火极限应满足国家现行相关防火设计规范的要求。

26 景 观 设 计

26.1 硬 景

26.1.1 面材选择说明

常用铺装面材的选用

表 26.1.1

名称		一般规格（mm）长×宽×厚	适用范围及特点	颜色	面层处理及质感	价格档次	备注
天然材料	花岗石板	厚度垂直贴20～25厚；水平面铺贴30～50或50～80，平面加工各种尺寸	广场、人行道、混凝土构筑物外贴面、墙面	芝麻白、芝麻黑、印度红、灰、棕、褐色	磨光、自然面、荔枝面、火烧面、剁斧面、拉道面	高档（材料越大越厚价越高）	大面积磨光面不能用在室外广场
	砂岩板	垂直贴20～25厚；水平面铺30～50	贴墙面、道路、小广场	本色浅黄	文化石面、自然面	中	
	青石板	垂直贴20～25厚；水平面铺30～50	贴墙面、区内小道、屋面	青灰色	凿面	低、中	
	毛石	400×300×200	挡土墙	自然褐色	凿面、自然色	低	
	大理石	冰裂纹300×200×25	局部铺装面（冰裂纹）	红、黑、白、棕、灰（含花纹）	磨光	不宜用于室外	
	卵石、碎石	大：150～60，小：15～60	局部铺装、健康步道	黑、白间色	拼花、造型	中	坡度<1%
	料石	500×200×300	道牙	混凝土、石材本色	预制混凝土、石材剖切面	低、中	
	木材	长度<4.5m，断面另定	栈道、木平台、构架	自然色、棕色	防腐、防虫处理后面刷清漆二道	高	

名称 特性		一般规格（mm）长×宽×厚	适用范围及特点	颜色	面层处理及质感	价格档次	备注
人工材料	水泥砖	230×114×60（常用规格）	人行道、广场	灰、浅黄、浅红、灰绿	工厂预制	低	
	烧结砖	230×114×60（常用规格）	人行道、广场	暗红、浅黄、棕、灰、青、象牙	工厂预制	中、高	
	陶瓷广场砖	215×60×12（常用规格）	人行道、广场	暗红、浅黄、米黄、灰、青、象牙	工厂预制	中、高	
	植草砖、板	植草板：355×355×35；植草砖：方形350×350×80，八角形	停车场	灰白、浅绿	工厂预制	中	
	马赛克	大：60×60×10小：20×20×8	局部构架、建筑贴面	多种色彩	工厂预制	中	
	环保塑木	长度<4.5m，断面另定	各种铺地、构架、防腐、潮、虫、晒裂	棕色、浅褐色	工厂预制	高	
	橡胶垫	400×400×50；500×500×50	儿童、老人有器具的活动场地、运动场	暗红、深绿、深蓝、黑色	工厂预制	高	
塑性材料	沥青混凝土路	道路宽×设计厚度	车行路	彩色、黑色（暗红、深灰）	压实（由专业施工）	低、中	支路、非机动车道
	混凝土、水泥路	不定型	车行路、区内小路	灰白色	浇捣、抹面	中	
	砂石路面	不定型	林间小路	灰白、米灰色	压实	低	
	石米	不定型	小路、局部铺装	米色、灰白、浅暗红	压实	低	
	水磨石	不定型	局部铺装、座椅面	白水泥＋各彩色石米后磨光	磨光	中	

特性 名称		一般规格（mm） 长×宽×厚	适用范围 及特点	颜色	面层处理及 质感	价格 档次	备注
板材	玻璃	一般为 6+0.76+6 加胶玻璃	扶手挡板、 地面、顶 棚、灯面	白、透明、 彩色	磨砂、花纹	高	
	铝板	1～2/厚	建筑、构架 外包、吊顶	银白、灰白	工厂预制 型材	高	
	不锈 钢板	1～2/厚	构架外包、 小局部嵌 条、扶手	发光、亚光	工厂预制 型材	高	
	彩色 钢板	1～2/厚	屋顶、墙板	兰、灰、白	工厂预制 型材	高	
	PC板、 耐力 板、阳 光板	2～4厚； 5～10/ 厚（空心）	厕所隔断、 顶棚	兰、灰、白	工厂预制 型材	高	
涂料	地石丽	（不定型）	彩色地面、广 场、人行道	深暗色彩路	彩色水泥路 面质感	低、中	
	喷塑涂料	（不定型）	外墙面，不 耐污染，可 冲洗	白色	大压花、小 压花	中	
	油漆	（不定型）	金属构架面， 易生锈，需 刷新	设计自定	涂刷、烤漆 （工厂烤， 现场拼装）	中	定期 重刷
	氟碳漆	（不定型）	金属构架面， 耐久性强	设计自定	涂刷、烤漆 （工厂烤，现 场拼装）	高	

26.1.2 详图做法的适用范围

表 26.1.2

花岗石、陶砖（广场砖）、大理石 （常用于室内或局部，室外大面积 很少用）	人行道铺地、景墙压顶（经济型）、墙面、花池贴面、楼梯踢面20mm 厚（宜用于垂直面），25～40mm厚（宜用于水平面）
	花池及泳池压顶、楼梯踏面 30mm 厚
	车行道 50mm 厚

文化石（砂岩板）	人行道铺地、景墙压顶（经济型）、墙面、花池贴面 30mm 厚
青石板	人行道铺地、景墙压顶（经济型）墙面、花池贴面、楼梯踏面 20mm 厚
木材（进口高级防腐木，环保塑木）	铺地 30～50mm 厚，留缝 5mm
	用木龙骨或环保塑木龙骨固定，用于木平台、栈道、景观桥面及花槽
鹅卵石（路面坡度<1%）	铺贴鹅卵石直径大：40～80mm，小：20～30mm
	水池底散置鹅卵石直径 60～120mm
	景观道，局部拼花铺装
植草砖，植草板	停车场、隐形消防道
水泥砖、烧结砖、路面砖	人行道铺地 50mm 厚，车行道铺地 60mm 厚
	景观道、广场
马赛克、瓷片（详见泳池部分）	局部景墙、铺装
橡胶垫儿童、老人活动场、运动场	30～50mm 厚

26.1.3 技术要求

人行道路基层　　　　　　　　　　表 26.1.3-1

1	基层结构做法——自然土（从上到下）	100 厚 C15 混凝土（见表下注）
		100 厚 6% 水泥石粉渣（见表下注）
		素土夯实>92%
2	基层结构做法——板上（从上到下）	100 厚 C15 混凝土
		150 厚 6% 水泥石粉渣
		轻质回填土夯实>92%
		透水型土工布，四周上翻 100 高
		100 厚陶粒排水层（或 20 高疏水板）
		车库顶板防水保护层必须保证有 0.5%～1% 的排水坡，坡向出水口
3	花岗石、板岩、文化石、水泥砖、陶砖（从上到下）	面层
		30 厚 1:3 干硬性水泥砂浆
		下接基层结构做法
4	鹅卵石	面层（鹅卵石面层坡度<1%）
		卵石嵌入结合层
		10 厚水泥纯浆
		20 厚 1:2.5 水泥砂浆结合层
		下接基层结构做法
5	植草砖	植黄砖，种植土填充
		30～50 厚砂垫层（四周应由水泥砂浆挡住砂子的外移）
		级配碎石 150～200 厚或者 3:7 灰土 200 厚
		素土夯实
6	橡胶垫	面层
		胶水
		20 厚 1:2.5 水泥砂浆找平
		下接基层结构做法

注：根据地质、荷载可能的不同，基层厚度经过结构核算后可增加。

车行道路   表 26.1.3-2

1	沥青（从上到下，由专业队伍施工）	50 厚细粒式沥青混凝土
		60 厚粗粒式沥青混凝土
		乳化沥青透层
		200 厚 C30 混凝土垫层
		150 厚 6％水泥石粉渣
		素土夯实
2	花岗石、水泥砖（从上到下）	面层
		20 厚 1:3 干硬性水泥砂浆结合层
		200 厚 C30 混凝土
		100 厚 6％水泥石粉渣
		素土夯实

墙面

1	涂料、花岗石、板岩、文化石、面砖（从外到内）	面层
		20 厚 1:2 水泥砂浆结合层
		聚合物水泥基防水涂料一道 1mm
		20 厚 1:2.5 水泥砂浆
		非黏土砖墙或混凝土结构
2	挡土墙	结构图纸
		备注：墙面不考虑干挂做法

透水地面（侧面应有排水沟，收集雨水）   表 26.1.3-3

透水地面类型	承载力地面（mm）	非承载力地面（mm）
透水砖	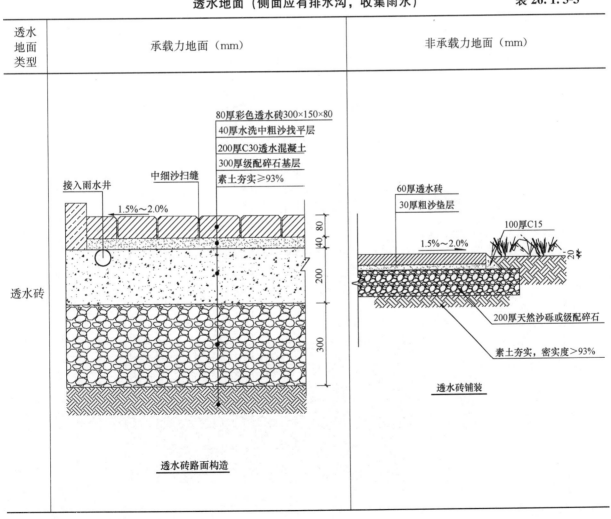	

透水地面类型	承载力地面（mm）	非承载力地面（mm）
嵌草砖	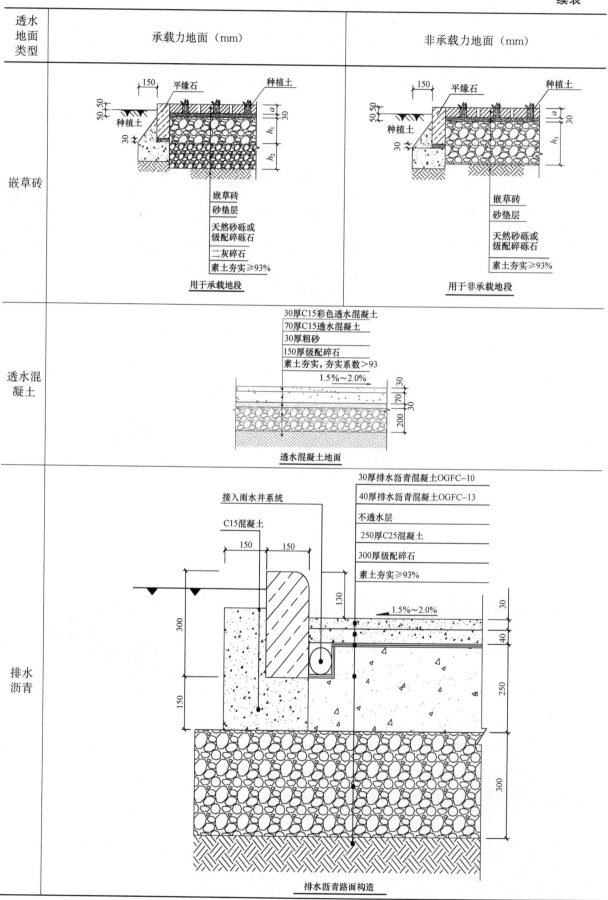	

	30厚C15彩色透水混凝土 70厚C15透水混凝土 30厚粗砂 150厚级配碎石 素土夯实，夯实系数>93
透水混凝土	透水混凝土地面

	30厚排水沥青混凝土OGFC-10 40厚排水沥青混凝土OGFC-13 不透水层 250厚C25混凝土 300厚级配碎石 素土夯实≥93%
排水沥青	排水沥青路面构造

26.2 水 景

26.2.1 面层材料选择

表 26.2.1

1. 混凝土	如无特殊景观效果需要时，水景池底及侧壁面层采用混凝土（拉毛）
	混凝土强度采用 C25 混凝土。抗渗等级不低于 S6
2. 马赛克及瓷片	马赛克尽量选择不透明玻璃马赛克
	马赛克拼花需详细设计图纸
3. 花岗石	池底及侧壁，铺装材料厚度不超过 20mm 厚，池边压顶材料厚度不超过 50mm 厚
4. 鹅卵石	

26.2.2 技术要求总则

表 26.2.2

1	可涉入式水景的水深应小于 0.3m，以防止儿童溺水，同时水底应做防滑处理
2	汀步，面积不小于 0.4m×0.4m，并满足连续跨越的要求
3	池岸必须作圆角处理，铺设软质渗水地面或防滑材料
4	结构板上水景结构设计要求： 水景下建筑功能对渗漏要求不高时，可将结构板直接作为水景的底板； 水景下建筑功能对渗漏要求高时，水景结构自成体系，与结构板脱离；水景迎水面设防水层，水景下建筑还要另做防水层，迎水面涂防水涂料
5	水景防水要求： 结构找坡 1% 坡向泄水口； 1:3 水泥砂浆找平； 2.0mm 厚水泥基聚合物或其他防水涂层以及改性沥青防水卷材等。防水涂膜，管道周边 300mm 宽范围做附加 2.0mm 厚防水层； 20mm 厚 1:2.5 水泥纤维砂浆保护层，表面拉细毛； 面层涂料或瓷砖
6	需考虑设置可靠的自动补水装置和溢流管路
7	水景排水要求： 结构板上敷设排水多孔管，DN110 管上开 5~10mm 的孔洞，间距 80~10mm； 结构板找坡，一般为 0.5%~2%； 排水管坡向排水沟或渗水坑（渗水坑在地下室范围外）； DN110 多孔管，0.005 坡度，0.5 充满度排水负荷 2.9L/s，需计算得到的排水多孔管的数量
8	水景设备及照明应符合相关标准要求

26.2.3 人工湖设计要求

表 26.2.3

	人工湖底部设计原则	由于周边地形的变化（挖湖、开采、建房等）会导致地下水位也有类似"连通器"效应的变化以达到新的平衡；故人工湖即使在使用后也应观察此类变化，防止地下水反攻而破坏驳岸和湖底或者水位上升超过原可控程度
1	进行水文地质勘探，取得水位和土壤渗透的参数	1. "岸边防渗"：当本工程周围有水位高差时它们会自然水平渗透以达到平衡，这样保护地周边就要进行水平防渗，设计防渗墙。以达到人工湖水位可控程度； 2. 驳岸防护：一般情况下（根据土壤摩擦系数）驳岸坡度大于 1:1.5（即 33.7℃）时应该设置护坡，防止塌落，并设置防渗水措施，防止水平渗漏； 3. 湖底防渗：当最低水位高于人工湖底时，则湖底不必设置防渗措施（指周边无高或低的水体面形成"连通器"作用）； 4. 防渗层做法：①简易—防渗土工膜，内夹不透水玻璃膜；②高档—成品防渗毡（膨阔土防水毯）；为了保护防渗层，在其上下应有散软材料夹住，上铺 50～100 粗砂，下铺在夯实土上
2	水体应尽量保持流动状态，能确保水质自净	
3	国家严禁使用自来水作为人工湖水源	
4	池底分软底和硬底两种做法	尽可能选用软底设计、对生态、环保、节省投资，加快施工进度都有利
5	驳岸（池壁）	人工湖池壁也称"驳岸"，在自然环境下设人工湖驳岸坡度在 1:2（垂直:水平）以下基本可以认为稳定边坡（由结构专业根据具体地质确定）；如边坡度大于此值，必须设挡土墙或混凝土边坡壁（由结构设计）；无论是哪种边坡都必须设防水或防渗层，防水（防渗层）必须高于最高水位，并在最顶部用混凝土压顶嵌固、边坡上应用水泥钉（混凝土底上），或者垒砌石块压住，以防滑入
6	旱喷泉	1. 一般设计在平坦、开阔的广场上；占广场局中位置的一小部分，仅夏季的部分时段开启； 2. 应设计水自回流循环系统，并设置常清洗、常维修的构造和设施；北方应有冬季全清空、设备和管道的保护措施； 3. 结构和构造宜用钢筋混凝土池底池边，有砖砌部分外层均要设防水砂浆层、活动盖板，沟内排水坡 1%～1.5%；循环泵的位置应利于水流循环，泵坑空间足够利于维护
7	溪流	1. 溪流典型构造做法（按人工湖软底池底或硬底池底做法，采用硬底池底做法时，钢筋混凝土的变形缝宜设在溪流叠小处等有高差变化的隐蔽处，变形缝内必须设置止水带）； 2. 溪流水处理设计 应设置水泵保证溪水循环，溪流水的流速应小于 1.0m/s
8	景墙跌水、喷泉、观赏性水池	1. 砖砌墙体； 2. 混凝土墙体； 3. 喷泉水处理设计 池水水质要求较高、水源紧张和水质腐蚀明显的水景工程，可设置池水循环净化和水质稳定处理；处理的主要目的是减少池水排污损失和换水损失，去除水中的漂浮物、悬浮物、浑浊度、色度、藻类和异味； 池水循环处理常用的方法有格栅、滤网和滤料过滤，水质稳定剂一般投加 $CuSO_4$ 等； 池水水质要求不高时，可不设计净化处理，当池水中有落叶或灰尘时，人工清理

| 9 | 人工湿地 | 人工湿地构造做法（硬底）：
100mm 厚石米，粒径 5～10mm
350mm 厚砾石，粒径 30～50mm
150mm 厚 C20 混凝土
300mm 厚 8％水泥土（当地土过筛）夯实＞90％
原土夯实，密实度 90％ | 大型湿地构造做法（软底）；
覆盖 50mm 粒径 8～12 砾石
400～700 厚改良种植土
土工布一层 200g/m²
200 厚粗砂过滤层
500 厚粒径 10～20mm 碎石蓄水层
素土夯实 |

26.3 软景（种植设计）

26.3.1 各类型项目种植设计要点

表 26.3.1

居住区种植设计要点	道路景观种植设计要点	公园及风景区种植设计要点	河岸滨海景观种植设计要点	景观改造工程种植设计要点
1）乔木与建筑的距离，植物与硬质边界的距离 2）隐形消防道 3）消防登高面 4）建筑的南北面 5）选择无毒的植物 6）多用常绿植物 7）业主的特殊要求 8）当地的忌讳 9）细致的设计（对景，转角，视线焦点，高低层次）	1）车行道旁营造大尺度的景观效果 2）中央绿化带防眩光设计 3）行道树间距为5～7m，距路边最小距离0.5m 行道树分枝点须在 1.8～2.0m 间，树高大于 4m 4）行人道旁绿化带 5）关键点的设计（路端点，转弯，视线焦点交汇处）	1）根据景区主题划分确定植物空间营造，确定特色主体树种 2）注意树木景观的郁闭度 3）植物造景借景、对景、框景等手法的运用 4）孤立树、树丛、树群的观赏距离 5）儿童游戏场夏天遮阴的面积大于50％ 6）各种场地的乔木枝下净空高（儿童游戏场＞1.8m，成人活动场所＞2.2m，大中型停车场＞4m，小汽车＞2.5m，自行车＞2.2m）	1）结合实地情况，植物品种选择注意抗风性、耐水湿性或抗盐碱性等 2）结合环境特色营造林冠线、透景线 3）片植季相、色彩突出的乔木林 4）滨水缓坡草坪的营造	1）场地踏勘 2）确定移走树木并出移走树木图 3）对原有具观赏价值树木的利用，新种植图应标出保留树木

26.3.2 植物与建筑、构筑物、管线等距离附表

行道树与建筑、建筑物的水平间距（单位：m）

表 26.3.2-1

道路环境及附属设施	至乔木主干最小间距	至灌木中心最小间距	道路环境及附属设施	至乔木主干最小间距	至灌木中心最小间距
有窗建筑外墙	3.0	1.5	排水明沟边缘	1.0	0.5
无窗建筑外墙	2.0	1.5	铁路中心线	8.0	4.0
人行道边缘	0.75	0.5	邮筒、路牌、站标	1.2	1.2
车行道路边缘	1.5	0.5	警亭	3.0	2.0
电线塔、柱、杆	2.0	不限	水准点	2.0	1.0
冷却塔	塔高 1.5 倍	不限			

行道树与地下管线的水平间距（单位：m）　　　　表 26.3.2-2

沟管名称	至中心最小间距		沟管名称	至中心最小间距	
	乔木	灌木		乔木	灌木
给水管、阀井	1.5	不限	弱电电缆沟、电力电线杆	2.0	0.5
污水管、雨水管、深井	1.0	不限	乙炔氧气管、压缩空气管	2.0	2.0
排水盲沟	1.0	不限	消防龙头、天然瓦斯管	1.2	1.2
电力电缆、深井	1.5	0.5	煤气管、探井、石油管	1.5	1.5
热力管、路灯电杆	2.0	1.0			

其他非行道树的乔、灌木种植设计参照以上表格。

26.3.3　垂直绿化（墙面绿化）

依据植物种植方式的不同，墙面绿化可分为攀爬或垂吊式、种植槽种植式、模块式、铺贴式、布袋式和板槽式等。

模块式墙面绿化设计要点：

表 26.3.3-1

适用范围	适用于各类型的墙面绿化，主要适用于室外	
安全要求	1. 设计施工前必须由具备相关资质的单位检测墙体的稳定性； 2. 作业时，施工人员应穿戴防护措施，同时与施工周边设立安全警戒线，避免高空坠物	滴灌管 挂钩配件 基盘保护钢丝 基盘保护装置 次龙骨 主体钢通龙骨 种植模块基盘 不锈钢排水槽
技术要点	1. 计算墙面稳定性及相关指标； 2. 绿化模块由种植构件盒、种植基质、植物三部分组成； 3. 构件盒长宽不超过 50cm，重量控制在 25kg 以内，需经过具备有关资质的单位或结构工程师按绿化模块的重量和风载力大小进行严格计算； 4. 将植物模块构件固定在钢骨架上； 5. 植物选择：以常绿植物为主，组合形式可多样化营造多变的墙面特色景观，体现城市特色；根据墙体朝向、光照条件选择喜阴或喜阳的植物，宜在北朝向种植耐阴植物，西向墙面种植耐旱植物	

种植槽式墙面绿化设计要点：

表 26.3.3-2

适用范围	各类平整的垂直墙面
安全要求	1. 设计施工前必须由具备相关资质的单位检测墙体的稳定性； 2. 建筑周边环境常年风力过大的区域应慎重选择该绿化形式； 3. 作业时，施工人员应穿戴防护措施，同时与施工周边设立安全警戒线
技术要点	1. 紧贴墙面或离开墙面 5～10cm 处搭建平行于墙面的骨架，骨架应做防腐工艺处理； 2. 设计滴灌系统； 3. 在种植槽放置种植基质，完成植物栽培； 4. 将种植好的种植槽从下往上依次嵌入骨架

布袋式墙面绿化设计要点：

表 26.3.3-3

适用范围	适用在室内或室外墙体，可应用于不规则形状墙体
安全要求	建筑墙面应满足防水等要求
技术要点	1. 必须对墙面进行防水处理； 2. 安装灌溉设备； 3. 安装防水背板； 4. 直接在防水背板上固定种植毯，植物栽种于种植毯之间； 5. 用于室内时应安装植物补光灯

铺贴式墙面绿化设计要点：

表 26.3.3-4

适用范围	室内或室外墙体绿化
安全要求	1. 建筑墙面应满足防水等要求； 2. 选择浅根性植物，避免植物根系刺穿墙体，避免墙体开裂； 3. 作业时，施工人员应穿戴防护措施
技术要点	1. 墙面应做防水处理； 2. 设置排水系统； 3. 可选择于墙面铺贴生长基质、用喷播的方式喷于墙体形成生长系统或空心砌墙砖绿化方式（砖上留有植生孔，砖体内装有土壤、树胶、肥料和草籽等）

板槽式墙面绿化设计要点：

表 26.3.3-5

适用范围	适用室外墙体	
安全要求	1. 设计施工前必须由具备相关资质的单位检测墙体的稳定性； 2. 建筑周边环境常年风力过大的区域应慎重选择该绿化形式； 3. 作业时，施工人员应穿戴防护措施，同时与施工周边设立安全警戒线，避免高空坠物	
技术要点	1. 计算墙面稳定性及相关指标； 2. 安装 V 形板槽，以螺栓固定，螺栓应做防锈处理； 3. 安装灌溉系统； 4. 于槽内填装轻质种植材料，或将规格大小与 V 形板槽相当规格的盆花，脱盆直接置入槽中； 5. 植物选择：常绿植物为主，组合形式可多样化营造多变的墙面特色景观，体现城市特色；根据墙体朝向、光照条件选择喜阴或喜阳的植物，宜在北朝向种植耐阴植物，西向墙面种植耐旱植物	

攀爬或垂吊式墙面绿化设计要点：

表 26.3.3-6

适用范围	墙面较为粗糙或有利于植物攀缘的建筑墙面、高度较高的建筑墙面、挡土墙	
安全要求	1. 设计施工前必须由具备相关资质的单位检测墙体的稳定性； 2. 建筑周边环境常年风力过大的区域应慎重选择该绿化形式； 3. 作业时，施工人员应穿戴防护措施，同时与施工周边设立安全警戒线	
技术要点	1. 于墙基、墙顶砌条形花槽，于墙顶砌花基前必须计算墙体的荷载，确保安全； 2. 架设木架、辅助攀援网辅助植物攀爬，其他建筑构件上应装上防锈螺栓和木榫，螺钉和地脚螺栓都应做防锈处理； 3. 植物选择：选用低成本、花色丰富的攀缘植物；植物色彩应与建筑墙面、建筑环境色彩相协调；根据墙体朝向、光照条件选择喜阴或喜阳的植物，宜在北朝向种植耐阴植物，西向墙面种植耐旱植物；根据景观需求，选择常绿或半常绿的植物	

26.4 小 品

26.4.1 建筑小品

表 26.4.1

设计要点：

1. 亭、廊、花架等建筑设施应和环境协调，占地面积之和不得大于绿地总面积的 2%，花架面积以花架最外边线范围 1/5 计算
2. 亭、廊、花架为游人休息、遮阴、蔽风雨及欣赏景色，其地位、大小、式样应满足以上设计要求
3. 亭、廊、花架周围需排水良好。地坪应平整、美观、防滑，并便于打扫
4. 有吊顶的亭、廊、敞厅，吊顶采用防潮材料
5. 亭、廊、花架等供居民坐憩之处，不采用粗糙饰面材料，也不采用易刮伤肌肤和衣物的构造
6. 亭、廊、花架等室内净高不应小于 2.1m，楣子高度应考虑游人通过或赏景的要求

亭	廊	花 架	膜结构
亭供人休息、遮阴、避雨和凭眺空间场所，个别属于纪念性和标志性建筑 亭自身成景，成为视觉焦点，引导游览	廊多数有顶盖，廊具有引导人流，引导视线，连接景点和供人休息的功能 居住区内建筑与建筑之间的连廊尺度控制必须与主体建筑相适应 柱廊是以柱构成的廊式空间，是一个既有开放性，又有限定性的空间，能增加环境景观的层次感。柱廊一般无顶盖或在柱头上加设装饰构架，靠柱子的排列产生效果	花架通常顶部为全部或局部漏空，是供藤类作物攀爬，同时能提供休息与连接功能；在位置选择上，可连接交通枢纽处 花架设计应与所用植物材料相适应，种植池的位置可灵活地布置在架内或者架外，也可以高低错落，结合地形和植物的特征布置	张拉膜结构由于其材料的特殊性，能塑造出轻巧多变、优雅飘逸的建筑形态 位置选择需避开消防通道，膜结构的悬索拉线埋点要隐蔽并远离人流活动区 膜结构一般为银白反光色，醒目鲜明

26.4.2 装饰小品

表 26.4.2

山 石	雕 塑	花 盆
山石分为天然的假山石和人造的假山石；新置山石应简洁大方、自然、保证安全，并有相当的艺术水平，不宜盲目模仿人物或动物形象，不得追求庸俗格调 天然的假山石分观赏性假山和可攀登假山，后者必须采取安全措施；居住区堆山置石的体量不宜太大，构图应错落有致 人造的假山石，又称为塑山，是采用钢筋、钢丝网或玻璃钢作内衬，外喷抹水泥做成石材的纹理褶皱，喷色后似山石和海石，喷色是仿石的关键环节，人造山石以观赏为主，在人经常蹬踏的部位需加厚填实，以增加其耐久性，人造山石覆盖层下宜设计为渗水地面，以利于保持干燥	雕塑小品与周围环境共同塑造完整视觉形象和主题，以小巧的格局、精美的造型来点缀空间，通过其造型、体量，形成视觉走廊焦点，成为游览路线引导 雕塑在布局上要注意与周围环境的关系，确定雕塑的材质、色彩、体量、尺度、题材、位置等，展示其整体美、协调美；应配合住区内公共服务设施而设置，如与喷泉、瀑布、假山等结合，起到点缀、装饰和丰富景观的作用；特殊场合的中心广场或主要公共建筑区域，可考虑主题性或纪念性雕塑 要做好景观雕塑夜间照明设计，最好采用前侧光，一般大于 60°，避免强俯仰光（正上光、正下光），同时避免顺光照射以及正侧光所形成的"阴阳脸"	花盆的尺寸应适合所栽种植物的生长特性，有利于根茎的发育，花草类盆深 20cm 以上，灌木类盆深 40cm 以上，中木类盆深 45cm 以上；3～4m 的高大树木则可选择 50cm 以上的花盆，盆中需安置支柱 花盆用材，应具备有一定的吸水保温能力，不易引起盆内过热和干燥；花盆可独立摆放，也可成套摆放，采用模数化设计能够使单体组合成整体，形成大花坛

26.4.3 公用设施小品

表 26.4.3-1

信息设施	卫生设施		游憩设施		安全设施			交通设施	
A. 标识	垃圾容器	饮水器（饮泉）	A. 座椅（具）	B. 游乐设施	A. 护栏	B. 围栏（栅栏）	C 围墙	A. 车挡（缆柱）	B. 自行车架（自行车棚）

树池及树池算的尺寸关系　　　　　　　　表 26.4.3-2

树高	树池尺寸（m）		树池算尺寸（直径，m）
	直径	深度	
3m 左右	0.6	0.5	0.75
4～5m	0.8	0.6	1.2
6m 左右	1.2	0.9	1.5
7m 左右	1.5	1.0	1.8
8～10m	1.8	1.2	2.0

26.4.4 儿童游乐设施

儿童游乐设施设计要点　　　　　　　　表 26.4.4

序号	设施名称	设 计 要 点	年龄组（岁）
1	砂坑	①居住区砂坑一般规模为 10～20m²，砂坑中安置游乐器具的要适应加大，以确保基本活动空间，利于儿童之间的相互接触；②砂坑深 40～45cm，砂子中必须以细砂为主，并经过冲洗，砂坑四周应竖 10～15cm 的围沿，防止砂土流失或雨水灌入；围沿一般采用混凝土、塑料和木制，上可铺橡胶软垫；③砂坑内应敷设暗沟排水，防止动物在坑内排泄	3～6
2	滑梯	①滑梯由攀登段、平台段和下滑段组成，一般采用木材、不锈钢、人造水磨石、玻璃纤维、增强塑料制作，保证滑板表面光滑；②滑梯攀登梯架倾角为 70°左右，宽 40cm，梯板高 6cm 双侧设扶手栏杆，滑板倾角 30°～35°，宽 40cm，两侧直缘为 18cm，便于儿童双脚制动；③成品滑板和自制滑梯都应在梯下部铺厚度不小于 3cm 的胶垫，或 40cm 以上的砂土，防止儿童坠落受伤	3～6
3	秋千	①秋千分板式、座椅式、轮胎式几种，其场地尺寸根据秋千摆动幅度及与周围娱乐设施间距确定；②秋千一般高 2.5m，长 3.5～6.7m（分单座、双座、多座），周边安全护栏高 60cm，踏板距地 35～45cm，幼儿用距地为 25cm；③地面设施需设排水系统和铺设柔性材料	6～15
4	攀登架	①攀登架标准尺寸为 2.5m×2.5m（高×宽），格架宽为 50cm，架杆选用钢骨和木制，多组格架可组成攀登式迷宫；②架下必须铺装柔性材料	8～12
5	跷跷板	①普通双连式跷跷板宽为 1.8m，长 3.6m，中心轴高 45cm；②跷跷板端部应放置旧轮胎等设备作缓冲垫	8～12

序号	设施名称	设 计 要 点	年龄组（岁）
6	游戏墙	①墙体高控制在 1.2m 以下，供儿童跨越或骑乘，厚度为 15～35cm；②墙上可适当开孔洞，供儿童穿越和窥视产生游戏乐趣；③墙体顶部边沿应做成圆角，墙下铺软垫；④墙上绘制图案不易褪色	6～10
7	滑板场	①滑板场为专用场地，要利用绿化种植、栏杆等与其他休闲区分隔开；②场地用硬制材料铺装，表面平整，并具有较好的摩擦力；③设置固定的滑板联系器具，铁管滑架、曲面滑道和台阶总高度不宜超过 60cm，并留出足够的滑跑安全距离	10～15
8	迷宫	①迷宫由灌木丛林或实墙组成，墙高一般在 0.9～1.5m 之间，以能遮挡儿童视线为准，通道宽为 1.2m；②灌木丛墙须进行修剪以免划伤儿童；③地面以碎石、卵石、水刷石等材料铺砌	6～12

27 建 筑 防 火 设 计

27.1 厂房、仓库防火设计

27.1.1 厂房、仓库的火灾危险性分类

厂房、仓库的火灾危险性分类 表 27.1.1

项 目	分 类
1. 生产的火灾危险性分类	甲、乙、丙、丁、戊共 5 类（其中丁类和戊类分别为难燃和不燃物品）
2. 储存物品的火灾危险性分类	甲、乙、丙、丁、戊共 5 类（其中丁类和戊类分别为难燃和不燃物品）
3. 同一厂房或厂房的任一防火分区有不同火灾危险性生产同在一个防火分区内时，其火灾危险性类别的确定方法	1）应按火灾危险性较大的部分确定； 2）符合下列条件时，可按危险性较小的部分确定： （1）火灾危险性较大部分面积所占比例＜5％； （2）丁、戊类厂房内的油漆工段面积所占比例＜10％； （3）丁、戊类厂房内的油漆工段，当采用封闭喷漆工艺，封闭喷漆空间内保持负压，设置了可燃气体探测报警系统或自动抑爆系统，且油漆工段面积所占比例≤20％
4. 同一仓库或仓库内任一防火分区内储存不同火灾危险性物品时，其火灾危险性类别的确定方法	1）应按火灾危险性最大的物品确定； 2）丁、戊类物品：可燃包装重量＞物品本身重量的1/4；或可燃包装体积＞物品本身体积的1/2，应按丙类确定

27.1.2 厂房、仓库建筑构件的燃烧性能和耐火极限

不同耐火等级厂房和仓库建筑构件的燃烧性能和耐火极限（h） 表 27.1.2

构件名称		耐 火 等 级			
		一级	二级	三级	四级
墙	防火墙	不燃性 3.00	不燃性 3.00	不燃性 3.00	不燃性 3.00
	承重墙	不燃性 3.00	不燃性 2.50	不燃性 2.00	难燃性 0.50
	楼梯间和前室的墙 电梯井的墙	不燃性 2.00	不燃性 2.00	不燃性 1.50	难燃性 0.50
	疏散走道 两侧的隔墙	不燃性 1.00	不燃性 1.00	不燃性 0.50	难燃性 0.25
	非承重外墙 房间隔墙	不燃性 0.75	不燃性 0.50	难燃性 0.50	难燃性 0.25

构件名称	耐 火 等 级			
	一级	二级	三级	四级
柱	不燃性 3.00	不燃性 2.50	不燃性 2.00	难燃性 0.50
梁	不燃性 2.00	不燃性 1.50	不燃性 1.00	难燃性 0.50
楼板	不燃性 1.50	不燃性 1.00	不燃性 0.75	难燃性 0.50
屋顶承重构件	不燃性 1.50	不燃性 1.00	难燃性 0.50	可燃性
疏散楼梯	不燃性 1.50	不燃性 1.00	不燃性 0.75	可燃性
吊顶（包括吊顶格栅）	不燃性 0.25	难燃性 0.25	难燃性 0.15	可燃性

注：（1）二级耐火等级建筑内采用不燃材料的吊顶，其耐火极限不限。
　　（2）甲、乙类厂房和甲、乙、丙类仓库内的防火墙，其耐火极限应≥4.00h。

27.1.3　厂房仓库的层数和每个防火分区的建筑面积

厂房的层数和每个防火分区的建筑面积　　　　　表 27.1.3-1

火灾危险 类别	耐火 等级	允许 层数	每个防火分区的建筑面积（m²）				备　　注
			地上厂房			地下半 地下厂房	
			单层	多层	高层		
甲	一级	宜单层	4000	3000	—	—	1. 设置自动灭火系统的厂房，甲、乙、丙类的防火分区面积可增加1倍；丁、戊类地上厂房不限； 2. 除麻纺厂外，一级耐火等级的多层纺织厂房和二级耐火等级的单、多层纺织厂房，其每个防火分区的建筑面积可按本表的规定增加0.5倍； 3. 一、二级耐火等级的单、多层造纸生产联合厂房，其每个防火分区的建筑面积可按本表的规定增加1.5倍；一、二级耐火等级的湿式造纸联合厂房，当设置自动灭火系统时，防火分区建筑面积可按工艺要求确定； 4. 厂房内操作平台、检修平台，当人数<10人时，平台面积可不计入所在防火分区面积内
	二级		3000	2000	—	—	
乙	一级	不限	5000	4000	2000	—	
	二级	6	4000	3000	1500	—	
丙	一级	不限	不限	6000	3000	500	
	二级		8000	4000	2000		
丁	一、二级	不限	不限	不限	4000	1000	
戊	一、二级	不限	不限	不限	6000	1000	

仓库的层数、占地面积和每个防火分区的面积　　　　　表 27.1.3-2

火灾危险性类别		耐火 等级	允许 层数	每座仓库占地面积和每个防火分区的建筑面积（m²）						地下半地 下仓库
				地上仓库						
				单层仓库		多层仓库		高层仓库		
				占地	防火分区	占地	防火分区	占地	防火分区	防火分区
甲	3.4项	一级	1	180	60	—	—	—	—	—
	1.2.5.6项	一、二级	1	750	250					

火灾危险性类别		耐火等级	允许层数	每座仓库占地面积和每个防火分区的建筑面积（m²）						地下半地下仓库
				地上仓库						
				单层仓库		多层仓库		高层仓库		
				占地	防火分区	占地	防火分区	占地	防火分区	防火分区
乙	1.3.4项	一、二级	3	2000	500	900	300	—	—	—
	2.5.6项	一、二级	5	2800	700	1500	500	—	—	—
丙	1项	一、二级	5	4000	1000	2800	700			150
	2项	一、二级	不限	6000	1500	4800	1200	4000	1000	300
丁		一、二级	不限	不限	3000	不限	1500	4800	1200	500
戊		一、二级	不限	不限	不限	不限	2000	6000	1500	1000
冷库		一、二级	不限	7000	3500	7000	3500	5000	2500	1500（只许1层）
桶装油品库	甲	一、二级	1	750	250	甲类宜独建，与乙、丙类同建时，应采用防火墙分隔				—
	乙	一、二级	1	1000	—					
	丙	一、二级	2	2100	—	2100				
粮食平房仓库		一、二级	1	12000	3000	—				
单层棉花库房		一、二级	1	2000	2000	—				
煤均化库		一、二级		每个防火分区≤12000m²						
白酒仓库		一级		酒精度数为38°及以上的白酒仓库按甲类仓库执行						

注：(1) 地下、半地下仓库的占地面积，不应大于地上仓库的占地面积。

(2) 一、二级耐火等级的独立建造的硝酸铵、电石、尿素、配煤仓库，聚乙烯等高分子制品仓库，造纸厂的独立成品仓库，其占地面积和防火分区面积可按本表的规定增加1倍。

(3) 设置自动灭火系统的仓库（冷库除外），其占地面积和防火分区面积可增加1倍。局部设置自动灭火系统的仓库，其防火分区增加的面积按该局部区域建筑面积的1倍计算。

27.1.4 厂房仓库的防火间距

厂房、厂房与仓库、厂房与民用建筑之间防火间距（m）　　　表 27.1.4-1

建筑类别		甲类厂房	乙类厂房（仓库）		丙、丁、戊类厂房（仓库）		民用建筑		
		单、多层	单、多层	高层	单、多层	高层	裙房单、多层	高层	
								一类	二类
甲类厂房	单、多层	12	12	13	12	13	25	50	50
乙类厂房	单、多层	12	10	13	10	13			
	高层	13	13	13	13	13			
丙类厂房	单、多层	12	10	13	10	13	10	20	15
	高层	13	13	13	13	13			
丁、戊类厂房	单、多层	12	10	13	10	13	15	15	13
	高层	13	13	13	13	13			

续表

建筑类别		甲类厂房 单、多层	乙类厂房（仓库） 单、多层	乙类厂房（仓库） 高层	丙、丁、戊类厂房（仓库） 单、多层	丙、丁、戊类厂房（仓库） 高层	民用建筑 裙房 单、多层	民用建筑 高层 一类	民用建筑 高层 二类
室外变配电站 变压器总油量(t)	≥5，≤10				12	12	15	20	
	≥10，≤50	25	25	25	15	15	20	25	
	>50				20	20	25	30	

高层厂房与甲乙丙类液体储罐、可燃助燃气体储罐、液化石油气储罐、可燃材料堆场防火间距≥13m

注：(1) 乙类厂房与重要公共建筑的防火间距不宜小于50m；与明火或散发火花地点间距，不宜小于30m。单、多层戊类厂房之间及与戊类仓库的防火间距可按本表的规定减少2m，与民用建筑的防火间距可按民用建筑之间的防火间距执行。为丙、丁、戊类厂房服务而单独设置的生活用房应按民用建筑规定，与所属厂房的防火间距不应小于6m。必须相邻布置时，应符合本表注（2）（3）的规定。

(2) 两座厂房相邻较高一面外墙为防火墙时，或相邻两座高度相同的一、二级耐火等级建筑中相邻任一侧外墙为防火墙且屋顶耐火极限≥1.00h时，其防火间距不限，但甲类厂房之间不应小于4m。两座丙、丁、戊类厂房相邻两面外墙均为不燃性墙体，当无外露的可燃性屋檐，每面外墙上的门、窗、洞口面积之和各不大于外墙面积的5％，且门、窗、洞口不正对开设时，其防火间距可按本表的规定减少25％。甲、乙类厂房（仓库）不应与建筑防火规范第3.3.5条规定外的其他建筑贴邻。

(3) 两座一、二级耐火等级的厂房，当相邻较低一面外墙为防火墙且较低一座厂房的屋顶无天窗，屋顶的耐火极限不低于1.00h，或相邻较高一面外墙的门、窗等开口部位设置甲级防火门、窗或防火分隔水幕或按建筑防火规范第6.5.3条的规定设置防火卷帘时，甲、乙类厂房之间的防火间距不应小于6m；丙、丁、戊类厂房之间的防火间距不应小于4m。

(4) 发电厂内的主变压器，其油量可按单台确定。

(5) 耐火等级低于四级的既有厂房，其耐火等级可按四级确定。

(6) 当丙、丁、戊类厂房与丙、丁、戊类仓库相邻时，应符合本表注（2）（3）的规定。

(7) 丙、丁、戊类厂房与民用建筑的耐火等级均为一、二级时，丙、丁、戊类厂房与民用建筑的防火间距可适当减小，但应符合下列规定：

① 当较高一面外墙为无门、窗、洞口的防火墙，或比相邻较低一座建筑屋面高15m及以下范围内的外墙为无门、窗、洞口的防火墙时，其防火间距不限。

② 相邻较低一面外墙为防火墙，且屋顶无天窗或洞口、屋顶的耐火极限不低于1.00h，或相邻较高一面外墙为防火墙，且墙上开口部位采取了防火措施，其防火间距可适当减小，但不应小于4m。

(8) 本表的建筑的耐火等级均为一、二级。

甲类仓库之间、甲类仓库与其他建筑、构筑物、铁路、道路的防火间距（m）　表 27.1.4-2

类别		甲类仓库（储量 t）					
		甲类储存物品第 3、4 项			甲类储存物品第 1、2、5、6 项		
		≤2	≤5	>5	≤5	≤10	>10
高层民用建筑、重要公共建筑		50					
裙房、其他民用建筑、明火或散发火花地点		30	30	40	25	25	30
甲类仓库		12	20	20	12	20	20
高层仓库		13					
厂房、乙丙丁戊类仓库	一、二级	15	15	20	12	12	15

类　别	甲类仓库（储量 t）					
	甲类储存物品第 3、4 项			甲类储存物品第 1、2、5、6 项		
	≤2	≤5	>5	≤5	≤10	>10
电压为 35～500kV，且每台变压器容量≥10MV·A 的室外变配电站，变压器总油量>5t 的室外变电站	30	30	40	25	25	30
厂外铁路线中心线	40					
厂内铁路线中心线	30					
厂外道路边线	20					
厂内道路边线　主要道路	10					
厂内道路边线　次要道路	5					

注：(1) 设置装卸站台的甲类仓库与厂内铁路装卸线的防火间距，可不受本表规定的限制。
(2) 甲类仓库与架空电力线的最小水平距离≥电杆（塔）高度的 1.5 倍。

乙丙丁戊类仓库之间及其民用建筑的防火间距（m）　　　表 27.1.4-3

建　筑　类　别			乙类仓库（一、二级）		丙类仓库（一、二级）		丁、戊类仓库（一、二级）	
			单、多层	高层	单、多层	高层	单、多层	高层
乙丙丁戊类仓库（一、二级）	单、多层		10	13	10	13	10	13
	高层		13	13	13	13	13	13
民用建筑（一、二级）	裙房，单、多层		25		10	13	10	13
	高层、重要	一类	50		20	20	15	15
	公建	二类	50		15	15	13	13

注：(1) 单、多层戊类与戊类仓库之间的防火间距为≥8m。
(2) 两座仓库相邻的外墙均为防火墙时，防火间距可减小：丙类≥6m，丁戊类≥4m。
(3) 两座仓库相邻较高一面外墙为防火墙，或相邻两座高度相同的一、二级耐火等级建筑中相邻任一侧外墙为防火墙且屋顶的耐火极限≥1.00h，且总占地面积之和不大于一座仓库的最大允许占地面积规定时，其防火间距不限。
(4) 乙类仓库（第 6 项物品库除外）与铁路、道路的防火间距宜按甲类仓库执行。
(5) 丁、戊类仓库与民用建筑的耐火等级均为一、二级时，仓库与民用建筑的防火间距可适当减小，但应符合下列规定：
① 当较高一面外墙为无门、窗、洞口的防火墙，或比相邻较低一座建筑屋面高 15m 及以下范围内的外墙为无门、窗、洞口的防火墙时，其防火间距不限。
② 相邻较低一面外墙为防火墙，且屋顶无天窗或洞口、屋顶耐火极限不低于 1.00h，或相邻较高一面外墙为防火墙，且墙上开口部位采取了防火措施，其防火间距可适当减小，但不应小于 4m。

27.1.5　厂房仓库内设置宿舍、办公、配电站等的规定

厂房仓库内设置宿舍、办公、配电站等的规定　　　表 27.1.5

序号	类　型	规　　定
1	员工宿舍	严禁设在厂房和仓库内
2	办公室、休息室	严禁设在甲、乙类仓库内，也不应贴邻；可设在丙类及以下仓库内
		不应设在甲、乙类厂房内，可设在丙类及以下厂房内
		可贴邻建于甲、乙类厂房边，其耐火等级应≥二级，并应采用防爆墙（耐火极限≥3.00h）与厂房分隔，设置独立的安全出口
		设在丙类及以下厂房或仓库内时，应采用防火隔墙（耐火极限≥2.50h）和不燃楼板（耐火极限≥1.00h）与其他部位分隔，并应至少设 1 个独立的安全出口；隔墙上的门应为乙级防火门

序号	类型	规　　定
3	厂房内设置甲乙类中间仓库	其储量不宜超过一昼夜的需要量
		应靠外墙布置，并采用防火墙和不燃楼板（1.50h）与其他部分分隔
4	厂房内设置丙丁戊类仓库	必须采用防火墙（丙类仓库）或防火隔墙（丁戊类仓库）和不燃楼板与其他部位分隔
		仓库的耐火等级和面积应符合"仓库的层数和面积"的规定
5	厂房内设置丙类液体中间储罐	应设置在单独的房间内，其容量应≤5m³
		该房间应采用防火墙（3.00h）和不燃楼板（1.50h）与其他部位分隔，房间门应采用甲级防火门
6	变配电站	不应设在甲、乙类厂房内，也不得贴邻而设
		供甲、乙类厂房专用的10kV及以下的变配电站，当采用无门窗洞口的防火墙分隔时，可一面贴邻而设
		乙类厂房的变配电站必须在防火墙上开窗时，应为甲级防火窗
7	铁路线	不应设在甲、乙类厂房、仓库内
		需要出入蒸汽机车和内燃机车的丙、丁、戊类厂房和仓库，其屋顶应采用不燃材料或采取其他防火措施
8	甲、乙类生产场所及其仓库	不应设在地下、半地下室内

27.1.6　厂房仓库的安全疏散

厂房仓库的安全疏散　　　　　　　　　　　　　　表 27.1.6

类型		要　　求
	数量	厂房—每个防火分区≥2个
		仓库—每座仓库≥2个
1.安全出口	允许设1个安全出口（厂房）	厂房类别：甲 每层建筑面积≤100 人数≤5；乙 ≤150 ≤10；丙 ≤250 ≤20；丁、戊 ≤400 ≤30；地下、半地下厂房 ≤50 ≤15
	允许设1个安全出口（仓库）	一般仓库：1座仓库的占地面积≤300m²；1个防火分区的建筑面积≤100m²；地下室半地下仓库的建筑面积≤100m²；粮食筒仓—上层面积<1000m²，人数≤2人

类型			要 求		
1. 安全出口	可利用相邻防火分区的甲级防火门作为第二安全出口的条件		地下、半地下厂房		
			有多个防火分区相邻布置,并采用防火墙分隔		
			每个防火分区至少有 1 个直通室外的独立安全出口		
	形式	厂房	高层厂房(H≤32m)		封闭楼梯间 (或室外楼梯)
			甲、乙、丙多层厂房		
			H＞32m,任一层人数＞10 人的厂房		防烟楼梯间(或室外楼梯)
		仓库	高层仓库		封闭楼梯间、乙级防火门
			多层仓库		开敞楼梯间
	相邻 2 个安全出口的水平距离		≥5m		

类型		要 求			
2. 疏散距离	厂房内任一点至最近安全出口的直线距离(m)	<table>				
	仓库	无规定要求			

厂房内任一点至最近安全出口的直线距离(m):

类别	耐火等级	单层厂房	多层厂房	高层厂房	地下、半地下厂房
甲	一、二级	30	25	—	—
乙		75	50	30	—
丙		80	60	40	30
丁		不限	不限	50	45
戊		不限	不限	75	60

类型		要 求			
3. 疏散宽度	厂房内疏散楼梯、走道和门的每 100 人疏散净宽度	<table>				
	仓库	无规定要求			

厂房层数	1~2	3	≥4
最小疏散净宽度(米/百人)	0.60	0.80	1.00

注:(1) 疏散楼梯的最小净宽度宜≥1.10m;
(2) 疏散走道的最小净宽度宜≥1.40m;
(3) 门的最小净宽度宜≥0.90m;
(4) 疏散楼梯的总净宽度应分层计算,下层楼梯总净宽度应按该层及以上疏散人数最多一层的人数计算;
(5) 首层外门的总净宽度应按首层及以上人数最多的一层的人数计算,且首层外门的最小净宽应≥1.20m

类型			要 求	
4. 垂直运输提升设施	位 置	高层、多层甲、乙、丙、丁类仓库	宜设置在仓库外	
			设在仓库内时,井筒的耐火极限≥2h	
		戊类仓库	可设在仓库内	
	通向仓库的入口		应设置乙级防火门或防火卷帘	

27.2 民用建筑防火设计

27.2.1 民用建筑防火分类

民用建筑防火分类   表 27.2.1

名称	高层民用建筑		单、多层民用建筑
	一 类	二 类	
住宅建筑	建筑高度大于 54m 的住宅建筑(包括设置商业服务网点的住宅建筑)	建筑高度大于 27m,但不大于 54m 的住宅建筑(包括设置商业服务网点的住宅建筑)	建筑高度不大于 27m 的住宅建筑(包括设置商业服务网点的住宅建筑)

名称	高层民用建筑		单、多层民用建筑
	一 类	二 类	
公共建筑	1. 建筑高度大于50m的公共建筑； 2. 建筑高度24m以上部分任一楼层建筑面积大于1000m²的商店、展览、电信、邮政、财贸金融建筑和其他多种功能组合的建筑； 3. 医疗建筑、重要公共建筑；独立建造的老年人照料设施； 4. 省级及以上的广播电视和防灾指挥调度建筑、网局级和省级电力调度建筑； 5. 藏书超过100万册的图书馆、书库	除一类高层公共建筑外的其他高层公共建筑	1. 建筑高度大于24m的单层公共建筑； 2. 建筑高度不大于24m的其他公共建筑

27.2.2 民用建筑的耐火等级

民用建筑的耐火等级 表27.2.2

建筑类别	耐火等级	耐火极限
一类高层建筑、地下半地下建筑（室）	不低于一级	
单层、多层重要公共建筑，二类高层建筑	不低于二级	
除木结构外的老年人照料设施	不低于三级	
建筑高度 $H>100m$ 的民用建筑的楼板		≥2.00h
一、二级耐火等级建筑的上人平屋面		一级 1.50h
		二级 1.00h

注：（1）民用建筑的耐火等级应按其建筑高度、使用功能、重要性和火灾扑救难度等确定。
（2）民用建筑的耐火等级分为一、二、三、四级；大多数民用建筑的耐火等级均为一、二级。

27.2.3 不同耐火等级对建筑构件的燃烧性能和耐火极限要求

不同耐火等级对建筑构件的燃烧性能和耐火极限要求

（规范规定的特殊部位构件除外） 表27.2.3

构件名称		耐 火 等 级			
		一级	二级	三级	四级
墙	防火墙	不燃性 3.00	不燃性 3.00	不燃性 3.00	不燃性 3.00
	承重墙	不燃性 3.00	不燃性 2.50	不燃性 2.00	难燃性 0.50
	非承重外墙	不燃性 1.00	不燃性 1.00	不燃性 0.50	可燃性
	楼梯间和前室的墙、电梯井的墙、住宅建筑单元之间的墙和分户墙	不燃性 2.00	不燃性 2.00	不燃性 1.50	难燃性 0.50
	疏散走道两侧的隔墙	不燃性 1.00	不燃性 1.00	不燃性 0.50	难燃性 0.25
	房间隔墙	不燃性 0.75	不燃性 0.50	难燃性 0.50	难燃性 0.25
柱		不燃性 3.00	不燃性 2.50	不燃性 2.00	难燃性 0.50
梁		不燃性 2.00	不燃性 1.50	不燃性 1.00	难燃性 0.50
楼板		不燃性 1.50	不燃性 1.00	不燃性 0.50	可燃性

续表

构件名称	耐 火 等 级			
	一级	二级	三级	四级
屋顶承重构件	不燃性 1.50	不燃性 1.00	难燃性 0.50	可燃性
疏散楼梯	不燃性 1.50	不燃性 1.00	不燃性 0.50	可燃性
吊顶(包括吊顶格栅)	不燃性 0.25	难燃性 0.25	难燃性 0.15	可燃性

注：(1) 除本规范另有规定外，以木柱承重且墙体采用不燃材料的建筑，其耐火等级应按四级确定。

(2) 住宅建筑构件的耐火极限和燃烧性能可按现行国家标准《住宅建筑规范》GB 50368 的规定执行。

(3) 超高层建筑楼板耐火极限为 2.00；多层住宅采用预应力楼板时为 0.75；居住部位与非居住部位之间为 2.00；车库与其他部位之间为 2.00。医疗、中小学、老年、少年儿童用房吊顶另详见规范。

27.2.4 民用建筑的防火间距

民用建筑的防火间距　　　　　　　　　　　　　　表 27.2.4

建筑类别		高层民用建筑	裙房和其他民用建筑		
		一、二级	一、二级	三级	四级
高层民用建筑	一、二级	13	9	11	14
裙房和其他民用建筑	一、二级	9	6	7	9
	三级	11	7	8	10
	四级	14	9	10	12

注：(1) 相邻两座单、多层建筑，当相邻外墙为不燃性墙体且无外露的可燃性屋檐，每面外墙上无防火保护的门、窗、洞口不正对开设且门、窗、洞口的面积之和不大于外墙面积的 5%时，其防火间距可按本表的规定减少 25%。

(2) 两座建筑相邻较高一面外墙为防火墙，或高出相邻较低一座一、二级耐火等级建筑的屋面 15m 及以下范围内的外墙为防火墙时，其防火间距不限。

(3) 相邻两座高度相同的一、二级耐火等级建筑中相邻任一侧外墙为防火墙，屋顶的耐火极限不低于 1.00h 时，其防火间距不限。

(4) 相邻两座建筑中较低一座建筑的耐火等级不低于二级，相邻较低一面外墙为防火墙且屋顶无天窗，屋顶的耐火极限不低于 1.00h 时，其防火间距不小于 3.50m；对于高层建筑，不应小于 4m。

(5) 相邻两座建筑中较低一座建筑的耐火等级不低于二级且屋顶无天窗，相邻较高一面外墙高出较低一座建筑的屋面 15m 及以下范围内的开口部位设置甲级防火门、窗，或设置符合现行国家标准《自动喷水灭火系统设计规范》GB 50084 规定的防火分隔水幕或建筑防火规范第 6.5.3 条规定的防火卷帘时，其防火间距不应小于 3.50m；对于高层建筑，不应小于 4m。

(6) 相邻建筑通过连廊、天桥或底部的建筑物等连接时，其间距不应小于本表的规定。

(7) 耐火等级低于四级的既有建筑，其耐火等级可按四级确定。

附

① 民用建筑与≤10kV 预装式变电站的防火间距应≥3m。

② 数座一、二级耐火等级的多层住宅或办公建筑，当占地面积总和≤2500m² 时，可成组布置，但组内建筑物之间的间距宜≥4m。组与组或组与相邻建筑物的防火间距应符合上表 27.2.4 的规定。

③ 建筑高度 $H>100m$ 的民用建筑与相邻建筑的防火间距，即使符合允许减小间距的条件，仍不能减小。

27.2.5 民用建筑的防火分区面积

民用建筑的防火分区面积　　　　　　　　　　　　表 27.2.5

建筑类别	耐火等级	每个防火分区的最大允许建筑面积（设置自动灭火系统时最大允许建筑面积）(m²)
单层、多层建筑	一、二级	2500 (5000)
高层建筑	一、二级	1500 (3000)

建筑类别		耐火等级	每个防火分区的最大允许建筑面积（设置自动灭火系统时最大允许建筑面积）(m²)		
高层建筑的裙房		一、二级	与高层建筑主体分离并用防火墙隔断		2500（5000）
			与高层建筑主体上下叠加		1500（3000）
营业厅、展览厅（设自动灭火系统，自动报警系统采用不燃难燃材料）		一级	设在地下、半地下		2000
		一、二级	设在单层建筑内或仅设在多层建筑的首层		10000
			设在高层建筑内		4000
			营业厅内设置餐饮时，餐饮部分按其他功能进行防火分区且与营业厅间设防火分隔		
总建筑面积≥20000m²的地下、半地下商店（含营业、储存及其他配套服务面积）		一级	（1）应采用防火墙（不能开门窗）及耐火极限≥2.00h的楼板，分隔为多个建筑面积≤20000m²的区域		
			（2）相邻区域局部水平或竖向连通时，应采取下沉式广场、防火隔间、避难走道、防烟楼梯间等措施进行连通		
体育馆、剧场的观众厅		一、二级	无规定值，可适当放宽增加，但需论证其消防可行性		
剧场、电影院、礼堂建筑内的会议厅、多功能厅等		一、二级	设在单层、多层建筑内	2500（5000）	观众厅布置在四层及以上楼层时，每个观众厅 S≤400（400）
			设在高层建筑内	1500（3000）	
		一级	设在地下或半地下室内	500（1000）	
			不应设在地下三层及以下楼层		
歌舞厅、录像厅、夜总会、卡拉OK厅、游艺厅、桑拿浴室、网吧等歌舞、娱乐放映游艺场所		一、二级	设在单层、多层建筑内	2500（5000）	设在四层及以上楼层时，一个厅、室的 S≤200（200）
			设在高层建筑内	1500（3000）	
		一级	设在半地下、地下一层内	500（1000）	一个厅、室的 S≤200（200）
			不可设在地下二层及以下，设在地下室时室内地面与室外出入口地坪差 ΔH≤10m		
住宅建筑		一、二级	单元式住宅	高层1500（3000），多层2500（5000）	
			通廊式住宅	高层住宅（H>27m）	1500（3000）
				多层住宅（H≤27m）	2500（5000）
地下、半地下设备房		一级	1000（2000）		
地下、半地下室		一级	500（1000）		
汽车库	单层	一、二级	3000（6000），复式1950（3900）		
	多层，设在一层、半地下		2500（5000），复式1625（3250）		
	地下车库、高层车库	一级	2000（4000），复式1300（2600）		
	敞开式、错层、斜板式	一、二级	按上述规定增加1倍（上下连通层面积应叠加计算）		
	机械式		每100辆为1个防火分区（必须设自动灭火系统）		
	卷道堆垛类机械式	一级、二级	每300辆为1个防火分区（必须设自动灭火系统）		
	甲、乙类物品运输车		500（500）		

建筑类别		耐火等级	每个防火分区的最大允许建筑面积（设置自动灭火系统时最大允许建筑面积）(m²)
修车库	一般修车库	一、二级	2000
	修车部位与清洗和喷漆工段采用防火分隔	一、二级	4000
	甲、乙类物品运输车	一级	500 (500)
图书馆	基本书库、资料、阅览室	一级、二级	单层≤1500(1500)，多层(H≤24m)≤1200(2400)，高层1000(2000)
	地下、半地下书库	一级、二级	300 (300)
	珍藏本、特藏本书库	一级、二级	应单独设置防火分区或使用防火墙及平级防火门分隔
博物馆	藏品库	一级、二级	单层≤1500 (1500)，多层≤1000（同一防火分区内隔间面积≤500）
	陈列室	一级、二级	≤2500 (2500)，同一防火分区内隔间面积≤1000
火车站	进站大厅	一、二级	5000 (5000)
档案馆	档案库	一级	每个档案库设置分隔，特藏库应单独设防火分区
殡仪馆	骨灰寄存室	一、二级	单层800，多层每层500

注：(1) 表中括号内数字为设置自动灭火系统时的防火分区面积。

(2) 局部设置自动灭火系统时，增加面积可按该局部面积的一半计算。

(3) 设有中庭或自动扶梯的建筑，其防火分区面积应按上、下层连通的面积叠加计算。对规范允许采用开敞楼梯间的建筑（如≤5层的教学楼、普通办公楼等），该开敞楼梯间可不按上下层相通的开口考虑。

(4) 复式车库——指室内有车道且有人员停留的机械式汽车库。

27.2.6 各类建筑平面布置的防火要求

各类建筑平面布置的防火要求 表27.2.6

1. 教学建筑、食堂、菜市场层数及位置	耐火等级三级的建筑	≤2层
	耐火等级四级的建筑	单层
	设置在耐火等级三级建筑内的商店	应布置在一、二层
	设置在耐火等级四级建筑内的商店	应布置在一层
2. 营业厅、展览厅	不应设置在地下三层及以下楼层	采用或设在三级耐火等级建筑内时，应≤2层；四级时应为单（首）层
	地下、半地下营业厅、展览厅不应经营、储存和展示甲、乙类火灾危险性用品	
3. 建筑内的会议厅、多功能厅	宜布置在1~3层；确需布置在其他楼层时，应符合(1) 一个厅、室的疏散门≥2个，且建筑面积≤400m²；(2) 设在地下半地下时，宜设在地下一层，不应设在地下三层及以下楼层；(3) 设在高层建筑内时，应设火灾自动报警和自动灭火系统	

续表

4. 托幼儿童用房、儿童活动场所	位置	宜设在独立的建筑内，且不应设在地下、半地下；也可附设在其他民用建筑内	
	独立建筑层数	耐火等级为一、二级的建筑	≤3层
		耐火等级为三级的建筑	≤2层
		耐火等级为四级的建筑	单层
	附设建筑层次	附设在一、二级耐火等级建筑内	1~3层
		附设在三级耐火等级的建筑内	1~2层
		附设在四级耐火等级的建筑内	1层
	安全疏散	设置在单、多层建筑内时	宜设置单独的安全出口和疏散楼梯
		设置在高层建筑内时	应设置独立的安全出口和疏散楼梯
5. 老年人照料设施	位置	宜独立设置	
	独立建筑层数	耐火等级为一、二级的建筑	高度不宜大于32m，不应大于54m
		耐火等级为三级的建筑	不应超过2层
	与其他建筑上、下组合	宜设置在建筑的下部	
		耐火等级为一、二级的建筑	老年人照料设施的建筑高度或所在楼层的高度不宜大于32m，不应大于54m
		耐火等级为三级的建筑	老年人照料设施的建筑层数不应超过2层
		防火分隔	应采用耐火极限不低于2.00h的防火隔墙和1.00h的楼板与其他场所或部位分隔，墙上门窗采用乙级防火门窗
	其中的老年人公共活动用房、康复与医疗用房	设置在地下、半地下时	应设置在地下一层
			每间用房的建筑面积不应大于200m² 且使用人数≤30人
		设置在地上四层及以上时	每间用房的建筑面积不应大于200m² 且使用人数≤30人
6. 医院疗养院病房楼	层数及位置	不应设在地下、半地下	
		耐火等级为三级的建筑	≤2层
		耐火等级为四级的建筑	单层
		设置在耐火等级为三级的建筑内	1~2层
		设置在耐火等级为四级的建筑内	1层
	防火分隔	相邻护理单元以及产房、手术部及精密贵重设备房之间应采用防火隔墙分隔（耐火极限≥2.00h）	
		相邻护理单元隔墙上的门应为乙级防火门，走道上的防火门应为常开防火门	

7. 剧场、电影院、礼堂	位置及层数	宜设置在独立的建筑内		
		采用三级耐火等级的独立建筑时，不应超过2层		
	附设在其他民用建筑内时	安全出口	应至少设置1个独立的安全出口和疏散楼梯	
		防火分隔	应采用防火隔墙（耐火极限≥2.00h）和甲级防火门与其他区域分隔（电影院应独立防火分区）	
		位置面积安全出口	(1) 设在一、二级耐火等级的多层建筑内	观众厅宜布置在1～3层
				必须布置在≥4层以上楼层时：每个观众厅的建筑面积宜≤400m²；一个厅、室的疏散门应≥2个
			(2) 设在三级耐火等级的建筑内	观众厅应布置在1～2层
			(3) 设置在地下、半地下时	宜设在地下一层，不应设在地下三层及以下楼层
			(4) 设置在高层建筑内	电影院放映室（卷片室）应采用耐火极限≥1.50h的隔墙与其他部位隔开，观察窗和放映孔应设置阻火闸门
				宜布置在1～3层
				必须布置在≥4层楼层时：每个观众厅的建筑面积宜≤400m²；一个厅、室的疏散门应≥2个；应设置火灾自动报警系统和自动喷水灭火系统；幕布的燃烧性能应≥B₁级
	安全疏散	疏散门的数量应经计算确定且应≥2个（具体计算另详）		
		每个疏散门的平均疏散人数应≤250人		
		当总人数>2000人时，其超过2000人的部分，每个疏散门的平均疏散人数应<400人		
8. 歌舞娱乐放映游艺场所	位置要求	宜布置在一、二级耐火等级建筑内的1～3层且靠外墙部位		
		不应布置在地下二层及以下楼层		
		不宜布置在袋形走道的两侧和尽端		
	受条件限制必须布置在地下一层或地上四层及以上时的要求	地下一层地面与室外出入口地坪的高差 ΔH 应≤10m		
		一个厅、室的建筑面积应≤200m²（有自动喷淋也不能增加）		
	防火分隔	厅、室之间及与其他部位之间，应采用防火隔墙（耐火极限≥2.00h）和不燃楼板（耐火极限≥1.00h）分隔		
		厅、室墙上的门与其他部位相通的门均应采用乙级防火门		

9. 住宅与其他功能建筑合建（不含商业服务网点）	住宅与非住宅之间的防火分隔	多层建筑	应采用不燃楼板（耐火极限≥1.50h）和无门、窗洞口的防火隔墙（耐火极限≥2.00h）完全分隔
		高层建筑	应采用不燃楼板（耐火极限≥2.00h）和无门、窗洞口的防火墙完全分隔
		上、下开口之间的窗槛墙高度应≥1.20m（设自动灭火时0.80m），或设≥1m宽挑檐，长度≥开口宽度（含玻璃窗槛墙）	
	住宅与非住宅之间的安全出口及疏散楼梯	各自的安全出口和疏散楼梯应分别独立设置	
		为住宅服务的地上车库：应设独立的疏散楼梯或安全出口	
		地下车库的疏散楼梯	应在首层采用防火隔墙（耐火极限≥2.00h）与其他部位分隔并应直通室外，开在防火隔墙上的门应为乙级防火门
			与地上层共用疏散楼梯时，应在首层采用防火隔墙和乙级防火门将地下与地上的连通部位完全分隔
	建筑高度的确定	防火间距、灭火救援、室外消防给水：按合建建筑的总高度确定	
		其他防火设计：按各自建筑高度执行相关的防火规定	
10. 设置商业服务网点的住宅	防火分隔	居住部分与商业服务网点之间应采用不燃楼板（耐火极限≥1.50h）及与无门、窗洞口的防火隔墙（耐火极限≥2.00h）完全分隔	
	安全出口和疏散楼梯	应分别独立设置。当商业服务网点中每个分隔单元任一层建筑面积>200m² 时，该层应设2个安全出口或疏散门	
	商业服务网点的安全疏散距离	不应大于袋形走道两侧或尽端的疏散门至安全出口的最大距离。即多层建筑：≤22m（27.50m）	
	防火间距、室外消防给水的确定	按其中要求较高者确定	
11. 步行商业街（有顶棚）防火设计	步行街两侧的建筑	耐火等级≥二级	
		相对面的距离≥相应的防火间距，且应≥9m	
		建筑长度宜≤300m	

11. 步行商业街(有顶棚)防火设计	商铺的防火分隔	面向步行街的围护结构	(1)采用实体墙	耐火极限应≥1.00h,其门窗应为乙级防火门窗
			(2)采用防火隔热玻璃墙	耐火隔热性和耐火完整性应≥1.00h
			(3)采用耐火非隔热性的防火玻璃墙	耐火完整性应≥1.00h,并应设置闭式自动喷水灭火系统进行保护
		相邻商铺之间面向步行街的隔墙		应设置宽度≥1.00m,耐火极限≥1.00h的实体墙
		相邻商铺之间的隔墙		应设置耐火极限≥2.00h的防火隔墙
	贮存物			步行街内不应布置可燃物
	门窗			乙级防火门窗,A类防火玻璃墙或C类防火玻璃墙加喷淋保护
	每间商铺的建筑面积			宜≤300m²
	回廊			出挑宽度应≥1.20m,并保证步行街上部各层楼板的开口面积≥37%步行街地面面积
	步行街顶棚材料			不燃或难燃材料
	安全疏散			疏散楼梯应靠外墙设置并直通室外(确有困难时,在首层可直接通至步行街)
				商铺的疏散门可直接通至步行街
				步行街内任一点到达最近室外安全地点的距离应≤60m
				步行街内应设置消防应急照明、疏散指示标志、消防应急广播系统
	防排烟			步行街顶棚下檐距地面的高度应≥6m
				顶棚应设置自然排烟设施,自然排烟口面积应≥地面面积的25%
	灭火与报警			步行街内沿两侧的商铺外每隔30m应设置DN65的消火栓,并配备消防软管卷盘
				商铺内设置自动灭火系统和火灾自动报警系统
				每层回廊应设置自动喷水灭火系统
12. 设备用房	燃油、燃气锅炉房、油浸变压器室、高压电容器室、多油开关室	位置		不应贴邻人员密集场所,不应布置在人员密集场所的上一层、下一层;宜设置在建筑外的专用房间内
				应布置在首层或地下一层并靠外墙的部位
				常(负)压燃油、燃气锅炉可设置在地下二层或屋顶,设在屋顶时,距离通向屋面的安全出口应≥6m
				采用相对密度(与空气密度的比值)≥0.75的可燃气体为燃料的锅炉,不得设置在地下、半地下室
		耐火等级		不应低于二级

续表

12. 设备用房	燃油、燃气锅炉房、油浸变压器室、高压电容器室、多油开关室	防火分隔	应采用防火墙与贴邻的建筑分隔		
			与其他部位之间应采用防火隔墙（耐火极限≥2.00h）和不燃楼板（耐火极限≥1.50h）分隔，隔墙上的门窗应为甲级防火门窗		
		储油间	总储油量应≤1m³，应采用耐火极限不低于3.00h的防火隔墙与锅炉房分隔，防火墙上的门应为甲级防火门		
		疏散门	甲级防火门，应直通室外或安全出口		
		泄压设施	燃气锅炉房应设置爆炸泄压设施		
		防止油品流散设施	油浸变压器、多油开关室、高压电容器室应设置（如加门坎、集油坑）。油浸变压器下面应设置能储存全部油量事故储油设施（如卵石层）		
	柴油发电机房	位置	宜布置在首层或地下一、二层，不应布置在人员密集场所的上一层、下一层或贴邻		
		防火分隔	应采用防火隔墙（耐火极限≥2.00h）和不燃楼板（耐火极限≥1.50h）与其他部位分隔，门应为甲级防火门		
		储油间	总储油量应≤1m³，并应采用防火隔墙（耐火极限≥3.00h）与发电机房分隔；门应为甲级防火门		
	消防水泵房	位置	不应设在地下三层及以下，或地下室内地面与室外出入口地坪高差 $\Delta H > 10m$ 的楼层		
		耐火等级	单独建造的消防水泵房，其耐火等级不应低于二级		
		疏散门（开向建筑物内部的）	甲级防火门，并应直通室外或安全出口		
		防水措施	应采取挡水措施，设在地下室时还应采取防水淹措施		
	消防控制室	设置范围	设置火灾自动报警系统和自动灭火系统，或设置火灾自动报警系统和机械防（排）烟设施的建筑		
		位置	首层靠外墙的部位，也可设在地下一层		
			不应设在电磁场干扰较强及其他可能影响消防控制设备工作的设备用房附近		
		耐火等级	不应低于二级		
		疏散门（开向建筑物内部的）	乙级防火门，并应直通室外或安全出口		
		防水措施	应采取挡水措施，设在地下室时还应采取防水淹措施		
	供建筑内使用的丙类液体燃料储罐	位置	应布置在建筑外		
		防火间距	容量≤15m³，且直埋于建筑附近，面向油罐一面4m范围内的建筑外墙围防火墙时，储罐与建筑的防火间距不限		
			容量≥15m³，储罐与建筑的防火间距	高层建筑：40m	
				裙房及多层建筑：12m	
				泵房：10m	
		设置中间罐规定	中间罐的容量应≤1m³		
			设置在一、二级耐火等级的单独房间内，房间门应为甲级防火门		

13. 汽车 4S 店（前店后厂）	适用建筑分类	前店属民用建筑，执行《建筑设计防火规范》，可按商店类进行防火设计
		后厂属汽车库，执行《汽车库、修车库、停车场设计防火规范》
	防火设计	当修车库＞15辆（Ⅰ类）时，后厂不得与前店贴邻建造，应分为 2 栋建筑。同时，应在前店与后厂之间设置防火墙或保持≥10m 的防火间距
		当修车位≤15辆（Ⅱ、Ⅲ、Ⅳ类）时，后厂可与前店贴邻建造，但应分别设置独立的安全出口
		不得在后厂设置喷漆间、充电间、乙炔间和甲、乙类物品贮存室
14. 中庭防火	中庭与周围相连空间的防火分隔	采用防火隔墙（耐火极限≥1.00h）
		采用防火玻璃墙，其耐火隔热性和耐火完整性应≥1.00h
		采用非隔热性防火玻璃墙，应设置自动喷淋
		采用防火卷帘（耐火极限≥3.00h）
		普通防火卷帘需加水幕保护，特级防火卷帘不需加水幕保护
	与中庭相连通的房间、过厅、通道的门窗	采用火灾时能自行关闭的甲级防火门窗
	高层建筑的中庭回廊	应设置自动喷水灭火系统和火灾自动报警系统（多层建筑的中庭回廊不用设置）
	中庭内不应布置可燃物	
	中庭应设置排烟设施（机械排烟）	

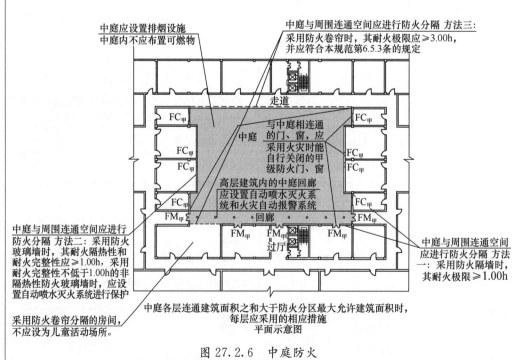

图 27.2.6 中庭防火

27.2.7 安全疏散与避难

1. 安全出口

公共建筑允许只设一个门的房间　　　　　　　　　　表 27.2.7-1

房间位置	限　制　条　件	
1. 位于两个安全出口之间或袋形走道两侧的房间	托、幼建筑及老年人照料设施	房间面积≤50m²
	医疗、教学建筑	房间面积≤75m²
	其他建筑或场所	房间面积≤120m²
2. 位于走道尽端的房间（托、幼、医、教建筑及老年人照料设施除外）	建筑面积<50m²，门净宽≥0.9m	
	房间内最远一点至疏散门的直线距离≤15m	
	建筑面积≤200m²，门净宽≥1.4m	
3. 歌舞娱乐放映游艺场所	房间建筑面积≤50m²，人数≤15人	
4. 地下、半地下室	设备间	建筑面积≤200m²
	房间	建筑面积≤50m²，人数≤15人

每层应设 2 个安全出口的住宅建筑　　　　　　　　表 27.2.7-2

	建筑高度（m）	任一层的建筑面积（m²）	任一户门至最近的安全出口的距离（m）
1	≤27	>650	>15
2	27m<H≤54m	>650	>10
3	>54	每层应设 2 个安全出口	

允许只设一个疏散楼梯或一个安全出口的建筑　　　表 27.2.7-3

建筑类别		允许只设一个疏散楼梯的条件
住宅	建筑高度 H≤27m	任一层的建筑面积 S≤650m²，任一门户至安全出口的距离≤15m
	27m<H≤54m	任一层的建筑面积 S≤650m²，任一门户至安全出口的距离≤10m
公共建筑	单层、多层的首层	S≤200m²，人数≤50人（托、幼除外）
	≤3 层	每层 S≤200m²，P_2+P_3≤50人（托、幼、老、医、歌除外）
	顶层局部升高部位（多层公建）	局部升高的层数≤2层，人数≤50人，每层 S≤200m²。但应另设 1 个直通主体建筑屋面的安全出口（门）
	地下半地下室	(1) S≤50m²，且人数≤15人（歌舞娱乐放映游艺场所除外）； (2) S≤500m²，人数≤30人，且埋深≤10m（人员密集场所除外）；但应另设 1 个直通室外的金属竖向爬梯作为第二个安全出口，竖向爬梯与疏散楼梯的距离应≥5m； (3) S≤200m² 的设备间
	相邻的两个防火分区	除地下车库外，可利用防火墙上的甲级防火门作为第二个安全出口，但疏散距离、安全出口数量及其总净宽度应符合下列要求： (1) S>1000m² 的防火分区，直通室外的安全出口应≥2个； (2) S≤1000m² 的防火分区，直通室外的安全出口应≥1个； (3) 作为第二个安全出口的甲级防火门（可1～2个），其总净宽度应≤该防火分区按规定所需总净宽度的30%； (4) 两个相邻防火分区的分隔应采用防火墙

建筑类别		允许只设一个疏散楼梯的条件
厂房	甲类厂房	每层 $S \leq 100m^2$,人数 ≤ 5 人
	乙类厂房	每层 $S \leq 150m^2$,人数 ≤ 10 人
	丙类厂房	每层 $S \leq 250m^2$,人数 ≤ 20 人
	丁、戊类厂房	每层 $S \leq 400m^2$,人数 ≤ 30 人
	地下、半地下厂房,厂房的地下、半地下室	每层 $S \leq 50m^2$,人数 ≤ 15 人
		相邻的两个防火分区,可利用防火墙上的甲级防火门作为第二个安全出口
仓库	一般仓库	一座仓库的占地面积 $\leq 300m^2$
		仓库的一个防火分区面积 $\leq 100m^2$
	地下、半地下仓库,仓库的地下、半地下室	建筑面积 $S \leq 100m^2$
		相邻的两个防火分区,可利用防火墙上的甲级防火门作为第二个安全出口
	粮食筒仓	上层 $S < 1000m^2$,人数 ≤ 2 人

2. 安全疏散距离

公共建筑安全疏散距离(m)　　　　　　　　　　表 27.2.7-4

建筑类别			位于两个安全出口之间的房间				位于袋形走道两侧或尽端的房间			
			无自动灭火系统	有自动灭火系统	房门开向开敞式外廊	安全出口为开敞楼梯间	无自动灭火系统	有自动灭火系统	房门开向开敞式外廊	安全出口为开敞楼梯间
托儿所、幼儿园、老年人照料设施			25	31	30 (36)	20 (26)	20	25	25 (30)	18 (23)
歌舞娱乐放映游艺场所			25	31	30 (36)	20 (26)	9	11	14 (16)	7 (9)
医疗建筑	单层、多层		35	44	40 (49)	30 (39)	20	25	25 (30)	18 (23)
	高层	病房部分	24	30	29 (35)	19 (25)	12	15	17 (20)	10 (13)
		其他部分	30	37.5	35 (42.5)	25 (32.5)	15	19	20 (24)	13 (17)
教育建筑	单、多层		35	44	40 (49)	30 (39)	22	27.5	27 (32.5)	20 (25.5)
	高层		30	37.5	35 (42.5)	25 (32.5)	15	19	20 (24)	13 (17)
高层旅馆、展览建筑			30	37.5	35 (42.5)	25 (32.5)	15	19	20 (24)	13 (17)
其他公建及住宅	单、多层		40	50	45 (55)	35 (45)	22	27.5	27 (32.5)	20 (25.5)
	高层		40	50	45 (55)	35 (45)	20	25	25 (30)	18 (23)

注:(1) 本表所列建筑的耐火等级为一、二级。

(2) 跃廊式住宅户门至最近安全出口的距离,应从户门算起,小楼梯的距离可按其水平投影长度的 1.5 倍计算。

(3) 括号内数字用于有自动灭火系统的建筑。

一层疏散楼梯至室外的距离　　　　　　　　　　表 27.2.7-5

基本规定	疏散楼梯间在一层应直通室外
确有困难时	在一层采用扩大封闭楼梯间或防烟楼梯间前室再通室外
≤ 4 层的建筑	疏散楼梯出口至室外的距离应 $\leq 15m$
> 4 层的建筑	应在楼梯间处设直接对外的安全出口

室内最远一点至房门或安全出口（楼梯）的最大距离 表 27.2.7-6

公共建筑	≤表 27.2.7-4 规定的袋形走道两侧或尽端房间至最近安全出口的距离
各种大空间厅堂（观众厅、餐厅、展览厅、营业厅、多功能厅等）	一般应≤30m 或 37.5m（设自动灭火系统）
	当房门不能直通室外或楼梯间时，可采用长度≤10m 或 12.5m（设自动灭火系统）的走道通至安全出口
地下车库	≤45m（无自动灭火系统）或≤60m（有自动灭火系统）
单层或设在一层的汽车库	≤60m

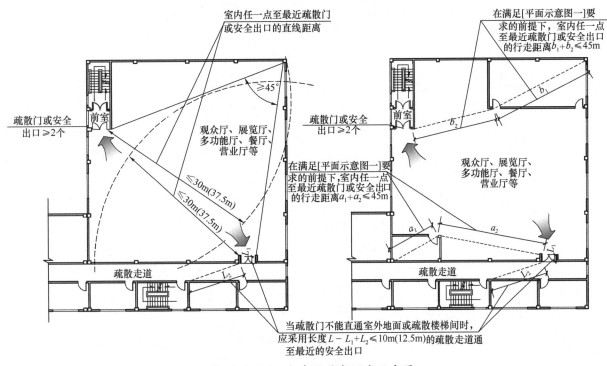

图 27.2.7-1 大空间疏散距离示意图

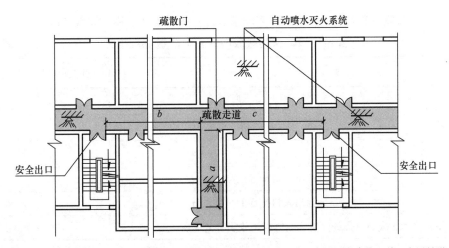

注：对于除托儿所、幼儿园、老年人照料设施，歌舞娱乐放映游艺场所，单、多层医疗建筑，单、多层教学建筑以外的下列建筑，应同时满足以下两点要求：

(1) $a<b$ 或 $a<c$；

(2) 对于一、二级耐火等级其他建筑：$2a+b≤40m$，或 $2a+c≤40m$

$(2a+b≤50m$，或 $2a+c≤50m)$

图 27.2.7-2 走道疏散计算示意图

1) 相邻两个安全出口（门、楼梯间、出口）之间的水平距离≥5m，汽车疏散出口≥10m。

2) 设置开敞楼梯的两层商业服务网点的最大疏散距离应≤22m或27.50m（设自动灭火）。

3) 同时经过袋形走道和双向走道的房间的疏散距离计算。

3. 疏散宽度

疏散楼梯、疏散走道、疏散门的净宽   表 27.2.7-7

建筑类别		疏散楼梯	室内疏散门		室内疏散走道		室外通道
			一层外门	其他层	单面布房	双面布房	
高层公共建筑	医疗	1.30m	1.30m	按计算并 ≥0.90m	1.40m	1.50m	—
	其他	1.20m	1.20m	按计算并 ≥0.90m	1.30m	1.40m	
多层公共建筑		1.10m	0.90m		1.10m		—
观众厅等人员密集场所		按计算	1.40（不能设门槛，门内外1.40m范围不能设踏步）		0.60米/100人且≥1.00m 边走道≥0.80m		3.00m 直通室外宽敞地带
住宅		按计算 且≥1.10m	1.10m	按计算	多层、高层的室内疏散走道净宽均≥1.10m		
			户门、安全出口≥0.90m				
观众厅室内疏散走道布置规定（见附图）		横走道之间的座位排数			≤20 排		
		纵走道之间的座位数	座位两侧有纵走道	体育馆	≤26座（座椅排距>0.90m时可50座）		
				其他	≤22座（座椅排距>0.90m时可44座）		
			座位仅一侧有纵走道	体育馆	≤13座（座椅排距>0.90m时可25座）		
				其他	≤11座（座椅排距>0.90m时可22座）		

公建（影剧院、礼堂、体育场馆除外）每层疏散楼梯、疏散走道、
安全出口、房间疏散门的百人疏散宽度指标   表 27.2.7-8

类 别		百人疏散宽度指标（米/百人）
地上楼层	1~2 层	0.65
	3 层	0.75
	≥4 层	1.00
地下楼层	与地面出入口地面的高差 $\Delta H \leqslant 10m$	0.75
	与地面出入口地面的高差 $\Delta H > 10m$	1.00
地下、半地下人员密集的厅室、歌舞娱乐放映游艺场所		1.00

注：(1) 首层外门的总宽度应按该层及上部疏散人数最多的一层的疏散人数计算确定，不供上部楼层人员疏散的外门，可按本层疏散人员计算确定。

(2) 当每层人数不等时，疏散楼梯的总宽度可分层计算。地上建筑下层楼梯的总宽度应按该层及上层疏散人数最多的一层的疏散人数计算；地下建筑上层楼梯的总宽度应按该层及下层疏散人数最多的一层的人数计算。

(3) 本表所列建筑耐火等级为一、二级。

电影院、剧场、礼堂、体育场馆的安全疏散计算　　　表 27.2.7-9

建筑类别	安全出口（疏散门、楼梯）的数量 N	疏散时间 T 验算
剧场、电影院礼堂的观众厅多功能厅 通式： $N = \dfrac{\Sigma P \times B_{100}}{100 B_0}$ $N = \Sigma B / B_0$ $B_{100} = \dfrac{0.55 \times 100}{[T]M}$ $\Sigma B = 0.01 \Sigma P \times B_{100}$	**1. 按百人疏散宽度指标 B_{100} 计算** $\Sigma B = 0.01 \Sigma P \times B_{100}$　　$N = \dfrac{\Sigma B}{B_0}$（个） **2. 按每个出口（门）平均允许疏散人数计算** $N = \dfrac{\Sigma P}{250} \geqslant 2$（个）（$\Sigma P \leqslant 20000$ 人，$B_0 \geqslant 0.00917 \Sigma P/N$） $N = \dfrac{\Sigma P}{400} + 3$（个）（$\Sigma P > 20000$ 人，$B_0 \geqslant 0.00688 \Sigma P/N$） **3. 按规定的疏散时间 [T] 计算** $N = \dfrac{\Sigma P}{145 B_0}$（个）（$\Sigma P \leqslant 2500$ 人，$[T]=2$min） $N = \dfrac{\Sigma P}{109 B_0}$（个）（$\Sigma P \leqslant 1200$ 人，$[T]=1.5$min）	**1. 剧场、电影院、礼堂、多功能厅** $T = \dfrac{\Sigma P}{\left(\genfrac{}{}{0pt}{}{78.2}{67.3}\right) N B_0} \leqslant [T]$ 78.2—平坡地面 67.3—阶梯地面 $[T]=1.5$min（$\Sigma P \leqslant 1200$ 人） 　　　2min（$\Sigma P \leqslant 2500$ 人） **2. 体育馆** $T = \dfrac{\Sigma P}{67.3 N B_0} \leqslant [T]$ 　　　3min（$\Sigma P \leqslant 5000$ 人） $[T]=3.5$min（$\Sigma P \leqslant 10000$ 人） 　　　4.0min（$\Sigma P \leqslant 20000$ 人）
体育馆观众厅 （通式同上）	**1. 按百人疏散宽度指标 B_{100} 计算** $\Sigma B = 0.01 \Sigma P \times B_{100}$　　$N = \dfrac{\Sigma B}{B_0}$（个） **2. 按每个出口（门）平均允许疏散人数计算** $N = \dfrac{\Sigma P}{400 \sim 700}$（个）$B_0 \geqslant 0.00495 \Sigma P/N$（$\Sigma P \leqslant 5000$ 人） 　　　　　　　$B_0 \geqslant 0.00425 \Sigma P/N$（$\Sigma P \leqslant 10000$ 人） 　　　　　　　$B_0 \geqslant 0.00372 \Sigma P/N$（$\Sigma P \leqslant 20000$ 人） **3. 按规定的疏散时间 [T] 计算** $N = \dfrac{\Sigma P}{\left(\genfrac{}{}{0pt}{}{202}{\genfrac{}{}{0pt}{}{236}{269}}\right) B_0}$（个）　$\Sigma P \leqslant 5000$ 人，$[T]=3.0$min 　　　　　　　　　$\Sigma P \leqslant 10000$ 人，$[T]=3.5$min 　　　　　　　　　$\Sigma P \leqslant 20000$ 人，$[T]=4$min	安全出口（门、楼梯、走道）净宽 B_0 选用表 | 人流股数	每股人流宽度 m	门净宽 B_0（m） | |---|---|---| | 3 | 0.55 | 1.65 | | 4 | 0.55 | 2.20 | | 5 | 0.55 | 2.75 | | 6 | 0.55 | 3.30 | 式中，ΣP——总人数； 　　　ΣB——疏散总宽度，m； 　　　N——安全出口（门、梯）数量； 　　　B_{100}——百人疏散宽度指标； 　　　B_0——安全出口（门、梯）净宽，m； 　　　T、$[T]$——设计及规定疏散时间（min）； 　　　M——每分钟每股人流通过人数 平坡地面：$M=43$ 人/分钟 阶梯地面：$M=37$ 人/分钟

建筑类别	安全出口（疏散门、楼梯）的数量 N				疏散时间 T 验算		
影剧院、礼堂100人疏散宽度 B_{100}（米/百人）			体育馆100人疏散宽度 B_{100}（米/百人）				
观众厅座位数（座）	≤2500	≤1200	观众厅座位数（座）		3000～5000	5001～10000	10001～20000
耐火等级	一、二级	三级					
疏散部位 · 门和走道 · 平坡地面	0.65	0.85	疏散部位 · 门和走道 · 平坡地面		0.43	0.37	0.32
阶梯地面	0.75	1.00	阶梯地面		0.50	0.43	0.37
楼梯	0.75	1.00	楼梯		0.50	0.43	0.37

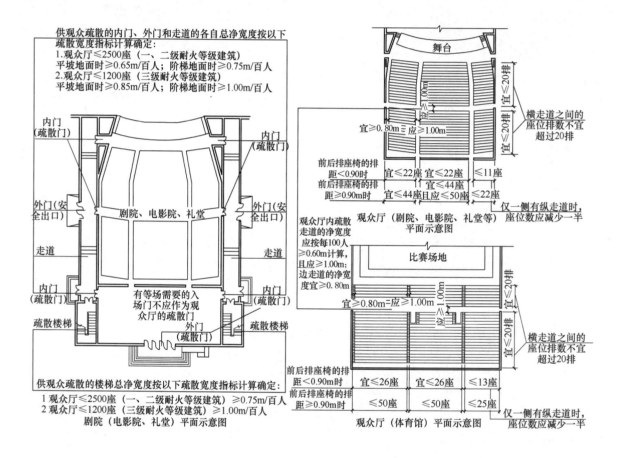

图 27.2.7-3　电影院、剧场、礼堂、体育场馆的安全疏散示意图

4. 商场、展览厅、有固定座位场所等楼梯的计算

1）商场等疏散楼梯总宽度计算公式：

$$\sum B = SK_1K_2$$

式中　S——该层商场营业厅、展览厅、有固定座位场所等建筑面积，m^2；

　　　K_1——商场营业厅、展览厅、有固定座位场所等的人员密度，人/m^2；查下表 27.2.7-10；

　　　K_2——商场、展览厅、有固定座位场所等建筑百人疏散宽度指标，m/百人，查下表 27.2.7-11。

2）商场营业厅等的人员密度 K_1（人/平方米）

商场营业厅、展览厅、固定座位厅堂、娱乐场所的人员密度 K_1（人/平方米）

表 27.2.7-10

商场	商场位置	地下第二层	地下第一层	地上 1~2 层建筑	地上 3 层建筑	地上≥4 层建筑
营业厅	人员密度（K_1）	0.56	0.60	0.43~0.60	0.39~0.54	0.30~0.42
展览厅≥0.75 人/平方米		有固定座位的场所＝1.1×座位数				
歌舞娱乐放映游艺场所中的录像厅：1.0 人/平方米，其他厅室≥0.5 人/平方米						

注：(1) 建材、家具、灯饰商场的人员密度可按本表商场中的规定值的 30％ 确定。
  (2) 建筑规模较小（如营业厅＜3000m²）时，宜取上限值，建筑规模较大时，可取下限值。

3）商场、展览厅、有固定座位的场所等百人疏散宽度指标 K_2（米/百人）

商场、展览厅、固定座位场所等百人疏散宽度指标 K_2（米/百人） 表 27.2.7-11

建 筑 层 数		百人疏散宽度指标 K_2
地上楼层	1~2 层	0.65
	3 层	0.75
	≥4 层	1.00
地下楼层	与地面出入口地面的高差 $\Delta H \leqslant 10m$	0.75
	与地面出入口地面的高差 $\Delta H > 10m$	1.00
地下、半地下人员密集的厅室、歌舞娱乐放映游艺场所		1.00

4）每 1000m² 营业厅等所需楼梯总宽度 $\sum B$（m）

每 1000m² 营业厅等所需楼梯总净宽度 $\sum B$（m） 表 27.2.7-12

商场所在建筑的层数	地 上 商 场			地下商场		
	1~2 层	3 层	≥4 层	地下 1 层	地下 2 层	
					$\Delta H \leqslant 10m$	$\Delta H > 10m$
1000m² 营业厅楼梯总净宽度（m）	2.8~3.9	2.93~4.05	3.0~4.2	4.2	4.2	3.92

注：(1) 营业厅的建筑面积＝货架、柜台、走道等顾客参与购物的场所＋营业厅内的卫生间、楼梯间、自动扶梯、电梯等的建筑面积（可不包括已采用防火分隔且疏散时无需进入营业厅内的仓储、设备、工具、办公室等）。
  (2) 营业厅建筑面积估算：$S =（0.5~0.7）\sum A$（地上商场），$S = 0.7 \sum A$（地下商场）式中，$\sum A$—该层商场总建筑面积，m²。
  (3) 当每层疏散人数不等时，疏散楼梯的总净宽度可分层计算，地上（下）建筑内下（上）层楼梯的总净宽度应按该层及以上（下）疏散人数最多一层的人数计算。
  (4) 首层外门的总净宽度应按该建筑疏散人数最多一层的人数计算确定，不供其他楼层人员疏散的外门，可按本层的疏散人数计算确定。

5. 疏散楼梯的适用范围及设计要求

疏散楼梯的适用范围及设计要求 表 27.2.7-13

适 用 范 围	设 计 要 求
1. 封闭楼梯间（或室外楼梯） (1) 1~2 层的地下、半地下室； (2) 室内地面与室外出入口地坪高度≤10m 的地下、半地下室； (3) 高层建筑的裙房； (4) 建筑高度≤32m 的二类高层公建； (5) 多层公建（医疗、旅馆、老年人照料设施、歌舞娱乐放映游艺场所、商店、图书馆、展览馆、会议中心等）； (6) ≥6 层的其他多层建筑（与敞开式外廊直接相连的楼梯间除外）； (7) $H \leqslant 21m$ 的住宅，其与电梯井相邻布置的疏散楼梯（户门为 FM 乙除外）； (8) $21m < H \leqslant 33m$ 的住宅（户门为 FM 乙除外）； (9) 高层厂房、甲乙丙类多层厂房，高层仓库	(1) 楼梯间的首层可将走道和门厅灯包括在楼梯间内，形成扩大的封闭楼梯间，但应采用 FM 乙门等与其他走道和房间分隔。 (2) 除出入口和外窗外，楼梯间的墙上不应开设其他门、窗、洞口。 (3) 梯间门：高层建筑、人员密集公建、人员密集的多层丙类厂房；甲乙类厂房，应采用 FM 乙门，并向疏散方向开启；其他建筑，可采用双向弹簧门。 (4) 不能自然通风或自然通风不能达标时，应设加压送风系统或按防烟楼梯间设计。 (5) 楼梯间及其前室内禁止穿过或设置可燃气体管道，也不应设置卷帘。 (6) 外墙上的窗与两侧窗最近边缘水平距离≥1.0m

适 用 范 围	设 计 要 求
2. 防烟楼梯间（或室外楼梯） (1) ≥3 层的地下、半地下室； (2) 室内地面与室外出入口地坪高差＞10m 的地下、半地下室； (3) 一类高层公共建筑； (4) H＞32m 的二类高层公建； (5) H＞33m 的住宅建筑； (6) H＞32m 且任一层的人数＞10 人的厂房	(1) 应设置前室，前室可与消防电梯前室合用； (2) 前室的使用面积：公建、高层厂房（仓库）≥6㎡，住宅≥4.5㎡； (3) 合用前室的使用面积：公建、高层厂房仓库≥10㎡，住宅≥6㎡； (4) 前室和楼梯间的门应为乙级防火门； (5) 除出入口、正压送风口外，楼梯间和前室的墙上不应开设其他门、窗、洞口； (6) 楼梯间和前室不应设置卷帘，禁止穿过或设置可燃气体管道；也不应设置卷帘； (7) 应设置防烟设施—正压送风井（特定自然排烟条件除外）； (8) 楼梯间的首层可将走道和门厅等包括在楼梯间的前室内，形成扩大前室，但应采用 FM 乙门等与其他部位分隔； (9) 前室及楼梯间外墙上的窗与两侧窗最近边缘水平距离≥1.0m
3. 剪刀楼梯间 (1) 高层公建—任一疏散门至最近疏散楼梯间出入口的距离≤10m； (2) 住宅—任一户门至最近安全出口的距离≤10m； (3) 用于裙房疏散应设在不同防火分区，否则只能算一个安全出口	(1) 楼梯间应为防烟楼梯间； (2) 楼段之间应设置防火隔墙； (3) 高层公建应分别设置前室和加压送风系统； (4) 住宅建筑可以共用前室，但前室面积应≥6㎡；也可与消防电梯合用前室，但合用前室的面积应≥12㎡，且短边应≥2.4m
4. 非封闭（开敞）楼梯间 (1) 剧场、电影院、礼堂、体育馆（当这些场所与其他功能空间组合在同一座建筑内时，其疏散楼梯形式应按其中要求最高最严者确定，或按该建筑的主要功能确定）； (2) 多层公共建筑的与敞开式外廊直接相连的楼梯间； (3) ≤5 层的其他公建（但不包括应设封闭楼梯间的多层公建，如医疗、旅馆……）； (4) H≤21m 的住宅，其不与电梯井相邻布置的疏散楼梯；H≤33m，户门为乙级防火门的住宅； (5) 丁、戊类高层厂房，每层工作平台人数≤2 人且各层工作平台总人数≤10 人； (6) 多层仓库、筒仓、多层丁、戊类厂房	疏散楼梯间的设计要求 (1) 应能天然采光和自然通风，且宜靠外墙布置；靠外墙设置时，楼梯间、前室、合用前室外墙上的窗间隔宽度应≥1.0m； (2) 疏散楼梯间在各层的平面位置不应改变（通向避难层错位的疏散楼梯除外）； (3) 楼梯间内不应设置其他功能房间、垃圾道和可燃气体及有毒液体（如甲乙丙类液体）管道； (4) 楼梯间不应有影响疏散的凸出物或其他障碍物； (5) 地下、半地下室的楼梯间，应在首层采用防火隔墙（耐火极限≥2.0h）与其他部位分隔，并直通室外。必须在隔墙上开门时，应为乙级防火门（地上与地下共用的楼梯间也应执行此条规定）； (6) 不宜采用螺旋楼梯和扇形踏步；须采用时，踏步上下两级形成的平面角应≤10°，且每级离扶手 250mm 处的踏步深度应≥220mm； (7) 公共疏散楼梯的梯井净宽宜≥150mm
5. 室外疏散楼梯 (1) 凡应设封闭楼梯间和防烟楼梯间的均可替换成室外楼梯； (2) 高层厂房、甲、乙、丙类多层厂房； (3) H＞32m 且任一层人数＞10 人的厂房； (4) 多层仓库、筒仓	(1) 楼梯净宽应≥0.9m，倾斜角度应≤45°； (2) 栏杆扶手的高度应≥1.10m； (3) 梯段和平台均应为不燃材料（平台耐火极限≥1.0h，梯段耐火极限≥0.25h）； (4) 通向室外楼梯的门宜为乙级防火门，并向外开启；疏散门不应正对梯段； (5) 除疏散门外，楼梯周围 2m 范围内的墙面上不应开设门、窗、洞口
6. 室外金属梯 (1) 多层仓库、筒仓； (2) 用作丁、戊类厂房内第二安全出口的楼梯	应符合室外疏散楼梯的设计要求

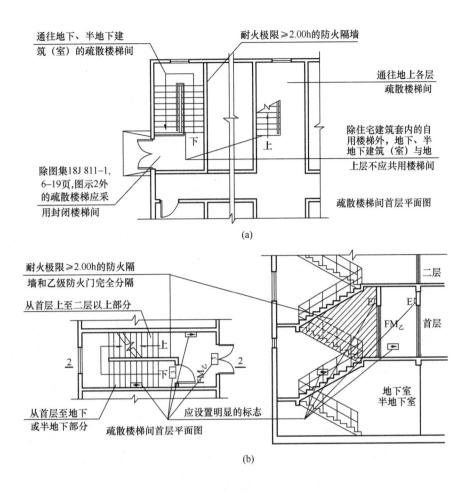

图 27.2.7-4　疏散楼梯间首层平面设计

（a）地上与地下楼梯分开设置；（b）地上与地下共用楼梯

6. 安全疏散设施

安全疏散设施　　　　　　　表 27.2.7-14

（1）疏散门	门的类型	平开门（但丙、丁、戊类仓库首层靠墙外侧可采用推拉门或卷帘门）	
	开启方向	应向疏散方向开启	
		人数≤60人且每樘门的平均疏散人数≤30人的房间，其疏散门的开启方向可不限（甲、乙类生产车间除外）	
	其他	疏散楼梯间的门完全开启时，不应减少楼梯平台的有效宽度	
		人员密集场所的疏散门、设置门禁系统的住宅、宿舍、公寓的外门，应保证火灾时不用钥匙亦能从内部容易打开，并应在显著位置设置标识和使用提示	
（2）疏散走道		平时常有人流通行时，在防火分区处应设置常开的甲级防火门	
（3）避难走道	直通地面的安全出口	服务于多个防火分区：应≥2个	
		服务于1个防火分区：可只设1个（防火分区另有1个）	
	走道净宽	应大于等于任一防火分区通向走道的设计疏散总净宽度	

	位置	防火分区至避难走道的出入口处
防烟前室	面积	使用面积应≥6m²
	前室门	开向前室的门应为甲级防火门
		前室开向避难走道的门应为乙级防火门
	室内装修材料的燃烧性能应为 A 级	
	走道楼板的耐火极限应≥1.5h	
	走道隔墙的耐火极限应≥3.0h	
消防设施	消火栓、消防应急照明、应急广播、消防专线电话	
适用范围	用于解决大型建筑中疏散距离过长或难以设置直通室外的安全出口等问题	
	作用与防烟楼梯间类似,只要进入避难走道即视为安全	

（3）避难走道

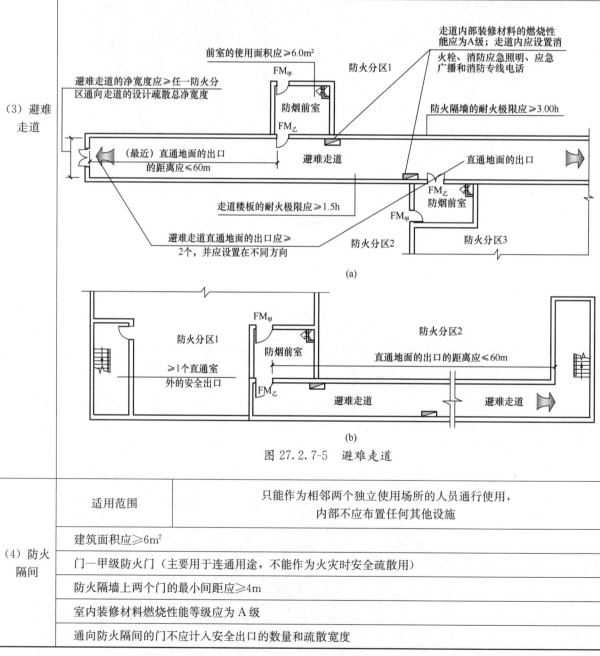

图 27.2.7-5 避难走道

	适用范围	只能作为相邻两个独立使用场所的人员通行使用, 内部不应布置任何其他设施
（4）防火隔间	建筑面积应≥6m²	
	门—甲级防火门（主要用于连通用途,不能作为火灾时安全疏散用）	
	防火隔墙上两个门的最小间距应≥4m	
	室内装修材料燃烧性能等级应为 A 级	
	通向防火隔间的门不应计入安全出口的数量和疏散宽度	

续表

(4) 防火隔间	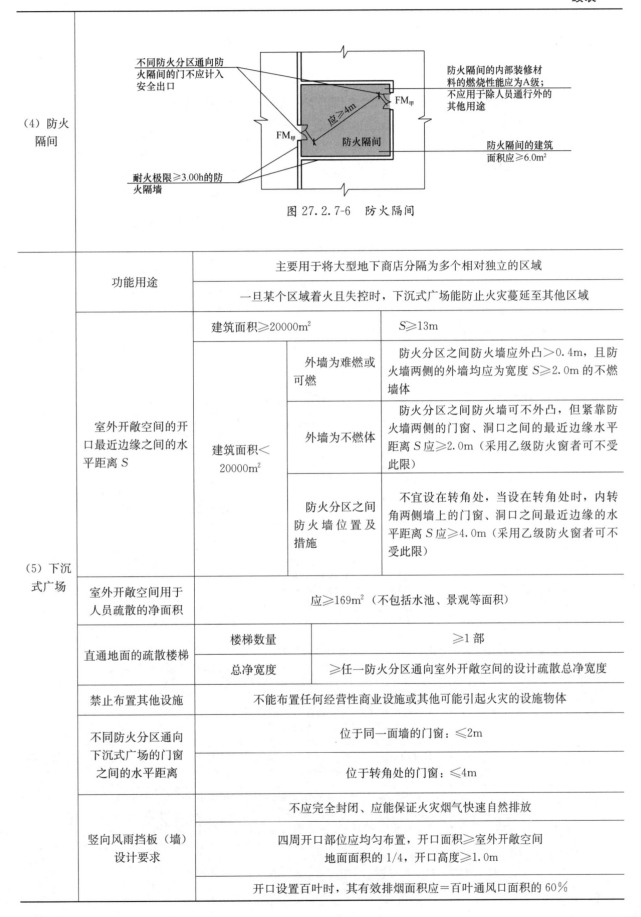 图 27.2.7-6　防火隔间		
(5) 下沉式广场	功能用途	主要用于将大型地下商店分隔为多个相对独立的区域	
		一旦某个区域着火且失控时，下沉式广场能防止火灾蔓延至其他区域	
	室外开敞空间的开口最近边缘之间的水平距离 S	建筑面积≥20000m²　　　　S≥13m	
		建筑面积＜20000m²	外墙为难燃或可燃	防火分区之间防火墙应外凸＞0.4m，且防火墙两侧的外墙均应为宽度 S≥2.0m 的不燃墙体
			外墙为不燃体	防火分区之间防火墙可不外凸，但紧靠防火墙两侧的门窗、洞口之间的最近边缘水平距离 S 应≥2.0m（采用乙级防火窗者可不受此限）
			防火分区之间防火墙位置及措施	不宜设在转角处，当设在转角处时，内转角两侧墙上的门窗、洞口之间最近边缘的水平距离 S 应≥4.0m（采用乙级防火窗者可不受此限）
	室外开敞空间用于人员疏散的净面积	应≥169m²（不包括水池、景观等面积）	
	直通地面的疏散楼梯	楼梯数量　　　　≥1 部	
		总净宽度　　　　≥任一防火分区通向室外开敞空间的设计疏散总净宽度	
	禁止布置其他设施	不能布置任何经营性商业设施或其他可能引起火灾的设施物体	
	不同防火分区通向下沉式广场的门窗之间的水平距离	位于同一面墙的门窗：≤2m	
		位于转角处的门窗：≤4m	
	竖向风雨挡板（墙）设计要求	不应完全封闭、应能保证火灾烟气快速自然排放	
		四周开口部位应均匀布置，开口面积≥室外开敞空间地面面积的 1/4，开口高度≥1.0m	
		开口设置百叶时，其有效排烟面积应＝百叶通风口面积的 60%	

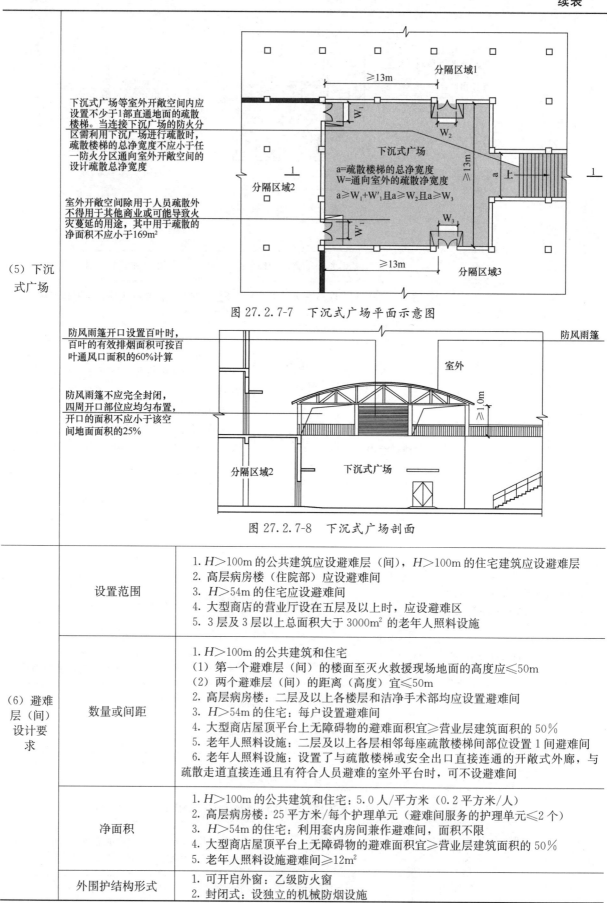

(5) 下沉式广场	下沉式广场等室外开敞空间内应设置不少于1部直通地面的疏散楼梯。当连接下沉广场的防火分区需利用下沉广场进行疏散时，疏散楼梯的总净宽度不应小于任一防火分区通向室外开敞空间的设计疏散总净宽度 室外开敞空间除用于人员疏散外不得用于其他商业或可能导致火灾蔓延的用途，其中用于疏散的净面积不应小于169m²	

图 27.2.7-7　下沉式广场平面示意图

防风雨篷开口设置百叶时，百叶的有效排烟面积可按百叶通风口面积的60%计算

防风雨篷不应完全封闭，四周开口部位应均匀布置，开口的面积不应小于该空间地面面积的25%

图 27.2.7-8　下沉式广场剖面

(6) 避难层(间)设计要求	设置范围	1. $H>100\text{m}$ 的公共建筑应设避难层(间)，$H>100\text{m}$ 的住宅建筑应设避难层 2. 高层病房楼(住院部)应设避难间 3. $H>54\text{m}$ 的住宅应设避难间 4. 大型商店的营业厅设在五层及以上时，应设避难区 5. 3层及3层以上总面积大于 3000m^2 的老年人照料设施
	数量或间距	1. $H>100\text{m}$ 的公共建筑和住宅 (1) 第一个避难层(间)的楼面至灭火救援现场地面的高度应≤50m (2) 两个避难层(间)的距离(高度)宜≤50m 2. 高层病房楼：二层及以上各楼层和洁净手术部均应设置避难间 3. $H>54\text{m}$ 的住宅：每户设置避难间 4. 大型商店屋顶平台上无障碍物的避难面积宜≥营业层建筑面积的50% 5. 老年人照料设施：二层及以上各楼层相邻每座疏散楼梯间部位设置1间避难间 6. 老年人照料设施：设置了与疏散楼梯或安全出口直接连通的开敞式外廊，与疏散走道直接连通且有符合人员避难的室外平台时，可不设避难间
	净面积	1. $H>100\text{m}$ 的公共建筑和住宅：5.0人/平方米(0.2平方米/人) 2. 高层病房楼：25平方米/每个护理单元(避难间服务的护理单元≤2个) 3. $H>54\text{m}$ 的住宅：利用套内房间兼作避难间，面积不限 4. 大型商店屋顶平台上无障碍物的避难面积宜≥营业层建筑面积的50% 5. 老年人照料设施避难间≥12m²
	外围护结构形式	1. 可开启外窗：乙级防火窗 2. 封闭式：设独立的机械防烟设施

续表

其他设计要求	1. 通向避难层的疏散楼梯应在避难层分隔,同层错位或上层断开 2. 避难层可兼作设备层;设备管道宜集中布置,易燃可燃液体或气体管道和排烟管道应集中布置并应采用耐火极限≥3.00h 防火隔墙与避难区分隔;管道井和设备间应采用耐火极限≥2h 的防火隔墙与避难区分隔;设备间的门应采用甲级防火门,且与避难层出入口的距离应≥5m,管道井的门不应直接开向避难区 3. 应设置消防电梯出口、消火栓、消防软管卷盘、消防专线电话和应急广播、指示标志 4. 高层病房楼的避难间应靠近楼梯间,并采用耐火极限为2h 防火隔墙和甲级防火门 5. $H>54m$ 的住宅内避难间应靠外墙,并设可开启外窗,门采用乙级防火门
(6) 避难层(间)设计要求	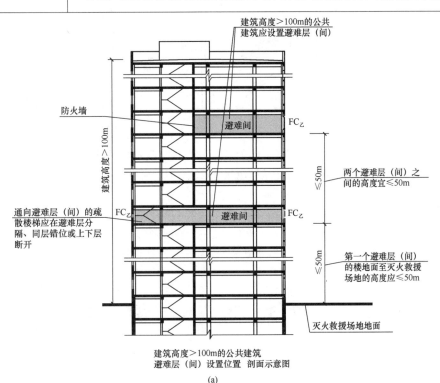 建筑高度>100m的公共建筑 避难层(间)设置位置 剖面示意图 (a) 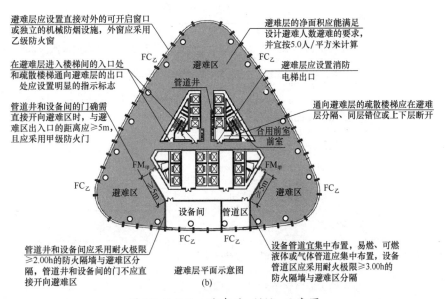 避难层平面示意图 (b) 图 27.2.7-9 避难层(间)示意图

（6）避难层（间）设计要求	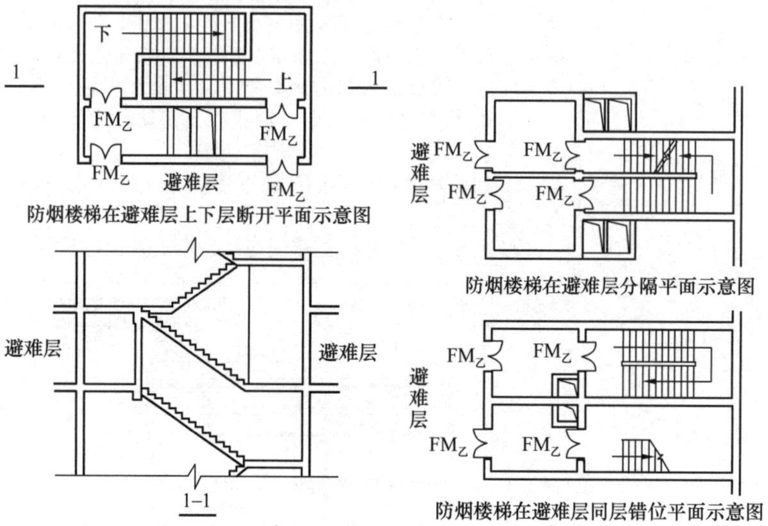 防烟楼梯在避难层上下层断开平面示意图 防烟楼梯在避难层分隔平面示意图 防烟楼梯在避难层同层错位平面示意图 图27.2.7-10 防火楼梯在避难层分隔示意图 注：通向避难层（间）的疏散楼梯应在避难层分隔、同层错位或上下层断开，但人员必须经避难层（间）方能上下。

注：（1）本表根据《建筑设计防火规范》5.5.23，5.5.24，5.5.32条规定整理而成。
（2）本节的所有图示均取自《建筑设计防火规范图示》（中国建筑标准设计研究院）。

27.3 防 火 构 造

27.3.1 防火墙

防 火 墙 表27.3.1

1. 定义及耐火极限	设在两个相邻水平防火分区之间或两栋建筑之间，且耐火极限≥3.0h的不燃烧实心墙
2. 防火墙的位置	应直接设在建筑物基础或梁板等承重结构上
	应隔断至屋面结构层的底面
	当高层厂房（仓库）屋面的耐火极限<1.0h，其他建筑屋面的耐火极限<0.5h时，防火墙应高出屋面0.5m以上
	应从楼地面隔断至梁板底面
	不宜设在转角处
3. 防火墙两侧的门窗洞口之间的最近边缘的水平距离（窗间墙宽度）	紧靠防火墙两侧的窗间墙宽度应≥2m
	位于防火墙内转角两侧的窗间墙宽度应≥4m
	采用乙级防火窗时，上述距离不可限

续表

4. 管道穿防火墙	可燃气体、甲乙丙类液体的管道严禁穿防火墙
	防火墙内不应设置排气道
	其他管道穿过防火墙时，应采用防火封堵材料嵌缝
	穿过防火墙处的管道的保温材料应采用不燃材料
	当管道为难燃或可燃材料时，应在防火墙两侧的管道上采取防火阻隔措施
5. 防火墙其他要求	防火墙上不应开设门、窗、洞口，必须开设时，应设置不可开启或火灾时能自动关闭的甲级防火门、窗
	建筑外墙为难燃或可燃墙体时，防火墙应凸出墙外表面 0.4m 以上
	建筑外墙为不燃墙体时，防火墙可不凸出墙的外表面
	防火墙中心线水平距离天窗端面<4.0m，且天窗端面为可燃材料时，应采取防火措施

27.3.2　防火隔墙

防　火　隔　墙　　　　　　　　　　表 27.3.2

1. 定义	防止火灾蔓延至相邻区域且耐火极限不低于规定要求（1.0～3.0h）的不燃烧实心墙	
2. 适用范围	剧场等建筑的舞台与观众厅之间的隔墙	耐火极限≥3.0h
	舞台上部与观众厅闷顶之间的隔墙	耐火极限≥1.5h
	电影放映室、卷片室与其他部位之间的隔墙	
	舞台下部的灯光操作室、可燃物储藏室与其他部位的隔墙	耐火极限≥2.0h
	医疗建筑内的产房、手术室、重症监护室、精密贵重医疗设备用房、储藏间、实验室、胶片室等与其他部位的隔墙（耐火极限≥2.0h）	
	附设在建筑内的托幼儿童用房、儿童活动场所（耐火极限≥2.0h）	
	老年人照料设施（耐火极限≥2.0h）	
	甲、乙类生产部位、建筑内使用丙类液体的部位	耐火极限≥2.0h
	厂房内有明火和高温的部位	
	甲乙丙类厂房（仓库）内布置有不同火灾危险性类别的房间	
	民用建筑内的附属库房、剧场后台的辅助用房	
	除居住建筑中套内的厨房外，宿舍、公寓建筑中的公共厨房其他建筑内的厨房；附设在住宅建筑内的汽车库（确有困难时，可采用特级防火卷帘）	
	一、二级耐火等级建筑的门厅	
	附设在建筑内的消防控制室、灭火设备室、消防水泵房、变配电室、空调机房（耐火极限≥2.0h）	
	设置在丁、戊类厂房内的通风机房（耐火极限≥1.0h）	
3. 防火隔墙上的门窗	乙级防火门窗	

27.3.3 窗槛墙、防火挑檐、窗间墙、外墙防火隔板、幕墙防火

窗槛墙、防火挑檐、窗间墙、外墙防火隔板、幕墙防火 　　　　　表 27.3.3

窗槛墙	外墙上、下层开口之间的窗槛墙高度应≥1.2m(无自动喷淋)或≥0.8m(有自动喷淋)
	当不符合上述规定时,外窗应采用乙级防火窗或防火挑檐
防火挑檐 防火玻璃墙	当上、下层开口之间设置实体墙有困难时,可设置防火挑檐或防火玻璃墙来代替
	防火挑檐挑出宽度应≥1.0m,长度应≥开口宽度;防火玻璃墙的耐火完整性应≥1.0h(高层)或0.5h(多层)
窗间墙、外墙 防火隔板	两个相邻拼接的住宅单元的窗间墙宽度应≥2m
	住宅建筑外墙户与户的水平开口之间的窗间墙宽度应≥1.0m
	小于1.0m时,应在窗间墙处设置凸出外墙≥0.6m的防火隔板
幕墙防火	应在每层楼板外沿设置高度≥0.8m(有自动灭火)~1.2m(无自动灭火)的不燃实心墙或防火玻璃墙
	幕墙与每层楼板,隔墙处的缝隙应采用防火材料封堵

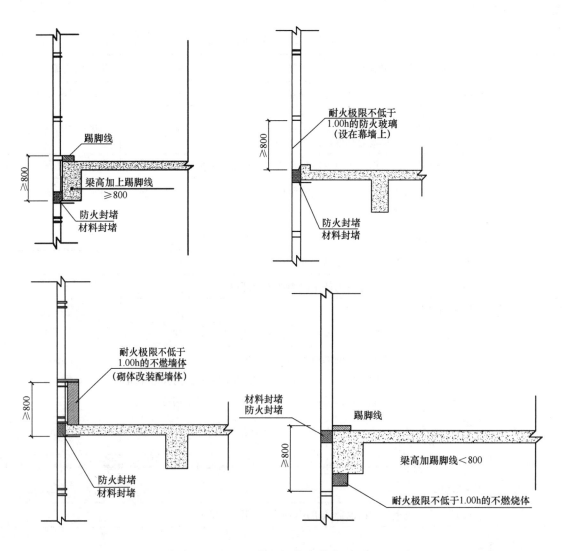

图 27.3.3-1　几种防火封堵节点详图(一)

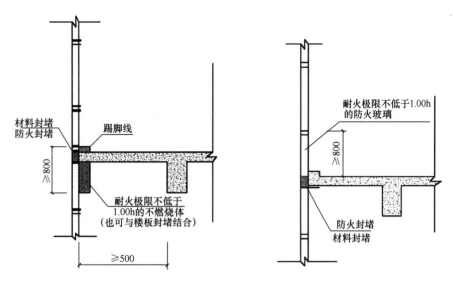

图 27.3.3-2　几种防火封堵节点详图（二）

27.3.4　管道井、排烟（气）道、垃圾道、变形缝防火

管道井、排烟（气）道、垃圾道、变形缝防火　　　　　表 27.3.4

管道井	检查门	丙级防火门
	防火封堵	应在每层楼板处采用混凝土等不燃材料层层封堵
垃圾道	宜靠外墙布置；垃圾道井壁的耐火极限应≥1.0h	
	排气口应直接开向室外，垃圾斗宜设置在垃圾道前室内	
	前室门应采用丙级防火门，垃圾斗应为不燃材料且能自行关闭	
变形缝	变形缝的构造基层和填充材料应采用不燃材料	
	管道不宜穿过变形缝；必须穿过时，应在穿过处加设不燃管套，并应采用防火材料封堵	

27.3.5　屋面、外墙保温材料防火性能及做法规定

屋面、外墙保温材料防火性能及做法规定　　　　　表 27.3.5

1. 屋面	（1）屋面外保温系统	屋面板耐火极限≥1.0h，B₂级	应采用不燃材料作保护层，厚度≥10mm（A级保温材料可不做防火保护层）
		屋面板耐火极限<1.0h，B₁级	
	（2）屋面与外墙的防火分隔	当屋面和外墙均采用 B₁、B₂ 级保温材料时，应采用宽度≥500mm的不燃材料作防火隔离带将其分隔	
2. 外墙	（1）外墙内保温	人员密集场所，用火、油、气等燃料危险场所，楼梯间、避难走道、避难层（间）	A级，不燃材料保护层，厚度不限
		其他建筑、场所或部位	B₁级，不燃材料保护层≥10mm
	（2）外墙无空腔复合保温	应采用 B₁、B₂ 级，保温材料两侧的墙体应采用不燃材料且厚度≥50mm	

续表

2. 外墙	（3）外墙外保温	无空腔	人员密集场所建筑		A 级（任何情况下）
			住宅	$H<27m$	≥B₁级 每层设置防火隔离带外墙门窗耐火完整性≥0.5h
				27m<H≤100m	≥B₂级
				$H>100m$	A 级
			其他建筑	$H≤24m$	≥B₂级 每层设置防火隔离带外墙门窗耐火完整性≥0.5h
				24m<H≤50m	≥B₁级
				$H>50m$	A 级
		有空腔	人员密集场所建筑		A 级（任何情况下）
			住宅及其他建筑	$H≤24m$	≥B₁级，每层设置防火隔离带
				$H>24m$	A 级
	（4）防火隔离带	A 级材料，高度≥300mm			
	（5）保温材料保护层厚度	B₁、B₂级保温材料：不燃材料保护层厚度——首层应≥15mm，其他层应≥5mm（A 级保温材料未作规定）			
	（6）外保温系统与墙体装饰层之间的空腔	在每层楼板处采用防火材料封堵			
	（7）外墙装饰层	应采用燃烧性能为 A 级的材料（当 $H≤50m$ 时，可采用 B₁级材料）			

注：（1）当住宅建筑与其他功能合建时，住宅部分的外保温系统按照住宅的建筑高度确定，非住宅部分按照公共建筑（其他建筑）的要求确定。

（2）除建筑设计防火规范 6.7.3 条外，下列老年人照料设施的内、外墙体和屋面保温材料应采用燃烧性能为 A 级的保温材料。

　　a）建立建造的老年人照料设施。

　　b）与其他建筑组合建造且老年人照料部分的总建筑面积大于 500m² 的老年人照料设施。

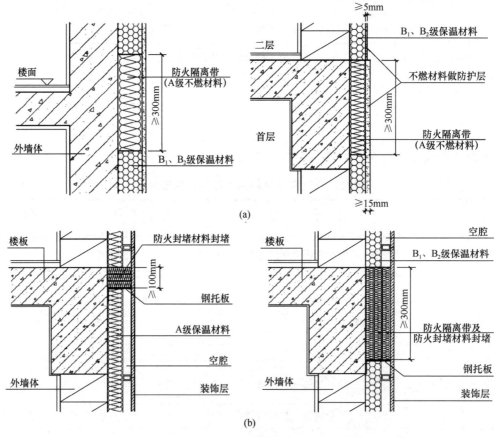

(a)

(b)

图 27.3.5-1　外墙防火隔离带

（a）无空腔；（b）有空腔

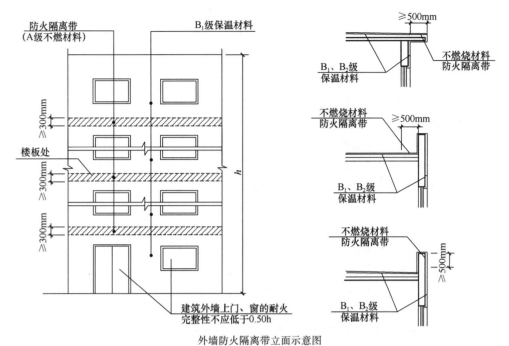

外墙防火隔离带立面示意图

图 27.3.5-2　屋面与外墙的防火隔离带

27.3.6　防火门窗及防火卷帘

防火门窗及防火卷帘　　　　　　　　　　　表 27.3.6

级别	适 用 范 围	设 计 要 求
甲级防火门窗（1.5h）	（1）凡防火墙上的门窗； （2）锅炉房、变压器室、柴油发电机房、变配电室、储油间、消防电梯机房、空调机房、避难层内的设备间的门窗； （3）与中庭相连通的门窗； （4）高层病房楼避难间的门； （5）防火隔间的门； （6）疏散走道在防火分区处的门； （7）开向防烟前室通往避难走道的第一道门； （8）耐火等级为一级的多层纺织厂房和耐火等级为二级的单、多层纺织厂房内的防火隔墙上的门窗； （9）储存丙类液体燃料储罐中间罐的房间门； （10）有爆炸危险区域内楼梯间、室外楼梯或相邻区域连通处的门斗的防火隔墙上的门； （11）用于分隔总建筑面积＞20000m² 的地下、半地下商店的防烟楼梯间的门	1. 防火门设计要求 （1）经常有人通行的防火门宜采用常开防火门，并应能在火灾时自行关闭，且应具有信号反馈的功能； （2）非经常有人通行的防火门应采用常闭防火门； （3）应具有自动关闭功能（管道井门和住宅户门除外），双扇防火门应具有按顺序自动关闭的功能； （4）应能在内外两侧手动开启（人员密集场所需控制人员随意出入的疏散门和需设置门禁系统的住宅、宿舍、公寓建筑的外门除外）； （5）设置在变形缝附近的防火门，应靠近楼层较多的一侧，并应保证防火门开启时不跨越变形缝； （6）应符合国标《防火门》GB 12955 的规定
乙级防火门窗（1.0h）	（1）凡防火隔墙上的门窗（个别甲级除外）； （2）封闭楼梯间、防烟楼梯间及其前室、合用前室的门； （3）27m＜H≤54m，且每个单元只设置一部疏散楼梯的住宅的户门； （4）H≤33m，且采用非封闭楼梯间的住宅的户门； （5）H＞33m 的住宅的户门； （6）公建、住宅、病房楼避难层（间）的外门窗； （7）歌舞娱乐场所（不含剧场、电影院）房门及与其他部位相通的门；	

级别	适 用 范 围	设计要求
乙级 防火门窗 (1.0h)	(8) 仓库内每个防火分区通向疏散走道或楼梯的门; (9) 除一、二级耐火等级的多层戊类仓库外,其他仓库的室外提升设施通向仓库入口上的门(也可用防火卷帘); (10) 封闭楼梯间及首层扩大封闭楼梯间的门; (11) 通向室外楼梯的门; (12) 消防控制室、灭火设备室、消防水泵房的门; (13) 窗槛墙高度不够,又未做防火挑板的外窗; (14) 双层幕墙中可开启外窗(内层); (15) 地下、半地下室楼梯间在首层与其他部位的防火隔墙上的门; (16) 地上、地下共用的楼梯间在首层的防火隔墙上的门; (17) 避难走道入口处的防烟前室开向避难走道的门; (18) 建筑内附设汽车库的电梯候梯厅与汽车库的防火隔墙上的门; (19) 剧场等建筑的舞台上部与观众厅闷顶之间的防火隔墙上的门; (20) 医院的产房、手术室、重症监护室、精密仪器室、储藏室、实验室、胶片室,附设在建筑内的托、幼、儿童用房、儿童活动场所、老年人活动场所与其他部位的防火隔墙上的门窗	2. 防火窗设计要求 (1) 设置在防火墙、防火隔墙的防火窗,应采用固定窗扇或具有火灾时能自行关闭的功能; (2) 防火窗应符合国标《防火窗》GB 16809 的规定
丙级 (0.5h)	(1) 管道井检修门; (2) 垃圾道前室的门	
防火卷帘 (2~3h)	(1) 中庭与周围相连通空间的防火分隔; (2) 仓库的室内外提升设施通向仓库的入口(也可用乙级防火门); (3) 各种场馆高大空间的防火分区之间采用防火墙确有困难时	(1) 防火卷帘的宽度(中庭除外) a. 防火分隔部位宽度 $B \leqslant$ 30m 时,防火卷帘的宽度 $b \leqslant$ 10m; b. 防火分隔部位宽度 $B >$ 30m 时,$b \leqslant B/3 \leqslant 20$m (2) 当防火卷帘(如复合型特级防火卷帘)的耐火完整性和耐火隔热性符合规定要求(耐火时间$\geqslant$3h,耐热温度$\geqslant$140℃),可不设置水幕保护;否则应设水幕保护(如普通防火卷帘); (3) 应具有防烟性能,与楼板、墙、梁、柱之间的空隙应采取防火封堵; (4) 火灾时应能自动降落; (5) 其他应符合国标《防火卷帘》GB 14102 的要求

27.4 灭 火 救 援 设 施

27.4.1 消防车道

消 防 车 道   表 27.4.1

1. 应设环形消防车道（或沿建筑物的两个长边设置消防车道）	高层民用建筑
	>3000 座的体育馆
	>2000 座的会堂
	占地面积>3000m² 的商店建筑、展览建筑等单、多层公共建筑
	高层厂房
	占地面积>3000m² 的甲、乙、丙类厂房
	占地面积>1500m² 的乙、丙类仓库
2. 沿建筑的一个长边设置消防车道（该长边应为消防登高面位置）	住宅建筑
	山坡地或河道边临空建造的高层建筑
3. 应设穿过建筑物的消防车道（或设环形消防车道）	建筑物沿街长度>150m
	建筑物总长度>220m
4. 宜设进入内院天井的消防车道	有封闭内院或天井的建筑物，其短边长度>24m 时
5. 应设连通街道和内院的人行通道	有封闭内院或天井的建筑物沿街时，其间距宜≤80m（可利用楼梯间）

6. 供消防车通行的街区内道路，其道路中心线的间距宜≤160m

7. 宜设环形消防车道的堆场和储罐区	堆场或储罐区	棉、麻、毛、化纤	秸秆、芦苇	木材	甲、乙、丙、丁类液体储罐	液化石油气储罐	可燃气体储罐
	储量	>1000t	>5000t	>5000m³	>1500m³	>500m³	>30000m²

8. 应设置与环形消防车道相通的中间消防车道	占地面积>30000m² 的可燃材料堆场
	消防车道的间距宜≤150m

续表

9. 宜在环形消防车道之间设置连通的消防车道	液化石油气储罐区		
	甲、乙、丙类液体储罐区		
	可燃气体储罐区		
10. 消防车道边缘与相关点的距离	与可燃材料堆垛应≥5m		
	与供消防车的取水点宜≤2m		
11. 尽头式消防车道	应设置回车道或回车场		
	回车场面积	多层建筑≥12m×12m	
		高层建筑≥15m×15m	
		重型消防车≥18m×18m	
12. 消防车道的净宽度、净高、坡度、转弯半径	净宽、净高应≥4m,与外墙边的距离宜≥5m		
	坡度 i≤8%		
	转弯半径≥12m		
13. 消防车道的其他要求	(1) 环形消防车道至少应有两处与其他车道连通		
	(2) 消防车道的路面、操作场地及其下面的管道和暗沟等,应承受重型消防车的压力(约33t)		
	(3) 消防车道可利用市政道路和厂区道路,但该道路应符合消防车通行、转弯和停靠的要求		
	(4) 消防车道不宜与铁路正线平交;如必须平交,应设置备用车道,且两车道的间距应≥一列火车的长度(约900m)		

27.4.2 消防登高操作场地

消防登高操作场地   表27.4.2

	适用对象	高 层 建 筑
消防登高操作场地	位置	直通室外的楼梯或直通楼梯间的室外出入口所在一侧,并结合消防车道布置
		该范围内裙房进深应≤4m,不应有妨碍登高的树木、架空管线、车库出入口等
		特殊情况下,建筑屋顶也可兼作消防登高操作场地
	长度	至少沿建筑物一个长边或周边长度的1/4且不小于一个长边的长度连续布置
		H≤50m的高层建筑,连续布置登高面有困难时,可间隔布置,但间隔距离宜≤30m,且总长度仍应符合上一条要求

续表

	与外墙边的距离 S	$5\mathrm{m}\leqslant S\leqslant 10\mathrm{m}$	
	场地大小	$H\geqslant 50\mathrm{m}$ 的建筑，长度≥20m，宽度≥10m	
		$H<50\mathrm{m}$ 的建筑，长度≥15m，宽度≥10m	
	场地坡度 i	一般 $i\leqslant 3\%$，坡地建筑 $i\leqslant 5\%$	
	外窗要求	应每层设置可供消防人员进入的外窗，每个防火分区不少于2个	
		外窗净宽×净高≥1.0m×1.0m，窗台高度≤1.2m，间距≤20m	
		外窗设置位置应与登高救援场地相对应	
		外窗玻璃应易于破碎，并应设置可在室外识别的明显标识	

消防登高操作场地

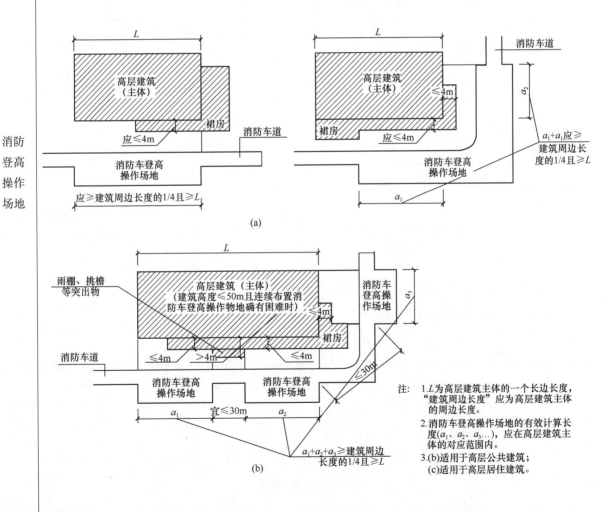

注：1.L 为高层建筑主体的一个长边长度，"建筑周边长度"应为高层建筑主体的周边长度。
2.消防车登高操作场地的有效计算长度（a_1、a_2、a_3…），应在高层建筑主体的对应范围内。
3.(b)适用于高层公共建筑；(c)适用于高层居住建筑。

图 27.4.2　消防登高操作场地示意（左上角沿建筑一个长边设置，右上角是转角布置，下方是分段布置）（一）

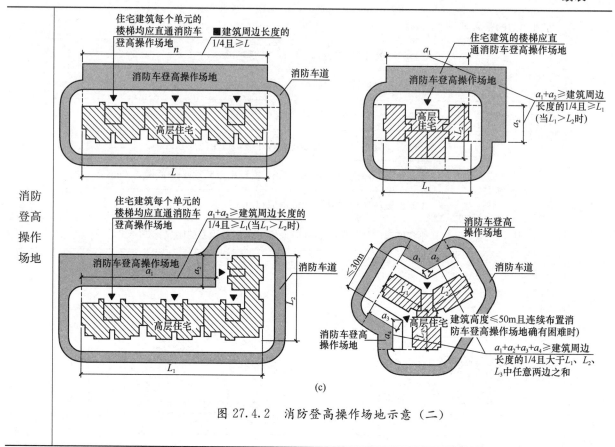

图 27.4.2　消防登高操作场地示意（二）

27.4.3　消防电梯

消　防　电　梯　　　　　　　　　　　　　　　　　　　　　　表 27.4.3

1. 设置范围			$h>33$m 的住宅
			一类高层公共建筑，$h>32$m 的二类高层公共建筑、5 层及以上且总建筑面积>3000m² （包括设置在其他建筑内五层及以上楼层）的老年人照料设施
			设置消防电梯的建筑的地下、半地下室
			埋深>10m，且总建筑面积>3000m² 的其他地下、半地下室
			$h>32$m，且设置电梯的高层厂房仓库（但不包括任一层工作平台上的人数$\leqslant 2$ 人的高层塔架；也不包括局部建筑 $h>32$m，且局部高出部分的每层建筑面积$\leqslant 50$m² 的丁戊类厂房）
2. 设置数量			每个防火分区至少设 1 台消防电梯
			符合消防电梯要求的客梯或货梯可兼作消防电梯
3. 消防电梯前室	位置		宜靠外墙布置，并应在首层直通室外，或经过长度$\leqslant 30$m 的通道通向室外
	使用面积	独用	$\geqslant 6$m²，且短边$\geqslant 2.4$m
		合用	与楼梯间合用时，住宅$\geqslant 6$m²，公建及高层厂房仓库$\geqslant 10$m²，且短边$\geqslant 2.4$m
			与剪刀楼梯间三合一时应$\geqslant 12$m²，且短边应$\geqslant 2.4$m
	前室门		应采用乙级防火门，不应设置卷帘
	住宅户门		不应开向消防电梯前室，确有困难时，开向前室的户门应$\leqslant 3$ 樘
	（设置在仓库连廊、冷库穿堂或谷物筒仓工作塔内的消防电梯，可不设前室）		

续表

	（1）应能每层停靠（包括各层地下室）
	（2）载重量应≥800kg
	（3）从首层至顶层的运行时间≤60s（速度$v \geqslant \dfrac{h}{60}$，m/s）
	（4）轿厢内部装修应采用不燃材料
4. 其他要求	（5）消防电梯井、机房与相邻电梯井、机房之间应设置防火隔墙（耐火极限≥2h），隔墙上的门应为甲级防火门
	（6）电梯井底应设置排水设施，排水井容量≥2m³，前室门口宜设挡水措施
	（7）首层消防电梯入口处应设置供消防队员专用的操作按钮
	（8）轿厢内应设置专用消防对讲电话

27.4.4　屋顶直升机停机坪

屋顶直升机停机坪　　　　表 27.4.4

1. 适用范围	建筑高度 $h>100$m，且标准层建筑面积＞2000m² 的公共建筑（宜条）		
2. 设置方式	（1）直接利用屋顶作停机坪		
	（2）专设在凸出高于屋顶的平台上		
3. 形状尺寸	形状	圆形或矩形	
	尺寸	圆形	直径 $D \geqslant D_0+10$m（D_0为直升机旋翼直径）
		矩形	短边 $b \geqslant$ 直升机全长
4. 设计要求	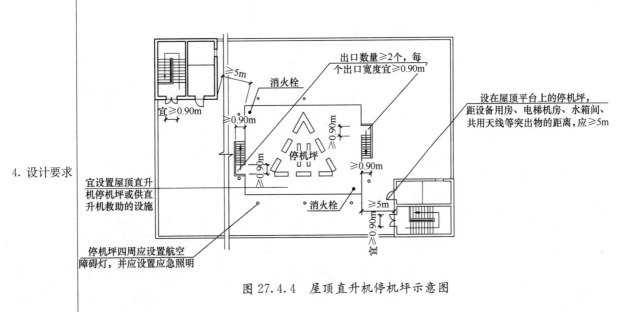		

图 27.4.4　屋顶直升机停机坪示意图

	直升机有关数据				
4. 设计要求	机　型	旋翼直径（m）	全长（m）	全高（m）	总重量（kg）
	小型（6人以下）	9.82～10.20	8.55～9.70	2.76～2.98	1070～1500
	中型（6～12人）	11～21	10～25	3.09～4.4	2100～7600
	大型（12人以上）	15～21	17.4～25	4.4～5.2	5084～7600

注：本节所有图示均取自《建筑设计防火规范图示》（中国建筑标准设计研究院）。

27.5 防排烟设施

表 27.5

防排烟方式	自然防排烟	（1）设置不同朝向的可开启外窗，外窗可开启面积要求：前室≥2m²，合用前室≥3m²		
		（2）利用开敞阳台、凹廊作前室或合用前室		
	机械防排烟	防烟——设正压送风井、送风口、进风口		
		排烟——设排烟井、排烟口、进风口		
防排烟适用范围	由暖通专业确定			
机械防排烟的部位	无窗的防烟楼梯间、消防电梯间前室或合用前室			
	有窗的防烟楼梯间，其无窗的前室或合用前室			
	避难走道的前室			
机械排烟加压送风井面积 (m²) (h=送风系统负担的竖向高度)	消防电梯前室风井	24m<h≤50m	0.98～1.03	
		50m<h≤100m	1.03～1.12	
	楼梯间自然通风时，独立前室、合用前室风井	24m<h≤50m	1.18～1.24	
		50m<h≤100m	1.25～1.35	
	前室不送风时，封闭楼梯间、防烟楼梯间风井	24m<h≤50m	1.00～1.09	
		50m<h≤100m	1.10～1.27	
	防烟楼梯间及独立前室、合用前室风井	24m<h≤50m	楼梯间	0.70～0.76
			独立前室、合用前室	0.69～0.72
		50m<h≤100m	楼梯间	0.77～0.89
			独立前室、合用前室	0.72～0.78

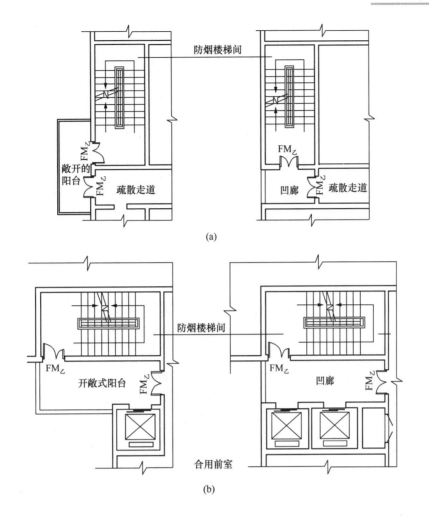

图 27.5-1　自然排烟方式及要求（一）

（a）防烟楼梯间前室；（b）合用前室

注：防烟楼梯间前室：敞开阳台、凹廊作前室时，前室面积要求公共建筑≥6m²；住宅建筑≥4.5m²

合用前室：敞开阳台、凹廊作前室时，前室面积要求公共建筑≥10m²；住宅建筑≥6m²

（1）利用开敞阳台或凹廊作前室或合用前室

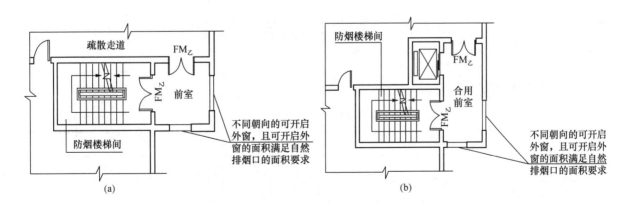

图 27.5-2　自然排烟方式及要求（二）

注：防烟楼梯间前室、消防电梯前室自然通风的有效面积应≥2.0m²；合用前室自然通风的有效面积应≥3.0m²

（2）前室或合用前室设置不同朝向的外窗

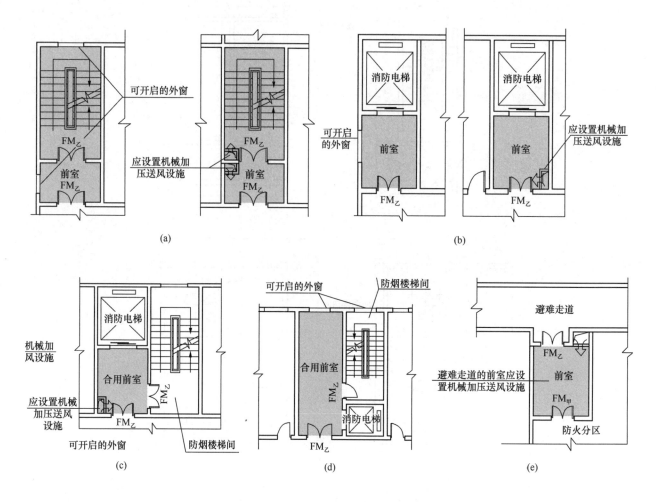

图 27.5-3 前室及合用前室的防排烟

（a）防烟楼梯间及其前室（左为自然排烟，右为机械排烟）；（b）消防电梯前室（左为自然排烟，右为机械排烟）；

（c）合用前室机械排烟；（d）楼、电梯间及合用前室自然排烟；（e）机械排烟

注：本节所有图示均取自《建筑设计防火规范图示》（中国建筑标准设计研究院）。

27.6 室内装修防火设计

27.6.1 装修材料燃烧性能分级

<table>
<tr><td colspan="2" style="text-align:center">装修材料燃烧性能等级</td><td style="text-align:right">表 27.6.1</td></tr>
<tr><td colspan="2" style="text-align:center">燃烧性能等级（GB 8624－2012）</td><td style="text-align:center">燃烧性能</td></tr>
<tr><td style="text-align:center">A</td><td style="text-align:center">A_1、A_2</td><td style="text-align:center">不燃</td></tr>
<tr><td style="text-align:center">B_1</td><td style="text-align:center">B、C</td><td style="text-align:center">难燃</td></tr>
<tr><td style="text-align:center">B_2</td><td style="text-align:center">D、E</td><td style="text-align:center">可燃</td></tr>
<tr><td style="text-align:center">B_3</td><td style="text-align:center">F</td><td style="text-align:center">易燃</td></tr>
</table>

27.6.2 内装材料燃烧性能等级规定

单层、多层民用建筑内部各部位装修材料的燃烧性能等级　　　表 27.6.2-1

序号	建筑物及场所	建筑规模（m²）、性质	顶棚	墙面	地面	隔断	固定家具	窗帘	帷幕	其他装修装饰材料
								装饰织物		
1	候机楼的候机大厅、贵宾候机室、售票厅、商店、餐饮场所等	—	A	A	B_1	B_1	B_1	B_1	—	B_1
2	汽车站、火车站、轮船客运站的候车（船）室、商店、餐饮场所等	建筑面积＞10000	A	A	B_1	B_1	B_1	B_1	—	B_2
		建筑面积≤10000	A	B_1	B_1	B_1	B_1	B_1	—	B_2
3	观众厅、会议厅、多功能厅、等候厅等	每个厅建筑面积＞400	A	A	B_1	B_1	B_1	B_1	B_1	B_1
		每个厅建筑面积≤400	A	B_1	B_1	B_1	B_2	B_1	B_1	B_2
4	体育馆	＞3000 座位	A	A	B_1	B_1	B_1	B_1	B_1	B_2
		≤3000 座位	A	B_1	B_1	B_1	B_2	B_2	B_1	B_2
5	商店的营业厅	每层建筑面积＞1500或总建筑面积＞3000	A	B_1	B_1	B_1	B_1	B_1	—	B_2
		每层建筑面积≤1500或总建筑面积≤3000	A	B_1	B_1	B_1	B_2	B_1	—	—
6	宾馆、饭店的客房及公共活动用房等	设置送回风道（管）的集中空气调节系统	A	B_1	B_1	B_1	B_2	B_2	—	B_2
		其他	B_1	B_1	B_2	B_2	B_2	B_2	—	B_2
7	养老院、托儿所、幼儿园的居住及活动场所	—	A	A	B_1	B_1	B_2	B_1	—	B_2
8	医院的病房区、诊疗区、手术区	—	A	A	B_1	B_1	B_2	B_1	—	B_2
9	教学场所、教学实验场所	—	A	B_1	B_2	B_2	B_2	B_2	B_2	B_2
10	纪念馆、展览馆、博物馆、图书馆、档案馆、资料馆等公众活动场所	—	A	B_1	B_1	B_1	B_2	B_1	—	B_2
11	存放文物、纪念展览物品、重要图书、档案、资料的场所	—	A	A	B_1	B_1	B_2	B_1	—	B_2
12	歌舞娱乐游艺场所	—	A	B_1	B_1	B_1	B_1	B_1	B_1	B_1

续表

序号	建筑物及场所	建筑规模（m²）、性质	顶棚	墙面	地面	隔断	固定家具	窗帘	帷幕	其他装修装饰材料
								装饰织物		
13	A、B级电子信息系统机房及装有重要机器、仪器的房间	—	A	A	B1	B1	B1	B1	B1	B1
14	餐饮场所	营业面积>100	A	B1	B1	B1	B2	B1	—	B2
		营业面积≤100	B1	B1	B1	B2	B2	B2	—	B2
15	办公场所	设置送回风道（管）的集中空气调节系统	A	B1	B1	B1	B2	—	—	B2
		其他	B1	B1	B2	B2	B2	—	—	—
16	其他公共场所	—	B1	B1	B2	B2	B2	—	—	—
17	住宅	—	B1	B1	B2	B2	B2	B2	—	B2

高层民用建筑内部各部位装修材料的燃烧性能等级　　　　表 27.6.2-2

序号	建筑物及场所	建筑规模（m²）、性质	顶棚	墙面	地面	隔断	固定家具	窗帘	帷幕	床罩	家具包布	其他装修装饰材料
								装饰织物				
1	候机楼的候机大厅、贵宾候机室、售票厅、商店、餐饮场所等	—	A	A	B1	B1	B1	B1	—	—	—	B1
2	汽车站、火车站、轮船客运站的候车（船）室、商店、餐饮场所等	建筑面积>10000	A	A	B1	B1	B1	B1	—	—	—	B2
		建筑面积≤10000	A	B1	B1	B1	B1	—	—	—	—	B2
3	观众厅、会议厅、多功能厅、等候厅等	每个厅建筑面积>400	A	A	B1	B1	B1	B1	—	B1	—	B1
		每个厅建筑面积≤400	A	B1	B1	B2	B1	B1	—	B1	—	B1
4	商店的营业厅	每层建筑面积>1500或总建筑面积>3000	A	B1	B1	B1	B1	B1	—	B2	—	B1
		每层建筑面积≤1500或总建筑面积≤3000	A	B1	B1	B1	B1	B2	—	B2	—	B2
5	宾馆、饭店的客房及公共活动用房等	一类建筑	A	B1	B1	B1	B1	—	B1	B2	B1	B1
		二类建筑	A	B1	B1	B2	B2	—	B2	B2	B2	B1
6	养老院、托儿所、幼儿园的居住及活动场所	—	A	A	B1	B1	B1	B1	—	B2	—	B1
7	医院的病房区、诊疗区、手术区	—	A	A	B1	B1	B1	B1	—	B2	—	B1

续表

序号	建筑物及场所	建筑规模（m²）、性质	装修材料燃烧性能等级									
			顶棚	墙面	地面	隔断	固定家具	装饰织物				其他装修装饰材料
								窗帘	帷幕	床罩	家具包布	
8	教学场所、教学实验场所	—	A	B₁	B₂	B₂	B₂	B₁	B₁	—	B₁	B₂
9	纪念馆、展览馆、博物馆、资料馆等公众活动场所	一类建筑	A	B₁	B₁	B₁	B₂	B₁	—	B₁	B₁
		二类建筑	A	B₁	B₁	B₁	B₂	B₁		B₂	B₂
10	存放文物、纪念展览物品、重要图书、档案、资料的场所	—	A	A	B₁	B₁	B₁	—		B₁	B₂
11	歌舞娱乐游艺场所	—	A	B₁	B₁	B₁	B₁	B₁	B₁	B₁	B₁
12	A、B级电子信息系统机房及装有重要机器、仪器的房间	—	A	A	B₁	B₁	B₁	B₁		B₁	B₁
13	餐饮场所	—	A	B₁	B₁	B₁	B₁	B₁	—	—	B₂
14	办公场所	一类建筑	A	B₁	B₁	B₁	B₂	B₁		B₁	B₁
		二类建筑	A	B₁	B₁	B₁	B₂	B₂		B₂	B₂
15	电信楼、财贸金融楼、邮政楼、广播电视楼、电力调度楼、防灾指挥调度楼	一类建筑	A	A	B₁	B₁	B₁	B₁		B₁	B₁
		二类建筑	A	B₁	B₁	B₁	B₁	B₁		B₁	B₁
16	其他公共场所	—	A	B₁	B₁	B₁	B₂	B₂		B₂	B₂
17	住宅	—	A	B₁	B₁	B₁	B₂	B₁	—	B₁	B₁

地下民用建筑内部各部位装修材料的燃烧性能等级表　　　　表 27.6.2-3

序号	建筑物及场所	装修材料燃烧性能等级						
		顶棚	墙面	地面	隔断	固定家具	装饰织物	其他装修装饰材料
1	观众厅、会议厅、多功能厅、等候厅等，商店的营业厅	A	A	A	B₁	B₁	B₁	B₂
2	宾馆、饭店的客房及公共活动用房等	A	B₁	B₁	B₁	B₁	B₁	B₂
3	医院的诊疗区、手术区	A	A	B₁	B₁	B₁	B₁	B₂
4	教学场所、教学实验场所	A	A	B₁	B₂	B₂	B₁	B₂
5	纪念馆、展览馆、博物馆、图书馆、档案馆、资料馆等公众活动场所	A	A	B₁	B₁	B₁		B₁

序号	建筑物及场所	装修材料燃烧性能等级						
		顶棚	墙面	地面	隔断	固定家具	装饰织物	其他装修装饰材料
6	存放文物、纪念展览物品、重要图书、档案、资料的场所	A	A	A	A	A	B_1	B_1
7	歌舞娱乐游艺场所	A	A	B_1	B_1	B_1	B_1	B_1
8	A、B级电子信息系统机房及装有重要机器、仪器的房间	A	A	B_1	B_1	B_1	B_1	B_1
9	餐饮场所	A	A	A	B_1	B_1	B_1	B_2
10	办公场所	A	B_1	B_1	B_1	B_1	B_2	B_2
11	其他公共场所	A	B_1	B_1	B_2	B_2	B_2	B_2
12	汽车库、修车库	A	A	B_1	A	A	—	—

厂房内部各部位装修材料的燃烧性能等级表　　　　表 27.6.2-4

序号	厂房及车间的火灾危险性和性质	建筑规模	装修材料燃烧性能等级						
			顶棚	墙面	地面	隔断	固定家具	装饰织物	其他装修装饰材料
1	甲、乙类厂房; 丙类厂房中的甲、乙类生产车间; 有明火的丁类厂房、高温车间	—	A	A	A	A	A	B_1	B_1
2	劳动密集型丙类生产车间或厂房; 火灾荷载较高的丙类生产车间或厂房; 洁净车间	单/多层	A	A	B_1	B_1	B_1	B_2	B_2
		高层	A	A	A	B_1	B_1	B_1	B_1
3	其他丙类生产车间或厂房	单/多层	A	B_1	B_2	B_2	B_2	B_2	B_2
		高层	A	B_1	B_1	B_1	B_1	B_1	B_1
4	丙类厂房	地下	A	A	A	A	A	B_1	B_1
5	无明火的丁类厂房、戊类厂房	单/多层	B_1	B_2	B_2	B_2	B_2	B_2	B_2
		高层	B_1	B_1	B_2	B_2	B_2	B_2	B_2
		地下	A	A	B_1	B_1	B_1	B_1	B_1

仓库内部各部位装修材料的燃烧性能等级表　　　　表 27.6.2-5

序号	仓库类别	建筑规模	装修材料燃烧性能等级			
			顶棚	墙面	地面	隔断
1	甲、乙类仓库	—	A	A	A	A
2	丙类仓库	单层及多层仓库	A	B_1	B_1	B_1
		高层及地下仓库	A	A	A	A
		高架仓库	A	A	A	A
3	丁、戊类仓库	单层及多层仓库	A	B_1	B_1	B_1
		高层及地下仓库	A	A	A	B_1

27.6.3　常用建筑内部装修材料燃烧性能等级划分举例

材料类别	级别	材料举例	备注
各部位材料	A	花岗石、大理石、水磨石、水泥制品、混凝土制品、石膏板、石灰制品、黏土制品、玻璃、瓷砖、马赛克、钢铁、铝、铜合金、天然石材、金属复合板、纤维石膏板、玻镁板、硅酸钙板等	（1）安装在金属龙骨上燃烧性能达到 B₁ 级的纸面石膏板、矿棉吸声板，可作为 A 级装修材料使用 （2）单位面积质量＜300g/m² 的纸质、布质壁纸，当直接粘贴在 A 级基材上时，可作为 B1 级装修材料使用 （3）施涂于 A 级基材的无机装修涂料，可作为 A 级装修材料使用 （4）复合型装修材料的燃烧性能等级应由专业检测机构进行整体检测确定
顶棚材料	B_1	纸面石膏板、纤维石膏板、水泥刨花板、矿棉板、玻璃棉装饰吸声板、珍珠岩装饰吸声板、难燃胶合板、难燃中密度纤维板、岩棉装饰板、难燃木材、铝箔复合材料、难燃酚醛胶合板、铝箔玻璃钢复合材料、复合铝箔玻璃棉板等	
墙面材料	B_1	纸面石膏板、纤维石膏板、水泥刨花板、矿棉板、玻璃棉板、珍珠岩板、难燃胶合板、难燃中密度纤维板、防火塑料装饰板、难燃双面刨花板、多彩涂料、难燃墙纸、难燃墙布、难燃仿花岗岩装饰板、氯氧镁水泥装配式墙板、难燃玻璃钢平板、难燃 PVC 塑料护墙板、阻燃模压木质复合板材、彩色难燃人造板、难燃玻璃钢、复合铝箔玻璃棉板等	
	B_2	各类天然木材、木制人造板、竹材、纸制装饰板、装饰微薄木贴面板、印刷木纹人造板、塑料贴面装饰板、聚酯装饰板、复塑装饰板、塑纤板、胶合板、塑料壁纸、无纺贴墙布、墙布、复合壁纸、天然材料壁纸、人造革、实木饰面装饰板、胶合竹夹板等	
地面材料	B_1	硬 PVC 塑料地板、水泥刨花板、水泥木丝板、氯丁橡胶地板、难燃羊毛地毯等	
	B_2	半硬质 PVC 塑料地板、PVC 卷材地板等	
装饰织物	B_1	经阻燃处理的各类难燃织物等	
	B_2	纯毛装饰布、经阻燃处理的其他织物等	
其他装修装饰材料	B_1	难燃聚氯乙烯塑料、难燃酚醛塑料、聚四氟乙烯塑料、难燃脲醛塑料、硅树脂塑料装饰型材、经阻燃处理的各类织物等	
	B_2	经阻燃处理的聚乙烯、聚丙烯、聚氨酯、聚苯乙烯、玻璃钢、化纤织物、木制品等	

27.7　住宅与其他功能建筑合建的防火要求
（除商业服务网点外）

表 27.7

防火分隔	多层建筑	住宅部分与非住宅部分之间，应采用耐火极限≥2.00h 且无门、窗、洞口的防火隔墙和 1.50h 的不燃性楼板完全分隔
	高层建筑	住宅部分与非住宅部分之间应采用无门、窗、洞口的防火墙和耐火极限不低于 2.00h 的不燃性楼板完全分隔
		建筑外墙上、下层开口之间设置窗槛墙 1.2m（0.8m）或设置防火挑檐等防火措施
疏散出口		住宅部分与非住宅部分的安全出口和疏散楼梯应分别独立设置
		为住宅部分服务的地上车库应设置独立的疏散楼梯或安全出口，地下车库的疏散楼梯应按《建筑设计防火规范》GB 50016—2014（2018 年版）第 6.4.4 条的规定进行分隔

独立设计	住宅部分和非住宅部分的安全疏散、防火分区和室内消防设施配置,可根据各自的建筑高度分别按照《建筑设计防火规范》GB 50016—2014(2018 年版)有关住宅建筑和公共建筑的规定独立设计
整体设计	防火间距、室外消防设施、灭火救援设施、建筑保温和外墙装饰应根据建筑的总高度和建筑规模进行整体设计

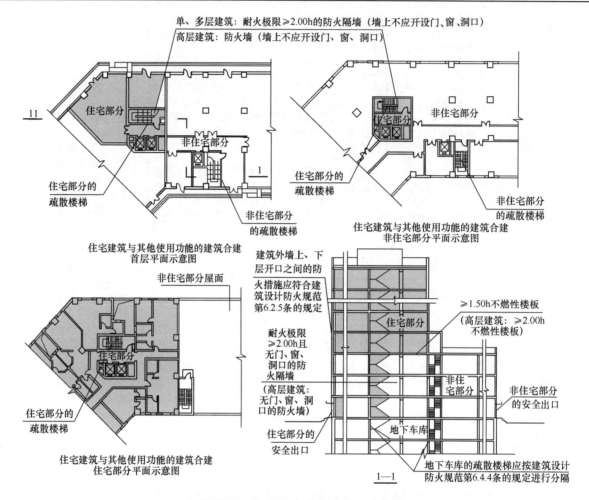

图 27.7 住宅合建建筑平面示意图

27.8 设置商业服务网点住宅建筑的防火要求

表 27.8

设置商业服务网店的住宅建筑(住宅和网点之间)	防火分隔	居住部分与商业服务网点之间应采用耐火极限≥2.00h 且无门、窗、洞口的防火隔墙和 1.50h 的不燃性楼板完全分隔
	疏散设计	住宅部分和商业服务网点部分的安全出口和疏散楼梯应分别独立设置
商业服务网点中每个分隔单元之间	防火分隔	采用耐火极限≥2.00h 且无门、窗、洞口的防火隔墙相互分隔
		当每个分隔单元任一层建筑面积大于 200m² 时,该层应设置 2 个安全出口或疏散门
	疏散设计	每个分隔单元内的任一点至最近直通室外的出口的直线距离(L, L', L'')≤22m(27.5m)

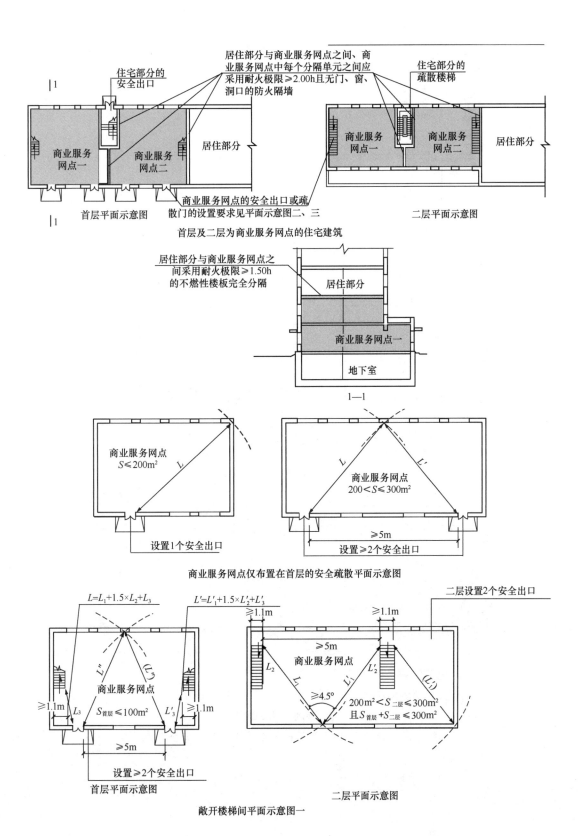

住宅部分的安全出口

居住部分与商业服务网点之间、商业服务网点中每个分隔单元之间应采用耐火极限≥2.00h且无门、窗、洞口的防火隔墙

住宅部分的疏散楼梯

商业服务网点一

商业服务网点二

居住部分

首层平面示意图

商业服务网点的安全出口或疏散门的设置要求见平面示意图二、三

商业服务网点一

商业服务网点二

居住部分

二层平面示意图

首层及二层为商业服务网点的住宅建筑

居住部分与商业服务网点之间采用耐火极限≥1.50h的不燃性楼板完全分隔

居住部分

商业服务网点一

地下室

1—1

商业服务网点
$S \leqslant 200m^2$

设置1个安全出口

商业服务网点
$200 < S \leqslant 300m^2$

≥5m

设置≥2个安全出口

商业服务网点仅布置在首层的安全疏散平面示意图

$L = L_1 + 1.5 \times L_2 + L_3$

$L' = L'_1 + 1.5 \times L'_2 + L'_3$

≥1.1m

≥1.1m

商业服务网点
$S_{首层} \leqslant 100m^2$

≥1.1m

≥1.1m

≥5m

设置≥2个安全出口

首层平面示意图

二层设置2个安全出口

≥1.1m

≥1.1m

≥5m

商业服务网点

≤4.5°

$200m^2 < S_{二层} \leqslant 300m^2$
且$S_{首层} + S_{二层} \leqslant 300m^2$

二层平面示意图

敞开楼梯间平面示意图一

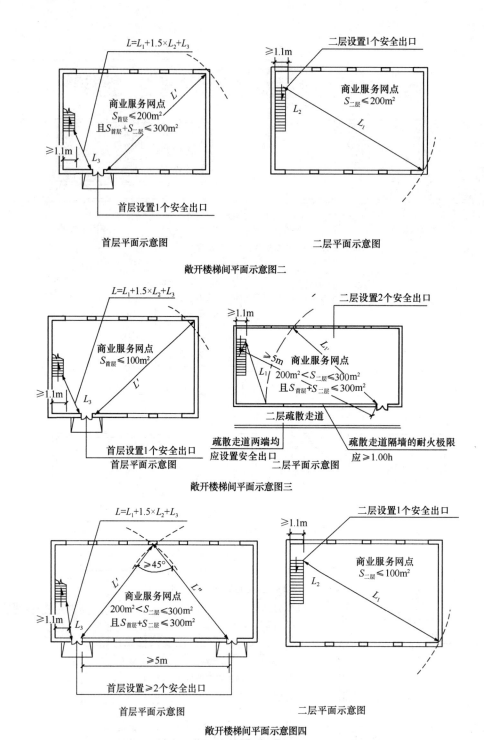

图 27.8 商业服务网点布置在首层及二层的安全疏散

参 考 文 献

[1] 中国建筑标准设计研究院.《建筑设计防火规范》图示：按《建筑设计防火规范》GB 50016—2014（2018 年版）编制：18J811-1[M]. 北京：中国计划出版社，2018.

[2] 张道真. 深圳市建筑防水构造图集[M]. 北京：中国建筑工业出版社，2014.

[3] 深圳市建筑设计研究总院. 建筑设计技术手册[M]. 北京：中国建筑工业出版社，2011.

[4] 深圳市勘察设计行业协会. 深圳市工程设计行业 BIM 应用发展指引[M]. 天津：天津科学技术出版社，2013.

[5] 葛文兰. BIM 第二维度：项目不同参与方的 BIM 应用[M]. 北京：中国建筑工业出版社，2011.

[6] 田慧峰，孙大明，刘兰. 绿色建筑适宜技术指南[M]. 北京：中国建筑工业出版社，2014.

[7] 张川，宋凌，孙潇月. 2014 年度绿色建筑评价标识统计报告[J]. 建设科技，2015(6)：20-23.

[8] 建筑设计资料集编委会. 建筑设计资料集 3[M]. 2 版. 北京：中国建筑工业出版社，1994.

[9] 刘宝仲. 托儿所、幼儿园建筑设计[M]. 北京：中国建筑工业出版社，1989.

[10] 姜辉，孙磊磊，万正旸，等. 大学校园群体[M]. 南京：东南大学出版社，2006.

[11] 牛毅. 大学校园教学中心区建筑群体设计研究[D]. 哈尔滨：哈尔滨工业大学，2008.

[12] 孙振亚. 高校建筑的复合化设计研究[D]. 北京：北京建筑大学，2013.

[13] 吉志伟. 高校教学建筑设计研究[D]. 武汉：武汉理工大学，2003.

[14] 高冀生. 当代高校校园规划要点提示[J]. 新建筑，2002(04)：10-12.

[15] 何镜堂. 当前高校规划建设的几个发展趋向[J]. 新建筑，2002(04)：57.

[16] 纽曼. 学院与大学建筑[M]. 薛力，孙世界，译. 北京：机械工业出版社，2000.

[17] 宋泽方，周逸湖. 大学校园规划与建筑设计[M]. 北京：中国建筑工业出版社，2006.

[18] 建筑设计资料集编委会. 建筑设计资料集[M]. 2 版. 北京：中国建筑工业出版社，1994.

[19] 张国良，毕波. 国外图书馆设计资料集[M]. 北京：水利电力出版社，1988.

[20] 罗森布拉特. 博物馆建筑[M]. 周文正，译. 北京：中国建筑工业出版社，2004.

[21] 中国建筑标准设计研究院. 民用建筑设计通则图示：06SJ813[M]. 北京：中国计划出版社，2006.

[22] 住房和城乡建设部工程质量安全监管司，中国建筑标准设计研究院. 全国民用建筑工程设计技术措施：规划·建筑·景观：2009 年版[M]. 北京：中国计划出版社，2010.

[23] 中国建筑标准设计研究院. 建筑专业设计常用数据：17J911[M]. 北京：中国计划出版社，2009.

[24] 周洁. 商业建筑设计[M]. 北京：机械工业出版社，2013.

[25] 朱守训. 酒店、度假村开发与设计[M]. 北京：中国建筑工业出版社，2010.

[26] 胡亮，沈征主. 酒店设计与布局[M]. 北京：清华大学出版社，2013.

[27] 孙佳成. 酒店设计与策划[M]. 北京：中国建筑工业出版社，2010.

[28] 马国馨，等. 体育建筑设计规范：JGJ 31—2003[S]. 北京：中国建筑工业出版社，2004.

[29] 建筑设计资料集编委会. 建筑设计资料集 7[M]. 2 版. 北京：中国建筑工业出版社，1995.

[30] 国际田径协会联合会. 田径场地设施标准手册：2008 版[M]. 北京：人民体育出版社，2009.

[31] 中国民用航空局机场司. 低成本航站楼建设指南[Z/OL].（2014-9-22）. http://www.caac.gov.cn/XXGK/XXGK/GFXWJ/201511/P020151103347445545754.pdf.

[34] 王玮华，等. 住宅建筑规范：GB 50368—2005[S]. 北京：中国建筑工业出版社，2006.

[35] 中华人民共和国住房和城乡建设部. 建筑玻璃应用技术规程：JGJ 113—2015[S]. 北京：中国建筑工业出版社，2016.

[36] 黄小坤,等. 玻璃幕墙工程技术规范:JGJ 102—2003[S]. 北京:中国建筑工业出版社,2005.

[37] 中华人民共和国住房和城乡建设部,中华人民共和国国家质量监督检验检疫总局. 汽车加油加气站设计与施工规范:GB 50156—2012:(2014 年版)[S]. 北京:中国计划出版社,2014.

[38] 中华人民共和国住房和城乡建设部. 城市公共厕所设计标准:CJJ 14—2016[S]. 北京:中国建筑工业出版社,2016.

[39] 中国建筑标准设计研究院. 楼地面建筑构造:12J304[M]. 北京:中国计划出版社,2012.

[40] 中华人民共和国住房和城乡建设部,中华人民共和国国家质量监督检验检疫总局. 屋面工程技术规范:GB 50345—2012[S]. 北京:中国建筑工业出版社,2011.

[41] 中国建筑标准设计研究院. 平屋面建筑构造:12J201[M]. 北京:中国计划出版社,2012.

[42] 中国建筑标准设计研究院. 工程做法:2008 年建筑结构合订本:J909、G120[M]. 北京:中国计划出版社,2007.

[43] 中华人民共和国住房和城乡建设部,中华人民共和国国家质量监督检验检疫总局. 建筑设计防火规范:GB 50016—2014:2018 年版[S]. 北京:中国计划出版社,2018.

[44] 中华人民共和国住房和城乡建设部. 托儿所、幼儿园建筑设计规范:JGJ 39—2016:2019 年版[S]. 北京:中国建筑工业出版社,2019.

[45] 中国建筑标准设计研究院. 幼儿园建筑构造与设施:11J935[M]. 北京:中国计划出版社,2011.

[46] 中华人民共和国住房和城乡建设部. 倒置式屋面工程技术规程:JGJ 230—2010[S]. 北京:中国建筑工业出版社,2011.

[47] 中华人民共和国住房和城乡建设部,中华人民共和国国家质量监督检验检疫总局. 坡屋面工程技术规范:GB 50693—2011[S]. 北京:中国建筑工业出版社,2011.

[48] 中华人民共和国住房和城乡建设部. 种植屋面工程技术规程:JGJ 155—2013[S]. 北京:中国建筑工业出版社,2013.

[49] 中华人民共和国住房和城乡建设部. 建筑外墙防水工程技术规程:JGJ/T 235—2011[S]. 北京:中国建筑工业出版社,2011.

[50] 中国建筑标准设计研究院. 建筑室内防水工程技术规程:CECS196:2006[M]. 北京:中国计划出版社,2008.

[51] 中华人民共和国住房和城乡建设部. 住宅室内防水工程技术规范:JGJ 298—2013[S]. 北京:中国建筑工业出版社,2013.

[52] 中华人民共和国住房和城乡建设部,中华人民共和国国家质量监督检验检疫总局. 地下工程防水技术规范:GB 50108—2008[S]. 北京:中国计划出版社,2009.

[54] 深圳市住房和建设局. 深圳市建筑防水工程技术规范:SJG 19—2013[S]. 北京:中国建筑工业出版社,2019.

[55] 中华人民共和国住房和城乡建设部,中华人民共和国国家质量监督检验检疫总局. 汽车库、修车库、停车场设计防火规范:GB 50067—2014[S]. 北京:中国计划出版社,2015.

[56] 中华人民共和国住房和城乡建设部. 车库建筑设计规范:JGJ 100—2015[S]. 北京:中国建筑工业出版社,2015.

[57] 中华人民共和国住房和城乡建设部. 机械式停车库工程技术规范:JGJ/T 326—2014[S]. 北京:中国建筑工业出版社,2014.

[58] 中华人民共和国住房和城乡建设部. 城市道路工程设计规范:CJJ 37—2012[S]. 北京:中国建筑工业出版社,2016.

[59] 中国建筑标准设计研究院. 车库建筑构造:17J927—1[M]. 北京:中国计划出版社,2018..

[60] 中国建筑标准设计研究院. 机械式停车库设计图册:13J927—3[M]. 北京:中国计划出版社,2013.

[61] 中华人民共和国住房和城乡建设部,中华人民共和国国家质量监督检验检疫总局. 工业化建筑评价标准:GB/T 51129—2015[S]. 北京:中国建筑工业出版社,2015.

[62] 中华人民共和国住房和城乡建设部. 装配式混凝土结构技术规程:JGJ 1—2014[S]. 北京:中国建筑工业出版社,2014.

[63] 中国建筑标准设计研究院. 装配式混凝土结构住宅建筑设计示例：剪力墙结构：15J939—1[M]. 北京：中国计划出版社，2015.

[64] 中国建筑标准设计研究院. 装配式混凝土结构表示方法及示例：剪力墙结构：15G107—1[M]. 北京：中国计划出版社，2015.

[65] 中国建筑标准设计研究院. 装配式混凝土结构连接节点构造：G310—1~2：2015 合订本 [M]. 北京：中国计划出版社，2015.

[66] 中华人民共和国住房和城乡建设部，中华人民共和国国家质量监督检验检疫总局. 建筑内部装修设计防火规范：GB 50222—2017[S]. 北京：中国计划出版社，2018.

[67] 中国建筑标准设计研究院. 预制混凝土剪力墙外墙板：15G365—1 [M]. 北京：中国计划出版社，2015.

[68] 中国建筑标准设计研究院. 预制混凝土剪力墙内墙板：15G365—2 [M]. 北京：中国计划出版社，2015.

[69] 中国建筑标准设计研究院. 桁架钢筋混凝土叠合板：60MM 厚度板：15G366—1[M]. 北京：中国计划出版社，2015.

[70] 中国建筑标准设计研究院. 预制钢筋混凝土板式楼梯：15G367—1[M]. 北京：中国计划出版社，2015.

[71] 中国建筑标准设计研究院. 预制钢筋混凝土阳台板、空调板及女儿墙：15G368—1[M]. 北京：中国计划出版社，2015.

[72] 北京《民用建筑信息模型设计标准》编制组. 民用建筑信息模型设计标准：DB11/T 1069—2014[S]. 北京：中国建筑工业出版社，2014.

[73] 中华人民共和国住房和城乡建设部，中华人民共和国国家质量监督检验检疫总局. 综合医院建筑设计规范：GB 51039—2014[S]. 北京：中国计划出版社，2014.

[74] 国家卫生健康委员会规划发展与信息化司. 综合医院建设标准：修订版征求意见稿[EB/OL]. (2018-9-28). http://www. nhc. gov. cn/guihuaxxs/s3585/201810/2d754330911042efa6c30fb63ec39578. shtml.

[75] 中华人民共和国住房和城乡建设部，中华人民共和国国家质量监督检验检疫总局. 传染病医院建筑设计规范：GB 50849—2014[S]. 北京：中国计划出版社，2014.

[76] 精神专科医院建筑设计规范 GB 21058—2014.

[77] 中医医院建设标准 建标 106—2008.

[78] 儿童医院建设标准 建标 174—2016.

[79] 妇幼健康服务机构建设标准 建标 189—2017.

[80] 传染病建设标准 建标 173—2016.

[81] 精神专科医院建设标准 建标 176—2016.

[82] 中国建筑标准设计院. 宿舍建筑设计规范(JGJ 36—2005)[S]. 北京：中国建筑工业出版社，2006.

[83] 建筑设计资料集编委会. 建筑设计资料集 4(第 2 版). 北京：中国建筑工业出版社，1994.

[84] 公共图书馆建设标准. 建标 108—2008.

[85] 图书馆建筑设计规范. JGJ 38—2015.

[86] 公共图书馆建筑用地指标. 2008.

[87] 博物馆建筑设计规范 JGJ 66—2015.

[88] 剧场建筑设计规范 JGJ 57—2000.

[89] 商店建筑设计规范 JGJ 48—2014.

[90] 城市居住区规划设计标准 GB 50180—2018.

[91] 绿色建筑设计标准 GB/T 50378—2014.

[92] 绿色商店建筑评价标准 GB/T 51100—2015.

[93] 旅游饭店星级的划分与评定 GB/T 14308—2010.

[94] 旅馆建筑设计规范 JGJ 62—2014.

[95] 体育场馆声学设计及测量规程 JGJ/T 131—2012.

[96] 体育场建筑声学技术规范 GB/T 50948—2013.

［97］ 体育场地与设施(一) 08J 933—1.

［98］ 体育场地与设施(二) 13J 933—2.

［99］ 中小学校设计规范 GB 50099—2011.

［100］ 中小学校设计规范图示 11J 934—1.

［101］ 建筑内部装修设计防火规范 GB 50222—2017.

［102］ 民用机场服务质量 MH/T 5104—2006.

［103］ 民用机场工程项目建设标准 建标 105-2008.

［104］ 公共航空运输服务质量标准 GB/T 16177—2007.

［105］ 民用航空运输机场安全保卫设施 MH7003.

［106］ 铁路工程设计防火规范 TB 10063—2007(2012 版).

［107］ 铁路旅客车站建筑设计规范 GB 50226—2007.

［108］ 城市轨道交通技术规范 GB 50490—2009.

［109］ 城市轨道交通工程项目建设标准(建标 104-2008).

［110］ 总图制图标准 GB/T 50103—2001.

［111］ 地铁设计规范 GB 50157—2013.

［112］ 地铁限界标准 CJJ 96—2003.

［113］ 铁路线路设计规范 GB 50090—99.

［114］ 铁路车站及枢纽设计规范 GB 50091—99.

［115］ 珠海市建设局. 广东省住宅工程质量通病防治技术措施二十条.

［116］ 住房和城乡建设部. 城市停车设施建设指南.

［117］ 建筑信息模型设计交付标准 GB/T 51301—2018.

［118］ 建筑工程设计信息模型制图标准 JGJT 448—2018.

［119］ 深圳市发展和改革局. 深圳市医院建设标准指引. (2016)

［120］ 普通高等学校建筑面积指标(报批稿)[S]. 北京,2008. (文中简称《面积指标》)

［121］ 中国城市规划设计研究院. 公共图书馆建设用地指标.

［122］ 国家新闻出版广电总局. 电影院星级评定标准.

［123］ 2014 深圳市城市规划标准与准则.

［124］ 2014 深圳市建筑设计规则.

［125］ 万豪酒店设计指引.

［126］ 公共体育场馆建设标准(征求意见稿).

［127］ 民用机场航站楼设计防火规范(送审稿).

［128］ 地铁设计防火规范征求意见稿(2010.5 第三稿).

［129］ 何关培新浪博客:heep//blog. sina. com. cn/heguanpei.

［130］ 高宝真,黄南翼. 老龄社会住宅设计. 中国建筑工业出版社,2006.

［131］ 老年人建筑设计规范 JGJ 122—99.

［132］ 老年人居住建筑设计标准 GB/T 50340—2003.

［133］ 城镇老年人设施规划规范 GB 50437—2007.

［134］ 社区老年人日间照料中心建设标准,2010.

［135］ 养老设施建筑设计规范 GB 50867—2013.

［136］ 社会养老服务体系建设规划(2011—2015).

［137］ 老年养护院建设标准. 建标 144-2010.

［138］ 老年人居住建筑设计规范(2015 审定稿).

［139］ 铁路旅客车站建筑设计规范 GB 50226—2007.

［140］ 铁路工程设计防火规范 TB 10063—2007 J 774—2008.

[141] 交通客运站建筑设计规范 JGJ/T 60—2012(备案号 J1473—2012).

[142] 汽车客运站级别划分和建设要求 JT 200—2004.

[143] 城市公共厕所设计标准 CJJ 14—2016.

[144] 无障碍设计规范 GB 50763—2012.

[145] 电动汽车充电基础设施建设技术规程 DBJ/T 15—150—2018.

[146] 办公建筑设计规范 JGJ 67—2006.

[147] 城市公共厕所设计标准 CJJ 14—2005.

[148] 建筑设计资料编委会. 建筑设计资料集 6(第 2 版). 北京：中国建筑工业出版社，1994.

[149] 高速公路交通工程及沿线设施设计通用规范 JTG D80—2006.

[150] 公路工程技术标准 JTG B01—2014.

[151] 饮食建筑设计规范 JGJ 64—89.

[152] 车库建筑设计规范 JGJ 100—2015.

[153] 汽车加油加气站设计与施工规范 GB 50156—2012(2014 年版).

[154] 停车场规划设计规则(试行)(公安部 建设部[88]公 (交管)字 90 号).

[155] 建筑设计资料集编委会. 建筑设计资料集 5(第 2 版). 北京：中国建筑工业出版社，1994.

[156] 各商业业态物业条件及工程技术要求. 万亚商业运营，2016.

[157] 做出购物中心最优化内部动线只需 3 步 9 大点. 波顿设计，2016.

[158] 掌握商业动线 8 个关键点. 万亚商业运营，2016.

[159] 人流动线 6 大设计技巧. 壹商网，2016.

[160] 国土资源部. 工业项目建设用地控制指标，2008.

[161] 天津市规划局. 天津市区县示范工业园区规划设计导则.

[162] 物流建筑设计规范 GBS 1157—2016.

[163] 工业企业设计卫生标准 GBZ 1—210.

[164] 电动汽车分散充电设施工程技术标准 GBT 51313—2018.

编　后　语

　　为了有利于我国约 30 万名建筑设计人员更好地执行国家、部委颁布的各项工程建设技术标准、规范及省、市地方标准、规定，在 2016 年 9 月出版《注册建筑师设计手册》基础上，我们又编撰了同一系列的技术书《建筑师技术手册》。

　　全书按工程类别编写，可根据工程项目快速查找使用技术数据，区别于《注册建筑师设计手册》以设计原理与设计流程再加图表数据的模式。

　　《建筑师技术手册》共 27 章，其内容为建筑专业设计的主要内容，是对设计规范的理解、掌握和执行。对新出现的技术问题进行归类解答，也是对省、市设计院历年设计经验的总结和提高。

　　特别是全国勘察设计大师、华南理工大学建筑设计研究院陶郅副院长，全国勘察设计大师、广东省建筑设计研究院陈雄副院长、总建筑师，这两位大师对建筑设计行业系列技术标准给予了高度重视，亲自编撰及审核《建筑师技术手册》，其中图书馆设计、博物馆建筑设计、机场航站楼设计等精彩篇章均为大师之杰作。

　　参加本书编撰及审稿的 49 名人员，都是省、市设计院及国家级建筑科学研究院中，长期在生产一线从事建筑设计、审图、科技研究的老、中、青专家和业务骨干。他们主持或参加了许多大型、复杂的建筑工程设计、科学技术研究，积累了丰富的实践经验。在繁忙设计及科研工作之余，不辞辛苦、兢兢业业、一丝不苟地编撰本书。搜集整理资料、校审设计数据、编排手册的章节条文、绘制图例、设计表格，推敲文字等，一年多的业余时间里编撰者们呕心沥血。如果我们编委的辛勤付出，能为建筑设计同行们提高设计质量和设计效率提供一些帮助，我们将感到欣慰！

　　在此，我们对为本书提出宝贵意见和建议的广东省建筑设计研究院、华南理工大学建筑设计研究院、深圳市深大源建筑技术研究有限公司等单位的专家们表示感谢；同时，本书还参考和引用了一些省市设计单位的有关资料、一些学者专家的论文或科研成果，在此一并感谢。相关参考已在书中注明出处，如有遗漏，敬请来信来电联系。

　　同时还要对付出了辛勤劳动的中国建筑工业出版社的编辑和设计师们表示感谢。

　　由于编者水平和能力所限，本书存在不足，甚至有错漏的地方，恳请广大读者多提宝贵意见和建议，以便今后改正和完善。

《建筑师技术手册》主编

张一莉

2016 年 12 月 28 日于深圳

再版编后语

《建筑师技术手册》于 2017 年 3 月首发出版以来，大大方便了中国建筑工程行业技术人员进行设计工作。本手册按工程类别编写，可根据工程项目快速查找使用技术数据；文字精练，以表格方式呈现，检索方便，达到了建筑工具书"资料全、方便找、查得到"的要求，不论是建筑设计还是注册建筑师专业考试，或是室内装饰设计、工程监理等方方面面，使用者们得心应手，快捷实用，深受广大技术人员的喜爱。

随着中国建筑科技的创新发展，新材料日益丰富，新工艺和建筑类型不断增加；城市公共安全提出了新要求，以及规范标准在不断制订修订；《建筑师技术手册》出版两年来，我们陆续收到生产第一线的意见和建议；以上种种原因都使得《建筑师技术手册》亟须重新组织编写第二版。

新版技术手册对所有章节进行了修订，内容更系统全面，更契合时代需求，符合新规范标准的要求。每一条款都增加了规范依据，提高了技术手册中所有数据的准确度和可信度，确保大家用得放心，查得方便。在新版技术手册中，力求反映新技术、新成果、新理念、新趋势，确保编写内容的深度和广度。

参加本书编撰及审稿的 49 名人员，都是省、市设计院及国家级建筑科学研究院中，长期在生产一线从事建筑设计、审图、科技研究的老、中、青专家和业务骨干。他们主持或参加了许多大型、复杂的建筑工程设计、科学技术研究，积累了丰富的实践经验。在繁忙设计及科研工作之余，不辞辛苦、兢兢业业、一丝不苟地编撰本书。搜集整理资料、校审设计数据，编排手册的章节条文、绘制图例、设计表格，推敲文字等，在三年多的编撰及修订时间里编撰者们呕心沥血。如果我们编委的辛勤付出，能为建筑设计同行们提高设计质量和设计效率提供一些帮助，我们将感到欣慰！

在此，我们对为本书提出宝贵意见和建议的广东省建筑设计研究院、华南理工大学建筑设计研究院、深圳市深大源建筑技术研究有限公司等单位的专家们表示感谢；同时，本书还参考和引用了一些省市设计单位的有关资料、一些学者专家的论文或科研成果，在此一并感谢。相关参考已在书中注明出处，如有遗漏，敬请来信来电联系。同时还要对付出了辛勤劳动的中国建筑工业出版社的编辑和设计师们表示感谢。

由于编者水平和能力所限，本书存在不足，甚至有错漏的地方，恳请广大读者多提宝贵意见和建议，以便今后改正和完善。

《建筑师技术手册》（第二版）主编
张一莉
2019 年 11 月 10 日于深圳